Urkunden und Actenstücke zur Geschichte des Kurfürsten Friedrich Wilhelm von Brandenburg

I. Band: Politische Verhandlungen. I. Bd. Herausgegeben von B. Erdmannsdörffer. 890 Seiten. 1864. 14.—

II. Band: Auswärtige Akten. I. Bd. (Frankreich.) Herausgegeben von B. E. Simson. 550 Seiten. 1865. 9.—

III. Band: Auswärtige Akten. II. Bd. (Niederlande.) Herausgegeben von H. Peter. 817 Seiten. 1866. 14.—

IV. Band: Politische Verhandlungen. II. Bd. Herausgegeben von B. Erdmannsdörffer. 933 Seiten. 1867. 15.—

V. Band: Ständische Verhandlungen. I. Bd. (Cleve-Mark.) Herausgegeben von A. von Haeften. 1040 Seiten. 1869. 18.—

VI. Band: Politische Verhandlungen. III. Bd. Herausgegeben von B. Erdmannsdörffer. 732 Seiten. 1872. 13.—

VII. Band: Politische Verhandlungen. IV. Bd. Herausgegeben von B. Erdmannsdörffer. 834 Seiten. 1877. 15.—

VIII. Band: Politische Verhandlungen. V. Bd. Herausgegeben von B. Erdmannsdörffer. 751 Seiten. 1884. 14.—

IX. Band: Politische Verhandlungen. VI. Bd. Herausgegeben von Th. Hirsch. 878 Seiten. 1879. 16.—

X. Band: Ständische Verhandlungen. II. Bd. (Mark Brandenburg.) Herausgegeben von S. Isaacsohn. 628 Seiten. 1880. 12.—

XI. Band: Politische Verhandlungen. VII. Bd. Herausgegeben von Ferd. Hirsch. 789 Seiten. 1887. 15.—

XII. Band: Politische Verhandlungen. VIII. Band. Herausgegeben von F. Hirsch. 968 Seiten. 1892. 25.—

XIII. Band: Politische Verhandlungen. IX. Band. Herausgegeben von Reinhold Brode. 826. 1890. 20.—

XIV. Band: 1. Teil: Auswärtige Akten. III. Band. 1. Teil. (Österreich.) Herausgegeben von Alfred Francis Pribram. 784 Seiten. 1890.
2. Teil: Auswärtige Akten. III. Bd., 2. Teil. (Österreich.) Herausgegeben von A. F. Pribram. 650 Seiten. 1891. Jeder Teil 20.—

XV. Band: Ständische Verhandlungen. III. Bd. (Preußen I.) Herausgegeben von Kurt Breysig. 775 Seiten. 1894. 20.—

XVI. Band: Ständische Verhandlungen. III. Bd. (Preußen II.) Herausgegeben von Kurt Breysig und Martin Spahn. 2 Teile. 1899. I.: 425 Seiten. II.: Seite 426—1166. 44.—

XVII. Band: Politische Verhandlungen. X. Bd. Herausgegeben von Reinh. Brode. 566 Seiten. 1901. 24.—

XVIII. Band: Politische Verhandlungen. XI. Bd. Herausgegeben von Ferd. Hirsch. 854 Seiten. 1902. 32.—

XIX. Band: Politische Verhandlungen. XII. Bd. Herausgegeben von Ferd. Hirsch. 907 Seiten. 1906. 36.—

XX. Band: Teil I/II: Auswärtige Akten. IV. Bd. (Frankreich.) 1667 bis 1688. Herausgegeben von Ferd. Fehling. 1304 Seiten. 1911. 60.—

XXI. Band: Politische Verhandlungen. XII. Bd. Herausgegeben von Ferdinand Hirsch. Oktav. VII, 458 Seiten. 1915. 23.—

XXII. Band: Politische Verhandlungen. XIV. Bd. Herausgegeben von Max Hein, Groß-Oktav. VII, 605 Seiten. 1926. 42.—

XXIII. Band: 1. Teil: Auswärtige Acten. V. Band: I. Teil. (Schweden.) Herausgegeben von Max Hein. 594 Seiten. 1929. 42.—

URKUNDEN UND ACTENSTÜCKE

ZUR GESCHICHTE

DES

KURFÜRSTEN FRIEDRICH WILHELM

VON BRANDENBURG.

VERANLASST DURCH KAISER FRIEDRICH ALS KRONPRINZEN VON PREUSSEN,
HERAUSGEGEBEN VON DER PREUSSISCHEN KOMMISSION BEI DER PREUSSISCHEN
AKADEMIE DER WISSENSCHAFTEN.

DREIUNDZWANZIGSTER BAND.

BERLIN UND LEIPZIG.
VERLAG VON WALTER DE GRUYTER & CO.
1930.

URKUNDEN UND ACTENSTÜCKE

ZUR GESCHICHTE DES

KURFÜRSTEN FRIEDRICH WILHELM

VON BRANDENBURG.

AUSWÄRTIGE ACTEN.

FÜNFTER BAND
ZWEITER TEIL.

(SCHWEDEN)

HERAUSGEGEBEN

VON

Dr. MAX HEIN
STAATSARCHIVDIREKTOR IN KÖNIGSBERG.

BERLIN UND LEIPZIG.
VERLAG VON WALTER DE GRUYTER & CO.
1930.

Druck von Walter de Gruyter & Co., Berlin W. 10

Der König an M. Biörenklou. D. Flensburg 26. Juni 1658.

[Er kann Brandenburg nur verzeihen, wenn es zusagt, ihm nicht mehr zu schaden; aber auf eine solche Zusage ist keine Aussicht. Brandenburgs Freundschaft kann ihm ohne Frieden mit Österreich nicht viel nützen. Biörenklou soll sich also um Ausgleich mit Österreich bemühen, auch wenn Frankreich sich darüber formalisiert, in dessen Haltung der König Festigkeit vermißt.]

Emedan den saken med Brandenburg är råkat i en sådan tillstånd, att Jag icke kan dem pardonnera, utan måste hafva mera försäkring af dem de non ulterius turbando, och såsom Jag fruktar, att den förklaring, som Jag utaf Churbrandenburg begärer, icke lärer med goda kunna bekomma, alltså kunnen I lätt afdöma, hvartut det vill. Och såsom Brandenburgs vänskap Mig icke stort gagnar, om Jag icke tillika med kan nå fred med Österrike, alltså villen I icke underlåta, att . .ännu söka vänlig förlikning med Österrike, fast Frankrike sig däröfver måtte formalisera; ty Jag icke kan finna någon stadighet uti de närvarande französiske consilier. 6. Juli

---

Resident Georg Friedrich v. Snoilsky an den König. D. Frankfurt a. M. 17. Juli 1658.

[Schweden, Brandenburg und der Rheinbund.]

Gestern haben Boineburg und der Zellesche Gesandte Witte ihm vorgeschlagen, Brandenburg sollte nicht aufgenommen werden, wohl aber Bremen, Verden und Wismar und zwar in der Weise, daß die Assistenz unangesehen, wer der Angreifer sei, geleistet werden sollte, falls der König genötigt würde, sich in diese Lande zurückzuziehen, Hingegen müßte der König die Neutralität für Minden und Halberstadt zusichern, wenigstens solange von dort aus keine feindlichen Handlungen gegen ihn unternommen würden [1]). 17. Juli

S. hat erwidert, er wäre zum Abschluß bereit, wenn der Neutralitätspunkt bis zur Entscheidung des Königs ausgesetzt werden könnte.

„Illi: Wollten nicht gern etwas tun ohne mit diesseits bezeugendem guten Belieben. Sie könnten auch Glimpfs halber gegen Brandeburg nicht anderst tun, wiewohl ihnen fürnehmblich darumb zu tun, hierdurch zu verhüten, daß der Krieg nicht in das Reich devolviret werden möchte".

S. nahm ihr Anbringen ad referendum.

---

[1]) Vgl. Urk. u. Akt. Bd. 8 S. 551 ff., Köcher, Gesch. von Hannover und Braunschweig, Bd. 1 S. 251 ff., Joachim, Die Entwicklung des Rheinbundes S. 422 ff.

Resident Georg Friedrich v. Snoilsky an den König. D. Frankfurt a. M. 31. Juli 1658.

31. Juli Gravelle sagte ihm, er suche die Interessierten dahin zu bringen, daß sie mit Schweden abschließen, auch ohne die Neutralität für Minden und Halberstadt zu bedingen. Sollte der König, ehe er diese Bedingung eingeht, lieber auf die Allianz verzichten, so wäre es gut, wenn er seine Zustimmung dazu gibt, daß Frankreich mit Mainz, Köln, Braunschweig und Hessen abschließt; das könnte für den König sehr vorteilhaft sein, da das zunächst nur defensiv einzurichtende Bündnis vielleicht auf eine andere Art zu seinem Besten gestaltet werden könnte; doch alle diese Fürsten nehmen ja auf Schweden große Reflexion und haben mit seinen Feinden nichts zu tun.

Der König an G. Snoilsky. D. Wismar 22. Juli 1658 [1]).

(Auf den Bericht vom 17. Juli 1658.)

[Ablehnung einer Aufnahme des Kurf. in den Rheinbund.]

1. August Vorläufig wird ihm befohlen, „daß Ihr Euch, den Churf. von Brandenburg oder dessen Lande mit einzuschließen, keinesweges herausgebet, sintemal solches denen Allіancen, darinnen Wir anitzo begriffen, gänzlich zuwider, Wir auch denselben, auf was Art und Weise es geschehen mag, anzugreifen, Uns die Hände nicht binden noch vorschreiben lassen, indem er nicht allein sich so genau und fest mit Unsern Widerwärtigen und öffentlichen Feinden verstricket, sondern auch gnugsam seine Feindtätigkeit in Preußen gegen Uns verübet und alles, was nur vorkömbt, zu Wasser und Lande ohne Unterschied confisciren lässet. Daher Wir selbigem gebührend zu begegnen bedacht sein werden und nicht zugeben, daß der, so Uns so übel will und aller Orten anzufechten, auch andere mehr wider Uns zu erregen suchet, nebst Uns in einer Alliance stehe [2])."

B. Wolfsberg an den König. D. Altenburg 23. Juli 1658.

[Angebliches Freundschaftsanerbieten des Kurf.]

2. August Er hat ein Schreiben D. Berlin 14./24. Juli erhalten, demzufolge der Holländer Dieckmann, der „wegen allerhand sinnreichen Inventionen beim Kurf. in ziemlichen Credit, aber fast ganz contract ist," ihn in dessen Auftrag aufsuchen will. D. habe zu bieten, „welches E. Kgl. Maj. nimmer gemeinet haben würden, daß I. Churfl. Durchl. sucheten in gutem Vertrauen mit E. Kgl. Maj. zu leben".—

---

[1]) Vgl. Köcher, Gesch. von Hannover und Brandenburg Bd. I S. 255 ff.

[2]) Auf den Bericht Snoilskys vom 31. Juli 1658 erwiderte der König D. Der
16. Aug. „Drache" bei Kiel 6. August, daß er in die Neutralisierung von Minden und Halberstadt nicht einwilligen könne.

Der König an B. Wolfsberg. D. Kiel 3. August 1658.

(Auf den Bericht vom 23. Juli/2. August 1658.)

[Ist zur Versöhnung mit dem Kurf. bereit, wofern es diesem Ernst damit ist und er das schwedische Interesse bei den Friedensverhandlungen mit Polen wahrnehmen will.]

— Gleichwie Wir nun wohl geschehen lassen können, daß Ihr gedachten 13. Aug. Diekmann an einen bequemen Ort zu Euch entbietet und dessen habendes Anbringen vernehmet, also könnet Ihr auch, wann er etwa von Restabilirung der Freundschaft zwischen Uns und dem Churf. etwas uff die Bahn bringen sollte, gegen ihm wohl tesmoigniren, daß Wir nicht alleine geneigt und willig, alle Uns von dem Churf. bishero zugetriebene Torten zu vergessen, besondern auch mit demselben wiederumb in gutes Vernehmen zu treten, nur daß Wir versichert sein, daß es ihm mit Wiederaufrichtung solcher Freundschaft ein rechter Ernst, und er sich auslasse, inwieweit er Uns bei dem polnischen Frieden favorisiren und Uns darinnen gebührende Satisfaction und Sicherheit verschaffen helfen wolle. Dann im Fall der Churf. wegen des Friedens mit Polen dergleichen Vorschläge täte, darinnen Wir angeregte Securität und Satisfaction haben könnten, und Uns dieselbe zu Wege bringen wollte, würden Wir wegen des von ihm Uns zugefügten Schadens und daher vor Gott und der Welt habenden rechtmäßigen Anspruchs gegen ihm dergestalt [Uns] anschicken, daß er Unser friedbegieriges Gemüte daraus erkennen sollte, und überdem seinen Interesse gegen Polen auch uffs beste favorisiren helfen. Und im Fall Ihr darunter churfl. Seiten eine reale Intention zu sein, von ihm, Diekmann, oder sonst vermerketet, könntet Ihr demselben an die Hand geben, daß man churfl. Seiten sich wegen der Satisfaction, so man Uns von Polen zu obtiniren oder wie man sonst die zerfallene Freundschaft zu resarciren vermeinte, etwas näher gegen Uns herauslassen und, umb desfalls eine rechte Unterredung zu pflegen, einige Deputirte abordnen und einen füglichen Ort zur Zusammenkunft benennen wollte, maßen Wir alsdann nicht ermangeln würden, auch die Unserige dazu zu gevollmächtigen. —

P. S. Im Fall sie tractiren wollen, müßte von den Churfl. der Vorschlag gemacht werden, wo zu tractiren stünde. Denn Ich Mich nicht gerne gegen sie will herauslassen, als wenn Ich zum Vergleich so begierig wäre. Weniger will Ich nicht, daß einige Anzeige geschehe, als wenn Ihr solche Conference mit Diekmann desideriret hättet, besondern daß solche bloß auf seine Anleitung geschehen sei. Denn die Churfl. sich bei Polen und Österreich nur necessaire machen . ., wann man ihnen nur etwas caressire, als wenn sie die Balance von allen Dingen halten täten.

Der König an die Reichsräte in Stockholm. D. Kiel 4. August 1658.

[Gründe dafür, Dänemark und nicht den Kaiser anzugreifen.]

Viele Gründe sprechen dafür, vor allem Dänemark anzugreifen, zumal die 14. Aug. Kaiserwahl vorüber ist und seine Vorstellungen über das ihm vom Kurf. zugefügte Unrecht keinen Eindruck gemacht haben. Die Lage in Deutschland ist namentlich durch die Kaiserwahl, nach der Dänemark so sehr verlangt hat, ganz verändert; sich mit dem Reich in Krieg einzulassen, wäre ein weitläufiges und mühevolles Unternehmen. Keiner der evangelischen Stände will Schwedens Interesse wahrnehmen, alle Kurfürsten halten zu Brandenburg. Da er mit so vielen Feinden fechten muß, ist es besser, nur zu seinem Vorteil zu fechten, zumal er Frankreichs und Englands nicht sicher ist. Sollten seine Feinde etwas in Deutschland beginnen, so wären die Evangelischen doch genötigt, sich mit ihm zu verbinden. Das Werk gegen Dänemark werde er jetzt so angreifen, daß er media consilia nicht befolgt; habe er doch sichere Nachricht, daß Holland Danzig und Pillau Hilfe senden wolle, was Dänemark wohl würde zu verhindern helfen müssen.

Der König an die Legaten im Reich Nils Brahe und M. Biörenklou. D. „Drache" im Hafen von Kiel 6. August 1658.

[Ist zum Ausgleich mit dem Kurf., auch im Hinblick auf dessen Bündnis mit Österreich, bereit, wenn er die Expektanz auf Memel und Pillau und die Ämter Ragnit und Tilsit erhält. Den Kurfl. ist der Verdacht zu benehmen, daß seine Größe ihnen schadet.]

16. Aug. — Med Brandeborg vilja Vi och icke vara obenägna att förlika Oss, där detta angår, och ehuruväl Vi hade fog, att försäkra Oss nu strax denne herren, så att Vi af hans halka och lubricität icke hade något vidare att befara; likväl och på det Österrikes med honom gjorde conföderation icke måtte så mycket stå i vägen denne föresatte förlikning, vilja Vi så vida ändeligen bequäma Oss att, om Vi icke uti churfl. Preußens hamnar nu strax få directionen af tullarne, vilja Vi icke så mycket stå på hans fästningar, utan kunna väl tillåta, att han, Brandeborg, däraf participerar, allenast Vi erhålla af honom tillika med expectancen på Memel och Pillau in casum mortis familiae eller survivancen de tvenne ampter Ragnit och Tilsen vid Memelströmmen, så vilja Vi Oss därmed af Churf. för denne gång låta benöja och ratione pacis redintegrandae cum Austria condonera det öfvriga publicae quieti och på det sättet komma utur verket.

P. S. Om de kunna komma till tractat, kunna conditionerna alltid melioreras; allenast måste betagas dem suspicionen de hafva, att Min grandeur skall lända dem till praejudice.

Der König an A. Gyldenklou. D. Utterslev vid Kiöpenhampn 13. August 1658.

23. Aug. Mit Rücksicht auf den dänischen Krieg wäre ihm Betreibung des polnischen Friedenswerks erwünscht. Da er aus de Lumbres Reden sieht, daß der Satisfaktionspunkt die größten Schwierigkeiten macht, will er sich mit 2—3 Millionen begnügen, und falls diese nicht sofort gezahlt werden können, als Unterpfand die Woywodschaft Marienburg haben [1]).

---

[1]) Vgl. Pufendorf, Karl Gustav, Lib. V § 88.

Der König an A. Gyldenklou. D. Landskrona 20. November 1658.

[Wenn mit Polen ein Frieden nicht möglich ist, erstrebt er den Frieden mit Österreich, auch wenn er diesem Preußen übergeben muß.]

Am liebsten wäre ihm der Friedensschluß mit Polen. Zögert dieses trotz 30. Nov. seiner liberalen Deklarationen aber die Verhandlungen hin [1]), so muß er quovis modo die Versöhnung mit dem Hause Österreich versuchen, som är origo et fons omnis mali och rätta orsaken och ursprunget till de andra Våra fiender, sökandes med hvarjehand conditioner att komma åter till vänskaps stiftelse, fastän det skulle ske cum cessione Prussiae in manus Austriacorum. —

Memorial und erneuerte Instruktion für die Friedenskommissare. D Slagelse på Seeland 21. Dezember 1658.

[Forderungen an Polen, darunter: Anteil an den Zollerträgen von Pillau und Memel. Elbing soll der Kurf. nicht bekommen. Der Kurf. kann in den Frieden mit Polen, der vor allem zu erstreben ist, eingeschlossen werden; dann ist zu versuchen, daß er dem König die beiden Häfen abtritt. Doch ist Vorbedingung für den Frieden mit dem Kurf., daß er sich verpflichtet, Schweden in keiner Weise zu schaden; sonst hat der König das Recht, ihn in allen seinen Landen anzugreifen. Ohne dies Zugeständnis kann er mit dem Kurf. nicht Frieden schließen. Kommt es nicht zum Frieden mit dem Kaiser, so muß der Kurf. dem König Durchzüge und Werbungen gestatten. Wenn der Kurf. nicht die finanziellen Ansprüche des Königs befriedigt, soll er diesem dafür Löcknitz abtreten.]

— Im Hauptquartier Otterslöf habe der König auf de Lumbres Rat auf 31. Dez. Preußen verzichtet. Er verlange von Polen Livland, Kurland und Semgallen, 2—3 Millionen und bis zur Ausführung des Friedens das Palatinat Marienburg. Die Hafenzölle im kgl. Preußen werden zwischen Schweden und Polen, die im kurfl. Preußen zwischen Schweden und Brandenburg geteilt; jedoch nach dem Aussterben der männlichen Kurlinie fällt auch die andere Hälfte an Schweden. Der Zoll in Preußen soll ebenso hoch sein wie der in Riga. Zunächst ist übrigens zu versuchen, ob man die Zollerträge in Pillau und Memel allein erhalten kann.

För all ting skola Commissarierna därpå fasteligen stå, att Elbingen icke måtte Churf. cederas, utan att den staden förblifver in corpore Regalis Borussiae [2]).

Vill nu Churf. så skicka sig vid denna tractaten, att man ock jämväl med honom kan komma till en förlikning och vänskap, så kunna Commissarierna och sådant mesnagera, dock att deras förnämsta ögonmärke är, ju förr ju heller med Polen komma till rätta. Skulle det hända, att freden med Polen icke ske kan, med mindre man tillika måste med Churf. förlika sig, hafva de att bevisa bemälde Churf. den stora tort och orätt, han hafver Kgl. Maj. tillfogat; . . ty är icke skäligt, att sådant utan satisfaction aflöper, och kunna fördenskull Commissarierna först

---

[1]) Vgl. Pufendorf, Karl Gustav, Lib. V § 120.

[2]) Vgl. oben S. 537.

påstå, som ofvantill indigiterat är, att Kgl. Maj. cederas de hamnarne Pillau och Memel samt de där bygde skansar och andra iurisdictioner och rättigheter, som därtill höra, det är, att Kgl. Maj. hafver därjämte orterne ius och dispositionem vectigalium, utan hvilken Kgl. Maj. hafver ingen satisfaction och assecuration af Churf. att vänta. Dock där detta, som och icke förmodeligen är, intet står att obtinera, kunna Commissarierna, hvad orterne vidkommer, det postulatum låta fara, men hvad tulltäkten angår, sollen sie nach der obigen Anweisung verfahren. —

Der Kurf. darf in den Frieden nur eingeschlossen werden, wenn er ausreichende Satisfaktion und Gewißheit de non amplius offendendo leistet und zusagt, Schwedens Feinde in keiner Weise zu unterstützen. Sonst hat der König das Recht, ihn in Preußen anzugreifen, ohne daß seine Freundschaft mit Polen darunter leidet. Dock kunde denne punct.. sålunda inrättas, att man förlikar sig med honom quoad omnes eius principatus et terras och att därmed implicite förstås, att där han skulle begynna och rycka i krig med Kgl. Maj., man och kunde sig på honom revangera in omnibus ipsius provinciis tam extra quam intra Imperium Romanum; och kan förutan detta Kgl. Maj. med honom ingen fred göra.

Det måste och aftalas, att där men skulle komma till composition med Churf. och man kunde icke så vida komma med Kejsaren, att då Kgl. Maj. bestås efter constitutiones Imperii Romani och Instrumentum Paris både fry passage genom Churfs. land samt obehindrad värfning, och efter Kgl. Maj. hafver ännu att fordra icke allenast 60 000 Riksdaler ratione pactorum [1]), utan och en annan stor summa af gammal praetension, att Churf. antingen det betalar eller lefvererar Kgl. Maj. Löcknitz med den bezirk och district, där omkring ligger. —

Der Graf von Waldeck an den Fürsten von Anhalt. D. Mittelfahrt 29. Dezember 1658.

[Anerbieten zur Vermittlung zwischen Schweden und Brandenburg.]

8. Januar 1659. Je ne puis plus tarder à assurer V. A. de la continuation de l'affection et [du]très humble respect que je Vous porte, et comme le cours des affaires humaines nous à mis dans les postes, où nous [nous] voyons aujurd'hui, et qu'on n'aggrée point des offres, que j'ai fait dans une lettre à V. A. touchant le rétablissement de l'intelligence entre S. M. et S. A. El., mais me vient chercher ici presque aux extremités du monde, je n'espère pas, quoique la mésintelligence soit plus longtemps entretenue entre les deux potentats, auxquels nous servons, que V. A. me veuille refuser la continuation de ses bonnes grâces, dont je me suis vu honoré ci-devant, mais m'y donnant tousjours quelque part, Elle facilitera l'issue de mon dessein, si S. A. El. le trouve à propos de se servir de ma personne pour le sujet susdit, afinque je puisse faire voir avec effet, que jamais je [ne] perdrai l'intention de faire pour le bien de S. A. El. ce qu'avec raison l'on peut demander de moi. —

---

[1]) Vgl. § 3 des Labiauer Geheimvertrages, v. Moerner S. 215 und oben S. 381, 385 ff., 398 f.

Johann Georg von Anhalt an den Grafen von Waldeck. O. D. Praes. 12. [22.] Januar 1659.

[Der Kurf. wünscht einen sicheren allgemeinen Frieden, lehnt aber Sonderfriedensverhandlungen ab.]

Je Vous suis fort obligé de l'affection, que Vous me témoignez en diverses lettres, et plains avec Vous fort notre désastre de ne servir plutôt nos maîtres, en faisant la guerre contre le Turc, étant assure, que le mien le ferait cent fois plus volontiers que contre S. M. de Suède, s'il n'y avait pas été forcé contre son gré. Je n'ai pas manqué de faire relation à S. A. El. de l'offre que Vous faites pour le rétablissement d'une bonne intelligence entre S. M. et Elle, et voici Sa réponse de mot en mot: Elle dit, que si Vous parlez d'une paix commune, universelle et sûre, Vous saurez et en pourrez assurer S. M., qu'il n'y aie point de prince dans cette guerre présente, qui la souhaite avec plus de passion et de zèle, n'y cherchant autre chose que la conservation et sûreté de Ses États et de Ses alliés. Mais si Vous parlez d'un traité particulier, S. A. El. espère, que Vous Vous souviendrez encore des bons conseils que Vous Lui avez donné au commencement de cette guerre ,où Vous avez remontré par des raisons invincibles, que toute la visée de la guerre suédoise était uniquement les ports de la Mer Baltique et quelques pays avantageusement situés de S. A. El., et que S. A. El. ne s'en pourrait jamais assurer que par les armes et par des bonnes alliances avec des États, qui auraient les mêmes intérêts contre la Suède [1]). En suite de quoi Vous n'avez pas seulement alors poursuivi d'un zèle louable l'alliance avec les Pays-Bas, mais proposé encore d'autres; et parce que depuis S. M. de Suède avait bien confirmé Vos sentiments et lors, quand S. A. El. Lui avait assisté avec toute Sa force, incessament désiré la Prusse, comme Vous Vous souviendrez bien, en ayant fait plusieurs fois des propositions, y ajoutant, que sans cela S. M. ne serait jamais ami de S. A. El., Elle Vous laisse juger, si Vous, qui savez très bien les surmentionées affaires, devez proposer un traité particulier, excepté cent autres raisons et principalement les alliances, dans lesquelles S. A. El. se trouve. Voilà, Monsieur, ce que S. A. El. m'a commandé de Vous écrire [2]). — Mitte Januar

---

Der König an den Grafen von Waldeck. D. Feldlager vor Kopenhagen 17. Januar 1659.

(Auf den Bericht vom 13./23. Januar 1659.)

— Gleichwie nun daraus gnugsam erhellet, daß der Hochmut, so churfl. Seiten bis anhero allemal verspüret worden, immer mehr und mehr wächset, Wir aber daentgegen zu der Güte Gottes das Vertrauen haben, dieselbe schon die Zeiten und Conjuncturen dahin ehestens ändern werde, daß man ihres Teils andere Gedanken 27. Jan.

---

[1]) Vgl. Urk. u. Akt. Bd. 7 S. 346 ff., Erdmannsdörffer, Waldeck S. 309 ff. 23. Jan.

[2]) D. Mittelfahrt 13. Januar 1659 teilt Waldeck dem König diesen Briefwechsel mit. „Gott segne E. Kgl. Maj. Vorhaben der Ends dergestalt, daß man bald zu anderen Actionen schreiten könne."

zu gewinnen und leisere Saiten uffzuziehen Ursach haben solle, also lassen Wir es auch unterdessen Gott und der Zeit heimgestellet sein, und gesinnen an Euch hiemit gnädigst, Ihr wollet Euch nur nicht weiter mit ihnen in Schriftwechselung engagiren, maßen ihre Superbie noch zur Zeit nicht zulässet, dergleichen sana consilia zu admittiren, besondern sie sich deroselben zu Unserer disavantage nur bedienen. —

Der König an A. Gyldenklou. D. Kronenborg 16. März 1659.

[In einem Sonderfrieden mit Polen ist zu bedingen, daß dem König freie Hand gegen den Kurf. bleibt, und daß Elbing ihm bis zur Bezahlung seiner Geldforderungen gelassen wird.]

26. März Nachrichten aus Holland zufolge hat der Kurf. ein neues Bündnis mit Dänemark geschlossen [1]). Kommt es also zu einem einseitigen Frieden mit Polen, so sollen sie „vor allen Dingen bedingen, daß Wir salva pace cum Polonis inita, maßen er nun suchen wird, seine preußischen Lande in den Tractat zu schließen und anderwärts gegen Uns zu agiren freie Hände zu behalten, den Churf. beides in Preußen und anderswo ohne Unterschied angreifen können, besondern auch allen Fleiß und Sorgfalt anwenden, die Polen zu disponiren, daß sie Uns die Stadt Elbingen mit deren territorio so lang zum Unterpfande lassen wollten, bis Uns die pro satisfactione praetendirende Gelder . . vollenkommen vergnüget. —

Solches nun zu erhalten, werdet Ihr umb so viel beflissener sein, als Ihr selbst judiciren könnet, wie hoch Uns daran gelegen, wann Wir mit dem Churf. in Preußen engagiret bleiben sollten, eine so considerable Post zu behalten und einen Fuß zu haben, wodurch Wir denselben in seinen Landen angreifen könnten [2]).“ —

Graf v. Schlippenbach an den König. D. Stettin 4. Mai 1659.

[Brandenburgische Anknüpfungsversuche.]

14. Mai — Was sonst die Brandenburger rühren, kann ich nicht wissen. Daß aber dieselbe (und zwar die fürnehmsten) expresse sich mit mir in einiger Correspondenz einzulassen tesmoigniren, muß was bedeuten, wiewohl ich denselben allezeit mit Stillschweigen antworten werde. Es scheinet, daß den Herren bange, man möchte in kurzem das compelle intrare mit Holland spielen, wiewohl man sich annoch mit ein und andern mediis consiliis und Jalousie von Engeland gegen I. Maj. flattiren tut. —

---

1) Vgl. v. Moerner S. 237 f.

2) An Schlippenbach schrieb der König am selben Tage: „Ich wollte wünschen den Frieden mit Polen zu haben je eher je lieber, wo möglich, und da der Churf. nicht selbsten Frieden machen will oder eingeschlossen sein, wäre zu wünschen, daß wir Elbingen durch den Friedensschluß mit Polen erhalten könnten. Alsdann sollte das churfl. Preußen nächst göttlicher Hilfe uns nicht entstehen.“ — Zu den damaligen Friedensverhandlungen vgl. Pufendorf, Karl Gustav, Lib. VI §§ 74—76.

Damit ich auch der Brandenburger hierbei ferner gedenke, so scheinet es fast, daß sie sehen, wie laut meiner Ansage sie auf alle Begebenheit das theatrum sein müssen und dahero itzo andere Gedanken bekommen. Ein Friede mit Moscow und die Sperrung von Danzig und Pillow kann I. Maj. in kurzem zum Herrn von der ganzen Ostsee machen. —

Der König an Graf v. Schlippenbach. D. Landskrona 22. Mai 1659.

(Auf den Bericht vom 4./14. Mai 1659.)

[Vorsichtiges Eingehen auf brandenburgische Annäherungsversuche. Abfindung des Herzogs von Kurland in Lauenburg, Bütow und Pommerellen.]

— Nun sind Wir zwar gar gern zufrieden, daß Ihr die bei diesem Churf. sich 1. Juni
etwa dazu ereignende Inclination uffs beste mesnagiret, auch, da dessen ministri, umb mit Euch in geheim zusammen zu kommen, sich weiter anerböten, ein solches Eurer Seite nicht decliniren wollet. Werdet Euch aber dabei gnugsamer Secretesse und Behutsamkeit befleißigen und bei denen etwa vorkommenden Conferencen alle Motiven anführen, die Ihr ersprießlich findet, den Churf. von der widrigen Partei abzuziehen, insonderheit daß er nicht verabsäumen möchte, umb diejenige Vorschläge, welche zu anderwärtiger Satisfaction seines Schwagern, des Fürsten von Kurland, anitzo gefunden werden könnten, befordern zu helfen [1]). —

Reichsschatzmeister Magnus De la Gardie an den König. D. Stettin 31. Mai 1659.

[Frischmann melde, daß der Kurf. zum Ausgleich mit dem König neige und von seinen Verbündeten rasch getrennt werden könnte.]

Jag hafver sett vid siste post ett Mr. Frischmans bref (hvilken nyligen är 10. Juni
sänd vorden till Churf. af Brandenburg som resident ordinaire) [2]) till ambassadeuren Trellon, i hvilket han gifver tillkänna, det högbemälde Churf. mer än förr inclinerar till en accomodement med E. Kgl. Maj., och det han ej tvifvlar, man denne herre ifrån dess allierade snart nog separera kunna, efter all god disposition därtill vore på den sidan, önskandes, det E. Kgl. Maj. täcktes desslikes låta detta menagera igenom någon Dess ministrar. Huruvida detta kan vara troligt och om Hr. Frischman rätt in arcana illius aulae penetrerar, det vet jag intet. —

[1]) Dem von ihm gefangen gehaltenen Herzog von Kurland dachte der König Lauenburg und Bütow nebst einigen benachbarten Ämtern in Pommerellen als Reichslehen zu (Instruktion für die Kommissare zu den polnischen Friedensunterhandlungen D. Kronberg 16. August 1659).

[2]) Vgl. Urk. u. Akt. Bd. 2 S. 189 ff., Bd. 8 S. 661 ff.

Memorial, welches I. Maj. . . . dem . . . Grafen zu Waldeck bei seiner nacher Teutschland vorhabenden Reise an den Casselschen Hof und sonst diensamer Orten wegen Projectirung eines Vergleiches zwischen I. Maj. und Brandenburg in acht zu nehmen, gnädigst recommendiren. D. Frederiksborg 26. August 1659 [1]).

5. Sept. Waldeck könne den geplanten Vergleich auf seiner Reise nach Deutschland gar füglich incaminiren. „Und zwar nehmen I. Kgl. Maj. zu Projectirung solcher Reconciliation daher Anlaß, daß man Ihro glaubwürdig berichten wollen, als ob der Churf. sich dazu nicht abgeneigt vermerken lassen, seit der Zeit daß seine auf Fünen und die andere Insulen gehabte große Desseins krebsgängig geworden [2]), und er zweifelsohn befahret, daß, wann das Werk allhie im Norden zum Ruhestande gelangen und er dabei ausgeschlossen sein sollte, seine Lande dar allem Ansehen nach sein dürften, worauf das itzo in Teutschland vom Kaiser angezündete Kriegsfeuer am meisten umb sich greifen würde, außer dem auch vielleicht nicht siehet, wie er ohne I. Maj. Freundschaft und appui seines gesteckten Ziels wegen der Souverainität gnugsam gesichert sei; maßen er sich dem Kaiser in die Länge, vornehmblich da derselbe den Einbruch in Pommern wider seinen Willen vorgenommen und dadurch zu ein und andern Argwohn Anlaß gegeben [3]), nicht wird vertrauen, von Polen auch nimmer hoffen noch vermuten können, daß sie die ihm aus Not eingewilligte Souverainität und andere avantagieuse conditiones, welche aber zu merklichem Präjudiz der Republique gereichen und der Polen Ambition und Freiheit nicht umb geringes touchiren, länger lassen werden, als er sich mittelst einem gnugsam kräftigen Rückhalt darin wird zu mainteniren vermögen, und I. Kgl. Maj. in solcher Conjectur dadurch gestärket werden, daß der Churf. obiger Invasion sich noch zur Zeit mehr, denn daß er die Völker durch sein Land gelassen, nicht teilhaftig machen noch ihnen seithero das Geringste am Proviant zukommen lassen wollen, daher dieselbe dem Verlaut nach schon ziemblich crepiren.

So haben I. Kgl. Maj. bei diesen Conjuncturen, da Sie mit so vielen mächtigen Feinden accabliret, umb sich deren einige von Halse zu schaffen, den Anfang des Vergleichs gern bei dem Churf. machen und das Moment, welches oberwähnter Maßen dazu itziger Zeit gelegen scheinet, nicht verabsäumen wollen, insonderheit da I. Kgl. Maj. wohl sehen, daß an dem Friede mit Polen und der Reconciliation mit Holland . . der Churf., solang er mit I. Kgl. Maj. unverglichen, Deroselben merkliche Hinderung causiren kann, indem er mit den Polen annoch würklich conjungiret und in Holland die oranische ihm zugetane Partie bei den Generalstaaten in großer Consideration.“

Waldeck soll versuchen, den Landgrafen von Hessen und dessen Gemahlin

---

[1]) Vgl. Pufendorf, Karl Gustav, Lib. VI § 69, Urk. u. Akt. Bd. 8 S. 625.

[2]) Vgl. Droysen, Bd. 3 Tl. 2 S. 451 ff., Urk. u. Akt. Bd. 7 S. 206 ff., Bd. 8 S. 388 f.

[3]) Vgl. Urk. u. Akt. Bd. 8 S. 397 ff., Pribram, Venetianische Depeschen vom Kaiserhofe Bd. 1 S. 274, 286, 310 f.

unter Hinweis auf den drohenden Dominat des Kaisers zur Einwirkung auf den Kurf. im Sinne des Friedens mit dem König zu veranlassen.

„Soviel nun der Herr Graf bei I. Kgl. Maj. vermerket hätten, inclinirten Dieselbe dazu nicht allein, besondern würden auch zu desto mehrer Beforderung des Werkes und dem gemeinen Wesen zum Besten . . die geringste Satisfaction nicht prätendiren, auch nicht begehren, daß er wider Ihre Feinde sich mit engagire oder Deroselben einige Assistence leiste, besondern bloß allein sich von selben I. Maj. Feinden absondere und ihnen wider I. Maj. keine fernere Hilfe tue.

Wann nun der Herr Graf vermerken würde, daß des Herrn Landgrafen fürstl. Gn. sich zu Unterbau- und Vermittelung dieser Sache gebrauchen lassen, dieselbe mit Ernst incaminiren und dessenwegen I. Maj. Intention oder postulata eigentlich wissen wollen, so wird der Herr Graf dieselbe versichern, daß I. Kgl. Maj. nichts anders vom Churf. begehren, dann daß, wie vorerwähnet, derselbe 1. I. Kgl. Maj. Feinde ganz abandonniren, 2. solchen I. Maj. Feinden keine Passage weder durch seine preußische noch teutsche Lande verstatten, 3. mit Waren von Contrebande denenselben keine Zufuhr tun noch von andern tun lassen, 4. die Geldmittel, welche er vermöge dem Labiauschen Tractat noch schuldig, zahlen [1]), 5. die I. Kgl. Maj. hochseligen Schwieger Herrn Vatern aus den Händen gebrachte Residenz Gottorp des Herrn Sohnes Fürstl. Durchl. nunmehr restituiren [2]) oder 6. anstatt der Labiauschen Gelder I. Maj. an dem Zoll in der Pillau uff die Hälfte participiren lassen sollte, welches letztere aber, gleichwie es eine delicate Sache, also auch nicht [so]fort zu offenbaren [3]), besondern so lang zu hinterhalten, bis man sähe, daß churfl. Seiten zu der Reconciliation ein aufrechtes Vorhaben und nicht angesehen wäre, I. Maj. Meinung zu erforschen und dieselbe nachgehends, wie ihre Gewohnheit, bei ein und andern sinistre zu interpretiren.

Fünde aber der Herr Graf dazu Gusto, könnte er, umb solche Participation plausibel zu machen, die persuasoria argumenta führen: 1. daß der Churf. keinen Schaden oder Abgang, indem der Zoll nach Proportion des Rigischen eingerichtet und also, was ihm sonst abginge, durch solche Verhöhung ersetzet und noch vermehret, dann auch die Commercien nicht divertiret werden könnten, wann solcher gestalt der Zoll in allen Häfen gleich gemachet würde, 2. vielmehr diesen Nutzen davon hätte, daß I. Kgl. Maj. dadurch desto mehr obligiret wären, ihn bei der erhaltenen Souverainität gegen Polen zu guarantiren, maßen I. Kgl. Maj. sich auch bei diesem erfolgenden Vergleich zu verpflichten erbietig, dem Churf. solche in der mit Polen geschehenen Vereinbarung zugesagte Souverainität und andere Avantagen bei dem nun hoffenden Frieden mit Polen zu des Churf. gnugsamen Sicherheit feststellen zu helfen, auch gegen obdesiderirte Participation am Zoll ins künftige zu guarantiren, nur daß die Stadt Elbingen in ihren vorm Kriege gehabten Zu-

---

[1]) Vgl. oben S. 399 und v. Moerner S. 215.

[2]) Vgl. v. Moerner S. 234 ff., Vertrag des Kurf. mit dem Herzog von Holstein-Gottorp vom 15./25. November 1658, Urk. u. Akt. Bd. 8 S. 378 ff., Pufendorf, Friedrich Wilhelm, Lib. VII § 69.

[3]) Vgl. oben S. 599.

stand gesetzet und dagegen dem Churf. die Summa Geldes der 500m Rthlr., wovor ihm selbe Stadt zur Hypothek versprochen [1]), von Polen bezahlet oder ein anderwärtig gnugsam Unterpfand eingeräumet werden sollte.

Gleichwie aber hiebei zweifelsohne die Restitution des Fürsten von Churland alsofort uff die Bahn gebracht werden dürfte, also könnte der Herr Graf uff solchen Fall regeriren, daß I. Kgl. Maj. zuforderst große und unumbgängliche Ursachen gehabt, warumb Sie sich hochgedachten Fürsten von Churland und seiner Lande versichern müssen. . . Könnten sich auch zu der Restitution keinerlei Weise verstehen. . . Daentgegen aber bei dem bevorstehenden Frieden mit Polen I. Kgl. Maj. und der Churf. dem Fürsten bei Polen ein ander gnugsames aequivalens procuriren und verschaffen könnten, solcher gestalt, daß der Fürst ein Stück von Samaiten und Litauen oder einen Teil von Pommerellen oder auch der Churf. in Samaiten oder Pommerellen Satisfaction nehme und daentgegen dem Herzog das Fürstentumb Minden abtrete und den Titul eines Reichsfürsten dabei verschaffete, wodurch er dann mit seinem fürstlichen Hause in einen besseren und sichern Zustand gesetzet wäre.“ (So.)

Waldeck möchte über seine Verhandlungen dem König berichten und auch mit dem nach Holland gesandten Hofrat Coyet darüber korrespondiren. —

Instruktion für den Hofrat Peter Julius Coyet für seine Sendung an die Generalstaaten. D. Frederiksborg 27. August 1659 [2]).

[Bedingungen des Königs für seine Versöhnung mit dem Kurf.]

6. Sept. — Um die niederländische Partei, die zum Kurf. und zu den Oraniern hält, zu beruhigen, kann Coyet erklären, daß der König ohne Anspruch auf große Satisfaktion zur Erneuerung der Freundschaft mit dem Kurf. bereit ist. Diskursweise kann er verlauten lassen, daß Mittel gefunden werden könnten, den Kurf. für die 500 000 Rthlr., die er für Elbing zu fordern hat, anderwärts zu befriedigen. Der König will keine Bündnisse zum Schaden des Kurf. abschließen, ihn bei der Behauptung der preußischen Souveränität unterstützen und låta honom participera af tulltäkten, den Kgl. Maj. för Pryssens evacuation ändligen prätenderar, och kan Kgl. Majs. abgesandter visa, huru antingen tulltäkten eller survivancen kan Kgl. Maj. Churf. tillbinda och i souverainiteten försvara. —

---

[1]) Vgl. oben S. 522, 534.

[2]) Vgl. Pufendorf, Karl Gustav, Lib. VI §§ 62 und 63, Urk. u. Akt. Bd. 7 S. 286, 294.

Die schwedischen Friedenskommissare an de Lumbres. D. [Hafen von Danzig] nave bellica „Der Hirsch“ 4./14. September 1659.

Zeigen ihm an, daß sie am 2. September vom Pommern abgereist und in portu Gedanensi Olivam versus angelangt sind [1]). 14. Sept.

Der Kurf. an die sämtlichen Stände von Prälaten, Ritterschaft und Städten des Herzogtumbs Vor- und Hinterpommern schwedischen Anteils. D. Hauptquartier zu Brüel 10. September 1659 [2]).

Die Könige von Polen und Dänemark hätten den Kaiser und ihn um Hilfe gegen die Angriffe Schwedens gebeten. Der Kaiser habe darauf Truppen in schwedisch Pommern einrücken lassen. „Wiewohl Wir nun sehr besorget, daß die armen, unschuldigen Untertanen ein vieles und hartes darüber ausstehen möchten und derohalben aus diesem von Unserm Feinde provocirten und verursachten traurigem Spiel Uns zu entziehen von Herzen gewünschet haben, so sind Wir doch durch die feste Verbundnüß, worinnen Wir mit beiden Kronen begriffen und demzufolge durch beiderseits inständiges Anhalten, wie auch absonderlich aus Consideration, ob etwan diesem besorgenden Jammer durch Unsere Vermittelung und Gegenwart vorgekommen und die notleidende Untertanen desto eher errettet werden möchten, genötiget worden, hierbei nicht stille zu sitzen, sondern dessen Uns bester Maßen mit anzunehmen und mit aller Macht und Sorge dahin zu sehen, damit derselbe zu dem von allen Friedliebenden erwünschtem Ende forderlichst gebracht, das geliebte Vaterland teutscher Nation nicht weiter zerrüttet, noch so ein herrlich Stück und soviel tausend unschuldige Leute zu Grunde gerichtet und durch Extremitäten in Staub und Asche möchten gesetzet werden. 20. Sept.

Weswegen Wir dann auch, und umb alles desto besser zu beobachten, die Resolution numehr ergriffen haben, Uns der Örter selbsten hin zu begeben und denen allda vorfallenden Actionen mit einigem Kriegesvolk persönlich beizuwohnen. Weil Wir aber unterdessen befürchten müssen, daß dieses Unser rechtmäßiges Vornehmen von Unseren Widerwärtigen ihrem Gebrauche nach zum ärgsten ausgeleget und sonsten von Unserm Anzuge andere frembde impressiones Euch möchten gegeben werden, dadurch Ihr gegen die Röm. Kaiserl. Maj. und Uns obstinat gemacht und Euer Verderben und Ruin nur desto mehr befordern würdet, als haben wir zu Euerm Besten nötig zu sein erachtet, solches Unser Vorhaben Euch selbst zu entdecken und daneben Euch sambt und sonders . . hierdurch zu versichern, daß, ob Wir gleich durch vorberührte und viele andere Motiven gezwungen sein,

---

[1]) Vgl. Urk. u. Akt. Bd. 8 S. 713 f. — Die schwedischen Friedenskommissare waren Magnus Gabriel de la Gardie, Benedikt Oxenstierna, Graf Karl v. Schlippenbach und Andreas Gyldenklou.

[2]) Vgl. Prot. u. Rel. Bd. 5 S. 628 f., Urk. u. Akt. Bd. 8 S. 390 ff.

Unsern March nach Vorpommern zu nehmen und Unsern Feind daselbst zu verfolgen, daß Wir doch keineswegs gemeinet sein, Euch oder einigen von den vorpommerischen Einwohnern und Untertanen. . . Gewalt oder Drang anzutun oder von der dem Heil. Röm. Reich schuldigen Pflicht abzuziehen, zum allerwenigsten aber Euch in Eueren sowohl geist- als weltlichen habenden Privilegien, Immunitäten, Gerechtsamen und deren freien und ungehinderten exercitio selbsten oder von jemand anders drücken, turbiren oder irren zu lassen."

Hingegen erwartet der Kurf., „Ihr werdet . . . die von Uns angebotene churfl. Hulde und Gnade alsobald und ohne Säumnis annehmen, Uns mit gutem Rate und gehorsamen Diensten treulichst beistehen, Euch und das Euerige von gänzlichem Verderb und beschwerlichen Diensten und anderen Drangsalen mehr retten und, als getreuen und redelichen Teutschen wohl anstehet und gebühret, Euer Vaterland, Euch und die Euerigen aus immerwährenden Kriegesbedrückungen ziehen und retten." Gegen jede Halsstarrigkeit wird strenge Strafe angedroht.

Der König an den Grafen von Waldeck. D. Nykjöbing 11. Oktober 1659.

21. Okt. Wartet auf Bericht über den Erfolg seiner Sendung nach Kassel. „Soviel aber sehen Wir wohl, daß, ehe und bevor Wir eine Gewißheit haben, wie weit Frankreich bei gegenwärtigen Conjuncturen Uns mit Geld und Volk unter die Arme greifend und wider Unsere Feinde beistehend [sein] wolle, Wir in dem Westphälischen und Niedersächsischen Kreise wider den Churf. nichts werden entrepreniren können, im Fall Wir nicht den ganzen Schwarm Uns unzeitig uff den Hals laden wollen." —

Der Graf von Waldeck an den König. D. Arolsen 12. Oktober 1659.

[Erwägungen des Kasseler Hofes über die Möglichkeit einer Vermittelung zwischen Brandenburg und Schweden.]

22. Okt. Die Anregung des Königs, daß der Landgraf von Hessen eine Vermittlung mit dem Kurf. versuchen solle, ist von diesem freundlich aufgenommen worden; er beabsichtigt, einen Gesandten zu diesem zu schicken. „Wobei man sowohl I. Churfl. Durchl. Gemüt zu gewinnen als denen obstaculis, so sich, solchen Effect zu erreichen, ereugen möchten, zu begegnen, auf diejenige, so um I. Churfl. Durchl. sein, Reflexion gemacht und befunden, daß vorerst dem Herrn v. Schwerin solche rationes beizubringen nötig, dadurch er bewegt werde, sowohl zu Abwendung der Gefahr, darin er seine Person bei gefährlichen Ausschlag dieses Bundskrieges setzet, als zu Erhaltung seines Credits, daß er durch gute Conduite die Sache so geführet, daß durch die Sicherheit seines Herrn Staats und der erlangten Advantagen ihme die Ehre, daß die Sache so wohl abgelaufen, allein bliebe, und denn durch den v. Pöllnitz, welcher, wie man gewisse Nachricht hat, in großem Credit

und von guten Sentimenten zum Frieden mit E. Kgl. Maj. sein soll, wie auch durch einige andere, so umb I. Churfl. Durchl. Person sein, die Impressionen des Vorteils, welchen sie aus solchem Werk zu hoffen, Deroselben mit Adresse zu Gemüt führen zu lassen.

Und haben sich I. Fürstl. Gn. mit großem Eifer und Begierde, dies Werk zu embrassiren wollen erkläret, und ob Sie schon in Sorgen stehen, daß erstlich Dero Credit bei dem brandenburgischen Hofe nicht allzu groß sein möchte, und denn vermutlich der Herr v. Schwerin (welcher, wie I. Fürstl. Gn. die Landgräfin in Discurs zu verstehen geben, nach Cassel geschrieben, daß der Churf. aus zweien Bösen eins wählen und entweder den Kaiserlichen Pommern allein lassen oder mit hineingehen müssen) durch die Österreichische und Polnische so gefaßt sei, daß er von allen, was ihm vorkommet, denselben Nachricht geben würde, ist doch solches alles ohngeachtet die Sach, wie vorgesagt, zu führen resolviret." Der Landgraf will die Verhandlungen in strengstem Geheimnis führen. Dieser meint übrigens, daß es nützlich wäre, wenn man dem Kurf. die Hoffnung auf Restitution des Herzogs von Kurland nicht ganz abschnitte.

Der König an B. Wolfsberg. D. Nykjöbing 24. Oktober 1659.

[Hessische Vermittelung zwischen Brandenburg und Schweden.]

Waldeck habe gemeldet, daß der Landgraf von Hessen zwischen ihm und dem Kurf. zu vermitteln versuchen wolle. Wolfsberg soll sich daher sofort nach Kassel begeben. Der König wünscht, „daß, wann währender Zeit an selbem Hofe von des Churf. aufrichtigen Intention zum Vergleich eine Gewißheit eingekommen, derselbe auch jemand mit Vollmacht und Instruction, das Werk zu tractiren, versehen haben sollte, Ihr Uns ein solches alsdann eröffnet, damit Wir Euch gleichfalls Pouvoir und Unterricht zusenden können, das Werk der Gebühr zu negotiiren. Ihr werdet aber S. Lbden des Landgrafen Einraten sondiren, ob Wir Euch, umb das Werk desto secreter zu halten, allein dabei gebrauchen oder dem General Graf Waldeck es mit ufftragen sollen [1]). —" 3. Nov.

Instruktion und Memorial für die Kommissare zum polnischen Friedenskongreß. D. Nykjöbing 29. Oktober 1659.

[Entschädigung des Herzogs von Kurland durch polnisches Gebiet. Beteiligung Schwedens an den preußischen Zollerträgen. Eventualsukzession in Preußen. Geringe Aussicht auf wirkliche Versöhnung mit dem Kurf. Möglichkeit eines Bündnisses mit Polen und Aufteilung Preußens zwischen Schweden und Polen.]

---

[1]) D. Nykjöbing 26. Oktober 1659 benachrichtigte der König Waldeck von diesem Erlaß an Wolfsberg. Waldeck meldete D. Arolsen 1. November, daß der Landgraf noch keinen Gesandten zum Kurf. geschickt hätte, weil er erst sicher sein wollte, daß es dem König mit der Versöhnung ernst sei. 5. Nov. 11. Nov.

8. Nov. Verweis auf die Instruktionen vom 22. Januar/1. Februar 1658 und vom 21./31. Dezember 1658[1]), die der König erläutern und moderiren will, som närvarande tid och lägenhet fordrar. —

In Preußen sollen nach dem Frieden keine Veränderungen in religiöser Beziehung vorgenommen werden.

Der Herzog von Kurland soll von Polen für sein früheres Land in Samaiten und Pommerellen oder anderswo entschädigt werden. Reichsgebiet sollen die Kommissare aber nicht dazu vorschlagen, efter det är något eftertänkligt och delicat. Ty på det sättet måtte förslagen om någon Churfs. af Brandeburgs provincie i Tyskland till äfventyrs blifva anstötlig och göra i ett så important verk annorstädes hinder. Fördenskull kunna commissarierne till vederlag för Churland blifva med förslag pure vid Polen, med mindre Churf. eller andra gifva vidare anledning till förslag i Tyskland. Eljest att tala om Bütow och Lauenburg, såsom Kgl. Maj. tillförende hafver förslagsvis skrifvit[2]), vore något bättre fog med än om någon tysk provincie, det som commissarierne kunne väl i akt taga. Unter der Hand könnte der Königin von Polen angeboten werden, daß der König ihr für ihre Lebenszeit seinen Anteil an den preußischen Zöllen überläßt. —

Zur Beteiligung Schwedens an den preußischen Zolleinkünften könnte der Kurf. veranlaßt werden, wenn der Zoll dort ebenso hoch eingerichtet wird wie in Riga; dadurch hätte er Gewinn und nicht Verlust. Auch könnte ihm die Souveränität leicht bestritten werden, wenn er niemand hätte, auf dessen Unterstützung er in diesem Fall zu rechnen hätte: Gegen Beteiligung an den preußischen Zollerträgen ist der König zur Garantie der preußischen Souveränität bereit. Der Zoll könnte zwischen ihm und dem Kurf gehälftelt werden.

— Wenn aber keine Einigung zwischen dem König und dem Kurf. allein erfolgt, ist zu versuchen, daß Schweden die Hälfte der Erträge aus den Zöllen im kurfl. Preußen erhält, und daß die andere Hälfte zwischen Polen und dem Kurf. geteilt wird, oder wenn das nicht zu erreichen ist, daß eine Drittelung eintritt, oder schließlich auch, daß der Kurf. die Hälfte bekommt, und daß Polen und Schweden sich in die andere Hälfte teilen. Bleibt übrigens der Kurf. allein im Kriegszustand mit dem König, so muß eine Teilung der Zollerträge zwischen Polen und Schweden angestrebt werden.

In den preußischen Häfen und Zollbuden muß der König seine Bedienten und Zöllner halten dürfen.

Näst vid denna prätensionen af tulltäkten hafva och Kgl. Majs. commissarier att påstå survivancen och successionen till det churfl. Pryssen, på hvilken survivance Hans Kgl. Maj. ratione pactorum Labiaviensium kan prätendera[3]), och att Churf. beneficio Regiae Maj.^{tis} är till souverainitetens höghet kommen, för hvilket han billigt bär visa något tecken af tacksamhet. Men så måste man mest repräsentera honom hans eget interesse, och huru det är Churf. högnödigast, att

[1]) Vgl. oben S. 553 ff. und 599 f.

[2]) Vgl. S. 603.

[3]) Art 4 des Labiauer Vertrages, v. Moerner S. 211 f.

tänka på, att han med en sådan expectance tillika med tulltäkten bebinder sig Kgl. Maj. att hafva en stolpe och ryggstöd till att befästa den ny acquirerade souverainität. Hvarföre och commissarierne skola begära af de Brandeburgiske, att göra sin flit, bemälde survivance Hans Kgl. Maj. vid denne tractat att förskaffa. Och där sådant icke skulle kunna erhållas på hela churfl. Pryssen, att då enkannerligen det som på andra sidan Passargien och Ortelsburg, nämbligen på den sidan åt Samaiten och Litowen undantagandes Ermeland, sig sträcker, måtte under samma survivance förstås och complecteras, så att Ortelsburg med Passargien blefve gränsemålet och Polen jämte Ortelsburg behölle all den sidan intill Weichseln.

Ist der Kurf. weder zur Beteiligung Schwedens an den preußischen Zollerträgen noch zur Anerkennung der schwedischen Survivance bereit, so dürfen die Kommissare ihm in keiner Weise seine Souveränität garantieren.

Såsom commissarierne kunna på bästa sätt negociera, att Churf., i fall han jämte förlikningen med Kgl. Maj. till tulltäkten och survivancen sig accomoderar och de reliquo separerar sig ifrån Kejsaren, Danmark och andra Kgl. Majs. fiender, måtte för Elbingen, som han förmedelst sin tractat med Polen sig förskaffat hafver och med denne tractat måste ogillas, bekomma någon satisfaction af Polen; så skola de och, där han sig intet bequämar med tulltäkten och survivancen, fastän han vill sig reconciliera, ingalunda efterlåta, att han får behålla Elbingen eller någon satisfaction därföre, utan att han sådan prätension går alldeles quitt. — —

Ist der Kurf. zur Wiederherstellung der Freundschaft mit dem König bereit, so muß er alle Verbindungen mit dessen Feinden lösen, ihnen in keiner Weise mehr beistehen, die eroberten Plätze in Pommern und Holstein-Gottorp herausgeben und den Feinden Schwedens, namentlich dem Kaiser, keinen Durchzug durch seine Lande gestatten. —

Bei dem Haß des Kurf. gegen Schweden ist nicht anzunehmen, daß er sich ganz vom Kaiser trennt. Daher ist mit Polen, wofern es mit diesem zur Versöhnung kommt, zu vereinbaren, daß der König das Recht behält, falls der Kurf. im Kriege verbleibt oder später, gleichgültig wo, wieder in Krieg mit Schweden gerät, den Kurf. in allen seinen Landen anzugreifen, und daß Polen ihm dazu den innocens transitus durch Preußen, Ermland und durch andere Gebiete freigibt.

Wird der Kurf. nicht in den Frieden eingeschlossen, so muß Polen darauf verzichten, ihm irgendwie beizustehen.

Kommt es zum Frieden mit Polen, aber nicht mit dem Kurf., und regt Polen dann die Räumung von Elbing an, so müssen die Kommissare sich in diesem Punkt entschuldigen. Zur baldigen Räumung der übrigen von ihm noch besetzten preußischen Orte wäre der König alsdann bereit. Men hvad Elbingen anbelangar, vore det en annan sak, nämbligen en ort, som redan vore per tractatum cederat åt Churf. och icke så egentligen toucherar Polen. Daher ist anzustreben, daß Elbing mit seinem Territorium und die beiden Werder dem König als Hypothek bleiben, bis er mit dem Kurf. verglichen und sicher ist, daß Elbing in seinen früheren Stand gesetzt wird; er ist zur Verteidigung der Stadt bereit [1]).

[1]) Zu Schwedens Widerstand gegen die Erwerbung Elbings durch den Kurf. vgl. auch oben S. 522, 534 und 605f.

Vermutlich bleibt der Kurf. gegen den König feindlich gesinnt, auch wenn er bessere Bedingungen erhält, als er verdient. Daher ist der König zu einem gegen Österreich und Brandenburg gerichteten Bündnis mit Polen bereit; beide könnten dann Preußen unter sich teilen. Die Passarge und Ortelsburg könnten dann die Grenze bilden; Ortelsburg selbst und das Gebiet westlich der Passarge könnten polnisch, alles andere außer Ermland schwedisch werden. Doch wäre zu versuchen, daß Elbing, Tolkemit, Pr. Holland und auch Braunsberg Schweden zugesprochen würden. Eine Teilung der Zolleinkünfte käme in diesem Fall nicht in Frage. Die Kommissare müßten es so einrichten, daß Polen die erste Anregung zu einem solchen Bündnis gibt.

Der König an die Friedenskommissare. D. Kronborg 28. November 1659.

[Herabsetzung der Friedensbedingungen.]

8. Dezbr. Wenn sie die Hauptpunkte ihrer Instruktion erreichen — u. a. Erwerbung Livlands und daß Elbing bei Polen bleibt —, sollen sie im übrigen keine Schwierigkeiten machen. Will der Kurf. den polnischen Frieden mit amplectieren, seine Eroberungen in Pommern herausgeben, den Feinden Schwedens den Durchzug durch seine Lande verwehren bzw. ihn auch Schweden gestatten, so sollen sie alles, was nicht zu erhalten ist, fahren lassen, „umb nur aus dem Werk zu kommen und Unsere in Preußen befindliche Mannschaft zu salviren." —

Der König an die Friedenskommissare. D. Göteborg 19. Januar 1660.

29. Jan. Er hat noch keine Relationen von ihnen erhalten, aber von anderer Seite gehört, daß die Haupttraktaten am 2. Januar begonnen hätten. Wenn Polen Verzicht auf seine Ansprüche an Schweden und Livland zugesteht, darf der Frieden sich an sonstigen Forderungen nicht stoßen.

Die schwedischen Friedenskommissare an den König. D. Zoppot 21./31. Januar 1660[1]).

31. Jan. De Lumbres hat zu ihnen geäußert, er hoffe, man werde in wenigen Wochen einig sein. „Die Polen hätten nur ihr Absehen auf der Alliirten, in specie der Brandenburgischen Conduite. Sonderlich wenn Brandenburg ratione restituendorum in Pomerania et Holsatia sich opiniastriren sollte, dürften sie zum Separattractat zu schreiten nicht difficultiren." Auch sehen sie es für ein gutes Zeichen an, daß die Polen bereits wegen der Visitenfrage sich an sie gewandt haben.

---

[1]) Die Gesandten meldeten am 1./11. Januar ihre am 5. Januar erfolgte Ankunft in Zoppot.

Der Graf von Waldeck an den König. D. Arolsen 23. Januar 1660.

[Bedenken Hessens gegen die Friedensvermittlung.]

— Mit der Schickung . . an churbrandenburgischen Hof halten dieselbe[1]) 2. Febr. noch inne und zwar, wie sie sagen, aus Mangel Credits, und daß man mit realen und sicheren Dingen allda erscheinen müßte, und dann, weiln sie wissen, daß das einige Absehen an selbigem Hofe auf Polen und die Staaten von Holland gerichtet und also, ehe selbiger Frieden richtig und E. Kgl. Maj. freie Hände hätten, bei Churbrandenburg . . nichts fruchtbarliches zu hoffen sei. Nichtsdestoweniger wollen sie ihrem Vorgeben nach das rechte Tempo, zu gewünschten Zweck hierin zu gelangen, wahrnehmen. —

Die Friedenskommissare an den König. D. Zoppot 31. Januar/ 10. Februar 1660.

Die Österreich- und Brandenburgischen machen viel Intriguen und moviren 10. Febr. omnem lapidem[2]), das Werk rückgängig zu machen. Und sollen Electorales dem Könige ausdrücklich gesagt haben, worumb er cessionem praetensionis tituli und die so noble Provinz Livland wegen zweier preußischen Festungen[3]), welche in 6 Wochen von selbst crepiren müßten, weggeben wolle. —

Was nun für Hoffnung zum Frieden sei, können wir noch nicht berichten.

Graf von Schlippenbach an den König. D. Zoppot 14. Februar 1660.

[Schwedisch-polnische Sonderverhandlungen über Frieden und Bündnis.]

— Nachdem man nun sein Äußerstes ferner getan und alle mügliche re- 24. Febr. monstrationes, so etwas bei den Polen verfangen möchten, herfürgebracht, habe ich endlich so viel penetriret, daß, da renunciatio tituli et praetensionis, cessio perpetua Livoniae, darzu Rositten[4]), im Fall man den litowischen Commissarien ein 30 000 Rthlr. (an welchen einen der Churf. 20 000 Gulden Einkünft offeriret, si pacem impediret, geboten), spendiren sollte (so), hernacher so möchte es sich auch wegen Einräumung der 2 Plätze allhie in Preußen, welche ohne dem ihnen in kurzen par nécessité mit Verlust aller Völker in die Hände fallen, auf ein paar Mal 100 000 Rthlr. handeln lassen, insonderheit, wann solche auf 70 oder 80 000 Rthlr. erhöhet werden, umb mit dem Rest die Herren Polen zu gewinnen.

Dies ist also die heutige Hoffnung, die wir haben, welche ich dann meines

---

[1]) D. h. Hessen-Kassel, das Waldeck kurz vorher besucht hatte.

[2]) Vgl. Hein, Hoverbeck, S. 108 f.

[3]) Marienburg und Elbing.

[4]) Vgl. Urk. u. Akt. Bd. 8 S. 724.

Orts auf das beste menagiren soll. Dabei I. Maj. allergnädigst glauben können, daß mir der grundgütige Gott abermal, wie er oft getan, allhie solche rencontre und occasion durch vornehmer Leute Verwandtschaft und Vertraulichkeit an die Hand gibt, welche zu I. Maj. nützlichen Diensten ich nächst Gott zu employiren gedenke und verhoffe.

Weil aber die Herren Östreicher und Brandenburger allbereit merken, daß ich ihnen keinen Vorteil schaffe, indem sie auch erfahren, daß noch vor 3 Tagen die Herren Polen über einer meiner Schrift, so ich ihnen heimlichen zukommen lassen, deliberiret und viel nachdenkliche Dinge wider Österreich und Preußen darin gefunden, so werde ich bald Ursach haben, mich desto besser vorzusehen.

Der Herr Großkanzler[1]) sendet noch gestern ... zu mich und ließ mir versichern, daß meine remonstrationes guten Effect bei seinen Collegen, auch bei denen, so etwan austriaciren oder brandenburgisiren möchten, gehabt hätten, und hoffte, es sollte endlich der Friede und die Alliance mit I. Maj. vor die beste gehalten werden[2]), unangesehen Östreich, Holland und Brandenburg alle Mittel und sonderlich sub praetextu includendi regis Daniae[3]), umb solches zu hindern, anwenden täten, auch diese alle Moskow schon zur Offerirung annehmlicher Friedensconditionen disponiret hätten[4]). Allein meinet der Kanzler, daß da eine gute Methode, umb sich mit adresse von Östreich und Brandenburg los zu machen, nach diesem zu erdenken stünde, darzu sie einiger appuy von I. Maj. und Frankreich wider Östreich versichert sein und Hoffnung zur Alliance wider Moskow haben müßten. Darauf ich zur Gnüge remonstrire, daß I. Maj. sich nicht anders als praeeunte pace Polonica vom dänischen Wesen mit Reputation degagiren könnten, oder es sei, daß Polen solches zu ihrem eignen Schaden veranlassen wollte; daß Frankreich losbräche, solches wäre weltkundig; wegen einer Alliance wider Moskow würden I. Maj. sich gleichfalls ante hanc pacem nicht declariren können, zumalen I. Maj. itzo mit allen Dero Feinden in tractatu stünden und den ersten Schluß endlich vor den besten halten würden und müßten...

In summa es gehet hier alles nach intrigues und Corruptionen. —

Die Friedenskommissare an den König. D. Zoppot 24. Februar/ 5. März 1660.

(Auf die Revolution vom 19./29. Januar.)

5. März Der König von Polen hat Verzicht auf seine Ansprüche an Schweden zugestanden, hofft freilich, den bisherigen Titel für seine Lebenszeit führen zu können; ferner verzichtet er auf Livland, wenn auch nur in den Grenzen, wie

---

[1]) Nikolaus Prazmowski.

[2]) Vgl. oben S. 611.

[3]) Vgl. Urk. u. Akt. Bd. 8 S. 687 ff., 694 ff., 698, 701, 707, 709, 715 ff., 725 f.

[4]) Vgl. ebenda S. 76 ff., Hirsch, Die ersten Anknüpfungen zwischen Brandenburg und Rußland, 2. Teil S. 31 ff., Pribram im Archiv f. österr. Gesch. Bd. 75 S. 473ff.

Schweden es während des Stuhmsdorfer Waffenstillstands [1]) gehabt hat [2]). Kurland ist nicht zu erlangen

Graf v. Schlippenbach an den König. D. Zoppot 3. März 1660.

[Weitere Annäherung zwischen Schweden und Polen.]

Berichtet, „welcher gestalt nach vielfaltiger Intelligenz mir der Großkanzler noch gestert wissen lassen, daß er einen großen Streit mit den Östreichern und Brandenburgern gehabt und ihnen numehr ins Gesicht gesagt, daß die Polen sich länger von ihnen nicht wollten verleiten lassen, und sollte ich den Frieden mit ihnen oder zwischen I. Maj. und Polen vor gemacht halten. — 13. März

Es stehet auch darauf, daß ich innerhalb 3 Tagen heimlich zu der Königin, ohne welcher der Friede nimmer avanciret wäre, in die Stadt hinein soll, allda ich alsdann gar werde bleiben müssen, indem die Östreicher und Brandenburger mir möchten gutes versprechen, weil ich was aperto Marte wider sie gegangen.

Sonsten auch ... begehret sowohl die Königin als der Großkanzler, wie auch mit der Zeit die übrigen Commissarien, daß ich allhier eine Weile nach dem Schluß bei ihnen verbleiben möchte, alldieweil sie gespüret, daß ich die östreichschen und brandenburgschen maximes und künftige visées fast kenne und ziemlich abmerke“. —

Die Vormundschaftsregierung an die Friedenskommissare. D. Göteborg 6. März 1660.

[Lebhaftes Friedensbedürfnis. Sind der Kaiser und der Kurf. nicht zur Versöhnung bereit, so dürften sich namentlich dank Frankreichs Haltung Mittel zum Widerstande finden.]

Mitteilung vom Tode Karls X. Gustaf.

För all ting skola Vi på allt sätt vinläggia Oss, att Vi kunna en del af Våra mångfaldiga fiender skudda Oss af halsen och trogen vänskap åter igen kalla. — Så draga Vi till Eder den nådigste tillförsikt, att I varden däruti continuerandes och freden på den sidan efter all görlighet befodrandes. 16. März

Die beiden Hauptpunkte sind bereits zugestanden; können sie noch die Sicherheit der Evangelischen und der vornehmsten Städte erwirken, so sollen sie den Frieden abschließen, som Oss efter Vår faders död nu så nödig är slutas. Will der polnische König für seine Lebenszeit durchaus nicht auf den schwedischen Titel verzichten, so mag er ihn behalten, zumal bei einer Verzögerung

[1]) Vgl. Dumont, Corps universel Bd. 6 Teil 1 S. 115 f.

[2]) Das wurde kurz danach wieder von den Polen etwas eingeschränkt. D. Zoppot 2./12. März meldeten die Kommissare, diese wollten Livland nur bis zur Düna zugestehen. Aber bereits im P. S. berichteten sie, daß Polen doch die Stuhmsdorfer Grenzen zugestehe. 12. März

des Abschlusses die Garnisonen in Marienburg und Elbing in die größte Gefahr kommen und außerdem mit einem russischen Angriff auf Livland zu rechnen ist.

Vill då Keysaren och Brandeburg icke förlika sig med Oss, där Vi dock af dem icke annat fodra än simplicem reconciliationem, hoppas Vi att kunna medel finna, dem behörligt vederstånd att göra, helst efter Frankerike sig så tämmeligen väl och realiter förklarit hafver [1]. —

Kgl. Sekretär Stefan Gambrotius [2] an die Vormundschaftsregierung. D. Hildesheim 6. April 1660.

16. April Der Braunschweigische Gesandte hat ihm vorgetragen: Die Alliirten haben ihr Absehen auf eine Universalkomposition vermittels gänzlicher Aufhebung der Feindseligkeiten in Pommern und Restituirung der abgenommenen Plätze gerichtet. Kurmainz und Kurköln hätten zu diesem Zweck bereits Gesandte an den Kaiser geschickt, während Braunschweig, Hessen-Kassel und Darmstadt sich an den Kurf. wenden wollten [3]. Jedoch wünsche Braunschweig erst Schwedens Meinung über eine solche Absendung zu hören. —

Er hat erwidert, daß der König den Bemühungen, ihn wieder in den ruhigen Besitz Pommerns zu bringen, zweifellos zustimmen würde.

Die Friedenskommissare an die Vormundschaftsregierung. D. Oliva 27./17. April 1660.

[Sonderabkommen über Elbing.]

27. April Sie hoffen auf einen baldigen Generalfrieden. „Nachdem es aber große Difficultäten über der restitutione locorum in Pomerania et Holsatia geben wird, weil der Churf. solche eher nicht abtreten will, bis Elbingen von Uns evacuiret und von Polen ihm tradiret worden, so kann man noch nichts Gewisses von bemeltem Friedensschluß berichten, sondern müssen Uns noch zur Zeit an der Hoffnung begnügen lassen.

Wegen besagter Stadt Elbing haben wir endlich, umb die Ruptur nicht zu verursachen, per articulum separatum consentiren müssen, daß wenn der König in Polen dieselbe an den Churf. liefern wollte, es für keinen Friedensbruch, doch daß solches geschehe integris tam in ecclesiasticis quam politicis civitatis privilegiis et immunitatibus omnibus, gehalten werden solle.

---

[1] Vgl. Geijer-Carlson, Bd. 4 S. 368 f., Urk. u. Akt. Bd. 2 S. 230 ff., Bd. 8 S. 426, 659 ff., 672 ff., Köcher, Gesch. von Hannover und Braunschweig Bd. 1 S. 706.

[2] Gambrotius wurde damals viel zu diplomatischen Sendungen im Niedersächsischen und Westphälischen Kreise verwandt, vgl. z. B. Pufendorf, Karl Gustav, Lib. IV §§ 48 und 68, Köcher a. a. O. S. 280.

[3] Vgl. Köcher a. a. O. S. 288 f. Prot. u. Rel. Bd. 6 S. 25. Urk. u. Akt. Bd. 11 S. 6 ff.

Und zwar hat uns zu solcher Resolution am meisten angetrieben, daß die Örter sich länger durchaus nicht zu halten getrauen und endlichen, da man mit den Tractaten nicht geeilet, doch dem Feinde in die Hände geraten müssen“ [1]).

Die Friedenskommissare an die Vormundschaftsregierung. D. Zoppot 4. Mai/24. April 1660.

[Friedensschluß.]

— Anitzo übersenden wir — die erfreuliche Zeitung des gemachten Friedens, welcher gestern in der Nacht die Glock halb 12 Uhr in der Olive wider fast männigliches Verhoffen nach so vielen Difficultäten glücklich geschlossen und promulgiret worden. — 4. Mai

Die Particularia können wir wegen Enge der Zeit nicht überschreiben, sondern sparen solches bis zu meiner des Reichsschatzmeisters Hinüberkunft. —

Die Vormundschaftsregierung an den Kgl. Sekretär Gambrotius. D. Nyköping 6. Mai 1660.

(Auf den Bericht vom 6./16. April 1660.)

[Zweifel an der Friedensliebe des Kurf.]

Die jetzige Regierung teile durchaus die friedfertige Gesinnung des seligen Königs. G. soll daher den braunschweiger Ministern für ihr Anerbieten danken, „sie versichernd, daß, da es nur dem Gegenteil mit solcher Reconciliation ein Ernst, Wir Uns Unserer Seiten so dabei bezeigen werden, daß ein jeder Unser friedensbegieriges Gemüt gnugsam daraus verspüren solle. Zweifeln aber gar sehr, daß dieselbe in ihrem wiewohl rühmlichen proposito reussiren, besondern der Feind vielmehr suchen werde, sie mit guten Worten aufzuhalten, von der Uns aus dem instrumento pacis gebührenden Guarantie zu divertiren und inmittels die Zeit zu gewinnen, daß er die schädliche Desseins, welche er gegen Unser Herzogtumb Pommern machiniret, mit desto mehrerm Nachdruck reassumiren und ausführen könne“. — 16. Mai

Protokoll des schwedischen Reichsrats. D. 7. Juni 1660 [2]).

[Polens Mißtrauen gegen den Kurf. Elbing könne in seinem Widerstand gegen die Unterwerfung unter den Kurf. durch Aufnahme litauischer Soldtruppen gestärkt werden. Vorteil der polnisch-brandenburgischen Spannung für Schweden.]

Der Reichsschatzmeister discurrerade sedan om Elect. Brandeb., huru 17. Juni

[1]) Vgl. Urk. u. Akt. Bd. 8 S. 729 ff., Boehm, Acta pacis Olivensis inedita Bd. 1 Teil 1 S. 300 f., Teil 2 S. 181 ff., Bd. 2 S. 170 ff., v. Moerner S. 249 ff.

[2]) Vgl. Arnheim in Forsch. zur brand. u. preuß. Gesch. Bd. 7 S. 193. Reichsschatzmeister war Graf Magnus Gabriel Delagardie, Reichsdrost Graf Per Brahe.

illa han är troddes i Polen, sägandes Poloni Magnates: Elector nobis castigandus est. Men det hjälper honom mycket, att honom är beviljat att få Elbingen, hvartill de äro necessiterade, ehuruväl att pacta vetera, förtaga regi et regno abalienera partem aut totum[1]). Sade sedan, huru Poloni reipsa vilja väl intet gifva Elbingen uti de Brandeburgiskes händer, hvilket och staden Elbingen hafver lofvat sig vilja förekomma, i det de lofva, där H. Maj. afdankar några 100 knektar, vilja dem intaga och sluta portarna för Electoralibus och säga, att Polen intet hafver makt, att gifva dem i Brandeburgiskes händer. Sade sedan, H. Maj. hafva några litowiska knektar, som intet voro så nödiga, hvilka väl kunna gifvas öfver.

Der Reichsdrost hält dies für gut, doch müsse vorsichtig zu Werk gegangen und die Gesandten in Preußen informirt werden, was auch beschlossen wird.

Der Reichsschatzmeister führte dann aus, die Bürgerschaft in Elbing wäre Schweden wohlgesinnt, aber mit Bürgermeister und Rat stünde es anders, hvilka intet abnuerade devotionem till Electorem. —

Am Nachmittag äußerte derselbe, Churf. värfvade och, som troligt är, till att conservera sin souverainitet i Pryssen och maintenera sin Estat. Och den jalousien, som är emellan Polen och Churf., är Sverige nyttig alldeles[2]). —

Die Vormundschaftsregierung an Graf v. Schlippenbach. D. Stockholm 26. Juni 1660.

[Die Polen sind in der Abneigung gegen Übergabe Elbings an den Kurf. zu bestärken; dieser könnte anderweitig entschädigt werden. Elbing könnte einen Teil der schwedischen Garnison bis zur Räumung der vom Kurf. besetzten pommerschen Plätze behalten. Die Ratifikationen sind jedoch nicht zu verzögern.]

6. Juli Medan Vi af hjärtat gärna se skulle, att Elbingen icke måste under Churf., utan till sitt förre stånd igenkomma, Vi ock förnimma, att icke staden själf allenast utan och Polerna dit syfta, så att till troendes är, det de begge varda all flit användandes, att Churf. icke får Elbingen i possession, utan eljest efter Brombergiske pacter ett conformt contentement må åtnjuta, så kunnen I på sådant fall med all dexteritát soubs mains hos Polerna visa deras intresse, att behålla Elbingen, och alltså med tjänliga argument styrcka dem därtill. Och till den ända kunde tjäna, att Elbingen behölle en del af Vår guarnison, till dess evacuationen tillika skedde i Pommern. Men att behålla ratificationen af articulen, det finna Vi icke rådeligt. —

---

[1]) Vgl. Urk. u. Akt. Bd. 9 S. 17 ff.

18. Juni [2]) In der Sitzung am folgenden Tage äußerte der Reichskanzleirat Graf Claes Tott, der Kurf. wolle sich souverän machen und die Stände ruinieren, sökandes allenast att hafva affection af militien, den han rätt och väl alla månader betalar, hvilket icke konungen i Frankrike kan göra.

Graf v. Schlippenbach an Graf Delagardie. D. Danzig 7. Juli 1660.

[Der Kurf. und die polnische Krone.]

Versichert, daß der Churf. „die polnische Kron nicht wenig affectiret und schon so viel zu verstehen gegeben hat, que la Pologne ou pour lui ou pour son fils vaut bien la messe [1]), et que déjà une grande partie des Polonais n'était pas trop éloignée de vouloir approuver cette élection. Laß mir das ein feiner Nachbar sein". — 17. Juli

---

Graf v. Schlippenbach an die Vormundschaftsregierung. D. Danzig 13. Juli 1660.

[Polens Mißtrauen gegen den Kurf. und gegen den Kaiser und seine Neigung zum Einvernehmen mit Schweden.]

Österreich und Brandenburg haben bisher immer noch gehofft, „ihre Alliance mit Polen quocumque praetextu zu continuiren und solchergestalt Succia exarmata den Harnisch bis ihrer desseins Erreichung anzubehalten [2]). Wie aber die Polen ohnedem nicht sonderlich darzu incliniret, sondern par raison d'estat et par l'interest commun ihre Reflection annoch constanter in diesem auf Schweden werfen, also hoffe ich, daß die letzte wider Moscow erhaltene Victorie [3]) die Volnziehung solcher alliance — retardiren werde. — Wie mir dann ein Fürnehmer vom polnischen Hof versichern will, daß sowohl Brandenburg als Östreich die Refusirung ihrer offerirten Hilfe und ferneren Verbundnis expresse anzudeuten ganz beschlossen sei". 23. Juli

---

Graf v. Schlippenbach an die Vormundschaftsregierung. D. Danzig 25. Juli 1660.

[Die Elbinger Frage.]

— Anlangend die Stadt Elbing, so werde ich bei derselben alles, so dem publico zum besten gereichen kann .. aufs genaueste beobachten. Die Polen sein sonsten auf alle Mittel bedacht, selbe Stadt zu redimiren, und werde ich mich deshalben annoch unter der Hand mit dem polnischen commissario, der auch deshalben von seinem Könige Befehlich haben soll, allhier zusammentun und zu remonstriren mich ferner befleißigen, quantum praeiudicii ex Prussiae Regalis mutilatione Poloniae immineat. Absonderlich aber wird au regard I. Maj. 4. Aug.

---

[1]) Vgl. Urk. u. Akt. Bd. 9 S. 178, Hein, Hoverbeck S. 128.

[2]) D. Zoppot 8. Juni hatte Schlippenbach gemeldet, der Kurf. wolle Polen nicht nur die vigore pactorum schuldigen Völker, sondern noch einige tausend Mann mehr senden; man wisse nicht, was damit beabsichtigt sei. Vgl. Prot. u. Rel. Bd. 6 S. 126—130. 18. Juni

[3]) Vgl. Urk. u. Akt. Bd. 9 S. 34 und 37.

Interesse mich in sovielmehr antreiben, als die Reussirung der Brandenburger Desseins und derer Establissement pro tramite et cuniculo zu halten stehen, quibus ad noxia contra Sueciam molimina semper tendetur. Sollte auch ob temporis iniuriam die Stadt Elbing dem Churf. endlich in die Hände fallen, so kann es dennoch mit der Zeit und vermittelst guter Mesnage der Affairen ein fomentum diffidentiae et discordiae oder ein pomum Eridis zwischen Polen und Brandenburg werden, da man ja tempori inserviendo wider raison d'estat was tun müßte[1]).

Graf von Schlippenbach an die Vormundschaftsregierung. D. Danzig 18./28. August 1660.

[Die Elbinger Frage.]

28. Aug. Wie es scheint, wird der Kurf. Elbing nicht erhalten. „Unterdessen sein die Herren Brandenburger aus allen ihren Sprüngen und befleißigen sich schon ziemlich der Demut, indem Herr Hoverbeck schon zu zween Malen zu mich geschickt und umb meine Intercession bei Polen in der Elbingschen Sache gebeten[2]). Dem ich aber geantwortet, daß, nachdem I. Maj., mein allergnädigster Herr, facta Polonis Elbingae restitutione dem Frieden einen völligen Gnügen getan und numehr Polen solche Stadt I. Churfl. Durchl. vigore tractatus Bidgotsziani cediren sollte, könnte ich meines Orts nicht absehen, wie da meine Intercession oder Mediation einzurichten stünde, damit mein König, welcher itzo in gleicher Freundschaft sowohl Polen als Churbrandenburg zugetan, sich nicht parteisch mache oder man sich nicht einen schimpflichen Verweis de rebus se alienis non immiscendo exponire. — Damit ich also gedachten Gesandten abgewiesen und unterdessen schon tamquam in speculo dasjenige, so ich gewünschet, abgesehen und verspüret, daß nämlich die Manquirung der östreichschen und brandenburgschen Desseins, absonderlich bei diesem, metum et venerationem ergo Sueciam unfehlbar generiren würde. Und im Fall man dergleichen Dingen mit gehöriger poursuite ferner invigiliret, werden I. Maj. und das Reich allezeit zu verspüren haben, quod tutius et iucundius sit timeri quam timere". —

Reichsadmiral Graf Karl Gustav Wrangel an den Kurfürsten. D. Stralsund 25. August 1660.

[Räumung Vorpommerns durch den Kurf.]

4. Sept. Auf die Meldung vom Austausch der Ratifikationen des Friedensvertrags habe er nicht verfehlt, den Kommandanten in Demmin zu rechtzeitiger Räumung aufzufordern. Obwohl aber der erste Räumungstermin bereits der 23. August st. vet. gewesen sei, habe dieser sich mit Mangel an Ordre entschuldigt und

---

[1]) Vgl. Hein, Hoverbeck S. 115 ff.

[2]) Vgl. Urk. u. Akt. Bd. 9 S. 74 f., Boehm, Acta pacis Olivensis inedita Bd. 2 S. 476 ff.

scheine auch sonst Ausflüchte zu machen. Da „dergleichen Tergiversiren den Friedenspactis garnicht gemäß ist, so hat der Notdurft sein wollen, E. Churfl. Durchl. dieses demütigst zu hinterbringen und Dieselbe gehorsamst zu ersuchen, Sie wollten gnädigst Belieben tragen und nicht allein gemeltem Commendanten in Demmin und denen andern Orten, daß sie die Plätze des ersten Termins sofort einräumen sollen, ernstlichen befehlen, sondern auch im übrigen die zureichende Ordre stellen, damit quoad secundum evacuationis terminum dem Friedensschluß allenthalben ein sattsames Gnügen geschehen möge“ [1]). —

Reichsratsprotokoll. D. 31. August 1660.

[Bei einem polnisch-brandenburgischen Kriege dürften die preußischen Stände aus Furcht vor der Souveränität revoltieren. Wenn der Kurf. Elbing bekommt, erwarten die Danziger, daß er König von Polen wird. Lieber würde Danzig unabhängig werden oder sich den Holländern anschließen.]

Schlippenbach spricht über die Auswechslung der Ratifikationen. Die 10. Sept.
brandenburgischen Gesandten hätten ihn zum Mediator haben wollen, um die Polen zur Übergabe von Elbing zu disponieren; er habe das aber abgelehnt. Det är mycket likt, att Polonus och Elector komma uti hårt ihop, och där det sker, så torde lätteligen hända, att Ständerna i Pryssen alldeles revolterade, intet viljandes veta af souveränität, helst där Elbingen Electori icke inrymdes. — Elbingen är uti sådan consideration, att båda Polen och Elector hafva däruppå ett stort öga. Elector hafver resolverat att anställa där en stapel af negotien. De Danziger hafva sagt, att, om Elector får Elbingen och konungen i Polen dör, så måste Elector ändlig blifva deras konung, heller och de skulle göra sig fri och gifva sig till Holländernas partie. Hvilket Polonus nu intet behöfver att frukta före. —

Reichsratsprotokoll. D. 1. Oktober 1660.

[Mißtrauen gegen den Kurf.]

Bei einer Konferenz über das evangelische Wesen äußert Graf Per Brahe, 11. Okt.
um seines Vorteils willen achte der Kurf. die Religion so wenig wie die Bündnisse. Bengt Oxenstierna: Als Leszczinski [2]) dem Kurf. mit der polnischen

---

[1]) Der Austausch der Ratifikationen war am 8./18. August erfolgt, vgl. Urk. u. Akt. Bd. 9 S. 73; nach dem Friedensvertrag begann die Räumung der besetzten Orte innerhalb 14 Tagen nach der Ratifikation, vgl. v. Moerner S. 245, 247. Der Kurf. hatte bereits D. Cöln a. d. Spree 23. August an Wrangel geschrieben, er möchte eine 2. Sept.
gewisse Zeit zur Räumung benennen. In seiner Antwort D. Stralsund 26. August be- 5. Sept.
rief sich dieser auf vorstehendes Schreiben. — Zur Sache vgl. Urk. u. Akt. Bd. 9 S. 68 f., Prot. u. Rel. Bd. 6 S. 168 ff.

[2]) Johann Leszczynski, Woywode von Posen. Zur Sache: Lekus, Der Große Kurfürst und der polnische Thron. (Diss. Berlin 1929) S. 19 ff., 62 ff.

Krone geschmeichelt und unter Hinweis auf Heinrich IV. auf einen Religionswechsel angespielt habe, habe er geantwortet, wenn er das auch wollte, so täte es doch die Kurfürstin nicht. Brahe bestätigte das. Als der Kurf. um Königin Christine warb, sei er dem Verlaut nach bereit gewesen, lutherisch zu werden, vorausgesetzt daß die Werbung ihren Fortgang nahm.

Reichsratsprotokoll. D. 15. Oktober 1660.

[Elbing. Der Kurf. und die polnische Krone.]

25. Okt. Graf Per Brahe: Wenn der Kurf. Elbing bekommt, kann er Schweden ständig beunruhigen (nagga). Der Reichsadmiral Graf Karl Gustav Wrangel bezweifelt, daß Elbing dem Kurf. übergeben wird; dieser werde Gott danken, wenn er Frieden behält. Schlippenbach: Er bekommt Elbing nur, wenn er die polnischen Minister besticht, oder wenn Polen ihn sehr fürchtet. Der Kurf. erstrebe wohl die polnische Krone, aber wie aus Preußen berichtet wird, dürfte er sich noch bedenken, wie er es mit einem Religionswechsel halten solle.

Reichsratsprotokoll. D. 10. Dezember 1660[1]).

20. Dez. Der Reichskanzler Graf Magnus Gabriel Delagardie meinte, es wäre wohl möglich, den Kurf. auf Schwedens Seite zu bringen. Der Reichskanzleirat Graf Claes Tott äußerte, Schweden hätte daran ein großes Interesse; um ihn zu sich herüberzuziehen, müßte man ihm „einige Bedingungen gewähren".

Aus der Instruktion für die nach Polen gehenden Gesandten Sten Bielke und Andreas Gyldenklou. D. Stockholm 12. Dezember 1660.

22. Dez. Der Kaiser und Brandenburg versuchen zweifellos, Polen von Schweden zu entfremden; sie sollen das zu verhüten suchen. Durch de Lumbres sollen sie auf die Königin einzuwirken versuchen, um allen von jener Seit kommenden Intriguen vorzubauen. Bei einer künftigen Thronfolge ist ein Kandidat zu vermeiden, der Schweden und dessen Verbindung mit den Polen feindlich ist, ibland hvilka man med rätta kan räkna Moscho, Österrike och Brandeburg. Bei Begegnungen mit kaiserlichen und brandenburgischen Gesandten sollen sie betonen, daß der König mit ihnen Freundschaft halten und den Olivaer Frieden beobachten will.

---

[1]) Zum Verständnis dieses Protokolls vgl. Arnheim in Forsch. z. brand. u. preuß. Gesch. Bd. 7 S. 194.

Der Kurfürst an den König. D. Cleve 13. Januar 1661 [1]).

[Kaiserliche Belehnung des Kurf. und Schwedens mit Hinterpommern.]

Postquam iustis de causis impediti de feudis Nostris Imperii investiri haud potuerimus, nunc vero cessantibus iisdem S.ª Caesarea Maj.^{tas} ad instantiam Nostram spatium 8 mensium, cuius finis in Iunium incidit, ad respiciendam investituram Nobis indulserit Nosque parati simus, dicto tempore consiliarios Nostros, qui Nostro nomine solemnia peragant, Viennam mittere, ex instrumento pacis vero Nobis constet, V.^{am} Maj.^{tem} ducatus Nostri Pomeraniae simultanea investitura atque ita spe successionis gaudere debere, ideoque haec omnia Eidem significando duximus, ut et Ipsa rationibus Suis circa negotium hoc investiturae consulere possit. — 13. Jan.

Reichsratsprotokoll. D. 4. Februar 1661 [2]).

[Geneigheit zu näherer Verbindung mit dem Kurf., falls er sich vom Kaiser trennt. Der Kurf. ist ein besserer Nachbar als jeder andere, darf aber nicht zu mächtig werden.]

Der Reichsdrost Graf Brahe äußert, man müsse skicka någon till Electorem Brandeburgicum och gifva honom all god apparence till vänskap, att därmed taga ett partie ifrån kejsaren, till hvilken ända borde man skicka Wolfsberg till det hofvet och igenom herr Sten Bielke [3]) försäkra brandeburgiska ministrarna därom, varandes alltid bättre, hafva honom till granne än någon annan. 14. Febr.

Reichskanzler: Höll det gott vara, ehuruväl man för detta har discurrerat vid polniska tractaten, att gratia unius est corruptio alterius, nämligen om Sverige skall stå, då måste Elector Brandeburgicus falla, varandes nog, att man allenast ser på Electorem, det han intet blifver för mäktig. —

Reichsratsprotokoll. D. 5. Februar 1661 [4]).

[Gute Beziehungen zum Kurf. sind namentlich bei raschem polnisch-russischem Friedensschluß erwünscht; dann ist er auch bei der Souveränität zu schützen. Diskussion über Entsendung Wolfsbergs zum Kurf.]

Reichsdrost: Rådde till att cultivera god vänskap med Churf. af Brandeburg, såvida han är Churf. i Pommern. Och om Polen slöte nu strax med Ryssen, så kunde intet vara så orådligt, att Chronan och maintenerade honom uti sin souverainität, men eljest intet engagerade sig uti den trätan; rådandes till den ända att skicka Wolfsberg till det hofvet. 15. Febr.

---

[1]) Vgl. Urk. u. Akt. Bd. 11 S. 95 ff., Arnheim, a. a. O. S. 196, Heyne, Der schwedische Investiturstreit 1648—1664 (Programm des Gymnasiums in Weilburg 1883) S. 15 f.

[2]) Vgl. Arnheim a. a. O. S. 195.

[3]) Freiherr Sten Bielke war zum Gesandten in Polen ausersehen.

[4]) Vgl. Arnheim a. a. O. S. 195.

Reichsrat Gustav Bielke: Difficulterade hans person, emedan han vore något exosus hos brandeburgiske hafvet, eftersom Elector hafver sagt, sig aldrig vilja tractera med grefve Johann Oxenstierna och Wolfsberg.

Reichsrat Sten Bielke: Sade orsaken vara däraf, att han utan tvifvel hafver måst mycket odiosa efter ordres förebringa, men honom eljest vara capabel nog.

Reichsdrost: Sådant odium kan väl ändras, när han får favorabilia att proponera. —

Die Vormundschaftsregierung an den Kurfürsten. D. Stockholm 9. Februar 1661 [1]).

[Belehnung mit den deutschen Reichslanden. Freundschaftsversicherungen.]

19. Febr. Als man im Begriff stand, Gesandte nach Wien zum Empfang der Belehnung abzuordnen, traf der Brief des Kurf. vom 13. Januar ein. Quemadmodum autem eam significationem plaeclari in Nos affectus indicium interpretamur, ita Cels.^{ini} V.^{ae} El.^{li} singulares eo nomine gratias agimus, daturi et Nos operam, ut Cels.^{do} V.^{a} El.^{lis} benevolentiam vicissim et inclinationem Nostram experiatur, adeoque totum Imperium intelligat, Nos unice legibus pacis publicae inhaerere velle. Imprimis quod investituram concernit, occupabitur in eo cura Nostra, ut quod Nobis ex instrumento pacis incumbit, decenter et tempore opportuno effectui iungi queat. —

Die Vormundschaftsregierung an Graf Christoph Delphicus von Dohna. D. Stockholm 9. Februar 1661.

[Streitigkeiten wegen des Postverkehrs.]

19. Febr. Als Wir der Hoffnung leben, daß Ihr Eure unlängst angetretene Reise [2]) mit gutem Ergehen werdet fortgesetzet und . . den churbrandenburgischen Hof zu Cleve allbereits erreichet haben, so haben Wir Uns solcher Gelegenheit bedienen wollen, umb des Herrn Churf. Lbden ein und andere Tätlichkeiten, welche an Unsern durch dessen märkische und hinterpommerische Lande gegangene Posten von dero daselbigen Regierung verübet worden [3]), vorstellen und umb dessen Remedirung anhalten zu lassen, nicht zweifelnd, Ihr die Mühe gern übernehmen werdet, umb diese zu Beforderung Unserer Dienste gereichende Sache mit allem Fleiß [zu] negociiren. Und bestehet dieselbe eigentlich darin, daß die Danziger und Hamburger Postverwalter nach dem zur Olive geschlossenen Frieden wieder angefangen, die Postilions, so wie es viel Jahr vorhin practicirt worden, durch

[1]) Vgl. Urk. und Akten Bd. 11 S. 98, Arnheim, a. a. O. S. 196.

[2]) D. Stockholm 4. Januar 1661 erhielt Dohna zu einer Privatreise nach Holland eine Rekommendation an die Generalstaaten und D. 10. Januar eine entsprechende an den Kurf., vgl. Arnheim, a. a. O. S. 196.

[3]) Betr. die Poststreitigkeiten vgl. Urk. u. Akt. Bd. 9 S. 6 ff., 157 ff., Prot. u. Rel. Bd. 6 S. 248.

Unsere pommerische Lande und einen Strich des churfl. Hinterpommern gehen zu lassen, angeregte churfl. Regierung sich demselben widersetzet, so gar, daß sie die reitende Boten zusammt den Briefen hinweggenommen, selbige gefänglich setzen, und bevor sie dieselbe dimittiren wollen, eine Urfehde und daß [sie] sich die Post zu reiten nimmer gebrauchen lassen wollten, schwören lassen. Wann aber dergleichen Verfahren sehr frembd und unfreundlich und nicht nur der alten Observanz, besondern dem iuri, welches inter moratiores gentes üblich, gerade entgegen läufet, Wir aber wohl gehoffet hätten, auch Unserer Seiten Uns höchst beflissen, daß mit dem wiedergebrachten Frieden auch das vorige gute Vertrauen und alle Mittel und Wege, welche dasselbe zu cultiviren dieneten, reassumiret und wiederbracht werden sollten, so wollet Ihr demnach Gelegenheit suchen, sowohl des Herrn Churf. Lbden. selbst als dessen vornehmen ministris ein solches zu repräsentiren und dieselbe zu ersuchen, daß, gleichwie Wir alle dergleichen Tätlichkeiten ohne S. Lbden Geheiß geschehen zu sein glauben, Sie also auch die ernste Verordnung ergehen zu lassen belieben wollten, damit dieselbe hinfüro verbleiben, denen Posten ihr voriger ungehinderter Lauf gelassen und Wir also auch S. Lbden seiten einen Effect guter Freundschaft zu verspüren haben mögen. —

Die pommersche Regierung an die Vormundschaftsregierung. D. Stettin 12. Februar 1661.

[Streitigkeiten wegen des Postverkehrs.]

Seit der Kurf. 1653 in Stargard ein Posthaus eingerichtet hat, bemüht er sich, 22. Febr. die Danzig—Hamburger Post von Stettin nach Berlin abzulenken. Veranlaßt durch die brandenburgisch-polnischen Poststreitigkeiten hat der kaiserliche Postmeister in Hamburg ihnen angeboten, den Postweg über Stettin zu secondiren „in praeiudicium der angemaßeten Berlinischen Post“. Auch der Danziger Postmeister Gratta hat ihnen geschrieben, daß er „in denen zuverlässigen Gedanken stehe, wie S. Churfl. Durchl. die intendirte Bestellung der Briefe über Stargard und Berlin aus der Hand genommen werden sollte“. —

Reichsratsprotokoll. D. 26. Februar 1661 [1]).

[Versuche zur Wiederanknüpfung mit dem Kurf., etwa unter Vermittelung Frankreichs.]

Es wird erörtert, wer zum Kurf. gesandt werden soll, namentlich kommt 8. März Wolfsberg in Vorschlag. Der Reichsdrost rät, att söka renovationem amicitiae cum Electore Brandeburgico, hvilket kanske kunde operera, att man finge föra våra trouper igenom hans land, i fall man i vår ändligen skulle skaffa dem därifrån.

Der Reichskanzler empfiehlt, Dohna in den Verhandlungen zu verwenden,

[1]) Vgl. Arnheim a. a. O. S. 195—197.

was u. a. auch Brahe billigt. Dieser empfiehlt, att grefve Tott [1]) gifves instruction till att anhålla hos konungen i Frankrike, det han pousserar Electorem till veterem amicitiam.

Graf Claes Tott: Der König von Frankreich dürfte das von sich aus betreiben. Es wurde dann ein Schreiben Mazarins an Terlon verlesen, wonach der Kurf. mit Österreich nicht zufrieden und geneigt sei, eine andere Partie zu suchen, men voro i vägen de differentier, som han hade med Chronan Sverige. Et putabatur a senatoribus fuisse recessus limitaneus [2]).

Die Vormundschaftsregierung an Graf Dohna. D. Stockholm 1. März 1661.

[Versuch zur Herstellung freundschaftlicher Beziehungen zum Kurf.]

11. März Dohna dürfte inzwischen beim Kurf. eingetroffen sein und in den Differenzen wegen der Post eine billige Remedirung gesucht haben. Er erhält jetzt einen neuen Auftrag: „Nachdem Wir vernehmen, welcher gestalt allda beim churfl. Hofe Uns Unsere Übelwollende allerhand böse officia leisten und insonderheit die ungleiche Impression machen, daß Wir die Offense, welche der Churf. in den jüngsten Kriegen Sr. Maj. Unserm hochseligen Herrn Vatern getan, nimmer vergessen, besondern sie an demselben zu rächen Uns der ersten guten Gelegenheit bedienen würden [3]), desfalls dann der Churf. leicht persuadiret werden und trachten möchte, mit dergleichen Unsern Widerwärtigen in nähers Verständnüß zu treten und zu vermeintlicher Stabilirung seiner Sicherheit Uns allerhand Nachteil und Ungelegenheit zuziehen zu helfen, und Wir nun sonders geraten finden, hochgedachten Herrn Churf. Lbden sotanen ungleichen Verdacht benehmen und Sie einer aufrechten Intention, umb mit Ihr alle gute Freundschaft zu pflegen, Unserer Seiten vergewissern zu lassen, so haben Wir Euch demnach hiemit in Gnaden ersuchen wollen, daß Ihr Euch beigehenden Creditivs . . bedienet, umb bei des H. Churf. Lbden eine absonderliche Audience zu suchen und darin mittelst Prämittirung Unsers freundvetterlichen Grußes und anderer sonst gewöhnlichen Curialien Deroselben vortragen (so), daß nachdem es dem grundgütigen Gott ge-

---

[1]) Graf Claes Tott war zum Gesandten in Frankreich ausersehen.

[2]) D. h. offenbar, daß der nachteilige Grenzrezeß von 1653 im Olivaer Frieden nicht aufgehoben worden war.

[3]) Der unmittelbare Anlaß zu diesem Schreiben dürfte sich aus dem Reichsrats-
12. März protokoll D. 2. März 1661 ergeben.: Der Reichsadmiral Graf Karl Gustav Wrangel verlas ein Schreiben des Fürsten von Anhalt: Der Kurf. wolle die Verträge halten, sei aber mißgestimmt über das Gerücht, daß Schweden ihn angreifen wolle. Im besonderen klage er über die von Bourdois aus Schweden nach Polen gesandten Berichte. Man beschloß, Anhalt zu antworten, Schweden wolle die Verträge genau beobachten, mit Bourdois, der ein Franzose und in polnischen Diensten sei, habe man nichts zu tun. Über Bourdois vgl. Pufendorf, Friedrich Wilhelm Lib. IX § 32, Urk. u. Akt. Bd. 2 S. 285, Bd. 9 S. 176 f., 307 f., 337, 341, Bd. 11 S. 109 ff.

fallen, in dem verwichenen Jahre einen so erwünschten durchgehenden Frieden zu verleihen und mittelst selben unter andern auch die Difference, welche zwischen Uns und S. Lbden geschwebet, gänzlich zu assopiren und hinzulegen, so lebeten Wir der Zuversicht, daß S. Lbden nun mit Uns würden eine einmütige und gleich sorgfältige Intention und Begierde haben, die in währendem Kriege passirete Mißverständnüssen gar und ganz zu vergessen und darentgegen eine aufrechte Freundschaft, insonderheit die gute Vertraulichkeit, welche zwischen Sr. Maj. Unserm hochsel. Herrn Vatern . . und Sr. des H. Churf. Lbden vorhin geschwebet, nun wiederumb zu reassumiren und beständig zu pflegen. Dann gleichwie S. Lbden gnugsam bekannt, wie hoch die Wohlfahrt des evangelischen Wesens ein dergleichen gutes Vertrauen zwischen allerseits solcher Religion zugetanen Potentaten und Ständen erforderte, also hätten Wir ja auch nicht nur daher, besondern der Nachbarschaft und vieler anderer . . Considerationen halber absonderliche große Ursache, dasselbe zu cultiviren, alle Mittel und Wege, so zu dessen Beforderung ersprießlich gefunden würden, zu suchen, hingegen aber der Übelwollenden dawider auf die Bahn bringende machinationes höchsten Fleißes zu evitiren. Und wie scheinbar dergleichen Angeben auch coloriret sein möchte, so hätten S. Lbden doch im Werke selbst verspüret, daß Wir, seit der Friede geschlossen, alles dessen Uns beflissen, so Wir diensam erachtet, beides, den legibus pacis ein Gnügen zu tun und dann S. Lbden zu bezeugen, daß Wir eine sonderbare Begierde hätten, mit Ihro wiederumb zu einem nachbarlichen guten Vernehmen zu gelangen. Es dictirte auch Unser und Unserer Reiche und Länder Wohlfahrt nicht anders, dann daß Wir den durch des Höchsten Hilfe erworbenen Frieden zu behalten, sie wegen der in währenden Kriegsläuften ausgestandenen Ungelegenheit zu soulagiren, und dannenhero alle Mittel sucheten, welche selben Frieden zu befestigen dieneten. Und weilen unter selben S. Lbden Freundschaft nicht das geringste, so würde Uns deren Beobacht- und Cultivirung auch umb so viel angelegener und dabei nichts liebers sein, als wann Wir dergleichen Disposition auch an des H. Churf. Lbden Seiten finden möchten. Wir hätten inmittelst dazu nicht eine geringe Hoffnung und zwar dieselbe, daß S. Lbden auch Ihres Orts willig und bereit sein würden, dasjenige, was nicht nur der letztgeschlossene Olivische, besondern auch der vorige Westphälische Frieden und die daraus hergerührte absonderliche Grenztractaten erforderten, zu erfüllen.“ —

Der König an den Kurfürsten. D. Stockholm 2. März 1661 [1]).

[Kreditiv für Dohna.]

General Graf und Burggraf Christophorus Delphicus Dohna begibt sich an den kurfl. Hof, um nonnulla sua negotia peragere. Ac Nobis praeterea visum sit, ei quaedam cum Cels.^{ine} V.^{a} El.^{li} Nostro nomine communicanda in commissis dare, quae reviviscenti Nos inter et Cels.^{nem} V.^{am} El.^{lem} ac utriusque Nostrum status amicitiae inservire arbitrati sumus. Er bittet also den Kurf., Dohna Glauben zu 12. März

---

[1]) Vgl. Urk. u. Akt. Bd. 9 S. 733.

schenken ac sibi omnino persuadere, quicquid ad roborandam amicitiam mutuam pertinere existimaverimus. —

Denkschrift des Hofrats B. Wolfsberg. O. D. Verlesen im Reichsrat am 14./24. März 1661 [1]).

[Gutachten betr. Abfertigung eines Gesandten zum Kurf.]

24. März „Nachdem die Frage vorgekommen, 1. ob es nötig und nützlich, daß von I. Kgl. Maj. und hiesiger Kron ein publicus minister an den churfl. brandenburgischen Hof wieder verordnet werde, und 2., ob solche depeche fürterlichst an Hand zu nehmen oder ob damit so lange anzustehen sein wolle, bis zufürterst der Churf. jemand anhero abgefertigt, als wird nachfolgender Gestalt, jedoch unvorgreiflich, darauf geantwortet:"

I.

1. Die Entsendung von Gesandten empfiehlt sich grundsätzlich, weil man durch sie geheime und notwendige Nachrichten erhält.

2. „So ist nicht zu zweifeln, es werde der Churf., wann er I. Kgl. Maj. und der Kron Inclination zu Restabilirung der vorhin gepflogenen Freundschaft solcher Gestalt wird versichert werden, allgemach von der österreichischen Partei, als welcher er sich mehr aus vermeinter Not als aus sonderbarem Vertrauen und Affection zugesellet, sich wieder abziehen [2]),

3. mit I. Kgl. Maj. und dero Kron in vorige gute Correspondence hinwiederumb zu treten und wegen beiderseits in Aufrechthaltung und Conservation des allgemeinen evangelischen Wesens versirenden Interesse vertrauliche Communication zu pflegen Gelegenheit haben; gestalt denn bekannt, . . . daß der Churf. auf denen Reichstägen, so für Anfang des letzten polnischen Kriegs gehalten worden, für der Chur-, Fürsten und Stände wohlhergebrachte Freiheit- und Gerechtigkeiten recht mascule sprechen und votiren lassen [3]).

4. Werden alle evangelische Chur- und Fürsten solche Reconciliation und gute Intelligence zwischen I. Kgl. Maj. und dem Churf. überaus gerne vernehmen und dadurch desto größern Mut fassen, dasjenige, was vermittelst I. Kgl. Maj. und dieser Kron siegreichen Waffen in dem Osnabrüggischen Friedenschluß sowohl ihnen selber wegen Restabilirung ihrer Dignität, Freiheit und iurium als andern Interessenten zu gute gestiftet, aufs äußerste mainteniren zu helfen. Allermaßen man bei denen von I. Kgl. Maj. glorwürdigster Gedächtnüß an die meisten evangelischen Chur- und Fürsten in nächsten beiden Jahren beschehenen Abschickungen dieses erfahren, daß sich keiner zu etwas reales resolviren wollen,

---

[1]) Vollständig veröffentlicht von Arnheim in Forschungen zur brand. u. preuß. Gesch. Bd. 7 S. 202—207.

[2]) Vgl. Urk. u. Akt. Bd. 2 S. 257.

[3]) Vgl. Erdmannsdörffer, Waldeck S. 118 ff., Urk. u. Akt. Bd. 6 S. 311 ff.

solange I. Kgl. Maj. und die Kron mit dem Könige in Dänemark und dem Churf. von Brandenburg nicht wieder vereiniget wäre, vorgebende, daß bei solcher Bewandtnüß, da die vornehmsten Säulen der evangelischen Kirchen miteinander zerfallen, sie ohne appuy und nicht capabel wären, dasjenige, was die Notdurft und ihre Schuldigkeit wohl erforderte, zu prästiren, sobald aber diese Parteien wieder miteinander verglichen und in gutes Vertrauen sein würden, alsdenn wollten sie auch andere consilia ergreifen [1]).

5. Imgleichen wird es bei Engelland und Holland in Consideration kommen und ihnen nicht unlieb sein, wenn I. Kgl. Maj. und diese Kron mit dem Churf. in guter Correspondence sich wieder befinden und zu solchem Ende einen ministrum bei Hofe haben.“ — —

II.

Gegen die Abschickung eines Gesandten könne eingewendet werden, daß die feindselige Haltung des Churf. keine Freundschaftsbezeigung verdiene und 2., „daß man denselben nicht sonderlich consideriren, sondern sich frembd und kaltsinnig gegen ihn stellen, ja gar inter spem et metum so lange hinzappeln lassen soll, bis er etwa genötiget wird, der Krone Freundschaft zuerst wieder zu suchen und vorhero jemand an I. Kgl. Maj. abfertiget.“

Darauf ist zu erwidern:

1. Der erste Einwand ist unsachlich.

2. „Einigen froideur oder frembde Bezeigung gegen den Churf. merken zu lassen, wird keinen Nutzen schaffen, dieses aber gewiß verursachen, daß der Churf. in der bereits geschöpfeten Opinion, nämblich daß zu der Reconciliation keine Hoffnung obhanden, sondern daß man hier bei Hofe auf die Rache und seines Hauses Ruin meditiret, gestärket werden. Maßen ihm denn allerhand nachdenkliche Reden und gleichsam rachgierige Bedrohungen, so von hohen königlichen Ministern noch nach geschlossenen jüngsten Frieden geführet sein sollen,[2]) schon zu Ohren gekommen, wie solche dem pommerischen Estatssecretario Herr Falzburgen[3]), als von des Herrn Reichsadmirals hochgräfl. Exc. derselbe in gewissen Angelegenheiten nach dem berlinischen Hofe für einiger Zeit abgeschicket gewesen, mit Umbständen beigebracht worden. Zu geschweigen, daß der Churf. vor diesem schon in der Opinion gestanden, was gestalt er und sein churfl. Haus, wenn mit der nächstabgelebten Kgl. Maj. ein menschlicher Fall sich begeben und es zu einem interregno gelangen sollte, von der Herren Reichsräten Exc. wenig guts sich zu versehen haben würden. Worauf denn, daferne ihm dergleichen Impression bei Zeiten nicht benommen werden sollte, ungezweifelt erfolgen dürfte, daß er sich gegen alle besorgende Gefahr, so gut er kann, hin und wieder verwahren und insonderheit mit dem Hause Österreich zu nicht geringem Präjudiz des evangelischen Wesens je länger je stärker verbinden und hingegen I. Kgl. Maj. Inter-

[1]) Vgl. Köcher, Gesch. von Hannover und Braunschweig Bd. 1 S. 257 ff.

[2]) Vgl. oben S. 621, 626.

[3]) Johann Pfalzburger war im September 1660 in Wrangels Auftrag beim Kurfürsten gewesen, vgl. Prot. u. Rel. Bd. 6 S. 166, 168 ff.

essen, soviel er kann und mag, wo nicht öffentlich jedoch per indirectum ein und anderen Orts sich opponiren und selbige zu hintertreiben suchen wird."

3. Der Kurf. wisse, daß er sich auf Österreich nicht verlassen dürfe, daß bei der Wahl eines Erzherzogs zum polnischen König die Prätension der Erzherzöge wegen des Großmeistertums auf Preußen wieder aufleben würde [1]). Und doch ist zu vermuten, „daß ehe und bevor er dieser Kron Inclination zu voriger Freundschaft allerdings wieder versichert, derselbe weder die österreichische Partei gänzlich quittiren noch durch eine Abschickung an diesen königl. Hof sich beim Kaiser suspect machen, sondern dem Exempel derjenigen folgen dürfte, so Schiffbruch erlitten oder sonst in ein tief Wasser gefallen und in solcher Not, ehe sie ersaufen, sich lieber an Dornen und Diestelsträuche halten, auch selbige . . nicht ehe gern verlassen, bis sie etwas anders, womit sie das Leben zu retten Hoffnung haben, erblicken und erlangen können.

4. Inzwischen wird er die Kron hin und wieder für irreconciliabel ausschreien und sowohl in Engel- als Holland, auch bei den evangelischen Chur-, Fürsten und Ständen im Römischen Reich sich damit excusiren, daß er desfalls genötiget werde, an Österreich sich feste zu halten. Maßen denn ex praeteritis bekannt, wie er seine Sachen zu coloriren, insonderheit die aus gewissen Ursachen zu Flensburg in etwas verzögerte Audienz seiner Gesandten und dersoselben mehr aus Eigensinnigkeit als gehabter Raison erfolgete heimbliche Abreise zu exaggeriren gewußt [2]). Und dürfte wohl zu glauben stehen, daß I. Kgl. Maj. und dero Kron der Churf., nachdeme er von dieser Partei ausgesetzet, mehr durch seine consilia als durch die würkliche Waffen Schaden getan hat, indeme bekannt, welcher Gestalt er viele Feinde gegen die Krone aufgewiegelt und den wenigen Freunden ungleiche impressiones von I. Kgl. Maj. und der Kron Intention beigebracht und dieselbe dadurch wo nicht gar abwendig, jedoch zu denen Zeiten, wenn man ihrer Hülfe am nötigsten gehabt, stutzend gemachet hat.

Und haben I. Kgl. Maj. christmildester Gedächtnüß solches alles zuletzt höchst vernünftig und wohl erwogen und dahero wenig Monat für Ihrem hochbeklagenswürdigen Falle alle Mittel und Wege, wie Sie diesen Churf. wieder gewinnen, von der österreichischen Partei abziehen und wo nicht zur Conjunction dennoch nur zu voriger Freundschaft und zu der Neutralität vermögen möchten, versuchen zu lassen resolviret, auch kein Bedenken getragen, diese Inclination unter der Hand und per tertium bei dem churfl. Hofe bekannt zu machen. Maßen denn bereits der Graf von Waldeck und der Resident Wolfsberg auf I. Kgl. Maj. gnädigsten Befehl an dem Kasselschen Hofe hierin negotiiret, und die Intention dahin gangen, daß sie entweder beiderseits oder Wolfsberg allein . . mit einigen churfl. geheimen ministris . . in loco aliquo tertio zusammen kommen und die conditiones (worunter an seiten I. Kgl. Maj. gar advantageuse für den Churf., als nämblich Elbingen gegen Gottorff und andere mehr Dinge sollten auf den Tapet geworfen werden, und dahero, wenn es zum Kongreß gekommen, an Erreichung des Zwecks,

---

[1]) Vgl. Vota, Der Untergang des Ordensstaates Preußen S. 480, 491, 497 ff.

[2]) Vgl. oben S. 594.

weilen der Appetit zu solchen niedlichen Bißchen viel guts gewürket haben dürfte, nicht zu zweifeln gewesen sein würde) von einander vernehmen und, wo immer müglich, darin schließen sollten [1]“. Die Niederlage auf Fünen und der Tod des Königs verschoben aber die Verhandlungen hinaus und es kam zum Frieden.

5. . .

6. „Und kann von niemanden, deme die Interessen und vorerzählte Umbstände bekannt, für frembd gehalten, viel weniger ungleich ausgedeutet oder für verkleinerlich genommen werden, daß I. Kgl. Maj. auf diesen churfl. Hof mehr als auf andere Churfürsten Reflexion richten. Sintemalen ja bekannt, wie für etwa 3 Jahren an selbigem Hofe fast von allem in Europa befindlichen gekrönten Häubtern und Republiquen Gesandte und Residenten und zwar auf einmal zugleich nachfolgende sich befunden, als wegen I. Kgl. Maj. der Resident Wolfsberg, wegen Frankreich Mr. Blondel, von dem Könige in Ungarn und Böhmen der Generalwachtmeister Fernemont und der Isola . ., wegen Polen der Herr Leszczinsky, wegen Dänemark Mr. Ahlefeld, wegen des Herrn Protectoris in Engelland Mr. Jephson und wegen des außerhalb Landes gewesenen Königs in Schottland ein ander englischer Cavalier, wegen Holland Mr. Yssebrand, zu geschweigen des churfl. Collegii, item der fürstl. Häuser Braunschweig-Lüneburg [2]), Meckelburg [3]), Hessen-Kassel und die churländischen, ja des moscowitischen, siebenbürgischen und tartarischen Abgeschickten. Dergleichen Frequenz denn von publiquen Ministren an keinem Hofe zugleich wird neulich zu verspüren gewesen sein; dahero man auch an Seiten des Churf. sich zu selbiger Zeit desfalls nicht wenig vanitiret hat.

7. Sollte nun die Abschickung in Bedenken genommen und ferner aufgeschoben werden, so wird doch nötig sein, auf des Churf. actiones genaue Acht zu haben und, da man vermerken sollte, daß er vermittelst des Hauses Ouranien (als welches durch des Königs in Engelland Restitution wieder ziembliche appuy bekommen und considerabel zu werden beginnet) Behelf und adresse, es sei in Holland oder Engelland, mit einigen auf das Übelwollen gerichteten consiliis schwanger gehen sollte, ihme per cuniculos hinwieder entgegen zu gehen oder vorzubauen, wie auch auf nächsten Reichs- und Kreistagen . . Partei zu machen und vermittelst guter Intelligenz mit ein und anderm churfl. und fürstl. Hause sich gegen ihn zu verstärken.

8. Es falle aber die Resolution, daß über kurz oder lang einiger Minister nach dem churfl. Hofe wieder abgeordnet werden möchte, so ist billig nicht außer Consideration zu setzen, daß hiezu ein solch subjectum erfordert wird, dem 1. des Churf. humeur, 2. des Hofes Intriguen, 3. der ministrorum factiones und welcher Partei dieser oder jener zugetan, insonderheit aber 4. die praeterita allerdings bekannt sein, und der 5. einige adresse zu Erforsch- und Penetrirung der Consilien haben kann.“

---

[1]) Vgl. oben S. 604 ff.

[2]) Schwarzkopff, Schenck v. Winterstädt und v. Bülow, vgl. Köcher, a.a.O. S. 217.

[3]) Vgl. Urk. u. Akt. Bd. 2 S. 161.

Reichsratsprotokoll. D. Stockholm 14. März 1661 [1]).

[Erörterungen über die Notwendigkeit, einen Gesandten beim Kurf. zu unterhalten. Der Reichskanzler glaubt, daß dem Kurf. an der Freundschaft mit Schweden gelegen sei, und daß eine solche Gesandtschaft geeignet sei, das im Reich gegen Schwedens friedliche Gesinnung bestehende Mißtrauen zu zerstreuen.]

24. März Der Reichskanzler proponerade om det Brandeburgiske väsendet, huru och, om amicitia vetus med honom skall redintegreras, till hvilken ända Resident Wolfsberg hade uppsatt sitt sentiment.

Der Reichsdrost såg, att vänskapen med honom vore hel nödig, helst om friden kan conserveras in imperio; eljest intet så, på det att den svenska militien icke måtte förtagas heder och rum att underhålla sig, och därföre i sådant fall bättre hålla vänskap med Polen. Men i friden tjänte amicitia cum Electore, att vi kunde förringa guarnisonen i Pommern.

Der Reichsadmiral trodde intet, att man med Churf. kunde erhålla något gott och stadig vänskap.

Der Reichskanzler contra, emedan han nu hade profvat alla andra allierade och befunnit, att af dem intet stor profit uti sitt interesse vore kommit.

Upplästes Resident Wolfsbergs consilium, om en minister vid churbrandeburgiska hofvet vore tjänlig eller och nödig där eller ej. — —

Der Reichskanzler kunde intet annat judicera, än att Elector härefter inter ambiguos amicos scilicet Caesarem et Polonum skulle gärna amplectera Sveriges vänskap, sedan och, att en besändning vore intet onyttig till att förutan annat förtaga de andra riksständer in imperio, att de icke måtte fatta vidriga tankar, som skulle Sverige de industria vilja hålla alltid vägen öppen till ovänskap och således alltid turbera partes imperii. —

Der Kurfürst an den König. D. Cleve 6. April 1661.

[Freundschaftsversicherung.]

6. April Aus dem von Dohna überreichten Schreiben vom 2./12. März habe der Kurf. zu seiner Freude ersehen, Regiam Maj.^{tem} V.^{am} redintegrandae nuper inter Nos pacis et amicitiae leges exacte semper observaturam. Er habe Dohna entsprechende Erklärungen gegeben und wolle alles tun, was ihre Freundschaft sichern und stärken könne [2]). Im übrigen werde Dohna berichten.

---

[1]) Vgl. Arnheim a. a. O. S. 198.

[2]) Vgl. die Instruktion für Gerhard Jaan v. Ledebur vom 26. März 1661, Urk. u. Akt. Bd. 9 S. 733.

Graf Christoph Delphicus von Dohna an die Vormundschaftsregierung. D. Cleve 30. März 1661.

[Versuche zur Anbahnung eines näheren Einvernehmens mit dem Kurf.]

Vor 8 Tagen habe er das Kreditiv vom 2./12. März erhalten und durch Schwerin sofort um Audienz für den folgenden Tag bitten lassen. 9. April In der Audienz hat er die Ordres vom 9./19. Februar und 1./11. März zur Kenntnis des Kurf. gebracht, „welches auch von S. Churfl. Durchl. mit großer Höf- und Freundlichkeit angenommen ward. Und gab Sie mir zur Antwort, daß Sie sich höchlich erfreueten, daß E. Kgl. Maj. Sie nicht alleine Dero Freundschaft versicherten, sondern auch begehrten, die Vertraulichkeit zu erneuern, so vor diesem zwischen E. Kgl. Maj. Herrn Vatern unsterblichen Andenkens und Ihr gewesen wäre, wozu Sie Ihres Teils sehr gern alles das Mögliche zutragen wollten, wie Sie dann auch vermeineten, Ihres Orts sowohl dem vorigen Westphälischen als letzten Olivischen Frieden ein Genügen getan zu haben."

Wegen des Postwesens sende der Kurf. einen Expressen zum König [1]; König und Königin von Polen wären „auch sehr eiferig gegen Sie wegen des Postwesens gewest; nun sie aber bessern Bericht empfangen hätten, wären sie ganz friedlich und bekenneten, daß I. Churfl. Durchl. berechtiget wären zu deme, was sie täten" [2].

Dohna versuchte dann gemäß seiner Instruktion dem Kurf. „allen Argwohn zu benehmen, so die ungleiche Berichte, welche von Übelwollenden geschehen mögen [3], sowohl als die lügenhaftige Zeitungen, so wöchentlich ausgestreuet werden, bei Ihr verursachen möchten". Seine Ausführungen scheinen nicht ohne Eindruck zu bleiben, doch fragt der Kurf., welchen Zweck die großen Flottenrüstungen Schwedens hätten. „Als ich, daß mir dieses ganz unbewußt, versicherte und dabeneben rationes anführete, warumb ich vermeinete, daß auf allen Fall S. Churfl. Durchl. sich Ihres Orts wegen dieses kein Nachdenken zu machen hätten, sagten Sie, es könnte vielleicht auf Archangel angesehen sein. Als ich dieses im gleichen mit der Unwissenheit beantwortete und hinzutat, daß ich Zeitung hätte, daß der Großfürst neue große Gesandten zu tractiren verordnet hätte, und daß zu einem schleunigen, guten Frieden Hoffnung wäre [4], sagten Sie, daß Sie wohl glaubeten, daß es dazu kommen möchte und die Kron Polen im Krieg mit Moskow verbleiben, weil Polen, nun es die Oberhand hätte, allzu schwere conditiones begehrete [5]. Ich mutmaße dennoch sowohl aus I. Churfl. Durchl. damaligen Discoursen als denen, so ich seit deme von etlichen Dero ministris gehöret, daß der Herr Ledebur, Drost zu Petershagen, welcher . . an E. Kgl. Maj. geschicket wird und welcher vorgestern von hier verreiset ist, seine Reise beschleunigen wird, sowohl umb, was oben ver-

---

[1] v. Ledebur, vgl. Urk. u. Akt. Bd. 9 S. 734 f.

[2] Hierüber zahlreiche Akten in Urk. u. Akt. Bd. 9, Abschnitt I.

[3] Vgl. oben S. 626.

[4] Theatrum Europaeum Bd. 9 S. 360, 362 ff.

[5] Desgl. S. 345 ff.

meldet, E. Kgl. Maj. vorzutragen als auch umb zurückzuberichten, was er wegen Equippirung zur See in Schweden vernehmen wird [1]). —

Ich habe seit deme Gelegenheit gesuchet, mit unterschiedlichen churfl. vornehmen ministris wegen dem, was E. Kgl. Maj. mir aufgetragen, zu communiciren, insonderheit mit dem Herrn v. Schwerin, als der mir den Tag nach der Audience gesagt, daß er Befehl hätte, mit mir zu conferiren. Da dann wegen der guten Verständnüß, so E. Kgl. Maj. zwischen Ihr und dem Churf. zu stabiliren suchten, er die Versicherungen und sincerationes, so I. Churfl. Durchl. getan, weitläuftig wiederholete, seines Orts versichernde, daß, wie es ihme sehr leid gewesen wäre, daß es zur Ruptur zwischen E. Kgl. Maj. und dem Churf. geraten wäre, er nichts höhers wünschete, als daß es wieder zur vorigen guten Verständnüß kommen möchte. Führete gleichwohl in seiner Rede discrete mit an, daß er ungeachtet seiner allezeit gehabten guten Meinung die obstacula nicht allein hätte überwinden können, so sich gefunden hätten. Man hätte von schwedischer Seite die harte Proposition getan, daß der Churf. seine Kriegsvölker und teils seiner Festungen überantworten sollte und sich also zum Pupillen machen lassen [2]), über das ihme den Schimpf angetan, daß man seine Abgesandte astringiren wollen, für frembde fürstliche Abgesandte Rechenschaft zu tun von dem, was [sie] in commissis hätten [3]). Auf kaiserlicher Seiten hingegen hätte man alle Höflichkeit und Freundschaft gebrauchet, die Armee zum Churf., umb seinen Ordren zu pariren, geschicket, ihme die Disposition und das directorium gelassen [4]), welches Polen im gleichen getan; und was ein mehres wäre, so hätte der Kaiser auf des Churf. Anhalten an vielen Orten den Evangelischen das freie exercitium religionis wiedergegeben, wie sie es annoch hätten und ohnfehlbar wieder verlieren würden, wann sie I. Churfl. Durchl. nicht schützeten, sintemal der teutsche Westphälische Friede im geringsten ihnen nicht zu Hilfe käme [5]). Der Herr v. Schwerin beschloß die Rede damit, daß, weil E. Kgl. Maj. itzo I. Churfl. Durchl. so höflich und freundlich meineten, wie ich es versicherte, so zweifelte er nicht, daß die alte, gute Verständnüß gewiß zu hoffen stünde, sowohl weil I. Churfl. Durchl. sehr darzu geneiget wäre, wie er dieses seines Orts höchlich contestirte.

Und wie ich unter andern darauf antwortete, daß ich wünschete, daß des Herrn spanischen Gesandten [6]) propositiones keine Irrung in diesem heilsamen Werke [verursachen] möchte . ., versicherte er mich, daß dabei nichts fürliefe, so E. Kgl. Maj. einig Nachteil verursachen könnte, indeme insonderheit die Allîancen, so I. Churfl. Durchl. mit dem König in Spanien sowohl als mit dem Kaiser hätten, pure und allein defensiv wären, welches mein Bruder [7]), der Herr Dr. Jena und andere Geheime Räte mich auch versichert." —

[1]) Vgl. Urk. u. Akt. Bd. 9 S. 734, auch S. 253.

[2]) Vgl. oben S. 538, 555, 575 f., 581 f., 589 und Geijer-Carlson Bd. 4 S. 302.

[3]) 1658 in Flensburg.

[4]) Vgl. Art. 8 und 9 des Offensivvertrages vom 9. Februar 1658, v. Moerner S. 231.

[5]) Vgl. Urk. u. Akt. Bd. 8 S. 371.

[6]) La Fuente, spanischer Botschafter in Wien; vgl. Prot. u. Rel. Bd. 6 S. 275, 280, 314, 320 ff., 336.

[7]) Graf Christian Albrecht v. Dohna.

In Gesprächen mit der Kurfürstin, mit Prinzessin Amalie und mit andern hat er betont, „daß wegen gemeinen Interesse des evangelischen Wesens sowohl als der Nachbarschaft, so zwischen E. Kgl. Maj. und den churbrandenburgischen Landen ist, und vielen andern Ursachen die gute Verständnüß mit E. Kgl. Maj. wohl so nötig und ersprießlich sein möchte, als mit einigen andern Potentaten, und daß auf einen Notfall die herrliche und streitbare Mannschaft, so E. Kgl. Maj. in den schwedischen Klippen erhielten, und dergleichen meines Wissens in der Christenheit sich kein Potentat nicht zu rühmen, daß er in den Waffen hätte, wohl so fruchtbarlich beistehen könnte, als das, was die spanische Klippen in Indien zu Wege brächten, davon des von des spanischen Abgesandten sich rühmeten (so) und, wie ich vernommen, E. Kgl. Maj. Reiche und Interesse wegen des Armuts zu verkleinern suchten, wie auch wegen anderer Umbstände odieus zu machen."[1]).—

Graf Christoph Delphicus v. Dohna an die Vormundschaftsregierung. D. Cleve 6. April 1661.

[Mißtrauen des Kurf. gegen Schwedens freundschaftliche Gesinnung. Angebliche schwedische Rüstungen.]

— „Sonsten haben S. Churfl. Durchl. mich für etlichen Tagen angeredet und 16. April
mir nicht sonder Bewegung fürgehalten, ich würde mich zu erinnern wissen, wie ich nach überreichtem Creditiv Sie von E. Kgl. Maj. wegen aller Freundschaft versichert hätte. Deme entgegen aber wären Sie von gewisser Hand aus Polen berichtet worden, was maßen Sie in denen Verrichtungen, so Sie beim polnischen Hofe annoch zu negotiiren hätten, von keinem gehindert würden als eben von E. Kgl. Maj. neulich dahin gekommenen Abgesandten[2]). Und weiln Sie nun von einer Seiten, nämlich von mir, aller Freundschaft von E. Kgl. Maj. wegen versichert werden wollten und hingegen von anderer Seiten in der Tat erfahren müßten, wie man Ihr suchte zuwider zu leben, als wissen Sie nicht, wessen Sie sich zu versehen und wie Sie sich darin schicken sollten. Begehreten deswegen, ich möchte dieses an E. Kgl. Maj. gelangen lassen. —

Auch will hier verlauten, daß von Hamburg von einem, der aus Schweden gekommen . ., wäre geschrieben, daß E. Kgl. Maj. große Kriegspräparatoria zu Wasser und Lande macheten und mit einer Macht von 60 000 Mann einen wichtigen Anschlag vorhätten. Und soll derselbe Mann dabei vermelden, wie etliche vermeinten, daß es uff die Vereinigte Niederlanden, die meiste aber hielten, daß es Sr. Churfl. Durchl. Lande anzugreifen angesehen wäre"[3]).

---

[1]) Über die Dohna angeblich in der Investiturfrage erteilte Antwort vgl. Urk. u. Akt. Bd. 2 S. 275.

[2]) Sten Bielke.

[3]) Vgl. Urk. u. Akt. Bd. 9 S. 243 f., 825, Bd. 11 S. 33 f., Prot. u. Rel. Bd. 6 S. 338. Über die schwedischen Rüstungen vgl. Theatrum Europaeum Bd. 9 S. 67 ff.

Instruktion für Schweder Dietrich Kleihe zum Empfang der Belehnung in Wien. D. Stockholm 9. April 1661.

[Eventualbelehnung mit Hinterpommern und Kammin, Sicherung der Expektanzen auf Neumark, Sternberg, Vierraden und Löcknitz. Der Stettiner Rezeß soll als zum Westfälischen Frieden gehörig gelten.]

19. April — Kleihe wird auch deshalb angesandt, att, efter Churbrandenburg i tillkommande Iunio [1]) vill begära investieras af sina land och regalier, abgesandten desslikes må vara tillstädes att vigilera och i akt taga, hvad som ratione simultaneae investiturae på Hinterpommern och stiftet Cammin och de därvid hängande iura och expectancier är Kgl. Maj. och Cronan nödigt och angeläget. —

Die Eventualbelehnung auf Hinterpommern und Kammin in casum mortis Domus Electoralis Brandeburgicae muß er zugleich mit dem Brandenburger empfangen, tagandes därvid allt i akt, som på Kgl. Majs. sida vid actum simultaneae investiturae han kan judicera lända till Kgl. Majs. rätts styrkio och futurae successioni fördelaktigt vara, enkannerligen angående expectantierna på Neumark, Sternberg, Vierraden och Löckenitz [2]), och där så vore, att Churf. sig försäkrade sin halbskjed af teloniis [3]), Kgl. Maj. även så väl försäkrades, så att den successionsrätt, Kgl. Maj. tillstår på hela Hinderpommern och stiftet Cammin, må desslikes efter instrumentum pacis Art. 10 och Stettiniske recessens 29. och 30. art. expressis verbis appliceras och extenderas på ofvanbemälde telonia och expectancier. —

Den Brandenburgern soll er contestera på Kgl. Majs. vägnar emot Churf. af Brandenburg all benägen inclination till en uppriktig vänskap och mutuelle correspondence uti allt det, som kan tjäna till Churfs. bästa, såsom och Kgl. Maj. förtror, högbemälde Churf. de sina hafva desslikes beordrat, att secundera Kgl. Maj. interesse, därmed den gamla vänskapen och förtrolighet igen att restabiliera. Och skall Abgesandten här informera och påminna dem, att de så laga, det länbrefvet, som de inrätta låta, grundar sig egentligen på instrumentum pacis, utan hvilkets noga observation churfl. länen kunde framdeles råka i ovisshet, visandes att den fasteste grunden däri består, så i anseende af sina acquirerade land som Kgl. Majs. expectance. När abgesandten detta vunnit hafver, så skall han därnäst remonstrera dem, huru Stettiniske tractaten icke flyter simpliciter af Kgl. Maj. och Churf., utan att han är ett necessarium dependens af instrumento pacis, och alltså tillse, att bemälde Stettiniske tractat måtte i brandenburgiske länbrefvet implicite inryckas och alltså de conditioner, som däruti författade äro och i följe af instrumento pacis slutne, icke mindre än själfva instrumentum pacis roboreras. —

---

[1]) Vgl. Urk. u. Akt. Bd. 11 S. 96.

[2]) Diese Expektanzen waren Schweden 1653 im Stettiner Grenzwesen zugestanden worden, vgl. Urk. u. Akt. Bd. 11 S. 97.

[3]) Vgl. v. Moerner S. 172, § 30 des Stettiner Rezesses und Stockholmer Rezeß vom 14./24. Mai 1653, ebenda S. 177 f.

Aus der Instruktion für Graf Claes Tott nach Paris. D. Stockholm 9. April 1661 [1]).

[Schweden ist, um den Kurf. bei der guten Partei zu erhalten, zu gutem Einvernehmen mit dem Kurf. bereit und will Frankreichs Vermittelung dazu annehmen; jedoch müssen seine Verträge mit dem Kurf. unangetastet bleiben.]

— Tott kann erklären, daß der König nichts mehr wünscht, än att en så considerable Churf. och Rom. Rikets Prince kunde på det goda partiet fästas och bebindas, hvartill Kgl. Maj. lärer intet underlåta, att contribuera all god vilja och benägenhet. Men skulle Frankrike tala om något, som måtte ännu ligga hos Churf. okokat och gifva osmak ifrån sig, skall legaten först explorera, hvad det måtte vara, efter på Sveriges sida sincerement honom hållit är, hvad instrumentum pacis och den därpå följde gränserecess och andra därvid hängande speciale puncter förmå. ... Legaten skall därjämte contestera Kgl. Majs. benägenhet till all god och närmare förtrolighet med det churfl. huset härefter, så att Frankrike kan märka, på Kgl. Majs. sida intet därpå desidereras, varandes därmed väl till freds, om Frankrike ville till dess större corroboration contribuera, salvis tamen et illibate conservatis pactis tam universalibus quam particularibus. — 19. April

---

Reichsratsprotokoll. D. Stockholm 25. April 1661 [2]).

[Notwendigkeit den Kurf. zu gewinnen und Zurückstellung des Plans, gemeinsam mit Polen gegen ihn vorzugehen.]

Reichsdrost: Frågade Hofkanslern, om Churf. intet kunde disponeras igenom en tractat, att admittera troupperna genom hans land, att därigenom undfly stora speser, och det göra genom grefve af Dohna eller någon annan, och därtill försäkra Churf. om all god vänskap och synnerligen att maintenera honom vid sin souverainität. 5. Mai

Hofkanzler [3]): Trodde, att han sådan proposition skulle gärna emottaga för Kejsarens skull. Skulle och gärna libereras metu Suecorum. Vore och det goda partiet in imperio, helst Churf. af Mainz, mycket kärt och behagligt, emedan han först och främst söker nu att vinna honom [4]).

Reichsdrost: Confirmerade det samma, varandes sålunda intet att befrukta sig af tyska sidan och så mycket bättre vara bastant emot de af norden, om de ville något gripa Sverige an.

Reichsschatzmeister [5]): Ingen lärer med goda släppa troupperna igenom.

Reichsdrost: affirmerade, helst om de blifve betalt. Churf. skulle gärna se, att folket komme sin kos, men och bättre, att lämna troupperna till Polen än till Kejsaren, det eljest lärer ske [6]).

---

[1]) Vgl. Arnheim a. a. O. S. 197.

[2]) Vgl. Arnheim a. a. O. S. 199.

[3]) Mathias Biörnklou.

[4]) Vgl. Urk. u. Akt. Bd. 11 S. 11 f., Köcher, a. a. O. Bd. 1 S. 294 ff., 306 ff.

[5]) Freiherr Gustav Bonde.

[6]) Vgl. Urk. u. Akt. Bd. 9 S. 300.

Hofkanzler: Tycker fuller, att Polacken skall därigenom misstycke fatta, att vi vilja maintenera honom vid souverainität, emedan han det tänker disputera.

Reichsdrost: Man kunde så göra med försäkring till Churf., att man intet contribuerade till Polackens desseiner därutinnan.

Hofkanzler: Förslog att sända förut till Churf. en cavalier härom och notificera, det H. Maj. vore sinnad, att handla om några saker och begära, att Churf. ville förordna därtill någon ministrum, och att H. Maj. gjorde det samma på sin sida igenom hr. Gyldenklou tamquam in loco eller någon annan.

Reichsdrost: Aggreerade detta.

Reichsschatzmeister: Berättade, att detta consilium vore emot den instructionen, som Mr. Sten Bielke hade, nämligen att vi och skulle assistera Polacken emot Churf., där så behöfvdes [1]).

Reichsdrost: Vi måste applicera våra consilier till tiden, och där sådant befinnas gott, straxt advisera Mr. Sten Bielke, att han rättar sig uti negotiationen därefter. Men till att maturera conclusum, begärde, att bref afgå till Mr. Riksadmiral samt Mr. Rikskanslern.

Sådant befanns gott och nyttigt.

Reichsdrost: Continuerade om Churf. och såg, att amicitien med Churf. vore oss nu vid denna tiden helt nödig, och därföre befinna detta förslaget alldells nödigt. —

Reichsratsprotokoll. D. Stockholm 26. April 1661.

[Der Reichsrat betreibt die Annäherung an den Kurf., während der Reichsschatzmeister eine Änderung der Bielke gegebenen Instruktion zu verhindern sucht.]

6. Mai Zwei Berichte Dohnas werden erörtert; der vom 6./16. April spreche über de vidriga adviser, som Churf. hade bekommit om Sveriges negotiation i Polen emot Electorem.

Reichsdrost: Rådde till att befalla Mr. Sten Bielke, att han intet agerar emot Churf., fast hans förre instruction något därom mentionerade.

Reichsschatzmeister: Mente detta kunna hafva sina skäl, men först och främst böra svaras gr. af Dohna och refutera Churfs. impressioner, emedan om någon skulle hafva gjordt, så vore det skett af Bourdois, som inga ordres hade. Och hvad förändringen belangade af instruction, den kunde, när alla af regeringen kommo tillstädes, företagas och för intet irra Mr. Sten Bielke uti sina gifvna ordres.

Reichsdrost: Säger sig nu vara alldeles uti en different mening emot den förra och nu befinna intet nödigare, än att erhålla god vänskap med Churf. Och samma deliberation väl kunna differeras, allenast att dit beordrades Gyldenklow, att han sig hölle parat, att agera med de Brandenburgiska. —

[1]) Vgl. Urk. u. Akt. Bd. 9 S. 259, 296 ff.

Die Vormundschaftsregierung an den pommerschen Regierungspräsidenten Andreas Gyldenklou. D. Stockholm 27. April 1661 [1]).

[Annäherung an den Kurf.]

Teilt ihm die Berichte des Grafen Dohna mit. Da ihr daran liegt, das letzte Mißtrauen des Kurf. zu zerstören, soll G. versuchen, mit einem kurfl. Minister in Korrespondenz zu gelangen und diesem dann versichern, „daß im Fall man kurfl. Seiten eine reale Intention führete, mit Uns wiederumb in ein sicheres, gutes Vertrauen zu gelangen, Ihr von Uns Commission bekommen würdet, mit denjenigen, so des H. Churf. Lbden. dazu bevollmächtigen würden, unter der Hand zu tractiren und Unserer Seiten dergleichen Anerbieten zu tun, welches nicht anders, dann S. Ld. angenehm und zu beider Unser und Unserer Staate Sicherheit und Bestem ersprießlich sein könnte“. 7. Mai

Daß von Polen her verbreitet würde, der König lege auf die Freundschaft mit dem Kurf. wenig Gewicht, beruhe auf Verläumdungen des Franzosen Bordeaux. Dieser habe jedoch nie einen Auftrag vom König erhalten, „besondern wie er von der Königin in Polen hereingeschicket, also bloß mit einem Complementbriefe an dieselbe wieder zurückgeschicket, und könnten Wir also vor das Unserige nicht annehmen, was derselbe aus übelwollendem Gemüt etwa Nachteiliges geredet oder geschrieben“.

Schwedens Armatur gehe über Verteidigungsmaßnahmen nicht hinaus und brauche umso weniger Ombrage zu erwecken, als ja der schwedische Waffenstillstand mit Rußland im Herbst ablaufe.

Die Verdächtigungen des Königs gehen von solchen aus, „welche das gute Vernehmen zwischen Uns und S. Lbden dem evangelischen Wesen, als dessen Aufnehmen und Bestes so hoch daran interessirte, mißgönneten“ [2]). —

Reichsratsprotokoll. D. Stockholm 27. April 1661 [3]).

[Einmütigkeit in der Politik der Annäherung an den Kurf. Preußen ist besser in seiner Hand als in der Polens oder des Kaisers. Gewinnt man den Kurf. nicht, so muß er sich zur Gegenpartei schlagen.]

Das Schreiben an Gyldenklou wird verlesen und gebilligt.

Reichsdrost: Proponerade, om icke Herr Sten Bielke borde bekomma ordres, att intet agera något emot Churf. till vidare besked. 7. Mai

Reichsschatzmeister: Var af samma mening, att man till det ringaste intet borde stöta Churf. vid hufvudet, förrän hans gesandt Ledebur ankomme och [man] hörde, hvad han förbragte. —

---

[1]) Vgl. Arnheim a. a. O. S. 199 f.

[2]) Zufolge dieser Verfügung wurde der pommersche Kanzler v. Sternbach nach der Mark entsandt; vgl. unten S. 640 f.

[3]) Vgl. Arnheim a. a. O. S. 200.

Reichsdrost: Exaggererade, att man nu vid denne [tid] för allting lagade så, att Churf. vore god vän.

Hofkanzler: Deducerade, huru stort intresse vore för Cronan Sverige, att de coopererade med Churf. både för det goda partiets in Romano imperio skull såsom och interesse publicum, varandes mycket bättre, att Churf., fast han vore än en ovän, hade Pryssen, än Polacken eller Kejsaren. Och där vi icke amplectera Churf., så måste han ändligen metu nostri gifva sig ifrån oss till våra vederparter. —

Reichsdrost und Reichsschatzmeister sind auch der Meinung, att Churf. intet borde på något sätt disgusteras och alieneras ifrån oss. —

Die Vormundschaftsregierung an Sten Bielke. D. Stockholm 4. Mai 1661.

14. Mai Erhält Befehl, in brandenburgisch-polnischen Streitfragen nicht gegen den Kurf. zu arbeiten, sondern vielmehr dahin trachten, daß die neulich mit diesem erneuerte Freundschaft mit Douceur restabilirt werde. Er solle sich so verhalten, daß der Kurf. sieht, att Vi till allt gott förstånd med honom inclinera.

Reichsratsprotokoll. D. Stockholm 28. Mai 1661.

7. Juni Verhandlungen über die Allianz mit Polen [1]). Der Hofkanzler erinnert, daß Bielke anzuweisen sei, wie weit er Polens Interessen gegen den Kurf. zu beobachten hätte; man könnte den Verlust seiner Souveränität hinnehmen. Coyet [2]) widerspricht; Schweden habe gerade das Interesse, daß er die Souveränität behält. Der Reichskanzler schließt sich ihm an; die Polen wollten ihn züchtigen und hofften dazu auf schwedische Hilfe. Coyet: Durch Unterstützung des Kurf. könnte man eine Versicherung auf eine preußische Festung erhalten. Der Hofkanzler: Man dürfe ihm für seine Perfidie keine Belohnung geben [3]).

Die Vormundschaftsregierung an den Kanzler von Pommern Heinrich Coelestin v. Sternbach. D. Stockholm 10. August 1661.

[Vorläufig Zurückhaltung mit weiteren Freundschaftsanträge.]

20. Aug. Sein Bericht über die Konferenz mit Somnitz ist eingelaufen [4]). „Gleichwie Wir nun ab Eurem darunter geführtem Comportement eine sonderbare gnä-

[1]) Vgl. Pribram, Lisola S. 234.

[2]) Staatssekretär Peter Julius Coyet.

[3]) Vgl. Ledeburs Schlußbericht, Urk. u. Akt. Bd. 9 S. 741 f. — Bei der Reichsratssitzung am 29. Mai äußerte der Reichsschatzmeister, aus eigner Kraft könnte der Kurf. sich bei der Souveränität nicht behaupten, sondern müßte Hilfe beim Kaiser suchen, wodurch Schweden rasch offendiert werden müßte. Der Reichsdrost stimmt ihm zu; der Kurf. dürfe nicht offendiert werden; Schweden müßte ihn doch endlich zum Freunde haben.

[4]) Vgl. Urk. u. Akt. Bd. 11 S. 109 ff.

digste Vergnügung tragen, auch nichts von Euch unterlassen zu sein befinden, welches die sincere Intention, so Wir darunter haben, an den Tag geben, ingleichen dieselbe zu dem erwünschtem Zweck zu befordern ersprießlich sein können, also haben Wir auch ein solches Euch hiemit in Gnaden zu erkennen geben, dabeneben aber dieses benachrichtigen wollen, daß, weilen .. Ledebur unlängst allhie gewest [1]) und mittelst der freundbaren Bezeugung, so er in Namen seines Herren getan, Uns umb so viel bessere Gelegenheit gegeben, obige von Euch deshalb geschehene Contestation auch gegen ihn zu wiederholen, Wir also nun diensam und geratsam befinden, Unser Seiten darin etwas anzustehen und abzuwarten, wessen des Herren Churf. Lbden auf gedachten Dero Abgesandten Rapport sich weiter bezeigen — — wollen. Inmittelst halten Wir gleichwohl auch nicht undienlich, daß Ihr die mit dem v. Somnitz begonnene Correspondence ferner in Schreiben unterhaltet und versuchet, wie weit obiges alles dadurch noch weiter befordert und facilitiret werden könne" [2]).

B. Wolfsberg an den Reichskanzler. D. Hamburg 20. September 1661.

[Mißtrauen des Kurf. gegen Schweden, sein angebliches Einvernehmen mit dem Kaiser in der polnischen Frage. Sein Bündnis mit England.]

— Sonsten ist mir neulicher Tagen von einer sichern Person, so am churfl. brandenburgischen Hofe kurz verwichener Zeit gewesen und zum oftern von daraus Communication erhält, berichtet worden, was gestalt man daselbst noch immerfort wegen I. Kgl. Maj. und dero Kron in Furchten stehet und sich aller dienlichen Orten dagegen zu versichern und zu befestigen suchet, insonderheit aber wegen der bishero von I. Kgl. Maj. noch beibehaltenen teutschen Trouppen sowohl sich selber als andern ungleiche impressiones machet, auch nunmehr gar dazu incliniret und nach äußerstem Vermögen dahin cooperiret, wie Österreich zu der Succession in Polen gelangen möge. Wohingegen an seiten des Kaisers bereits die Versicherung kräftigster maßen geschehen sein soll, .. den Churf. bei der preußischen Souverainitet und was dabeneben in dem Brombergischen Tractat von dem Könige von Polen ihm versprochen worden, zu mainteniren. — 30. Sep.

Sowohl ersterwähnten zu I. Kgl. Maj. und dero Kron gerichteten Mißtrauens halber als auch umb auf Erfordern in dem polnischen Wesen zu Faveur des Kaisers desto considerabler zu bleiben, soll resolviret sein, ein ziemblich Anteil Regimenter in Diensten zu behalten und selbige hin und wieder in des Churf. Landen zu verteilen, die meisten aber in Preußen subsistiren zu lassen. —

Mit Prinz Moritzen Verrichtung in Engelland soll die alte Princessin von Ouranien und die Churfürstin garnicht zufrieden und er desfalls nicht aller-

[1]) Vgl. Urk. u. Akt. Bd. 9 S. 735 ff.

[2]) Zum Verständnis für diesen Umschwung dient vielleicht ein Hinweis auf die fortschreitenden Bündnisverhandlungen mit Frankreich, vgl. Geijer-Carlson Bd. 4 S. 414 f.

dings wohl angesehen sein [1]. .. Die gesuchte Defensivalliance aber soll mit dem Churf. geschlossen und vornehmlich auf die Maintenirung des zu Olive behandelten Friedens gerichtet, auch dabei absonderlich der casus bedeutet sein, daß, auf den Fall I. Kgl. Maj. die Pillau oder Memel künftig attacquiren würden, Engelland alsdann zur Assistence verbunden sein soll [2].

Des Herrn v. Schwerins fortune soll allgemach zu wanken anfangen und hingegen der Fürst von Anhalt [3] sich je länger je mehr der Affairen am churfl. Hofe annehmen. —

Memorial für Heinrich Coelestin v. Sternbach. D. Stockholm 15. Dezember 1661.

[Forderung auf Eventualbelehnung Schwedens mit Hinterpommern und auf Anerkennung der Expektanz auf die Neumark, auf Sternberg usw.]

25. Dez. „Als I. Kgl. Maj. nötig gefunden, dem Churf. zu Brandenburg sowohl das unbefugte procedere, welches seine zu der Lehnempfängnis deputirt gewesene Abgesandten bei solchem Investiturwerk am kaiserlichen Hofe jüngsthin geführet [4] und dadurch verursachet, daß .. Kley zur Mitbelehnung derjenigen Provincien und Lande, worüber I. Kgl. Maj. vermöge instrumento pacis und dem darauf gefundirten Stettinischen Receß die simultanea investitura und rechtmäßige Anwartung gebühret, nicht gelangen können, mit mehrem zu erkennen [zu] geben, als zugleich auch bei dem Churf. anhalten zu lassen, daß, weilen er sich in gemeltem Stettinischen Receß selbst verbindlich gemachet, beides, den Consens der Agnaten über die darin verschriebene Expectantien und des Kaisers Ratification über den Receß an sich, selbst einzuschaffen [5], derselbe nun, um dem Werke seine Richtigkeit zuwegezubringen, jemand von seinen Leuten mit an den kaiserl. Hof abordnen und nebest I. Kgl. Maj. jetzo dahin gehenden Gesandten [6] selbes befodern lassen möchte, so haben demnach I. Kgl. Maj. den Canzeler Sternbach dazu committiren wollen." —

Sternbach soll also in Qualität eines Gesandten zum Kurf. gehen. Bei der Antrittsaudienz soll er des Königs Begierde bezeugen, „mit dem Churf. in beständiger guter Freund- und Nachbarschaft leben und alles, was dieselbe zu cultiviren und angenehm zu machen diente, jedesmal zu des Churf. Satisfaction dartun und erfüllen zu können, maßen I. Kgl. Maj. auch sich sowohl durch Schrei-

---

[1]) Vgl. Urk. u. Akt. Bd. 9 S. 470—472, 492 ff.

[2]) Vgl. v. Moerner S. 254 ff.

[3]) Vgl. Urk. u. Akt. Bd. 9 S. 471.

[4]) Zu diesen Verhandlungen vgl. Urk. u. Akt. Bd. 11 S. 95 ff., auch oben S. 636, Heyne, a. a. O. S. 16 f.

[5]) Eine solche Zusage enthält der Stettiner Rezeß nicht; vgl. auch Urk. u. Akt. Bd. 11 S. 138 ff., Prot. u. Rel. Bd. 6 S. 562.

[6]) Den Vizepräsidenten des Stockholmer Hofgerichts Peter Sparre und den Vizekanzler des Wismarer Tribunals David Maevius, vgl. Urk. u. Akt. Bd. 11 S. 138.

ben und Dero unterschiedlichen Ministren als gegen des Churf. allhie im Reich gewesenen Envoyé dazu mit mehrerem anerboten."

In der Konferenz mit den Ministern soll er die Verhandlungen in Wien über die Belehnung schildern und die Kurfl. zu überzeugen suchen, „daß sie verpflichtet und gehalten, die Confirmation selbigen recessus mit zu befordern, dem Churf. dannenhero auch obliege, einen ministrum von seiner Seiten zu verordnen, welcher mit I. Kgl. Maj. Leuten dort beim kaiserl. Hofe über solche Sachen vertraulich communicire und die Confirmation auf alle dienliche Wege auswirken helfe, und zwar daß dieselbe à part expediret oder auch in dem Lehnbriefe mit eingeführet werde." —

Da der König es ganz ungeraten finde, das Werk länger in suspenso zu lassen, „also wird der Canzeler darauf bestehen, daß der Churf. nun gleich einen ministrum denominire, selben mit nötiger Vollmacht und Instruction versehe und denselben zusampt I. Kgl. Maj. befoderen lasse, daß die Sache zu ihrer anverlangeten Richtigkeit gelange". Zur Vermeidung einer Verzögerung ist unbedingt eine schriftliche Antwort zu verlangen. —

Kanzler Heinrich Coelestin v. Sternbach an die Vormundschaftsregierung. D. Berlin 13. Februar 1662.

[Mißtrauen des Kurf. gegen die Aufrichtigkeit des schwedischen Annäherungsversuchs.]

S. ist am 8./18. Februar in Berlin eingetroffen und tags darauf vom Kurf. 23. Febr. in Gegenwart von Anhalt, Wittgenstein[1]), Dohna, Somnitz, Hoverbeck und Blumenthal in Audienz empfangen worden. Er hat dabei „die von E. Kgl. Maj. zu allem guten Vertrauen und nähern Verständnüß mit I. Churfl. Durchl. tragende Begierde dergestalt weitläuftig [contestirt], daß I. Churfl. Durchl. daraus vernehmen könnten, wie E. Kgl. Maj. die bishero sowohl durch Dero Schreiben als unterschiedene ministros desfalls getane contestationes nicht in Worten verbleiben zu lassen, sondern denenselben einen empfindlichen Effect, wann I. Churfl. Durchl. sich nur hiernächst E. Kgl. Maj., wie Dieselbe I. Durchl. angenehme Freundschaft erweisen könnte, auszulassen Gefallen tragen wollten, zu geben, freundvetterlich begierig wären. Und solches vermeinte ich, daß es mit Worten, soweit das immer E. Kgl. Maj. anständlich sein wollte, umb so viel empfindlicher zu machen wäre, als ich von dem Herrn Grafen von Waldeck, welcher E. Kgl. Maj. an diesem Orte gar gute und vorträgliche officia, sonderlich hierunter, praestiret, vorhero berichtet worden, daß man churfl. Seiten auch ganz begierig wäre, wegen der bekannten Interessen, sonderlich damit sie in die Rheinische Alliance mit uffgenommen werden möchten, mit E. Kgl. Maj. in nähern Vertrauen wieder zu gelangen, nur daß die eine Zeit hero eingesessene diffidence sie davon zurückhielte.

I. Churfl. Durchl. antworteten selbst und ließen sich vernehmen, wie lieb Derselben diese Abschickung wäre", usw.; nur Kurialien. Hierauf Audienz bei der Kurfürstin. Der Kurf. behielt ihn zur Tafel und versprach beim Ab-

[1]) Wohl Graf Ludwig Christian zu Sayn-Wittgenstein.

schied, „gewisse Dero Räte, umb mein Gewerbe zu vernehmen, deputiren zu wollen".

Am 12./22. Februar sind Geheimrat Claus Ernst v. Platen und Kanzler v. Somnitz zur Konferenz bei ihm erschienen, die er entsprechend seiner Instruktion informiert hat; der Kurf. ist noch am selben Tage nach Potsdam gefahren.

Auch Anhalt hat er besucht „und mittelst Abstattung E. Kgl. Maj. Gruß mein allhie habendes Gewerbe recommendiret, welcher weitläuftig contestiret gehabt, wie gern er die bei I. Churfl. Durchl. gegen E. Kgl. Maj. befundene Neigung zu einem nähern Verständnuß durch seine treueifrige Cooperation befordern wollte, zweifelte auch nicht, daß darzu die Gelegenheit sich hernächst wohl finden würde. Er könnte aber dennoch nicht verhalten, daß zuweilen noch bei I. Churfl. Durchl. uffstieße, wie Dieselbe bei den pommerischen Grenztractaten von den Commissarien wäre choquiret worden, maßen er, der Fürst, eines und anders, dessen I. Churfl. Durchl. noch vor wenig Tagen, da von meiner Ankunft etwas kund gemacht worden, sich erinnert und darüber nochmal sich formalisirt hätten, specifice anführete". S. hat darauf nachdrücklich betont, daß etwaige Verstöße der Minister nicht den principales schuld gegeben werden dürften, zumal „ich von gar vertrauter Hand berichtet worden, daß I. Churfl. Durchl. noch gesinnet, uff nächsten Reichstag den Grenzreceß statibus vorzulegen, und welchergestalt derselbe dem instrumento pacis Westphalicae gemäß wäre zu erkennen, zu begehren. Wie dann auch I. Fürstl. Gn. daruff replicirte, daß wohl ohn Zweifel der Verdruß sich endlich verlieren würde, insonderheit wann I. Churfl. Durchl. den Ernst guter, uffrichtigen Freundschaft verspüren würden.

Nun hab ich nach der Zeit gar fleißig geforschet, was doch I. Churfl. Durchl. vermeinten, worin E. Kgl. Maj. des Churf. Interesse befordern könnten, und vertraulich verstanden, daß Dieselbe in die Rheinische Alliance pro guaranda sowohl des Churfürstentumbs und hiesiger Lande als des Herzogtumbs Preußen und dabei erlangter Souverainitet eingeschlossen zu werden suchete, maßen Sie solches dem französischen Envoyé, umb es bei I. Kgl. Maj. von Frankreich zu erhalten, bereits entdecket hätten [1]). Nun erinnere ich mich, daß zwar bei vorigen Conjuncturen E. Kgl. Maj. dem gemeinsamen Wesen es nicht diensamb befunden, daß der Churf. in die gedachte Alliance mit uffgenommen werden sollte [2]); nachdemmal aber die Umbstände in viel Wege sich geändert, die Offensivalliance zwischen dem Kaiser und dem Churf. erloschen und leicht zu vermuten, daß Frankreich, welches durch itztgedachten Envoyé den Churf. disponiren will, ut ab Austriacis quam longissime absit, ihm darunter leicht an Handen gehen möchte, habe E. Kgl. Maj. dieses zu erkennen zu geben meiner untertänigsten Schuldigkeit erachtet, ob E. Kgl. Maj. Dero Staat diensamb und gegenwärtigen Conjuncturen gemäß befinden möchten, S. Churfl. Durchl., wann Dieselbe sich davon etwas vernehmen lassen würden, darunter Beifall zu geben."

---

[1]) Vgl. Urk. u. Akt. Bd. 2 S. 248 ff., Bd. 9 S. 600 ff., Prot. u. Rel. Bd. 6 S. 534.

[2]) Vgl. oben S. 596.

Mit Lesseins hat er Besuche ausgetauscht [1]). „Selbiger war sehr retiré, sagte, daß er von seinem Könige nichts anders in mandatis hätte, als S. Churfl. Durchl. die Geburt des Delphins zu verkündigen. Als ich ihn aber fragte, ob sich der Churf. oder seine ministri nicht vernehmen lassen, in die zwischen der Kron Frankreich und den rheinischen Ständen uffgerichtete Alliance [sich] zu begeben wollen, sagte er endlich, der Churf. hätte mit Frankreich ein foedus gehabt, welches 1. Maji dieses Jahres expirirte. Dasselbe begehrte er zu continuiren. Weil er, der Envoyé, aber davon keine Wissenschaft trüge, hätte er nach Hofe referiret und erwartete desfalls ehiste Antwort. Da ich mich nun weiter gegen ihn herausließe, weil I. Kgl. Maj. von Schweden mit dem Allerchristlichsten Könige in engen Verständnüß neulich wieder getreten [2]), so wollte ich an diesem Orte unter der Hand alle die officia dem Envoyé gern praestiren, quae ab amici regis ministro expectari possent, hat er solches mit Dank angenommen und dabei angeführet, wann die continuatio foederis mit seinem Könige beliebet werden sollte, so würde der Churf. eo ipso in die Rheinische Alliance eingeschlossen und auch E. Kgl. Maj. dadurch mehr verwandt werden, quod non possit esse amicus sui regis, qui non sit etiam amicus S.^{ae} R.^{ae} V.^{ae} M.^{tis}. Mit welcher Nachricht ich mich vor diesmal bei ihm contentiren lassen.

Habe unterdessen in geheimb zu wissen bekommen, daß er eine solche Resolution von S. Churfl. Durchl. begehrte, wann in Polen der Senat beim Reichstage vor die französische Partei schließen würde, daß er alsdann von Österreich abstehe und mit seinem König agiren wollte [3]); und damit er, der Envoyé seinen Zweck so viel besser erreichen könnte, hätte er noch vor der Audience $\frac{m}{100}$ Rthlr. Anhaltino und $\frac{m}{10}$ Jena versprochen [4]). Es befindet sich der Envoyé zum oftern bei I. F. Gn. von Anhalt und tut dieser jenem große Ehre mit Besuchungen an.

Sonsten habe ich aus denen von einigen hohen ministris mit mir geführten Discoursen so viel abnehmen können, daß bei S. Churfl. Durchl. daher eine diffidence gegen E. Kgl. Maj. und dem Reiche Schweden übrig, weil Sie festiglich glauben, E. Kgl. Maj. habe die perpetuirliche Maxime, daß Sie endlich das dominium maris Baltici zu behaupten suchen, und also Er wegen seiner an gedachtem Meer habenden Landschaft nimmer vor Dieselbe sicher sein könnte; und hätte man solches daher sattsamb zu vermuten gehabt, indem Herr Graf Schlippenbach sel. stracks bei seiner Ankunft allhie die große Anforderung uff die Memel, Pillau und andere Plätze gemacht [5]). Wann dergleichen mir vorkommen, habe ich dagegen geantwortet, daß mir zwar von des Herrn Grafen Schlippenbachs Exc. Gewerbe an

---

[1]) Vgl. Urk. u. Akt. Bd. 2 S. 255, 257 f.

[2]) Vgl. Carlson, Gesch. Schwedens Bd. 4 S. 415, Londorp, Acta publ. Bd. 8 S. 591 ff.

[3]) Vgl. Recueil des instructions Bd. 16 S. 80 f.

[4]) Vgl. ebenda S. 75 f. und Urk. u. Akt. Bd. 2 S. 247.

[5]) Vgl. oben S. 173 ff.

diesem Ort nichts vollkömbliches bekannt. Sollten aber die der Zeit vorgehabte desseins in Polen eine dergleichen Versicherung erfordert haben, würde daraus keine perpetua maxima zu schließen sein, viel weniger wäre deshalben, was so mancherlei Zufällen unterworfen, die Freundschaft unter Potentaten zweifelhaftig zu machen, welche umb vieler gegenwärtigen Ursachen willen vielmehr zu beschleunigen als zu versäumen.

Es kommen hierbei auch der Colbergische Licenten Participation[1]) zuweilen uff die Bahn, und daß es eine geringe Sache wäre; weiln sie aber dem Churf. ofters in den Sinn käme und er sich dadurch gleichsamb sub superioritate Suecica zu sein ansähe, könnten E. Kgl. Maj. ein solches wohl entraten, und würde S. Churfl. Durchl. damit zu mehrem Zutrauen veranlasset werden. Ich pflege druff zu antworten, daß solche eine im instrumento pacis und aus demselben hergeflossenen Grenzreceß und Specialconvention abgerichtete Sache wäre. . . Das Fundament der Freundschaft müßte in dergleichen Praetension nicht gesetzet oder dieselbe dadurch marchandiret werden, sonderlich da außerdem viel andere Respecten sich finden, welche diese Freundschaft angenehm und jenes leicht vergessen machen sollten.

Aus welchen allen E. Kgl. Maj. abzunehmen haben, daß man dies Orts noch immer die Stettinische Grenztractaten empfindet und daher, wann ihnen von zutragender nähern Freundschaft gesagt wird, sie sich wohl, daß ihnen ein und anders daraus wieder zurückgegeben werden sollte, die Hoffnung machen oder solches zu begehren Mut fassen dörften. Maßen dann der Canzler von Jena neulicher Tage gesagt haben soll, ich hätte jüngst auch zu einigen Offerten groß Versprechen getan, es bliebe aber allezeit bei den Worten und wäre dessen kein Effect zu vernehmen."

Actum 14. Februar anno 1662 inter Regium Ablegatum de Sternbach et Depp. Electorales Claus Ernst v. Platen und Canzler Somnitz [2]).

[Streitigkeiten wegen der Vorgänge bei der Belehnung des Kurf. in Wien 1661.]

24. Febr. „Den 14. Febr. nachmittage ließen die churfl. geheimbden Räte der v. Platen und Canzler Somnitz, welcher bei I. Churfl. Durchl. nacher Postamb, Derselben von meinem Vortrage zu referiren, verreiset gewesen, sich zur Conference wieder bei mir anmelden. Und weil sie mir anheimb stelleten, ob ich begehrte, daß sie zu mir in mein Logement kommen sollten, und ich vernahm, daß sie uff der Ratstuben beisammen, hab ich mich erboten, zu ihnen alsofort dahin mich zu verfügen. Weil ich nun daruff stracks dahin gefahren und sie uff der Ratstuben beisammen gefunden, hat der v. Platen vorgebracht, daß S. Churfl. Durchl. die Beschwerden über Dero ministrum Frhn. v. Löben ungern vernommen, hätten ihm bei dessen Abschickung ernstlich in mandatis gegeben, daß er nichts, so wider E. Kgl. Maj. hohen Respect oder auch wider den Grenzrezeß liefe und darin aus-

[1]) Vgl. v. Moerner S. 177 f.

[2]) = Littera A des nachfolgenden Berichts von Sternbach.

drücklich enthalten, handeln und vornehmen sollte. Es befünde sich aber ausgedachten v. Löben abgestatteten Relationen, daß nicht derselbe, sondern die Disputen, so der Herr Kley mit den Kaiserlichen sowohl ratione ceremoniarum als der Investitur selber gehabt, daran schuldig gewesen, daß er nicht zum actu investiturae mitkommen können[1])." Da der Kurf. Löben „in 40 vornehmen commissionibus gebrauchet und unsträflich befunden . . und dessen relationibus trauen können, so hätten I. Churfl. Durchl., weil Sie dasjenige getan, was dem Grenzrezeß gemäß, und Dero Abgesandter bereits über ein halb Jahr am kaiserl. Hofe gelegen, zu Ersparung ferner Unkosten und Zeit demselben Befehl geben müssen, daß er umb die Investitur und seine Abfertigung bei I. Kaiserl. Maj. anhalten sollte; worbei er sich dennoch dergestalt comportiret, daß dem Herrn Kleihen jederzeit Notification von dem, was vorgehen würde, vom kaiserl. Hof geschehen wäre.

Was aber das Begehren antreffe, daß I. Churfl. Durchl. die Ratification und confirmationem Caesaris über den Grenzreceß bei I. Kaiserl. Maj. mit suchen und befordern sollte, und man sich deswegen uff den Inhalt gedachten recessus beriefe, so contestirten I. Churfl. Durchl., daß Sie dem Recess nicht zuwider leben wollten, wie Sie dann bishero solches in der Tat und sonderlich bei dem Olivischen Friedensschluß bezeuget hätten[2]). Vermeinten auch, bei dem negotio simultaneae investiturae dasselbe in acht genommen zu sein, was solcher Receß erforderte, indem Sie die Notification E. Kgl. Maj. zeitig getan . . [3]). Daß Sie aber die Confirmation des Stettinischen recessus nebst I. Kgl. Maj. von I. Kaiserl. Maj. zu erhalten obligiret sein sollten, solches könnten S. Churfl. Durchl. nicht befinden. Weil ich aber in meinem Vortrage uff den Einhalt gedachten recessus mich referirte, so hätten S. Churfl. Durchl. ihm den Grund solches Vorgebens von mir zu vernehmen [befohlen]. Wann Sie dasselbe verstanden, wollten Sie darüber sich erklären." Sodann machen die Brandenburger an Sternbachs Kreditiv einige Ausstellungen, namentlich daß dem Kurf. darin nicht auch der Titel wegen Lauenburg und Bütow gegeben sei.

„Ego: Es hätten E. Kgl. Maj. die Bezeigungen des v. Löben gegen Dero Abgesandten I. Churfl. Durchl. auch nicht beimessen noch davor halten wollen, daß er also darunter zu verfahren wäre befehligt gewesen. Weil aber E. Kgl. Maj. gleichwohl dadurch, daß Sie vor diesmal und zwar bei der ersten Investitur nicht mit belehnet noch Derselben würkliche Participation an dem hinterpommerschen Anteil und der Eventualsuccession sowohl bei deren als an der Neumark bei den Churfl. in acht genommen[4]), sondern dieselben in terminis antiquis conferiret worden, so hätte I. Kgl. Maj. dasselbe als eine merkliche Sache billig empfunden und Ihren sensum darüber contestiren müssen." Kleihe habe Löben gebeten, ihm zur Überwindung der am Kaiserhof wegen der Belehnung entstandenen Schwierigkeiten zu helfen. „Da hätte . . Löben nicht allein solches zu tun ex

[1]) Vgl. Urk. u. Akt. Bd. 11 S. 116, 124 ff., 131 ff.

[2]) Vgl. ebenda S. 97 f.

[3]) Desgl. S. 96 und 98.

[4]) Vgl. Pufendorf, Lib. IX § 31.

defectu mandati sich geäußert, besondern auch erwähnter maßen zu gänzlicher Ruptur der Communication aus einigen vermeinten Imputationen Anlaß genommen. ... Ich wollte aus den relationibus fernere Nachricht geben, daß nicht Herr Kleihe sondern der Herr v. Löben sich vorsetzlicher Weise aller Communication entzogen.

Von Platen sagte, es würde dieses weiterer Untersuchung nicht bedürfen, wäre doch durch das Decretum Caesareum res integra.

Ego: Es wäre in so weit nicht res integra, weil I. Kgl. Maj. die simultanea investitura dasmal darüber nicht geschehen, wie es die pacta vermöchten; müßte demnach weitere Remonstration tun. Die fundamenta, warumb I. Churfl. Durchl. die Confirmation über den Grenzreceß und in specie über die Expectantien zu beschaffen obligiret, wären klar im 29. Articul selbigen recessus ausgedrückt[1]), und erforderte solches die Intention beider Contrahenten.

Somnitz (den Receß bei der Hand habend): Ja, es stünde zwar die ratificatio Caesaris vorbehalten drin, aber nicht, wer denselben (so) schaffen sollte.

Ego: Natura contractus feudalis erforderte, daß der alienans denselben beschaffen müßte, weil kein ander pactum darüber zu befinden.

Somnitz: Da wäre man noch nicht einig darüber in iure, wer in solchen Fällen die Confirmation zu beschaffen schuldig. Hätten doch die Herren Schwedischen allezeit noch uff dem Reichstage vermeinet, sie hätten dessen nicht nötig, wären in instrumento pacis gnugsamb gesichert.

Ego: Die gemeinen üblichen Rechte geben der Sachen den Ausschlag, und die verba recessus gingen I. Churfl. Durchl. directe an. Das Übrige wäre mir unbekannt, und da I. Kgl. Maj. ex instrumento pacis contra Caesarem resistentem sich einiger Fundamenten zu gebrauchen hätten, würden Sie dieselben nicht vergessen. Unterdessen suchten [I. Kgl. Maj.] von I. Churfl. Durchl. dasselbe, woran Sie gehalten wären.

Somnitz: Wolltens I. Churfl. Durchl. refusiren; und wofern ich noch andere rationes hätte und dieselbe ihnen an die Hand geben wollte, könnten sie I. Churfl. Durchl. mehr Licht geben.

Ego: Hielte davor, daß tenor recessus und intentio contrahentium der Sache den Ausschlag geben. Sollten I. Churfl. Durchl. über alles Vermuten sich dadurch nicht bewegen lassen, müßte ich dasselbe alsdann weiter elucidiren." Die Erwerbung von Lauenburg und Bütow sei wohl in Schweden noch nicht bekannt gewesen. Er wolle darüber berichten, und dann werde das Versehen im Kreditiv abgestellt werden.

H. C. v. Sternbach an die Vormundschaftsregierung. D. Berlin 17. Februar 1662[2]).

[Keine Aussicht auf Mitwirkung des Kurf. zur Erlangung der kaiserlichen Bestätigung des Stettiner Grenzrezesses.]

27. Febr. Nach Schließung meines Vorigen vom 13. huius bin ich mit den churfl. Depu-

[1]) Vgl. v. Moerner S. 171.

[2]) Vgl. zu diesem Bericht die Instruktion für Sternbach, oben S. 642 f.

tirten in Conference gekommen. Was dabei wohl wegen der des Freiherrn v. Löben geführten Bezeigungen gegen E. Kgl. Maj. Abgesandten als der Confirmation des Grenzrecessus vorgelaufen, solches besaget beigehende alleruntertänigste Relation (Littera A). Und weil E. Kgl. Maj. zur Gnüge abzurechnen haben, wie odieus der Grenzreceß nicht allein bei S. Churfl. Durchl. als bei Dero ministris angesehen, so ist daraus leicht zu vermuten, daß der Churf. zu der Ratification und Confirmation desselben nicht gerne cooperiren, besondern dieselbe quovis modo unter der Hand verhindern werde. Und möchte ihn darzu die Annäherung des Reichstages nicht wenig animiren, umb daselbst . . diese Sache uff die Bahn zu bringen. —

Ich habe nicht unterlassen, die relationes des Abgesandten Kleihen durchzusehen und daraus gewisse Extracten zu machen, welche ich mittelst einer Schrift an die churfl. deputirte Räte ihnen den 17. frühe [1]), weil ich besorgte, sie möchten die churfl. Resolution über dem Hauptpunkt mir eilig insinuiren und die Verdrießlichkeit des v. Löbens als eine vergessene Sache übergehen wollen, insinuiren lassen. —

In dem Hauptpunkt verstehe ich, daß, weil in dem Grenzreceß positive nichts gesetzt, daß der Churf. entweder von sich allein oder mit E. Kgl. Maj. zugleich die Ratification des Kaisers beschaffen sollte, derselbe sich auch darzu nicht gehalten zu sein befünde. Dem französischen Envoyé haben Electorales auch solche Impression gemacht [2]), welchen ich anders zu informiren mir will angelegen sein lassen. —

Protokoll der Konferenz zwischen Sternbach, Platen und Somnitz. D. 19. Februar 1662.

v. Platen: Der Kurf. habe sich die mündlichen und schriftlichen Erklärungen Sternbachs vortragen lassen. „Bezeugeten, daß Sie an dem Widerwillen keinen Gefallen trügen, viel weniger den v. Löben darzu befehliget hätten; möchten wünschen, daß sie, die Abgesandten, in besserm Vertrauen sich mit einander begangen; könnten aber dennoch nicht befinden, daß es dem v. Löben so eben zu imputiren, besondern der Herr Kleihe die Sache gegen ihn gar zu hitzig getrieben, und hätte der v. Löben darumb gleichwohl nicht der Conferenz sich entzogen, wie man dann sähe, daß sie durch ihre Bediente und Secretarien mit einander communiciret. Der Streit wäre daher entstanden, daß die Kaiserl. des Herrn Kleihen postulata also beschaffen befunden, daß sie nicht hätten können angenommen werden [3]), und weil sie dieselbige von den Churfl. mit ihm auszutragen begehret, dieselbe aber kein mandatum dazu gehabt, so hätte er sie dazu nötigen wollen. Nachdem sie endlich 15 Wochen daselbst verharret und gesehen, daß es zwischen den Kaiserl. und Schwedischen zur Richtigkeit nicht kommen wollen, hätten sie das Investiturwerk zu beschleunigen suchen müssen, aber auch den 1. März

[1]) Vgl. Urk. u. Akt. Bd. 11 S. 137 f.

[2]) Desgl. Bd. 2 S. 257 f.

[3]) Vgl. oben S. 646 f.

Tag zuvor dem Herrn Kleihen die Notification davon tun lassen [1]). Sie befunden auch ex actis, daß ein kaiserl. Decret vorhergangen, darin dem Herrn Kleihen frei gestellet, nach dem ihm zugekommenen Project bei der Belehnung sich einzufinden, oder daferne er solches nicht tun wolle, daß hierunter I. Kgl. Maj. in nichts praejudiciret sein sollte. Dem sei aber, wie ihm wolle, wären es Zweihelligkeiten zwischen sie beide gewesen, und hätten sie darunter einander nichts geschenket. I. Churfl. Durchl. hielte davor, daß dasselbe zwischen den Principalen keine Difference causiren müßte.

Das postulatum an sich selbsten, welches dem Herrn v. Löben und itzo I. Churfl. Durchl. angestellet würde, darzu hielten Sie sich weder ex contractu noch ex pactis obligiret. Der contractus redete zwar in genere de ratificatione Caesaris; das könnten I. Churfl. Durchl. wohl geschehen lassen, daß der Kaiser ratificirte. Aber weiln nirgends zu befinden, daß I. Churfl. Durchl. solche Ratification schaffen sollten, so wollten Sie hoffen, daß I. Kgl. Maj. auch Ihr das nicht anmuten würde. Was Sie sonst I. Kgl. Maj. zu Lieb und Freundschaft erweisen könnten, darzu wären Sie ganz geneigt.

Sternbach: Vernähme ganz gern, daß I. Churfl. Durchl. dem Herrn Löben zu den Bezeigungen nicht Befehl gegeben noch Gefallen daran trügen,; wollte es I. Kgl. Maj. bei nächster Relation hinterbringen. Daß aber der Herr Kleihe aus Hitzigkeit einige Ursache darzu sollte gegeben haben, solches könnte er weder ex actis befinden noch aus desselbigen gewöhnlichem Comportement, indem er sich allenthalben moderat erzeigete, urteilen. . . . Unterdessen aber würden Herren Deputati aus den actis sich wohl erinnern, daß die churfl. Abgesandten, umb ihre eigene Sachen in Richtigkeit zu bringen und nicht umb des Königl. willen sich 15 Wochen uffgehalten, darumb, sobald sie damit richtig gewesen, ohne weitere Communication die Empfängnis der Lehn zu beschleunigen sich bemühet haben.

Das postulatum betreffend, wäre dasselbige von den Kaiserl. nicht simpliciter, sondern weil die Ratification des recessus sowohl von churfl. als königl. Seiten noch nicht gesuchet worden, gedifficultiret. Darumb der königl. Abgesandter, dieses obstaculum aus dem Wege zu bringen, die Churfl. ohne Beitretung anzusprechen sich gemüßiget befunden. Daß aber I. Kgl. Maj. solches postulatum I. Churfl. Durchl. rechtmäßig anstelle, solches bezeuge der Grenzreceß in terminis und die dabei gehaltenen protocolla . . . Darumb so viel befremdeter I. Kgl. Maj. vorkommen, daß die churfl. Herren Abgesandten zu Wien diese Anwartung, welche von I. Churfl. Durchl. denuo consentiret, in Zweifel ziehen wollen.

Somnitz: I. Churfl. Durchl. hätten Dero Abgesandten befohlen, dem kgl. schwedischen Abgesandten keines Weges behinderlich zu sein, ließen es auch selbsten dabei verbleiben, was einmal abgehandelt worden; könnten sich aber zu nichts neues anhalten oder verbinden lassen. Der kaiserl. Ratification wäre nur einmal im Receß gedacht, und zwar in Condition, si Caesar ratum habuerit. I. Churfl. Durchl. wäre daran nicht gelegen, ob der Kaiser ratificirte oder nicht. Vermeinten aber I. Kgl. Maj. einen Nutzen von der Ratification zu haben, könnten

[1]) Vgl. Urk. u. Akt. Bd. 11 S. 131.

Sie es wohl geschehen lassen. Viel weniger hätten Sie sich jemalen, die Ratification über den Receß zu schaffen, verbindlich gemachet, maßen desfalls kein Wort im recessu zu befinden. Wollten hoffen, I. Kgl. Maj. kein neu onus I. Churfl. Durchl. aufbinden würden. —

Sternbach: Könnte mit dieser Resolution nicht friedlich sein, wollte hoffen, I. Churfl. Durchl. das Werk anders begreifen würden; könnte keines Weges zugeben, daß die clausula sub ratificatione eine Condition inferirete, sondern eine Obligation, die Ratification zu beschaffen, und wann nach den üblichen Rechten gegangen werden sollte, von I. Churfl. Durchl. als promissore allein. Sonsten erforderte es die Natur des contractus, daß denselben in hoc puncto zum Effect zu bringen, beide Teile cooperiren müßten. Es erforderte solches die Sicherheit der hinc inde contestirten Freundschaft und viel andere besorgliche Consequentien. Es könnte ja auch der churfl. Lehnbrief nicht ausgefertiget werden, woran gleichwohl I. Churfl. Durchl. viel gelegen, absque speciali mentione des Grenzrecesses. Dann I. Kgl. Maj. nimmer zugeben würden, daß unter der generalen Anführung des instrumenti pacis, als ob nach Anleitung desselben über denen zu Osnabrück und Münster noch unerörterten Puncten kein Vergleich getroffen worden, über kurz oder lang Derselben Streit zu machen, Anlaß und Materie übrig bleiben sollte.

Somnitz: Was könnten I. Churfl. Durchl. davor, wann der Kaiser nicht ratificiren wollte? Sollten Sie sich darumb mit dem Kaiser in Streit legen?

Sternbach: Daß der Kaiser nicht ratificiren wollte, de eo nondum constare, besondern daß der Kaiser die Investitur förmblich nicht tun wollte, weil von beiden Teilen die Ratification des recessus noch nicht gesucht; könnte also dem Kaiser noch nichts beigemessen werden. So wären es auch unterschiedene quaestiones, ob S. Churfl. Durchl. die Ratification über den Receß suchen sollte, und ob, wann der Kaiser dieselbe verweigerte, I. Churfl. Durchl. sich darumb mit demselben in Streit legen sollten. Zu dem ersten wären I. Churfl. Durchl. ohnzweiflich verbunden, und solches zu suchen wäre er allein instruiret; und hätte man im übrigen vor der Zeit nicht nötig, curieus zu sein und darunter, was nicht zu vermuten, das Werk uffzuhalten.

Somnitz: Wollten von dem, was itzo vorgelaufen, I. Churfl. Durchl. referiren."

H. C. v. Sternbach an die Vormundschaftsregierung. D. Berlin 21. Februar 1662.

[Ergebnislose weitere Verhandlungen.]

Hat am 19. Februar/1. März wieder mit Platen und Somnitz eine Konferenz gehabt, deren Protokoll er übersendet. „Und gleichwie E. Kgl. Maj. daraus vernehmen werden, wie die Churfl. deutlich gnug an den Tag geben, daß sie nicht allein die Ratification des Kaisers über den Grenzrezeß zu beschaffen sich keinesweges verstehen werden, besondern auch mittels schädlicher Ausdeutung der Clausul sub ratificatione S.^{ae} Caes.^{reae} Maj.^{tis}, als wann dieselbe vim conditionis sine qua non hätte, denselben 29. Articul und occasione dessen den Re- 3. März ceß an sich selber zu annulliren, nachdem ihnen darzu Zeit und Mittel an die Hand kommen werden, sich unterfangen dörften, also kann E. Kgl. Maj. ich dabei ferner alleruntertänigst nicht verhalten, daß, soweit ich mich sowohl aus dem Receß selber als aus den bei dem ganzen Tractat vorgekommenen Handlungen und gehaltenen Protocollen informiren können, das Fundament zwar uff die ausdrückliche Clausul des 29. Articuls sub S.^{ae} Caes.^{reae} Maj.^{tis} ratificatione und uff beider Contrahenten bonam fidem zu agnosciren und den Rezeß zu seinem Effect zu bringen Schuldigkeit, auch derselben aus den Protocollen erscheinenden eigentlichen Intention zu setzen ich befinde.., so stehe ich dennoch in den Beisorgen, wann Electorales bei der höchstschädlichen Interpretation der Clausul sub ratificatione, durch dieselbe conditionem consensus proprii zu inferiren, bestehen, die protocolla.. verwerfen und allein aliquid positivi, daß der Churf. die Ratification über den Receß zu beschaffen sich ausdrücklich verpflichtet, zu erweisen begehren, daß man durch schriftliche Handlung das Werk zu des kaiserl. Hofs fernern ombrage der Exception, daß res inter R.^{iam} M.^{tem} V.^{am} et Electorem annoch controversa wäre, wider E. Kgl. Maj. Gesandtschaft sich zu gebrauchen, weitläuftig machen würde. Darumb ich sowohl bei den Conferenzen zwar alles dasjenige, was zu Behauptung E. Kgl. Maj. Intention und des Gegenteils Einwürfe zu überwinden ich ersprießlich finden werde, alles untertänigsten Fleißes mündlich vortragen als auch unter der Hand die churfl. Geheime Räte uff eine andere Meinung zu bringen suchen, wann dasselbe aber alles nicht verschlagen wille, alsdann mittelst schriftlicher Anführung aller dabei vorgekommenen Aus- und Einreden schlechterdings uff die cathegorische Resolution E. Kgl. Maj. Instruction nach dringen werde." Kleihe habe geschrieben „daß es ratificationi recessus Stetinensis et simultaneae investiturae sehr fürträglich sein möchte, wann man einig Schreiben von I. Churfl. Durchl. fürzuweisen hätte, worin Sie sich etwa entschuldigten oder daß die ratificatio Derselben nicht zuwider sein würde, erklärten. Weil ich aber nicht gewiß sein kann, ob E. Kgl. Maj. darunter vergnüget sein sollte, trage ich billig Scheu, dasselbe an die Hand zu geben. Werde demnach meine Discourse also einrichten, ob die Churfl. zu einer solchen Resolution von selbsten Anlaß nehmen und mir Gelegenheit geben wollten, solches E. Kgl. Maj. .. zu hinterbringen. Worzu aber dennoch wenig Hoffnung sein würde, wann der Churf. wider den Receß etwas zu beginnen können sich vorbehalten haben wollte. Wiewohl einige davor halten, daß dieses Gesuch nicht so sehr aus Notwendigkeit — weil E. Kgl. Maj. in dem instrumento pacis gnugsamb versichert wären und, wann der Kaiser die Ratification verweigern oder die Investitur mit Einführung des Grenzrecessus nicht tun wollte, demselben uff dem Reichstage von den Ständen desfalls zugesprochen werden könnte —, sondern vielmehr, umb dadurch von dem Churf. Ursach zu Unwillen zu erhalten, angestellet sei. Maßen dergleichen Discourse bei Hofe auch von dem Churf. selbst geführet werden sollen. Welches ich gebührend widerspreche und mit dienlicher Contestation das contrarium, damit nämlich keine Ursache zu einigen Unwillen übrig sein und E. Kgl. Maj. mit I. Churfl. Durchl. in gar sichern Vertrauen stehen möge, dartue."

Da Lesseins in dieser Angelegenheit von den Churfl. präoccupiert sei, habe er ihn am 19. Februar / 1. März besucht und informiert. Tags darauf habe Lesseins seinen Besuch erwidert und dabei geäußert, „wie seinem gnädigsten Könige es gar angenehm sein würde, wann E. Kgl. Maj. Ihren Zweck erreichen könnte. Darumb er vermeinte, diejenigen churfl. Ministren, welche mit mir zu conferiren deputiret wären, zu besuchen, umb dieselbe unter der Hand uff eine geschmeidigere Meinung zu bringen. Zu welchem Ende er dann auch von mir berichtet zu werden begehrte, welcher unter diesen beiden E. Kgl. Maj. Partei am meisten zuwider wäre; da ich ihm dann, welcher gestalt der Kanzler Somnitz allein noch übrig, der nicht allein von dem, was bei dem Grenztractat vorgangen, Wissenschaft, besondern auch wegen seines eigenen darunter leidenden Interesse halber das Mal sonderliche Empfindlichkeit, ob er zwar itzo dieselbe dissimulirte, spüren lassen, angezeiget habe. Was nun der Effect solcher Intervention sein werde, habe ich nächstens zu erwarten. Unterdessen werde ich bei ferner Zusammenkunft mit gedachtem Envoyé demselben zu vernehmen geben, wann S. Churfl. Durchl. uff der Meinung, daß Sie nämblich die Ratification nicht mit beschaffen, besondern auch ein und anders conditionaliter, si Caesar ratum habuerit, consentiret zu haben vorgeben wollten, daß ich schwerlich glaubte, E. Kgl. Maj. gern sehen würden, daß der Churf., wann ers gleich begehrte, in die Rheinische Alliance so wenig ratione Mark als Preußen halber uffgenommen werden sollte.“ —

H. C. v. Sternbach an die Vormundschaftsregierung. D. Berlin 22. Februar 1662.

[Geringe Besserung in den Aussichten auf Verständigung infolge des Eingreifens von Kleist.]

Nach Abschluß seiner gestrigen Relation habe der hinterpommersche Präsident Kleist ihn besucht und geäußert, „wie er mich eher besuchen wollen, hätte aber ihm solches nicht, ehe er bei Hofe von meiner Negotiation informiret gewesen, anzustehen gemeinet. Da er nun selbigen Abends, als den 19. huius die Conference mit mir gewesen, von dem Herrn Grafen von Waldeck verstanden, wie derselbe mich darüber nicht wenig verändert befunden, daß der Canzler Somnitz die im Recess enthaltene Clausul sub ratificatione Caesaris als eine conditionem consensus Electoralis verstehen wollen, und aber ihm wohl bewußt, daß I. Churfl. Durchl. wider den Grenzreceß durchaus nicht sprechen oder wider denselben etwas vornehmen, viel weniger, daß E. Kgl. Maj. solches zu vermuten einige Ursache gegeben werde, verhängen wollte, so hätte er allsofort mit I. Churfl. Durchl. davon zu reden Gelegenheit gesucht. Welche dann durchaus nicht zufrieden, daß man einige Ursache, zu mutmaßen, als ob Sie, was abgehandelt, nicht halten oder demselben widersprechen wollten, gebe, wie dann auch die Deputirte darüber vernommen, und als sie, insonderheit Somnitz, daß er solches geredet, nicht gestehen, sondern daß solches von mir anders verstanden, I. Churfl. Durchl. bereden wollen, hätte er, Kleist, geraten, daß, umb alle Mißverständnüß zu vermeiden, am besten wäre, I. Churfl. Durchl. Meinung bei der Conference zugleich schriftlich überreichen 4. März zu lassen. Maßen dann auch daruff von I. Churfl. Durchl. allsofort dasjenige, was Deputati den 19. Februar mir bei der Conference mündlich zu hinterbringen befehliget gewesen, auch hinterbracht hätten, in scriptis abzufassen und daneben dem Präsident Kleisten .. dasselbe zu überreichen befohlen; gestalt er, der Präsident, die Schrift, welche E. Kgl. Maj. hiebei sub A zu empfangen haben [1]), hiemit herfürzoge und mir zustellete. — —

Ego: Es wollte der Präsident I. Churfl. Durchl. vor mich untertänigst versichern, daß ich in meinen relationibus so behutsamb und vorsichtig gehen würde, daß durch mein Übersehen oder Verhören E. Kgl. Maj. keine widerwärtige Meinung gegen I. Churfl. Durchl. beigebracht werden sollte. Inzwischen sind wir discoursweise uff die Materie an sich selbst kommen; und obgleich der Präsident gar geschmeidig und behutsamb geredet, so ist doch daraus undunkel abzunehmen gewesen, daß der Churf. über den Grenzreceß noch diese Stunde dolire und gern sähe, daß die hinterpommerischen Licenten zurückgehandelt werden könnten [2]). Woruff ich die Antwort dahin abgegeben, daß es abgehandelte und mit Hand und Siegel ratificirte . . Sachen wären, welche zu annihiliren, sonderlich bei E. Kgl. Maj. Minderjährigkeit, da das Reich von den Vormündern verwaltet würde, sich gar nicht schicken wollte. Zudem müßte die Freundschaft zuforderst festgestellet und alle obstacula derselben aus dem Wege geräumet werden.

Ille: Müßte zwar bekennen, daß bei dieser Zeit darunter nichts könnte verändert werden, und daß zuforderst die Freundschaft versichert sein müßte. —

Was nun . . die prajudicirliche Deutung der vorbehaltenen Ratification betrifft, da . . hat mir nach des Kleisten Abschied einer, so bei dem consilio gewesen, berichtet, daß Somnitz gesaget, ja, es wäre eine Condition, und müßten sie daruff bestehen. Weil aber I. Churfl. Durchl. und andere Räte entweder nicht der Meinung oder dafür halten, daß mans nicht dergestalt formaliter zu verstehen geben sollen und darumb durch diese Resolution dasselbe, was bei der Conference vorgangen, uffheben, so ist solches zwar dahinzustellen, unterdessen aber, weil I. Churfl. Durchl. Dero abschlägige Resolution cum ratione, daß E. Kgl. Maj. postulatum aus keiner Convention oder pacto uffzubringen oder zu erweisen gegeben, so befinde ich mich engagiret, . . dergleichen uffzubringen allen menschmüglichen Fleiß zu versuchen; gestalt ich hiernächst ein hierzu dienliches Memorial I. Churfl. Durchl. überreichen werde.

Inzwischen soll E. Kgl. Maj. hiebei alleruntertänigst zu repräsentiren ich keinen Umgang nehmen, weil die Intention S. Churfl. Durchl., dem Grenzreceß indirecte einen Stoß zu geben oder, daß derselbe von andern über einen Haufen geworfen werde, gern zu sehen, bisher noch geheimb und allein aus den angemerkten Bezeigungen präsumiret wird, daß zu consideriren sein würde, wann der Churf., indem er noch zur Zeit mit dem Kaiser in einigem Vernehmen, hiedurch demselben keine Ombrage geben wolle, oder wann er sich besorgte, da er ex praesupposito pacto und also aus einer Schuldigkeit bei dem Kaiser die Ratification mit zu suchen

---

[1]) Gedruckt Urk. u. Akt. Bd. 11 S. 138 f., vgl. Prot. u. Rel. Bd. 6 S. 551—553.

[2]) Vgl. oben S. 644, 646.

sich einmal überreden lassen, daß er darnach und uff dem Fall, da der Kaiser [sich] nicht darzu verstehen wollte, aus solchem Fundament weiter und gar zu der Gewalt, umb nur E. Kgl. Maj. Zweck zu erreichen, mit greifen sollte, oder auch ferner, wann der Churf. zu der Ratification nicht ex debito, sondern vielleicht, umb dadurch E. Kgl. Maj. vielmehr eine Freundschaft zu tun, cooperiren wollte, und dann letzlich, wann S. Churfl. Durchl. keines Weges ad cooperandum zu bringen, daß Sie dennoch sub manu et sigillo Electorali attestirten, wie Sie gern gesehen, daß E. Kgl. Maj. bei dem actu investiturae zu Wien auch zugleich Ihrer Landen und Anwartungen halber mit zur Richtigkeit kommen mögen, auch wünscheten und Ihr lieb sein sollte, wann E. Kgl. Maj. hiernächst bei I. Kaiserl. Maj. desiderirter Maßen zu der Investitur gelangen, auch die Ratification des Grenzrecessus von derselben erhalten möchten, wie Sie dann auch E. Kgl. Maj. darunter keines Weges behinderlich sein wollten, wie man sich dabei zu comportiren haben würde. Gleichwie aber dieses letztere zwar noch etzlicher maßen zu verhoffen, das erste aber noch mehr zweifelhaltig und blößlich von mir conjicirt wird, also würde doch uff einen und andern Fall E. Kgl. Maj. allergnädigste Meinung und Gutfinden von Nöten sein." —

H. C. v. Sternbach an die Vormundschaftsregierung. D. Berlin 1. März 1662.

Er hat auf die kurfl. Resolution eine schriftliche Remonstration ausgearbeitet, 11. März die er freilich erst heute den Deputierten übergeben hat[1]), weil Somnitz sich inzwischen mit einer Unpäßlichkeit entschuldigt hat, so daß keine Konferenzen stattfinden konnten. „Wünsche zuforderst, daß E. Kgl. Maj. gnädigsten Willen und Meinung ich darin begriffen, und daß S. Churfl. Durchl. zu andern Gedanken dadurch bewogen werden möge. Zu welchem letztern aber ich noch wenig Hoffnung daher zu schöpfen habe, nachdemmal die Verbitterung gegen die Stettinische Tractaten so gar fest eingewurzelt, daß sie schwerlich zulassen werde, noch mehrern Consens durch Requisition der Ratification zu bezeugen. — Ich bat die Herren Deputirten, daß sie die Schrift verlesen und im Fall ihnen noch einige dubia vorkommen möchten, mit mir davon conferiren wollten, damit I. Churfl. Durchl. so viel besser darauf zu resolviren hätten. Es schien aber, daß sie mit dem Gespräch sich ferner nicht einlassen wollten, und hab ich also einer schriftlichen Resolution wiederumb zu gewarten." —

Reichsratsprotokoll 8. März 1662.

[Brahe erklärt, man müsse dem Kurf. gegenüber unbedingt an den Verträgen festhalten und dürfe ihm nicht entgegenkommen.]

Es werden 2 Relationen Sternbachs aus Berlin vom 13. und 17. Februar 18. März verlesen betr. sein Anbringen beim Kurf., som var af stor importance, och om han kunde komma uti den Reinske alliancen med.

[1]) D. 27. Februar/9. März 1662, im Auszug gedruckt Urk. u. Akt. Bd. 11 S. 139 f.

H. Riksdrotsen adviserade, att man intet borde eller kunde gifva Churf. af Brandeborg något efter och gå ifrån det, som instrumentum pacis och grenzrecessen förmäla, låtandes heller komma ut, hvart det vill.

Die Vormundschaftsregierung an H. C. v. Sternbach. D. Stockholm 8. März 1662.

(Auf die Berichte vom 13./23. und 17./27. Februar 1662.)
[Festhalten an den Vertragsrechten.]

18. März — Der König ist „mit Eurem bei selbiger Negociation bisher geführtem Comportement, und daß Ihr insonderheit dero wegen des Grenzrecessus aufgestreuete Reden so solid und wohl beantwortet, ganz gnädigst zufrieden, Euch dabei nochmalen erinnernd, daß im Fall Euch dies Unser Schreiben allda in loco noch antreffen oder Ihr auch mit den churfl. Ministren in Schriften darüber zu correspondiren Gelegenheit haben sollet, Ihr denenselben nur ohne Scheu und dürr heraussaget, daß Wir von angeregtem Stettinschen Receß, maßen derselbe auf den Westphälischen Friedensschluß gegründet, von beider Teile Gevollmächtigten freiwillig und ohngezwungen geschlossen, auch von beiderseits Principalen ratificiret und genehm gehalten, nicht umb einen Tüttel abzugehen, besondern Uns dabei äußersten Vermögen zu mainteniren gemeinet, in dem übrigen aber, soweit es Unserm kgl. Estat und dessen Interesse nicht schäd- und präjudicirlich, dem Churf. gern alle marquen aufrichtiger, guter Freundschaft prästiren wollen. Sobald Ihr aber die oberwähnte churfl. Erklärung auf das vorgebrachte Gewerbe erhalten, habet Ihr dieselbe Uns sogleich zuzusenden, ohne Erwartung mehrer Unserer Schreiben Euren Abschied zu nehmen und Euch wiederumb nach Stettin zurückzubegeben." —

H. C. v. Sternbach an die Vormundschaftsregierung. D. Berlin 8. März 1662.

[Oderhandel.]

18. März Seit seinem Bericht vom 1./11. März ist ihm keine Resolution zugekommen. Er hat inzwischen den Deputirten die Beschwerden der Einwohner von schwedisch Pommern in Handelsangelegenheiten vorgetragen; namentlich hätten diese geklagt, daß Frankfurt ihnen die Fahrt auf der Oder nicht gestatten wolle und daß Frankfurt Stettin auch nicht Landfuhren nach Schlesien freigebe. Somnitz hat ihn wissen lassen, „daß I. Churfl. Durchl. die Frankfurter Sache als Dero eigenen Interesse zuwiderlaufend angesehen und daruff bedacht wären, wie Sie die Commercien uff dem Oderstrom frei machen wollten, deswegen sowohl die Breslauer als die Frankfurter gegen den 20. huius anhero, mit ihnen aus der Sache zu reden, betaget wären [1])". —

---

[1]) Vgl. Rachel, Die Handels-, Zoll- und Akzisepolitik Brandenburg-Preußens bis 1713 S. 338 ff.

Erklärung des Kurfürsten an H. C. v. Sternbach. D. Cölln a. d. Spree 17. März 1662[1]).

— Nachdem höchstgedachte S. Churfl. Durchl. Dero Gesandten, so Sie bloß der Lehensempfängnüß halben in dem abgewichenen Jahre an den kaiserl. Hof abgefertiget, keineswegs mitgegeben, mit I. Kgl. Maj. zu Schweden Ablegato des Orts in einigen Disputat sich einzulassen, und dann I. Kgl. Maj. selbsten, was etwa privatim unter beiderseits Bedienten mag fürgangen sein, gehöriger maßen angesehen und consideriret, deshalb auch zu S. Churfl. Durchl. Vergnügen hierunter sich durch ihn, Herrn Ablegatum, mittelst dessen vorigen Memorials pure et simpliciter erkläret, S. Churfl. Durchl auch sich jüngsthin gegen dem Herrn Ablegato Ihres Teils der Billigkeit resolviret, als lassen es S. Churfl. Durchl. dabei allerdings bewenden [2]). 27. März

H. C. v. Sternbach an die Vormundschaftsregierung. D. Berlin 21. März 1662.

[Ergebnislosigkeit seiner Sendung. Reflexion des Kurf. auf Frankreich und auf Polen.]

Gestern habe Somnitz ihm die anderweitige kurfl. Resolution präsentiert und dabei „angezeiget, daß S. Churfl. Durchl. mein abermaliges Memorial erwogen und die darin angeführte rationes also befunden, daß Sie dawider Dero Gegenrationes wohl hätten ufsetzen lassen können, aber in weitläuftige Disputation sich einzulassen Bedenken getragen; darumb Sie diese Resolution kürzlich abfassen und vorige Meinung darin wiederholen lassen; zweifelten nicht, ich dabei acquiesciren und I. Churfl. Durchl. nicht ferner behelligen würde. Zeigete daneben, als per discursum unter uns, an, daß I. Churfl. Durchl. gar hoch empfünde, daß man Derselben, was unter denen ministris zu Wien passiret, imputiren wollen, welches letztere er zu unterschiedlichen zweien Malen wiederholet. 31. März

Ich antwortete kürzlich, daß ich ungerne vernehme, daß diese Resolution der vorigen conform wäre; I. Kgl. Maj. würden sich dergleichen nicht vermuten. Er, der Herr Canzler, wüßte sich ex iure wohl zu bescheiden, daß iuxta primam investituram alle andere formiret würden und was darin nicht expresse gesetzet nachmals disputiret werden könnte. Und weil es mit den hinterpommerschen Landen sowohl als auch mit den Expectantien eine ganz andere Beschaffenheit gewonnen und I. Churfl. Durchl. gar nicht cooperiren wollten, daß alles seine gute Richtigkeit bekäme, so würden I. Kgl. Maj. auch nimmermehr zugeben, daß der churfl. Investiturbrief, so wie das Project der kaiserl. cancellariae besagte, ausgefertiget werde, sondern würden endlich sowohl wider denselben als den actum investiturae publicae protestiren müssen. Was die Imputation anlangete, da hätten I. Churfl. Durchl. noch zur Zeit nicht Ursache, sich etwas zu Gemüte zu nehmen; dann Deroselben ja nichts von I. Kgl. Maj. imputiret worden. —

Der französische Envoyé hat dieser Tage seines Königes Ratification über die

[1]) Exhibitum per Dominum Cancellarium Somnitzen den 20. März.

[2]) Das weitere gedruckt Urk. u. Akt. Bd. 11 S. 140 f.

Guarantie des Olivischen Tractats dem Churf. insinuiret und scheinet, daß S. Churfl. Durchl. nicht allein hieruf, sondern auch auf den Verlauf des polnischen Reichstages Reflexion genommen, daß er sich bedünken lasse, wann er jenes versichert und bei diesem nichts veränderliches zu befahren, daß er alsdann keine sonderliche Gefahr bei seinem Staat haben werde."

Er wird hiernächst Abschied nehmen und nach Stettin zurückkehren.

Der Kurfürst an den König. D. Cölln a. d. Spree 26. März 1662.

[Unverbindliche Freundschaftsversicherungen.]

5. April Quandoquidem nihil magis in votis habemus, quam ut is, qui inter R.am Maj.tem V.am et Nos est amicitiae et sanguinis nexus, omnibus iis arctius fringatur officiis firmeturque, quae umquam a vicino et cognato principe desiderari possunt, in negotio autem investiturae . . ea praestitimus, quae ulla ratione a Nobis requiri poterant, nihil certe Nobis accidere ingratius posset, quam si ministri Nostri vel umquam vel in dicto investiturae negotio sive propensioni isti sive desiderio sive exemplo Nostro suis vero partibus defuissent. Equidem . . Löben multa ad sui et collegae [1]) defensionem attulit et cuiusvis, maxime vero aequissimo R.ae Maj.tis V.ae iudicio actiones causamque suam probaturam se confidit. Quidquid autem eius est, quemadmodum ea, quae ablegato R.ae Maj.tis V.ae opponuntur, nullo modo tamquam a R.a Maj.te V.a ipsi mandata fuissent, habenda statuimus, ita quaecumque a Nostris ministris acta fuerint nec Nobis nec amicitiae communi fraudi aut praeiudicio esse poterunt [2]). Im übrigen Hinweis auf Sternbachs Berichte.

Reichsratsprotokoll 7. April 1662.

[Die Belästigung des pommerschen Handels durch den Kurf. wäre zu sühnen, wenn es an der Zeit wäre; der Kurf. ist Schwedens Interessen entgegen; seine endgültige Resolution soll abgewartet werden.]

17. April Sternbachs Bericht D. Berlin 8. März wurde verlesen.

H. Rikskansler: Tyckte, att det, som han, Churf., besvärer Pommern med, är tämligt praejudicerligt och en sak, som menterade (so) castigation, där nu tid vore. H. Riksdrotsen: Såg att Churf. vore alldeles emot Sveriges interesse och gjorde allt emot hvad han kunde; borde därför remonstreras Churf. allt sådant som löper emot tractaten. H. Rikskansler: Höll bäst, att förvänta, hvad Churf. ultimato resolverar och så länge låta anstå.

Hvilket och befanns gott och rådeligt.

---

[1]) Der Wiener Resident Andreas Neumann.

[2]) Vgl. Urk. u. Akt. Bd. 2 S. 275.

Die Vormundschaftsregierung an H. C. v. Sternbach. D. Stockholm 28. Juni 1662.

[Anerkennung des Verhaltens Sternbachs.]

„Wir haben aus Euren nach und nach aus Berlin an Uns abgelassenen Schreiben zur Gnüge verstanden, was Ihr in dem Euch committirt gewesenen negotio von des Herrn Churf. Lbden für Antwort und Resolution erhalten. Ob Wir nun zwar einer so unbilligen und dem Buchstaben des mit dem Churf. aufgerichteten Grenzrezessus ausdrücklich zuwiderlaufenden refuse Uns nimmer versehen gehabt, vielmehr verhoffet, derselbe würde in einer so rechtmäßigen Sache die contestationes, welche er zu Wiederaufricht- und Cultivirung einer guten und aufrichtigen Freundschaft .. vielfältig tun lassen, einigermaßen erfüllet haben, so müssen Wir jedennoch sotanes sein widriges Entschließen an seinen Ort gestellet sein lassen und auf Mittel gedacht sein, wie Wir anderer gestalt zu Unserem Zweck gelangen und Unser in dem Friedensschluß gegründetes Recht behaupten können." St. wird versichert, daß man mit ihm völlig zufrieden sei, „und nur der Leute widerwärtiges Gemüt allein es gemachet, daß Ihr darinnen nicht reussiren können" 8. Juli

---

Der pommersche Regierungsrat Philipp Christoph von der Lancken an den Reichskanzler Magnus De la Gardie. O. D. [Juli 1662] [1]).

— „So berichte ich, daß ein churfl. hinterpommerscher Regierungsrat, Thun [2]) benannt, dieser Tagen allhie [3]) durchgereiset und mich en passant angesprochen, auch unter anderm auf die am kaiserl. Hofe der Investitur und sonderlich der Confirmation des Stettinischen Recesses und darin begriffener Expectantien halber fürgehende Difficultäten, auch wie dem Verlaut nach von I. Kgl. Maj. die Ursache dessen Sr. Churfl. Durchl. zu Brandenburg beigeleget würde, geraten. Worauf er sich deutlich vernehmen lassen, daß S. Durchl. I. Kgl. Maj. und der Cron Schweden die Confirmation desselben sowohl auch nach Abgang der churfl. Familie die zur Expectanz verschriebene Örter gerne günneten. Allein Sie könnten solches dem Begehren nach am kaiserlichen Hofe nicht suchen, weilen Sie versichert wären, daß es daselbst sehr übel würde aufgenommen und dennoch nicht erhalten werden, wodurch denn S. Churfl. Durchl. aus Dero anitzo daselbst habenden sonderbaren Respect sich nur selber setzen und der Cron Schweden doch nichts profitiren würden. So ließe auch solches die mit dem Kaiser und Könige in Spanien getroffene und sich annoch auf zehen Jahre [Juli]

---

[1]) Lancken wurde D. Stockholm 22. Juni 1662 für den Regensburger Reichstag instruiert; sein Schreiben ist einer Resolution an den Gesandten in Paris, Gambrotius, D. Stockholm 23. Juli als Anlage beigefügt. 2. Juli 2. Aug.

[2]) Der pommersche Regierungsrat Georg Andreas v. Thun.

[3]) Vermutlich Stralsund oder Stettin.

erstreckende Allianze [1]) nicht zu, bevorab anitzo, da die Cron Frankreich durch Acquisition der Lothringschen Lande zu neuen Troublen geraten, davon auch die Cron Schweden vielleicht nicht von separiret sein dürfte. Bei welcher Bewandtnüß der Kaiser nimmer zugeben würde, daß der Cron Schweden einiges Recht an die in der Neumark belegene importante Festungen, als Küstrin und andern, so der Schlüssel zu dero Erbländern sein, zugestanden würde [2])." Auf Lanckens Gegenvorstellungen hat er sich begnügt, die friedfertige Intention des Kurf. zu betonen.

Die Vormundschaftsregierung an den Kammerrat Philipp Rothlieb. D. Stockholm 25. Juli 1662.

[Ständiges Mißtrauen gegen den Kurf.]

4. Aug. Der König habe beim brandenburgischen Hof keinen Minister, aber die Conjunkturen wären so, daß er ein waches Auge auf den Kurf. haben müßte, zumal dieser seine Truppen verstärken soll. Da R. früher Beziehungen zu diesem Hof gehabt habe, solle er versuchen, „wie Ihr die vorhin allda gehabte Correspondence entweder reassumiren oder sonst auch jemand anders bekommen könnet, welcher Euch, was an dem Hofe schriftwürdiges fürgehe, allemal fleißig und im Vertrauen berichte". —

Kammerrat Philipp Rothlieb an die Vormundschaftsregierung. D. Stettin 23. August 1662.

(Auf die Verfügung vom 25. Juli/4. August 1662.)

[Keine brandenburgischen Rüstungen, aber Besorgnis des Kurf. vor schwedischen Kriegsplänen.]

2. Sept. Er wird sich um Anknüpfung einer vertraulichen Korrespondenz mit dem kurfl. Hofe bemühen. „Von einiger Verstärkung selbiger Milice und neuer Werbung ist zwar dieser Orten auch eins und andere spargiret worden. Es sind aber nur bloße Conjecturen von einigen Krieg Hoff- und Wünschenden, maßen bis dato von keinem desfalls einiger gewisser Grund beigebracht werden können. Und hat mir neulicher Tagen von einem guten Freunde versichert werden wollen, daß man sich von brandenburgscher Seiten nichts widriges zu befahren hätte, wenn nur aus Norden nicht ein abermaliges Gewitter zu fürchten wäre, wesfalls bei Brandenburg .. vielleicht aus bösem Gewissen die Beisorge nicht geringe; denn ja von großer Kriegsrüstung im Reiche Schweden, wiewohl noch zur Zeit unwissend, wohin es damit gemeinet, fast aller Orten für gar gewisse ausgegeben werden wollte [3])." —

[1]) Gemeint ist das Defensivbündnis vom 9. Februar 1658, v. Moerner S. 229 f., das freilich bereits 1670 ablief.

[2]) Vgl. Urk. u. Akt. Bd. 11 S. 126 f.

[3]) Vgl. Urk. u. Akt. Bd. 11 S. 146.

B. Wolfsberg an den Reichskanzler. D. Hamburg 23. August 1662.

[Angebliche Schwenkung des Kurf. vom Kaiser zu Frankreich. Seine Besorgnis vor Schwedens kriegerischen Absichten. Seine Reise nach Preußen und Bündnisverhandlungen mit Dänemark und mehreren Reichsfürsten.]

Übersendet Berichte aus Berlin, „worin vergewissert werden will, daß am kaiserlichen Kammergericht zu Speyer in der Jülichschen Sache pro Churbrandenburg eine sententia definitiva neulich gesprochen sein soll. — Inzwischen will von einigen dafür gehalten werden, daß, daferne der Churf. dergleichen favorable Sentenz obtiniret, er fortan den kaiserlichen Hof nicht so hoch mehr veneriren, sondern umb Frankreich zu gewinnen sich äußerst bemühen, auch zu solchem Ende ratione des polnischen Wesens sich nach Frankreichs Begehren anschicken und also einen ebenmäßigen Zug gegen Österreich, als er I. Kgl. Maj. glorwürdigster Gedächtnuß mit der so oft gesucheten preußischen Souverainität hiebevor getan, spielen dürfte. 2. Sept.

Von Anstellung neuer Werbungen ist einige Zeit hero gar viel geredet, jedoch noch nicht bekannt worden, daß von dem Churf. einige patenta ausgegeben sein sollten, sondern man hat noch immer von einer Zeit zur andern am churfl. Hofe gehoffet, daß die Preußen und insonderheit die Königsberger, als zu deren Bezwingung dem Vorgeben nach solche Werbung eigentlich angesehen sein sollte, sich nach des Churf. Willen in der Güte anschicken würden."

Immerhin sind Rüstungen zweifellos erfolgt und W. hat beobachtet, „daß man churfl. Seiten wegen I. Kgl. Maj. mit Furcht und mésfiance noch stets sich quälet und dahero unter der Hand zu einer paraten Defension sich gefaßt machen tut. — An allerhand ungegründeten und aus vorbesagter Furcht und Mißtrauen herrührenden Spargements, so I. Kgl. Maj. und die Cron hin und wieder graviren können, hat eine Zeit hero auch nicht ermangelt [1]). Denn bald sollen I. Kgl. Maj. mit den Preußen in guter Intelligenz stehen, dieselben und insonderheit die Königsberger wider den Churf. unter der Hand animiren lassen [2]), bald haben I. Kgl. Maj. einen Expressen an den polnischen Unterkanzler Rassefsky [3]) unbekannterweise abgefertiget, umb die polnische Confoederirte zu ihrer Devotion zu disponiren und den march gegen Preußen einrichten zu lassen, bald ist ein Anschlag auf die Pillau obhanden und haben einige aus der See zu Kolberg angelangte Schiffen ein gut Anteil kgl. schwedischer Orlogschiffe am preußischen Strande unweit der Pillau gesehen, bald ist selbiger Ort schon überrumpelt, und was dergleichen Dingen mehr ausgestreuet worden. Ja man hat aus teils der churfl. Bedienten Schreiben und geführten Discursen gnugsam abnehmen können, welcher gestalt man am churfl. Hofe gerne sehen wollte, daß

---

[1]) Vgl. Urk. u. Akt. Bd. 9 S. 358, 747.

[2]) Desgl. S. 373, 378, 381 f.

[3]) Gemeint ist wohl der 1652 des Unterkanzleramts entsetzte Hieronymus Radzejowski, der nahe Beziehungen zu Schweden unterhalten hatte; Unterkanzler war damals Johannes Leszczynski.

I. Kgl. Maj. je ehe je lieber wiederumb in einen neuen Krieg impliciret werden möchten, damit die Krone, welche sie durch die neulichst an sich gehabte unterschiedliche mächtige Feinde an Geldmitteln und Mannschaft einigermaßen für der Hand erschöpft zu sein vermeinen, zu ihrer Wiedererholung und Verstärkung nicht Zeit gewinnen noch der Churf. einigen Überfalls sich zu besorgen haben möchte. Denn auf die itzige Weise, und da entweder die Krone nicht anderwärts sollte in Krieg oder der Churf. mit derselben in besser Vertrauen geraten, sondern nach Veranlassung der zum oftern aus Schweden habenden vertraulichen Nachrichten ferner und stets inter spem et metum zu schweben, sich selber durch die mit großen Unkosten und der Länder Ruin auf den Beinen noch habende Soldateska zu consumiren und eine mächtige, ohne ihr sonderbar Beschwer mit eingebornen Völkern stets gewaffnete Cron an der Seiten und gleichsam mit dem Degen in der Hand über den Kopf stehen zu haben, wäre des Churf. status viel beschwer — und gefährlicher, als wenn er in offenbarem Kriege begriffen sein sollte. —

Von des Churf. Reise nach Preußen kann man auch nichts gewisses promittiren; denn obgleich .. deren unfehlbarer Erfolg berichtet wird, so ist dennoch wegen der continuirlichen Changementen, welchen dieser Hof unterworfen, und daß durch eine ankommende bloße Zeitung gar leicht eine Ombrage formiret und darauf etwas wichtiges, so man sonst für gewiß und beschlossen gehalten, geändert wird. [So.]

Allermaßen denn des Chevalier Monsieur Terlons eilfertige Reise nach Stockholm [1]) sowohl an dem churfl. brandenburgischen als andern teutschen Höfen dergleichen auch schon erzeuget und dieses Nachdenken verursachen soll, daß je mehr er hin und wieder contestiret und versichert, daß solche Reise nur wegen seiner partikulier Angelegenheiten angesehen, je secreter und größer von Importanz wäre die obhandene Commission. Und hat einige Tage her verlauten wollen, ob würde vermittelst Chursachsen und Churbrandenburgs eifriges Getrieb auf eine neue Alliance mit Dänemark, Braunschweig-Lüneburg, Hessen und itztgedachten Churfürsten gar fleißig gearbeitet." —

Der pommersche Generalgouverneur Paul v. Würtz an die Vormundschaftsregierung. D. Stettin 16. September 1662.

[Gegenseitige Befürchtungen vor kriegerischen Absichten.]

26. Sept. Es heißt, der Kurf. wolle einigen kaiserl. Regimentern diesseits Landsberg Quartier geben. Das erregt um so mehr Nachdenken, als man nicht an die Reise des Kurf. nach Preußen glauben will. Auch wirbt Oberst Kleist in Hinterpommern ein Regiment zu Pferde, angeblich für den Kaiser [2]).

Er „traut dem Handel nicht allein ganz nicht, sondern halte ihn bei diesem elenden Zustand und schlechten Verfassung, da die Soldaten abgerissen und

---

[1]) Vgl. Recueil des instructions Bd. 2 S. 32 ff.

[2]) Vgl. Prot. u. Rel. Bd. 6 S. 708.

barfuß, die Offizierer gleichsamb ausgemergelt und jedermann, sowohl die Civil- als Militar-Bediente, und die Eingesessene des Landes wegen der so lange umbsonst sollicitirten Hilfe sehr malcontent, und weder Mittel noch Credit ist, höchst gefährlich, und sollten E. Kgl. Mt. einen schleunigen und größern Verlust, als sich jemand einbilden möchte, gar leicht darüber leiden können.

Es ist nit wenig verdächtig, daß allenthalben wider besser Wissen ein großes Geschrei von der schwedischen Armatur und Arrivirung in diese Länder ausgesprenget und von der Schweden Vorhaben viel geredet wird."

Seit einigen Nächten ziehen die Bürgerwachen auf. Der Wall ist an der Stelle, wo das neue Tor gebaut wird, ganz offen; bei den Brandenburgern war eine Zeitlang die Rede, die Stettiner würden sich gegen einen künftigen Angriff nicht wehren.

Memorial für den Commissions Secretarius Esaias Pufendorf zu seiner Sendung nach Königsberg. D. Stockholm 19. September 1662.

[Streitigkeiten im Postwesen.]

Aus den Berichten des Rigaer Postmeisters Becker[1]) soll er sich unter- 29. Sept.
richten, „was derselbe bei der churfl. preußischen Regierung in Königsberg zu vermitteln und zu beschaffen nötig zu sein vermeinet, damit ein und andere Neuerungen, welche die churfl. Postbedienten zu merklicher Hinderung I. Kgl. Maj. Postwesen in Riga und der von dannen über Preußen nacher Teutschland gehenden Correspondence eine Zeit her fürgenommen, abgestellet und fürnehmlich das Postgeld auf ein Billiges moderiret und die Posten, so sie gewärtig angeleget, in einem ohnveränderten Stande bleiben mögen, umb daß die rigische, welche sich nach der preußischen richten muß, nicht bei Umbsetzung jener wiederumb in eine neue Confusion gerate. Als wird auch .. Puffendorff Gelegenheit nehmen, vermittelst dem ihm mitgegebenen kgl. Adreß-Schreiben sich bei ermelter Regierung anzugeben, derselben oder denjenigen, welche sie ihm über der Sache zu communiciren zuordnen, die zu des Rigischen Postwesens Richtigkeit von obgedachten Becker nötig gefundene desideria fürzutragen und mit ihnen darüber auf die beste Art und Weise, wie [man] es zu Remedirung der gegenwärtigen Unordnung und sotanes Postwesen auf einen festen und beiderseits ersprießlichen Fuß zu setzen diensam finden wird, sich vereinbaren." —

Memorial, wessen sich Secretarius Esaias Pufendorf auf seiner Reise nach Preußen zu achten. Lectum et approbatum in Senatu Regni, Holmiae D. 20. September 1662.

[Pufendorf soll nach Möglichkeit in Danzig, im polnischen und im herzoglichen Preußen für Schweden Stimmung zu machen versuchen.]

1. Es hat Secretarius Pufendorf nächst der von I. Kgl. Maj. ihm gnädigst 30. Sept.

---

[1]) Vgl. Urk. u. Akt. Bd. 9 S. 7 f.

anvertrauten Commission .. für allen Dingen dahin zu trachten, daß er praesentem Poloniae statum, soviel ihm immer müglich, wohl und genau penetrire, in specie aber, was der Hof turbulentis his temporibus intendire, was er für Mittel zu eluctiren gebrauche, worauf die Königin, nachdem wenig oder keine Hoffnung, successorem e Gallia zu intrudiren, anjetzo ihren Zweck gerichtet [1]), und ob Senatores Poloniae mit dem Hof einig oder ob sie in factiones unter sich geteilet, und so er also, wer deren capita, in gute und eigentliche Wissenschaft bringe.

2. Muß er zugleich erforschen, wie weit es die Confoederirten durch ihre pertinacia consilia zu bringen gedenken, wer ihnen selbige suppeditire und also die Faction unterhalte, absonderlich was Radzieovsky machinire und wie hoch sein Credit sowohl bei Hofe als den Confoederirten sich erstrecke.

3. Ist zu reflectiren, ob Austria in dem Vorsatz, successorem in Polonia aus seinem Mittel einzubringen, verharre [2]), was für Hoffnung darzu vorhanden und wessen sie sich nächst ihren ministris publicis zu Behauptung dero gefaßten Intention ex Polonis ipsis gebrauchen, auch endlich, ob die Clerisey auf österreichische Seite allerdings inclinire.

4. Hergegen soll er in Preußen zu erfahren suchen, was selbige Stände bei dieser Zerrüttung in Polen für Absehen haben, ob die Noblesse mit den Städten übereinstimme und ob nicht der eine oder der ander praesentis conditionis müde sei, ob nicht subiecta capacia anzutreffen, welcher man sich in turbis cum fructu zu bedienen, und durch was Mittel selbige beizubehalten [3]).

5. Insonderheit muß er sich befleißigen, daß er in der Stadt Danzig gegenwärtige habitudinem animorum, nachdem sie von den Polen nicht pro merito tractiret wird [4]), genau erforsche, ob sie sich a Polonia zu separiren suche, was sie für Reflexion auf des Churf. actiones mache und ob sie nicht tam pro conservanda pristina quam acquirenda maiori libertate mit andern Kronen sich in foedera einzulassen geneigt sei, fürnehmlich aber, ob sie auf solchem Fall auch andere Städte tam ex Borussia Regali quam Ducali, immo et Equestrem Ordinem in societate zu haben gedächte. Worbei die Stadt zugleich auch zu sondiren, ob sie zum wenigsten foedus commerciorum praesertim hoc tempore, da Holl- und England à part mit den Türken schließen [5]), mit Schweden einzugehen willens.

6. In Königsberg aber hat er seine Gedanken fürnehmlich dahin zu richten, daß er wissen möge, wer dem daselbst entstandenen Widerwillen sein erstes mouvement gegeben, wer es anjetzo fomentire, wie weit sie zu gehen gedenken, ob die Ritterschaft in eben gleicher Opinion und ob subiecta capacia, item vires necessariae ad prosequendam factionem vorhanden, ob sie auch in desperato casu nach auswärtiger Hilfe verlangen dörften, und was darvon mehr dependiret;

[1]) Vgl. Hein, Hoverbeck S. 127, 132, 134 ff., 141 f.

[2]) Vgl. ebenda S. 133.

[3]) Vgl. ebenda S. 140.

[4]) Vgl. Lengnich, Gesch. der preußischen Lande polnischen Anteils Bd. 7 S. 290 ff., Gralath, Versuch einer Geschichte Danzigs Bd. 3 S. 15 ff.

[5]) Vgl. Zinkeisen, Gesch. des osmanischen Reiches Bd. 4 S. 967 f.

was ferner des Churf. Macht alldar, und ob er auf dem Fall soviel Mittel an Hand bringen könne, seinen absolutum dominatum mit Gewalt zu stabiliren, auch endlich, quid cum Duce Curlandiae moliatur und wo dieser mit seiner fürhabenden Segellation hinaus wolle [1]).

7. Gleichwie aber I. Kgl. Maj. in diesem ganzen Werk dahin zielen, daß nächst eingezogener guten Nachricht von dem gegenwärtigen Zustand in Polen alle tunliche officia angewendet werden, sowohl Austriacos als Electorem bei den Polen und Preußen ferner verhaßt zu machen als auch den jetzigen statum Borussiae entweder ganz in eine andere Form zu gießen oder zum wenigsten in den Staat, wie es ante bellum Sueco-Polonicum war, zu redigiren, welches fürnehmlich darinnen bestehet, daß sie ihre alte Freiheit tam in ecclesiasticis quam politicis wiederumb erlangen und Lutheranismus alldar praevalire, also können ihm, Pufendorfen, die argumenta persuadendi, die er ad praeparationem animorum et ad obtinendum illum scopum anwenden muß, in specie nicht fürgeschrieben werden, in Erwägung, dero schärfster Nachdruck ex consideratione circumstantiarum, temporis, loci et personarum, cum quibus agit, dependiret. Wird dannenhero seiner eigenen Dijudication anheim gestellet, wann und wie er eins und das andere zu appliciren gedenket.

8. In genere dienet ihm dieses zur Caution, daß er nie tamquam ex mandato rede, agire oder handle, sondern als privatus, und der gleichwohl, wenn er den jetzigen Zustand in Schweden bei sich überlege, leicht schließen könne, was sie hoc rerum in Europa statu für Reflexion haben möchten. —

9. Und im Fall I. Kgl. Maj. Intention er es vorträglich befindet, ist ihm hiermit frei gelassen, nach Elbingen, Marienburg und andere Plätze in Preußen, auch wohl ferner zu reisen, nur daß er aller Orten und Enden die behörige Circumconspection anwende und zum wenigsten von I. Kgl. Maj. sinceren Intention pro libertate statuum Borussiae gute impressiones mache, jedoch daß er dadurch der Kron Polen keine Ombrage geben möge. —

B. Wolfsberg an den Reichskanzler. D. Hamburg 27. September 1662.

[Einfluß des Kaisers, Polens und Schwedens auf die preußischen Ständekämpfe.]

Der Kurf. ist nach Preußen abgereist. „Es wurde zwar viele davon gesagt, daß er einige kaiserliche Regimenter mit sich nehmen und etwa 2 oder 3 von denenselben in Hinterpommern verlegen würde, umb solche auf benötigten Fall desto näher zur Hand zu haben, maßen denn auch unterhalb Groß-Glogau etliche kaiserliche Völker zu solchem Ende angelanget sein sollten. Alleine es wäre desfalls noch nichts Gewisses zu melden, sondern man verhoffet noch von einer Post zur andern, es würden die Königsberger sich accommodiren und es zu den Extremiteten nicht kommen lassen. Inzwischen hätte der König von Polen an S. Churfl. Durchl. geschrieben [2]) und Dieselbe gewarnet, Sie möchten 7. Okt.

[1]) Vgl. Eckert, Kurland unter dem Einfluß des Merkantilismus S. 163 f.

[2]) Vgl. Pufendorf, Friedrich Wilhelm Lib. IX § 47.

gegen dieselbige Stadt alle müglichste Moderation gebrauchen und sie nicht zu gänzlicher Desperation veranlassen, denn sie nicht alleine bei ihme umb Protection bereits Ansuchung getan [1]), sondern er hätte auch die sichere Nachricht, daß, auf den Fall er solche ihnen versagen und der Churf. gegen sie mit der Schärfe ferner verfahren lassen würde, dieselbe in I. Kgl. Maj. und dero Kron Schutz sich ergeben wollten. —

Am 8. dieses ist der gewesene churfl. Geheime Rat Dr. Tornow gestorben [2]) . ., wodurch denn ein nicht weniger als der für ungefähr einem Jahr gestorbene clevische Kanzler Dr. Weyman [3]) gegen die Cron erbittert gewesener Mann abgangen; maßen er [4]) für denjenigen gehalten worden, welcher bei letztem Unwesen so viele nichtswürdige, anzügliche Schriften von Berlin aus zum Drucke und ferner unter die Leute verhelfen und befordern lassen." —

B. Wolfsberg an den Reichskanzler. D. Hamburg 6. Oktober 1662.

[Keine Einmischung des Kaisers in Preußen.]

16. Okt. Von denen kaiserlichen Regimentern, so dem Churf. von Brandenburg zur Assistenz gegen die Königsberger geschicket sein sollten, vernimmt man weiter nichts. Und soll der Churf., wie er von solchem Spargement Nachricht erlanget, zu Pyritz über der Tafel öffentlich contestiret haben, daß er dergleichen von dem Kaiser niemaln begehret, auch solche nicht von Nöten, sondern zu Bezwingung seiner ungehorsamen Untertanen außer deme gnugsame Mittel hätte. —

Esaias Pufendorf an den Reichskanzler. D. Danzig 18./28. Oktober 1662.

28. Okt. — Den Churf. und seine souverainité allhier verhaßt zu machen, dörfte so gar große Künste nicht erfordern, angemerkt sich einer der hiesigen Praedicanten nicht gescheuet, öffentlich auf der Kanzel solche zu traduciren. So ist auch fürnehmlich das gemeine Volk mit den Polen gar schlecht zufrieden, und wäre leicht die Affection noch mehr zu verringern; allein das, was man unserseits begehret ihnen zu ingeneriren, hoc opus hic labor erit. —

Esaias Pufendorf an die Vormundschaftsregierung. D. Königsberg 7./17. November 1662.

17. Nov. Er ist am 24. Oktober / 3. November dort eingetroffen, hat sich infolge einer Erkrankung aber erst am 3. / 13. November beim Statthalter Fürsten Radziwill melden können, der ihm sein Erstaunen über die starken schwedischen Rüstungen

[1]) Vgl. Urk. u. Akt. Bd. 16 S. 163 ff., 170 ff., 203, 206 ff.

[2]) Vielmehr am 18./28. August, vgl. Prot. u. Rel. Bd. 6 S. 632.

[3]) † 29. Oktober 1661, vgl. Urk. u. Akt. Bd. 9 S. 561.

[4]) D. h. Weiman, vgl. Hein, Otto v. Schwerin S. 398.

ausgesprochen hat. Vorher schon hatte Radziwill seinen Sekretär Fehr zu ihm geschickt und nach dem Zweck seiner Sendung sich erkundigen lassen. Er hat als solchen ausschließlich die Poststreitigkeiten bezeichnet [1]).

Der Kurfürst an den König. D. Königsberg 21. November 1662.

Postquam Nobis a.. Principis Radzivilii Dil.ne necnon a Superioribus Nostris Consiliariis Prussiacis relata sunt ea, quae ratione postarum R.iae Maj.tis V.ae Commissionum Secretarius Esaias Pufendorf nomine R. Maj.tis V.ae proposuit, absque mora negotium hoc examinari curavimus convenientique illum responso dimisimus, ex quo R.ia Maj.tas V.a satis superque intelliget, rem hanc se longe aliter habuisse, quam ad Eandem relata fuit. Nec enim committemus, ut cuiquam de postis Nostris iure umquam conquerendi iusta relinquatur causa, sed, uti hactenus, ita porro illas dirigendas et instituendas curabimus, ut commerciis plena et illibata sua constet utilitas. In quem finem Nostro in Electoralibus Nostris ditionibus postarum inspectori serio mandavimus, ut huc semper respiciat, et si quid forte contra intentionem et voluntatem Nostram in praeiudicium securitatis postarum irrepserit, mature Nos de eo moneat, ut debitis remediis malo huic obviam ire queamus [2]). — 1. Dez.

E. Pufendorf an die Vormundschaftsregierung. D. Königsberg 25. November/5. Dezember 1662.

[Resolution in den Poststreitigkeiten. Pufendorfs Verabschiedung.]

Am 19./29. November habe der Statthalter ihn vor sich und die Regimentsräte berufen; der Oberburggraf habe seine Proposition dahin beantwortet, daß seine Beschwerden teils unbegründet, teils von den kurfl. Beamten nicht veranlaßt seien und also auch nicht vom Kurf. abgestellt werden könnten. Auf seine Gegenvorstellungen habe Radziwill nur geäußert, etwaige weitere Verhandlungen könnten durch Krockow geführt werden. Hierauf habe der Oberburggraf ihm das kurfl. Schreiben an den König übergeben. 5. Dez.

Am 22. November / 2. Dezember habe der Kurf. ihn rufen lassen und in Gegenwart Anhalts und Radziwills in seiner Schlafkammer empfangen. Pufendorf habe ihn gebeten, wenigstens die hohen Portosätze herabzusetzen, worauf er erwidert habe, an diesen trüge der Danziger polnische Postmeister Gratta schuld, der der Königin höhere Einnahmen aus den Posterträgen versprochen

---

[1]) D. Königsberg 14./24. November 1662 berichtet Pufendorf, er habe am 7./17. Nov. vor dem Statthalter, dem Landhofmeister und dem Oberburggrafen seine Proposition abgelegt; eine Resolution sei ihm noch nicht erteilt worden. Dem Reichskanzler meldet er am selben Tage, niemand dürfe ihn besuchen, „sodaß die Confidence, welche hiesiger Hof zu der Kron Schweden träget, fast schlecht ist". 24. Nov.

[2]) Vgl. Prot. u. Rel. Bd. 6 S. 698 und 701.

hätte, als er aufzubringen imstande sei[1]). „Hätten gleichwohl an Dero Generalpostdirektor[2]) zu Berlin bereits Ordre erteilt, das Werk genauer zu untersuchen; und auf dem Fall einige Remedirung durch Sie geschehen könnte, sollte es Dero ministro in Stockholm schon bei Zeiten communiciret werden. Befahlen mir in übrigen, E. Kgl. Maj. in Dero Namen aller angenehmen Dienste und Freundschaft zu vergewissern. Womit ich also meine Dimission überkommen. Nichtsdestoweniger habe ich mich noch bis dato allhier aufgehalten, ein und andere probate Ursache fürwendende.“ —

E. Pufendorf an den Reichskanzler. D. Königsberg 15./25. November 1662[3]).

[Mißtrauen des Kurf. gegen Schweden. Bevorstehende Sendung der litauischen Confoederirten nach Königsberg.]

5. Dez. Seine Relation zeige, „auf was Manier man mich allhier depechiret. Und wäre bei diesem Hofe garnicht unangenehm, wenn ich mich auch sofort von hinnen gemachet hätte, gestalten I. Churfl. Durchl. selbst .. mich fragte, ob ich nun bald von hinnen zu gehen willens; allein ich wendete meine Gesundheit für, und daß der starke hereinbrechende Winter die See gereits unnavigabel gemachet; zu Lande dörfte es mir aber zu schwer fallen; würde ich mich also noch wohl etwas allhier und in Danzig bis gegen das Vorjahr aufhalten müssen. Nun nahme ich zwar damals Occasion, weiln sie sich in discours also präsentirte, gegen dem Churf. einige sincerationes zu tun und daß I. Kgl. Maj., was zu Unterhaltung guter Correspondence immer nötig, willigst und gerne beitragen würden, wurde auch dem äußerlichen Ansehen nach wohl aufgenommen und mit darzu dienlichen Complimenten von ihm zum freundlichsten beantwortet. Allein sobald nur das geringste Geschrei von einiger Armatur in Schweden allhier erschallet, ist man bei Hofe sofort alarmiret. Maßen denn, als unlängst ein Obristlieutenant, dessen Namen ich noch nicht erfahren können, aus Stockholm anhero kommen und ausgesprenget, ob gingen in Schweden starke Kriegspraeparatoria im Schwange, welche der daselbst publiquement laufenden Rede nach auf dem Churf. angesehen, er selbst, als ihm solches referiret worden, geantwortet: Lasset sie nur in Gottes Namen ankommen. Ich will mich ehrlich wehren und all das Meinige daran setzen, sollte ich auch den Teufel selbst zu Hilfe rufen. Woraus gnugsam abzunehmen, daß mein Sinceriren keine Statt gefunden[4]).

Ungeachtet nun allhier für mich wenig zu tun, jedoch weiln man noch täglich prahlet, es würden die Confoederirten mit den allerersten einige Deputirten

[1]) Über die Differenzen mit dem polnischen Postmeister Franz de Gratta enthält Abschnitt I des 9. Bandes der Urk. u. Akt. ein reiches Material.

[2]) Michael Mathias.

[3]) Der Inhalt dieses Berichts ergibt, daß er gleichzeitig mit dem vorangehenden und also irrig datiert ist.

[4]) Vgl. auch Urk. u. Akt. Bd. 9 S. 845.

anhero senden und ich weiß nicht was für importante Dinge mit I. Churfl. Durchl. tractiren [1]), dörfte ich so gestalten Sachen nach mich noch etwas aufhalten und wo möglich den eventum abwarten." —

E. Pufendorf an den Reichskanzler. D. Königsberg 19./29. Dezember 1662.

[Mißtrauen gegen Pufendorf.]

Tags zuvor habe Anhalt ihn zu sich aufs Schloß berufen und ihm erklärt, sein langes Verbleiben befremde den Kurf. „Zwar wäre der Herr Churf. nicht gemeinet, weder mir noch einem andern Bedienten der Kron Schweden etwan die Stelle nicht zu vergönnen oder, wo man bleiben sollte, Ziel und Maß fürzuschreiben, verhoffete auch mit I. Kgl. Maj. in besserm Verständnüß zu stehen, als daß dergleichen nötig sein möchte. Alleine weil dem Herrn Churf. zugleich zu Ohren kommen, welcher gestalt ich nach der Zeit weitaussehende, gefährliche und dem Herrn Churf. absonderlich nachteilige Discoursen geführet, als hätte er begehret, mir ein solches fürzuhalten und meine Explication darüber anzuhören. Es wäre aber der Discours fürnehmlich dieser gewesen, daß ich gesaget, es stünden die Kronen Schweden und Frankreich in einer festen Alliance und würden den Türken und andere grausame Feinde zu Hilfe rufen, dieses ganze Land ruiniren und reinen Tisch machen. Nun glaubte der Herr Churf. nicht umb mich en particulier verdienet zu haben, daß ich solche Reden von mir hören lassen sollte, viel weniger, daß von meinem Herrn, dergleichen zu sagen, in Commission hätte." 29. Dez.

P. habe erwidert, seine schlechte Gesundheit und die Jahreszeit hielten ihn auf; er habe dergleichen Reden nicht geführt und bäte ihm zu sagen, wer das behauptet hätte, damit er sich verteidigen könnte.

„Wann nun E. Hochgräfl. Exc. ich .. versichern kann, daß dergleichen abgeschmackte Reden niemals aus meinem Munde kommen, mir auch in Ewigkeit nicht wird erweislich gemachet werden, so können Sie gnugsam daraus schließen, was an hiesigem Hofe man für Confidence zu I. Kgl. Maj. und der Kron trage, und wie diese querelle nur darumb angesponnen, daß man mich von hinnen weg haben will. Nichts desto weniger werde ich hierzu nicht so ganz und gar stille schweigen, besondern diesen Nachmittag zu dem Kanzler Jena gehen und ihm iniquitatem dieser Proceduren fürhalten, auch instantissime urgiren, meine Calumnianten mir namhaftig zu machen." —

---

[1]) D. Königsberg 9./19. Dezember meldete Pufendorf, es seien einige Deputierte von den litauischen Confoederirten eingetroffen, um Radziwill zu bewegen, nach Litauen zu kommen.

E. Pufendorf an den Reichskanzler. D. Danzig 10./20. Januar 1663.

[Die gegen Pufendorf verbreiteten Verdächtigungen.]

20. Jan. Bei Jena habe er sich „zum höchsten beschweret, daß S. Churfl. Durchl. sich gleichsam einer Jurisdiktion über mich anmaßeten, indem Sie fragen ließen, warumb ich nach genommenem Abschied länger in Königsberg verbliebe. ... Es wäre ohne das frembde genug gewesen, daß man mich bei meiner Ankunft fragen lassen, ob ich etwas allhier zu verrichten hätte oder nicht, da ich mich doch nicht heimlich eingeschlichen... So wäre auch mein Wirt hieselbsten nicht so kühne gewesen, mich in sein Haus aufzunehmen, wann er sich nicht erst bei Hofe erkundiget, ob ihm ein solches vergönnet oder nicht. In Italien pflegte man von den reisenden Leuten keine lettere della sanità zu fordern, es grassire dann die Peste in der Nachtbarschaft, die gleichwohl anjetzo weder physice noch moraliter in Schweden anzutreffen.

Was aber den prätendirten discours belangete, gestünde ich selbigen keinesweges geführet zu haben; wäre mir nichts so sehr leid, als daß man mir dermaßen alber Zeug affingiret. Denn daß zwischen Schweden und Frankreich eine Alliance wäre, sei schon alt ..., wüßte aber nicht, wie sich selbige Alliance mit den Türken reimete und was diesem Lande für Gefahr daraus zuwachsen könnte. Ersuchete ihn, den Herrn Kanzler, derowegen I. Churfl. Durchl. meine Beschwerde zu hinterbringen und zugleich gebührend zu bitten, mir denjenigen namhaft zu machen, der mir ein solches aufzubürden sich nicht gescheuet.

Hierauf wiederholete er weitläufig mein Anbringen und antwortete endlich auf das erste, daß, soviel ihm wissend, der Fürst von Anhalt nicht Ordre gehabt, die Frage also einzurichten, wie ich referirte, sondern in dieser Form, daß obzwar I. Churfl. Durchl. sattsame Ursach mich zu fragen etc., hätten Sie mir doch meinen Aufenthalt in Königsberg gerne gegönnet. Allein weiln ich dergleichen Discoursen geführet, wären Sie bewogen worden, mich hierüber zu vernehmen. Dependirte also das erste von dem letztern, und vermeinete er, daß einem Potentaten solches zu tun wohl erlaubet sei. — Kam darnach auf den Discours und sagte, daß ich nicht von Preußen oder den Türken, besondern vom Römischen Reich gesprochen haben sollte, und daß solches in neue Troublen gemischet und der Churf. dadurch in Gefahr gesetzet werden dörfte. Wiewohl er für seine Person niemals der Meinung gewesen, daß mich diesfalls zu besprechen nötig. Zweifelte jedoch keinesweges, ich müßte etwas dergleichen geredet haben, angemerkt es ein fürnehmer Mann dem Churf. hinterbracht, der es nicht leugnen würde. Sähe nichts desto weniger für das beste an, wenn ich solchen zu wissen nicht eben sehr urgirte.

Ich replicirte, daß ich auch die formalia dieses Discours, und daß des Churf. darinnen erwähnet, mit nichten geständig, wiederholete nochmals meine Bitte und bekam von ihm Versprechen, daß er mir folgendes Tages Antwort bringen wollte.

Allein es verzog sich von einem Tag zum andern, bis ich endlich, des Zauderns müde, mich bei ihm anmelden lassen. Er gab zur Antwort, daß es sonder Not, mich zu bemühen; sobald er nur auf dem Schloß gewesen, wollte er sich selber bei mir einfinden. Also kam er endlich in mein Quartier und nach einem langen Umbschweif ginge er die von mir fürgebrachte Beschwerden ganz vorbei und sagte, daß I. Churfl. Durchl. mit der Declaration, die ich gegen dem Fürsten von Anhalt und ihm getan, allerdings zufrieden wären, hätten auch weiter auf mich nichts zu sprechen. Weiln ich aber so hart urgiret, den authorem zu wissen, käme es von Dr. Dreiern[1]) her, welcher dem preußischen Canzler Kospoth etwas diesfalls gesaget, und selbiger hätte es an I. Churfl. Durchl. gebracht, wiewohl man nachgehends erfahren, daß ich nicht eben formaliter also geredet. Im übrigen hätte ich mich zu versichern, daß I. Churfl. Durchl. mein gnädiger Herr wären, und was er mehr für Ceremonien anheftete.

Worauf ich antwortete, wie mich sonderlich verwunderte, daß Dr. Dreier als ein kluger Mann ein solch additamentum an meinen Discours aus Mißhören gemachet; denn ich versichert sei, er würde mir nimmer nachsagen können, daß ich des Churf. in diesem Stück mit einzigem Worte erwähnet, leugnete aber nicht, daß de statu Germaniae vielleicht mit ihme gesprochen, aber in terminis magis generalioribus, als Fuhrmann[2]) und andere Sorten der Calender Schreiber zu tun pflegten, welche nichts desto weniger in I. Churfl. Durchl. Landen verkaufet und gebrauchet würden. Und hätte ich gestern von dem churfl. Buchdrucker ein prognosticum bekommen, darinnen der Autor von der coniunctione magna planetarum hoc anno in signo Sagittarii futura saget, es werde Teutschland novis motibus involviret und unter anderm die Mark Brandenburg und andere churfl. Plätze mitgetroffen werden. Und dieses alles ließen I. Churfl. Durchl. zu, daß man es in ihrem Lande distrahirte.

Worbey er lachend wurde und das scriptum, welches ich eben bei der Hand hatte, von mir nahme, hinzusetzende, daß er es selbst zum Truck befordert, und pflege er vielmal dergleichen Gedanken zu haben. Ich müßte mich aber nicht mehr daran kehren, es wäre ein kleiner Mißverstand gewesen. —

Und habe ich etliche Tage darauf vom Prinz Radzivil, dem Fürsten von Anhalt, Kanzler Jena und andern Abschied genommen, die mir denn allerseits gute Miene gemachet." Dann ist er nach Danzig gereist[3]).

---

[1]) Der von den preußischen Ständen viel bekämpfte Hofprediger Dr. Christian Dreier.

[2]) Kalender des Magisters Stephan Fuhrmann erschienen seit 1652 in Lüneburg und Danzig.

[3]) Über Pufendorfs Verabschiedung vgl. Pufendorf, Friedrich Wilhelm, Lib. IX § 67; es trifft offenbar nicht zu, daß er ausgewiesen wurde, wie dort behauptet ist; vgl. auch Urk. u. Akt. Bd. 9 S. 746. — Über das in Königsberg Schweden gegenüber damals herrschende Mißtrauen vgl. Prot. u. Rel. Bd. 6 S. 769, 782 f., 785 ff.

Reichsratsprotokoll 29. Januar 1663 [1]).

[Zurückhaltende Aufnahme des kurfl. Freundschaftsantrags.]

8. Febr. Der Reichskanzler proponierte, der brandenburg. Gesandte begärer, att K. M. ville continuera sin vänskap med hans herre. Nu vet man intet, huru Chronan står med honom, och måste Churf. själf gifva project ifrån sig, huru vida han tänker, till att conservera och förnya sitt förtroende. R.: Det intet vill tjäna, att K. M. skall först gifva ouverture därtill. Soll man den Kurf. erinnern, daß man sein Verhalten noch nicht vergessen hat und er ligger oss i magen?

Graf Tott: empfiehlt davon abzusehen, er könnte sonst auf dem Reichstag Schwierigkeiten machen.

Der Reichsschatzmeister: Kan hända, att Churf. hafver betänkt sig och vill söka nu, till att cultivera god vänskap med K. M.

Gr. Tott mente, vara bättre att intet inlåta sig uti någon estroit vänskap med Churbrandenburg, efter det lärer skada K. M. och han Churf. kommer därmed på fötterna och sedan går han oss i ryggen, när han ser någon occasion därtill.

H. Rikskanslern höll för, vara aldrasäkerst, att K. M. så declarerar sig, att man förmodar, det Churf. skall vara sinnad, att hålla det, som instrumentum pacis innehåller, och att denne utstickade måtte få ett Creditif tillbaka igen.

Reichsratsprotokoll 2. Februar 1663.

[Ein näheres Freundschaftsverhältnis mit dem Kurf., wenn auch ohne besonderen Vertrag, ist möglich, wofern er sich nicht dem Kaiser anschließt und den Friedensvertrag namentlich betr. pommersche Belehnung sich zu erfüllen bemüht.]

12. Febr. Der Reichskanzler berichtete, daß Krockow sich in einer Konferenz mit Biörenklou[2]) nicht näher geäußert habe, aber etwas überrascht gewesen sei, als ihm angedeutet wurde, er könnte sein Rekreditiv bekommen, och gaf tillkänna, att Churf. hade i sinne till att gå uti någon närmare alliance. Der Reichskanzler meint, man solle dem Kurf. nicht alle Mittel zur Schaffung besseren Vertrauens nehmen, damit er sich nicht dem Kaiser anschließt[3]); därföre han ville fulgöra instrumentum pacis, K. M. och ville lefva med honom uti hel vänskap, utan att gifva någon ouverture till någon särdeles tractat.

Graf Clas Tott empfiehlt, den Kurf. wissen zu lassen, daß Schweden nicht damit zufrieden ist, att han communicerar alltid consilia med Kejaren.

Der Reichskanzler: Det vore fuller så, men så synes det vara utan att vidare fördjupa sig till att begära af Churf., det han nu på Riksdagen till in-

---

[1]) Vgl. Urk. u. Akt. Bd. 9 S. 749 f.

[2]) Vgl. Urk. u. Akt. Bd. 9 S. 749 f.

[3]) Vgl. ebenda S. 751.

strumenti pacis conservation opererade med K. M. ministrar, helst uti läntagandet, och således förändrade sina förra consilier, som Suecia hafver billigt hållit honom suspect före. —

Die Vormundschaftsregierung an Georg Friedrich v. Snoilsky. D. Stockholm 6. Februar 1663.

[Der Kurf. wünscht Eintritt in den Rheinbund und will zur Erfüllung des Westfälischen Friedens mitarbeiten.]

S. solle vorläufig in Frankfurt bleiben und dafür sorgen, daß die Rheinische Allianz auf einige Jahre verlängert würde[1]). Dem Kurfürsten von Mainz und dessen Ministern solle er gelegentlich eröffnen, „welchergestalt der Churf. zu Brandenburg nicht nur einen Envoyé zu Uns hereingeschicket und allerhand Versicherung von seiner Begierde, umb mit Uns in näheres, gutes Vertrauen zu geraten, tun, besondern auch den Baron Blumenthal nacher Frankreich gehen lässet[2]), umb allda ein Gleichmäßiges zu contestiren und, wie man Uns berichten wollen, sich allda zu bemühen, daß sein Herr mit in die vorerwähnte Bündnüß aufgenommen werden möchte. Nun lassen Wir, wie weit derselbe die angebotene Freundschaft serio meinet oder nicht, an seinem Ort gestellet sein. Dieses aber verlangen Wir gleichwohl zu vernehmen, was des Herrn Churfürsten zu Mainz Liebden von selbigen churbrandenburgischen Zuentbietungen halte und wie weit Sie es nützlich und Pfalz Neuburg zu überreden zu sein vermeinen, daß der Churf. mit zur Alliance gelassen werde. 16. Febr.

Der hie befindliche Envoyé giebet außerdem auch gute Hoffnung, daß sein Herr bei obhandenem Reichstage pro bono publico und insonderheit zur Beobacht- und völliger Feststellung der in dem Westfälischen Friedensschluß einem jeden Stande competirenden Gerechtsame aufs beste arbeiten lassen und darin sich der Intention, welche Wir mit andern wohlmeinenden Churfürsten und Ständen haben, gern conformiren werde[3])". —

Die Vormundschaftsregierung an den Reichstagsgesandten Philipp Christoph von der Lancken. D. Stockholm 7. Februar 1663.

[Ermächtigung zu behutsamem Zusammengehen mit den kurfl. Gesandten am Reichstage.]

Krockow habe „nichtes anders in Commission, dann daß er die Begierde, 17. Febr. welche sein Herr, mit Uns eine sincere, gute Freundschaft zu cultiviren und solches auf allerhand Weise und Wege, insonderheit wo Wir ihm dazu einige An-

---

[1]) Die Verlängerung erfolgt am 7. März 1663 auf 3 Jahre, vgl. Köcher, Gesch. von Hannover und Braunschweig Bd. 1 S. 314, Urk. u. Akt. Bd. 11 S. 177.

[2]) Über die Sendung des Freiherrn Christoph Caspar v. Blumenthal nach Frankreich vgl. Urk. u. Akt. Bd. 9 S. 620 ff.

[3]) Vgl. Urk. u. Akt. Bd. 9 S. 749.

leitung geben könnten, würklich zu tun, trage, vielfältig contestiret. Als Wir ihm nun zur Antwort geben lassen, daß Wir keine sicherere Probe von des Churf. desfalls führenden Intention haben könnten, als wann derselbe bei obhandenen Reichstagsgeschäften, soweit dieselbe die Beforder- und Festsetzung desjenigen, was in dem Westfälischen Friedenschluß sowohl den Ständen ins gemein als einem jeglichem absonderlich zu gute gestiftet, betreffen, auch Wir nach solchen Friedenspakten des gemeinen Bestens und Unseres eigenen rechtmäßigen Interesse [halber] selber durch die Unsrige erinnern und negociiren lassen würden, mit Uns d'un concert ginge, der gedachte Abgesandter sich auch erkläret, daß der Churf. ein solches im Werk erwiesen, auch desfalls mit Unseren Ministren durch die seinige vertrauliche Correspondence pflegen lassen würde, so werdet Ihr demnach solches wohl beobachten, von demjenigen, welches dann und wann fürkommet, mit den allda anwesenden Churbrandenburgischen fleißig communiciren, ihnen Euer Sentiment, soweit Ihr es .. dem gemeinen Wohlstande ersprießlich findet, entdecken und dabei versuchen, ob sie auch eine gleichmäßige Vertraulichkeit gegen Euch merken lassen, mit Euch zu Behauptung sotaner Angelegenheiten cooperiren und dadurch die obiger maßen allhie getane ample Zusage in der Tat wahr machen wollen. Ihr werdet Euch aber dabei gleichwohl auch aller nötigen Behutsamkeit gebrauchen und in Sachen, welche von sonderbarer Angelegenheit sind, deren Discretion nicht vertrauen, es sei dann, daß Ihr durch ein oder andere preuve ihrer Sincerität gnugsam versichert[1])." —

Die Vormundschaftsregierung an den Kurfürsten. D. Stockholm 10. April 1663.

[Die Erfüllung des Westfälischen Friedens ist die Grundlage für gute Beziehungen Schwedens zum Kurf.]

20. April Quod Cels.^{do} V.^{a} El.^{lis} .. per Aulicum Suum Consiliarium .. Laurentium Georgium de Krakou animum Suum erga Nos regnumque Nostrum constansque amicitiae candide servandae propositum testari voluerit, id merito inter bonae vicinitatis et amicitiae argumenta adeoque inter illa numerandum censemus, qua Nobis a Cels.^{ine} V.^{a} El.^{li} omnino promittere debeamus, quandoquidem iura necessitatis et vicinitatis ac pactorum adeoque utriusque Nostrum et respective regnorum et ditionum Nostrarum ratio communeque interesse hoc maxime exigere videantur. Quocirca et Nos antiquius nihil putavimus, quam si huiusmodi Cels.^{inis} V.^{ae} El.^{lis} propensioni paria semper studia exhiberemus. Unde, quoties rerum dispositio occasionem fecit sive in Ser.mi Imperatoris sive Cels.^{inis} V.^{ae} El.^{lis} aula sive etiam in Imperii conventibus communem causam ad publicam inprimis tranquillitatem iuste firmandam promovendi atque amicitiae aliquod fideique coniunctioris documentum eliciendi, praetermitti eandem passi non sumus, expectantes semper negotii ad praescriptum legum publicarum tendentis

[1]) Vgl. Urk. u. Akt. Bd. 11 S. 196.

et inde proficiscentem quietis communis usum adaequatam Cels.^{inis} V.^{ae} El.^{lis} cooperationem; quam propensionem etiam nunc et porro Nobis non possumus non polliceri, utpote litteris et oblationibus Cels.^{inis} V.^{ae} El.^{lis} Nostraeque inclinationi maxime conformem. Sola enim propositi Nostri ratio in eo propemodum residet, ut pactis in publicam tranquillitatem initis recte consulatur provideaturque, ne illa frustra curata esse videantur. Dabit ergo hoc cumprimis tempus, quo Comitia Imperii in Germania maxime colent campum, in quo utrique Nostrum ad necessaria publicae rei studia concurrere operasque in mutuae incolumitatis favorem iungere licebit. Et quemadmodum Nostris ibidem ablegatis in mandatis dedimus, non modo ut cum aliis Imperii Constatibus pro libertate, usu et pace communi ex asse servanda fideliter operarentur, sed etiam omnia prompta studia exercerent, quae in Cels.^{inis} V.^{ae} El.^{lis} emolumentum atque amicitiam reciproce colendam et roborandam inclinationem Nostram comprobarent, ita dubitare nolumus, quin Cels.^{o} V.^{a} El.^{lis} ut praeclarum Imperii Romani membrum Nobiscum publice colloboratura atque eam gloriam, quam superioribus Comitiis consecuta est, novis meritis illustratura sit Nostraque etiam et subditorum Nostrorum iusta atque partim in publicae pacis foederumque tabulis expressa partim etiam in antiquis consuetudinibus et iuribus fundata desideria per se sic provehere connitatur, quo aequitati a Cels.^{ine} V.^{a} El.^{li} expectatae fiat satis atque mutua Nostra benevolentia aliis omnibus, quibus eadem invisa esse possit, semper conspectior reddatur. Hoc basim et incrementum praecipuum arbitramur eius amicitiae, quam Nobis merito vel eo nomine vindicamus, atque propterea singulares agimus gratias, quod per litteras et supradictum Consiliarium Suum Cels.^{o} V.^{a} El.^{lis} insigni propensionis significatione eandem contestari voluerit. Cum vero pluribus mentem Nostram super hisce eidem Suo Consiliario exhibuerimus, speramus eundem singula Cels.^{ini} V.^{ae} El.^{li} fideliter relaturum [1]. —

Eingabe Krockows an die Vormundschaftsregierung. D. Stockholm 16. Juni 1663.

Teilt mit, daß der Kurf. obtinendam super recessu Stetinensi confirmationem 26. Juni
.. et in aula Caesarea et in Comitiis Imperii, si necessitas et R.^{iae} V.^{ae} Maj.^{tis} requisitio id ipsum exegerint, quam optime commendaturam. Er hofft, die Regierung werde Eiusdem commoda et iustas intentiones efficacibus officiis ubique promoturam [2].

Der Kurfürst an den Reichsfeldherrn Grafen Karl Gustav Wrangel. D. Königsberg 20. Juli 1663.

[Maßnahmen gegen die Türkengefahr.]

Wrangel werde zweifellos von dem Einfall der Türken gehört haben. „Weilen 20. Juli

[1]) Vgl. Urk. u. Akt. Bd. 9 S. 754. — Die Abschrift in der Riksregistratur bezeichnet dies Schreiben als Rekreditiv für Krockow.

[2]) Vgl. Urk. u. Akt. Bd. 9 S. 755.

nun die hohe Not und Sicherheit aller zum Heiligen Römischen Reiche gehöriger Provincien erfodert, daß alle und jede Stände bei diesem Werke gehöriger maßen vigiliren und absonderlich der Kron Schweden und Uns obliegen will, diese Gefahr in gebührende Consideration zu ziehen, weil beederseits Lande dem Oderstrom und denen kaiserlichen Erblanden am nächsten, so haben Wir zu Gewinnung der Zeit nötig erachtet, mit dem Herrn Grafen hieraus zu communiciren, damit Wir auf allen Fall wissen möchten, wie und welcher gestalt Wir secondiret werden könnten und worauf Wir Uns zu verlassen, wie dann Derselbe sich hingegen zu versichern, daß Wir Unsers Orts alles, was in Unsern Kräften sein wird, willig tun und dergestalt im Werke erweisen werden, daß die Kron Schweden sich gewiß darauf zu verlassen [1]).“ —

Reichsratsprotokoll 20. Juli 1663.

[Zurückhaltende Aufnahme des kurfl. Vorschlags, Schweden im Bedarfsfalle zu assistieren.]

30. Juli Uplästes den Churbrandenburgiske abgesandtens inlagde skrift, däruti han på sin Principals vägnar contesterar all god vänskap, och 2. där K. M. skulle behofva hans herres adsistence, må R. M. försäkra sig därpå.

H. Rikskansler: Man måste svara härpå: Betacka högbem. Churf. för sin gode offerte i detta fall och 2. när någon occasion sig gifve vid handen, vill K. M. sig därför förklara och låta hans herre veta, hvarutinnan man vill söka dess adsistence och att detta gifves sub nomine Cancellariae. — —

Resolverades efter detta förslaget.

Aus der Instruktion für den nach Wien gehenden Gesandten Matthias Palbitzky. D. Stockholm 30. Juli 1663.

[Den Anerbietungen des Kurf. zur Vollziehung des Stettiner Grenzrezesses steht man noch mißtrauisch gegenüber. Etwaige Vorschläge eines kurfl. Gesandten in Wien soll er ad referendum nehmen, denn sie könnten eine größere Vertraulichkeit anbahnen.]

9. Aug. — Händer det så, att han råkar där någon minister af Brandenburg, så, huruväl Brandenburg under smickrande ord in re ipsa hafver sig alltid comporterat, att han föga förtrolighet af Sverige hafver förtjänt, likväl och emedan Churf. hit till hofvet sin utskickade Krockou sänt hafver, att göra allehanda contestationer, så på det och på Kgl. Maj. sida vänskapen desslikes må synas bestå i goda terminis, skall Abgesandten i sådant emot dess betjänte vid kejserl. hofvet sig benägen skicka, görandes a parte Kgl. Majs. alla gegencontestationer, med anförande af de skäl och inductioner, som kunne tagas af det gemene och särdeles ... Protesterandes bästa, men icke dess mindre påminna, om den nödighet pröfves tjänlig, att röja utur vägen alla de hinder, som kunna effecten af

---

[1]) Vgl. Urk. u. Akt. Bd. 11 S. 288 ff., 295 ff., Prot. u. Rel. Bd. 7 S. 56. — Wrangel
28. Juli erwiderte D. Wolgast 18. Juli, er werde über das Schreiben des Kurf. sofort an die Regierung berichten. Vgl. dazu auch Urk. u. Akt. Bd. 9 S. 758.

förtrogen vänskap och correspondence traversera..., hvilka han dock icke alla på en gång eller med någon aigreur, icke heller som ad mandatum, utan som af sig själf och med discretion kan framdraga och önska, att de kunde slätas och af vägen tagas, hvarpå sedan ingen tvifvel vore, att närmare förstånd och mutuel välvillighet, den utriusque status ratio eljest klarligen dicterar, kunde med större lämpa upprättas.

Hvad Kejserl. hofvet och de commune affairer vidkommer, så hafver fuller Churf. icke allenast intet vid senaste läntagningen befordrat confirmationen af Stetiniske recessen.., utan ock.. tagit sitt län af Hinderpommern in terminis antiquis, oaktadt hvad instrumentum pacis och bemälde recess sedermera in contrarium förordnat hafver[1]). Likväl och emedan somliga äro, hvilka fatta det hoppet, att bemälde Churf. skall nu sådant likasom ångra och härefter lätteligen söka medel, det att redressera och som af sig själf vilja härefter drifva på merbemälde recessens confirmation vid kejserl. hofvet eller vid Riksdagen, såsom och Crockow.. däröfver hafver nyligen en skriftlig declaration ingifvit, så slår fuller Kgl. Maj. sådan offerte icke ut, men som 1. förfarenheten visar, att näppeligen något argsinnigare hof är än Brandenburg, ... 3) hafver under handen.. så mycket redan till väga bragt, att, fast han själf ville nu visa sig handen ab iniquitate vilja afdraga, hindren likväl även så stora i vägen kastade äro, att nu en praepostere declaratio föga synes gagna.., 4.) denne Crockow nu först gör en sådan declaration på sin herres vägnar, sedan han hafvandes bekommit sitt rekreditif, icke annat kan skattas än för en privatperson, så ställes därhän, hvad för effect en sådan declaration kan gifva med sig. Iu måste likväl Abgesandten uppå sådant oförmodligt fall, att någon minister in loco samma declaration och offert vidare gjorde, honom anhöra och fuller med goda skäl styrka såsom i en rättvis sak och den sig in fide publica et solenni tractatu funderar, önskandes en så rättmätig resolution tillförende hafva varit förklarad, så skulle förmodligen den senaste länscommissionen icke hafva så ofruktbar aflupit. Men såsom sådan förklaring likväl länder till större förtroendehet, kan Abgesandten säga, att han vill förmoda, det han, brandenb. ministren där ute, hört har och visar dess effect och realitet. I medler tid kan han säga sig därom till hofvet skrifva vilja, det som han och göra måste och därpå svar och resolution förvänta. —

Reichsratsprotokoll 4. August 1663.

[Ein Bündnis mit dem Kurf. könnte das schwedisch-polnische Verhältnis beeinträchtigen; mehr als Neutralität wäre nicht zuzusagen. Seine Verhandlungen mit Österreich und Spanien sind verdächtig. Verhandlungen mit ihm wären im Einvernehmen mit Frankreich zu führen.]

Der Reichskanzler trägt vor, daß der brandenburg. Gesandte ein Defensivbündnis vorgeschlagen habe namentlich zum Schutz seiner Souveränität[2]). 14. Aug.

[1]) Vgl. oben 642 Urk. u. Akt. Bd. 9 S. 757.

[2]) Vgl. Urk. u. Akt. Bd. 9 S. 755 f.

Er meint, wenn man verhandeln wolle, wäre es richtiger, das nicht in Stockholm, sondern an der pommerschen Grenze zu tun.

H. Riksdrotsen remonstrerade den faran, som Churf. nu sitter uti, i det att Polen är nu stilla och kan intet tåla, att Churf. är souverain, och där han intet kan maintenera sig, blifver han helt och hållet ruinerat, hvilket Kgl. Maj. bör förekomma, så vida vårt interesse kan tillåta, och därför höller rådeligt, att man kan tractera med honom, jedoch um Zeit zu gewinnen in Stockholm, damit man inzwischen en och annan conjunctur till vår avantage absehen kann.

Der Reichsschatzmeister stimmt dem bei.

Gr. Tott gillade och dessa förslag, men så måste man mycket caute gå .., ty i det att man söker till att göra sig vän af Churf., kunde man få Polen till ovän ..

Herr Riksdrotsen finner intet, att några troupper böra härifrån skickas åt Preußen, att maintenera honom med sin souverainitet utan allenast att han är garanterad på ryggen och att vi intet movera oss, när han är i action med Polen.

H. Rikskanslern: Härtill hafver man alltid haft den maxime, att där Churf. var in flore, Sverige då skulle ligga under et vice versa. Bedenklich macht es, daß der Kurf., während er mit Schweden Verbindung sucht, zugleich mit Österreich und Spanien verhandeln läßt[1]). Doch sollte man gleichwohl verhandeln und zwar de concert mit Frankreich als dem Garanten der früheren Tractaten.

Gr. Tott: När nu Polen ser, att Sverige vill adsistera Churf. uti sin souverainitet, lärer Kejsaren söka att göra diversioner i Polen.

Resident Augustin Leijonskiöld an die Vormundschaftsregierung. D. Paris 28. August/7. September 1663.

7. Sept. Der brandenburgische Gesandte hat ihm mitgeteilt, der Kurf. hoffe snart att komma i närmare vänskap och förtroende med E. Kgl. Maj. [2]).

Diese wiederholt ausgesprochene Erklärung überrascht L. um so mehr, als der Gesandte hier beantragt hat, daß entweder Schweden aus der Rheinischen Allianz ausgeschlossen oder der Kaiser in diese aufgenommen wird; damit hat er freilich kein Glück gehabt[3]).

Die Vormundschaftsregierung an die Gesandten beim Reichstag, v. d. Lancken und Snoilsky. D. Stockholm 12. September 1663.

[Generalat des Kurf. im Türkenkrieg.]

22. Sept. Die Gesandten wüßten, daß es schon seit einiger Zeit hieße, der Kaiser habe dem Kurf. das Generalat über die Kriegsexpedition gegen die Türken an-

---

[1]) Vgl. Urk. u. Akt. Bd. 14 S. 134 ff. — Über den spanischen Gesandten Sebastian d'Ucedo vgl. Urk. u. Akt. Bd. 11 S. 306 f., Bd. 14 S. 149—151.

[2]) Vgl. Urk. u. Akt. Bd. 9 S. 654.

[3]) Diese Meldung ist irrig, vgl. Urk. u. Akt. Bd. 9 S. 650 ff., 756.

geboten [1]). Nun melde Snoilsky, der Kurf. habe dies Angebot gegen Zusage günstiger Bedingungen angenommen. Es wäre sehr wichtig, diese Bedingungen zu erfahren; von anderer Seite verlaute, daß er mit dem Kaiser auch in der Jülicher Frage [2]) einig geworden sei.

Die Vormundschaftsregierung an den Residenten Augustin Leijonskiöld in Paris. D. Stockholm 19. September 1663.

[Andauerndes Mißtrauen gegen die Aufrichtigkeit des brandenburgischen Annäherungsversuchs. Ohne Verständigung mit Frankreich wird kein Abschluß mit dem Kurf. erfolgen.]

Aus seinem Bericht vom 28. August / 7. September habe man ersehen, huruledes den brandenburgiske abgesandten Blumenthal skall jämte contestationer hafva betygat en särdeles sin Herres inclination, att träda i närmare förstånd med Oss, ty hafva Vi gott funnit Eder därpå att informera, huruledes sådana förklaringar äro fuller specieuse, men i verket och effecten ännu litet tillgjort. Den abgesandten, som här är, hafver och fuller ibland med goda contestationer inkommit [3]), men emellertid, så hafver man af brandeburgiske hofvet mera vedervärtighet än som inclination alltid måst förrpörja. Hinweis auf die Haltung betreffend Schwedens Eventualbelehnung mit Hinterpommern und mit der Neumark. Själf Blumenthal, som så benägen contestation gör, hafver i Paris icke velat på sin Herres vägnar renovera den med Frankrike tillförende slutne tractat [4]), utan det skulle ske med Vår exclusion [5]). Uti Rheniske alliancen hafver icke Churf. kunnat träda utan med vissa conditioner, som Oss skulle chocquera. Hvilket allt, huruvida det allt härtill kan anledning gifvit hafva till en nära förbindning, kunnen I själf judicera. Härtill komma maximer, Churf. eljest brukar, att förbinda sig intime med Kejsaren och huset Österrike.. Han pläger och med Spanien all förtrolig correspondence, formodar och, som berättas, att kunna vid kejserl. hofvet bekomma favörable sentenz och dom, att impatronera sig de Güliska och Cleviska länderna och däremot vilja med makt secundera Kejsaren, att kunna undfå polska kronan, practiserandes mera desslikt, som icke quadrerar med Blumenthals contestation. 29. Sept.

Likväl kunnen I.. göra emot honom goda miner och gegencontestationer igen, refererandes Eder i detta mål på de ministrar, hvilkom på en och annan sida commission gifven vara kan en så god förtrogenhet att stifta, men att I

[1]) Vgl. Urk. u. Akt. Bd. 11 S. 205, 224, 229.

[2]) Betr. das damalige Verhältnis des Kurf. zu Pfalz Neuburg vgl. Urk. u. Akt. Bd. 9 S. 628 f., 638 f., 653 f., Bd. 11 S. 181 ff., 185, 188 f., 191, Bd. 14 S. 141 f., 144 ff., 148, 150, 154 f.

[3]) Vgl. Urk. u. Akt. Bd. 9 S. 749.

[4]) Vom 24. Februar 1656, vgl. v. Moerner S. 200 f.

[5]) Vgl. Urk. u. Akt. Bd. 9 S. 621, 630 ff., 641, 650 ff.

akten Eder väl för dess list, som esomoftast ifrån Berliniske hofvet uppspinnes, och att I hafven Eder i minnet, hvad nu berättat är oss emellan i vägen ligga. —

P. S. Rätt nu berättas Oss, huru den härvarande brandeburgiske gesandten hafver uti en visite hos Vår HofCanzler Biörenklou åter contesterat Churfs. benägenhet till en närmare vänskap och intelligence med Oss, och som HofCanzleren hafver honom i lika måtto med contestationer till samma mål tenderandes bemött, hafver han vist sig däraf mycket content, förmodandes innan kort blifva öfver något gott vidare instruerad. Nu lämna Vi till sin ort, huruvida uti sådant något framdeles kunde uträttas. Iu äro Vi så resolverade, att, hvad som af Brandeburg projecteras kan, Vi därvid den inclination, som Frankrike för Vår inclination emot Blumenthal betygat hafver, väl ihågkomma och det sålunda emottaga, att Vi, förrän Vi till något slut skrida, allt med Frankrike communicera, hvilket I kunnen Lionne insinuera, att betyga Frankrike Vår reelle intention, att gå med Vår allierade sincèrement et d'un commun concert. —

Memorial Krockows für die schwedischen Deputierten. Präs. Stockholm 13. November 1663 [1]).

[Verhandlungen über ein Verteidigungsbündnis.]

23. Nov. Da der König und der Kurf. ein firmum et stabile foedus eingehen wollen idque certis legibus ac conditionibus sanciendum iam invicem sibi declararint Ser.^{tas} Sua El.^{lis} uberiorem mentis Suae copiam factura a R.^{a} S.^{a} Maj.^{tate} requirit, ut R.^{a} S.^{a} Maj.^{tas} vigore eiusdem foederis se obliget ad praestanda S.^{ti} S.^{ae} El.^{li} auxilia bellica armaque ac vires cum eadem coniungenda pro defensione Ser.^{tis} S.^{ae} El.^{lis} statuum, provinciarum, ditionum, tam intra quam extra Imperium sitarum, iurium item acquisitorum, si contingat, ea a quolibet extraneo armis infestari aut infringi. Tum etiam desiderat, ut omnes eiusdem socii et foederati eo foedere comprehendantur, vicissimque in eundem casum repromittit R.^{iae} S.^{ae} Maj.^{ti} pro defensione Eiusdem regnorum, provinciarum ac iurium auxilia Sua ac vires omnesque Eiusdem foederati quominus includantur, non se recusaturam, iam nunc pollicetur. Siquid praeterea R.^{a} S.^{a} Maj.^{tas} necessarium iudicat ad concinnandum aut corroborandum hoc foedus, id ut aperiat, Ser.^{tas} S.^{a} El.^{lis} enixe rogat.

Reichsratsprotokoll 13. November 1663.

[Besprechung des Reichskanzlers und Ehrenstens mit Krockow über das Bündnis, namentlich, welche Gebiete in dieses einzuschließen wären.]

23. Nov. Der Reichskanzler berichtete von der Konferenz, die er und Ehrensten

1) Vgl. Urk. u. Akt. Bd. 9 S. 759 f. das Memorial für Krockow vom 25. Oktober 1663. Vom selben Tage datiert die Vollmacht für Krockow zu Verhandlungen de arctiori mutuae amicitiae confirmatione et defensivo foedere ineundo.

am letzten Abend mit Krockow gehalten hätten [1]), och gick hans tal därpå ut, att hans herre söker till att ingå en alliance med Kgl. Maj. och vill därunder comprehendera all sina vänner.

Härpå vi regererade, att då måste S. Churfl. Durchl. assistera Kgl. Maj. uti Capo Corso och Nova Suecia att recuperera dem [2]).

Ille: Hafver ordrer om allt som kan begäras af Kgl. Maj. att tractera.

Ego: Än om vi få något att göra i Norrige?

Ille: Då kan Churf. falla in i Holsteen och göra sitt till på den orten med diversion.

Der Reichskanzler meinte, man müßte bei Leijonskiöld anfragen, wie weit Blumenthal mit seiner Negotiation gekommen sei, und ihm von den hiesigen Allianzanträgen Mitteilung machen.

Die Vormundschaftsregierung an den Residenten Leijonskiöld in Paris. D. Stockholm 14. November 1663.

[Die französische Regierung soll über den Gang der Verhandlungen mit Krockow auf dem laufenden gehalten und gebeten werden, ihrerseits Schweden vom Verlauf der Mission Blumenthals zu unterrichten. Besorgnis vor deren Erfolg.]

Frankreich habe zu der Zeit, als Hirschenstierna [3]) dort war, damit be- 24. Nov. gonnen, einige Nachricht von Blumenthals Verhandlungen zu geben. Daher wird er davon in Kenntnis gesetzt, daß Krockow, der schon lange gute Contestationen gegeben hätte, vor einigen Tagen eine Vollmacht eingereicht und eine nähere Freundschaft und Defensivallianz vorgeschlagen habe. Denne proposition ställes till sitt värde, emedan hon är ännu tämlig vidlyftig och utan någon reflexion af de particulier saker, som i ett sådant foedus influera kunne. Vi hafva dock därpå låtit och in genere göra gegencontestationer, förväntandes vidare, hvad allfvar därunder förborges hos den, som fuller allt härtill icke hafver gifvit stort prof af sin inclination.

Vi hafva dock sådant gott funnit Eder att tillkänna gifva, med nådig vilja och befallning, att I samma brandeburgiska proposition det franske hofvet genom Herr de Lionne muntligen insinueren, med contestation, att alltid vilja såsom en förtrogen allierad uti sådana verk gifva Frankrike communication ... och hvad vidare påföljer, innan något slutes, således continuera. Men såsom Frankrike däraf nogsamt spörjer Vår uppriktighet och sinceritet, så skolen I och med god maner gifva tillkänna, alt Vi ock förmoda det samma af Frankrike, att man dä-

---

1) Vgl. Urk. u. Akt. Bd. 9 S. 761. D. Stockholm 14. November 1663 erhalten 24. Nov. Ehrensten und Biörenklou Vollmacht zu Verhandlungen mit Krockow, nachdem der Kurf. durch diesen bekundet hat, velle se Nobiscum de arctiori mutuae amicitiae confirmatione et defensivo foedere ineundo agere.

2) Vgl. Kretzschmar in Hansische Geschichtsblätter 1911 S. 237 ff.

3) Stefan Gambrotius Hirschenstierna war 1662/63 als Legationsrat in Paris gewesen; 1664 kam er als Envoyé dorthin zurück.

raf måtte så mycket bättre spörja Brandenburgs inclination och däremot rönjas, att Chronornas vänskap vore så förtrogen, att, hvad af beggo hofven till Brandenburg rapporterades, stämde till ett mål öfverens.

L. habe berichtet, Blumenthal sei mit seinen Verhandlungen nicht vorwärts gekommen. Indes erfahre man von guter Hand, daß Hannibal Sehestedt ihm viele Hindernisse aus dem Wege geräumt habe[1]), so daß das Werk jetzt auf einem guten Fuß stehen soll. Jedoch haben sie von Lionne nichts erfahren. L. solle darüber wachen, att icke något till Vårt praeiudicium må slutas, refererandes alltid till Oss, hvad som före lupet är. —

Resident Augustin Leijonskiöld an die Vormundschaftsregierung. D. Paris 27. November/7. Dezember 1663.

[Frankreich lehnt es ab, dem Kurf. Elbing zu garantieren, und bezweifelt, daß Schweden diese Garantie übernommen hat.]

7. Dez. Lionne sagte ihm dieser Tage, er sehe keine Möglichkeit, dem Kurf. Elbing zu garantieren[2]), emedan han

1. hade redan toucherat en del af de penningar, som däremot var lofvat[3]), och därigenom begifvit sig sin praetension uppå bem. staden,

2. nu quitterat Braunsberg[4]), hvilket han såsom en underpant hade skolat behålla, tills han fyllest hade fått, hvad honom lofvat var,

3. att man intet kunde tro, det Sverige garantien däröfver praesterat hade, såsom Blumenthal föregifver, att vi skulle hafva garanterat Churf. om Elbingen, och icke då strax, medan vi hadet uti våra händer, inrymbt honom det, om så hade varit. —

Memorial, wornach I. Kgl. Maj. General über die Infanterie und Vice Gouverneur in dem Herzogtumb Pommern ... Paul Würtz ... bei der ihm an S. Churfl. Durchl. zu Brandenburg ... aufgetragenen Commission sich hat ... zu richten ... D. Stockholm 11. Dezember 1663[5]).

[Sondierungen, ob es dem Kurf. mit seiner Annäherung an Schweden ernst ist, welche Absichten er dabei verfolgt, wohin sein Zusammengehen mit dem Kaiser und seine Rüstungen zielen; sein angebliches Bündnis mit Dänemark, Sachsen, Braunschweig und Holstein-Gottorp. Seine Haltung auf dem Reichstag und in der Erfurter Frage. Investiturstreit. Differenzen wegen Pommern.]

21. Dez. Zweck dieser Sendung ist, zu erforschen, „ob es S. Durchl. mit solchem an-

[1]) Dänischer Gesandter in Paris; vgl. über seine Tätigkeit Urk. u. Akt. Bd. 9 S. 661 ff., 725.

[2]) Vgl. Urk. u. Akt. Bd. 9 S. 666 ff.

[3]) Vgl. v. Moerner S. 226 Nr. 112 d.

[4]) Vgl. Urk. u. Akt. Bd. 9 S. 458 f.

[5]) Das Kreditiv für Würtz datiert Stockholm 14. Dezember 1663.

gebotenen nähern Vernehmen ein rechter Ernst oder es allein, wie I. Kgl. Maj. aus ein- und andern Umbständen fast befahren müssen, ein bloßer Prätext und umb I. Kgl. Maj. bei gegenwärtiger Zeit und Conjunctur etwa führende desseings zu erforschen, angesehen sei; imgleichen auch, wohin die dem eingelangten Bericht nach aufs neue fürgenommene Armatur zielen, und ob S. Durchl. das Generalat wider den Türken etwa angenommen [1]) oder darunter etwas anders verborgen liegen möchte".

Bei der Antrittsaudienz soll er dem Kurf. zur Rückkehr nach Berlin und zur Erwerbung der preußischen Souveränität gratulieren, „dabeneben weiter contestirend, daß I. Kgl. Maj. eine sonderbare Begierde trügen, das Band guter Freundschaft und eines sinceren Vernehmens, welches zwischen Ihren Vorfahren im Reich und S. Churfl. Durchl. fürgewest und darin beiderseits Estaten sowohl ihrer Sicherheit als anderer Interessen halber so merklich angelegen zu sein schiene, wiederumb zu verneuern und fest zu machen. Und umb solche Ihre Intention in dem Werke selbst zu weisen, würden I. Kgl. Maj. die Anleitung, welche durch S. Durchl. allhie habenden Abgesandten Deroselben ohnlängst gegeben, aufs beste mesnagiren und soviel an Ihro wäre, solche zum glücklichem Ausschlag zu befordern nicht ermanglen.

Nachdem dergleichen curialia bei der ersten Audience abgeleget .., wird er folgends bei weiterer Unterredung mit S. Durchl. erwähnen, daß der Herr Reichsadmiral bei seiner Ankunft I. Kgl. Maj. Bericht gegeben von dem, so S. Durchl. der gegenwärtigen gefährlichen Conjuncturen und einer desfalls zu beiderseits benachbarten Lande Defension nötigen Verfassung halber an die pommersche Regierung ohnlängst gelangen lassen [2]). Gleichwie nun I. Kgl. Maj. ein solches nicht anders dann wohl und für ein zu obig verlangter nähren Verständnuß dienendes Mittel aufnehmen könnten, die Werkstellung dessen auch umb so viel nötiger hielten, als die von dem Türken imminirende Gefahr leicht zunehmen und durch des Höchsten Verhängnuß bei ein- und anderer unglücklichen Action auch selbe I. Kgl. Maj. und des Churf. Lande für einen so geschwinden Feind nicht sicher sein dürften, also hätten I. Kgl. Maj. auch durch seine des Vice Gouverneurs Person sich erkundigen wollen, wohin Sr. Churfl. Durchl. Gedanken wegen einer solchen gemeinnützigen Verfassung zielen und wie, auch mit was Mitteln, der eine dem andern auf solchen Notfall die hülfliche Hand zu bieten gereit sein sollte, maßen I. Kgl. Maj. sodann, wann Sie Sr. Churfl. Durchl. vernünftigen Gutfindens etwas näher verständiget, die Anstalt verfügen würden, welche Sie in solchem Behuf nötig zu sein urteilen könnten. Wobei sich gleichwohl .. Würtz zu einigen Particularitäten nicht auslassen, weniger verbindlich machen, besondern nur allezeit von dem Werke in genere sprechen und die von churfl. Seiten etwa auf die Bahn kommende specialia nur ad referendum gleichwohl mittelst allerhand dienlichen Erbieten annehmen [solle].

Dieses wird nun so der äußerliche Schein und Vorwand des Vice Gouver-

---

[1]) Vgl. oben S. 678.

[2]) Vgl. oben S. 676.

neurs Würtzen Commission sein. In sich selbst aber und fürnehmlich ist dieselbe dahin angesehen, daß I. Kgl. Maj. bei dieser Gelegenheit durch seine bekannte Geschicklichkeit und prudence in Erfahrung bringen können, wohin selbiges Hofes consilia und visées jetziger Zeit gehen, und wohin die neue Armatur, welche man in Werbung unterschiedlicher Regimenter zu Roß und Fuß obhanden zu sein [1]) mit etlichen Posten nacheinander versichern wollen, angesehen sein möge, insonderheit da dieselbe nach Proportion der Hülfe, welche auf dem Reichstage aufs neue erfordert wird, gar zu groß und considerabel zu sein scheinet; es wäre dann, daß der Churf. gar das Generalat .. über die kaiserliche Armee angenommen und dasselbe mit umb so viel mehrerm Nachdruck zu führen und zu behaupten fürhätte.

Welches Generalat, gleichwie es auf etwas mehrers als wider den Türken sein Absehen zu haben scheinet ..., also wird auch .. Würtz womöglich zu penetriren suchen, ob auch darunter etwas wider Frankreich oder Polen und zwar wegen Lothringen oder auf der Könige in Hispanien und Polen Todesfall zu Behauptung des Hauses Österreich dabei habenden desseings geschmiedet sein dürfte."

Ferner soll W. zu erfahren suchen, ob es dem Kurf. mit der näheren Intelligenz und dem Defensivbündnis ernst sei „oder er allein I. Kgl. Maj. Intention auszulocken und Sie damit, soweit er selbe bei ein- und andern I. Maj. Übelwollenden sinistre ausdeuten könnte, zu graviren oder I. Kgl. Maj. mit dergleichen guten Worten zu amüsiren und inmittels den Rücken bei seinen anderwärts fürhabenden Actionen frei und sicher zu behalten oder endlich auch sich mittelst einer solchen Alliance bei der erhaltenen Souverainität in Preußen desto besser zu schützen intendiren möchte.

Daß aber hierunter etwas sonderliches verborgen liegen und der Churf. das foedus nicht serio meinen müßte, haben I. Kgl. Maj. aus ein- und andern Umbständen und zwar daher insonderheit zu schließen, daß der Abgesandter Krockow 1. nachdem ihm schon längst vorhin sein Recreditiv zur Abfertigung ausgehändiget [2]), kein neues Creditiv dieser Sache halber, besondern 2. nur eine bloße Vollmacht bekommen [3]), welche gar zu kaltsinnig und solcher gestalt eingerichtet, als wann das Anerbieten zur Alliance von I. Kgl. Maj. zuerst hergerühret. Und nachdem 3. I. Kgl. Maj. commissarii mit dem Abgesandten darüber zur Conference kommen, hat er nichtes anders dann bloße generalia fürzuschlagen gewußt...

Soll auch 4. weiter, als I. Kgl. Maj. commissarii ad specialia gegangen und 1. vermeinet, der Churf., daß [er] seiner im Römischen Reich belegenen Provinzen halber keiner Alliance benötigt, weiln er deren in Kraft des Friedenschlusses gnugsam versichert oder sich dabei mittelst der Rheinischen Alliance, wann er in dieselbe zu treten beliebte, noch mehr versichern könnte, es 2. der Jülich-, Clev- und Bergischen Lande halber einige nicht geringe Difficultät haben

---

[1]) Vgl. Prot. u. Rel. Bd. 7 S. 55f., 65f., 69ff., 78, 89ff.

[2]) Vgl. oben S. 675.

[3]) Vgl. Urk. u. Akt. Bd. 9 S. 759f. und oben S. 681.

würde, wann der Churf. mit Pfalz Neuburg darüber in neue Unruhe geraten und I. Kgl. Maj. jenem alsdann in Kraft des Bündnisses Hilfe leisten sollten, maßen Sie auf solche Weise Ihre eigne wegen Ihres Stammhauses habende iura zu schwächen gehalten, desfalls nun, wann es 3. auf die preußische Souveränität angesehen sein sollte, müßten I. Kgl. Maj. vorher die nötige documenta sehen, worauf sich dieselbe recht gründete, und 4. der Abgesandter, weilen er beiderseits Principalen foederatos einzuschließen geboten, die churfürstliche recht spezificiren und benennen [1]).

Allein er hat weder auf das eine noch andere zu antworten oder sich zu entschließen gewußt, besondern seines Herrn nähere Ordre darüber einzuholen angenommen, wobei die Sache auch annoch beruhet, und I. Kgl. Maj. also nicht wissen können, was dieselbe für einen Ausschlag gewinnen werde. Insonderheit, da .. von ein .. und andern Orten glaubwürdig berichtet .. worden, daß zwischen Dänemark, Sachsen und Brandenburg ein Bündnis geschlossen und selbe jetzo bemühet wären, auch den Herzog zu Holstein-Gottorp und das Haus Braunschweig mit hinzuziehen"; W. soll aufs höchste sich bemühen, über diesen Punkt näheres zu erfahren.

„Weilen aber das Absehen des Churf. mit jener I. Kgl. Maj. angebotenen Alliance, im Fall sie serio gemeinet, wohl einzig auf die preußische Souveränität gerichtet sein müßte, I. Kgl. Maj. auch consideratis considerandis nicht so ohngeneigt sein dürften, sich dazu gewissermaßen zu verstehen, so wird der General W. .. nachforschen, ob die polnische commissarii, welche dem Huldigungsact in Preußen beigewohnet und selbige Stände ihrer an Polen gehabten Pflicht erlassen, dazu von der ganzen Republique oder nur von dem Könige und denen bei ihm gewesenen Senatoren Vollmacht gehabt, auch ob man churfl. Seiten, wann dieses allein wäre, sich auch befahrete, daß dergleichen Act in den bevorstehenden comitiis nicht genehm gehalten werden und also neue Ungewißheit dem Churf. daraus erwachsen dürfte, auch wie es mit der Prätension, so der Churf. bewußter maßen auf Elbingen gehabt, stehe.

Es wird der Vice Gouverneur den Churf. oder dessen Ministren auf die gegenwärtige Reichstagsaffären auch zu bringen und im discours zu sondiren suchen, wie man allda wegen der obhandenen beiden Principalmaterien, nämlich der perpetuel Reichsverfassung und Armatur [2]), auch der Wahlcapitulation [3]) halber gesinnet, und ob man in diesem letzterm wohl condescendiren sollte, denen andern Ständen die in dem instrumento pacis fürgeschriebene Satisfaction zu geben. —

Gleichmäßige Sorgfalt wird der General W. auch anlegen, umb in gewisse Erfahrung zu bringen, wie man allda wegen der in der Stadt Erfurt entstandenen Unruhe [4]) gesinnet, und ob man darunter zu der chursächsischen Partei und zwar des Obersächsischen Kreises dabei versirenden sonderbaren Interesse und Sicherheit halber inclinieren oder für Churmainz einigen faveur, der zur Assistence

[1]) Vgl. Urk. u. Akt. Bd. 9 S. 761 ff.

[2]) Vgl. Urk. u. Akt. Bd. 11 S. 170 ff.

[3]) Desgl. S. 194 ff.

[4]) Desgl. S. 351 ff.

und Tätlichkeit ausbrechen und das Reich in neue Unruhe setzen könnte, weise, und wie solchem nach der Churf. sich dabei zu betragen gemeinet.

Im Fall man dem Vicegouverneur Würtzen auch Anlaß geben sollte, wegen der Investitursache zu reden [1]), so wird er I. Kgl. Maj. Befugnis . . anziehen und dabei vermelden, daß weiln I. Kgl. Maj. in Requisition solcher Lehn bereits dasjenige, wozu Sie in Kraft des Friedenschlusses verbunden, überflüssig geleistet, Sie also umb etwas weiters sich desfalls nicht bemühen, gleichwohl es I. Kgl. Maj. nicht ohnlieb sein würde, wann durch S. Churfl. Durchl. durch Dero hiesigen Abgesandten promittirte Vermittelung und Assistence der Lehnbrief in debita forma ausgebracht werden könnte.

Von denen Beschwerden, so I. Kgl. Maj. pommersche Lande [2]) und bevorab die Stadt Stettin wider selbigen Hof und die allda beim Zoll und sonst eine Zeit her eingeführete Neuerungen haben [3]), kann der Vice Gouverneur sich in loco der Notdurft nach informiren und bei Gelegenheit suchen, daß dieselbe nun endlich remediret und der Churf. auch darin die gute Intention, welche er, mit I. Kgl. Maj. in nachbarlichem gutem Vernehmen zu stehen, träget, spüren lassen möge." —

Die Vormundschaftsregierung an Leijonskiöld. D. Stockholm 19. Dezember 1663.

(Auf die Relation vom 27. November/7. Dezember 1663.)

[Mit Krockow ist nicht vorwärts zu kommen, da er offenbar nicht instruiert ist. Die französische Garantie für Preußen kann nur gegen Polen gerichtet sein, so unwahrscheinlich es auch ist, daß Frankreich den Kurf. gegen Polen begünstigt.]

29. Dez. Blumenthals Angabe, Schweden habe dem Kurf. Elbing garantiert, entspricht nicht den Tatsachen.

Vid hvilken occasion Vi ock icke vilja oförmält låta, att den här varande churfl. Abgesandten icke vidare med sin tractat här avancerad är, utan han förblifver alltid in generalibus, fastän Våra deputerade tränga närmare på honom, så att klarligen nog pröfvas, det han för sin person ingen instruction hafver. —

Här går tal, som skulle Frankrike hafva lofvat, att vilja guarantera Churf. souverainiteten af Pryssen, därom I varde Eder informerandes. Vi kunne icke heller se, emot hvem den guarantien utan emot Polen skall dirigeras, efter ingen annan det angår än Polen och Churf. Nu skulle Vi icke lätteligen komma på den meningen, att Frankrike skulle Brandeburg emot Polen favorisera. —

---

[1]) Vgl. oben S. 642 ff., 673, 676. D. Stockholm 17. [27.] Dezember 1663 wird den Gesandten in Regensburg mitgeteilt, die Investiturangelegenheit soll wieder aufgenommen werden, weil der Kurf. durch Krockow alle gute Assistenz dabei versprochen habe.

[2]) Offenbar eine Anspielung auf die damaligen kirchlichen Streitigkeiten in Hinterpommern; vgl. Urk. u. Akt. Bd. 9 S. 767 ff.

[3]) Vgl. Wehrmann, Geschichte der Stadt Stettin S. 295 f., Rachel, Die Handels-, Zoll- und Akzisepolitik Brandenburg-Preußens bis 1713 S. 347.

Aus der Gambrotius Hirschenstierna nach Paris mitgegebenen Instruktion. D. Stockholm 21. Dezember 1663 [1]).

[Nur im Einvernehmen mit Frankreich und Polen ist Schweden zu einer Defensivallianz mit dem Kurf. bereit, namentlich auch, wenn es gelingt, ihn dadurch von der österreichischen Partei zu trennen. Warnung, dem Kurf. Elbing zu überlassen.]

Gegen Brandenburgs Aufnahme in den Rheinbund hätte Schweden manche 31. Dez. Bedenken geltend zu machen; da der Kurf. aber bei Frankreich und bei Schweden darum angehalten hat, könnte Schweden seine Aufnahme immer noch eher dulden als die Dänemarks, vorausgesetzt, daß die beiden Kronen genügend dabei gesichert würden. Krockow habe eine Defensivallianz contra quoscunque angeboten; nun habe man bisher glauben müssen, der Kurf. sei „mit Österreich, Spanien und Dänemark inséparablement attachiret, weil er sich Österreichs faveur gebraucht, einesteils die Jülichsche Lande zu conserviren ..; so hat sich der Churf. auch Österreichs faveur in obtinenda et retinenda superioritate Ducatus Borussiae bis dato gebrauchet, weil er kein facit auf der Polen Beständigkeit desfalls machet, die beide Chronen auch, sonderlich Schweden, ihn dahero suspect halten, weil er in acquisitione souverainitatis so hinterlistig umbgangen; so ist man auch genugsam versichert, daß der Churf. noch großen Appetit hat, Pommern zu recuperiren; hierzu kommt das vinculum der Prinzessin von Orange, welche in viel Wege von Spanien dependiret und den Churf. gouverniret, der Churf. selbst auch heres Principis Auriaci ist, so der Consequenzen halber zu attendiren"; dazu soll er mit Dänemark und Sachsen ein Bündnis geschlossen haben, in das auch Braunschweig-Lüneburg und Holstein-Gottorp hineingezogen werden sollen.

Trotz alledem habe man mit Krockow über das Bündnis Konferenzen abgehalten. Dabei habe dieser „sich vermerken lassen, daß es dem Churf. umb die Guarantirung der Souverainität am meisten zu tun, wie er denn auch gesaget, es könnte vielleicht mit Polen anders werden; welches I. Kgl. Maj. Deputirten Anlaß gegeben, den rechten authenticum tractatum souverainitatis zu begehren, damit man sehen könnte, in quo statu der Churf. revera in hoc passu wäre. Solchen Traktat hätte er über sich genommen zu schaffen, bis dahin auch die weitere Conferenzen ruheten. Welches alles diesseits zu dem Ende also eingerichtet worden, damit man Zeit behalten möchte, mit Frankreich und Polen hieraus zu communiciren.

Zwar müßte man von seiten I. Kgl. Maj. gestehen, daß man nicht intentioniret, Churbrandenburg aus den preußischen Landen zu sehen. Aber nachfolgende Dinge machten der Chron einige Nachdenken, pro defensione souverainitatis eine Allianz mit ihm einzugehen: 1. Weil man aus des churfl. ministri Reden vermerket, daß der Churf. metu Poloniae solches suchet und I. Kgl. Maj. 2. dahero durch solche defensionem vielleicht Polen offendiren und also 3. anstatt der Freundschaft, welche I. Kgl. Maj. nächst Frankreich mit Polen für allen zu gewinnen suchen, neue Ombrage und Feindseligkeit erwecken möchten;

[1]) Vgl. Pufendorf, Friedrich Wilhelm, Lib. IX § 68, Urk. u. Akt. Bd. 9 S. 768f.

über das auch 4. aus obangeführten rationibus dafür halten, daß Sie durch solche Defensionsverwilligung nicht anders tun, als nur die österreichische und spanische Partei stärken.

Sollte aber Frankreich und Polen es für ratsam finden, der Churf. auch dadurch zu der Chronen Partei wieder genommen werden können, wollten I. Kgl. Maj. sich die raison und beider Chronen Interesse bequemen.

Wenn unterdeß H. sollte vermerken, daß man französischer Seiten den Churf. von Brandeburg ratione seiner preußischen Souveränität sollte in Schutz nehmen wollen, soll er bei guter Gelegenheit .. dem Herrn Lionne insinuiren, daß es weder Polen noch beiden Chronen verträglich könnte geachtet werden, daß der Churf. Elbingen sollte bekommen. Denn 1. würde er seinen Staat an dem Orte umb ein merkliches vergrößern und befestigen und 2. mit der Zeit das Stift Ermeland und das übrige Preußen auch angreifen und wie jetzunder in seinen Herzogtümern also auch der Orten seine Religion einführen und die Catholische, die gleichwohl per pacta in Preußen stabiliret, wieder ausrotten und endlich 3. mit Zutun [von] Österreich, Muschov und dem Herzog von Churland die polnische Nation, wie vor Zeiten die teutsche Herren Meister getan, auf allen Seiten beängstigen und consequenter 4. die beide Chronen für solche Wohltat übel bezahlen"[1]). —

Aus der Instruktion für den nach Polen gehenden Gesandten Mathias Palbitzky. D. Stockholm 22. Dezember 1663 [2]).

[Schweden ist bereit, mit dem Kurf. ein Defensivbündnis zu schließen, vorausgesetzt, daß dabei nicht polnische Interessen gefährdet werden. Indirekte Warnung vor Überlassung Elbings an den Kurf.]

1.Jan.1664 P. kann in Polen berichten, daß Krockow im Namen des Kurf. um eine Defensivallianz angehalten und zu verstehen gegeben habe, daß es dabei hauptsächlich auf Sicherung der preußischen Souveränität abgesehen sei. Nu ehuruväl Kgl. Maj. icke är alien, utan au contraire benägen, att hålla vänskap med alla Sina naboer, jämväl och med honom och därpå ingalunda obenägen är, att ingå närmare vänskap med Churf. under raisonnable conditioner, om han det åstundar, eftersom Kgl. Maj. intet högre önskar, än att stå i fred och gott förstånd med alla Sina grannar och besynnerligen med honom, som Kgl. Maj. hafver i Riks och Creyssaker på en och annan ort åtskillig communion och gemenskap, så emedan likväl Kgl. Maj. fuller hafver något förmärkt, att skola vara med Churf. om en souverainitet handlat, men hafver dock icke nogsamt kunskap och documenter öfver det, som i den saken kan passerat vara, och därhos betraktar, att en sådan begärd guarantie måtte till äfventyrs rättas emot Polen, eftersom

---

28. Dez. [1]) D. Stockholm 18. Dezember 1663 wird Würtz angewiesen, mit Gambrotius-Hirschenstierna von allem, was er erfahre, zu korrespondieren „gestalten ein solches zu desto besserer Beforderung der ihm aufgetragenen Negociation dienen wird".

[2]) Vgl. Urk. u. Akt. Bd. 9 S. 769 ff.

eljest ingen vore, som denna souverainitet så stort angår, och Kgl. Maj. ingalunda vill någon alliance ingå, som till konungens och republiquens Polens misshag eller praejudiz skulle utslå, ty hafver Kgl. Maj. sig i den måttan icke velat förhasta, utan först genom Abgesandtens person .. velat hos Polen detta naborligen en passant communicera och inhämta därom noga information och alltså häröfver höra dess eget sentiment, att icke något däruti i Sverige begås må, som vore Polen till vedervärtighet och nackdel.

P. soll zu erfahren suchen, ob Frankreich wirklich, wie Blumenthal behauptet habe, dem Kurf. die Souveränität garantiert habe [1]). Doch soll er sich in allgemeinen Ausdrücken halten, eftersom troligen är, att Churf. intet lärer underlåta, att snoka efter, hvad Abgesandtens commission på de orter skall innebära, de då i sådana termer måtte hafva bestått, att han intet finner något sig öfver formalisera, utan att Kgl. Maj. hafver tillkänna gifvit, gärna sig med honom att förbinda vilja etiam quoad tuendam souverainitatem et iura acquisiti dominii, om Kgl. Maj. allenast först undervist blifver om iustitia causae och de skäl, som Kgl. Maj. kan gå uppå och förmärker, att Polen därmed icke för när sker.

Skulle Abgesandten af de Lumbres [2]) eller af drottningen secrètement och förtroligen blifva befrågades om Sveriges rätta inclination emot Churf., eftersom troligen är, att Abgesandten med sitt comportement lärer vinna drottningens nåd och benägenhet, så kan han däremot fuller säga, att Kgl. Maj. med honom plägar för handen god vänskap och det af många resgarder och stycken, som Kgl. Maj. med honom hafver gemenskap; men i det öfvriga varder Kgl. Maj. sig alldeles skickandes efter Frankrikes intention.

Er soll sich gelegentlich danach erkundigen, wie es mit der Überlassung Elbings an den Kurf. stünde, und dabei gleichsam als Ansicht andrer äußern, es sei nicht anzunehmen, att Polen skulle den staden, som är som ett bollverk för kongl. Pryssen, vilja Churf. öfverlåta, efter talet dessförutan ginge, som skulle Churf. en del penningar därför redan hafva toucherat och alltså sin praetension likasom sig begifvit. —

Die Vormundschaftsregierung an die Gesandten in Regensburg. D. Stockholm 31. Dezember 1663.

[Investiturstreit.]

Die Gesandten erhalten Kopie eines kurfl. Schreibens in der Investiturfrage das Krockow kürzlich eingereicht hat [3]). „Nun kann hochgedachten Herrn Churf. Lbden dabei führende Intention wohl gar und gut zu der Sachen Beforderung angesehen sein. Allein weiln der Brief ein und andere expressiones hat, 10. Januar 1664

[1]) Vgl. oben S. 682.

[2]) Antoine de Lumbres, französischer Gesandter in Polen.

[3]) Vgl. Urk. u. Akt. Bd. 9 S. 766, Bd. 11 S. 213.

welche allerhand ungleiche Deutung und Argwohn verursachen können, als nämlich, daß Wir wegen des gegen Unsere Gesandtschaft am kaiserlichen Hofe geführten Comportements disgoustiret[1]), ingleichen Uns dessentwegen .. nicht sonderlich bekümmern, vielmehr ein ressentiment, daraus dem Reich Unruhe entstehen könnte, verspüren lassen würden, und Wir gleichwohl des Herrn Churf. Lbden weder selbst Anlaß gegeben, noch die eigentliche Ursache dazu wissen, umb Unsere der Lehnsache halber führende Intention auf die Weise auszudeuten .., so ist demnach an Euch hiemit Unser gnädigstes Gesinnen, Ihr wollet Gelegenheit suchen, mit den churmainzischen Ministren und absonderlich dem v. Boineburg von dem Einhalt sotanen Schreibens zu sprechen und im Fall auf selbige Art von den churbrandenburgischen Abgesandten die Sache etwa bei Churmainz recommendiret, alsdann obiges alles und dabei zu repräsentiren, daß, ob Uns zwar des Herrn Churf. Lbden zu Beforderung des Werkes erscheinende Inclination sonders lieb, Wir gleichwohl wegen der darzu obiger maßen gebrauchten Motiven dieses zu erinnern nötig fünden, daß S. Lbden desfalls übel berichtet sein müßten, und das Widerspiel ja aus Unserm vorangezogenem Verhalten sich klar gnug herfürtäte. —

Der pommersche Vicegouverneur Freiherr Paul v. Würtz an die Vormundschaftsregierung. D. Stettin 5. Januar 1664.

15. Jan. Er hat seine Instruktion erst tags zuvor erhalten. „Obwohl zu einer solchen unvermuteten Commission ich bei meinem itzigen Zustand mich vor der Hand nicht wohl equippirt befunden und dahero, wie auch sonsten, wohl wünschen mögen, daß E. Kgl. Maj. jemand andersten, so von den Sachen mehrers informirt gewesen wäre, darunter zu employiren gnädigst gefallen hätte, und obzwar auch nicht zu vermuten stehet, daß I. Churfl. Durchl., welche dem einkommenden Bericht nach von der Conference mit Chursachsen[2]) neulich zu Berlin wiederumb angelanget seind und die Reise nach Regenspurg für diesmal ganz eingestellet haben sollen[3]), sich so bald von Berlin moviren möchten, so will ich dennoch E. Kgl. Maj. zu alleruntertänigstem Gehorsamb .. diese Reise .. übernehmen, auch meine Sachen dahin anzustellen mir angelegen sein lassen, daß ich verhoffentlich zum längsten den 14. oder 15. dieses in Berlin unfehlbar anlangen könne.“ —

---

[1]) Vgl. Urk. u. Akt. Bd. 11 S. 142 ff., Theatrum Europaeum Bd. 9 S. 566 ff.
[2]) Vgl. Urk. u. Akt. Bd. 11 S. 262 ff.
[3]) Vgl. ebenda S. 204 f., Prot. u. Rel. Bd. 7 S. 104 ff.

Conference, gehalten Montags den 18. Januarii 1664 mit Herrn Dobrzenski und Herrn Canzler Jena [1]).

[Maßnahmen gegen die Türkengefahr. Schwedische Investitur. Einführung der reformierten Religion in Pommern. Verbot der Wittenbergischen Universität. Verhandlungen über das schwedisch-brandenburgische Bündnis. Jägerndorf. Blumenthal in Frankreich. Preußische Huldigung. Rheinbund.]

Herr Dobrzenski: — „Weil E. Kgl. Maj. in meinem Creditiv Erwähnung getan, daß ich Ihrentwegen I. Churfl. Durchl. gegenwärtiger Zeiten Beschaffenheit halber einige Communication zu tuen hätte, so hätten I. Churfl. Durchl. ihnen anbefohlen, dasselbe .. von mir zu vernehmen; baten, mich herauszulassen. Es hätten I. Churfl. Durchl. ihnen daneben committieret, mir zu eröffnen, was mit I. Churfl. Durchl. zu Stockholm anwesendem Abgesandten bishero passiret wäre, wovon .. Jena mir gegenwärtig Relation tuen würde.“ 28. Jan.

Ich: Versicherung, „daß E. Kgl. Maj. an allem deme, was zu gutem nachbarlichem Vertrauen und zu einem nähern Verständnüß dienen könnte, an sich nichts würden ermangeln lassen, wann nur I. Churfl. Durchl. nach der Anleitung, welche Sie E. Kgl. Maj. durch Dero Abgesandten geben lassen, sich weiter herauslassen wollten. Indessen zweifelte ich nicht, es würden sowohl I. Churfl. Durchl. als gegenwärtige Herren Geheimbde Räte von dem Herrn v. Schwerin vernommen haben, was der gegenwärtigen Türkengefahr halber ich ihme gestern.... eröffnet [2]), nämblich daß des Herrn Reichsadmirals Exc. bei dero Überkunft ins Reich E. Kgl. Maj. untertänigsten Bericht gegeben von deme, was I. Churfl. Durchl. der gegenwärtigen gefährlichen Conjuncturen und einer desfalls zu beiderseits benachbarten Landen Defension nötigen Verfassung halber vor des Herrn Reichsadmirals Abreise nach der Kron an die pommerische Regierung gelangen lassen [3]). Und gleichwie E. Kgl. Maj. ein solches nicht anders dann wohl und für ein zu verlangter näheren Verständnüß sehr diensames Mittel aufgenommen, die Werkstellung dessen auch umb so viel nötiger hielten, als die von dem Türken imminirende Gefahr leicht zunehmen und bei einer oder andern .. sich zutragenden unglücklichen Occasion sowohl E. Kgl. Maj. als Churfl. Durchl. Lande vor einem so geschwinden Feinde nicht sicher sein dörften, also hätten E. Kgl. Maj. sich durch mich erkundigen wollen, wohin I. Churfl. Durchl. Gedanken mit einer so gemeinnützigen Verfassung zieleten und wie, auch mit was force und Mitteln, der eine dem andern auf solchen Notfall Hilfe zu leisten parat sein sollte. Und wollten E. Kgl. Maj., wann Sie Sr. Churfl. Durchl. hochvernünftige Gedanken etwas näher verständiget, auch Ihres Teils solche Anstalt verfügen, welche Sie in solchem Behuf nötig zu sein mit urteilen könnten.

Canzler Jena: I. Churfl. Durchl. erinnerten sich gar wohl, was Sie bei vorgewesenem Einbruch der Türken an die pommerische Regierung geschrieben. Und weil E. Kgl. Maj. die Gefahr solcher gestalt auch erkennten, so verlangten Dieselbe zu vernehmen, was E. Kgl. Maj. desfalls für nötig befünden.

---

1) Vgl. Prot. u. Rel. Bd. 7 S. 146 ff., Urk. u. Akt. Bd. 11 S. 270 f.

2) Vgl. unten S. 696.

3) Vgl. oben S. 675 f., 683.

Ich replicirte: Weil der Vorschlag von I. Churfl. Durchl. anfänglich wäre beschehen, Ihre Länder auch der Gefahr näher lägen, dero Beschaffenheit aber den Unsrigen nicht so bekannt sein könnte, so würde wohl I. Churfl. Durchl. Sentiment fürs erste darzu erfordert.

Ille: Was mich däuchte? Ob es gnug wäre, wann ein jeder seine Festungen besetzte? I. Churfl. Durchl. ließen bei Frankfurt jenseit der Oder ein stattlich Werk legen, umb die Oder jenseit zu versichern.

Als ich aber solches nur für ein tentamen hielte, antwortete ich: Mir wären zwar die Pässe ihres Landes nicht so eigentlich bekannt; hielte doch, generalement von der Sache zu reden, es nicht für eine gnugsame Versicherung des Landes, wann die Festungen gleich besetzet wären. —

Illi fragten: Wann I. Churfl. Durchl. sich herausließen, ob ich mit Derselben zu schließen Commission hätte.

Ich: Hätte zwar von E. Kgl. Maj. so weiten Befehl nicht, weil E. Kgl. Maj. billig für nötig befunden, I. Churfl. Durchl. Gutbefinden zuforderst darüber zu vernehmen, worzu auch noch Zeit zu sein schiene. I. Churfl. Durchl. hätten auch nicht zu zweifeln, daß E. Kgl. Maj. nach eingenommenem I. Churfl. Durchl. Gutbefinden Ihrerseits alles dasselbe gerne contribuiren würden, was Sie zu einem so gemeinnützigen Defensionswerk vorträglich zu sein hielten, was von ihnen, I. Churfl. Durchl. davon untertänigst zu referiren, angenommen ward.

Und als man danächst auf des Herrn Crackauen seine Negociation kam, referirte Herr Canzler Jena: Es hätten der Herr Biörenklon und Herr Ehrenstein dem Abgesandten Crackauen bei der Conference vorgehalten,

1. daß I. Churfl. Durchl. die Investitur befordern möchten [1]). I. Churfl. Durchl. hätten darauf an ihn, Crackauen, rescribiret, daß Sie den Ihrigen zu Regenspurg Befehl gegeben, wann die Herren Schweden daselbst das Investiturwerk anbringen würden, daß sie ihnen darin assistiren sollten. Welches auch I. Churfl. Durchl. getan hätten und wären auch nochmals bereit darzu und ersuchten E. Kgl. Maj. ob Dieselbe wegen Ihres eigenen Interesse, so Sie bei der Huldigung in Hinterpommern hätte, das Investiturwerk mit zum Ende bringen wollten; auf allen Fall aber sollte sich die Huldigung daran nicht stoßen.

2. Daß I. Churfl. Durchl. die reformirte Religion in Hinterpommern einführen wollten und zu dem Ende bereits reformirte Kirchen bauen, teils auch reformirte Prediger einsetzen lassen [2]). .. Worauf I. Churf. Durchl. durch Mr. Crackauen hätten antworten lassen, wie Sie nicht begehrten zu reformiren. Daß Sie aber den Gemeinden, die darumb anhielten, nicht sollten vergönnen, auf ihre eigene Spesen ohne Abgang der lutherischen Kirchen Renten, exercitii etc. zu bauen, als worzu Sie aus dem instrumento pacis berechtiget und gehalten wären, solches könnte I. Churfl. Durchl. nicht verdacht noch verwehret werden. Und vermuteten I. Churfl. Durchl., daß E. Kgl. Maj. sich wegen der künftigen Succession, welche doch nur in spe annoch wäre, in I. Churfl. Durchl. Regierung zu immisciren nicht begehren würden.

---

[1]) Vgl. Urk. u. Akt. Bd. 9 S. 764, 766, Bd. 11 S. 213.

[2]) Vgl. oben S. 686.

3. Daß I. Churfl. Durchl. den Ihrigen die Wittenbergische Universität verboten[1]), dasselbe erstreckte sich nicht weiter als auf die, so theologiam studirten. Und hätten die Wittenberger I. Churfl. Durchl. große Ursach darzu gegeben, indeme sie in Dero ganzem Lande an die Prediger auch gedruckte Schriften herumbgeschicket und den Rintelischen Vergleich[2]) darinnen taxiret und der Prediger Bedenken darüber begehret. Hätten auch dem Osnabrüggischen Frieden zuwider ausgegeben, daß die Obrigkeit die sogenannte Calvinisten in ihrem Land nicht dulden sollte. Und weil sie solches lehreten und Ihrer Churfl. Durchl. in Ihre landesfürstl. Hoheit gegriffen hätten, so stünde Derselben nicht an, daß Sie Ihre Untertanen, welche hiernächst in Ihrem Lande zum Predigambt befodert werden sollten, zu Wittenberg studiren und daselbst in solchen ungereimbten und dem instrumento pacis zuwiderlaufenden principiis informiren ließen. Andere lutherische Universitäten zu beziehen wäre den Ihrigen nicht verboten, wie dann auch die Wittenbergische Universität den Juristen und andern freistünde. —

Und als man darnach an die von dem Abgesandten Crackauen in der Kron negociirte Alliance kam, berichtete der Herr Canzler Jena, es hätte der Herr Reichscanzler sich gegen ihren Abgesandten laut dessen vom 10. Junii nächsthin eingeschickter Relation[3]) erkläret, daß E. Kgl. Maj. geneigt wären, mit I. Churfl. Durchl. sich in eine nähere Alliance einzulassen und darinnen alle I. Churfl. Durchl. Lande, iura, acquisita und Interesse einzuschließen. Darauf hätten I. Churfl. Durchl. sich reciproquement erkläret. Weil aber E. Kgl. Maj. hernachmals bei den Conferencen die clevischen Lande, Jägerndorf und die Hoffnung der künftigen Succession zu Orange excipiren und I. Churfl. Durchl. sich solches auch gefallen lassen, so würden Dieselbe auch E. Kgl. Maj. alle Ihre iura und acquisita in der Alliance nicht guarantiren können. I. Churfl. Durchl. wären Ihrerseits auch mit Einschließung Ihrer übrigen Reichsprovincien, Preußen, Lauenburg und Bütow in statu quo nunc und wie es Derselben in denen Brombergischen pactis gegeben und anitzo (scilicet in Preußen) zur Execution gebracht worden, zufrieden und wollten dagegen alle E. Kgl. Maj. Lande, iura und acquisita, wie dieselbe in dem teutschen und Olivischen Frieden zu befinden, in die Alliance mit einschließen und guarantiren; welches, wie es mit dieser Post an Mr. Crackauen geschrieben werden sollte, also stünde mir frei, es auch zu berichten.

Und als in währender dieser Rede der Herr Canzler Jena auch lachend sagte, er könnte nicht begreifen, warumb doch E. Kgl. Maj. Jägerndorf so eben mit excipiren wollten, gab ich ihme zur Antwort, ich könnte es zwar nicht wissen, hielte aber dafür, E. Kgl. Maj. würden vielleicht es tuen, umb allzu große Weitläuftigkeit zu verhüten und umb mit I. Kaiserl. Maj. nicht zu verfallen. I. Churfl. Durchl. hätten itzo gute Gelegenheit, ohne das auch darzu zu gelangen und nicht allein zu Jägerndorf, sondern auch noch wohl zu einem oder anderm Fürstentumb in Schlesien, so Derselben vielleicht gelegen wäre. Darauf der Herr Canzler Jena

[1]) Vgl. Prot. u. Rel. Bd. 6 S. 593, 638, 752 ff., 769, 802 ff., 896 ff., 911; Landwehr, Die Kirchenpolitik Friedrich Wilhelms, des Großen Kurfürsten S. 205 ff.

[2]) Vgl. Prot. u. Rel. Bd. 6 S. 593, 803, 823 f., 859 f.

[3]) Vgl. Urk. u. Akt. Bd. 9 S. 755 f.

antwortete, er merkte wohl, daß ich Glogau meinete; aber I. Kaiserl. Maj. dürften anitzo keine Fürstentümber weggeben, Sie könnten doch wohl Leute gnug haben. Als er sich aber dabei nit weiter explicirte, sagte ich, wann I. Kaiserl. Maj. jemals Hülfe von nöten gehabt hätten, so wäre nun ja die Zeit. Ille: Nein, I. Kaiserl. Maj. bedürften das nicht. Diese Antwort und Geberden machten mich fast mutmaßen, daß dergleichen etwas mit dem Isola unter Handen sein mag[1]).

Hiernächst redten die beide Herren deputirte Geheimbde Räte fast wie unter sich von dem quanto, wie weit einer den andern in der Alliance zu assistiren obligiret sein sollte. Sagten darauf zu mir, in Schweden sei etwas wegen den Labiauischen Pacten, welche jeden Teil zu 2500 zu Fuß und 1500 Pferden verbünden, gedacht worden[2]), selbigen pactis aber, als welche nicht mehr in der Welt wären, könnte nicht nachgegangen werden. I. Churfl. Durchl. könnten auch mit E. Kgl. Maj. eine solche Gleichheit nicht wohl halten; worüber dieselbe E. Kgl. Maj. Gedanken vernehmen wollten. Und als sie mich darauf fragten, ob ich von E. Kgl. Maj. zu dieser Sache instruiret und mit ihnen zu handeln und zu schließen befehliget wäre, gab ich zur Antwort, E. Kgl. Maj. hätten mir zwar einige Ouverture davon gegeben, umb bei denen Vorkommenheiten allhier das Werk zu facilitiren. Daß aber E. Kgl. Maj. sollten anitzo jemanden anhero schicken und die Sache, welche in der Kron durch I. Churfl. Durchl. anfänglich incaminiret und bishero negociiret worden, allhier abhandeln lassen, solches würde ja nicht förmlich sein oder von E. Kgl. Maj. vermutet werden können. Es wäre auch meine habende Information etwas different von ihrer obigen Relation. Dann ich wüßte nicht anders, als daß I. Churfl. Durchl. E. Kgl. Maj. zu der Alliance Anleitung gegeben und den Anfang gemachet hätten.

Illi: I. Churfl. Durchl. Schreiben wäre nur in terminis generalibus gewest; wollten mirs communiciren. Als aber des Herrn Reichscanzlers Exc. oberwähnter maßen sich gegen den v. Crackau herausgelassen, so hättens I. Churfl. Durchl. auch beliebet. Nachdeme auch E. Kgl. Maj. hernach die clevische Lande, Jägerndorf und die Hoffnung zu Orange berührter maßen excipiren[3]), so wollten I. Churfl. Durchl. sichs gleicher Gestalt erwähnter maßen gefallen lassen. Sagten dabei wie scherzende: Die Herren Schweden hätten bishero nur so gedruckt, umb zuvor abzusehen, wie ihre, der Brandenburgischen Tractaten in Frankreich abgehen würden. Sie zweifelten aber nicht, nachdeme Crackau nun oberwähnter maßen zugeschrieben und instruiret würde, man würde nun so lange nicht mehr machen, umb auf der (so) Sache zu kommen.

Und als ich daher Occasion nahm zu fragen, was der Herr Blumenthal zu Frankreich negociirte und wie er darinnen reussirte, gaben sie zur Antwort: I. Maj. von Frankreich wollten I. Churfl. Durchl. alle ihre iura und acquisita, in Preußen auch die Souverainität, guarantiren, auch Derselben wegen Elbingen[4]) alle gute officia prästiren.

[1]) Vgl. Urk. u. Akt. Bd. 11 S. 216, 220 ff., 265 ff., Bd. 14 S. 186 ff.

[2]) Vgl. Urk. u. Akt. Bd. 9 S. 765.

[3]) Desgl. S. 766 ff.

[4]) Vgl. oben S. 682.

Als ich auch hier Gelegenheit bekam zu fragen, welcher gestalt I. Churfl. Durchl. die Souverainität wäre abgetreten, und ob die polnische commissiarii von dem König oder von der Republique wären darzu geschickt gewest, gaben sie einhellig und mit voller Stimm zur Antwort: Die Commissarien wären vom König und von der Republique darzu deputirt gewest und alles nach dem Brombergischen Vergleich dergestalt vollzogen, daß nichts restirete. I. Churfl. Durchl. hätten zwar zu Anfang Difficultäten daselbst gefunden, aber zuletzt eine solche Affection gehabt[1]), daß, wann I. Churfl. Durchl. den Leuten einigen Wink geben wollen, die Stände den polnischen Commissarien wohl nicht würden den Eventualeid abgeleget haben. —

Und als man darauf auch zu den itzigen Reichsaffairen divertirte und ich fragte, warumb doch I. Churfl. Durchl. sich in die Rheinische Alliance zu begeben Bedenken trügen, gaben sie einstimmig zur Antwort, daß I. Churfl. Durchl. in die Alliance zu treten kein Bedenken hätten; Sie könnten sich aber zu deme, was Ihrem Interesse darin zuwider gesetzet, sich selbsten zum Präjudiz, nicht verbindlich machen. Wann das aus dem Wege getan wäre, so hätten I. Churfl. Durchl. kein Bedenken. Ich: Was dann das wäre? Antwort: Wann die Kron Schweden wegen Pommern in Streit verfallen sollte, so würden I. Churfl. Durchl. alsdann gegen Ihr eigenes Interesse agiren müssen; im übrigen hätten Sie kein Bedenken."

Die Unterredung wird dann durch das Mittagessen unterbrochen. Als W. nach Tisch wieder auf die Allianzfrage zu sprechen kommt, „ließ der Herr Canzler Jena sich vernehmen, daß I. Churfl. Durchl. willens gewest wären, den Herrn Dobrzinsky nach Schweden zu schicken. Als sich aber das Werk daselbst so langsam angelassen, daß I. Churfl. Durchl. den schlechten Fortgang verspüret, hätten Sie es noch anstehen lassen. Worauf sie ihren Abschied nahmen."

P. v. Würtz an die Vormundschaftsregierung. D. Cöln an der Spree 19. Januar 1664.

[Antrittsaudienz. Allgemeine Besprechungen mit Dobrzenski, Hoverbeck und Schwerin.]

W. ist am 15./25. Januar in Berlin eingetroffen und hat tags darauf durch den Hofmarschall v. Berlepsch sein Kreditiv überreichen und um Audienz anhalten, auch bei der Kurfürstin durch Schwerin um Audienz bitten lassen. Diese hat sich wegen Unpäßlichkeit entschuldigt. Zur Audienz ist er um 11 Uhr durch Schwerins Stiefsohn Baron Truchseß mit großem Gefolge abgeholt worden. Der Kurf. hat ihn sehr freundlich empfangen. Auf seine instruktionsmäßig abgelegten Kurialien hat er gedankt. „Erboten sich hinwieder zu aller guten nachbarlichen Correspondenz und vertraulichen Vernehmen, und daß Sie wegen dessen, so Ihr bei E. Kgl. Maj. anwesender Abgesandter negociiret, mir durch jemanden Ihrer Räte communiciren und mit mir weiter reden lassen wollten. Die Anleitung aber, so Deroselben Abgesandter E. Kgl. Maj. gegeben, und darauf ich von E. Kgl. 29. Jan.

[1]) Vgl. Theatrum Europaeum Bd. 9 S. 985.

Maj. gnädigst anbefohlener maßen in meiner in E. Kgl. Maj. Namen getanen Contestation mich bezogen hatte, berührten oder beantworteten I. Churfl. Durchl. nicht. Doch konnte ich nicht wohl urteilen, ob es studio unterlassen worden oder nicht, weil Sie so indifferenter sich auf die fernere Communication Ihrer Räte bezogen. — Redeten danächst von der Türkengefahr, welche Sie sehr groß machten, dergleichen ich auch täte." — Würtz ist zur Tafel gebeten worden. „Unter währender Mahlzeit ward unterschiedlich, als von dem Türkenkrieg, französischen und päpstlichen Differentien, aber fast alles indifferenter geredet, nur daß der Türkenkrieg und dessen Gefahr seiner Bewandtnüß nach allerseits sehr exaggeriret. Und als dabei auch von dem schlechten succes zu Regenspurg und von der schlechten Anstalt geredet ward, erwähnten I. Churfl. Durchl., daß Sie deswegen bei Ihrer Anwesenheit zu Torgau mit dem Churfürsten zu Sachsen zu Versicherung Ihrer Grenzen Abrede genommen hätten [1]). —

Selbigen Nachmittag besuchte mich der Herr Dobrzinsky, contestirte anfänglich seine sonderbare Affection zu mir und zu dieser Seiten und danächst beim discours I. Churfl. Durchl. sonderbare Genegenheit gegen E. Kgl. Maj. Und als man dabei auf des Abgesandten Crackauen Negociation kam, und ich ihn dabei auf seine Reise nach Schweden brachte, sagte er, S. Churfl. Durchl. hätten ihn lassen aus Preußen kommen, umb ihn an E. Kgl. Maj. zu schicken. Er wäre aber mit seiner gar zu gewöhnlichen Krankheit (auf das Podraga deutende) befallen, welches ihn also arrestiret hätte, und wäre die Jahreszeit anitzo so flüssig und schlimm, daß sie einen gesunden Menschen erforderte. Sonsten vermerkte ich aus seinen discoursen auch so viel, als wann I. Churfl. Durchl. zu Torgau mit Chursachsen wegen einiger Verfassung der Türken Einfalls halber Abrede genommen hätten."

Am 17./27. war Hoverbeck bei ihm zu Tisch, politische Gespräche wurden nicht geführt. „Aufm Nachmittag besuchte mich der Herr v. Schwerin und begunte nach geschehenen Contestationen von dem gegenwärtigen Zustand des Römischen Reichs und dessen Gefahr zu reden. Und wie man im discours hinc inde so weit avanciret war, hielte ich für ratsamb, ihme, als vornehmbsten Ministre d'Estat, von deme, was E. Kgl. Maj. mir wegen der von S. Churfl. Durchl. durch Dero Schreiben an die pommerische Regierung veranlasseten gemeinnützigen Verfassung gnädigst anbefohlen [2]), ouverture zu geben. Welches er mit großen Gegencontestationen aufnahm, sich aber zu nichts Speciales herausließe. Discourrirte danächst von der reformirten Kirche, welche zu Kolberg für die reformirte Gemeinde auf eigene Spesen erbauet worden, umb ihr exercitium religionis, welches sie sonst in einem Hause gehabt, zu continuiren [3]). Beklagte sich dabei, daß I. Churfl. Durchl. von einigen widerwärtigen theologis zu viel geschähe, indeme Sie hin und wieder traduciret würden, als wann Sie einige Reformation in der Religion in Ihrem Lande angerichtet hätten; so sich aber nicht befünde. Welches bei E. Kgl.

1) Vgl. Urk. u. Akt. Bd. 11 S. 262 ff.

2) Vgl. oben S. 683.

3) Vgl. oben S. 686.

Maj. auch dergestalt angebracht sein sollte. Daß Sie sonsten Ihren Untertanen, welche theologiam studirten, die Wittenbergische Universität verbieten lassen [1]), darzu hätten selbige theologi I. Churfl. Durchl. Ursache gegeben.

Wie man danächst auf den discours von der Reichsverfassung und von der Wahlcapitulation [2]) kam, vermeinte der Herr Schwerin, man täte zu Regenspurg gar übel, daß man sich mit dem unnötigen Disputiren so lang aufhielte. Man würde ja besser tun, wann man zu der Verfassung wider den Türken schritte [3]), die andere Dinge könnten besser Zeit leiden." —

W. übersendet in der Anlage das Protokoll über die tags zuvor abgehaltene Konferenz mit Dobrzensky und Jena. Am 19./29. hat er eine neue Konferenz mit diesen gehabt, deren Protokoll er dem nächsten Bericht beifügen werde. —

Andere Conferenz, gehalten mit Herrn Dobrzinsky und Herrn Canzler Jena den 19. Januar 1664.

[Türkenhilfe. Verhandlungen des Regensburger Reichstags, namentlich über die Wahlkapitulation. Garantie des Olivaer Friedens durch Frankreich.]

Herr Canzler Jena: I. Churfl. Durchl. hätten ihnen gnädigst anbefohlen, mir zu eröffnen, welcher gestalt Sie bei Ihrer jüngsten Anwesenheit zu Torgau sich mit I. Churfl. Durchl. zu Sachsen wegen der itzigen Türkengefahr beredet und dahin geschlossen hätten, daß ein jeder 4000 Mann, bestehend in 1000 zu Pferde und 3000 zu Fuß außer der Reichs- und Kreisverfassung .. halten sollte; und stelleten I. Churfl. Durchl. zu E. Kgl. Maj. Gefallen, Ihre Gedanken darüber zu eröffnen, ob Sie auch dergleichen tun wollten, und daß man etwa Braunschweig, Meckelnburg, Hessen oder andere mehr Fürsten aus den beiden Ober- und Niedersächsischen Kreisen darzu ziehen täte, um ein corpus von ein $\frac{m}{20}$ oder $\frac{m}{25}$ Mann daraus zu formiren, die Reichs- und Kreishülfe .. ungerechnet [4]). Welches I. Churfl. Durchl. umb so viel ratsamer hielten, als der Herr Reichsadmiral gegen .. Crockauen gedacht hätte, daß es wohl ratsamb sein möchte, daß man dergleichen absonderliches corpo formirte, auch etliche tausend Polen dazu zöge, à part agirte und dem Feind etwa gegen Siebenbürgen oder gegen die Wallachei eine Diversion machte [5]). 29. Jan.

Und als sie mich zugleich dabei fragten, ob ich instruiret wäre, mich darauf einzulassen und etwas zu schließen, gab ich ihnen zur Antwort, daß, gleichwie E. Kgl. Maj. hievon keinen Bericht gehabt, also hätten Sie mir auch keine Instruction daruf geben können; ich wollte es aber .. referiren und zweifelte nicht, E. Kgl. Maj. wegen Ihres Gutfindens sich hiernächst erklären würden. Und als ich mich

---

1) Vgl. oben S. 693.
2) Vgl. Urk. u. Akt. Bd. 11 S. 195 ff.
3) Desgl. S. 201 ff., 209 ff.
4) Vgl. Urk. u. Akt. Bd. 11 S. 262 ff.
5) Vgl. Urk. u. Akt. Bd. 9 S. 760, Bd. 11 S. 317 f.

über diesen ihren Vorschlag, wegen der Diversion mit ihnen zu discourriren einließ, wie die Kron Polen, als welche ohne das sehr abgemattet wäre und mit dem Moscowiter noch zu tun hätte, bei diesen Conjuncturen, da ihnen der Türke mit einer so großen Macht an der Seiten stünde, gedenken würde: Noli irritare crabiones, und sich schwerlich dazu verstehen, illi: Das considerirten sie selber wohl, man verstünde auch nur etliche particuliers, umb dadurch etwa ein $\frac{m}{10}$ Polen aufzubringen. Ich: Die Wallachei wäre sehr weit entlegen und würde es wegen des Durchzugs mit der Kron Polen eben die vorige Difficultät haben. Illi: Man dörfte ja nicht eben durch die Kron Polen; man könnte ja wohl etwa aus der Schlesien sehen, wie man gegen Ungarn und so durchkäme; man müßte sehen, nach Gelegenheit der Conjuncturen, wie man es möchte. Man müßte gleichwohl mit den Völkern, wann man sie hätte, etwas tuen; sie ocios im Lande zu halten, würde beschwerlich sein. I. Churfl. Durchl. hätten die Ausrechnung schon machen lassen, daß Derselben an Ihrem Ort diese particulier Verfassung sambt der Reichs- und Kreishülfe monatlich $\frac{m}{50}$ Rthlr. würde zu stehen kommen.

Danächst communicirte mir .. Jena beigeschlossenes gedrucktes Edict wegen der Wittenbergischen Universität, davon in der vorigen Conference war gedacht worden; daraus zu ersehen wäre, wie moderat I. Churfl. Durchl. darin gegangen, nachdemaln aus denen darin angeführten Ursachen gnugsamb zu ersehen wäre, daß I. Churfl. Durchl. darzu genötigt worden. Producirte und verlase dabei I. Churfl. Durchl. zu Sachsen Antwortschreiben an I. Churfl. Durchl. zu Brandenburg, dessen Inhalt dahin ginge, daß Sie Dero Mißfallen über Ihrer Wittenbergischen Theologen Vorhaben contestirten; und ob Sie zwar lieber gesehen hätten, daß I. Churfl. Durchl. zu Brandenburg vor Ausgebung des Edicts mehr mit Ihr aus der Sache communiciret hätten, so hätten Sie doch an Ihre Wittenbergische theologos solchen Befehlch ergeben lassen, daß sie inskünftige sich in ihren Grenzen halten würden.

Darnach lase .. Jena die Copey von I. Churfl. Durchl. dem Abgesandten Crackauen mitgegebenen Creditiv, datirt Königsberg den 21. October 1662 [1]), umb daraus zu beweisen, daß sie in der vorigen Conference zu mir gesagt, I. Churfl. Durchl. Anerbieten gegen E. Kgl. Maj. wäre nur in generalibus bestanden. Worauf er sagte, es hätte der Herr Reichscanzler wegen einer solchen Universalguarantie, als in der vorigen Conference gedacht worden, sich gegen Herrn Crackowen herausgelassen, so I. Churfl. Durchl. auch angenehm gewesen. Nachdem man aber von Seiten E. Kgl. Maj. die clevische Lande, Jägerndorf und die Anwartung von Orange excipiret hätte [2]), wären I. Churfl. Durchl. auch zufrieden, und zudeme wäre Herkommens, daß der Vornehmbste allezeit das Project ausgebe, welches man mit nächstem erwartete, und würden E. Kgl. Maj. es contra dignitatem halten, wann es I. Churfl. Durchl. tuen sollten.

---

[1]) Vgl. Urk. u. Akt. Bd. 9 S. 742 ff.

[2]) Desgl. S. 763.

Und als ich daruf geantwortet hatte, daß gleichwohl derjenige, welcher eine Sache in Vorschlag brächte und dem andern zuerst proponirte, auch ja gehalten wäre, seine Gedanken, wie er sein Anbringen verstanden haben wollte, zuerst zu eröffnen, taten sie darauf weiter nichts antworten, sondern .. Jena sagte, I. Churfl. Durchl. ließen E. Kgl. Maj. auch ersuchen, Sie möchten den Ihrigen zu Regenspurg anbefehlen, daß sie das Defensionswerk fleißig treiben und es durch die andere puncta nicht aufhalten lassen möchten.

Ich: E. Kgl. Maj. hätten mir auch gnädigst committiret, I. Churfl. Durchl. bei Vorkommenheit zu ersuchen, an Ihren wohlvermögenden Ort dahin cooperiren zu helfen, daß die innerliche Vereinigung des Reichs .. beschleuniget würde, dann wann selbige beschaffet, es so viel leichter sein würde, nicht allein dem Erbfeinde sondern auch einem jeden, der das Reich zu beunruhigen sich unterstünde, mit einer allgemeinen Verfassung entgegen zu gehen, daß derhalben solch gemeinnütziges Werk nicht aus der Acht gelassen, sontern mit Fleiß beobachtet werden möchte, weil auch ja I. Churfl. Durchl. Ihre eigene Sicherheit mit dabei befünden.

Illi: I. Churfl. Durchl. begehrten den Ständen das Ihrige nicht zu entziehen, sondern gönneten einem jeden das Seinige. Hätten auch dergestalt Ihr sentiment von sich gegeben, daß rex Galliae Ihr Votum gerühmet hätte [1]). Es würde auch unter anderm disputiret, ob die Churfürsten mit dem Kaiser neue Zölle anzulegen bemächtiget sein sollten. I. Churfl. Durchl. hätten sich gegen Churmainz erkläret, man möchte lieber einen legem machen, weil bereits so viele Zölle im römischen Reich wären, daß die commercia dadurch verhindert worden, daß kein Zoll mehr angeleget werden sollte. So wäre diese quaestio schon gehoben [2]). Item man wollte haben, daß alle Stände darzu gezogen werden sollten, wann ein römischer König zu erwählen; ob es dem Reich verträglich wäre oder nicht? I. Churfl. Durchl. wären zufrieden, daß man nie keinen römischen König wählete vivente imperatore. So hätte es mit dieser Quaestion auch seine Richtigkeit.

Ich: In der itzund zu Regenspurg unter den Ständen vorseinden Streitigkeit über der Wahlcapitulation [3]) wären Stände gleichwohl fundiret; und wäre dem instrumento pacis allerdings gemäß, daß eine gewisse und beständige Wahlcapitulation aufgerichtet werden sollte. Jena: Sie trieben sich damit zu Regenspurg und redeten immer de perpetua capitulatione, da doch in dem instrumento pacis von keiner perpetua nicht gedacht würde. Er wollte wetten, daß wohl einige darunter wären, welche nicht wüßten, was sie prätendirten oder wie sie es haben wollten. Ich: Warumb man es im instrumento pacis, welches lex imperii geworden, gesetzet hätte? Es wäre an diesem Orte und in diesem passu zwischen perpetua et constans ein geringer Unterschied [4]) oder gar kein Unterscheid. Es wäre in sensu ein Ding,

---

[1]) Desgl. S. 659.

[2]) Desgl. Bd. 6 S. 160, Bd. 11 S. 162, 173 f., 198.

[3]) Desgl. Bd. 6 S. 160, 375 f., 388 f., 400 ff., Bd. 11 S. 153, 155 f., 161 f., 192, 194 ff., 200 ff.

[4]) Im Westfälischen Friedensvertrag heißt es, der Reichstag solle beschließen de electione Romanorum regum, certa constantique Caesarea capitulatione concipienda, vgl. Urk. u. Akt. Bd. 6 S. 140.

und weil es in dem Westphälischen Frieden von allen Ständen beliebet und einhellig dahin verglichen worden, so könnte man churfl. Seiten sich dessen auch ja mit keiner Billigkeit entbrechen. Ille: Er wollte für sich gesagt haben, es kämen viele Krankheiten in republica vor, welche nicht anderst als auf solche Weise curiret werden könnten. Die Churfürsten aber hätten dieses Recht von alle Wege her gehabt und wollte denselben nur anitzo das Werk so schwer gemacht werden; es wären nur die Evangelische und darunter der einige catholische Pfalz Neuburg. Ich: Es würde respublica wegen ihrer vielfältigen Zufälle nicht unbillig einem menschlichen Leibe verglichen, welcher durch Veränderungen der Zeiten und succedirender, mit den vorigen sich nicht allerdings conformirender Gemüter allerhand Zufällen unterworfen wäre, welche Chur und Remedirung erforderten. Was er nun darunter von dem langen Gebrauch der Churfürsten bei der Wahl geredet hätte, möchte auch eine solche nach und nach eingeschlichene Krankheit sein, welche in dem instrumento pacis abgetan worden. Wann man nun das remedium wieder entziehen wollte, so würde ja eine Recidive zu befahren sein. Dann das vornehmbste vinculum reipublicae wäre die Vereinigung, welche vornehmblich darin bestünde, daß ein jeder lebte secundum leges et iustitiam; illís sublatis vel non observatis, wo nicht respublica in totum corruirte, so könnte man sich doch so lange der gebührenden Mittel contra invasores nicht bedienen. Illi: Die Zeit wäre nun zu kurz, man hätte sich damit nicht aufzuhalten, es würde ja darunter nichts versäumet. Man sollte nunmehr das Pressanteste, die Verfassung wider den Türken, vornehmen; dem andern könnte doch mit der Zeit geholfen werden. Ich: Man hätte schon so lange Zeit zu Regenspurg zugebracht, daß, wann man Lust darzu gehabt hätte, Zeit übrig gewesen wäre. Jena: Es wäre auch nit möglich, eine beständige Capitulation zu machen, er wollte den gerne sehen, der eine beständige Capitulation machen könnte, es wäre dann, daß man sie so einrichtete, als wann man stets einen Kaiser vom Haus Östreich behalten wollte. Dann wollten sie Leopoldinam zum Fundament nehmen, von welcher jedermann bekennen müßte, daß selbige die beste wäre von allen denen, so noch herausgekommen. So wären viele Dinge darin enthalten, die respectu des Hauses Östreich hätten hineingerücket werden müssen, so sich bei andern subiectis nicht schicken würden.

Und als ich sahe, daß von dieser Materi wenig mehr auszurichten war, kamen wir auf des Herrn Blumenthals Verrichtung in Frankreich. Da ich dann nochmals fragte, wieweit I. Kgl. Maj. in Frankreich I. Churfl. Durchl. nebst der Souverainität in Preußen Ihre iura guarantiren wollten [1]). Woruf sie antworteten, das wäre allein uf die Souverainität und die preußische iura, darunter auch Lauenburg und Bütow mit begriffen, zu verstehen, wobei höchgedachter König sich anerboten, für I. Churfl. Durchl. wegen Elbingen, als worauf Derselben $\frac{m}{400}$ Rthrl. verschrieben [2]), als auch wegen der Starostei Draheim, woruf $\frac{m}{120}$ Rthlr. hafteten [3]),

[1]) Vgl. oben S. 694.

[2]) Vgl. v. Moerner S. 226.

[3]) Vgl. v. Moerner S. 227.

sich zu interponiren und alle gute officia zu prästiren. Es würde deswegen keine Difficultät haben; I. Churfl. Durchl. dörften wegen Elbingen eben so sehr nicht eilen; Draheim könnten Sie ja wohl nehmen, wann Sie wollten, es hätte aber so groß Eilen nicht.

Woruf sie aufstunden und Abschied nahmen [1]).

Dritte Conference gehalten mit Herrn Canzler Jena den 25. Januar 1664.

[Geneigtheit des Kurf. zum Bündnis mitSchweden, dessen Hauptzweck nach Jenas Erklärung nicht die Garantie Preußens ist. Erfurt. Werbungen. Schwedische Investitur.]

Jena contestirte I. Churfl. Durchl. wegen, wie Sie es mit dem Alliance- 4. Febr. wesen recht ehrlich und aufrichtig meineten. Und damit man daran so viel weniger zweifeln möchte, so hätten I. Churfl. Durchl. ihme befohlen, mir zu communiciren, welcher Gestalt Sie Ihren Abgeordneten Crackauen dieser Alliance wegen beordert hätten, item was Sie I. Kgl. Maj. in Frankreich für monita wegen der Rheinischen Alliance erinnern lassen, und daß ich es nach Gutbefinden an E. Kgl. Maj. überschicken möchte [2]), .. woraus I. Churfl. Durchl. verhofften, E. Kgl. Maj. Ihre aufrichtige Intention wegen der Alliance gnugsamb verspüren würden, wie auch, daß I. Churfl. Durchl. keine Difficultät machten, sich in die Rheinische Alliance zu begeben, nur daß dasjenige, was bei vorigen Zeiten wegen Pommern darin gedacht, und einige andere sonst nicht groß anlaufende Dinge, so sich auf diese Zeit nicht schickten, geändert und auf die gegenwärtige Zeit accomodiret würden. Auch möchten I. Churfl. Durchl. wünschen, daß E. Kgl. Maj. hätten Belieben tragen wollen, Ihrerseits jemanden hier außen das Werk zur Abhandelung zu committiren, umb so viel geschwinder daraus zu kommen.

Worauf ich mich für die Communication bedankte, mit Vermelden, daß mir sehr lieb wäre, daß I. Churfl. Durchl. sich specialius herauslassen wollen. Wollte E. Kgl. Maj. davon .. referiren und zweifelte nicht, Dieselbe sich solcher gestalt darauf hinwieder erklären würden, daß man an Deroselben guten Intention und Geneigenheit, sich mit I. Churfl. Durchl. in eine nähere, beständige Freundschaft einzulassen, nichts zu desideriren haben würde. Daß aber E. Kgl. Maj., das Werk hier außen abzumachen, jemanden hätten committiren sollen, solches, weil es in der Kron angefangen, würde sichs auch am besten schicken, daselbsten auszumachen. Zudeme hätten E. Kgl. Maj. hier außen die Leute so nicht zur Hand darzu.

Er: Ja, was das erste wäre, solches hätte wohl seine Wege; was das andere betreffe, so hätte es doch uf Ratifikation bestanden. Ich: Es wäre besser, das

---

[1]) Vgl. zu diesem Protokoll Prot. u. Rel. Bd. 7 S. 146 ff.

[2]) Beilagen: 1. Erlaß an Krockow vom 23. Januar / 2. Februar 1664, Urk. u. Akt Bd. 9 S. 771 f., 2. „Erinnerungen, so S. Churfl. Durchl. bei der Rheinischen Alliance beobachtet wissen wollen", Urk. u. Akt. Bd. 11 S. 443 f.

Werk von Anfang recht abzumachen, als daß es bei der Ratification noch neue Difficultät haben sollte.

Und als wir daraus auf des Herrn v. Blumenthals Verrichtung in Frankreich kamen und er abermal erwähnete, I. Kgl. Maj. von Frankreich wollten S. Churfl. Durchl. nicht allein die Souverainität in Preußen sondern auch alle Deroselben iura acquisita daselbst, wie auch Lauenburg und Bütow contra quemcumque guarantiren und wegen Elbingen bei der Kron Polen alle gute officia prästiren, I. Churfl. Durchl. könnten auch wegen Elbingen wohl warten, es würde Ihr dasjenige, was Sie desfalls zu prätendiren hätten, nicht entstehen, Sie hätten nicht zu eilen, wegen der übrigen $\frac{m}{120}$ Rthlr. könnten Sie Drahem haben, wann Sie wollten, und als ich aus dieser Rede Gelegenheit nahm, zu sagen: Wann ich der Herren ihr Wesen mit Polen und ihre desfalls in Frankreich habende Negociation angeführter Maßen ansehe, so kombt mirs fast vor, als wann es von ihnen bei I. Kgl. Maj. auch nur zu Versicherung des preußischen Wesens meist angesehen wäre, und wann solches wäre, so wäre ich der Meinung, daß man da nicht viel ambages machte und seine Meinung nur recht heraussagte, so könnten E. Kgl. Maj. soviel ehe daraus und man beiderseits so viel leichter zum Ende kommen, gab er darauf zur Antwort, es wäre ihnen darumb und wegen einiger Gefahr, so ihnen wegen Preußen zustünde, nicht zu tuen, sie wären Preußen gnugsamb versichert; die Brombergische pacta wären von dem König und denen nomine reipublicae der Zeit anwesenden Senatoren beschworen, hernacher auf dem Reichstage confirmiret worden; und daß die commissarii, welche die Stände des vorigen Eides an die Kron Polen erlassen hätten, ebensowohl von dem König und der Republique darzu verordnet gewesen, welches nicht einmal wäre von Nöten gewest, sondern nur allein der Stände halben geschehen wäre. I. Churfl. Durchl. hätten zwar anfänglich wegen der Stadt Königsberg einige Difficultät gehabt, welche aber, als man das Werk nur recht angegriffen, bald auf die Seite getan worden, also daß I. Churfl. Durchl. mit sehr großer Affection der sämbtlichen Stände von dannen gereiset wären.

Und als ich wegen der Alliirten, welche uf churfl. Seiten mit einzuschließen sein möchten, fragte, antwortete er, es möchten etwa sein der Kaiser, Polen, die von der Rheinischen Alliance würden wohl mit darzu kommen, und wer wie sonsten gewöhnlich mit darin begriffen sein sollte.

Worüber noch ein und andere Discourse, auch wegen des Erfurtischen Wesens [1]), vorliefen. Wobei er auf mein Fragen, wie sich Chursachsen dabei verhielte, erwähnete, Chursachsen nehme sich des Werkes wenig an, achtete es nit sehr. ... Es würde .. nit gut sein, wann sich die Catholische des Orts weiter einnisten sollten. Sagte sonsten bei fernerem Discours, daß I. Churfl. Durchl. hätten auf den 2. Martii in Ihren Landen Landtäge ausgeschrieben, umb sich in die mit Chursachsen abgeredete Verfassung [2]) zu stellen, und wollten sechs

[1]) Vgl. Urk. u. Akt. Bd. 11 S. 351 ff.

[2]) Vgl. Urk. u. Akt. Bd. 11 S. 263 ff.

Regimenter werben lassen[1]). Sie könnten Reuter gnug haben. Die Generalmajors zu Pferde hätten I. Churfl. Durchl. versichert, daß sie innerhalb 10 Wochen $\frac{m}{10}$ Reuter, so gut, als die zuletzt abgedankt worden, verschaffen wollten, wann I. Churfl. Durchl. begehrten.

Wegen der Investitur, sagte er, würden I. Churfl. Durchl. allen Fleiß anwenden, und wann der Kaiser gleich nit wollte, sollte sich die Huldigung doch daran nit stoßen, wie sie mir jüngst gesagt hätten[2]).

Dieses war das Vornehmste, so diesmal mit .. Jena passirete.

P. v. Würtz an die Vormundschaftsregierung. D. Cölln an der Spree 26. Januar 1664.

[Unterredungen mit Lisola, Ucedo, Dobrzenski und Anhalt, namentlich über Maßregeln zur Abwehr der Türken. Audienz beim Kurf. Wachsende Geneigtheit zur Allianz mit Schweden wegen der schwedischen Gesandtschaften nach Frankreich und Polen.]

Seit der 2. Konferenz mit Jena und Dobrzenski am 19./29. Januar „habe 5. Febr.
ich sowohl die kaiserliche und spanische[3]) als die hiesige ministros wieder besuchet. Bei jenen fiel außer denen gewöhnlichen Contestationen nichts sonderliches vor, weil sie sich zu nichts herauslassen wollten, als daß sie zwar von dem Türkenkriege discourrirten, und wie I. Kaiserl. Maj. zu Regenspurg noch so wenig verrichtet hätten, auch daß es mit den Ständen so garnicht fort wollte, da man doch die gewisse Nachricht hätte, mit was für einer großen Macht der Türke selber wider die Christenheit herauszukommen im Werk begriffen wäre. Und als es daneben bei dem Lisola von den kaiserlichen Regimentern zu reden Gelegenheit gab, vermeinte er, daß der Kaiser sowohl aus den alten Regimentern als denen dieses Jahr in Böhmen, Schlesien, Mähren und Östreich gerichteten neuen außer den Guarnisonen ein corpus von $\frac{m}{40}$ oder $\frac{m}{45}$ Mann würde zusammenbringen können[4]), und wann nun das Triplum der Reichshülfe[5]) sambt der Rheinischen Alliance darzu käme, so könnte man zwar eine ziembliche starke Armee zu Wege bringen, welche aber gegen einen so mächtigen Feind schwerlich bestehen könnte".

Der an Podagra erkrankte Dobrzenski „sagte abermal, I. Churfl. Durchl. hätten ihn so schleunig auf der Post aus Preußen kommen lassen, umb ihn nacher Schweden zu verschicken. Er wäre aber zu Cüstrin mit dem Podagra befallen, welches ihn an der Reise verhindert und anitzo wieder darnieder geleget hätte. Wobei er Sr. Churfl. Durchl. aufrichtige Intention in dem Allianznegotio gar

---

[1]) Prot. u. Rel. Bd. 7 S. 165 ff., Urk. u. Akt. Bd. 5 S. 990 ff., Bd. 10 S. 383.

[2]) Vgl. Urk. u. Akt. Bd. 11 S. 213 und 215.

[3]) Lisola und Sebastian Ucedo.

[4]) Vgl. Urk. u. Akt. Bd. 11 S. 317.

[5]) Desgl. S. 216.

hoch contestirte und bei der preußischen Souverainität fast eidlich beteuerte, daß I. Churfl. Durchl. deswegen keine Gefahr hätten und Sie derselben sowohl von der Kron als dem König in Polen gnugsamb versichert wären“.

Anhalt erwähnte, Krockow habe berichtet, „was der Herr Reichsadmiral mit demselben wegen Zusammensetzung einiger benachbarten Völker und Zuziehung etlicher tausend Polacken geredet hätte. So hätten nun I. Churfl. Durchl. mit Chursachsen sich neulich zu Torgau deswegen besprochen und wären willens, jeder ein $\frac{m}{4}$ Mann zu richten und einige von denen andern benachbarten Fürsten als Hessen, Braunschweig etc. darzu zu ziehen. Und daß es I. Churfl. Durchl. sehr lieb sein würde, wann E. Kgl. Maj. darin mit anstehen wollten, damit man etwa ein corpus von ein $\frac{m}{20}$ oder $\frac{m}{25}$ Mann zusammenbringen und sich dessen nach Gelegenheit der Türkengefahr bedienen könnte. Ich antwortete, I. Churfl. Durchl. hätten mir dieser Tagen auch einige Nachricht davon geben lassen, allein möchte ich gerne wissen, was für andere Stände Sie mit darzu zu ziehen gemeinet wären. I. Fürstl. Gn. antworteten, etwa Braunschweig, Hessen und welche sich sonsten darzu begeben wollten. Und als ich sagte: Auch vielleicht Holstein?, antworteten I. Fürstl. Gn., Sie hieltens nicht dafür; Holstein liege etwas weit ab, man würde dessen vielleicht nicht bedürfen. Und als ich weiter fragte, wie weit Braunschweig und Hessen sich dann darzu resolviret hätten, gaben I. Fürstl. Gn. zur Antwort, es wäre diesfalls denselben noch nichts angemutet“. —

Zweimal ist er beim Churf. gewesen „und zwar das letzte Mal, als vorgestern, bei fünf Stunden lang. Und haben mich beide Mal .. bei sich zur Tafel behalten. Discourrirten von allerhand Materien, nämblich wegen der Verfassung mit Chursachsen, aber allermaßen nur, wie zuvor davon erwähnet, wegen Erfurt desgleichen, fast wie der Herr Canzler Jena gestern täte; item wegen Polen; vermeinten, das Werk wegen der Wahl hätte auf der Königin Seiten dahero so große Difficultät genommen, daß man die polnische Humeurn nicht allerdings wohl judiciret und sich mit dem Werk übereilet hätte. Und als auch wegen Herzog Christians von Meckelburg seiner Tractaten mit Frankreich gedacht ward[1]), sagten I. Churfl. Durchl., Sie hätten vernommen, als wann der Herzog sein Anteil an Frankreich überlassen wollte. Und fragten dabei, wie solches, wann es geschehen sollte, der Kron Schweden gefallen würde. — Bei dem ungarischen Wesen sagten I. Churfl. Durchl. auch, Lisola hätte Sie berichtet, daß I. Kaiserl. Maj. auf ein $\frac{m}{40}$ Mann zusammenzubringen vermeinten, Sie könnten es aber nicht sehen. —

Sonsten haben die Deputirte mir bei der Conferenz vor 8 Tagen auch gesagt, sie hätten vernommen, daß Gambrotius nach Frankreich und Palbitzky

[1]) Vgl. Urk. u. Akt. Bd. 9 S. 646, 674, Bd. 11 S. 236 f., 264.

nach Polen ginge [1]). Mich dünkt, daß sie solches apprehendiret, und deswegen sich zu der Alliance so viel mehr anschicken, welches mir anfangs etwas kaltsinniger vorkam.

Was Lisola und der Spanier tun, davon ist es noch so ganz stille, daß ich zweifele, ob sie noch was sonderliches ausgerichtet haben mögen. Wegen Dänemark oder Holstein will garnichts heraus, noch was die eigentliche Intention der neuen Werbung sei. Doch soll wohl darunter vornehmlich sein die allegirte Gefahr wegen des Türken und der Erfurtischen Sache". —

P. v. Würtz an die Vormundschaftsregierung. D. Cölln a. d. Spree 2. Februar 1664.

[Bau des Friedrich Wilhelms-Kanals. Truppenwerbungen. Frankreichs Anspruch auf die spanische Erbfolge.]

Ist am 31. Januar / 10. Februar zur kurfl. Tafel geladen worden. „Da dann 12. Febr.
mit I. Churfl. Durchl. zwar allerhand discouriret, aber wegen der zugleich Anwesenden, auch des darzu gekommenen Lisola wenig meine Negociation angehende verrichten können. Und weil es dabei von dem oberhalb Frankfurt zwischen der Oder und Spree angefangenen Communicationgraben zu reden die Gelegenheit gab, und I. Churfl. Durchl. sagten, daß es noch ungewiß wäre, ob es anginge, ich aber antwortete, daß S. Churfl. Durchl. dessen gnugsamb versichert sein und Sie es sonsten nicht angefangen haben würden, gaben Sie zur Antwort, Sie hätten zwar gute Hoffnung, es wäre aber gleichwohl ein schwer Werk und kostete ein Großes. Doch vermeinten Sie mit 8 Schleusen daraus zu kommen, wobei Sie Schanzen legen wollten, welches das Land von der Seiten auch wider des Türken Einbruch ziemblich versichern sollte. Sie hätten auch ein Mittel, wordurch Sie die Tiefe so viel leichter erreichen könnten. Und als man danächst auf die Commercien kam, vermeinten S. Churfl. Durchl., es könnte die Kron Schweden dabei nicht zu kurz kommen, dann was derselben an den Zöllen uf der Oder abginge, brächte Stade wieder ein, etc. Soviel ich sonsten vernehmen kann, dörfte das Werk an sich selbst endlich, wiewohl noch nicht gegen den bevorstehenden Herbst, wie sie verhoffen, ausgemacht werden können, aber wegen der wenigen Traffiquen für die Mühe nicht lohnen.[2]) —

Sonsten ist der Landtag zum Unterhalt der neuen Werbung auf den 2. Martii dieser Tagen ausgeschrieben, und sollen von den sämbtlichen märkischen Ständen monatlich $\frac{m}{36}$ Rthlr. zu besagtem Unterhalt begehret werden[3]). Von neuen Werbungen aber ist noch mehrers nicht heraus, als daß in Hinterpommern die bei dem Goltzischen und im Halberstädtischen die bei dem Holsteinischen Re-

---

[1]) Vgl. Urk. u. Akt. Bd. 9 S. 768 f. und oben S. 687 ff.

[2]) Zur Vollendung des Kanalbaus vgl. Rachel, Die Handels-, Zoll- und Akzisepolitik Brandenburg-Preußens bis 1713 S. 220.

[3]) Vgl. oben S. 702 f.

giment[1]) durch die dem Kaiser davon zu Hülfe geschickte Knechte erledigte Stellen wiederumb ersetzet werden sollen, und daß der Generalwachtmeister Span, welcher vor 14 Tagen von hier nach dem Clevischen gereiset, umb dem uf den 12. Februarii daselbst angestellten Landtage beizuwohnen, in selbigem Fürstentumb und in denen Westphälischen Örtern zwei Regimenter zu richten Commission mitgenommen haben soll"[2]). Auch Generalwachtmeister Quast und Anhalt sollen mit der Werbung je eines Regiments beauftragt sein. Feldmarschall Sparr hat ihm mitgeteilt, der Kurf. habe das ihm angetragene Generalat über die Reichsvölker abgelehnt[3]). Aber die Geh. Räte wollen in diesem Punkt nicht mit der Sprache heraus, sodaß W. nicht weiß, woran er ist. —

„Und als ich in der von E. Kgl. Maj. mir allergnädigst anbefohlenen Negociation zu der verlangten Wissenschaft bishero nicht gelangen können, ich auch, umb daraus zu kommen, kein ander Mittel sehe, so werde ich mich nach begebender Gelegenheit an den Churf. selbsten, auch an den Fürsten von Anhalt machen, und mit Behutsamkeit directe darnach fragen, ihnen auch wegen der mit Chursachsen vorhabenden Armatur eins und anders moviren, umb zu versuchen, was herauszubringen sein mag. Der Herr Dobrzenski befindet sich zwar wieder wohlauf, von dessen Abschickung aber nach der Kron ist noch nichts zu vernehmen. —

Als ich den Spanier[4]) dieser Tagen fragte, wie sich I. Kgl. Maj. von Spanien bei dem itzo zwischen Frankreich und dem Papst vorseinden italianischen Krieg bezeigen würden, gab er zur Antwort: Was sollen wir anders tuen, als zu Hause bleiben, stille sitzen und das Unsrige in acht nehmen? Es scheinet, daß bei selbiger Nation der Mut ziemblich herunter ist. Von dem künftigen Successionsfall zu der Kron Spanien discourirte er wegen Frankreich, daß selbiger König wegen beschehener Renunciation darauf nichts zu prätendiren hätte. Hiesige ministri aber sagen, es habe der allhie gewesene französische Minister Lessin frei gesagt, daß, nachdem der König in Spanien mit den schuldigen Terminen, als worauf die renunciatio conditioniret gewest, zu rechter Zeit nicht innegehalten, so wäre auch die renunciatio damit aufgehoben." —

P. v. Würtz an die Vormundschaftsregierung. D. Cölln an der Spree 9. Februar 1664.

[Der Kurf. hat Bedenken gegen Annahme des Generalats wider die Türken. Besprechung mit Anhalt über das Bündnis mit Schweden; Einbeziehung Braunschweigs in dies Bündnis. Blumenthals Verhandlungen in Frankfurt. Polnische Königswahl.]

19. Febr. „Am 3. bin ich zu Mittag bei S. Churfl. Durchl. zu Hof gewest, und da es die Gelegenheit gab, mit Derselben alleine von dem Generalat wider den

[1]) Vgl. Urk. u. Akt. Bd. 11 S. 296 ff.

[2]) Desgl. Bd. 5 S. 992.

[3]) Vgl. Urk. u. Akt. Bd. 11 S. 205, 216, 224 ff.; auch oben S. 678 f., 684.

[4]) Ucedo.

Türken zu reden, sagten I. Churfl. Durchl., daß ob zwar I. Kaiserl. Mt. Derselben das Generalat antragen lassen, Sie es dennoch aus vielen Ursachen nicht über sich nehmen wollten, weil bei gegenwärtiger Bewandtnuß und so schlechter Verfassung nur die Reputation dabei zu verlieren stünde, und daß man dieselbe uff einmal übern Haufen werfen könnte. Ihre Vorfahren wären auch da gewest, hätten's aber schlechten Nutzen gehabt. Wann Sie es ja hätten über sich nehmen sollen, hätten Sie zuvor wegen gewisser Erfolgung der Gelder bei den Kaufleuten in gewissen Städten versichert sein wollen. Und als I. Churfl. Durchl. dabei auf die Dinge kamen, so bei jüngstem Kriege, da Sie mit Montecuculi und der kaiserlichen Armee conjungiret gewesen, vorgeloffen, erwähnten Sie unter anderm, daß, ob Sie gleich das Generalcommando gehabt, Sie dennoch dem Montecuculi einen Revers wegen aller Verantwortung geben müssen, ehe er die Seinige zu der Sunderburgschen Occasion mit gebrauchen lassen wollen, welches Sie gar schimpflich hielten [1]). Dieses und dergleichen mehr sagten Sie zu dem Ende, umb mir zu zeigen, wie Sie an den kaiserlichen Ordres ganz kein Belieben hätten.

Wonächst S. Churfl. Durchl. mir auch erzähleten, wie Sie Schreiben bekommen, daß die Tractaten zwischen Schweden und Moscau sich ganz zerschlagen hätten" [2]). —

Als Würtz in einer Unterhaltung mit Anhalt „auf die Tractaten mit E. Kgl. Maj. kam und ich E. Kgl. Maj. Geneigtheit darzu contestirte und dabei sagte, weil die Regierung nun zu Stockholm wieder beisammen, daß das Werk gar sehr befordern würde, wann I. Churfl. Durchl. wegen der preußischen Sachen Bewandtnuß wie auch wegen Dero einzuschließenden Alliirten als Dänemark, Sachsen etc. sich etwas weiter herauslassen möchten, ward von I. Durchl. generaliter daruf geantwortet: Wegen der Alliirten würde es sich ja hiernächst wohl schicken. Sie wüßten im übrigen nicht anders, als daß das Werk auf der Guarantie des Olivischen Friedens bestünde. Wobei ich gnugsam merken konnte, daß Sie directe zu antworten declinirten. Und als ich darauf fragte wegen des Hauses Braunschweig und der Übrigen Inclination zu der Alliance, antworteten I. Durchl., man könnte das noch nicht wissen, es wäre die Antwort von ihnen noch nicht wieder eingekommen. —

Wegen Blumenthals sagten I. Durchl., daß er nunmehr würde unterwegen sein; hätte gar gute Expedition, welche I. Churfl. Durchl. auch wider I. Kaiserl. Maj. zu nichts verbünden. —

Die polnische Wahl angehende, soviel ich darunter sondiren können, ist man der Meinung, daß die Königin mit ihrem Vorhaben nicht leicht reussiren werde, und daß I. Churfl. Durchl. sich auch nicht dabei interessiren [und] Ihre meiste Reflexion auf die Republique haben [werde]. Man glaubt hier auch, daß die Regierung in Schweden tempore minorennitatis sich für aller Weitläuftigkeit hüten werde." —

---

[1]) Vgl. Pufendorf, Lib. VIII § 11.

[2]) Vgl. Urk. u. Akt. Bd. 9 S. 772.

Der Gesandte Stefan Gambrotius Hirschenstierna an die Vormundschaftsregierung. D. Paris 12./22. Februar.

[Versuche, eine Verständigung des Kurf. mit Frankreich zu stören.]

22. Febr. Turenne hat ihm mitgeteilt, daß dem Kurf. gegen Beitritt zum Rheinbund die Souveränität und der gegenwärtige Besitz in Preußen garantiert und wegen Elbing alle guten Dienste zugesagt werden sollen [1]). H. hat empfohlen, mit dem Abschluß noch etwas zu warten, bis man sehe, wie Würtz in Berlin empfangen werden würde; Turenne gab ihm zu bedenken, daß Blumenthal ohnehin schon mißtrauisch gegen Schweden sei und eine Verzögerung der Verhandlungen Hirschenstiernas Einfluß zuschreiben würde. H. fragte, „ob der König vermeinte, daß man sich hätte mit dem Kurf. vereinigen und dadurch der gemeinen Sache einen Vorteil schaffen können".

Dieselbe Frage richtete er etwas später an Lionne. Dieser erwiderte, der König habe mit Dänemark und mit dem Kurf. einige Verhandlungen geführt, um sie vom Kaiser abzuziehen und so den allgemeinen Ruhestand zu erhalten, wozu ja auch Schweden neige. Es wäre nur gut, wenn Schweden mit dem Kurf. einig würde.

„Ego: E. Kgl. Mt. Intention wäre vorhanden, wenn man nur recht sehen möchte, wohin der Kurf. ziele. Herr General Würtz hätte mir geschrieben, daß man ihm de novo allen Ernst zu einer näheren Freundschaft contestiret, insonderheit aber von einer solchen Allianz Erwähnung getan, worin Chursachsen, Lüneburg, Hessen und Mecklenburg nur benennet, man aber schon wüßte, daß auch der König von Dänemark, England und Holland darzu mitbegriffen wären, kraft welcher Allianz man außer denen Reichs- und Kreisverfassungen eine Armee von 20—25 000 Mann richten wolle. Dahero vorgeschlagen, ob E. Kgl. Mt. sich auch mit darin begeben wollten" [2]). —

Ille: Solche Confoederation von lauter Protestirenden könnte in fine nicht anders als gegen die Katholische angesehen sein, da man doch so große Mühe gehabt, beider Religion Stände sowohl im Westfäl. Frieden in gut Verständnis zu setzen als auch nachgehends in der Rheinischen Allianz zu conformiren.

Ego: Wer die Erhaltung des teutschen Friedens liebte, der würde nimmermehr zu dergleichen einseitigen Confoederationen raten und dadurch das aequilibrium in Imperio, so per instrumentum pacis introduciret worden, turbiren; das wäre das Fundament des ganzen Friedens.

Ille: Das wäre also." —

P. v. Würtz an die Vormundschaftsregierung. D. Cölln an der Spree 16. Februar 1664.

[Werbungen. Generalat des Kurf. im Türkenkrieg. Bündnisverhandlungen mit Dänemark, Kursachsen und Braunschweig. Hohe Kontributionsforderungen.]

26. Febr. — „Soviel die hiesige Armatur belanget, so ist selbige noch nicht heraus,

---

[1]) Vgl. Urk. u. Akt. Bd. 2 S. 281 f., Bd. 9 S. 676 f.

[2]) Vgl. dagegen den Bericht von Würtz D. 26. Januar 1664, oben S. 704.

sondern bis zu Ausgang des uf den 2. Martii ausgeschriebeenn Landtages ausgestellet, indessen aber vielen Officiers, umb sich darzu bereit zu halten, Hoffnung gemacht und Anlaß gegeben worden. Wie ich dann auch für gewiß berichtet werden will, wiewohl die hiesige ministri damit nicht heraus wollen, daß 6 Regimenter zu Pferd und darunter 3 zu 12 Compagnien, item daß davon 1500 Pferde in der Mark nebst noch 3000 Mann zu Fuß alsdann neu gerichtet werden und die Werbegelder von dem Lande herkommen sollen. Solches alles aber erst nach dem gehaltenen Landtage.“ —

Ucedo hat zu ihm geäußert, „daß nichts besser wäre, als I. Churfl, Durchl. zu Brandenburg das Commando [über die Reichsarmee im Türkenkrieg] aufzutragen [1]). Worauf ich antwortete, daß solches zwar nicht undienlich, weil heutiges Tages kein Fürst im Römischen Reich I. Churfl. Durchl. an Kriegs Erfahrenheit und bei der Milicé habenden Authorität gleich, aber zu zweifeln wäre, ob I. Churfl. Durchl. solche große Spesen, als darzu erfordert würden, über sich nehmen wollten. Ille: Ey! Wegen der Spesen würde es sich wohl schicken; es dürfte I. Churfl. Durchl. dort weniger kosten als hier; Sie fünden bei der Armee allezeit zu leben. —

Wegen des foederis zwischen Brandenburg, Dänemark und Sachsen ist es hier gar still, daß auch das geringste davon nicht in Erfahrung zu bringen, noch was sie von Braunschweig und den übrigen für Hoffnung haben. Herr Dobrzenski sagte, als er dieser Tagen bei mir war, daß I. Churfl. Durchl. mit Chursachsen keine andere Alliance hätten, als wovon sie, die Deputirte, mir bei den ersten Conferencen Ouverture gegeben [2]). Mit Dänemarken hätten I. Churfl. Durchl. kein weiter foedus, als was aus dem alten bekannten annoch restirte, so aber nunmehro fast expiriret wäre. Weil er sich aber in den andern Stücken so gar retiré machte.., so weiß ich nicht, wie weit demselben annoch zu trauen.

I. Churfl. Durchl. sollen dieser Tagen im Rat proponiret haben, welcher Gestalt Sie sich Ihrer Ämbter und Domainen und deren dahero fallenden Ordinari-Revenuen also gebrauchen möchten, daß Sie zu Unterhaltung Ihres Ordinari-Staats nicht in die Contribution greifen dürften [3]).

Es ist sonst ein jeder wegen der aus dem bevorstehenden Landtage vermutlich erfolgenden Contributionen ziemblich kleinmütig, weil, wie vermutet wird, nicht allein die Verpflegung sondern auch die Werbegelder von dem Lande herkommen sollen, und die Mark anitzo noch monatlich 22 000 Rthlr., so aber hiebevor viel höher gewesen, an Extraordinari-Contributionen erlegen muß. Wegen des Stifts Halberstadt ward ich dieser Tagen informiret, daß, da es itzundt an dergleichen Contributionen monatlich noch 5000 Rthlr. gebe, es bei künftiger Werbung unter 12 000 Rthlr. monatlich nicht davon kommen würde.“ —

P. S. Wie er soeben hört, ist Blumenthal aus Frankreich heimgekehrt.

---

1) Vgl. oben S. 706 f.

3) Vgl. oben S. 696 f., 704.

2) Vgl. Prot. u. Rel. Bd. 7 S. 161 f.

Die Vormundschaftsregierung an P. v. Würtz. D. Stockholm 19. Februar 1664.

[Bereitschaft zur Beteiligung an der Verfassung wider die Türken.]

29. Febr. Als Wir nicht allein aus denen von Eurer am churbrandenburgischen Hofe gehabten Negociation bei Uns bisher eingelaufenen Schreiben dieses fürnehmblich ersehen, daß man des Ortes eine sonderbare Inclination vermerken lassen, umb mit Chursachsen, Braunschweig, Hessen und mehr andern Ständen des Ober- und Niedersächsischen Kreises in eine absonderliche nähere Vereinigung und dadurch fürhabende Kriegsverfassung wider den Türken zu treten, besondern Unser Bremischer Regierungsrat Marschalken[1]), den Wir an die Braunschweig Lüneburgische Höfe gewisser Angelegenheiten halber verschicket gehabt, Uns bei gestriger Post gleichfalls berichtet, daß er zu Zell und Wolfenbüttel eine nicht wenigere Begierde dazu verspüret, maßen Uns selbige Herzogen ebenermaßen, als Ihr es dem Churf. getan zu haben Uns berichtet, ersuchen lassen, Uns ratione Unserer teutschen Lande mit in sothaner Verfassung zu begeben, wie sie zu derselben außer obigen auch Holstein und Meckelnburg noch mit benennet, ob Wir nun zwar befahren, daß dergleichen Defensionswerk zu dem fürgewandten Zweck, nämblich umb den Türken damit abzuhalten, gar zu schwach sein, und im Fall diesem .. so weit einzubrechen Raum und Zeit gelassen würde, eine dergleichen starke Flut ein so geringer Damm schwerlich aufhalten würde, jedennoch, weiln Wir Uns nicht gerne einigem Dinge entziehen wollen, welches zu der gemeinen Sicherheit und Wohlfahrt nutz- und ersprießlich angesehen werden kann, desfalls auch entschlossen, zu angeregtem Defensionswerk mit zu treten, so ist diesem nach an Euch hiemit Unser gnädigstes Gesinnen, Ihr wollet, weiln Wir vermuten, daß Ihr für Einlangung dieses schon werdet von Berlin abgereiset und also in dem Werke gegenwärtig etwas zu negociiren nicht vermögend sein, entweder des Fürsten von Anhalts Lbden oder auch einigem anderm Euch bekanntem churfl. ministro sothane Unsere Entschließung wissend machen, mit Ersuchen, daß man churfl. Seiten Unserer daselbigen Regierung weiter eröffnen möchte, wann und wo diejenige, so in selbige Verfassung sich zu begeben gemeinet, zusammen kommen und sich über die conditiones derselben vereinbaren würden, umb daß Wir auch die Unserige mit gnugsamer Vollmacht und Instruction dazu in Zeiten abordnen könnten. —

Articuli praecipui, qui a parte Ser.^{tis} S.^{ae} El.^{lis} foederi cum S.^{a} R.^{ia} M.^{te} Sueciae ineundo inserendi proponuntur salvo iure addendi et explicandi Commissariis Regiis exhibiti. D. [Stockholm] 23. Februar 1664[2]).

4. März 1. Sit firma, sincera ac stabilis amicitia inter S.^{am} R.^{iam} M.^{tem} et Regnum Sueciae ab una et Ser.^{tem} S.^{am} El.^{lem} Brand.^{icam} ab altera parte et utraque

[1]) Adolf Benedikt Marschalk.

[2]) Eigenhändig von Krockow geschrieben. — Krockow sah sich zur Vorlage dieses Vertragsentwurfs offenbar durch das Reskript vom 23. Januar / 2. Februar 1664, Urk. u. Akt. Bd. 9 S. 771 f., veranlaßt.

pars alterius securitatem, honorem et incrementa bona fide foveat et promoveat, damna vero et pericula summa ope avertat.

2. .. Pro securitate mutua et conservatione pacis iuriumque acquisitorum firmissimum foedus defensivum initum et sequentibus conditionibus sancitum esto, ita ut, si alteruter paciscentium in provinciis aut iuribus huic foederi inclusis a quolibet hostiliter invadatur ac turbetur, pars altera teneatur, parti laesae adsistere eique copias militares auxilio mittere, prout de earum modo ac numero inter partes conveniet.

3. Schweden praestet dem Kurf. guarantiam Borussiae Ducalis, prout a Ser.^{te} Sua El.^{li} iure supremi directi et independentis dominii, quod suverenitatem appellant, a Rege et Republica Poloniae sibi legitime concesso hodiernum possidetur, ita ut, si contingat quemlibet sive fines Borussiae hostiliter invadere, sibi dictum ius suverenitatis laedere aut infringere, Schweden teneatur, dem Kurf. pro tuendis finibus ac iuribus suis sufficientes copias auxilio mittere et Ser.^{tem} S.^{am} El.^{lem} in quieta possessione ac fruitione eorundem manutenere. Auch garantiert Schweden dem Kurf. Lauenburg und Bütow und die Rechte, die ihm dieser Gebiete halber zustehen.

4. In hoc foedere comprehendatur Electoratus, Marchia Brandeburgensis, Pomerania, Principatus Halberstadiensis et Mindensis una cum provinciis ac iuribus, quae Ser.^{ti} S.^{ae} El.^{li} vigore pacis Germaniae debentur. Pro quorum defensione et conservatione Schweden dem Kurf. eadem auxilia praestare tenebitur, de quorum ratione et quantitate inter. partes conveniet.

5. Schweden tenebitur ad subministrandum Ser.^{ti} S.^{ae} El.^{li} auxilium pro defensione provinciarum ac ditionum, quas ex Juliacensi successione Ser.^{tas} S.^{a} El.^{lis} obtinet, si vel Princeps Palatinus Neoburgicus (quod tamen neutiquam timendum nec suspicandum quidem) spretis ac violatis pactis, quae ipsi cum Ser.^{te} S.^{a} El.^{li} intercedunt, vel quilibet alius, qui nullum successionis ius allegare potest, contra dispositionem instrumenti pacis dictas provincias hostiliter aggrediatur.

6. Schweden verpflichtet sich, zur Verteidigung der genannten Provinzen dem Kurf. 5000 Mann drei Monate, postquam denuntiatio ac requisitio facta fuerit, zu Hilfe zu schicken, quae copiae tamdiu Ser.^{ti} S.^{ae} El.^{li} militabunt, donec honesta et secura pax, qua dictae provinciae ac iura illaesae maneant, obtenta fuerit.

7. Cum praecipuus foederis huius finis et scopus sit conservatio pacis et vindicatio securitatis mutuae a quacumque hostili turbatione, idcirco foedus hoc nullum praeiudicium afferet amicitiae, foederibus ac pactis conventis, quae Ser.^{ti} S.^{ae} El.^{li} cum Ste Caesarea M.^{a} ac Statibus Imperii sive in genere sive singillatim, consideratis tum etiam Regibus Poloniae, Daniae ac Ordinibus Foederati Belgii, intercedunt. —

Super hisce articulis cum Dominis Commissariis tractare et convenire eorumque reciproca postulata videre exoptat Laurentius Georgius a Crockow.

P. v. Würtz an die Vormundschaftsregierung. D. Cölln a. d. Spree 23. Februar 1664.

[Beziehungen des Kurf. zu Dänemark und Sachsen. Christian von Mecklenburg. Stettiner Gravamina. Türkenkrieg. Blumenthals Rückkehr.]

4. März Als W. bei einer Unterhaltung mit Anhalt am 17./27. Februar äußerte, „es möchte bei der mit E. Kgl. Maj. itzo vorseinden und in so guten terminis stehenden näheren Intelligence zu derselben Beforderung wohl nicht undiensam sein, wann I. Fürstl. Durchl. mir einige Ouverture geben wollten wegen I. Churfl. Durchl. foederis mit Dänemark und Sachsen, damit es keine Ombrage bei E. Kgl. Maj. geben möchte, insonderheit bei I. Churfl. Durchl. vorhabenden Werbungen, stutzten I. Fürstl. Durchl. gleichsamb etwas, sagten aber doch bald darauf, Sie hätten von dergleichen Verbündnüß mit Dänemark keine Wissenschaft, I. Churfl. Durchl. hätten niemanden dorten gehabt, auch wäre von dar niemand als der v. Buchwaldt bei Sr. Churfl. Durchl. gewest, so aber nur den Ulefeldt concerniret gehabt[1]). Wegen Werbungen wäre auch ja nichts anders vor als die 1000 zu Pferde und 3000 zu Fuß, wovon mir zu Anfang part gegeben worden. I. Churfl. Durchl. hätten die Zeit hero nur die 1000 zu Fuß, welche Sie underm Herzog von Holstein dem Kaiser zugeschicket, bei den Regimentern ersetzen und recruitiren lassen[2]). Und als ich daruf replicirte, daß man in der Kron bereits Wissenschaft davon haben würde, und vielleicht von denen, so mit interessiret wären, bekam ich zur weiteren Antwort: Was man wegen der mit Sachsen genommenen Abrede mir hiebevor eröffnet, daruf wäre von Braunschweig und Holstein noch keine Resolution eingekommen, es ginge an den Höfen langsamb zu; wann ihnen etwas einkäme, täten sie es erst lang überlegen und zusehen, ob auch was anders darunter verborgen sein möchte, und wäre ihre Gewohnheit, daß sie sich langsamb resolvirten[3]). —

Selbigen Abends war ich auch bei I. Churfl. Durchl. zum Essen. Und als Dieselbe nach der Mahlzeit eine gute Weile allein mit mir redeten und unter anderm erwähnten, wie Sie Schreiben erhalten, daß Herzog Christian zu Mecklenburg mit dem König in Frankreich eine Alliance getroffen und I. Maj. die Werbungen und Musterplätze in seinem Lande, auch einen Ort einzuräumen bewilliget hätten[4]), fragten Sie mich, wie solches E. Kgl. Maj. wegen der Ostsee gefallen möchte. Ich antwortete, daß ich zwar solches nicht eben wissen könnte, hielte aber dafür, wann Zeit käme, so käme auch Rat.

Und als ich dabei Gelegenheit nahm, wegen der Beschaffenheit des foederis mit Dänemark und Sachsen zu fragen, gaben I. Churfl. Durchl. zur Antwort: Herr, ich suche nichts anderes als meine Sicherheit und Conservation. Sagten auch, daß Sie sonsten keine Werbungen hätten, als die mit Chursachsen abgeredet und mir communiciret worden. Fragten mich darnach, wie es mit denen zwischen Schweden

---

[1]) Vgl. Urk. u. Akt. Bd. 9 S. 725.

[2]) Vgl. oben S. 705 f.

[3]) Desgl. S. 709.

[4]) Desgl. S. 704.

und Moscow zerschlagenen Tractaten bewandt wäre. Worauf ich antwortete, daß meines Wissens nur eine Conference zwischen beiden Teilen vorgewest, .. und ob man zwar sich ... nicht vereinigen können, so hielte ich dennoch dafür, daß man deswegen zu beiden Teilen keinen Krieg anfangen würde [1]).

Und als ich danächst die Abschaffung der Stettinischen Gravaminum recommendirte, sagten I. Churfl. Durchl., daß solche den Morgen schon im Rat fürgewest und daß noch weiter davon geredet und ihren Beschwerden billiger maßen abgeholfen werden sollte [2])."

Vier Tage darauf war er mit Feldmarschall Sparr wieder zum Kurf. geladen; man sprach hauptsächlich vom Türkenkrieg. „Und da der Herr Feldmarschall eine große Cavallerie insonderheit desiderirte, weil mit dem Fußvolk so beschwerlich fortzukommen, erwähnten I. Churfl. Durchl., der Türk machte so große Anstalt, daß man vermutete, er wohl mit ein 300 000 oder 400 000 Mann ins Feld kommen würde; doch aber möchte gnug sein, wann man ihme eine Armee von 60 000 Mann und ein paar 100 Geschütz, welche auch das beste tuen müßten, entgegen setzte. Der Herr Feldmarschall approbirte zwar die Anzahl der Stücke, vermeinte aber, die Armee müßte stärker und von 100 000 oder zum wenigsten 80 000 sein und meist in Reuterei bestehen. —

Wegen der Stadt Stettin Beschwerden, so der Kammerpräsident v. Canstein meist unter Handen, hat derselbe sich heute erkläret, daß ihnen Satisfaction geschehen sollte; man möchte sich deswegen nur ein Tag oder drei gedulden, bis sie Information, weswegen sie schon an die Interessenten geschrieben, eingezogen hätten."

Die Nachricht von Blumenthals Rückkehr hat sich nicht bestätigt. „Es kombt mir fast für, daß sie solches nur, umb mich zu tentiren, sagen, weil sie mich allezeit wegen Gambrotii und Palbitzky gar fleißig fragen, als wann sie solche apprehendirten, wie dann auch der Kaiserliche mich wegen des letzten, und ob er schon zu Warschau wäre, gestern gar fleißig gefraget." —

Conference mit Herrn Dobrzenski und Herrn Canzler Jena den 24. Februar gehalten.

[Rheinische Allianz. Angebliches Bündnis des Kurf. mit Dänemark und Kursachsen. Verhandlungen mit Braunschweig. Generalat des Kurf. wider die Türken. Schwedische Investitur.]

I. Churfl. Durchl. hätten ihnen gnädigst anbefohlen, mit mir zu communiciren, 5. März
welcher gestalt der Abgesandter Crackow von Stockholm berichtet, daß Herr Biörenklou und Herr Ehrenstein ihme einige Reden, so zwischen ihnen (Herrn Dobrzenski, Herrn Canzler Jena) und mir [bei] denen bei meiner Ankunft mit mir gehaltenen Conferentien passiret sein sollten, vorgehalten, worüber sie auch

[1]) Vgl. Urk. u. Akt. Bd. 9 S. 771, Theatrum Europaeum Bd. 9 S. 1000.

[2]) Vgl. oben S. 686, 692, 696. Eine Besprechung über die Stettiner Gravamina ist in den Geheimratsprotokollen dieser Tage nicht erwähnt.

meine Relation zum Teil zum Vorschein gebracht. Nun wäre solches so wenig mit I. Churfl. Durchl. Meinung übereinstimmig, als sie (Herren Deputirte) sich gegen mir dessen nichts hätten vernehmen lassen, nämblich 1., daß wegen der Rheinischen Alliance I. Kgl. Maj. ich sollte referiret haben, wie sie mir gesaget hätten, I. Churfl. Durchl. könnten darin nicht treten, alldieweil einige Länder in deroselben begriffen wären, zu deren Defension S. Churfl. Durchl. sich nicht engagiren könnten, wann Sie nicht wider Ihr eigenes Interesse laboriren wollten, und als ich gefraget, was das wäre, sie geantwortet haben sollten, das wäre Pommern, und daß daruf wäre abgebrochen worden, weil der Mareschall gekommen und zum Essen aufgefordert hätte; sie aber hätten solches nicht gesaget, sondern ich würde mich zu erinnern wissen, daß I. Churfl. Durchl. sich erboten hätten, in die Rheinische Alliance zu treten, wann nur einige Dinge, so sich auf die gegenwärtige Zeiten nicht schicketen, darin geändert würden, weil zu der Zeit, da die Alliance geschlossen, Pommern nicht wäre mit darin begriffen gewest; wie sie mir dann auch selbige monita sambt der copia von I. Churfl. Durchl. Schreiben an Crakowen ausgeantwortet hätten [1]).

2. Hätte man Crakowen aus meiner Relation vorgehalten, als wann er referiret hätte, wie I. Kgl. Maj. die Religion mit pro conditione foederis haben wollten, daß dieselbe in Pommern unturbiret gelassen werden sollte. Nun hätten sie solches ja nimmer zu mir gesaget, wollten deswegen auch nicht vermuten, daß ich solcher gestalt geschrieben haben würde, sondern daß ein Irrtumb darunter sein müßte.

Worauf ich ad primum antwortete, daß ich nicht wüßte, an I. Kgl. Maj. referiret zu haben, daß I. Churfl. Durchl. Pommern hätten aus der Alliance ausgeschlossen haben wollen, wollte aber in meinen Papieren wegen der Formalien, so ich geschrieben, nachsehen, weil mehr als einmal davon geredet worden, und ich nicht eben auswendig wissen könnte, wieviel zum ersten Mal davon vorgefallen. Sollte dann ja in dem ersten, weiln damals von dieser Materie so kurz abgebrochen worden, eine Ambiguität sein, welches ich gleichwohl nicht hoffen wollte, so würde doch die nächst gefolgete Relation, worinnen ich die mir communicirte copia von I. Churfl. Durchl. Schreiben an Mr. Crackowen nebst denen monitis bei der Alliance beigeschlossen gehabt [2]), den Zweifel seithero benommen haben. Wegen des andern wüßte ich mich auch ganz nicht zu erinnern, daß in der Relation von der Religion dergestalt wäre gedacht worden, daß die religio pro conditione foederis mit gesetzet sein sollte, sondern hielte dafür, daß es gleichfalls ein Irrtumb sein müßte, welcher vielleicht daher entstehen könne, daß I. Kgl. Maj. etwa befremd hätte mögen vorkommen, daß man mir bei meiner Anherokunft wegen der Religion so viel angebracht hätte. Ich hätte in diesem Fall auch nichts anders von mir geschrieben, als was ich von ihnen empfangen, wollte gleichwohl nachsehen.

Illi: Sie wären wohl versichert, daß sie von keiner conditione foederis gedacht hätten, wollten auch nicht hoffen, daß sichs in meiner Relation befinden würde.

Ich: Wollte nachsehen, und würden sich die formalia finden, was sie mit mir

---

[1]) Vgl. oben S. 694.

[2]) Vgl. oben S. 701.

geredet hätten. Und weil sie mir dabei subridendo zu verstehen gaben, als wann in Schweden der Irrtumb daher wohl gewest sein möchte, zuvor andere eventus (auf Frankreich deutende) zu erwarten [1]), antwortete ich, daß ich das nicht glauben könnte, nachdemale I. Kgl. Maj. gar geneigt wären, sich mit I. Churfl. Durchl. in ein näher Verständnüß einzulassen, hielte aber dafür, daß, wann dergleichen geschehe, man es ihnen in der Kron nicht verdenken könnte, nachdemal I. Churfl. Durchl. vorhabende Werbungen aller Orten esclatirt, und man auch von der Alliance Nachricht hätte, welche zwischen I. Churfl. Durchl., dem König in Dänemark und Chursachsen wäre. Darauf sagten sie, es möchte von Werbungen gesaget werden, was da wollte, so wären doch wahrhaftig keine andere Werbungen verhanden, als die 1000 Pferde und die 3000 zu Fuß, wovon sie mir anfänglich fort gesaget hätten. Mit Chursachsen wäre auch die geringste Alliance nicht aufgerichtet, sondern dieses mit I. Churfl. Durchl. nur mündlich abgeredet worden. Und sagte Herr Canzler Jena, er wollte wohl ein Schelm sein, wo sichs anders verhielte.

Ich: Das könnte vielleicht wohl sein ratione besagter 4000 Mann. Es könnte aber außer dem auch wohl ein ander Verbündnüsse unter ihnen sein. Sie täten am besten, daß sie es nur gestünden; dann sie leicht gedenken könnten, wann man von der Sache ein anders vernehme, daß es nicht anders als großes Mißtrauen setzen täte. Illi: Nein, nein, es wäre kein ander foedus; so wahr ihnen Gott helfen sollte, so wüßten sie von keinem andern, glaubten auch nicht einmal, daß das alte foedus mit Dänemark renoviret wäre.

Und als ich fragte, was sie dann von Braunschweig und den andern fürstlichen Häusern für Antwort hätten, sagten sie, daß sie es nicht wüßten, insonderheit weil der Herr Canzler Jena bei drei Wochen krank gewesen und jetzo erst wieder ausgekommen. Und als sie beiderseits gar große contestationes machten, wie I. Churfl. Durchl. alles so aufrichtig meineten, sagte ich, daß sie alsdann ja besser getan, wann sie mir die documenta wegen der Souverainität communiciret hätten, dann sie ja leichtlich zu ermessen, daß sich niemand zu der Eviction gegen andere verbindlich machen lassen würde, wann er nicht selber de iustitia causae vorhero gnugsamb informiret wäre. Illi: Das wäre wahr; die documenta wären auch bei Mr. Crackow schon verhanden, und hätte er sie schon längst in Händen gehabt, sie würden sie auch nunmehr in Schweden gesehen haben [2]). —

Ich: Ob I. Churfl. Durchl. das Generalat annehmen würden? Illi: Sie wüßten nit, ob es I. Churfl. Durchl. zu raten wäre. Sie hätten sonst viele vota. Und da ich weiter fragte, wie weit es dann zu Regensburg mit dem Investiturwesen gekommen, gaben sie zur Antwort, I. Churfl. Durchl. ließen solches gar fleißig treiben, und fragten dabei, ob I. Kgl. Maj. es dann daselbsten nicht suchen lassen wollten. Ich: Zweifelte daran gar sehr, weil I. Kgl. Maj. das Ihrige secundum instrumentum pacis dabei getan hätten; würdens aber I. Churfl. Durchl. befordern, so würdens I. Kgl. Maj. gerne sehen und es eine Ursache zu großem Vertrauen sein. Illi: Es würde wohl zum guten Ende kommen. —

[1]) Vgl. oben S. 683.
[2]) Vgl. Urk. u. Akt. Bd. 9 S. 766, 769.

Als ich ihnen nachgehends über eingangs erwähnte beede dubia die formalia meiner alleruntertänigsten Relation eröffnet, haben sie nichts daran zu desideriren gehabt, sondern gesaget, der Irrtumb müßte in Schweden, vielleicht könnte derselbe auch wohl bei Mr. Crackowen sein, daß ers etwa nicht recht eingenommen habe.

P. v. Würtz an die Vormundschaftsregierung. D. Cölln a. d. Spree 1. März 1664.

[Generalat wider die Türken. Werbungen. Stettiner Beschwerden. Neuer Graben.]

11. März Übersendet den Bericht über die Konferenz mit Dobrzenski und Jena vom 24. Februar/5. März. Gleich nach Schluß der Konferenz hat ihn Lisola besucht. „Und da ich wegen des höchsten Generalats mit ihm redete, sagte er, daß wohl nicht besser wäre, als wann I. Churfl. Durchl. dasselbige annehmen, weil ein ander die benötigte Autorität bei der Armee so nit haben könnte. Wegen der Spesen könnte es ja dem Reich so groß nicht machen, wann es gleich ein 200000 Rthlr. pro anno darauf employirte. Man hätte desto bessern succès zu erwarten. —

Wegen des höchsten Generalats lassen sowohl I. Churfl. Durchl. selber als die ministri in den Discoursen sich nicht anderst vermerken, als daß I. Churfl. Durchl. es noch wohl auf sich nehmen dürften; wie dann I. Churfl. Durchl. selber recht freudig gegen mir gedachten, daß Sie anfänglich in Collegio Principum von neun votis fünfe für sich gehabt hätten [1]), meineten auch nochmals: Wann man eine Armee von 60000 Mann beisammen hätte, daß damit wohl was auszurichten sein möchte. Wann man aber ansiehet, daß das eine Triplum von der Reichshilfe so gar groß nicht sein wird, und dabei von allen verlautet, daß bei dem Kaiser selbsten gar schlechte Anstalt gemacht wird, so kann ich auch nicht sehen, wie hierzu zu gelangen, es wäre dann, daß einige Stände, etwa die Churfürsten, en particulier Zuschub täten, oder daß der Kaiser mit den Türken Frieden machete, welches einige aus des Kaisers eigenen Anstalt auch schließen wollen. —

In diesem Lande so viele Regimenter zu Pferde, als wie ausgesprenget worden, zu richten, dörfte es vielleicht an der Mannschaft so eben nicht ermangeln, sondern sich wohl Leute finden. Weil aber das Land sehr erschöpfet, sollte es der Mittel halber doch schwer zugehen, sonderlich wann das Land noch die Werbegelder darzu hergeben sollte, sie müßten dann von anderswoher kommen, dann hier bei Hofe sind dieselben nicht, wiewohl ich doch nicht zweifele, im Fall mit dem Türken nicht Friede wird und I. Churfl. Durchl. das Generalat annehmen, daß hier mehr Reuterwerbungen als die declarirte 1000 Pferde vorgehen dörften. Übermorgen soll die Proposition denen auf morgen anhero convocirten Landständen geschehen [2]), und sind I. Churfl. Durchl. vorhabens, nach Frankfurt zu reisen und den Neuen Graben zu besehen, umb mit der Arbeit wieder anfangen zu lassen. —

Die pommerische Gravamina [3]) seind im Rat unterschiedlich vor, auch der

[1]) Vgl. Urk. u. Akt. Bd. 11 S. 224, 226 f.

[2]) Vgl. Prot. u. Rel. Bd. 7 S. 165 ff.

[3]) Desgl. S. 162 und oben S. 713.

Kammerpräsident und Obermareschall von Canstein auf I. Churfl. Durchl. Befehl dieser Tagen bei mir zur Conference gewest, darzu die beide Stettinische Abgefertigte auch berufen worden, umb die Befugnüß ihrer eingeklagten Puncten desto besser zu remonstriren. Und weil man versprochen, daß die Resolution über alle und jede puncta schon heute ausgefertiget werden sollte, wiewohl sie nicht herausgekommen, so hab ich diesen Nachmittag durch den Obermareschall bei I. Churfl. Durchl. mich umb Audience zum Abschied anmelden lassen, werde selbige auch morgen mittags umb 11 Uhr erlangen, — darauf ich mich dann wieder nach Stettin begeben werde." —

Die Vormundschaftsregierung an P. v. Würtz. D. Stockholm 4. März 1664.

(Auf die Relation vom 16./26. Februar 1664.)

[Beilegung von Streitigkeiten über Pommern. Geneigtheit zur Pflege aufrichtiger Freundschaft mit dem Kurf.]

Es wird gebilligt, „daß Ihr die Zeit abgewartet, umb Euch von der daselbigen Intention und Beschaffenheit in dem ein und anderm recht zu informiren und auch zu versuchen, ob die gravamina der Stadt Stettin auch zugleich bei der Angelegenheit [so] mit abgeholfen werden könnten. Wir erwarten nun den Erfolg desselbigen künftig zu vernehmen." 14. März

Sollte er noch in Berlin sein, soll er dem Kurf. melden, „welcher gestalt dero Abgesandter Crackow einige Beschwerde, so man churfl. Seiten wegen Unsers Herzogtumbs Pommern ratione ihres Anteils an demselben hätte, schriftlich eingeleget, und Wir nun zu deren Remedirung kein ersprießlicher Mittel gefunden, dann daß man dort etwa auf den Grenzen eine Commission veranlassen und bei derselben alles, was Wir Unserer und sie erwähnter maßen ihrer Seiten zu desideriren hätten, seiner gründlichen Bewandtnüß nach untersuchen und der Billigkeit nach abzutun, Fleiß anwenden möchte; maßen Wir auch, soviel an Uns wäre, sotane Commission nicht allein gern maturiren und die Unsrige mit gnugsamer Vollmacht dazu versehen, insonderheit die Begierde, welche Wir, mit Sr. Lbden. alle sincere Freundschaft zu cultiviren und dasjenige, was derselben hinderlich sein und mit Fug von Uns erfordert werden könnte, gern aus dem Wege zu räumen trachteten, auch hierin zu erkennen geben würden, so versicherten Wir Uns auch einer gleichmäßigen Intention und Willfährigkeit an Seiten des Herrn Churf. Lbden und geben Deroselben anheim, ob Sie ermelte Commission gleichfalls placitiren und mit Unser pommerschen Regierung über Zeit und Ort derselben communiciren lassen wollten. Wovon Ihr, auch wann Ihr schon abgereiset, wohl einem der churfl. Ministren Nachricht geben könnet." —

Der Kurfürst an den König. D. Cöln a. d. Spree 4. März 1664.

Dankt für die Sendung von Würtz. Dieser werde jedenfalls berichten, quae Nos quidem hoc rerum in Germania statu vicinarum utriusque Nostri regionum 14. März securitati conducere existimaverimus. Super quo capite vero cum defectu instructionis Maj.[tis] V.[ae] animi sensa aperire haud potuerit, merito acquievimus et imposterum adhuc, si ita visum fuerit V.[ae] Maj.[ti], expectamus.

Die Vormundschaftsregierung an den Gesandten in Paris Stefan Gambrotius Hirschenstierna. D. Stockholm 5. März 1664.

[Bündnisse Frankreichs mit Brandenburg und Dänemark. Bedenken gegen den Beitritt des Kurf. zum Rheinbund namentlich im Hinblick auf Anerkennung seiner Ansprüche auf die Jülicher Lande.]

15. März Aus seiner Relation vom 12./22. Februar [1]) sei zu ersehen, was er mit Turenne und Lionne bei seiner Ankunft besprochen habe. Er soll versuchen, Abschrift der von Frankreich mit Dänemark und Brandenburg [2]) abgeschlossenen Verträge zu erhalten. Vi lämna därhän, huru förnöjd Polen kan vara med sådan tractat om souveraineteten och Elbingen. Iu är intet in Olivensibus pactis därom afskedat, hvarpå de sig i Frankrike referera.

Hvad alliancen anbelangar, om hvilken General Würtz Eder tillskrifvit hafver och upprättas skulle emellan Brandeburg, Saxen, Lüneburg, Hessen och Meckelburg, så äro Vi fuller därmed tillfreds, hvad I svarat hafven, att sådana ensidiga förbund kunna mycket praejudicera den harmonie och aequilibrium, som in Romano Imperio bör skattas för det helsosamste, torde ock falla de Catholske misstänkt; hvarföre Vi ock ett sådant verk fuller intet skulle så stort gilla, mindre poussera eller drifva. Livkäl och emedan det till äfventyrs icke står att hindra och Oss på sådant fall åligger, att heller vara däruti med de andra comprehenderade, än att se en sådan armerad conförderation i nejden, hvaraf man eljest icke så säkert skulle sig efter önskan inaborskapet förese, så kunde det hända, att Vi måtte Oss däruti accompagnera. Hvilket Vi Eder ock gifva till att eftertänka, ehuruväl samma conföderation ännu synes stå i vitt fält.

Vi förspörja här icke stor inclination ifrån Churf. af Brandeburg till accession af Rheniska alliancen, eftersom hans visée och raisons icke synes dit conformeras, förtigandes de besvär vid en sådan accession skulle pröfvas, när han ett och annat, ehuru ringa han det själf skattade, ville immutera. Hvarigenom ock lätteligen ibland så många hufvuden hända kunde, att små förändringar torde öppna banan till större och alltså det till det gemena bästa intenderade och ännu sammanhäftade bandet förryckas. Medan Våra deputerade här hafva med Crakow confererat och begynt något om alliance att projectera och kommandes till de tyska provinciernas inclusion hafva frågat, hvad det vore nödigt, att göra öfver dem en ny alliance, om Churf. vore hugsen att träda till den Rheniska, så är då svarat blifvit, att Churf. först måtte hafva något förändrat, förrän han dit inträder, och fastän det skulle ske, så kunde dock detta bund, som han med Oss här intenderar, tjäna till större styrckio. Men Vi märka väl, att Jüliska länderna mycket ligga i vägen för accessionen

---

[1]) Vgl. oben S. 708.

[2]) Vgl. Pufendorf, Friedrich Wilhelm, Lib. IX § 60.

till foedus Rhenanum i anseende af Pfalz-Neuburg, såsom ock de in foedere med Oss icke compatible vara kunna, med mindre Vi skulle förobligera Oss för Churf., att försvara den prätension, huset Zweibrück är berättigat till [1]). Vi tvifvla intet, att Vi härefter varde än vidare communication ifrån Eder bekommandes om det i Eder instruction är författat. —

P. v. Würtz an die Vormundschaftsregierung. D. Stettin 8. März 1664.

[Geneigheit des Kurf. zu freundschaftlichem Einvernehmen mit Schweden. Die Verhandlungen mit Kursachsen. Stettiner Beschwerden. Verhandlungen mit Dänemark. Brandenburgs polnische Politik und Verhältnis zu Frankreich. Dessen Aspirationen auf die Kaiserkrone. Märkischer Landtag.]

Am 2./12. März hat er Abschiedsaudienz gehabt. „Und als I. Churfl. Durchl. 18. März bei erwähnter Audience mir Ihre sonderbare Genegenheit sowohl zu aller nachbarlichen Freundschaft als einer näheren Alliance mit E. Kgl. Maj. vielfältig gegencontestirten, auch dabei von der Investitursache discouriret ward, sagten I. Churfl. Durchl., Sie hätten nicht allein den Ihrigen zu Regenspurg die Sache zu treiben anbefohlen, sondern auch deswegen an den kaiserlichen Hof geschrieben, und würde die Sache im Reichshofrat schon unter Handen sein, auch E. Kgl. Maj. sehen, daß es an Ihr niemals ermangelt hätte. Wollten auch die instructiones, so Ihre Leute darüber gehabt, wohl sehen lassen [2]). Wegen der mit Chursachsen hiebevor abgeredeten Verfassung erwähnten I. Churfl. Durchl., daß solches noch so hinstünde; es wäre weiter darin nichts geschehen, auch von denen andern Fürsten noch nichts eingekommen. Wegen der mit E. Kgl. Maj. vorseinden Alliance erwarteten Sie täglich das Project, so Crackowen hätte ausgehändiget werden sollen. Sie wollten sich solcher gestalt allemal erzeigen, daß E. Kgl. Maj. Ihre aufrichtige Intention daraus zu verspüren haben sollten.

Und als ich mich bedankte, daß I. Churfl. Durchl. E. Kgl. Maj. pommerischer Untertanen und insonderheit der Stettinischen Beschwerungen [3]) billigermaßen abzuhelfen sich hiebevor gegen mir erboten, das Werk auch zur Hand nehmen und die Resolution bis zur Ausfertigung hätten kommen lassen, und obzwar solche Resolution noch nicht herausgegeben worden, ich dennoch nicht zweifelte, dieselbe der mir gnädigst gegebenen Vertröstung gemäß eingerichtet sein, daß ich solche bei E. Kgl. Maj. .. zu rühmen Ursach haben würde, gaben I. Churfl. Durchl. zur Antwort: Sie hätten sich solcher gestalt darauf resolviret, wie es der Sachen Billigkeit erfordert, wollten auch sich dabei allemal solcher gestalt bezeigen, daß E. Kgl. Maj. Ihre gute Intention zu allem gutem nachbarlichem Vernehmen daraus zu verspüren haben sollten. Es wären aber in dem übergebenen Memorial einige Dinge gesuchet worden, darüber Sie nicht zu disponiren hätten, weil die

[1]) Vgl. Urk. u. Akt. Bd. 9 S. 772 ff.
[2]) Vgl. oben S. 685, 689 f. und Urk. u. Akt. Bd. 11 S. 234.
[3]) Vgl. oben S. 686, 713, 716 f. und Urk. u. Akt. Bd. 9 S. 775.

Städte privilegia darauf hätten, teils auch in Litispendenz stünden. Dieses war das Vornehmbste, was bei dem Abschied bei I. Churfl. Durchl. passirte.

Die Churfürstin bezeugete auch, wie ihr nichts liebers sein sollte, dann daß der Churf. mit E. Kgl. Maj. allezeit in beständiger Freundschaft leben möchte, welches sie auch hoffen wollte, daß es geschehen würde, weil doch keine Freundschaft oder Alliance besser stabiliret, als die auf das Interesse fundiret wäre. Nun lägen I. Churfl. Durchl. Lande mit E. Kgl. Maj. dergestalt an einander, daß aus beider Teile gutem Verständnüß derselben beiderseits Aufnehmen unfehlbar zu gewarten stünde etc. etc.

Sonsten taten der Fürst von Anhalt, Herr Schwerin und die sämbtliche churfl. ministri beim Abschied Sr. Churfl. Durchl. aufrichtige Begierde zu E. Kgl. Maj. Freundschaft gar sehr contestiren. Von einem foedere, so zwischen I. Churfl. Durchl., Dänemark und Chursachsen sein sollte, wollte keiner nichts wissen. Daß Ahlefeldt und Buchwaldt bei I. Churfl. Durchl. gewest, wären andere Dinge und des Ulefelds Sache halber gewest [1]). S. Churfl. Durchl. hätten auch wegen der übrigen fürstlichen Häuser noch keine Erklärung. Wobei Herr Schwerin auch nochmals asserirte, daß mit Chursachsen nur mündlich abgeredet, auch mit den übrigen fürstlichen Häusern noch nichts vorgangen wäre. Und nachdeme man es eben nunmehro nicht für so nötig hielte, sich in eine absonderliche Verfassung zu stellen, weil die gemeine Reichsverfassung doch itzo unter der Hand und die Länder erschöpfet wären, so wollten I. Churfl. Durchl. es interim bei der Reichs- und Kreisverfassung verbleiben lassen und dabei nur zusehen, wie Sie auf den weitern Fall benötigte Mittel aufbringen möchten. Umb mir offenherzig die Wahrheit zu bekennen, so hätte es mit Chursachsen das meiste Absehen uf Erfurt gehabt [2]). —

Wegen des polnischen Wesens war Herr Schwerin der Meinung, daß die Königin schwerlich zu ihrem Intent gelangen würde, es wäre dann, daß die Kron Schweden, wie die Rede ginge, Frankreich mit den Waffen darzu helfen wollte. — Ich: Könnte es nicht wohl trauen; E. Kgl. Maj. stünden zwar mit Frankreich in einem guten Vernehmen, welches Derselben wegen der langen Freundschaft auch ja nicht zu verdenken wäre, würden auch wohl mit Frankreich alle mutuelle Freundschaft zu unterhalten nicht ermanglen. Daß aber E. Kgl. Maj. ihnen zu allen ihren Desseings nur gleichsamb blind dienen sollten, solches hätte man ja von Derselben nicht zu vermuten. Welches ich ihme deswegen umb so viel mehr antwortete, als ich sowohl aus I. Churfl. Durchl. eigenen Discoursen wie auch der Ministren und anderer, so mit ihnen stets umbgehen, verschiedenen Reden nichts anders penetriren können, als daß der Churf. dahin incliniret, auch wohl unter der Hand mit negociiren mag, wie Polen in seinem alten Stande und bei der freien Wahl verbleiben möge. Wie mir dann auch I. Churfl. Durchl. selber nicht lange vor meiner Abreise sagten, der französische Minister Lessein hätte an Dieselbe inständig begehret, daß Sie die Polen zu ihrem Des-

---

[1]) Vgl. oben S. 712.

[2]) Vgl. Urk. und Akt. Bd. 11 S. 265 ff., 356.

seing anzuhalten helfen sollten, hätte S. Churfl. Durchl. darzu offeriret ein Präsent von 100.000 Rthlr. bar, 50.000 Rthlr. zur jährlichen Pension und Gelder, Völker dafür zu richten[1]). Welches Derselben aber nicht angestanden, nachdemaln Sie mit der Republique Frieden hätten, es auch gefährlich wäre, Frankreich so weit kommen zu lassen. Hingegen wollten Sie es ebenso ungerne auch sehen, daß das Haus Östreich zu der Kron Polen kommen sollte, weil Sie vorhin mit demselben gnug grenzeten; hielten derhalben dafür am besten zu sein, daß ein solcher darzu käme, der kein ander appuy oder dependence hätte.

Und als I. Churfl. Durchl. auch unlängst selber gegen mir erwähnet, wie Sie von guter Hand aus Holland durch Schreiben berichtet worden, daß der König in Frankreich bei dieser Türkengefahr Römischer König zu werden prätendirte, und mir Herr Schwerin auch solches nochmals sagte, umb mich darüber zu vernehmen, gab ich demselben zur Antwort, daß es nicht glaublich wäre, daß Frankreich auf diese Weise gleichsamb mit der Tür ins Haus fallen sollte. Worauf er antwortete, es wäre zwar wahr, es wäre aber I. Churfl. Durchl. von guten Leuten geschrieben; Frankreich wäre mächtig und hätte die Churfürsten am Rhein zur Hand. Wann er es mit Ernst treiben täte, so möchte er noch wohl damit durchdringen können." Auch war davon die Rede, daß Herzog Christian von Meckelnburg sein Land an Frankreich „verhandeln" dürfte. „Sonsten geschah des folgenden Morgens, nachdem ich bei S. Churfl. Durchl. Abschied genommen, denen convocirten märkischen Landständen die Proposition, welche aber nur in generalibus bestanden, nämblich darauf zu gedenken, wie zu Abwendung der gegenwärtigen Türkengefahr die benötigte Mittel dergestalt aufgebracht werden möchten, damit ein jeder im Lande dieselbe zu tragen haben und das vorhin erschöpfte Land keine sonderliche Beschwerde daraus empfinden möchte. Soviel ich aber erfahren können, soll das postulatum auf 8 Tonnen Goldes, in einem Jahr darzu beizubringen, eingerichtet sein, so zwar monatlich auf 67 000 Rthlr. betragen würde. Es ist aber insgemein die Mutmaßung, daß es uf ein 40.000 Rthlr. monatlich auskommen dörfte"[2]). Gleich nach der Proposition ist der Kurf. mit seiner Gemahlin und mit Anhalt nach Frankfurt zur Messe und zur Besichtigung des Neuen Grabens abgereist. „Einige waren der Meinung, daß es auch vornehmblich geschehe, umb sich der Stände Querulіren zu entbrechen." —

P. v. Würtz an die Vormundschaftsregierung. D. Stettin 8. März 1664.

[Geneigheit des Kurf. zum Eintritt in den Rheinbund.]

Die kurfl. Minister haben ihm gesagt, „daß I. Churfl. Durchl. in die Rheinische Alliance gar gerne mit eintreten wollten, wann nur eines und anders insonderheit wegen Pommern etwas anderst eingerichtet würde, weil zu der Zeit, 18. März

[1]) Vgl. Recueil des instructions Bd. 13 S. 86, Urk. u. Akt. Bd. 2 S. 268.

[2]) Vgl. Prot. u. Rel. Bd. 7 S. 165 ff.

da die Alliance geschlossen worden, eine andere Zeit gewesen und die Sachen insonderheit wegen Pommern nach der itzigen Beschaffenheit eingerichtet werden müßten. Wann solches geschehe, wären I. Churfl. Durchl. ganz willig und bereit, in diese Alliance mit einzutreten und Pommern so wenig als andere Provincien auszuschließen" [1]). —

Die Vormundschaftsregierung an den Gesandten in Paris Stefan Gambrotius Hirschenstierna. D. Stockholm 9. März 1664.

[Warnung vor den Folgen der von Frankreich gegenüber Erfurt und Mecklenburg geplanten Haltung.]

19. März G. erhält die letzten Relationen von Würtz zugesandt, weil die darin behandelte „Materie .. Euch in Eurer Negociation mehr Licht geben und zu einem nicht geringen Argument dienen könne, umb Frankreich bei seinem dem Römischen Reich, bevorab aber dessen wohlmeinenden Ständen in solchen Stücken billig verdächtigem Fürnehmen etwas mehr zu reguliren, insonderheit dasjenige, was wegen eines Secourses, so Frankreich an Churmainz wider die Stadt Erfurt versprochen und der zwischen Frankreich und Herzog Christian von Mecklenburg getroffenen Bündnüß halber darin gemeldet. Beiderlei nun halten Wir von solchem sonderbarem Nachdenken, daß Wir, im Fall es sich auf solche Weise verhielte, auch Frankreich es ins Werke setzen wollte, so wenig dazu stillschweigen noch conniviren könnten, daß Wirs vielmehr als eine Sache, die mit dem gutem Vernehmen, so zwischen Uns und Frankreich ist und welches Wirs Unsers Teils aufrichtig zu conserviren und nichtes, so demselben einigen Anstoß geben könnte, zu verstatten trachten, ganz incompatibel halten, insonderheit da solches alles .. eben das rechte Mittel, welches das zwischen Brandenburg und andern evangelischen Ständen obhandene Verbündnüß, wovon Euch der General Würtz ouverture gegeben und Eurem jüngstem Bericht nach de Lionne einigen Argwohn genommen [2]), vollends befestigen, welches auch .. Uns und Frankreich mit der Zeit wohl nicht wenig considerabel und nachteilig sein, auch den mehrern Teil der wohlmeinenden Stände von beiden Religionen, worauf Wir beiderseits im Römischen Reich Unser Interesse fundiret, gar und ganz von Uns absondern und mit Österreich vereinigen könnten." —

P. v. Würtz an die Vormundschaftsregierung. D. Stettin 15. März 1664.

[Märkischer Landtag.]

25. März — Sonsten vernehme ich, daß es mit dem märkischen Landtage zu Berlin in I. Churfl. Durchl. Abwesen gar schläferig zugangen, und daß 2600 zu Fuß

[1]) Vgl. oben S. 695, 714, Urk. u. Akt. Bd. 2 S. 290 ff., Bd. 11 S. 443 f.

[2]) Vgl. oben S. 708.

und 800 Pferde zu werben, ihnen auch angemutet und uf ein zu Fuß 10 Rthlr. und uf ein zu Pferd 40 Rthlr. begehret worden[1]. —

Reichsratsprotokoll 28. März 1664.

Der Reichskanzler trug vor: Bei dem Bündnis mit dem Kurf. handle es sich hauptsächlich um die Garantie Preußens; nur Graf Tott habe dagegen Bedenken erhoben. Er meinte, man sollte Krockow jetzt ein Gegenprojekt geben, worauf ja noch nicht geschlossen würde. 7. April

Tott: warnt erneut vor Offendierung Polens um des Kurf. willen.

Der Reichskanzler: Man sollte dem Kurf. die Souveränität über Preußen nur so weit garantieren, als sie ihm von Polen nicht disputiert wird.

Der Reichsdrost: Damit ist dem Kurf. nicht geholfen. Fast Pohlen skulle vilja consentera härtill och han kunde nå den souverainteten legitime, kunde Pohlen framdeles retractera det samma och då råka vi i håret på hvarandra. —

Schließlich verlas der Reichskanzler das Gegenprojekt[2].

Articuli foederis a parte S. R. Maiestatis Sueciae propositi O. D. [Anfang April 1664][3].

1. Zweck des Bündnisses ist Erhaltung des Friedens und gegenseitiger Schutz gegen jeden Angriff. Der Westfälische Frieden, der Stettiner Grenzrezeß von 1653 und der Olivaer Frieden bilden die Grundlage des Bündnisses. Removeantur obstacula omnia, quae in contrarium ab una alterave parte hactenus irrepserunt aut commissa videri possint. Nec deinceps permittatur, ut quidpiam contra iura tenore supradictorum pactorum uni alterive Confoederatorum competentia fiat contraventio ulla, directe vel indirecte, in ecclesiasticis vel politicis. [Anfang April]

2. Zwischen den beiden Herrschern und ihren Reichen soll Freundschaft herrschen.

3. Pro securitate mutua et conservatione pacis iuriumque acquisitorum wird ein festes Verteidigungsbündnis geschlossen, sodaß, wenn einer von beiden in provinciis aut iuribus huic foederi inclusis angegriffen wird, der andere ihm militärische Hilfe leistet.

4. Der Kurf. garantiert dem König gemäß dem Olivaer Frieden und dem Vertrag mit Moskau vom 21. Juni 1661 Schonen, Halland, Blekinge, Bohuslän, Estland, Livland, Ingermanland, modo et militum numero tali, qui dictae guarantiae et defensioni sit sufficiens et de quo pro periculi magnitudine tunc, cum necessitas exegerit, conveniri potest.

5. Der König garantiert dem Kurf. den Besitz und die rechtmäßig erwor-

[1]) Vgl. Prot. u. Rel. Bd. 7 S. 166 f.

[2]) Vgl. Urk. u. Akt. Bd. 9 S. 777.

[3]) Vgl. Urk. u. Akt. Bd. 9 S. 777.

bene und widerspruchslos besessene Souveränität in Preußen mit einer entsprechenden Truppenmacht, desgleichen den Besitz von Lauenburg und Bütow.

6. Die beiderseitigen Reichsgebiete genießen den Schutz des Rheinbundes.

7. Entspricht Art. 15 des Vertragstextes.

8. Der Herzog von Holstein-Gottorp wird in das Bündnis aufgenommen. Wer sein ius supremum in Schleswig entgegen den dänisch-schwedischen Friedensschlüssen von 1658 und 1660 angreift, gegen den treten beide Verbündete mit den oben festgesetzten Hilfstruppen auf[1]).

9. Die Dauer des Bündnisses ist offen gelassen.

Die Vormundschaftsregierung an die Gesandten in Regensburg. D. Stockholm 29. März 1664.

[Eintritt des Kurf. in den Rheinbund.]

8. April Nachdem des Herrn Churf. zu Brandenburgs Lbden durch Ihre Abgesandten Cracau und Blumenthal allhie und in Frankreich sich anerbieten lassen, daß Sie zu dem Rheinischen Verbündnüß zwar treten, aber vorhero ein und andere darin enthaltene Stücke, welche Sie zum Teil für sich präjudicirlich, zum Teil auch sonst bedenklich hielten, geändert und nach Ihrem beigehender maßen ausgelieferten Project, welches Sie durch ermelten Blumenthal in Frankreich übergeben und nachgehends auch Unserm General Würtz zustellen lassen, gern eingerichtet haben wollten[2]), und Wir nun vermuten, daß diese Sache allda beim Alliancerat mit ehestem in Deliberation kommen und desfalls nötig sein dörfte, daß Ihr voraus Unserer dabei führenden Intention und Meinung in etwas benachrichtiget [werdet], umb Euch auf alles desto eher erklären und eine gnugsame Inclination Unserer Seiten weisen zu können, daß wir S. Lbden mit den andern in solchem foedere begriffenen wohlmeinenden Churfürsten und Ständen zu des gemeinen Bestens desto mehrern Befestigung, soviel an Uns ist, gern näher combiniren helfen wollen, wie Wir auch die Maturirung selbiger Inclusion dem Churf. ausdrücklich recommendiret in demjenigen Gegenproject, welches Wir .. Cracow über die wegen eines mit Uns desiderirten foederis eingelieferte Punctation nun wieder zustellen lassen, so haben Wir demnach gut gefunden, auf obangezogene des Churf. monita Uns dahin hiemit auszulassen, daß, soviel das andere und achte, Uns in specie angehend, concerniret, Wir des ersten halber wohl geschehen lassen können, daß der § „worbei dann dieses absonderlich verglichen pp." aus dem Instrument, welches mit dem Churf. bei dessen Antritt commutiret werden soll, ganz ausgelassen werde, gestalten der casus, worauf selbiger gar gerichtet, ganz vorbei und erloschen, und also die Obligation zu demselben hinfüro ohnnötig. Daß aber desfalls die vorhin schon ausgewechselte in der Confoederirten Händen befindliche instrumenta wieder geändert oder Wir auch des

---

[1]) Vgl. Urk. u. Akt. Bd. 9 S. 782 f.

[2]) Vgl. Urk. u. Akt. Bd. 2 S. 290 ff., auch Bd. 11 S. 442 ff. und Koecher, Gesch. von Hannover und Braunschweig, Bd. 1 S. 330 f.

Churf. anderm Begehren nach ratione Unsern Anteils Pommern eine mehrer Mannschaft willigen sollten, solches befinden Wir ganz ohnrecht; jenes wegen der daraus dem foederi zu nicht geringem Nachteil befahrenden Confusion und dieses darumb, daß Wir allschon ein mehres an Volk über Uns genommen und würklich beim Alliance-Corps haben, als von beiden Herzogtümbern Uns nach der Matricul sonst zukäme, nach welcher gleichwohl die übrige Alliirte zum meisten Teil ihr Quantum proportioniret und teils auch noch weniger als solches bedungen. Dem Churf. wird auch ratione aller seiner Lande in Teutschland nach eben selbigem Anschlage wohl nicht weniger, als wozu er sich anerboten, gebühren, und er desfalls nicht Ursache haben, Unsern wegen einig neues Geding fürzuschreiben.

Wegen der übrigen Erinnerungen insgesampt könnet Ihr Euch den maioribus zwar conformiren, gleichwohl dabei für allem beobachten, daß Ihr nichtes ratet und eingehet, welches Ihr dem foederi und dessen Erhaltung auf einige Weise nachteilig zu sein urteilet, desfalls Ihr dann auch alles in consilio wohl erwägen und die dienlichste temperamenta dabei zu beobachten suchen werdet, umb nicht Anlaß zu geben, daß durch dergleichen Änderung das Werk in Unordnung gerate, und wo nicht gar dissolviret, jedoch ein und anderm die Hände los gemachet werden, sich demselben gar zu entziehen. Dazu dann auch von der widrigen Partei zweifelsohn mit allem Fleiß Gelegenheit gesuchet wird; desfalls man auch anfangs die Churbrandenburgische zu überreden trachten könnte, daß ihr Herr in das foedus, prout iacet, treten und seine Anerinnerungen bis zu künftiger Prolongation des Bündnüsses aussetzen lassen wollte. —

Die Vormundschaftsregierung an den Gesandten in Polen, Palbitzky. D. Stockholm 30. März 1664.

[Rücksicht auf Polen bei den Bündnisverhandlungen mit Brandenburg.]

Das brandenburgische Allianceprojekt und das schwedische Gegenprojekt 9. April werden P. unter besonderm Hinweis auf den die Souveränität in Preußen betreffenden Punkt mitgeteilt[1]). P. könne daraus ersehen, huru Vi uti respect af Polen, hvilket rike Vi önska ett lyckligt välstånd och att råka tillsamman med uti ett närmare förtroende, hafva den puncten sobrement hanterat, så att Vi med flit hafva de orden iure sibi legitime concesso et sine controversia possidetur inrycka låtit, hvilket I uti följe af Eder instruction .. skolen mesnagera. Ty består Pohlen, att det ius är honom legitime concederat, och han det sine controversia possiderar, så sker med denne tractaten dess stat intet förnär, hvilkets vänskap Vi härmed uti ingen måtto vilja läderat eller kränkt hafva. —

---

[1]) Vgl. oben S. 723 f.

Die Vormundschaftsregierung an die Gesandten beim Regensburger Reichstag. D. Stockholm 6. April 1664.

[Wahrung der Rechte des kgl. Hauses auf die Jülich-Clevischen Lande bei Aufnahme des Kurf. in den Rheinbund.]

16. April „Wir zweifeln nicht, Ihr werdet das Projekt, welches Wir dem churbrandenburgischen Abgesandten Cracou wegen seines Herrn mit Uns desiderirenden absonderlichen foederis ohnlängst zustellen lassen, bereits wohl empfangen und Unsere dabei führende Intention mit mehrem aus demselben vernommen haben. Gleichwie aber nachgehends gemeldter Abgesandter bei denen Articulen selbigen Projects dieses erinnert, daß inter ditiones defendendas die Gülich-, Clev- und Bergische Lande nicht mit aufgeführet, und Wir gleichwohl in der Rheinischen Alliance Pfalz-Neuburg sein daran besitzendes Anteil verteidigen zu helfen über Uns genommen, desfalls dem Churf. auch ein gleiches nicht versagen könnten, insonderheit wann derselbe mit in gesagtes Rheinische Verbundnüß treten sollte, und Wir ihm nun darauf antworten lassen, daß Wir ihm solche Lande, so wie Wir es im Anfange schon präcaviret, nicht guarantiren könnten, indem Wir ihm sonst wider Unsere ratione Unseres Stammhauses Pfalz an selbige Länder habende eigene rechtmäßige iura würden versichern müssen, also haben Wir auch nötig gefunden, Euch dieser Controversie halber dahin gnädigst zu bedeuten, daß, wann bei Einschließung des Churf. in mehrgenanntes Rheinische foedus dieselbe auch auf die Bahn kommen sollte, Ihr da zu einem solchen Expedient zu raten bedacht seid, daß gemeldte Gülich-, Cleve- und Bergische Lande sowohl ratione des Churf. als Neuburg aus den tabulis foederis entweder gar ausgelassen oder auch von denen andern Alliirten bedungen würde, daß sie keinem Teil wegen der darüber, es sei zwischen ihnen oder sonst entstehenden Tätlichkeiten, zu assistiren gehalten sein wollen.“ Es sei hiermit lediglich beabsichtigt, „daß Wir durch dieses oder ein anders Mittel Unsere gedachter maßen an selbigen Landen habende iura in integro behalten können“. —

Der Kurfürst an den König. D. Cöln a. d. Spree 2. Mai 1664.

[Vollziehung der schwedischen Belehnung. Türkenkrieg.]

12. Mai Redintegrata inter Augustissimum Imperatorem ac R.^{iam} Maj.^{tem} V.^{am} pace firmandae quoque fiduciae gratia omnia, quae circa R.^{iae} Maj.^{tis} V.^{ae} investiturae negotium occurrebant, removeri optavimus obstacula, adeoque nuper de rite auspicatoque peractis, quae illud concernebant, nuntio, non possumus non laetari, vota officiaque Nostra eousque locum habuisse[1]. ..Certa enim spe freti sumus, fore, ut hac ratione inter Nos atque cum Caesarea Maj.^{te} armis animisque pariter coniuncti communem christiani nominis hostem reprimamus assertisque Imperii finibus gementes sub eiusdem iugo et praeter auxilia Nostra nullam salutis spem foventes pristinae vindicemus libertati vicinos. —

---

[1]) Vgl. Urk. u. Akt. Bd. 11 S. 234, 239.

Proiectum Brandeburgicum secundum. Praes. Stockholm 28. Juni 1664.

1. Entspricht zunächst dem schwedischen Projekt[1]). Statt des Passus Removeantur obstacula wird hier die in Art. 2 des Vertrags übergegangene Formulierung vorgeschlagen: Si quid autem praeter spem irrepat usw. 8. Juli

2. Im wesentlichen unverändert.

3. Etwas erweitert: pro securitate mutua et conservatione provinciarum, ditionum, statuum ac iurium hocce foedere determinatorum, und entsprechend: si alter paciscentium in provinciis, ditionibus, statibus aut iuribus ... invadatur.

4. Der Kurf. übernimmt die Garantie Livlands contra Olivae paciscentes eiusdem modo et numero militum infra definito.

5. Der König garantiert auch was Polen ihm in Wehlau und Bromberg zugesagt und der polnische Reichstag von 1658 bestätigt hat. Lauenburg und Bütow werden in dem brandenburgischen Entwurf nicht erwähnt.

6. Die Reichsgebiete genießen den Schutz des Westfälischen Friedens und des gegenwärtigen Bündnisses.

7. Die schwedische Hilfe ist innerhalb von 2 Monateen von der Requisition an gerechnet, zu leisten und besteht in 4000 Fußsoldaten und 1000 Reitern[2]).

8. Der Kurf. wird innerhalb 2 Monaten 2000 Fußsoldaten und 500 Reiter stellen.

9. = Art. 10 des Vertragstextes.

10. = Art. 11 des Vertrags, doch fehlt im Entwurf der Schlußsatz habita tamen semper ea ratione.

11. Quicquid de aggressorum ditionibus, in quas utraque pars nil habet quod praetendat nisi ex iure belli, praedicti domini Rex ac Elector in suam potestatem redegerint, ex aequo pro ratione praestiti auxilii inter se partientur.

12. = der ersten Hälfte von Art. 12 des Vertragstextes. Der Entwurf endet mit pro utroque exercitu simul.

13. = Art. 13 des Vertragstextes.

14. Im wesentlichen = Art. 7 des schwedischen Entwurfs, doch wird namentlich noch Polen genannt, auf dessen Beitritt man hofft.

15. Das Bündnis gilt 10 Jahre.

Die Vormundschaftsregierung an den Gesandten in Polen, Palbitzky. D. Stockholm 1. Juli 1664.

Soweit sie erfahren, ist Blumenthal in Paris weder Preußen noch Elbing garantiert worden[3]). Die Vertragsverhandlungen mit Crockow sind nicht vor- 11. Juli

---

[1]) Vgl. oben S. 723 f., dazu Urk. u. Akt. Bd. 9 S. 781 ff., 786, Prot. u. Rel. Bd. S. 185.

[2]) Vgl. Urk. u. Akt. Bd. 9 S. 777, 782.

[3]) Vgl. v. Moerner S. 260 Nr. 143.

wärts gekommen; dieser habe sich mehr zurückgehalten als vorher, und zwar, wie sie deutlich merken, mit Rücksicht auf einen zwischen dem Kurf. und Moskau bestehenden Vertrag [1]). Sie wollen zunächst abwarten, was P. in dieser Frage aus Polen berichten wird.

Die Vormundschaftsregierung an die pommersche Regierung. D. Stockholm 20. August 1664.

[Versuch zur Beilegung der in Pommern mit dem Kurf. bestehenden Differenzen.]

30. Aug. Am 19. Oktober wolle der Kurf. in seinen pommerschen Landen die Erbhuldigung entgegennehmen, wozu sie gemäß dem Stettiner Grenzrezeß Kommissare zur Eventualhuldigung abordnen sollen [2]). Der Kurf. habe durch Crockow vorgeschlagen, zu versuchen, „ob die Irrungen, so zwischen Unserm daselbigem Herzogtumb und denen churfl. Landen annoch bewußter maßen schweben, .. in der Güte abgetan und verglichen werden können. Darüber Ihr aber gemeldte Unsere Commissarien solcher gestalt zu instruiren, als Ihr es zu Behauptung Unseres Rechtens diensam findet; derowegen sie lieber in dem ein und anderm, welches sie von mehrerm Gewicht finden, die gegenteilige zum Vergleich geschehende Fürschläge ad referendum annehmen und Uns folgends dieselbe eröffnen können.

Unter allem dem aber sehen Wir gern die Streitigkeit beigeleget, welche zwischen Unser Stadt Stettin und der Stadt Frankfurt der Niederlage halber Eurem Wohlwissen nach obhanden [3]), und welche die Handlung auf dem Oderstrom nicht umb geringes viel Jahr hero gehemmet; in behuf dessen Ihr von dem Magistrat daselbst nicht allein eine gründliche Information von der Sachen Bewandtnüß nehmen, besondern auch demselben freigeben könntet, zu desto mehrer Beforderung der Sachen jemand aus ihrem Mittel mitzusenden.“ —

Memorial für den Reichsfeldherrn und Gouverneur von Vorpommern Grafen v. Wrangel. D. Stockholm 5. Oktober 1664 [4]).

[Die Erfurter Frage. Eintritt des Kurf. in den Rheinbund und sein Bündnis mit Schweden.]

15. Okt. Mitteilung, was das Haus Braunschweig durch den Gesandten Heimburg in Stade wegen des Erfurter Unwesens und der daraus zu befürchtenden weitern Unruhe im Reich habe vorstellen lassen [5]), „dabei in Fürschlag bringend, daß I. Kgl. Maj. sich mit Churbrandenburg, selbigem fürstlichem und dem landgräflichem Hause Hessen in nähere Vereinigung, umb sotanem Unheil in Zeiten Rat zu schaffen, setzen und desfalls über Zeit und Ort mit ihnen sich vereinbaren möchten, umb

[1]) Vgl. Urk. u. Akt. Bd. 9 S. 780, 785 ff.

[2]) Vgl. v. Moerner S. 171 § 27, Urk. u. Akt. Bd. 9 S. 790 ff.

[3]) Vgl. oben S. 719.

[4]) Vgl. Urk. u. Akt. Bd. 9 S. 793.

[5]) Vgl. Köcher, a. a. O. S. 337 f., Urk. u. Akt. Bd. 9 794, auch Bd. 11 S. 397 f.

allerseits Gevollmächtigte zusammentreten und darin einen gemeinnützigen Schluß machen zu lassen".

Falls Wrangel nicht Gelegenheit zu persönlicher Aussprache mit dem Kurf. findet, soll er den Präsidenten Kleihe [1]) und den Regierungsrat von der Lancken dazu abordnen und sie anweisen, bei solchem Vereinigungswerk das instrumentum pacis Westphalicae durchaus als Richtschnur zu nehmen.

Sollte der Kurf. von Schweden „separate Hülfe .. prätendiren, ist von denen Abgesandten zuforderst wohl zu beobachten, ob 1. der Churf. allschon zum Rheinischen Bündnüß getreten oder nicht. Und wann solches 2. annoch nicht geschehen, er sich auch dazu verstehen wolle. Auf den Fall aber 3. die Churfl. sich dessen ausdrücklich verweigerten oder auch definitive zu antworten mittelst Beibringung ein und anderer Ausflüchter recusireten, werden I. Kgl. Maj. Deputirte denenselben anerinnern, daß gleichwohl I. Kgl. Maj. nicht anders wüßten, dann daß der Churf. dem König in Frankreich versprochen, in die Alliance mit einzutreten, und also 4. sie, Abgesandten, auf diesen von I. Kgl. Maj. nicht vermuteten Verwegernüßfall keine Ordre hätten, wenn sie sich darunter erklären sollten, jedennoch 5. wohl und gnugsam wüßten, .. daß sie mit dem Churf. und dessen Land und Leuten alle nachbarliche gute Freundschaft und Vertraulichkeit pflegen und nichts, was zu Cultivirung dessen dienen könnte, bei ein und anderer darzu habenden Gelegenheit unterlassen sollten. —

Sofern der Herr Reichsfeldherr auch mit dem Churf. etwa persönlich zusammen und sie mit einander oder auch auf obangerührtem conventu I. Maj. Abgesandten mit den Churfl. zu reden kämen von dem Tractat, welcher mit dem Abgesandten Cracaw allhie eine Zeit lang obhanden gewest, so wird der Herr Reichsfeldherr sich aus der suite guter maßen anerinnern und die Abgesandten davon auch gründlich zu informiren belieben, daß I. Kgl. Maj. gleich anfangs das desfalls geschehene Anerbieten wohl gefallen und durch gewisse dazu verordnete Commissarien mit ihm, Cracaw, darüber in Conference treten lassen, man aber in desselben dabei folgende gebraucheten procedere sich nicht wohl finden können, indem er zuerst eine so ample Bündnüß projectiret, daß er beiderseits respective Reich und Lande insgesamt auch contra quoscumque einschließen [2]), nachgehends aber, und als man über das Project sich versprochen und die bei ein und anderer Province und Orten mit unterlaufende absonderliche considerationes erwogen, hat der Abgesandter allmählich angefangen, I. Maj. Reich und Lande nach einander auszuschließen und von dem ersten Project so weit zu reculiren, daß er es endlich allein auf beiderseits teutsche Provincen und dann Livland und die churfl. preußische Lande und Souverainität gerichtet, ratione Livland und Preußen auch es contra paciscentes Olivae allein verstanden haben wollen [3]). Umb aber zu bezeugen, daß I. Kgl. Maj. serio incliniren, mittelst anständlicher Schließung selbigen Bündnüsses mit dem Churf. in eine nähere Vertraulichkeit zu geraten und dadurch nächst

---

[1]) Regierungspräsident in Stade.

[2]) Vgl. Urk. u. Akt. Bd. 9 S. 755 ff.

[3]) Desgl. S. 772 ff.

desto mehrer Versicherung ihrer beiderseits Estats sich auch zu Suffulcirung des evangelischen Wesens, bevorab bei dieser demselben auf allerhand Weise fürscheinenden Gefahr umb so viel considerabler zu machen, so werden I. Kgl. Maj. ein neues, der Hoffnung, dadurch dem Churf. zur Vergnügung gereichendes Project formiren, gleichwohl davon beiderseits im Römischen Reich belegene Provincien ganz ausschließen lassen, aus Ursach, daß I. Kgl. Maj. vermuten, der Churf. sein obangeregtes Versprechen, umb in die Rheinische Verbündnüß zu treten, erfüllen und solche Lande mittelst dergleichen Guarantie eine so viel kräftigere Sicherheit haben werden. Sollte aber der Churf. dergleichen Cession beständig abschlagen, auch dazu und daß er lieber zu einer absonderlichen Alliance resolviren und darin sotane teutsche Lande mit eingeschlossen haben wollte, ein — und andere Ursachen anführen, wird der Herr Reichsfeldherr oder die Abgesandten selbe notiren und I. Kgl. Maj. zu weitern Überleg- und Entschließung benachrichtigen.

Würde auch ex occasione [der] ob fürgeschlagenen Vereinigung der Gülichschen Sache und Lande halber mit denen Churbrandenburgischen Rede fürfallen, es sei wegen Pfalz-Neuburg, Sachsen oder anderen, so haben die Abgesandten sich anzuerinnern und wohl zu beobachten 1. die rechtmäßige Ansprüche, welche I. Kgl. Maj. als Pfalzgraf zu Zweibrücken auf solche Lande haben, 2. was das instrumentum pacis über selbige Sache und Streitigkeit disponiret, und was dannenhero 3. für Behutsamkeit unter so vielen Prätendenten von nöten, damit I. Kgl. Maj. Rechten kein Nachteil noch Praejudice zugezogen werde, und 4. daß I. Kgl. Maj. mit dem Pfalzgrafen von Neuburg in guter und vertrauter Freundschaft, als einem Mitglied der Rheinischen Verbündnüß, stehen." —

Reichsratsprotokoll 3. November 1664.

[Fortsetzung der Allianzverhandlungen mit Crockow.]

13. Nov. Der Reichskanzler fragte, ob man sich mit dem Kurf. in nähere Allianz einlassen solle. Er berichtete, wie weit man mit Krockow gekommen sei, och kan man med gott maner intet träda därifrån, efter han vill ändligen veta, huru hans herre här är considererad och om han hafver något att vänta därpå.

H. Riksdrotsen frukter, att Pohlen lärer illa taga upp detta accordet med Brandeburg. Men där han vill guarantera Sverige emot Lyfland och den sidan, råder han, att man tager emot detta bod[1]).

Die Vormundschaftsregierung an Wrangel. D. Stockholm 8. Dezember 1664.

[Erfurter Frage.]

18. Dez. — Weiln nun — die Occasion, der Stadt Erfurt zu helfen, fürbei[2]), so haben

[1]) Vgl. Urk. u. Akt. Bd. 9 S. 795 f.

[2]) Vgl. Urk. u. Akt. Bd. 11 S. 407 f.

Wir auch kein so großes Interesse mehr, mit [in] die obiger maßen in Fürschlag gebrachte Zusammenkunft und Unsere Vereinigung zu dringen, besondern wollen vielmehr, daß Ihr die Sache Unser Seite so lang in Ruhe stehen lasset, bis man Uns dazu weiter requirire und Zeit und Ort zu Beeinkunft bestimme. Alsdann Ihr auch die Unserigen der vorigen Verordnung nach dahin gehen und den Einhalt mehr vorgemeldten Memorials sich zur Richtschnur ihres Verhaltens fürstellen lassen könnet. —

Die Vormundschaftsregierung an Palbitzky. D. Stockholm 21. Dezember 1664.

[Die preußische Souveränität ist dem Kurf. von Frankreich nicht garantiert.]

Man habe Crockows Angabe, daß Frankreich dem Kurf. die preußische Souveränität garantiert habe, dahin gestellt gelassen, bis man aus Frankreich selbst darüber Nachricht erhielt. Såsom det nu genom Ambassadeuren Terlon skett är[1]), så vilja Vi Eder till efterrättelse däraf part gifva, att I mågen däraf se, med hvad uppriktighet de omgå, och så fuller i Polen bestå, att den Brandenburgiske här drifver på en tractat, och att Vi den väl torde sluta, såsom Vi till Vårt fog kunna allegera de Eder medgifvna raisoner. Men så kunde hända, att Vi Oss icke därmed förhastade, helst när Vi pröfva en så ringa sinceritet, och där Vi ändligen sluta skulle, så kunnen I väl det polska hofvet tillkänna gifva, att det intet skall löpa emot den intention, som Vi sinnade äre, med Polen att utföra. 31. Dez.

Reichsfeldherr Graf Karl Gustav von Wrangel an die Vormundschaftsregierung. D. Wolgast 21. Dezember 1664.

[Bevorstehende Zusammenkunft mit dem Kurf.]

Teilt mit, „daß I. Churfl. Durchl. zu Brandenburg durch den Fürsten von Anhalt mir zu unterschiedlichen Malen zu verstehen gegeben, was gestalt Sie Beliebung trügen, bei meiner jetzigen Anwesenheit hier außen mich einst gegenwärtig zu sprechen. Als nun bemeldter Churf. neulich einen Trompeter anhero geschicket, und daß Sie zu solchem Ende und, umb eine Tour zu Sr. Churfl. Lbden zu tun, mir desto mehr Gelegenheit zu geben, sich auf den 4. Januarii st. vet. in dero Festung Cüstrin befinden wollten, dabei angefüget, habe ich solches nicht ausschlagen können, sondern Sr. Churfl. Durchl., daß bei deroselben ich mich gegen die Zeit einstellen wollte, gehorsamlich geantwortet. 31. Dez.

Nun werde ich bei meiner Dahinkunft sehen, ob auch hochgedachter Churf. von dem Erfurtischen Wesen und den jetzigen Conjuncturen ein und anders zu gedenken selbst anfangen und mir Anlaß geben werden, von E. Kgl. Maj. bei diesem Werke führenden Intention aus der mir .. erteilten Instruction mit deroselben communiciren zu können“. —

---

[1]) Vgl. Urk. u. Akt. Bd. 9 S. 798, Recueil des instructions Bd. 2 S. 68.

Reichsfeldherr Graf Karl Gustav von Wrangel an die Vormundschaftsregierung. D. Küstrin 10. Januar 1665.

[Die Erfurter Angelegenheit und ihre Folgen. Lubomirski und die polnische Thronfolge. Vertragsverhandlungen mit Schweden. Beziehungen Schwedens zum Kaiser.]

20. Jan. Ist am 5./15. Januar zum Kurf. gekommen und von diesem „dergestalt gnädig und wohl empfangen und bisher tractiret worden, daß daraus nicht anders zu verspüren gewesen, denn daß dieser Congreß Sr. Durchl. gar lieb und angenehm sein müsse; gestalt Sie dann Dero habende Begierde, mit E. Kgl. Maj. in sincerer Freundschaft zu verharren, auch in nähere Verständnüß zu treten, umb Dero beederseits gemeines Interesse und der evangelischen Stände in Teutschland Sicherheit zu conserviren sowohl von selbsten als durch den Fürsten von Anhalt mir vielfältig zu verstehen geben.

Gleichwie aber die Erfurtische Sache und das polnische Wesen die gemeine Materie ist, wovon bei dieser Zeit allhier Discourse gemachet werden, also habe von I. Churfl. Durchl. genugsam vernehmen können, daß Dieselbe mit der Churmainzischen Procedur und des Churf. zu Sachsen hiebei verspürten Kaltsinnigkeit und höchst präjudicirlichen Comportement[1]) im geringsten nicht zufrieden sein, auch gerne gesehen hätten, da hochgedachter Churf. seines dabei habenden Interesse halber nichtes reales tun, vielmehr, wie sich hernach herfürgetan, zu Beforderung des Churmainzischen Desseins cooperiren wollen, daß dennoch im Namen des Obersächsischen Kreises jemand nur mit einer geringen Mannschaft in die Stadt geleget worden wäre, bei welcher Bewandtnüß denn beides dem Churf. zu Mainz zu Erreichung dessen, was ihm des ausgesprochenen Urteils und Rechts wegen zukommen mögen, angedienet, die Stadt bei ihrer Freiheit in Religions- und Profansachen, auch der Obersächsische und andere angrenzende Kreise in besserer Sicherheit, als man jetzo gestalten Sachen zu vermuten hätte, conserviret bleiben können. Nachdem aber nunmehr die Stadt in solchen Zustand geraten, daß dieselbe nicht allein dem Churf. die Erbhuldigung geleistet, sondern auch die gemeine Bürgerschaft über diese Veränderung wohl vergnüget zu sein, sich vermerken lassen und fast darüber, wie ausgegeben wird, frohlocken solle, der Churf. zu Sachsen auch seiner darunter leidenden Gerechtsame halber noch zur Zeit keine sonderliche Empfindlichkeit contestiret, so hielten Sie dafür, daß rebus sic stantibus auf die Restitution selbiger Stadt weiter nicht, wohl aber auf die Conservation der übrigen Örter, so dem Vermuten nach in catalogo damnatorum begriffen sein möchten und der Stadt Erfurt vielleicht nachfolgen sollten, wie auch in quemcumque alium casum die consilia zu richten sein möchten. Wobei S. Durchl. dennoch dafür halten, daß durch eine absonderliche Verbindung etzlicher evangelischen Stände der Sachen mehr geschadet als gedienet werden und den Catholischen, welche außerdem den Evangelischen anjetzo mit Kräften überlegen wären, zu einer absonderlichen Gegenverbündnüß und öffentlichen Ruptur Anlaß und Gelegenheit gegeben werden könnte. Darumb Sie auch Dero nacher dem braunschweigischen Convent Deputirten befohlen hätten, sich mit

[1]) Vgl. Urk. u. Akt. Bd. 11 S. 373 f., 383, 390, 413 ff.

der andern Stände Abgeordneten unter der Hand und nicht in einer solennen Zusammenkunft, umb alle ombrage bei den Catholischen zu vermeiden, sich besprechen sollten [so], wie man sich auf dergleichen mehr begebende Fälle zu verhalten und insonderheit bei verspürter absonderlichen Verbündnüß der Catholischen gegen dieselbe sich vorsehen könnte, wiewohl Dieselbe noch lieber gesehen, daß die Zusammenschickung noch zur Zeit gar unterlassen würde und man zufoderst über dem, was bei dergleichen Convent vorzunehmen sein möchte, unter der Hand mit einander sich vertraulich besprochen hätte.

Gleichwie ich nun obige des Churf. entdeckte Meinung E. Kgl. Maj. führendem Sentiment allerdings beistimmig befunden, also habe ich auch davon Sr. Churfl. Durchl. etwanniges part gegeben, und weil ich der Zeit nicht anders vermuten können, als daß die andern fürstl. Häuser die Ihrigen nacher Braunschweig abfertigen und der Präsident Kleihe auf der Reise dorthin bereits aufgebrochen sein würde, darneben verstanden, daß der brandenburgische Deputirter, Canzler Jena von Halberstadt, in einem Tage dahin gelangen könnte, bin ich willens gewesen, den Kanzler Sternbach, welcher sich auch bereits zur Reise equipiret gehabt und nur von mir, umb ihn nach verstandenen des Churf. Gedanken so viel besser instruiren zu können, mit anhero genommen, sofort von hier zu dimittiren." Dann aber hat er erfahren, daß Braunschweig auf die Vorstellungen des Kurf. diesen Konvent verschoben hat[1]). Er stellt anheim, ob man sich über diese Fragen zuvor mit dem Kurf. und dann auf dem Obersächsischen Kreistag[2]) mit den andern evangelischen Fürsten verständigen solle. „S. Churfl. Durchl. aber halten davor, daß es fast besser sein und weniger Ombrage geben würde, wann die Herren Principalen unter sich selbsten vorhero zusammenkämen und sich mit einander vereinigten. —

Bei dem polnischen Wesen wird die Verurteilung des Cronmarschall Lubomirski und darauf erfolgete Ufhebung des Reichstages allhie sehr apprehendiret, sodaß ich eine sonderliche Inclination dieses Hofes zu demselben vermerken können[3]). Es hatte sich aber S. Churfl. Durchl. noch zur Zeit, wohin Dieselbe wegen künftiger Succession incliniren, expresse nicht ausgelassen, außer daß ich aus den gehabten Discoursen abnehmen können, daß Sie nicht gerne sehen, wann selbige Cron an eine frembde Partei geraten sollte. Sonsten hat der Fürst von Anhalt mir in Vertrauen zu verstehen gegeben, wie daß I. Churfl. Durchl. gerne wissen möchten, wohin doch E. Kgl. Maj. wegen der polnischen Succession inclinirten; denn I. Durchl. solchen Dessein Ihres Teils nicht alleine mit Rat sondern auch im Werk und in der Tat möglichst secondiren wollten.

Als ich nun darauf geantwortet, daß, soviel mir hievon wissend wäre, E. Kgl. Maj. noch zur Zeit auf dergleichen nicht gedacht hätten, ich hielte aber davor, das ratsamste zu sein, umb einen und andern zur Offense keine Ursache zu geben, daß man sich davon abstrahirte und den Zeiten solches committirte,

---

[1]) Vgl. Köcher, Gesch. von Hannover und Braunschweig Bd. 1 S. 339 f.

[2]) Vgl. Urk. u. Akt. Bd. 11 S. 425 ff.

[3]) Vgl. Urk. u. Akt. Bd. 12 S. 237 ff.

zumalen keine Pericul in mora wäre und der König noch viel Jahr leben könnte; welches denn hochgedachter Fürste ebener gestalt am besten zu sein gehalten [so].

Sonsten habe ich im Discourse mit S. Churfl. Durchl. vernommen, daß man wegen solcher Succession auch ein Absehen auf die 4 catholische Fürsten Neuburg, Baden, Lüneburg und Mecklenburg haben mögen. Als ich nun dabei von Neuburg etwas mehr Worte machete, und daß mit demselben es nicht übel geraten sein möchte, mich gesinnen ließe, haben zwar I. Churfl. Durchl. nichtes dawider gesaget, gleichwohl aber eine gar merkliche Kaltsinnigkeit dabei verspüren lassen [1]).

Wegen des negotii, so der churfl. Resident Crackaw bei E. Kgl. Maj. incaminiret, haben S. Churfl. Durchl. gegen mir, wiewohl Sie davon zu reden, unterschiedliche Gelegenheit gehabt, keine Erwähnung getan, sodaß es scheinet, als ob Sie entweder von mir einig sonderbares Anbringen oder von dem Residenten noch einige Nachricht erwarteten. Gegen den Canzler Sternbach aber haben Sie erwähnet, als beruhete es auf den Punct wegen den Muscowitter; der möcht aber gegen Schweden oft Händel anheben, auf welchen Fall Ihren Landen, so von Moscaw ferne entlegen wären, jedesmal E. Kgl. Maj. zu assistiren schwer fallen würde. Es hätte aber die Guarantie wegen Preußen aus dem Olivischen Frieden seine [so] Richtigkeit [2]). —

Sonsten haben S. Churfl. Durchl. von mir im Vertrauen zu wissen begehret, ob bei E. Kgl. Maj. von kaiserlicher Seiten eine Alliance gesuchet wäre [3]). Als ich nun darauf geantwortet, daß mir davon nichtes wissend und bei meiner Anwesenheit dergleichen nicht vorgekommen, haben Dieselbe mir weiter zu vernehmen geben wollen, wie Deroselben, daß I. Kaiserl. Maj. dazu inclinirten, wäre zugeschrieben, auch zugleich, ob es E. Kgl. Maj. angenehm sein möchte, sondiret und Sr. Churfl. Durchl. Sentiment darüber begehret worden. Fragten demnach, was ich davon hielte und ob dazu einige Hoffnung zu machen stünde. Ich habe darauf, worzu und wider wen solche Alliance angesehen sein sollte, gefraget, worauf S. Churfl. Durchl. mir hinwieder zur Antwort geben, daß dieselbe zu Stabilisirung guter Freundschaft und vertraulichen Vernehmens sonder Zweifel intendiret würde, worbei ichs auch bewenden lassen.“ —

Der Kurfürst an den Reichsfeldherrn Graf Karl Gustav von Wrangel. D. Cölln a. d. Spree 2. Februar 1665.

[Besorgnis des Kurf. wegen der gegen ihn gerichteten Intrigen des schwedischen Gesandten in Polen, Palbitzki.]

12. Feb. — P. S. „Habe Ich Demselben in gutem Vertrauen nicht bergen wollen, was Gestalt Ich nun eine geraume Zeit hero viele Dinge von des Palbitzky in Polen geführeter Handlung und gehaltenen Discoursen vernommen, welche

1) Vgl. Urk. u. Akt. Bd. 12 S. 243, 250, Bd. 11 S. 509, 528.

2) Vgl. Urk. u. Akt. Bd. 9 S. 795 ff.

3) Vgl. Geijer-Carlson Bd. 4 S. 444, Urk. u. Akt. Bd. 9 S. 773 f.

zu Meiner höchsten Beschimpfung und Nachteil gereichen [1]). Ich habe zwar Bedenken getragen, bishero viel Werks hiervon zu machen oder Mich darüber zu beschweren, weiln Ich gehoffet, jedermänniglichen würde aus der Sache selbsten gnungsamb abnehmen können, wie alle seine verläumbderische Discoursen aus Privat-Affecten und böshaftigem Haß und Neid, welchen dieser Mensch wider Mich tragen muß, herrühren täten. Nachdeme Ich aber anjetzo mit höchster Verwunderung und ganz unvermutlicher Weise erfahren muß, daß seine in Polen wider Mich und Meine Conduite ausgesprengte Calumnien bei ein und anderen vornehmen ministris, ja bei dem König selbsten nicht weinig gewürket, indem er seinen als publicus Regni Sueciae minister gehabten caracterem hierunter mißbrauchet, zu Bestärkung seiner unerfindlichen Auflagen auch, womit er Mich graviret und wordurch er Mich wohl gar mit der Republicq collidiren sollte, einige von Mir vor diesem an die Kgl. Maj. zu Schweden abgelassene Originalschreiben fürgezeiget haben, anjetzo auch wiederumb auf der Reise nacher Polen begriffen sein soll, da er dann außer Zweifel mit solchen Discoursen weiter continuiren und, was er für diesem angebracht, aufs beste zu bestärken und zu bekräftigen suchen möchte, so kann der Herr Graf leichtlich ermessen, daß ich dieses alles nicht länger dergestalt still ansehen noch Mich und Meinen guten Namen und Respect von dergleichen Leuten unverantwortlicher Weise ferner also tractiren lassen könne.

Und weil Ich versichert bin, daß I. Kgl. Maj. in Schweden und die jetzige Regierung daselbst, absonderlich auch der Herr Graf, .. diese Proceduren nicht approbiren, weiniger dem Palbitzky dergleichen in Befehl und Instruction gegeben haben, als ersuche den Herrn Grafen günstiglich, Er wolle Mir in gutem, aufrichtigen Vertrauen Seine Sentimenten und Meinung von dieser Sache eröffnen. Es ist demselben Meine gegen die Kron Schweden tragende aufrichtige Intention gnungsamb bekannt; ja Ich habe solche, wie auch Meine Begierde, mit derselben in guter, beständiger Freund- und Nachbarschaft zu leben, der ganzen Welt Meines Ermessens dardurch rattsam erwiesen, daß Ich nun ins dritte Jahr meine Bedienten zu Stockholm gehalten und dardurch nichts anders als die aufgerichtete Freundschaft je mehr und mehr zu befestigen und das gute Vertrauen durch eine engere und nähere Verbündnüß zu vergrößern, auch dardurch des evangelischen Wesens Sicherheit und Wohlfahrt aufs beste zu befordern, intendiret habe. Desto mehr es Mich dann billig schmerzet, daß dieser Mensch dergleichen Sachen von Mir spargiren darf. Und weil er darin, wie Ich vor erwähnet, einiger Originalschreiben von Mir sich bedienen solle, so ist gleicher gestalt Mein günstiges Gesinnen, der Herr Graf wolle Mir mit weinigem Nachricht geben, was dann dieses für Briefe sein mögen. Sollten es einige Schreiben sein, welche Ich mit I. Kgl. Maj. Zeit währender Conjunction Unserer Waffen wider Polen gewechselt habe und worin Ich wohl bisweilen ein und anders in Vertrauen, nachdem es die damalige Conjuncturen und das gemeine Interesse erfordert, geschrieben, so würde Mir sehr ungütlich geschehen, ja es würde wider

[1]) Vgl. Urk. u. Akt. Bd. 12 S. 258, 265, 274, Prot. u. Rel. Bd. 7 S. 243.

den aufgerichteten Olivischen Frieden laufen, daß man dieser Dinge sich anjetzo auf solche Weise mißbrauchen wollte. Ich kann Mir auch nimmer einbilden, daß der Herr Graf oder sonsten jemand von der schwedischen Regierung solches approbiren, viel weiniger aber, daß etwas hierunter auf I. Kgl. Maj. Befehl geschehen sein sollte. Deswegen Ich dann auch desto weiniger Nachdenken gehabt, dieses alles mit dem Herrn Grafen, ehe und bevor Ich desfalls etwas an I. Kgl. Maj. selbsten bringen wollen, offenherzig zu communiciren."

W. möchte durch den Trompeter antworten, der diesen Brief überbringt.

Die Vormundschaftsregierung an den Reichsfeldherrn Grafen v. Wrangel. D. Stockholm 11. Februar 1665.

(Auf den Bericht vom 10./20. Januar.)

[Polen. Zusammengehen mit dem Kurf. in der Erfurter und in den hiermit zusammenhängenden Reichsangelegenheiten ist wünschenswert.]

21. Feb. — Zuforderst aber ist Uns der Rapport, welchen Ihr von Eurer mit des Herrn Churf. zu Brandenburgs Lbden gepflogenen Unterredung gegeben, sehr angenehm und in unterschiedlichen Dingen zum gar gutem Unterricht gewest. Und finden Wir der über das polnische Wesen gefallenen Censur halber nichtes zu erinnern, weilen solches noch viel veränderlichen Zufällen unterworfen und mit der Zeit auch Rat zu hoffen ist. Allein wegen der Erfurtischen und anderer mehr davon herrührenden Ungelegenheit in Teutschland ist Uns sonders lieb, daß S. Lbden so heilsame und mit den Unsrigen allerdings übereinkommende Gedanken gefasset. Und wird demnach auch gut sein, daß Ihr mit hochgedachten Churf. Lbden darüber weiter correspondiret. Und könnten Wir auch zwar geschehen lassen, .. umb auf dem Fall des Churf. Meinung nach derselbe sich mit ein und andern wohlmeinenden Fürsten des gemeines Bestens halber abbouchiren wollte, auch in Unserm Namen dort mit zu erscheinen und Unser Interesse mit zu beobachten; allein Wir consideriren nur dieses dabei, daß Eure Gegenwart bei dem Churf. und dann wiederumb zu solcher Beeinkunft bei der Gegenpartei nicht geringes Nachdenken und Argwohn causiren dürfte, welches aber vielleicht unter dem Vorwand einer Jagd oder anderer scheinbaren Ursach verhütet werden kann. Welches alles Wir gleichwohl Euch selbst zu resolviren anheimgeben. —

Reichsratsprotokoll 25. Februar 1665.

[Fortsetzung der Bündnisverhandlungen mit dem Kurf. wird beschlossen, da Polen ihm die preußische Souveränität garantiert hat; Schweden ist zu deren Garantierung bereit gegen Garantierung Livlands durch den Kurf.]

7. März H. Rikskanslern proponerade, om man icke borde närmare tractera med Churfs. af Brandeburg ministro, emedan såsom tiden går alltför långt och kan intet längre dröjas. Res ipsa är aequa och iusta, emedan Respublica Polonica själf hafver confirmerat souverainiteten.

Gr. Clas Tott affirmerade, allenast Churf. däremot guaranterar Sverige Lyfland.

Befanns gott, att commissarii skulle träda tillhopa med Cracow och gifva honom projectet ut[1]).

Reichsfeldherr Graf v. Wrangel an den Kurfürsten. D. Wolgast 4. März 1665.

[Beruhigungsversuch wegen der Haltung Palbitzkis. Freundschaftsversicherung.]

Hat aus dem Schreiben des Kurf. D. 20. Februar[2]) ersehen, „daß E. Churfl. Durchl. dasjenige, so dem Herrn Abgesandten Palbitzky von denen zu Warschau zu Deroselben Präjudiz ausgesprengten Discoursen imputiret würde, auf keinem Grunde zu beruhen verhoffen wollten... Wie nun nochmals E. Churfl. Durchl. ich .. versichern kann, daß I. Kgl. Maj. mein gnädigster Herr mit Deroselben in beständiger Freundschaft und guten nachbarlichen Vertrauen zu leben, eine sincere und feste Intention führen, und daß durch Dero ministros ichtwas zu E. Churfl. Durchl. Nachteil geredet oder gehandelt werden sollte, nicht verstatten, weniger veranlassen werden, so werde ich bemeltem Herrn Palbitzky von diesen Imputationen etwas Nachricht und dabei an Hand geben, daß nach seiner Ankunft in Warschau an ein und andern hohen Orten er davon gedenken, und daß ihm von Übelaffectionirten dadurch ohngleich geschehen, sich beschweren möge." — 14. März

Die Vormundschaftsregierung an den Gesandten in Regensburg Georg Snoilsky. D. Stockholm 15. April 1665.

[Beunruhigung in Schweden wegen der Verträge des Kurf. mit Pfalz-Neuburg und Münster.]

Wir haben bei Eurem unterm 23. passato an Uns abgelassenen Schreiben unter andern die Abschrift von beiden Verbündnüssen gehabt, welche der Churf. von Brandenburg und Pfalzgraf von Neuburg unter sich à part und dann auch zugleich mit dem Bischof von Münster zur Defension ihrer im Westphälischen Kreise habenden Lande geschlossen[3]). Ob nun zwar diese Alliirte mittelst ihrer im gemeldten letzten foedere getanen Contestation jedermann überreden, daß sie sich bloß zum Schutz und Schirm ihrer Land und Leute vereiniget, auch von solchem ihrem Vorhaben kein secretum machen, weilen sie es publice per dictaturam allen Reichsständen communiciren lassen, gleichwohl, weilen Uns Unser Resident Steiniger[4]) .. von einer und andern darunter verborgen liegenden Intention Nachricht giebet, und Wir fast demselben Beifall geben müssen, nach- 25. April

[1]) Vgl. Urk. u. Akt. Bd. 9 S. 799.

[2]) Dies kurfl. Schreiben ist nicht veröffentlicht, da es keine neuen Gesichtspunkte bringt.

[3]) Snoilsky hatte sich auf kommentarlose Übersendung der beiden Verträge (v. Moerner S. 261 ff.) beschränkt.

[4]) Johann Steiniger von Schönkirchen, Resident im Westphälischen Kreise.

dem man sich in Engelland damit zu flattiren[1]), in Holland aber nicht wenige Apprehension davon zu nehmen scheinet, außerdeme es auch in Frankreich nicht geringen Argwohn machet[2]), es sei, daß es zu dem letztgesagtem Dessein oder auch allein darzu angesehen, daß man der Rheinischen Alliance einen Stoß geben oder vielmehr allen andern Churfürsten und Ständen des Reichs ein Modell weisen wolle, wornach die Eurem Wohlwissen nach in Regensburg fürgewesene Reichsverfassung endlich gegründet und vollenzogen werden könne, so haben Wir demnach nötig gefunden, Euch hiemit gnädigst zu erinnern, daß Ihr auf diese Sache ferner ein wachendes, sorgfältiges Auge haben und bei den Pfalz Neuburgischen oder sonst unter der Hand recht in Erfahrung zu bringen suchen wollet, ob dergleichen etwas .. in der Tat intendiret worden, auch ob sie, Alliirte, ein und andere ihre Mitstände des Westphälischen Kreises in das foedus mit einzunehmen, gesinnet sein möchten[3]). —

Articuli foederis. Praes. Stockholm 2. Mai 1665.

12. Mai Unverändert gegenüber dem entgültigen Vertrage sind die Artikel 1—3, 5, 6, 9, 10—16.

In Art. 4 wird nur Livland garantiert und zwar in den Grenzen, wie sie in Oliva festgesetzt worden sind.

In Art. 7 ist die Frist zur Stellung der brandenburgischen Hilfstruppen auf 3—4 Monate und ihre Zahl wie im brandenburgischen Entwurf festgesetzt.

In Art. 8 ist die Frist zur Stellung der schwedischen Hilfstruppen auf 3 Monate festgesetzt, deren Zahl auf 3000 Fußsoldaten und 1000 Reiter.

Der Art. 17 des Vertrages ist in diesem Entwurf noch nicht vorgesehen.

(Gez.) Laurentius Georgius a Crockow.

Der Kurfürst an den Reichsfeldherrn Grafen von Wrangel. D. Kölln an der Spree 3. Mai 1665[4]).

[Neue Beschwerde über Palbitzki.]

13. Mai — Im übrigen erinnert sich der Herr Graf, was Ich für diesem wegen des Palbitzky an Denselben gelangen lassen[5]). Nun habe Ich zwar der Hoffnung gelebet, er würde anjetzo des Herrn Grafen gegebener Vertröstung gemäß sich dergestalt erzeigen, daß Ich desto mehr Ursach hätte, denen vorigen rumoribus keinen Glauben beizumessen. Ich muß aber mit Befrembdung vernehmen, daß er noch bis anhero

1) Vgl. Urk. u. Akt. Bd. 11 S. 529 f., Bd. 12 S. 610.

2) Vgl. Urk. u. Akt. Bd. 2 S. 306, 310 f., Bd. 11 S. 545, 550.

3) Vgl. hierzu Krockows Bericht vom 29. April/9. Mai 1665, Urk. u. Akt. Bd. 9 S. 802.

4) Der Anfang ist gedruckt Urk. u. Akt. Bd. 11 S. 574.

5) Vgl. oben S. 734 ff.

seine Ankunft nicht einmal Meinem Gesandten, dem v. Hoverbeck, intimiret und dannenhero alle Communication und gute Correspondenz, worzu ihn gleichwohl der Herr Graf angemahnet, so viel an ihm, verhindere, ja auch wider Mich allerhand Memorialien in solchen Sachen, welche durch gütliche Conferenz zwischen der Kron Schweden, im Fall dieselbe einig Befugnüß daran hätte, und mir leichtlich adjoustiret werden können, eingegeben, worin er denen Großpolen gleichsamb das Wort sprechen und sich in deren Namen über einigen Zoll auf der Warthe anmaßlich beschweren will[1]). Der König und welche es gesehen, haben zwar selbsten seinen Unfug daraus wahrgenommen und keine sonderbare Reflection darauf gemacht. Der Herr Graf aber kann vernünftig ermessen, wie nahe Mir eine solche Zunötigung gehen müsse. Und ist demnach Mein günstiges Gesinnen, Er wolle ihm dergleichen unbefugte Proceduren fürhalten und zu anderen und besseren Bezeigungen anhalten, damit gutes Vertrauen und nachbarliche Freundschaft ohnverrücket erhalten und durch dergleichen ohnnötige Dinge nicht alteriret werden möge[2]). —

Der Kurfürst an den Reichsfeldherrn Grafen v. Wrangel. D. Kölln an der Spree 13. Juni 1665.

[Wrangels Berufung nach Schweden. Angebliche Sendung Palbitzkis an den Kurf.]

Wie er hört, wird Wrangel sich nach Schweden begeben[3]). „Da Wir dann zwar lieber wünschen möchten, daß Er bei diesen sorglichen Zeiten, und da den Evangelischen von allen Orten allerhand Gefahr angedrohet wird, in der Nähe bleiben könnte, so haben Wir dennoch Ihm zu solcher vorhabenden Reise wohlmeinend zu gratuliren nicht unterlassen wollen, leben aber darbei der Hoffnung, Er werde sich daselbst nicht lange aufhalten, sondern jetzt vorgedeuteter Ursachen halber ehestens wieder zurückkommen; gestalt Wir dann solches sehr verlangen werden. 23. Juni

Hiernächst mögen Wir Ihm nicht verhalten, welcher gestalt Uns glaubwürdig berichtet worden, daß der von Palbitzky am gewissen Orte sich vernehmen lassen, er würde wegen der besorgenden Gefahr der Evangelischen im Reiche bei Uns etwas zu negotiiren, ehestens an Uns geschicket werden. Nun wird Uns nicht allein zu allen Zeiten lieb und angenehm sein, wann I. Maj. jemanden an Uns abschicken werden, vornehmlich wann dergleichen Sachen, so das allgemeine evangelische Wesen concerniren, ins Mittel kommen, sondern Wir werden Uns auch allemal ge-

[1]) Vgl. Urk. u. Akt. Bd. 12 S. 274.

[2]) D. Wolgast 8. Mai 1665 erwiderte Wrangel, er werde seine Schritte bei Palbitzky wiederholen, da er sicher sei, daß der König verläßliche Freundschaft und nachbarliche Korrespondenz mit ihm beständig halten wolle. „Ich halt also dafür, daß es durch einiger Übelwollenden artes geschehen, daß E. Churfl. Durchl. solche und dergleichen Dinge von des ermelten Palbitzky Bezeigungen vorgetragen worden". 18. Mai

[3]) D. Wolgast 11. Juni 1665 zeigte Wrangel dem Kurf. an, daß er nach Schweden berufen sei. 21. Juni

fallen lassen, was für subiecta Sie darzu gebrauchen wollen, wie Uns dann auch gar nicht entgegen sein soll, wann I. Kgl. Maj. vorgemelten den von Palbitzky darzu employiren.

Zu Bezeugung aber Unser aufrichtigen Intention, so Wir zu Unterhaltung beständigen guten Vertrauens führen, und damit man hiernächst Uns nicht beschuldigen möge, daß Wir an Unserm Orte bei solcher materia Uns nicht gnugsam herauslassen, wollen Wir den Herrn Grafen selbst urteilen lassen, nachdem der von Palbitzky Uns bei Polen dadurch in Verdacht setzen wollen, daß Wir mit seinem eigenen Könige Freundschaft stiften, ob Wir nicht dergleichen ferner von ihme zu besorgen haben, und ob Wir dannenhero zu verdenken sein werden, daß Wir gegen einen solchen Menschen, welcher ohne einzige Ursache solche Disaffection bezeuget, gar behutsam und verdeckt gehen werden. Wir wollen itzo nichts vermelden, daß er wider alles Herkommen Unsern Gesandten zu Warschau seine Ankunft zu notificiren nicht begehret."

P. S. Wrangel möchte sein Interesse in Stockholm wahrnehmen. Er zweifele nicht, dieser werde „alle gute officia anwenden, damit das gute Vertrauen zwischen I. Kgl. Maj. und Uns, auch gute nachbarliche Freundschaft zwischen beiderseits angrenzenden Landen und Untertanen je länger je mehr stabiliret und befestiget werden möge" [1]). —

Der Kurfürst an den Reichsfeldherrn Grafen v. Wrangel. D. Kölln an der Spree 12. Juli 1665.

[Besorgnis wegen der Rüstungen des Bischofs von Münster und wegen der Erbstreitigkeiten im Hause Braunschweig-Lüneburg. Sicherung des Handels im englisch-holländischen Kriege.]

22. Juli W. werde das kurfl. Schreiben D. 5. Juli [2]) wohl erhalten haben, „wobei Wir dem Herrn Grafen von des Bischofen zu Münster verdächtigen starken Armatur und weit aussehendem Dessein vertrauliche part gegeben. —

Sonsten können Wir dem Herrn Grafen nicht verhalten, wie daß es im Reich je länger je gefährlicher sich anlässet, und wie man besorgen muß, allerhand große motus sich begeben dörfen, indeme vorgedachtes Bischofen Armatur nicht allein noch immerhin continuiret und denen Benachbarten und sonst jedermänniglichen große Ombrage verursachet, sondern auch, wie Wir berichtet werden, die zwischen denen beeden Brüdern zu Braunschweig und Lüneburg bishero gepflogene Tractaten noch zur Zeit zu keinem Accord kommen wollen, gestalt dann vielmehr verlauten will, daß man Zelleschen Teils von demjenigen, so schon beliebet gewesen, wiederumb abzuweichen gesinnet, ungeachtet aller Mühe und Arbeit, die man

---

Ende Juni [1]) D. Wolgast, Juni 1665 (so) erwidert Wrangel, er wisse nichts von einer geplanten Sendung Palbitzkys an den Kurf. Sollte dieser jedoch kommen, so möchte der Kurf. sich so herauslassen, „als die Importanz und Qualität des angetrauten negotii es erfordern möchten". Sicherlich würde er „seine Commission also mesnagiren, daß E. Churfl. Durchl. damit gnädigst werden friedlich und content sein können". —

[2]) Vgl. Urk. u. Akt. Bd. 11 S. 624.

bishero zu Beilegung dieser Streitigkeiten sorgfältig angewandt [1]). Wir hoffen aber dennoch, weil die Kron Schweden jetzo auch jemands zu selbiger Mediation und des Werks Componirung abgeordnet [2]), so Uns sonderlich lieb zu vernehmen gewesen, man werde darauf gebührend reflectiren und sich endlich zum Ziel legen, damit also die Güte allen extremis fürgezogen und Friede und Ruhe im Heiligen Römischen Reich, absonderlich unter Brüdern, erhalten werde.

Im übrigen können Wir nicht umbhin, dem Herrn Grafen den merklichen Abgang der Commercien, welcher sich wegen des englischen und holländischen Krieges ereuget, zugleich hiermit zu berichten. Und weil Wir vorlängst gewünschet, mit Demselben daraus . . zu communiciren, ob nicht etwan Mittel zu ersinnen, daß bei Continuation sotanen Krieges beiderseits Untertanen von beiden kriegenden Teilen überall frei passiret und also den Commercien ihr ungehinderter freier Lauf gelassen würde, als ersuchen Wir den Herrn Grafen günstiglich, Er wolle belieben, dieses mit anderen dienlichen remonstrationibus der Kron Schweden bei Gelegenheit fürzustellen und es dem publico zum besten dahin zu befordern suchen, Uns auch Seine Meinung und wessen man sich etwan resolviren möchte, überschreiben". —

Reichsfeldherr Graf von Wrangel an den Kurfürsten. [D. Stockholm 2. August 1665] [3]).

[Schwedische Friedenspolitik.]

Dankt für das Schreiben des Kurf. D. 12. Juli: „Soviel ich bei meiner Ankunft allhie verspüret, sind I. Kgl. Maj. und bei gegenwärtiger Ihrer Minderjährigkeit die kgl. Regierung nicht weniger in sonderbaren Beisorgen über angeregtes, so gefährliches Aufsehen zu Wasser und Lande, lassen es auch an fleißigem Nachsinnen nicht ermangeln, wie Sie I. Kgl. Maj. Reich und Lande in Ruhe und Sicherheit erhalten und Ihren Freunden, unter welchen die evangelischen Chur- und Fürsten in Teutschland billig die fürnehmste, gegen solch fürscheinendes Ungewitter guten Rat und Hilfe urteilen können. Und wird I. Kgl. Maj. sehr lieb sein und Sie in Dero zu E. Churfl. Durchl. ohnedem gesetzten sicheren Zuversicht mehr bestätigen, wann E. Churfl. Durchl. mit Ihr über sotane schwere Läufte vertrauliche Communication pflegen, auch zu gesagtem heilsamen Zweck nach Ihrem hohen Vermögen cooperiren werden. 12. Aug.

Nicht weniger Sorgfalt hat man auch bei gegenwärtiger Unruhe zwischen beiden so mächtigen Seemächten und der denen Commercien dadurch zuwachsenden Unsicherheit. Allhie hat man kein ersprießlicheres remedium gewußt, als sich mittelst geltenden Marintractaten dagegen in Verfassung zu setzen; und gleich-

---

[1]) Desgl. S. 560 ff.

[2]) Schweder Dietrich Kleihe, vgl. ebenda S. 582 ff., Köcher, a. a. O. Bd. 1 S. 423 ff.

[3]) Im Konzept undatiert. Das Datum ergibt sich aus der Antwort des Kurf. vom 16./26. August 1665.

wie mit Engelland derselbe für einiger Zeit schon geschlossen [1]), also lassen I. Kgl. Maj. mit dem anwesenden holländischen Abgesandten Isbrand gleichfalls unterhandeln [2]), umb mit den Generalstaaten ein dergleichen Seereglement auch zu überkommen, dessen Ausschlag künftig zu vernehmen sein und inmittelst von I. Kgl. Maj. vermöge eines desfalls publicirten Placats eine Convoye von Kriegsschiffen angewendet wird, umb Ihre Kauffahrer wider den unbilligen Gewalt der Commissionsfahrer zu schützen. Es wäre aber hoch zu wünschen, daß sich ein Mittelweg finden wollte, umb angeregte beide evangelische Estats wiederumb zu vereinbaren, gestalten es nicht anders denn dem ganzen evangelischen Wesen schädlich sein kann, daß dessen so fürnehme Glieder sich einander mehr aufreiben und dadurch dem Gegenteil eine so große avantage verschaffen sollten. I. Kgl. Maj. werden zur Vereinbarung alle mögliche Mittel beitragen und von allen Wohlmeinenden eine gleiche Cooperation verhoffen." —

Die Vormundschaftsregierung an den Regierungspräsidenten in Stade, Schweder Dietrich Kleihe. D. Stockholm 9. August 1665.

[Sendung Kleihes an die braunschweiger Höfe und nach Berlin. Schwedens Konflikt mit Bremen. Stand der Bündnisverhandlungen mit dem Kurf.]

19. Aug. Nach reiflicher Erwägung habe die Regierung beschlossen, Wrangel mit 4—5000 Mann nach den deutschen Provinzen zu senden. „Weilen aber diese Unsere Anstalt zweifelsohn einen großen Ruf der Gewohnheit nach machen und ein jeglicher nach seiner beiwohnenden Passion dieselbe auszudeuten suchen wird, so haben Wir demnach gut und nötig gefunden, von der eigentlichen Intention, welche Wir darunter führen, Unsere Freunde dort in Teutschland unterrichten, ihnen die Ombrage, so Unsere Widersacher denenselben desfalls beizubringen trachten dürften, benehmen und solche nötige Commission durch Eure [Person] anfangs bei dem gesambtem fürstlichem Hause Braunschweig-Lünenburg und folgends auch des Herren Churf. zu Brandenburgs Lbden [3]) verrichten zu lassen."

K. soll sofort nach Wolfenbüttel, Hannover, Celle und Berlin reisen und überall versichern, „daß Wir mit dieser Unser etwanigen Verfassung kein anders Augenmerk hätten, dann allein Unsere daselbige teutsche Lande und iura in Friede und Ruhe zu erhalten und gegen allen unbilligen Gewalt zu schützen, der ihnen bei gegenwärtigen so gefährlichen Conjuncturen und da man nicht weit von dannen in öffentlichem Kriege begriffen, noch näher aber in redoutabler Armatur stünde und unsicher wäre, wohin man die Waffen wenden und wie weit

[1]) Vgl. Urk. u. Akt. Bd. 9 S. 798 ff., Lundquist, Sveriges krig med staden Bremen (Akad. afhandling) Stockholm 1893 S. 10 f.

[2]) Vgl. Urk. u. Akt. Bd. 9 S. 805, 807, 815.

22. Aug. [3]) Das Kreditiv für Kleihe an den Kurf. D. Stockholm 12. August 1665 besagt, seine Sendung erfolge, ut cum Cels.^{ine} V.$^{a.}$ El.^{li} quaedam mutuae Nostrae amicitiae congruere visa communicanda ac pariter Nostram in tranquillitatem . . communem tum et in Cels.^{inem} V.^{am} El.^{lem} singularem Nostram propensionem contestaremur.

selbe mit der Zeit denen ganzen benachbarten Kreisen nicht etwa gefähr- und empfündlich sein könnten, [drohe]. —

Bei des Herrn Churf. Lbden werdet Ihr dieses absonderlich anführen, daß die Briefe, welche Sie an den Herrn Reichsfeldherrn von dem gegenwärtigen Unwesen abgehen lassen und derselbe Uns fürgezeiget, Uns dazu sehr animiret. —

In summa, der Zweck Eures Anbringens ist dieser, daß selbige Unsere Anstalt zu keines Menschen Offension, besondern allein zu Unser und Unserer Lande Sicherheit angesehen. Dabei Wir Euch gleichwohl in Gnaden anheim geben, Eurem beiwohnendem Verstande nach zu dijudiciren, welches von obigen Unsern, insonderlich die Beschirmung der evangelischen Stände angehenden Motiven Ihr ein und anderer Orten zu desto mehrer Beglaubigung Eures Fürbringens anzuführen ratsamb findet.

Solltet Ihr aber bei einigen, wie gar nicht zu zweifeln, den Argwohn finden, daß diese Anstalt fürnehmlich wider die Stadt Bremen angesehen [1]), und sie ein solches vielleicht zu widerraten trachteten, könnet Ihr regeriren, daß die Stadt eine dergleichen Ahndung und Strafe mit ihren von Jahren zu Jahren verübeten, unrechtmäßigen, groben und unleidlichen Tätlichkeiten .. überflüssig verdienet, Wir aber .. solchen Unfug noch ferner der gemeinen Tranquillität gern condoniren, mit ihnen durch die Finger sehen, ja die Stadt gar pardoniren würden, wann sie sich nur einigermaßen zum Ziel legen oder vielmehr mit der Continuation ihrer Insolencen Uns eine dergleichen Strafe recht wider Unsern Willen abnötigen würde. Bei solcher Occasion Ihr ohnvermerkt zu erkundigen trachten werdet, was man dabei für Meinung führe und, auf den Fall Wir der Stadt etwas näher treten müssen, zu Unserm Faveur oder Nachteil entschließen dürfte [so].

Weilen bei Churbrandenburg auch vielleicht von dem foedere Erwähnung geschehen dürfte, welches allhie durch den Envoyé Crocau etliche Jahre her, wiewohl ziemlich nachlässig, getrieben, aber noch zur Zeit nicht geschlossen worden, so habet Ihr aus beikommendem Project die weitere Information zu nehmen, wozu dasselbe eigentlich angesehen gewest. Daß aber dessen Vollführung nicht bei Uns, sondern ihm, Crocauen, und seinen desfalls fürgegebenen mandatis gestanden, ist daraus gnugsam offenbar, daß er 1. ein foedus reciprocum universale, sodaß alle Unsere und des Churf. respective Reich und Lande darin geschlossen sein sollten, projectiret [2]), davon aber 2. nach der Hand so weit abgewichen, daß er es allein auf Livland und Preußen und zwar contra solos paciscentes Olivae [3]) gerichtet, wie Wir es aber 3. contra quoscumque, wie billig, begehret [4]), davon in specie Moschum eximiren und also wider dieselbe, von denen er in der erhaltenen Souverainität die größeste Gefahr zu vermuten, Unsere Guarantie haben, dieselbe aber wider Moscou, welcher Uns der

[1]) Vgl. Urk. u. Akt. Bd. 12 S. 59 ff., Lundquist, Sveriges krig med staden Bremen (Akadem. afhandling) Stockholm 1893, S. 33.

[2]) Vgl. Urk. u. Akt. Bd. 9 S. 759, 766, 772, 774 ff., 782 und oben S. 723 f.

[3]) Vgl. Urk. u. Akt. Bd. 9 S. 786, 789 und oben S. 727.

[4]) Vgl. Urk. u. Akt. Bd. 9 S. 795.

considerabelste Nachbar, nicht leisten [1]), 4. ratione subsidii gleichfalls eine unbillige Proportion bedingen, dann 5. den Herzog von Holstein nicht mit einschließen [2]) und 6. seiner preußischen Gerechtsame nicht mit der Expression, so als Polen die iura directi dominii vorhin exerciret oder mit Fug exerciren können, zufrieden sein, besondern dieselbe generalius gesetzet und vielleicht ein und anders, so Uns mit der Zeit verfänglich sein können, eingerichtet haben wollen [3]).

Über dergleichen unbillige Veränderungen, welche vielleicht darum aufs Tapet gebracht, daß man die Sache nicht serio gewollt, hat sich dieselbe bisher gestecket; welches Wir Euch aber nur zu Eurer Nachricht, nicht aber, daß Ihr desfalls etwas negociiren oder begehren solltet, übersenden, aber dabei intendiren, daß Ihr bei etwa geschehenen [so] Anwurf antwortet, daß S. Lbden, wann Sie die Suite der Handlung zurück gedenken, gnugsam wissen, daß Wir zu dessen [so] Beforder- und Schließung recht geneigt gewest, die von Ihrer Seite gekommene Änderung aber die Sache allein schwer gemachet, deren Removirung auch dieselbe leicht zum erwünschten Ausschlage bringen könnte. Finden aber S. Lbden gut und geraten, zusampt andern benachbarten Fürsten und Ständen mit Uns wegen Unserer teutschen Lande in eine nähere Verständnuß zu treten (dergleichen Ihr auch denen Fürsten zu Braunschweig-Lünenburg vermerken lassen und daß Ihrs auch beim brandenburgischen Hofe erinnern werdet, benachrichtigen könnet), wären Wir dazu ganz willig und erwarteten nur, daß man ihr Zeit und Ort zur Handlung, auch deren nötig findenden scopum eröffnen möchte.“ —

Der Kurfürst an den Reichsfeldherrn Grafen v. Wrangel. D. Kölln an der Spree 16. August 1665 [4]).

[Besorgnis wegen der Rüstungen des Bischofs von Münster, Anfrage wegen der Stellung Schwedens hierzu, Hoffnung auf Fortsetzung der vertraulichen Korrespondenz mit Wrangel.]

26. Aug. Dankt für Wrangels Brief D. 2 August 1665. „Wir wünschen von Herzen, daß der höchste Gott I. Kgl. Maj. heilsame consilia segnen und die unter so vornehmen evangelischen Potentaten entstandene Irrungen und blutige Kämpfe dämpfen und zu deren gütlichen und schleunigen Hinlegung seine Gnade geben wolle; denn sonsten zu befahren, daß die andere Partei sich dieser Gelegenheit sehr prävaliren und nichts verabsäumen werde, was zu Erreichung ihres bekannten Zwecks und Unterdrückung des Evangelii diensam sein kann, wohin dann auch des Bischofen von Münster fürgenommene ganz starke und nachdenkliche Armatur außer Zweifel mit angesehen ist, welche nunmehr erster Tagen ausbrechen und sich dabei weisen wird, ob er einzig und allein auf die Recuperation von Bor-

[1]) Desgl. S. 758, 772, 776, 782, 788 f., 796 f., 799, 801, 803 und oben S. 738.

[2]) Vgl. Urk. u. Akt. Bd. 9 S. 775 ff., 782, 796, 799, 801 und oben S. 724.

[3]) Vgl. Urk. u. Akt. Bd. 9 S. 759 f., 782, 795 f.

[4]) Vgl. Urk. u. Akt. Bd. 11 S. 633.

kelo, wie er fürgibt, gedenke [1]), oder, wie wohl zu befahren, andere dem evangelischen Wesen und der Sicherheit des Westphälischen und Niedersächsischen Kreises, ja des ganzen Römischen Reichs sehr präjudicirliche Desseins führe. Dieses wird anfänglich das gewisse inconveniens sein, daß unser Vaterland in neue gefährliche motus wird impliciret werden, welche besorglich im Stift Münster nicht aufhören, sondern andere und sonderlich die nächst Angesessene mit treffen und incommodiren werden.

Wie nun die Kron Schweden sowohl wegen ihres mit allen evangelischen Potentaten habenden gemeinen Interesse als auch der Nachbarschaft halber bei diesem Werk zum höchsten interessiret sein, also zweifeln Wir nicht, man werde solches in gehörige Consideration ziehen. Und würde Uns sehr lieb sein, wenn Uns der Herr Graf in Vertrauen entdecken wollte, wohin man hierunter zielen, und welche Mittel zu Beibehaltung der allgemeinen Sicherheit und Abwendung allerhand besorgenden Gefahr am ersprießlichsten geachtet werden möchten."

Es ist dem Kurf. lieb zu hören, daß Wrangel bald wieder nach Deutschland kommen werde, „maßen Wir der Hoffnung leben, daß alsdann die Continuation der für diesem gepflogenen vertraueten und nachbarlichen Communication Ihm nicht zuwider sein, Seine Gegenwart auch denen gefasseten consiliis desto bessern Nachdruck geben werde" [2]). —

Instruktion für Wrangel bei seiner Rückkehr nach Deutschland. D. Stockholm 12. September 1665.

[Schwindende Bedeutung des Rheinbundes für Schweden. Nähere Verständigung mit Braunschweig, Brandenburg und Hessen Kassel ist zu erstreben. Einem Sonderbündnis mit dem Kurf. ist Schweden nicht abgeneigt.]

— § 7. „Zwar haben I. Kgl. Maj. dem Herrn Reichsfeldherrn bei voriger 22. Sept. seiner Hinausreise ein Memorial zugesandt [3]) und darin gewisse monita angeführet, welche sie bei Schließung des foederis [4]) zu beobachten recommendiret, umb daß man denen päpstlich-Catholischen nicht allzu große Ombrage machen, sich in eine viel stärkere Liga zusammen und dieser Union entgegen zu setzen, ingleichen der Rheinischen Alliance nicht zu sehr präjudiciren möchte. .. So sind aber die Zeiten und Conjuncturen seither gar merklich verändert und nun von

---

[1]) Desgl. S. 615 ff.

[2]) D. Stockholm 9. September 1665 erwidert Wrangel auf diesen Brief, der König 19. Sept. beruhe noch „bei einer so hochnötigen und allerdings christlichen Vorsorg. Weilen man aber noch nicht eigentlich entdecken kann, wohin die unvermutende, nachdenkliche, starke Armatur bei einem und andern recht ziele", sei er angewiesen, nach den deutschen Provinzen zurückzukehren, „umb in der Nähe auf alles hervorbrechende unverhoffte Unheil ein wachsames Auge zu schlagen". Er wird nächstens in Pommern eintreffen und würde sich freuen, „wann E. Churfl. Durchl. mit Dero gnädigen Correspondenz mich zu würdigen belieben wollten". —

[3]) Vgl. oben S. 728 ff.

[4]) Mit Brandenburg, dem Hause Braunschweig-Lüneburg und Hessen-Kassel.

der Beschaffenheit, daß I. Kgl. Maj. nicht nötig finden, sich an die damals fürgeschriebene Behutsamkeit und monita so eben zu binden, besondern allein dahin mit allem Fleiß zu arbeiten, wie solch foedus je ehe je lieber unter angeregten Evangelischen zum Schluß gebracht und sich, einander pro mutua suarum ditionum et iurium defensione die hülfliche Hand mit gnugsamem Nachdruck zu bieten, bei Zeiten in gehörige Verfassung setzen können (so); gestalten fast außer Zweifel, daß unterschiedliche catholische Chur- und Fürsten, Gott weiß, zu was Intent, in heimlicher Verständnüß begriffen, deren Antesignanus, der Bischof von Münster, sich in considerable Armatur setzet [1]), ... und [das] Rheinische foedus den Evangelischen so wenig nützlich, daß die Gegenpartei vielmehr unter dem Deckmantel desselben ihnen unterschiedliche harte Puffe, als fürnemblich den mit Erfurt, beigebracht, und sich dessen nur immerzu bedienen, daß sie einander zu Ausführung ihrer denen Evangelischen so schädlichen Desseinen auf einen gewissen Fuß [gesetzt] und dahero umb so viel prompter Hülfe leisten, die evangelische Mitalliirte aber ihnen in Respect des Bündnüsses mit Fug kaum Widerstand leisten können. Wiewohl doch I. Kgl. Maj. Intention nicht ist, daß man von Ihrer Seiten solche Alliance aufzuheben arbeiten und sich von denen schädlichen Effecten etwa publice beschweren solle, gestalten dadurch Frankreich am meisten choquiret würde, besondern sie nur so hinstehen lassen und dieses fürgeben solle, daß die Evangelische darin keine gnugsame Securität hätten und sich daher anderer Gestalt zu versichern bedacht sein müßten.

§ 8. Von angeregten Evangelischen halten I. Kgl. Maj. pro tempore den Herzog zu Braunschweig-Hannover Herzog Johann Friedrich nicht auszuschließen [2]) .., und geben I. Kgl. Maj. auch dem Herrn Reichsfeldherrn, mit Churbrandenburg und dem Hause Braunschweig weiter zu überlegen anheim, ob auch zu desto mehrer Verstärkung dieses Bündnüsses nebst Hessen-Kassel auch Darmstadt, Holstein, Mecklenburg-Güstrow und mehr andere, wann es zuforderst geschlossen, invitiret und hinzugezogen werden könnten." Die Festsetzungen im einzelnen bleiben Wrangel überlassen, der mit den Verhandlungen auch Kleyhe beauftragen darf. —

§ 12. „Mit Churbrandenburg sind I. Kgl. Maj. solcher Gestalt, als in obigem 7. Art. enthalten, in eine nähere Verbindung zu treten zwar entschlossen. Sollte er aber sich vermerken lassen, daß er auch einseitig und à part mit I. Kgl. Maj. gern zusammentreten und entweder das allhie bewußter Maßen projectirte oder ein anders Bündnüß pro mutua defensione utriusque ditionis in Germania schließen wollte, kann der Herr Reichsfeldherr zu erkennen geben, daß auch solches I. Kgl. Maj. nicht unangenehm sei, insonderheit Ihre eigentliche und aufrichtige Intention dahin gerichtet, mit dem Herrn Churf. sich näher zu vereinigen auf die Art und Weise, als es beiden Teilen nach der Beschaffenheit gegenwärtiger Conjuncturen am ratsam- und sichersten erachtet werden könnte. Und weiln nun beiderseits benachbarte teutsche Lande (worunter I. Kgl. Maj. gleichwohl die

---

[1]) Vgl. Urk. u. Akt. Bd. 11 S. 583 ff., 623 ff.

[2]) Vgl. Urk. u. Akt. Bd. 11 S. 560 ff.

Clev- und Bergische aus denen bekannten Ursachen nicht mit verstehen) durch vielerhand Zufälle in die fürscheinende Unruhe leicht mit eingewickelt werden könnten, so dürfte man auch dero Sicherheit nicht wenig Rat schaffen, wann man sich in Zeiten vereinbarte, wie man auf ein und andere Begebenheit zu deren Verteidigung sich einander die hülfliche Hand zu bieten hätte.“ Es folgt eine Darlegung, woran die bisherigen Bündnisverhandlungen gescheitert sind, entsprechend der Verfügung an Kleyhe vom 9. 19. August[1]). „Es ist aber I. Kgl. Maj. Meinung nicht, daß der Herr Reichsfeldherr dem Churf. ein solches etwa fürwerfen oder auch dieserwegen draußen etwas tractiren sollte, besondern allein einen gründlichen Unterricht habe, umb bei Gelegenheit auf alles zu antworten, was darunter etwa widriges I. Kgl. Maj. beigemessen werden möchte.“ —

Proposition des Regierungspräsidenten von Bremen und Verden Schweder Dietrich Kleihe beim Kurf. O. D. [Cölln a. d. Spree, Anfang Oktober 1665] [2]).

Teilt mit, daß die schwedische Regierung es „der Notdurft erachtet, Ihrer und Ihres Reichs Feldherrn, Herrn Grafen Carl Gustav Wrangel mit ungefähr 4 oder 5000 Mann zu Pferde und zu Fuß heraus in Ihre teutsche Provincien zu schicken[3]). So hätten Sie der mit E. Churfl. Durchl. habenden vertraulichen Freund- und guten Nachbarschaft nach zugleich nicht unterlassen wollen, solches Dero freund- und vetterlich durch meine Wenigkeit zu wissen zu fügen und zwar auch zu desto besserer Verhütung aller widriger Apprehensionen, so von irgends hin und wieder geschöpfet werden könnten, Dieselbe gänzlich zu versichern, daß mit itzerwähnter Ihrer Entschließung es zu keines Menschen Offension, sondern allein, Ihre teutsche Lande und iura desto mehr in Frieden zu erhalten und dieselbe gegen allen unbilligen Gewalt zu schützen, auch Ihren zu Observanz des Friedens erforderten unumbgänglichen Erinnerungen einige mehre Reflexion nebenst anderen denselben Wohlmeinenden zu veranlassen, angesehen sei.“ [Anfang Oktober]

Der Kurfürst an den König. D. Cölln an der Spree 2. Oktober 1665.

Kleihe habe das Schreiben vom 12. August übergeben[4]). Idemque pluribus Nobis exposuit, quae Maj.^{tas} V.^{a} ipsi pro praesentis temporis statu rerumque et negotiorum occasione Nobiscum communicanda in mandatis dedit. Kleihe 12. Okt.

---

[1]) Vgl. oben S. 742 ff.

[2]) Vgl. Urk u. Akt. Bd. 9 S. 806 ff., Bd. 11 S. 648, 653, Bd. 14 S. 226, Prot. u. Rel. Bd. 7 S. 296 f.

[3]) Vgl. Urk. u. Akt. Bd. 9 S. 803 ff., Bd. 12 S. 59 ff., 72 ff., 72 ff., Lundquist, Sveriges krig med staden Bremen S. 44 ff.

[4]) Vgl. oben oben S. 742.

werde ausführlich melden sententiam Nostram, quantum ad praesens negotium pertinet.

Regierungspräsident Kleihe an die Vormundschaftsregierung. O. D. [Mitte Oktober 1665].

[Der Kurf. steht Schweden freundlicher gegenüber als früher und wünscht näheres Einvernehmen mit diesem.]

[Mitte Oktober] Nachdem er seine Kommission bei den Herzögen von Braunschweig-Lüneburg ausgeführt hatte, ist er in gleicher Kommission zum Kurf. gereist [1]). „So habe ich S. Churfl. Durchl. zu Potsdam, einem zu der Churfürstin Leibgeding gehörigem Schloß und Ampt, wohin er, der Churf.; dieselbe zu ihrer nach der Leipziger Messe und nacher Dessau vorgenommenen Reise und etzliche Stunden vor meiner Ankunft bereit beschehenem Aufbruch begleitet gehabt, angetroffen und Dero daselbst mein Gewerbe hinterbracht, folgendes Tages aber Ihro von dannen auf Berlin gefolget.“ Jena und Somnitz wurden zu Verhandlungen mit ihm beauftragt.

„Und als sie darbei luculentiorem explicationem desjenigen, was I. Churfl. Durchl. ich angebracht, und was pro conservanda pace in imperio E. Kgl. Maj. Gedanken sein möchten, zu wissen verlanget, ist ihnen darunter von mir folgender Gestalt gewillfähret worden als

1. in remonstratione der dem Römischen Reich anscheinenden Gefahr mit Repräsentirung der jetzigen Beschaffenheiten und zwar von außen des Wesens in Polen, des schlechten Friedens mit dem Türken, des Kriegs zwischen Engelland und Holland, der sich ereugenden Mißverstände zwischen Spanien und Frankreich, innerlich aber des schlechten Vernehmens zwischen Haupt und Gliedern und unter den Gliedern selbst, der übelen Observanz des Friedens, vorgehender Schwächung der Stände Gerechtsame, des schlechten Successes des Regenspurgischen Reichstages, der in vielen Stücken noch zurückbleibenden Friedensexecution, der vorgehenden factorum Chur Mainzes gegen Erfurt und Chur Pfalz [2]), der Münsterischen Proceduren und der öfteren Conjunctionen vornehmer catholischer Chur- und Fürsten Waffen und Consilien, auch schlechten Verfassung und Vernehmens unter den Evangelischen selbst;

2. in declaratione meiner Meinung über E. Kgl. Maj. de conservanda pace verlangeten Gedanken ..;

3. in sinceratione E. Kgl. Maj. zu Herausschickung der Völker gefasseten Resolution mit Wiederholung desjenigen, was .. dem Churf. selber von mir geproponiret worden.

Welches alles, als sie, die churfl. Herren Deputirte, es ad referendum genommen haben, wenig Tage hernach sowohl der Churf. selber als beede vorgedachte churfl. ministri gegen mir weiter sich vernehmen lassen, daß S. Churfl. Durchl.,

---

[1]) Vgl. oben S. 742.

[2]) Anspielung auf den Wildfangsstreit.

widrigem Verdacht bei dem kaiserlichen Hofe zu begegnen und dem Kaiser seinen gebührenden Respect zu erweisen, demselben von meinem Anbringen etwas part zu geben, nicht wohl geübriget sein dürften, zuvor aber, ob und welcher Gestalt solches mit meiner Approbation best geschehen könnte, gerne von mir unterrichtet sein wollten. Worauf ich, daß solche Communication mir nicht allein nicht zuwider sein würde, sondern daß dieselbe auch durch abschriftliche Überschickung meiner an I. Churfl. Durchl. zu Potsdam getanen Proposition, die ich schriftlich abfassen und überreichen wollte (gestalt sie dann auch .. also abgefasset und überreichet worden, daß sie wohl communiciret werden mögen), füglich geschehen könnte, wiedergeantwortet, ist es von dem Churf. nicht allein sehr wohl aufgenommen worden, sondern es haben S. Churfl Durchl. hinwiederumb Dero an I. Kaiserl. Maj. über selbige Communication mit gefolgetes Schreiben, worin solche nur simplicissime geschehen, zu hinwiedriger meiner Nachricht mir selber zu verlesen geben lassen [1]).

Und gleich wie ich weiter auch inmittels nicht anders befunden, als daß von dem Churf. die von wegen E. Kgl. Maj. von mir beschehene Remonstration und selbst die Sinceration (vorbehaltlich desjenigen, was desfalls wegen der Stadt Bremen weiter unten mit wenigem gementioniret werden wird) guten Platz gehabt, die dem Römischen Reich anscheinende Gefahr in allen Stücken ebenmäßig wohl erkannt, auf Remedirung gedacht, die Fortsetzung der Allianz zwischen E. Kgl. Maj., I. Churfl. Durchl., Hessen-Kassel und dem Hause Braunschweig und Lüneburg aber am zulänglichsten dazu erachtet, ja gewisse .. puncta, worauf man die Instruction der zu den Tractaten zu Deputirenden künftig gern mitgerichtet wissen möchte, mir zugestellet und die Beschleunigung des Werkes für gut angesehen, auch die Zusammensetzung darüber nacher Braunschweig, wann es möglich wäre, auf den 1. December verlanget worden [2]), so ist auch die auf meine Proposition hinwiederumb erfolgete churfl. Resolution [3]), obgleich darin weder von der Fortsetzung vorgedachter Allianz noch denen dabei in Consideration gegebenen Puncten, als zu meinem mündlichen Bericht ausgestelleten Dingen, explicite etwas gemeldet wird, solchergestalt eingerichtet worden, daß darin die churfl. gute Propension zu E. Kgl. Maj. Derselben verstehen zu geben, an ein und anderen guten Expressionen kein Mangel zu verspüren sein wird. ..

Und wann ich auch von der Beschaffenheit des Gemütes selbst des Churf. gegen E. Kgl. Maj. mein weniges iudicium geben sollte, so würde ich denen noch zur Zeit mir kund gewordenen Umständen nach nicht anders als von guter Disposition zu einem mit E. Kgl. Maj. zu errichtenden beständigen Wohlvernehmen und guter Zusammensetzung vermelden können und zwar aus folgenden Veranlassungen, daß nämlich der Churf. seine zu solcher Zusammensetzung und Wohlvernehmen gerichtete Begierde mehrmals selber mir zu erkennen gegeben, nichtes in seinem ganzen Wesen, welches nicht dahin gezielet, von sich

---

[1]) Vgl. Urk. u. Akt. Bd. 12 S. 74 f., Bd. 14 S. 226.

[2]) Vgl. Urk. u. Akt. Bd. 11 S. 648.

[3]) Doch wohl das Rekreditiv vom 2./12. Oktober.

spüren lassen, der Geheimen ministrorum Discursen von den jetzigen Conjuncturen und insonderheit in rebus ad conservandam pacem imperii pertinentibus damit übereingestimmet, die fürstlich zellische Abgesandten[1]) und Herr Graf Georg Friederich von Waldeck dasselbe, wiewohl sie selber sonsten damit, daß der Churf. des Herrn Grafen von Waldecks Negotiation von wegen des Bischofs zu Osnabrügg mit Holland improbiret[2]), nicht zufrieden wären, sowohl bei den ministris als bei dem Churf. gnugsamb erkannt zu haben mich versichert, andere, so ich am churfl. Hofe angetroffen und derer Kundschaft ich vorhin gehabt, es ebenmäßig asseveriret, insgemein zu Hofe die Apprehension von den Catholischen und besorglicher Zerfallung des Friedens zwar sehr groß, aber dabei doch, wann man nur mit Schweden wohl stände, der Sachen wohl zu raten sein würde, der Trost gewesen, männiglich darüber, daß das gute Vernehmen zwischen E. Kgl. Maj. und dem Churf. wachsen täte, gefrohlocket, eben die rationes, die ich zu dem verlangetem gutem Vernehmen mit E. Kgl. Maj. bei dem Churf. und den ministris befunden, von dem Herrn Grafen von Dohna, welcher mir etzliche Meilen jenseit Magdeburg begegnet, und Herrn Landgraf Fritzen zu Homburg, den ich im Wege zu Wewerlingen gesprochen und welcher erst kurz zuvor vom churfl. Hofe heimbgekommen war, großen Teils zuvor schon mir eröffnet, der Churf. selber, wie er vernommen hat, daß die hinterpommersche Stände E. Kgl. Maj. Deputirten bei bevorstehender gesambten Huldigung[3]) noch etwas Difficultäten und schlechte mine machen wollten, darüber entrüstet worden und mit Bedrauung, daß sie keine widrige Gedanken bei E. Kgl. Maj. ihm veranlassen sollten, sie davon abgemahnet, eine vertraute Person, die mir sonsten viel bei Hofe bishero vorgegangene Intriguen, auch den jetzigen statum aulae ziemlicher maßen entdeckt, gleicher Gestalt von solcher des Churf. guten Disposition gegen E. Kgl. Maj. mich vergewissert, die bei dem churfl. Hofe hiebevor gefassete widrige Impressionen, quibus stantibus zwischen E. Kgl. Maj. und dem Churf. keine Freundschaft und gutes Vernehmen bestehen kann, als da sein, daß E. Kgl. Maj. Staat in Frieden nicht verbleiben könne, stets würde Conquesten nachgetrachtet und der Begierde zu diesen der teutsche Friede weichen, des Churf. Staat aber dadurch großer Gefahr exponiret werden müssen, je länger je mehr verschwunden; von dem Churf. sowohl als dessen vornehmsten ministris dasjenige, was ich zu Widerlegung jetztgedachter ungegründeten Impressionen beigebracht, guten Platz gefunden, von denenselben auch, daß beederseits Interessen wohl bei einander stehen könnten, gänzlich geglaubet, ad conservandam pacem imperii die gute Zusammensetzung mit E. Kgl. Maj. für eine unumbgängliche Notturft erachtet worden, er, der Churf., in vielen Stücken, wie er nämlich mit Polen, mit Moscau, mit dem Kaiser, mit Chur Sachsen, mit Mainz und Münster, mit Frankreich, Holland und Engelland stünde, und was er von dem Zustande

---

[1]) v. Haxthausen und Lorenz Müller, vgl. Urk. u. Akt. Bd. 11. S. 645 ff., Prot. u. Rel. Bd. 7 S. 297.

[2]) Vgl. Urk. u. Akt. Bd. 11 S. 634 ff.

[3]) Vgl. Wehrmann, Geschichte Pommerns Bd. 2 S. 164.

derer Ends für Nachricht und für Sentimenten hätte, ziemlich confident sich gegen mir bezeiget, eine sonderbare Begierde zu Fortsetzung des unter den Tractaten eine Zeit hero befangenen foederis Borussici sich vermerken lassen, keine übele Zuneigung zur Conjunction seiner Consilien mit E. Kgl. Maj. in den polnischen Affären zu erkennen geben, nach des Herrn Feldherrn hochgräfl. Exc. Herauskunft in der Meinung, wegen E. Kgl. Maj. Gedanken de foedere Borussico bei deroselben etwas mehres innen zu werden, großes Verlangen dargetan, einen ministrum von mehrer Qualität und näherer Admission bei ihm, als der hie anwesend ist, nämlich den Cüstrinischen Canzler Brand, zu E. Kgl. Maj. abzuschicken destiniret, wegen Inclusion des Herzogs zu Holstein in das foedus Borussicum [1]) keine übele Hoffnung blicken lassen, bei dem König in Dänemark zu Rasirung der Festung Christians Preis seinen äußersten Fleiß anzuwenden sich erboten, durchgehends zu Stiftung vertraulicher guten Intelligenz zwischen E. Kgl. Maj. und dem Könige in Dänemark große Begierde bezeiget, E. Kgl. Maj. Sache wider die Stadt Bremen ... nicht übel zugetan sich erwiesen, und wie die Stadt Succurs bei ihm gesuchet, denselben verweigert und sie, E. Kgl. Maj. sich zu accommodiren, ermahnet [2]), auch daß er ihrenthalben mit E. Kgl. Maj. in keinen Unvernehmen sich setzen wollte, declariret .. und den statum consiliorum suorum sowohl vor sich als in regarde einiger, mit welchen er in gutem Vertrauen stehet, viel auf das verhoffete gute Vernehmen mit E. Kgl. Maj., wie solches mit der Intention zu Stiftung des foederis zwischen ihm und mehrermelten fürstlichen Häusern, auch E. Kgl. Maj. zu exemplificiren ist, sonderlich richten tut.

Wie dem allen aber auch, so stehet E. Kgl. Maj. zugleich nicht zu bergen, daß, so sehr ich durch jetzt beschriebene rationes obgedachter guter churfl. Disposition zu einem sonderbarem Wohlvernehmen und näheren guten Zusammensetzung mit E. Kgl. Maj. nicht wenig Glauben beizumessen induciret werde, so sehr ebenmäßig auch für nötig mich bedünken will, daß dieselbe noch mit dem forderlichsten mehr befestiget, die jetzige Conjuncturen dazu wohl gemesnagiret und zu deren Conservirung ein Minister, dem die gepassirete und gegenwärtige Affairen bekannt .., bei dessen Hofstaat beständig zu residiren employiret und, was dazu erfordert werden dürfte, nicht angesehen werden möge. Und wie nun fürerst die Fortsetzung der mehrgedachten Allianztractaten dem Churf. nicht wenig zu Vermehrung vorbeschriebener guter Disposition gereichen würde, so stehet zu E. Kgl. Maj. Belieben, was Sie desfalls zu verfügen für best und ratsamst befinden dürften. Wenigst wird der Churf. und die Häuser Braunschweig-Lüneburg und Cassel sehr hoch mit nächstem zu wissen verlangen, wessen sie selber Allianz oder Tractaten halben zu E. Kgl. Maj. sich werden zu versehen haben." —

Beim Abschied hat der Kurf. ihm sein ziemlich mit Diamanten besetztes Brustbild geschenkt.

---

[1]) Vgl. oben S. 744.
[2]) Vgl. Urk. u. Akt. Bd. 12 S. 72 f.

Der Kurfürst an den Reichsfeldherrn Grafen von Wrangel. D. Cleve 15./25. November 1665.

[Fortsetzung der vertraulichen Korrespondenz.]

25. Nov. Hofft, Wrangel werde glücklich in Deutschland angelangt sein. „Zweifeln daneben nicht, der Präsident Kley werde dem Herrn Grafen ausführliche Nachricht von demjenigen, was bei dessen jüngster Anwesenheit zu Cölln an der Spree fürgangen, erteilet, insonderheit Ihm auch hinterbracht haben, wie lieb uns die Continuation der bishero gepflogenen vertraulichen Correspondenz mit I. Maj. und der Kron Schweden sein würde, welche Wir dann Unsers Orts gerne allezeit fortsetzen und was dieser Ends insonderheit wegen des Münsterischen Wesens passiret jedesmal in Vertrauen zu berichten nicht unterlassen werden. Dieses Werk siehet noch zur Zeit gefährlich und weit aus"; das Folgende im Auszuge Urk. u. Akt. Bd. 11 S. 668.

Herzog Adolf Johann an die Vormundschaftsregierung. D. Lübeck 13. Januar 1666.

[Berücksichtigung von Pfalz Zweibrücken bei den Ausgleichsverhandlungen des Kurf. mit Pfalz Neuburg.]

23. Jan. Empfiehlt, für das Haus Zweibrücken von Brandenburg und Pfalz Neuburg[1]) einen Teil der Jülich-Cleveschen Länder zunächst zu provisorischem Besitz zu fordern, z. B. die Stücke, die jetzt die Holländer in der Hand haben. Lehnen die beiden Fürsten das wider Erwarten ab, so wäre der Kaiser vermutlich gern bereit, ihnen einen entsprechenden Befehl zu geben, um sich Schweden so zu verpflichten.

Er wisse freilich nicht, ob es Mittel gibt, die Generalstaaten sich so zu verpflichten, daß sie ohne Vermittlung der possedierenden Fürsten die besetzten Orte abtreten; vielleicht ginge es durch französische Interposition. „E. Kgl. Maj. Autorität und Armatur ist itzund allenthalben so formidabel, daß E. Kgl. Maj. mit Stillesitzen und der geringsten Bewegung dasjenige bei diesen Gelegenheiten und Conjuncturen können erhalten, was zu andern Zeiten große Armeen fürzunehmen sich nicht leichtlich dürften unterstehen". —

Der Kurfürst an den Reichsfeldherrn Grafen v. Wrangel. D. Cleve 23. Januar 1666[2]).

[Zusammengehen mit Schweden in den Münsterschen Wirren.]

23. Jan. Es ist Mir sehr leid gewesen, daß ich Meine Reise anhero nicht länger ver-

---

[1]) Für die damaligen Verhandlungen des Kurf. mit Pfalz-Neuburg vgl. Urk. u. Akt. Bd. 11 S. 739 f., Bd. 14 S. 246, 248 ff.

[2]) Dieser Brief wurde dem Kammerjunker Georg Wilhelm von Podewils an Wrangel mitgegeben, vgl. unten S. 755, zu Podewils Sendung vgl. Urk. u. Akt. Bd. 12 S. 75 ff., Bd. 14 S. 242 f.

schieben können, weiln Ich großes Verlangen getragen, Mich vorhero mit Demselben zu besprechen und von gegenwärtigen gefährlichen Conjuncturen zu unterreden; und weiln dieselbe je länger je gefährlicher werden, und Ich mich gerne mit der Kron Schweden und andern Alliirten dahin conformiren wollte, damit der Friede im Reiche ehestes wieder stabiliret werden möchte, so habe Ich bis jetzo Meine consilia dergestalt mesnagiret, daß Ich überall freie Hände habe und mit einem jeden in guten Vernehmen stehe.

Ich habe zwar anfangs davor gehalten, daß die Catholische etwas wider die Evangelische vorhätten. Allein wie fleißig Ich auch an allen Orten Mich erkündiget, so habe Ich doch nichtes davon vernehmen können, außer daß Ich wohl spüre, daß sie den Bischof von Münster unter der Hand helfen und dahin trachten werden, daß er nicht ganz unterkommen möge. Nun kann der Herr Graf leicht ermessen, daß der Zustand Meiner hiesigen Landen wohl nicht leiden möchte, dem Werk alle Zeit still sitzend zuzusehen. Weiln Ich aber nichtes mehr wünsche, denn daß Ich denselben Weg eingehen möge, den die Kron Schweden zu halten gemeinet ist, so ersuche Ich den Herrn Grafen ganz günstiglich, Er wolle Mir den großen Gefallen erweisen und zum Besten der gemeinen Sache, und damit Ich etwa gegen der Kron Schweden Intention Mich nicht praecipiren und engagiren möchte, in Vertrauen von ihren Vorhaben part geben. Ich werde solches nicht allein aufs beste mesnagiren, sondern auch Mich darauf gegen den Herrn Grafen ferner über alles, was zu der Sache nötig ist, vertraulich expectoriren und überall bezeugen, daß Mir nichtes liebers sein soll, denn die mit der Kron Schweden stabilirte gute Freundschaft beständig zu unterhalten. —

Der Kurfürst an den Reichsfeldherrn Grafen v. Wrangel. D. Cleve 2. Februar 1666 st. n. [1]).

[Schwedens Mißtrauen gegen ihn wegen seiner Beziehungen zu Holland und zu Braunschweig-Lüneburg ist unbegründet. Er wünscht, das Bündnis mit Schweden abzuschließen.]

Gleichwie Wir nicht zweifeln, es werde .. Pudewels numehr bei Demselben wohl angelanget und der Herr Graf durch denselben Unserer guten und aufrichtigen Intention gnugsamb versichert sein, also können Wir nicht umbhin, Demselben ferner in hergebrachter Confidens zu melden, was gestalt Wir aus den jüngsten Briefen von Stockholm ganz unvermutlich ersehen, daß man daselbst einen und anderen suspicionibus von Uns und Unserer Conduite, worzu Wir doch niemalen weniger Ursache als anjetzo gegeben, Statt und Raum zu lassen anfange [2]) und dieses absonderlich ungleich und Unseren getanen Sincerationen zuwider empfinde, daß Wir mit Holland ohne einzige vorhero mit der Kron gepflogene Communication Uns in eine nahe und advantageuse Allianz eingelassen [3]), wie auch mit denen fürstlichen Häusern Hessen und Braunschweig eine Partei mit Ex- 2. Febr.

[1]) Das Schreiben ist vermutlich von Meinders nach Anweisungen Schwerins verfaßt, vgl. Prot. u. Rel. Bd. 7 S. 372.

[2]) Vgl. Urk. u. Akt. Bd. 9 S. 810 f., Bd. 12 S. 78.

[3]) Damals rechnete der Kurf. also offenbar schon mit Bestimmtheit auf den Ab-

clusion der Kron Schweden formiret und dannenhero die zu Braunschweig oder Hildesheimb veranlassete Zusammenschickung und Unterredung verhindert, daß solche bishero keinen Effect oder Fortgang erreichet. Daraus Wir dann nicht anders mutmaßen können, als daß die bisherige Verzögerung der zwischen der Kron Schweden und Uns fürgewesenen und fast auf dem Schluß stehenden Tractaten aus dieser Ursache herrühre.

Weiln nun gleichwohl niemand besser als dem Herrn Grafen bekannt, wie ungleich Uns mit solchen unbegründeten und unverdienten suspicionibus geschehe, allermaßen sich Derselbe außer Zweifel zu erinnern wissen wird, daß Wir allemal mit Demselben dasjenige, was zwischen Uns und Holland fürgangen, und in welchem Stand die Tractaten sich befunden, in Vertrauen communiciret und darunter nichts dissimuliret, Uns auch von keiner Zusammensetzung oder engern Vereinigung und nexu zwischen Uns und vorgedachten beiden Häusern, außer daß Wir mit denselben als Unsern guten Freunden und nahen Anverwandten, wie bishero allezeit, also auch noch in guter nachbarlicher Correspondenz und Freundschaft gelebet, das geringste bekannt ist, und fehlet es so weit, daß Wir dasjenige, [was] von gemeltem fürstlichen Hause Braunschweig mit Holland tractiret, Unsers Teils befordert haben sollten, daß Wir solches und des Herrn Grafen zu Waldeck dabei gebrauchte Proceduren niemaln approbiren können [1]), gestalt solches fast männiglich und niemand angehe, als denen Herzogen zu Braunschweig selbsten, an welche Wir Unsere Gedanken zu verschiedenen Malen umbständlich sowohl schriftlich an alle als zum Teil mündlich zu vernehmen gegeben; was auch endlich die zu Hildesheim oder Braunschweig veranlassete Unterredung betrifft [2]), ist es an deme, daß der Präsident Kleyhe über sich genommen, bei der Kron sich zu erkundigen, wohin deroselben Sentimenten sowohl ratione loci et temporis als wegen der Stände, welche darzu gezogen werden sollten, zielen täten, mit denen Wir wenig Zeit von Wolfenbüttel die Nachricht erlanget, daß die kgl. Regierung zu Stade aus Schweden noch zur Zeit keine Resolution dieses Werks halber erhalten, wie Wir dann auch noch ohnlängst Herzog Johann Friedrichs Lbden zu Braunschweig, als Dieselbe Uns zu verstehen geben, daß Sie zu dieser Zusammenkunft auch gerne die Ihrige schicken wollten, geantwortet, daß Wir noch von der Kron keine eigentliche Gewißheit und sichere Nachricht, worauf Wir bishero gewartet, erlanget hätten [3]); wie Uns nun sowohl hierunter die geringste Verzögerung als sonsten das geringste nicht imputiret werden kann, so ersuchen Wir den Herrn Grafen günstiglich, Er wolle nicht allein für sich selbsten dergleichen opiniones von Uns Ihm nicht persuadiren lassen, sondern auch denjenigen, welche zu Stockholm dergleichen von Uns gefasset, Seinem habenden guten Credit und Wohlvermögenheit nach dieselbe benehmen und ihnen von Unseren consiliis und

---

schluß des Bündnisses, der erst am 16. Februar (v. Moerner S. 272 ff.) erfolgte; vgl. zur damaligen Lage Urk. u. Akt. Bd. 3 S. 171 ff., Bd. 11 S. 685 f., Prot. u. Rel. Bd. 7 S. 375 f.

[1]) Vgl. Köcher a. a. O. S. 445 ff., Urk. u. Akt. Bd. 11 S. 639 ff.

[2]) Vgl. oben S. 749.

[3]) Vgl. Köcher, a. a. O. S. 450.

actionibus bessere Information geben und dadurch sowohl die Conservation eines beständigen freundnachbarlichen Vernehmens und Beibehaltung guten und aufrichtigen Vertrauens als auch den gewünschten Schluß der so lang zwischen beeden Teilen gepflogenen Allianztractaten advanciren und befordern helfen, gestalt Wir den Herrn Grafen hingegen versichern können, daß Wir Unsers Ortes darzu ganz geneigt sein und niemaln die geringste Ursache zu einigen widrigen Sentimenten geben werden. Wir verlassen Uns demnach in sonderbarem Vertrauen auf des Herrn Grafen vielgültige Cooperation [1]. —

Reichsfeldherr Graf v. Wrangel an den Kurfürsten. D. Stade 30. Januar 1666.

[Schwedische Friedenspolitik.]

Dankt für das kurfl. Handschreiben vom 23. Januar. Er könne versichern, 9. Febr. daß der schwedischen Regierung „Intention allein dahin ziele, daß, weiln man im Anfang noch nicht gewußt, wohin des Bischofs von Münster geschehene große Armatur eigentlich gemeinet sei, sie gut gefunden, einige Trouppen heraus zu senden, umb sowohl die Sicherheit dero Provincien in Teutschland zu beobachten als auf diese und mehr andere Ungelegenheiten ein wachendes Auge zu halten. Will geschweigen, das es zu irgends einiger Offension angesehen, da vielmehr I. Kgl. Maj. ernster Vorsatz ist, den Westphälischen Friedensschluß und die darauf gegründete allgemeine Ruhe und Wohlstand des teutschen Reichs nach allen Dero Vermögen zu schützen und verteidigen zu helfen und denen mit Rat und Tat gerne beizutreten, welche mit Dero in solcher friedseligen Intention übereinstimmen und sich allen und jeden wider solche Tranquillität werkstellenden Machinationen zu widersetzen, vornehmblich auch Dero Freunde und evangelische Religionsverwandte keines weges zu deseriren, vielmehr tanquam pars paciscens principalis, da etwas wider das Instrumentum Pacis verfängliches vorgenommen werden sollte, alle Kräfte dahin anzuwenden, damit selbige wider dero vorhabenden widrigen Dessein möglichster Maßen beschirmet, auch solcher Weise die gemeine Sicherheit aufrecht erhalten werden möge. Und weiln E. Churfl. Durchl. Gedanken auf eben denselben Zweck gerichtet sein, sich auch wider I. Kgl. Maj. Intent nirgends einzulassen

---

[1]) D. Stade 30. Januar 1666 erwidert Wrangel auf dies Schreiben, er müsse bekennen, 9. Febr. „daß mir von diesen oder dergleichen gefaßten Opinionen das geringste nicht wissend noch jemals etwas davon vorkommen. Und habe E. Churfl. Durchl. setzendes gute Vertrauen und tragende Affection zu I. Kgl. Maj. ich meines Teils in vielen Stücken sattsamb verspüret . . . Dannenhero keines Weges zu zweifeln, es werden vielmehr I. Kgl. Maj., was zu Beibehaltung Dero guten Vernehmens und aufrichtigen, treuen Freundschaft mit E. Churfl. Durchl. jemals gereichen mag, nichtes ermangeln lassen; gestaltsamb auch Dero höchst löbliche Intention, mit I. Kgl. Maj. zu einem Zweck zu cooperiren, und die Begierde, mit Dero in nähere Verbündnüß zu treten, keinen solchen und dergleichen widrigen Opinionen Raum und Statt geben können". —

gemeinet, so werde diese höchst rühmliche Entschließung I. Kgl. Maj. .. zu hinterbringen, keine Zeit verabsäumen". —

Reichsfeldherr Graf v. Wrangel an die Vormundschaftsregierung. D. Stade 31. Januar 1666.

[Die Münstersche Unruhe. Spannung zwischen Schweden und Bremen.]

10. Febr. Hat Pudewils geantwortet: Gegen die Verbindung Braunschweigs mit den Generalstaaten dürfte der Bischof von Münster anderswo Hilfe suchen. Um das somit den niedersächischen und westfälischen Landen drohende Unheil abzuwenden, müßte man versuchen, Braunschweig von den Holländern abzuziehen. Auf alle Fälle aber solle man rüsten. Das Anerbieten des Kurf., zwischen dem König und Bremen zu vermitteln [1]), habe er ad referendum genommen; Pudewils habe versichert, daß der Kurf. dies aus eignem Antrieb vorschlage; die Stadt sei dieserhalb nicht an ihn herangetreten. W. hat ihm noch erklärt, daß der König eine Sperrung des Handels nicht beabsichtigt habe.

Die Vormundschaftsregierung an den Reichsfeldherrn Grafen v. Wrangel. D. Stockholm 31. Januar 1666 [2]).

[Schwierigkeiten bei den Bündnisverhandlungen mit Krockow.]

10. Febr. Wir finden nötig, Euch hiemit in Gnaden zu vernehmen zu geben, welcher gestalt .. Cracow sich dieser Tage vernehmen lassen, daß er von seinem Herrn wegen des allhie Eurem Wohlwissen nach mit ihm eine Zeit lang obhanden gewesenen Alliancetractats neue Ordre und in kraft derselben Vollmacht bekommen, denselben nun gleich zu vollenziehen, maßen sein Herr, der Churf., auch das letzte zu selben Bündnüß übergebene Project in so weit aggreiret, daß er nur die von Uns wider Moskow zur Garantie von Livland begehrte Volk- in eine Geldhülfe verwechselt haben, die übrige Puncten aber allerdings genehm halten wollte.

Nun ist Uns selbige Benachrichtigung umb so viel lieber gewest, als Euch guter maßen wissend, wie Wir einige Jahre hero sonderlich verlanget, durch ein dergleichen foedus mit des Herrn Churf. Lbden in ein näher Vertrauen zu geraten und darauf nach und nach viel gutes dem gemeinen evangelischen Wesen zum besten zu bauen. Haben auch demnach in das Begehren, umb anstatt der Volkhülfe sich umb gewisse Summa Geldes zu vereinbaren, gewilliget und dabei Unsere ihm zugeordnete Commissarien befehliget, mit ihm, Cracowen, wiederumb in Conference zu treten und die Sache vollends abzuhandeln und zu schließen.

Allein bei sotaner Conference hat es sich abermal gewiesen, daß man die Richtigkeit des Werkes entweder nicht serio meine oder auch dasselbe Unserer

[1]) Vgl. Urk. u. Akt. Bd. 12 S. 76.

[2]) Vgl. Urk. u. Akt. Bd. 9 S. 811 f.

mit Moskow annoch habenden Difference oder einer andern Uns verborgenen Intention halber noch auf eine Zeit zu suspendiren suche, indem er zum subsidio an Gelde nur 30 000 Rthlr., welches aber gar zu gering und schimpflich, bewilligen und aus dem Project sowohl die Inclusion des Herzogen von Holstein[1]) als diese so notwendige Clausul expungiren wollen, quod stipularemur solummodo guarantiam eorum directi vel independentis dominii iurium, quae rex et respublica Polona ante cessionem factam aut exercuit aut exercere potuit. Welche Clausul Wir aber beizubehalten sehr nötig achten, sowohl der Religion als Unsers in mari Baltico mit Danmark allein habenden condominii halber, und der Churf., als ein bloßer cessionarius, ja nicht mehr haben noch sich anmaßen kann, als der cedens selbst gehabt und zu gebrauchen vermöcht.

Welche rationes Wir Euch aber zur zu Eurer Information eröffnen, sonst aber den obigen Verlauf Euch aus dieser Ursache zu vernehmen geben wollen, daß, wann Ihr mit hochgedachten Churfl. entweder selbst zusammen kommen oder auch mit ihnen[2]) darüber zu correspondiren Gelegenheit haben solltet, Ihr alsdann mittelst Repräsentirung dessen bis hieher gebrauchten Ausflüchte erweiset, daß die Vollenziehung des Werkes nicht an Uns gefehlet. —

Memorial der Vormundschaftsregierung für Regierungspräsident Kleihe. D. Stockholm 7. Februar 1666.

[Bedenken wegen der Bündnisse Brandenburgs und der Lüneburger mit Holland gegen Münster im Hinblick auf die mit Schweden schwebenden Bündnisverhandlungen. Bereitschaft, zwischen diesen Fürsten und Münster zu vermitteln.]

— Bezüglich des foedus in Deutschland „bleiben I. Kgl. Maj. zwar annoch 17. Febr. bei der Intention, welche Sie dem Präsidenten Kley in der ihm an Churbrandenburg und die Lünenburgische Fürsten erteileten Commission[3]), auch dem Herrn Reichsfeldherrn in seiner Instruction fürgeschrieben[4]), daß nämlich 1. der scopus desselben sei die Erhaltung des Friedens im Reich oder aufs wenigste eine Defensivvereinigung, umb einander zum Schutz und Sicherheit ihrer Lande, auch Recht und Gerechtigkeiten die hülfliche Hand zu bieten... 3. Wollen I. Kgl. Maj. auch, wie es denen Confoederirten am gefälligsten sein möchte, velut rex velut constatus mit eintreten und auf diesen Fall das Quantum der Hülfe nach dem Anschlage Ihrer teutschen Lande proportioniren, auf jenen aber sich mit den Confoederirten de modo et quanto auxilii weiter vereinigen. —

Weiln aber, seit dem von Churbrandenburg und dem fürstlichen Hause Lünenburg der Anwurf zu selbigem foedere geschehen, sich einige Fürsten von diesem Hause mit Holland in eine Offensivbündnüß wider Münster wirklich engagiret, es auch dem Verlaut nach darauf stehet, daß der Churf. gleichfalls zu eben solchem

---

[1]) Vgl. oben S. 744.
[2]) Text: ihm.
[3]) Vgl. oben S. 742 ff.
[4]) Desgl. S. 728 ff., 745 ff.

Fürhaben mit eintreten wolle [1]), solch Engagement aber demjenigen Augenmerk, welches I. Kgl. Maj. mit der obigen Bündnüß haben, welches auch selbige Chur- und Fürsten anfangs verspüren lassen, allerdings zu wider zu sein scheinet, so würde demnach sehr gut und geraten sein, wann man unter der Hand und mit einer dergleichen Behuetsamkeit, daß sich der ein oder andere Teil darüber nicht zu choquiren hätte, hochgedachte Chur- und Fürsten von selbiger Verbindung abziehen, ihnen wiederumb freie Hände schaffen und sie zu der mehr angeregten gemeinnützigen Intention desto capabler machen könnte.

Wäre aber solches nicht zu hoffen noch zu erhalten, müßte man alsdann, weiln I. Kgl. Maj. gleichwohl sehr geraten finden, mit denen selben in das obig geindegitirte nähere Vertrauen zu geraten und sie dadurch von andern I. Kgl. Maj. Interesse vielleicht auf allerhand Art präjudicirlichen Verknüpfungen abzuhalten, auf einige andere temperamenta gedenken und zwar, daß I. Kgl. Maj. und die andere Allürte mit dem Verein, welches Churbrandenburg und teils Lünenburgische Fürsten mit Holland wider Münster schon hätten oder noch weiter machen möchten, nichtes zu schaffen haben, besondern sie wegen der darab befahrenden Weitläuftigkeit in ihren Fürstentumb und Landen allerdings ihre eigene Gefahr laufen lassen wollten; nur daß gleichwohl I. Kgl. Maj. gleichwohl bereit bleiben, sich, wann es begehret werden sollte, zwischen sie und Münster zu interponiren und die Mißhelligkeiten vergleichen zu helfen. Darüber und wie solches am füglichsten geschehen könnte, sich I. Kgl. Maj. auf Begehren weiter erklären werden". —

Die Vormundschaftsregierung an Herzog Adolf Johann. D. Stockholm 12. Februar 1666.

(Auf das Schreiben vom 13./23. Januar 1666.)

[Keine Aussicht, Brandenburg, Pfalz Neuburg, den Kaiser und die Generalstaaten für Berücksichtigung Pfalz Zweibrückens im jülich-cleveschen Erbfolgestreit zu gewinnen.]

22. Febr. Danken für seine Vorschläge. „Allein Wir befinden dahingegen auch nötig, in gleichmäßigen guten Vertrauen Sr. Lbden die Difficultäten fürzustellen, welche Wir bei dem ein und anderem von obigen Sr. Lbden Fürschlägen angemerket... Soviel zuforderst anbetrifft, daß S. Lbden in den Gedanken stehen, ob würden Churbrandenburg und Pfalz Neuburg in der Güte überredet werden können, Pfalz Zweibrücken ad simultaneam possessionem der Gülich- und Clevischen Länder und zwar, wo nicht mehr, doch aufs wenigste derjenigen Stücke, welche gegenwärtig in der Generalstaaten Händen sein, zuzulassen, so haben Wir, wann insonderheit in Unserm Namen darunter etwas gesuchet werden sollte, die geringste Hoffnung nicht, daß Brandenburg sich dazu bequemen sollte, gestalten derselbe allem Ansehen und seinem bisherigem Comportement nach Uns und das Haus Zweibrücken so sehr nicht liebet, daß er sich selbe Lande und insonderheit die in der Holländer Gewalt stehende considerable Plätze nicht lieber selbst gönnen,

---

[1]) Desgl. S. 755f.

ja .. lieber das übrige in Gefahr setzen, als Uns dazu in Ruhe gelangen und bleiben lassen sollte, insonderheit da er Pfalz Zweibrücken äußerlich, ob ers schon im Herzen anders weiß, kein Recht gestehet, Pfalz Neuburg auch in dem Compossess gar ungern, wie aller Welt bekannt, siehet... Und sollten Wir nur jetzo für Uns einige Anregung, es wäre auch, mit welcher Behuetsamkeit es wollte, darumb tun, würde es von Brandenburg aufgenommen werden, als sucheten Wir nur Prätext, umb mit ihm in Weitläuftigkeit zu kommen, hätten auch dessen wegen Unsere Milice draußen, umb selbige querelle mit Gewalt der Waffen zu behaupten; welches nicht allein die gute Disposition, welche jetzo mit ihm, dem gesampten evangelischen Wesen zum besten, in nähere Verständnüß zu geraten, obhanden, gänzlich hindern, ihn Unsern Widerwärtigen gar in die Arme zu werfen und die benachbarte Kreise wider Uns aufzuwiegeln Anlaß und Prätext geben würde." Auch von Pfalz Neuburg sei kein Entgegenkommen zu erwarten. Ebensowenig sei „zu glauben, daß der Kaiser Uns wider sein eigenes Interesse ohne eine von Uns begehrende und Uns vielleicht nicht anstehende avantage darin willfahren und Churbrandenburg im Gegenteil so hoch offendiren sollte.

Noch weniger Hoffnung ist, daß die Holländer zu gewinnen sein sollten, die innehabende considerable feste Plätze an Uns oder das Haus Zweibrücken abzutreten. Dann ohne das weltkündig, mit welchem Neid und Unwillen sie gegen Uns und Unsere Kron angefüllet und was feindselige Kennzeichen sie viele Jahre hero davon gegeben." —

Hingegen wäre es sehr wohl möglich, „nach Anleitung des Friedensschlusses per viam iuris die Sache fortzusetzen, .. und erkennen Uns verpflichtet, nicht nur für Uns aufs kräftigste dieselbe zu treiben, besondern auch Pfalz Zweibrücken und fürnehmlich E. Lbden darin alle mögliche Handbietung zu erweisen, maßen Wir zu dem Ende auch hiebeigehend Unseren an den Kaiserlichen Hof abgefertigten und beim Reichstage habenden Abgesandten Palbitzky und Snoilsky zugeschrieben, die Sache und deren gebührende Fortsetzung aufs eheste zu reassumiren und bevorab in deren Betreibung der Anleitung, welche E. Lbden nach der darin habenden besten Kundschaft geben werden, allerdings zu folgen, maßen Wir E. Lbden auch freundlich anheimgeben, wie Sie sich selbst .. darin zu employiren gut und geraten finden [1])." —

Der Kurfürst an den Reichsfeldherrn Grafen v. Wrangel. D. Cleve 14./24. Februar 1666.

[Darlegung seiner Bemühungen, zwischen Holland und Münster zu vermitteln und der Zwangslage, in der er das Bündnis mit Holland geschlossen hat. Genugtuung über die schwedische Friedenspolitik.]

Ich habe sowohl von meinem Kammerjunker dem v. Pudewels [2]) als auch aus des Herrn Grafen an mich vom 30. Januar abgelassenen Antwortschreiben gern 24. Febr.

[1]) Eine entsprechende Verfügung an Palbitzky erging am selben Tage.

[2]) Vgl. oben S. 752 f.

und erfreulich vernommen, daß I. Kgl. Maj. und der Kron Schweden Intention einzig und allein dahin gerichtet, daß Fried und Ruhe im Reich erhalten, wider das instrumentum pacis nichts verfängliches fürgenommen und des evangelischen Wesens Wohlfahrt nebest der allgemeinen Sicherheit gebührend beobachtet, alle widerlaufende Desseinen aber müglichster maßen unterbrochen und denselben nach Notdurft begegnet werden möchte.

Gleichwie [1]) ich nun bishero in meinen consiliis einen ganz gleichmäßigen Zweck gehabt, auch ferner allezeit haben werde, also kann ich dem Herrn Grafen weiter nicht verhalten, was gestalt ich bei Anfang der in diesen Orten zwischen denen Herren Staaten und des Bischofs zu Münster Lbden entstandener Unruh mich äußerst und eifrig bemühet, zwischen beiden Teilen einen raisonablen und billigmäßigen Vergleich zu befordern. Muß aber dabei bekennen, daß, so große Inclination ich dazu an der Herren Staaten Seiten vermerket, so weinig Begierde ich hingegen bei des Herrn Bischofs Lbden dazu verspüret [2]); dannenhero auch die Sache allgemach immer weitläuftiger und die Gefahr größer geworden, indem nicht allein fürnehme Stände des Reichs sondern auch gar die Krone Frankreich sich des Werks mit großem Ernst und Nachdruck angenommen und eine ansehentliche, considerable Kriegsmacht, der in kurzem noch mehr Truppen nachfolgen sollten, denen Herren Staaten zu Hülfe geschickt. Wiewohl ich nun nichts desto weiniger an meinem ohnnachlässigen Fleiß nichts erwinden lassen und keiner Mühe noch Kosten gesparet, umb die Parteien noch bei währender dieser Winterszeit und ehe man gegen den Frühling zu den Kriegsactionen schreitet, in der Güte von einander zu setzen und Fried und Ruhe in diesem Kreise zu erhalten; zu welchem End ich dann nicht allein für mich verschiedene Schickungen an den Bischof getan [3]), sondern es haben auch die Römische Kaiserl. Maj. durch dero Residenten im Haag [4]) wie auch durch den Baron de Goes, welcher beim Bischof persönlich gewesen, zu Erreichung eines so heilsamen und gemeinnützigen Zwecks fleißig mit cooperiren lassen. Es ist aber alle angewandte Mühe und Sorgfalt vergebens gewesen. Und muß ich zwar dahin gestellet sein lassen, was des Herrn Bischofs Lbden für Ursachen haben, die Continuation des Krieges und den ungewissen Ausschlag der Waffen einem guten, beständigen und raisonablen Frieden, wobei Sie nicht einen Fuß breit von seinem Stifte verloren, fürzuziehen.

Als ich aber bei so gestalten Sachen nicht allein die äußerste Gefahr wegen meiner in diesem Kreis belegenen ansehenlichen Landen zu fürchten Ursach gehabt, sondern auch bereits wirklich sehr große und fast unleidliche Beschwerde von denen durch meine Lande hin und wieder marschirende Trouppen empfunden [5]), der ohnerträglichen Einquartirungslast, womit meine clevische Städte von den französischen und staatischen Guarnisonen überhäufet, zu geschweigen, so habe ich endlich

[1]) Text: gleich.
[2]) Vgl. Urk. u. Akt. Bd. 11 S. 623 f.
[3]) Vgl. Urk. u. Akt. Bd. 11 S. 652 f., 657 ff., 668 f., Pufendorf Lib. X § 15.
[4]) Johannes Friquet, vgl. Urk. u. Akt. Bd. 14 S. 226 ff.
[5]) Vgl. Urk. u. Akt. Bd. 2 S. 324 f., Bd. 11 S. 649 f., Bd. 14 S. 232.

nicht umbhin gekonnt, zu Rettung meines Estats und Verhütung endlicher Desolation und Ruin meiner Untertanen die Hand selbsten mit ans Werk zu legen und die mit denen Herrn Staaten eine geraume Zeit her gepflogenen Tractaten zu endlichem Schluß, ehe und bevor man bei herannahendem Frühling zu denen Kriegsactionen wieder schreiten und aus meinen Landen gleichsamb das theatrum belli machen würde, zu befordern, wobei ich dann nicht allein meine von vielen Jahren her mit dem Staat gehabte Allianz renoviret, sondern mich auch in eine nähere Verbündnüß und Defensionsverfassung, wiewohl ohne einigen Präjudiz meiner Freunde und Alliirten und der mit denselben habenden Tractaten, einzig und allein zu Beforderung des Friedens, warumb man sich für allen andern Tätlichkeiten zu bemühen, eingelassen.

Daß ich nun bei diesem Werk einzig und allein diesen scopum habe, solches kann ich dem Herrn Grafen bei meinem churfl. Wort versichern und ersuche Denselben günstiglich, Er wolle mir den sonderbaren Gefallen erweisen und I. Kgl. Maj. in Schweden von dieser meiner Intention, welche sonsten außer Zweifel von ein- und andern Widerwärtigen wird ungleich gedeutet und traduciret werden, beständig vergewissern, zu dessen mehrer [1]) Bezeugung ich dann noch gestern einen von meinen Geheimbden Räten an des Herrn Bischofs Lbden abgeschickt [2]) und Deroselben die aus fernerer Continuation des Krieges ohnausbleiblich entstehende Inconvenientzen wohlmeinend und beweglich fürstellen lassen, der Hoffnung, S. Lbden sich endlich auf andere Gedanken bringen lassen und dadurch die diesem Kreis für Augen schwebende Ruin und Vergießung fernern Christenbluts verhüten werden.

Die Sache laufe nun, wie sie wolle, so bin ich beständig gemeinet, mit I. Kgl. Maj. in guter, aufrichtiger Freundschaft und vertraulicher Correspondentz zu verharren und mich im geringsten nichts divertiren zu lassen, lebe auch der Zuversicht, I. Kgl. Maj. werden gleicher gestalt an Ihrem Ort alles, was zu Erhaltung guten, nachbarlichen Vertrauens gereichet und insonderheit die Wiederbringung des Friedens Dero hohen Wohlvermögenheit nach befordern helfen, wie ich dann nicht zweifele, I. Kgl. Maj. Cooperation würde hierunter von sonderbarem Nachtruck sein, und des Herrn Bischofs Lbden solche für andern bei sich gelten lassen, bevorab wann Derselben alle Hoffnung zur Assistentz, worauf Sie sich etwan verlassen, abgeschnitten wird.

Welches alles ich dem Herrn Grafen weitläuftiger fürstellen wollen, damit er von meiner Intention und meinen Desseinen desto besser versichert sein und Ursach haben möge, nach Seinem habenden guten Vermögen die allgemeine Sicherheit dieses Kreises, wovon des ganzen Römischen Reiches und insonderheit der benachbarten Kreise Wohlfahrt dependiret, desto eifriger zu befordern. —

---

1) Text: mehrder.

2) Friedrich v. Jena, vgl. Urk. u. Akt. Bd. 11 S. 689 ff., Ribbeck in Zs. für vaterländ. Gesch. u. Altertumskunde Bd. 52 (Münster 1894) S. 45, 114 f.

Die Vormundschaftsregierung an den Reichsfeldherrn Grafen v. Wrangel. D. Stockholm 17. Februar 1666.

[Hat sich von der Aufrichtigkeit des Kurf. überzeugt und wird daher das Bündnis abschließen. Der Kurf. möchte sich bemühen, Braunschweig-Lüneburg für die gute Partei zurückzugewinnen und Bremen zur Leistung seiner Schuldigkeit, jedoch nicht als Mediator, ermahnen.]

27. Febr. Aus dem Bericht vom 31. Januar habe man ersehen, was der Kurf. durch seinen Kammerjunker und durch sein Handschreiben Wrangel habe vortragen lassen. Hvarpå Vi hafva gott funnit, detta Eder vid handen att gifva, att det Oss kärt är en gång klart nog hans sincere .. intention att förspörja. Och efter Vi af ofvanbemälde bref till Eder med mera förnimma hans inclination emot Oss och Vårt stat, ståendes ännu med fria händer, som den där icke gärna skulle något sluta vilja, som lupe emot Sveriges intention, ty äro Vi af sådana skrifteliga emot Eder gjorde contestationer förorsakade vordne, att bemöta honom med förklaring af lika intention, låtandes hans här varande Abgesandter Krakou genom Våra commissarier straxt förstå, att, efter Vi pröfva af ofvanbemälde contestation hans herres fullkomliga benägenhet, med Oss i dessa farliga och vidt utseende conjuncturer i god correspondence att bestå, så hafva Vi och velat likasom tvärt af amputera de härtill i tractaten sväfvande difficulteter och till ett, Gud gifve, lyckligt slut Oss med honom jämka[1]).

Hvilket Vi gifva Eder till efterrättelse, att så mycket bättre kunna Edra consilier med de Brandenburgiska foga, låtandes I Eder .. med honom, Churf., angeläget vara, att draga huset Brunswick-Lüneburg utur det ingångne engagement, .. sökandes att draga bemälde hus till det goda partiet och tyska fredens styrka och försvar.

Vill och Churf. göra goda officier, att förmana staden Bremen till att bequäma sig till sin skyldighet, kunna Vi därmed väl vara tillfreds, fast om han icke låter sig ändtligen bruka som en mediator vid en sådan stad, som Vi prätendera att vara Vår egen Landsstad, utan att han nu som Vår vän bevisar sin cooperation att erhålla och maintenera Oss Vår rätt på bemälde stad, utan att nödgas andra medel att antaga. —

Die Vormundschaftsregierung an den Regierungspräsidenten Kleihe. D. Stockholm 28. Februar 1666.

[Wunsch nach Abschluß mit dem Kurf. trotz dessen Bündnis mit Holland. Im englisch-holländischen Krieg wäre Schweden der Frieden das liebste. Keine Vermittlung des Kurf. im schwedisch-bremischen Konflikt.]

10. März Da am Abschluß des brandenburgisch-holländischen Bündnisses kein Zweifel mehr besteht, soll K. sich zum Kurf. begeben und ihn ihrer Unveränderlichkeit versichern und daß Schweden auch trotz dieses Bündnisses sich von seiner guten

---

[1]) Vgl. Urk. u. Akt. Bd. 9 S. 812 ff.

Intention für ihn nicht abbringen lasse; man erkenne an, daß wichtige Ursachen ihn zum Abschluß mit Holland bewogen hätten[1]). Es wäre der Regierung sehr angenehm, om Churf. behagade avancera och befrämja till sin fullnad och ändskap den tractat, som här med Oss under händerna är, eftersom Vi å Vår sida uti Vår begärlighet, detsamma att sluta och fullborda, allt framgent continuera.

Och till att desto mera sätta och styrka Churf. uti goda tankar om Oss och Vår välmente intention, så kunden I sincerement upptäcka honom Vårt.. uppsåt vid det engelska verket, huruledes Vi nämbligen intet annat högre söka och åstunda, än att kunna procurera och tillvägabringa en behaglig fred emellan Engelland och Holland[2]). —

Eine Vermittlung des Kurf. zwischen Schweden und Bremen muß mit guter Manier und ohne dem Kurf. Anlaß zu Mißtrauen zu geben, vermieden werden.

Die Vormundschaftsregierung an den Reichsfeldherrn Grafen v. Wrangel. D. Stockholm 28. Februar 1666.

[Geneigtheit, trotz des holländischen Bündnisses des Kurf. mit diesem in guter Korrespondenz zu bleiben und den Bündnisvertrag abzuschließen.]

Wohl habe man Ursache, den Bündnisvertrag des Kurf. mit Holland als 10. März
eine Überraschung zu empfinden, i anseende, att denne conduite helt stridig är med de sincerationer, hvilka Churf. både ofta eljest såsom och enkannerlig uti sitt handbref till Eder hafver gjort och aflagt, men därhos likväl icke tjänligt bepröfva, vid dessa tider honom att choquera eller till någon ombrage att anreta, utan fast heller vid gott humeur att bibehålla, ty hafva Vi tjänligt eraktat att låta försäkra Churf. om Vår stadiga intention att underhålla med honom all god vänskap och correspondence ..., gärna seendes, att den tractat, som emellan Oss och honom under händerna är, till sin fullnad och slut förderligen avanceras måtte[3]). —

Der Reichsfeldherr Graf v. Wrangel an den Reichskanzler Grafen Magnus De la Gardie. D. Stade 2. März 1666.

[Mißtrauen gegen den Kurf.]

Bezieht sich auf einen Brief vom 18. Februar[4]), „worinnen ich des von dem 12. März
Herzog von Neuburg unlängst an mich abgeschickt gewesenen polnischen Grafen Herrn Kreskys[5]) Anbringen, welches der darauf erfolgete und nach Schweden destinirter Gesandter der v. Rautenstein[6]) noch mit mehrerm bestätiget, kürz-

[1]) Vgl. oben S. 754 ff.
[2]) Vgl. Lundquist, Sveriges krig med staden Bremen S. 75 f.
[3]) Vgl. Lundquist a. a. O. S. 75.
[4]) Fehlt.
[5]) Graf Krenski, vgl. Urk. u. Akt. Bd. 12 S. 250.
[6]) Vgl. Urk. u. Akt. Bd. 9 S. 818, Bd. 12 S. 167.

lich erwähnet. Und weil ich unter anderen angeführet, daß des Churf. von Brandenburgs bisherige sincerationes und geschehene Anerbietungen von guter Freund- und Nachbarschaft und eines bessern Vertrauens auf nichtes beständiges oder reales hinausgingen, besondern lauter Chimären wären, gestalt auch solches aus des Resident Krakowen bisherigen Negotiation gnugsam zu spüren, also daß unter dem Prätext und Vorwand einer nähern Verständnüß die consilia gar anders liefen, so will sich dasselbe auch .. mit etwas mehrern Umbständen hervorgeben, indem die zu Berlin hinterlassene Geh. Räte nunmehr den Handel wegen des Boysalzes, worinnen man so lange und über ein Jahr still geschwiegen, wieder herfürsuchen [1]). .. Nun ist unschwer daraus abzunehmen, daß sich der Churf. fast mit Fleiß zu einer Mißverständnüß nötige und Ursach suche, eine querelle d'Allemagne anzurichten, warumb ich denn davor hielte, daß, wenn dem Fürsten von Neuburg .. in seinem Gesuch favorisiret und ihm zur polnischen Kron geholfen würde, könnte man gleichwohl solcher gestalt, da man von Polen einer gnugsamen Assistence allezeit gesichert wäre, den Churf. in seinem widersinnigen Vorhaben divertiren, und also ein cuneus sein würde, ihn von solchen Vorbildungen abzubringen und in seinen geziemenden Schranken zu halten. Denn ich meines Teils gänzlich der Meinung bin, daß, weiln der Churf. anitzo so schleunig sonder einige Communication mit I. Kgl. Maj. .. mit den Holländern in Alliance getreten, ihm nicht so sehr umb derer Affection zu tun sei, als sich nur ihrer Mittel zu gebrauchen, eine ansehnliche Armee auf die Beine zu bringen und damit seines Gefallens hernach zu verfahren. Weswegen denn ins künftige hochnötig sein will, mit guter Circumspection auf seine actiones ein wachendes Auge zu haben." —

Die Vormundschaftsregierung an den Reichsfeldherrn Grafen v. Wrangel. D. Stockholm 31. März 1666.

[Neuburgs Bewerbung um den polnischen Thron und polnische Wahlfrage überhaupt. Mißtrauen gegen die Haltung des Kurf.]

10. April Der vor einigen Tagen eingetroffene pfalz-neuburgische Gesandte Rautenstein hat wegen Unpäßlichkeit noch nicht Audienz gehabt. Jedoch hat er „gegen Unsere an ihn Geschickte sich schon so weit exprimiret, daß sein Herr auf die polnische Kron die Gedanken gerichtet und darinnen Unsere Faveur und Assistenz desideriret, vorgebend, daß sowohl der Kaiser als Churbrandenburg ihm desfalls nicht entgegen, sondern vielmehr behülfich sein werden, im gleichen, daß Frankreich selbst nicht so gar abgeneigt von ihm wäre, im Fall der Königin in Polen bisherige Vorschläge nicht reussiren sollten.

Nun sind wir zwar, was die Erlangung der polnischen Kron betrifft, ganz einig und bleiben auch desfalls bei denen allbereit gefasseten und Euch wohlbekannten Resolutionen ganz beständig. Weil Wir aber aus andern eingelangten

[1]) Vgl. Prot. u. Rel. Bd. 7 S. 395 f., Rachel, Die Handels-, Zoll- und Akzisepolitik Brandenburg-Preußen bis 1713 S. 659.

Briefen vernehmen, daß der Kaiser auf den Herzog Karl von Lothringen einiges Absehen haben, selbiger auch bereits zu Breslau angelanget und mit Lubomirski in Conferentz gewesen sein sollen, dann auch ratione Churbrandenburg Wir für nachdenklich halten, daß er ein gut Teil seiner Völker und Geschütz von den polnischen Grenzen ab und nach Westfalen hingezogen, dahero Wir Uns wegen des Churf. guten Verständnüß mit Dänemark und dem Hause Braunschweig einer secreten Bündniß in faveur der Stadt Bremen besorgen müssen, so werden Wir von gedachtem Gesandten zuforderst vernehmen, was er wegen des Kaisers und Churbrandenburgs Inclination und Intention für seinen Herrn für Gewißheit und Versicherung geben kann, damit Wir nicht etwa mit ihm zwischen die österreichische und französische Parteien bei diesem polnischen Werk in die Mitte geraten und Uns beiderseits embarrassiret befinden." —

Das Bündnis mit dem Kurf. ist abgeschlossen [1]).

Die Vormundschaftsregierung an den Reichsfeldherrn Grafen v. Wrangel. D. Stockholm 7. April 1666 [2]).

[Bei der ungeklärten politischen Gesamtlage muß vorläufig auf Brandenburg und Braunschweig besondere Rücksicht genommen werden. Ihre Gesandten mögen daher den Ausgleichsverhandlungen mit Bremen beiwohnen.]

Über die Meditation in der Bremischen Angelegenheit. „Weil Wir .. auf Unsere Nachbarn draußen, vornehmlich auf Churbrandenburg und Lüneburg, bei diesem Werke große Reflexion werfen und fast vermuten müssen, daß sie Uns nicht allein keine gute officia tun, sondern vielleicht gar Anlaß nehmen möchten, Uns mit noch anderer Beihülf occasione der Stadt Bremen allerlei Unlust, welche Wir aus so vielen .. Ursachen noch zur Zeit aufs möglichste zu evitiren suchen, zu Wege zu bringen, so haben Wir ihnen desfalls alle Gelegenheit zu benehmen kein besser Mittel gefunden, als Euch gnädig zu committiren, daß Ihr durch den Präsidenten Kleyhen an denjenigen Höfen, wohin er ohne das zu gehen von Uns beordret ist, nächst nochmaligen Contestationen Unserer beständigen Friedensobservantz und rechtmäßigen Befugnüssen wegen der Stadt Bremen auch dieses gar emphatice zu repräsentiren lassen, daß ob Wir zwar nicht eben in der Handlung zwischen Uns und der Stadt einige Mediation Unsers hohen Respects halber admittiren können, Wir dennoch gerne sehen wollen, daß sowohl Churbrandenburg als Lüneburg und andere durch ihre ministros obgedachter Handlung selbst mit zusehen und also in der Tat spüren möchten, daß Wir von der Stadt nichts anders begehren, als wozu Wir Uns in dem teutschen Frieden und vermöge des mit mehrgedachter Stadt aufgerichteten Stadischen Receß [3]) wohlbefugt wissen, ingleichen, daß Uns nichtes lieber sein solle, als wenn alle und jede mit ihren guten officiis Unsere gerechte Sache befordern 17. April

[1]) Vgl. v. Moerner S. 277 ff.

[2]) Vgl. Lundquist, a. a. O. S. 87 f., 91 f., Urk. u. Akt. Bd. 12 S. 80.

[3]) Der Rezeß von Stade vom 28. November/8. Dezember 1654, vgl. Urk. u. Akt. Bd. 12 S. 60.

helfen wollen. Und dieses alles zu dem Ende, daß, ob Wir zwar ratione Unserer Intention der Stadt Bremen halber hievon keinen Nutzen zu gewarten haben, dennoch auf diese Weise sich niemand wegen einiger Exclusion offendiret befinden, bevorab aber diejenige, so etwa gegen Uns ex hac occasione was böses intendiren wollten, durch obige von Uns freiwillig veranlassete Accession umb so viel desto mehr verhindert und zurückgehalten werden, und Wir zum wenigsten so viel Zeit damit gewinnen möchten, daß Wir sehen, wie sich der Kaiser, Engelland, Frankreich und die teutsche Fürsten dieser Bremischen Sache halber gegen Unsere ausgeschickte ministros erklären und Wir alsdann Unsere mesures desto besser zu fassen haben werden." —

Die Vormundschaftsregierung an den Reichsfeldherrn Grafen v. Wrangel. D. Stockholm 14. April 1666.

[Nachlassen des Mißtrauens gegen den Kurf.]

24. April Betreffend Brandenburg „werden Wir je länger je mehr in die Gedanken gebracht, daß er, ohnerachtet der mit Holland geschlossenen Alliantz, dennoch seine gewisse reservata und Bedenken habe, worumb er mit dem Bischof von Münster nicht zur Ruptur zu kommen begehre; denn solches zeiget auch fast der Augenschein, und will über das der Neuburgische Gesandter Rautenstein für gewiß ausgeben, daß sein Herr versichert sei, Churbrandenburg werde mit Münster nicht brechen.

So vernehmen Wir auch, daß der Kaiser ihn von solcher Ruptur abgemahnet. Vornehmlich aber giebet Uns der englische Extraordinair Envoyé [1]) allhie diese Nachricht in höchsten Vertrauen, welche auch gar secret gehalten werden muß, nämlich daß Churbrandenburg seinen König durch einen secretarium versichern lassen, ob er gleich mit Holland geschlossen, so würde doch der König innerhalb wenig Monaten vernehmen, worauf es eigentlich angesehen, also daß Wir sowohl von Churbrandenburg als dem Hause Braunschweig die Opinion haben, weil sie bishero mit der Ruptur angestanden, sie werden auch noch weniger damit eilen, wenn sie von Unserer Conjunction mit dem Bischof vernehmen werden [2]), daß Wir also von ihnen nichts werden zu befahren haben. Sollte aber auch hierin das Gegenspiel erfolgen, so wird man gegen sie tun müssen, was alsdenn die Zeit und die Raison erfordern wird." —

Regierungspräsident Kleihe an die Vormundschaftsregierung. D. Cleve 28. April / 8. Mai 1666.

[Beendigung des Münsterschen Krieges. Anknüpfung des Kurf. mit Dänemark. Verhandlungen mit Pfalz Neuburg wegen Beilegung des Erbstreits und wegen der polnischen Thronfolge. Verhältnis des Kurf. zu Schweden, Frankreich und zum Kaiser in der polnischen Thronfolgefrage.]

---

[1]) Coventry.

[2]) Vgl. Lundquist, Sveriges krig med staden Bremen S. 88 f. und Lundquist, Sveriges neutralitetsförklaring år 1666 S. 16 f.

— Über die Münstersche Unruhe. „Daß es mit den Tractaten so wohl geglücket und der Bischof dadurch zu Exarmirung genötigt worden, darüber ist man allhie nicht wenig erfreuet. Hingegen aber ist unschwer zu ermessen, wie ungern der Bischof zu Niederlegung der Waffen sich bequemet habe. Sehr inständig soll er den Churf. umb die gütige Vergünstigung, daß er sich nur noch etwas mit den Herren Generalstaaten tummeln möchte, und umb bloßes S. Churfl. Zuschauen gebeten haben; es hat aber solches nicht helfen wollen. Inzwischen hält man dafür, daß, wann man ihm solches gegönnet hätte, er seinen Feinden Werkes genug gemachet haben würde. Und gebraucheten S. Churfl. Durchl., wie Sie von dieser Materie mit mir geredet, sich darüber der Worte: „Wer sollte das vorhin gedacht haben, daß diese Leute zum Kriege so ungeschickt wären und so wenig auszurichten vermöchten!" — — 8. Mai

Die Herren Generalstaaten haben, des Bischofs los zu werden, keine Mittel gesparet und sowohl gegen dem Churf. als den braunschweig-lüneburgischen Fürsten sehr liberal sich erwiesen, also daß dasjenige, was sie an S. Churfl. Durchl. an Geld zum Teil bereit gegeben, zum Teil noch zu geben schuldig sein nach .. Bevernings an .. Goes beschehenen Aussage auf ein Millionen Gulden sich erstrecket. Das Allermeiste aber, was ihnen in dieser Sache geholfen, ist das zu so hohem Respect sich geschwungene support von Frankreich gewesen, welches endlich auch bei dem Churf. auf die eiferige Instans des heraus an denselben geschickten ministri Herrn v. Colbert, die Partei gegen dem Bischof mit zu ergreifen und die Türe zuzutun, durchgedrungen [1]). An ansehnlichen Präsenten hat es auch dem Herrn Colbert im Namen seines Königs nicht gefehlet, inmaßen dann dasjenige, was der Churfürstin offeriret worden, in einem trefflichen Bett, Tisch, Spiegel und darzu gehörigen Spaliirung für ein ganzes Zimmer wenigst auf den Wert von 40 000 Rthlr. bestanden [2]).

Der Bischof wird zwar, daß er bei diesem Handel viel gewonnen habe, sich nicht eben groß rühmen können. Man leget es aber demselben dennoch zu nicht geringem Lobe, daß er an die Herren Generalstaaten sich zu wagen, nicht allein das Herze gehabt, sondern auch denselben nicht geringe Angst und Mühe abgejaget. Hierselbsten wird, umb ihren Hochmut zu brechen, dergleichen Correction ihnen wohl gegönnet. — —

Der dänische Abgesandter, Herr Detleff von Ahlefeldt, welcher kurz vor meiner Ankunft nach dem Haag verreiset und täglich wieder erwartet wird, soll sich auch umb eine Verbündnüß in seines Königes Namen bei dem Churf. bemühet haben. Man will aber allhie nichts von einigem bereit darin erfolgetem Schluß gestehen, sondern I. Churfl. Durchl. haben von freien Stücken gegen mir erwähnet, daß Sie von dem Könige in Dänemark durch Herrn Ahlefeldt umb eine Bündnüß wären angesuchet worden, Sie aber jetzgestalten Sachen nach darin zu willigen noch Bedenken hätten." Auch Jena hat ihm beteuert, „daß

---

[1]) Vgl. Urk. u. Akt. Bd. 2 S. 320 ff.

[2]) Vgl. Urk. u. Akt. Bd. 2 S. 355, 371, Bd. 14 S. 254, Pagès, Le Grand Electeur et Louis XIV. S. 137 f., Waddington, Le Grand Electeur Bd. 2 S. 127 f.

mit Dänemark nichts geschlossen worden, auch in praeiudicium E. Kgl. Maj. wohl nichts geschlossen werden würde. Was bishero mit Herrn Ahlefeldt fürgegangen, wäre ihm gnugsamb bekannt, weiln er von seinem gnädigsten Churf. und Herrn mit demselben darüber zu conferiren Befehl gehabt. Jedoch wollte er nicht leugnen, daß bei Dänemark das Absehen auf ein foedus, welches die Herren Generalstaaten unlängst in Vorschlag gebracht und wozu ihrer Meinung nach E. Kgl. Maj. sowohl als Dänemark gezogen werden sollten, gerichtet wäre, inmaßen mir davon weitere Apertur geschehen würde[1]). Es sei aber solches foederis halben, wie ihm wolle, so laß ich es doch billig dahin gestellet sein, ob man alles Argwohns gänzlich desfalls sich entschlagen könne; bei dem Churf. will wenigst mir etwas mehrere Vorsichtigkeit und retiratezza in seinen Discoursen bedünken, als er vorhin zu Berlin gegen mir sich gebrauchet, wiewohl ich sonsten an der Gnade und Civilität, so er mir erweiset, nichtes zu desideriren, sondern vielmehr dieselbe hoch zu rühmen habe."

Drei Gesandte des Pfalzgrafen von Neuburg sind zur Zeit in Cleve, der jülich-bergische Oberkanzler Herr von Winckelhaus, der neuburgische Kanzler Giese und der Vizekanzler Schnell. Giese hat ihm erzählt, „daß man zwar einigen fernerwärtigen Vergleich in den Jülich- und Clevischen Affairen zu treffen suchete, das Hauptabsehen an seiten seines gnädigsten Herrn aber auf der polnischen Succession darunter gerichtet wäre .., mit fernerem Vermelden, daß man ihnen den Himmel dazu, wie seine formalia waren, allhie ziemlich schön und klar mit generalen guten Vertröstungen machete, ad speciem aber dennoch zu gehen man nicht ehe, bis es vorberührter Affairen halber seine Richtigkeit hätte, sich verstehen wollte. Ich habe occasione dessen gegen vorermeldeten Herrn Kanzler gleichsam per iocum .. Erwähnung getan, daß man auch E. Kgl. Maj. bei diesen Tractaten nicht aus den Augen setzen möchte. Worauf er mir geantwortet, alles was in der Sache vorgenommen würde, müßte doch den Verstand haben, daß es absque praeiudicio tertii geschehe. — — Bei dem noch schlechten Vertrauen, welches der Herr Giese zu S. Churfl. Durchl. in der polnischen Sachen obgedachter maßen verspüren lassen, gab er eine weit bessere Hoffnung zu E. Kgl. Maj. zu erkennen, worin ich dann auch denselben gestärket habe." —

Mit Giese und Goess hat er die polnische Thronfolgefrage besprochen. „Der Churf. zur Bandenburg wird in Polen viel bei derjenigen Partei tun können, wohin er propendiren wird. Ob er aber mit E. Kgl. Maj. einen Strang noch zur Zeit werde ziehen wollen, dürfte ich nicht sagen können. Wenigst wird es, solange er sonst seinen Zweck zu erreichen Hoffnung hat, insonderheit aber absque praevia singulari conventione, wodurch er seines Absehens bei dem polnischen Werk zugleich von E. Kgl. Maj. vergewissert, und ehe man des subiecti halber ratione successionis gänzlich sich verglichen haben möchte, schwerlich geschehen. Daß aber anderer Seiten auch der Churf. mit Frankreich und der Königinnen Intention noch zur Zeit übereinstimmen sollte oder, soferne er es wird ändern

[1]) Vgl. Urk. u. Akt. Bd. 12 S. 116 ff.

können, gerne mit der Zeit werde übereinstimmen wollen, dazu sehe ich auch vielerlei Ursachen halber noch keine Apparentz, allegire aber Kürze halben für diesmal nur dieses, daß der Churf. nicht nur allein gegen mir und mehr andere seine gänzliche Abneigung davon gnugsamb zu verstehen gibt und, wie er .. neulich auch gegen mir erwähnet, dem Comte de Gichi, als derselbe für einige Zeit allhie die von der Republicq und von der Königin Gegenpartei für Canaille gescholten und ihrentwegen von coup de baton gesprochen, darüber gute reproches gegeben, auch dergestalt, daß er übel informiret zu sein bekennen müßte, demselben zugesprochen, sondern auch daß für wenig Tagen in Gegenwart der Pfalz Neuburgischen Abgesandten, wie von Herrn Giesen mir referiret worden, zwischen dem Churf. und dem Herrn Colbert einige wohlzubemerkende Reden darüber vorgefallen sein sollen. Denn als bei I. Churfl. Durchl. in Dero Gemach von dem polnischen Wesen und der Königinnen Intention einige Discoursen auf die Bahn gekommen, hätte der Herr Colbert das Wort ergriffen und gesaget, daß der Churf. viel gutes zu der Sachen zu contribuiren vermöchte, hingegen aber hätten S. Churfl. Durchl. geschwinde darauf gerepliciret, daß Sie nichts darzu zu contribuiren gemeinet wären, und als Herr Colbert weiter gefraget, warumb, da wären Sie fortgefahren, daß Sie von der Königinnen disgoustiret und, was dieselbe Ihro versprochen, von derselben nicht gehalten worden. Herr Colbert wäre hierüber etwas perplex geworden und soll deswegen zu dem Churf. solcher gestalt sich gewendet haben, daß sie, die Neuburgischen, was er weiter mit dem Churf. darüber geredet, nicht verstehen können[1]).

Ob sonsten der Churf. und der Kaiser in einem festen und gewissen Vernehmen ratione negotii Polonici schon sein, davon kann ich zwar auch E. Kgl. Maj. nicht versichern, daß es eben durchaus damit also sei. Wenigst aber will ich dafür halten, daß derselbe darin gewissermaßen viel besser mit I. Kaiserl. Maj. als mit Frankreich stehe, weiln er zu einer oder anderer Seiten sich dennoch wird wenden müssen und noch, gestalten Sachen nach, allein dem Werke, dasselbe zu seiner Intention zu dirigiren, nicht gewachsen ist. Herr Baron de Goes hat bei I. Churfl. Durchl. keine übele partes, und ist dessen continuirliches Anwesen bei diesem Hofe nicht umbsonst. So viel kann man auch wohl verspüren, daß wegen des gedämpfeten Münsterschen Wesens man sich damit soulagiret, daß der Churf. viel desto freier Hände in Polen haben werde."

Hat mit Schwerin über die polnischen Thronkandidaten gesprochen, der vom Hause des Königs drei Persönlichkeiten genannt hat, den Bruder des Kurf. von Bayern, Pfalz Sulzbach und Neuburg. „Wie ich aber nach einigen gewechselten Reden wegen der beeden ersten über den letzten auch einige movirte, hab ich nicht das geringste von einer churfl. Seiten dahin gehenden Inclination vermerken können. Herrn Herzogen Johann Friederichen in Hannover hat der Churf. die Succession in Polen zu ambiren veranlassen wollen[2]);

---

[1]) Vgl. Urk. u. Akt. Bd. 12 S. 294.
[2]) Vgl. Urk. u. Akt. Bd. 11 S. 566, Bd. 12 S. 298.

derselbe aber hat die Ruhe in seinem eigenen Fürstentumb der Unruhe in Polen vorgezogen." [1]) —

Die Vormundschaftsregierung an Hofgerichtsrat Hermann Wolfradt. D. Stockholm 29. Mai 1666.

8. Juni Demnach Wir nötig finden, einen gewissen ministrum ins künftige bei dem churbrandenburgischen Hofe und zwar in der Qualität als Envoyé, wie Krakow hier, zu haben und Wir hiebei ein gnädiges Auge auf Euere Person gerichtet, so ist an Euch hiemit Unser gnädigstes Gesinnen, Ihr wollet Euch zu solcher Reise schicken und fertig halten, auch die Gelegenheit suchen, mit dem Präsident Kleyhen zu sprechen, umb von den Affairen des Orts und der benachbarten Fürsten gründlich unterrichtet zu werden, maßen Wir Euch in kurzem das benötigte Creditiv nebst einer Instruction übersenden, auch die benötigte Reisemittel fourniren werden. —

Die Vormundschaftsregierung an den Reichsfeldherrn Grafen v. Wrangel. D. Stockholm 23. Juni 1666.

[Anerbietungen Krockows in der polnischen Thronfolgefrage und in der Bremer Angelegenheit.]

3. Juli Man habe zu einem günstigen Ausgang der Bremer Angelegenheit „nun auch umb so viel bessere Hoffnung, als Churbrandenburg, indem er sich durch seinen Envoyé Cracowen anerbieten lassen, wegen des polnischen Wesens mit Uns in nähere Verständnüß zu treten, Uns zugleich ultro versprechen lassen, daß er die Stadt Bremen anmahnen und nötigen helfen wollte, sich der Gebühr gegen Uns anzuschicken, umb daß er Uns zu der Cooperation an gesagtem polnischem Werke desto freiere Hände machete. Wir lassen nun zwar dieses Erbieten an seinen Ort gestellet sein und werden das rechte Augenmerk darin zu penetriren und so, wie es Unser Interesse dictirt, zu verfahren nicht unterlassen, wollen Uns aber gern dessen, so gut Wir können, jetzo gebrauchen" [2]). —

Die Vormundschaftsregierung an den Kurfürsten. D. Stockholm 23. Juni 1666 [3]).

3. Juli Kleihe werde ihm von dem unverantwortlichen Komportement „unserer Stadt Bremen" berichtet haben. Da die Stadt sich weigert, zu ihrer Pflicht zurückzukehren, wird man sich entschließen müssen, ihr etwas näher zu treten und sie in ihre Mauern einzusperren, um sie so zu besseren Gedanken zu bringen.

[1]) Vgl. Urk. u. Akt. Bd. 32 S. 81 f.

[2]) Vgl. Urk. u. Akt. Bd. 12 S. 172 f., Lundquist, Sveriges krig med staden Bremen S. 110 ff.

[3]) Vgl. Urk. u. Akt. Bd. 12 S. 173.

Stellt dem Kurf. weitere Bemühungen, Bremen zur Gebühr zu bringen, frei. Man verlange nichts weiter, als wozu man durch den Friedensschluß befugt sei. —

Die Vormundschaftsregierung an Christian Habbäus von Lichtenstern. D. Stockholm 7. Juli 1666.

[Mißtrauen gegen die Aufrichtigkeit der Betreibung der Wahl des Neuburger Pfalzgrafen zum König von Polen durch den Kurf., sofern es mit Neuburg nicht zum Ausgleich kommt. Haltung Frankreichs. Die neuburgische Kandidatur Schwedens an sich erwünscht.]

Mitteilung von Krockows Eröffnungen betreffend die Betreibung der neuburgischen Kandidatur in Polen. „Nun wären zwar diese alle sehr ersprießliche und mit Unserm Interesse sowohl als dem gemeinen Besten in Polen allerdings übereinstimmende Sachen. Wir erinnern Uns auch wohl, daß des Herrn Pfalzgrafen Lbden nach .. Rautensteins Bericht selbst in der Hoffnung gestanden, daß der Churf. Sr. Lbden die polnische Kron nicht mißgönnen besondern zu deren Erhaltung ihro unter die Arme greifen helfen würde. 17. Juli

Allein wann Wir selbiges Erbieten und des Churf. anderwärts führendes Comportement gegen einander recht überlegen und beleuchten, können Wir nicht anders als eine sonderbare Beisorge tragen, wie weit der Churf. es serio meine, und ob es nicht vielmehr dazu allein angesehen sei, daß er Unsere gründliche Gemütmeinung anschauen, dieselbe bei Frankreich und andern, welche sich an gedachtem polnischen Wesen interessiren, übel ausdeuten und Uns desto kräftiger darin zu traversiren Mittel suchen wolle. Und wäre dieses umb so viel mehr zu befahren, wann die zwischen dem Churf. und Pfalz Neuburg fürgewesene Vereinbarung .. sich zerschlagen sollte. Alsdann nicht zu glauben, daß der Churf. seinem so verjährten Unfreunde die Mittel und Kräfte erwerben zu helfen suchen sollte, wodurch er ihm mit der Zeit desto schwerer schaden könnte. Zudem hat Lubomirski selbst daran gezweifelt, daß der Churf. es mit der Republique am besten meinen und sich nicht vielmehr mit Frankreich und dem polnischen Hofe gar wohl verstehen dürfte [1]), insonderheit da dessen Gesandter Hoverbeck für seiner Abreise von Warsau bei der Königin öftere gar geheime Audience gehabt haben solle.“ [2])

H. soll sich bemühen, alles zu erkunden, auch feststellen, ob Hoffnung zum Ausgleich zwischen dem Kurf. und dem Pfalzgrafen besteht, und ob Frankreich „seine bisherige Bemühung wegen der polnischen Kron fahren lassen und selbst auf S. Lbden stimmen sollte. Gestalten man Uns davon ohnlängst von Paris aus Nachricht gegeben [3]), und es wohl eine erwünschte Sache wäre, wann sie mit Ernst gemeinet und befordert würde.

---

[1]) Vgl. Urk. u. Akt. Bd. 12 S. 279 ff., Prot. u. Rel. Bd. 7 S. 388 ff.

[2]) Vgl. Urk. u. Akt. Bd. 12 S. 292 f.

[3]) Bereits D. Stockholm 28. Juli 1666 schreibt die Regierung an Habbäus, sie bezweifele, „daß Frankreich seine der Neuburgischen Promotion halber geführete contestationes serio meine, weilen die allhiesige Ambassadeurs gleichsam exprobriret, warumb 7. Aug.

Im Fall es sich aber gleichwohl so verhielte, daß der Churf. mit Pfalz Neuburg verglichen und einfolgig auch obiges Anerbieten aufrichtig gemeinet wäre, hättet Ihr alsdann zu erforschen, was dieser jenem für Vorteil gegen sotane Beforderung etwa versprochen, gestalten Wir gnugsam urteilen können, daß er es ohne einen guten Nutzen nicht werde eingegangen, besondern sich Elbingen, das Bischoftumb Ermeland und vielleicht auch andere conditiones dürfte ausbedungen haben. Wesfalls Wir gleichwohl hoffen, daß es Uns Pfalz Neuburg aufrichtig eröffnen, auch in nichtes einwilligen werde, was Unser Interesse einigermaßen touchiren könnte. Dahingegen könntet Ihr auch, aber ganz ohnvermerkt, sondiren, ob für Uns gegen dergleichen übernehmende Mühe nicht einiger Nutzen und etwa das übrige Teil Livlands, Russiten genannt, zu bedingen wäre. .. Es hat Uns zwar der Herr v. Lingen [1]), der Republique abgeschickt gewesener Edelmann, einige Örter im Ermeländischen zur Retraite und Sicherheit angeboten, Wir haben aber Bedenken gehabt, Uns darüber einzulassen." —

Der Kurfürst an den König. D. Cleve 4./14. August 1666.

[Freundliche Haltung des Kurf. im schwedisch-bremischen Konflikt.]

14. Aug. Was E. Kgl. Maj. .. wegen der Stadt Bremen und derselben bis dato bezeugten Opiniastretät und Widersetzlichkeit halben an Uns gelangen zu lassen und daneben zu gesinnen Gefallen getragen, solches haben Wir aus Dero sub dato Stockholm den 23. Juni an Uns abgelassenen freundvetterlichem Schreiben, welches Uns am 12. huius allererst überliefert worden [2]), mit mehrem wohl vernommen. Wie Wir nun anfänglich E. Kgl. Maj. für die getane vertrauliche Communication und bezeugte sonderbare Confidentz freundvetterlichen und dienstlichen Dank sagen, also wird Uns nichts liebers sein, dann daß Wir bei dieser Sache E. Kgl. Maj. und dem gemeinen Wesen zum besten einige angenehme officia praestiren und diese Streitigkeiten zu E. Kgl. Maj. völligen Satisfaction in der Güte aequis modis et mediis beilegen helfen können. Wir werden es desfalls gewißlich an Unserer Seite an keiner Arbeit, Mühe noch Fleiß ermangeln lassen. Allermaßen Wir dann bereits zu solchem End, sobald Wir vernommen, daß E. Kgl. Maj. Unsere officia und Bemühung in dieser Sache nicht unangenehm wären, einige von Unseren Räten zu E. Kgl. Maj. Feldherrn abgeschicket und denselben die Beforderung des gütlichen Vergleichs zu E. Kgl. Maj. Vergnügen dem instrumento pacis gemäß anbefohlen [3]). Wir wollen hoffen, der Allerhöchste werde darzu seine Gnade geben. Und haben E. Kgl. Maj. Begehren gemäß darbei nicht unterlassen, die Stadt zu aller gebührenden und schuldigen Bezeigung gegen E. Kgl.

Wir nicht so gern den Duc d'Enghien als Pfalz Neuburg secondiren möchten"; vgl. Recueil des instructions Bd. 2 S. 75, 87 f., Mémoires du marquis de Pomponne Bd. 2 S. 114 ff.

[1]) Sollte Los gemeint sein? Vgl. Urk. u. Akt. Bd. 12 S. 167 ff., Mémoires du marquis de Pomponne Bd. 2 S. 116, 141 ff.

[2]) Vgl. Prot. u. Rel. Bd. 7 S. 534.

[3]) Vgl. Urk. u. Akt. Bd. 12 S. 84 ff., Sendung Ledeburs und Beiers zu Wrangel.

Maj. ernstlich anzumahnen. Leben aber der Zuversicht und wünschen von Herzen, daß die Güte bei allen Teilen stattfinden und alle schädliche und gefährliche Extremitäten verhütet werden mögen. Und haben sonderlich das Vertrauen zu E. Kgl. Maj., Sie werden aus Liebe zum Frieden und zu Erhaltung des Ruhestandes im Römischen Reich das Werk nicht eben aufs höchste spannen, sondern allerhand billige Fürschläge und temperamenta stattfinden lassen[1]). —

Die Vormundschaftsregierung an den Gesandten in Polen Andreas Lilliehöök. D. Stockholm 13. August 1666.

[Vorsichtiges Eingehen auf den brandenburgischen Vorschlag, Neuburg als Thronfolger in Polen zu empfehlen.]

Solange man nicht wußte, wie der Kurf. in der polnischen Thronfolgefrage 23. Aug. mit Frankreich stand und dementsprechend, wie er sich zu den Plänen des polnischen Hofes bequemen würde, hat man sich ihm gegenüber zurückgehalten. Kürzlich aber habe er durch Krockow seine Neigung zu erkennen gegeben, att sammansätta sig med Oss uti en förbindning till republiquens maintien och vidmakthållande, und den Herzog von Neuburg vor andern zu begünstigen. Krockow habe auch eine Vollmacht zu Unterhandlungen vorgelegt[2]). Nu ehuruväl Vi icke kunna veta, hvad för en realitet härunder ligger, så hafva Vi likväl utaf den benägenheit, Vi draga till att återse Polen uti ett roligt och önskligt tillstånd restituerat, så vida inlåtit Oss med Churf., att Vi hafva låtit författa ett sådant project, som härhos fogas, das Krockow zugestellt ist[3]).

Dies Projekt erhält L. lediglich zu seiner Information, varandes därjämte Vår nådiga befallning, att I noga akt däruppå gifven, huruledes Churf. sig där uti Polen och vid hofvet comporterar, huruvida han nämligen där sina consilier likmätigt och conform med sina contestationer på denne ort dirigerar och slutar. Och där I förmärken, att Churf. skulle söka att gifva om Vår intention några ojtänliga impressioner och till Vår nakdel vilja vränga den öppningen, som Vi emot honom uti detta projectet gjort hafva, då kunnen I utaf själfve projectet remonstrera, daß darin nichts angeregt wird, was nicht in den polnischen Fundamentalgesetzen begründet ist.

Die Vormundschaftsregierung an den Gesandten Mathias Palbitzky in Wien. D. Stockholm 6. Oktober 1666.

[Protest gegen den Erbvergleich zwischen dem Kurf. und Pfalz Neuburg.]

Der zwischen dem Kurf. und Pfalz Neuburg abgeschlossene Erbvergleich 16. Okt.

[1]) Kanzleinotiz: Krockow habe dies Schreiben am 20. August präsentiert; trotz eines defectus in titulo (‚Großmächtiger‘ statt ‚Großmächtigster‘) sei es cum protestatione geöffnet worden. Künftig solle an den Kurf. entsprechend dem bisherigen Brauch auf lateinisch geschrieben werden.

[2]) Vgl. Urk. u. Akt. Bd. 12 S. 176.

[3]) Ebenda S. 175 f.

scheint die Rechte des Hauses Zweibrücken auf die jülich-cleveschen Lande gänzlich zu unterdrücken. P. solle also „unter der Hand, wo Ihr einige Frucht zu schaffen wisset, den Unfug solcher Vereinbarung repräsentiren, gleichwohl mit aller behörigen Moderation und in solchen terminis, daß beide Contrahenten sich daran zu ärgern und es übel auszudeuten, nicht Ursach haben, besondern es nur für eine Verwahrung Unseres Rechtens aufnehmen mögen. Desfalls Ihr es dann in die Wege zu richten Euch bemühen werdet, daß weder die Ratification noch Investitur noch Extendirung der Guarantie erfolgen, besondern es in den terminis des instrumenti pacis gelassen werden und einen jeglichen seine Prätension per viam iuris zu behaupten, die offene Bahn gelassen werden möge." —

Die Vormundschaftsregierung an den Reichsfeldherrn Grafen v. Wrangel. D. Stockholm 12. Oktober 1666.

[Pflege guter Beziehungen zum Kurf.]

22. Okt. — Wir tun .. Unsern höchsten Fleiß, umb mit Churbrandenburg in gutem Vernehmen zu verbleiben; dann ohne der Verbündnüß, welche Wir ohnlängst mit ihm geschlossen und quo foedere salvo er mit honneur Uns gleichwohl nicht anzugreifen vermag, sind Wir mit dessen Abgesandten Cracow jetzt im Werke, noch eine anderwärtige Vereinbarung wegen der künftigen polnischen Wahl in favorem Neoburgici mit ihm zu schließen [1]), welche als eine dem Churf. hoch angelegene Sache denselben hoffentlich auch verbinden wird, mit Uns in so viel besserm Vertrachten zu leben. Und sehen Wir gern, daß Ihr den Hofrat Wulfrath nur je eher je besser an den churfl. Hof fortgehen lasset, wie Wir ihm auch selbst darumb zugeschrieben und mit nötigem Unterricht und Creditiv versehen. —

Die Vormundschaftsregierung an Hofgerichtsrat Hermann Wolfradt. D. Stockholm 24. Oktober 1666.

[Entsendung Wolfradts nach Berlin.]

3. Nov. „Es ist Euch guter maßen anerinnerlich, welcher gestalt Wir Euch für einiger Zeit zugeschrieben, daß Wir Euch in Gnaden destiniret, umb bei dem churbrandenburgischen Hofe in Unserm Namen zu residiren und dasjenige, was Wir dann und wann allda zu negociiren hätten, zu verrichten [2]). Als nun die gegenwärtige Conjuncturen den Effect Unsers damaligen Veranlassens aufs höchste erfordern [3]), so haben Wir demnach die an des Herrn Churf. Lbden nötige Credentiales Euch hiemit überschicken und an Euch zugleich gnädigst gesinnen wollen, daß Ihr Euere Reise zu deroselben aufs höchste beschleuniget und von der gegenwärtigen Conti-

[1]) Vgl. Urk. u. Akt. Bd. 12 S. 184.

[2]) Vgl. oben S. 770.

[3]) Vgl. Urk. u. Akt. Bd. 12 S. 63 f., 100 ff., 182 ff., Lundquist, a. a. O. S. 161 ff.

nence der alldortigen Consilien und Actionen, so viel es möglich sein wird, in Erfahrung zu bringen und Uns nach und nach zu überschreiben suchet."

Eine Instruktion wird er demnächst erhalten, auch mit den nötigen Mitteln versehen werden. Er soll sich durch kein Manquement von der Reise zum Kurf. abhalten lassen, da es sehr wichtig ist, zu wissen, wie dieser sich bei der Bremischen Unruhe verhalten wird [1]).

Die Vormundschaftsregierung an Christian Habbäus von Lichtenstern. D. Stockholm 8. Dezember 1666.

[Die polnische Thronfolgefrage.]

H. soll sich bei Pfalz Neuburg erkundigen, „warumb S. Lbden mit Ihrem auf die polnische Succession gerichteten und vorhin bei Uns mit so sonderbarer Begierde recommendirten desiderio so ganz und gar anitzo stille schweigen, welches Wir dahin nicht deuten daß S. Lbden sich Ihrer darzu gehabten Prätension etwa begeben, besondern daß Sie vielmehr Hoffnung haben, dieselbe durch eine andere als Unsere Cooperation und zwar durch den Kaiser und Churbrandenburg leichter und sicherer zu erhalten. Welches Wir darab auch schließen müssen, daß zwischen dem Kaiser und Churf. angeregter Succession halber eine geheime Vereinbarung gemachet sein soll und selbe auch außer Zweifel auf Pfalz Neuburg serio gerichtet oder demselben auch zum Schein nur fürgebildet, um daß sie ihn amusiren und nachgehends ihren sonst etwa habenden candidatum mit desto besseren Nachdruck einführen können. Und erscheinet dieses auch daher, daß der Churf. mit so großer Parade allhie für einiger Zeit durch seinen Abgesandten suchen lassen, daß Wir mit ihm den Herrn Pfalzgrafen zur polnischen Kron in casum mortis vel abdicationis moderni regis nicht nur destiniren, besondern auch eine gewisse Bündnüß über desselben Recommendation und Maintien schließen möchten [2]), davon nun aber, nachdem bereits hinc inde einige Projecte ausgewechselt, fast gar stille schweiget, sodaß dies frembde Verfahren keine andere als die obige Ursach haben kann." 18. Dez.

Die Vormundschaftsregierung an den Gesandten in Polen Freiherrn Andreas Lilliehöök. D. Stockholm 8. Dezember 1666.

[Die polnische Thronfolgefrage. Mißtrauen gegen den Kurf.]

Pomponne gibt für gewiß aus, daß der König von Polen zugunsten Condés abdanken wird, zu dessen Wahl der größte Teil des Senats und der Republik überredet sein soll [3]). Andrerseits dürften der Kaiser, der Kurf. und Pfalz Neuburg wegen der polnischen Thronfolge sich verständigt haben; Pfalz Neuburg bemühe sich weder bei Schweden noch bei Frankreich um Assistenz, verlasse sich 18. Dez.

[1]) Kreditiv vom selben Tage.

[2]) Vgl. oben S. 770 ff., Urk. u. Akt. Bd. 12 S. 175 ff., 310 ff.

[3]) Vgl. Urk. u. Akt. Bd. 12 S. 186.

also offenbar auf Unterstützung von anderer Seite. Lilliehöök soll zu erfahren versuchen, wie es mit all diesen Fragen steht.

Eljest och såsom Churf. af Brandenburg mäkta goda miner emot Oss angående detta polniska verket hafver gjort och Oss med särdeles empressement anmodat om en commun concert och sammanbindning med sig pro Neoburgico, men Vi däremot icke väl kunnat förlåta Oss med någon säkerhet uppå Brandenburgs contestationer, .. Vi och fördenskull med all görlig retenue Oss med Brandenburg inlåtit hafva, alltså emedan hända kunde, att Brandenburg till att göra sin sak hos Polerna fager och angenäm, torde vilja till Vårt präjudice debitera, hvad utaf Crakow här är ingifvet, ty öfversända Vi Eder .. det projectet, som bemälde Crakow uti conferencien sist öfvergaf, på det, att i fall Hoverbeck skall det interpretera till Vår nackdel, I då remonstreren, att det är Brandenburgiska och icke Vårt project [1]). Er soll mit Hoverbeck umgehen, soweit es sich tun läßt, dock med den caution, att han icke däraf må taga någon advantage. —

Die Vormundschaftsregierung an den Gesandten in Frankreich Esaias Pufendorf. D. Stockholm 12. Dezember 1666.

[Mißtrauen gegen den Kurf. in der polnischen Wahlfrage.]

22. Dez. Die Ursach, Euch hiemit in Gnaden anzulangen, ist, daß der allhie anwesende churbrandenburgische Abgesandter Crakow sich dieser Tagen vernehmen lassen, welcher gestalt der v. Schwerin, so von seinem Herrn, dem Churf., an den französischen Hof ohnlängst abgeschicket, die Ordre für seiner Abreise bekommen hätte, daß er mit Euch in allen Stücken vertraulich Communication pflegen und bevorab der polnischen Succession halber mit Euch de concert gehen und agiren sollte [2]). Nun könnte Uns zwar solches nicht zuwidern sein, wenn Wir gnugsam versichert wären, daß man es churfl. Seiten aufrichtig meinen und so, wie mans fürgibt, es auch im Werk erfüllen wollte. Allein Wir werden gleichwohl ob des Churf. sowohl [in] dieser polnischen als mehr andern Sachen bishero gebrauchtem Comportement genötiget, Euch die gnädigste Anerinnerung hiemit zu geben, daß Ihr darin etwas behuetsam gehen und ein mehres dem gesagten Abgesandten nicht wissend machen wollet, als Ihr ohne Nachteil auch jedermann vertrauet werden zu können urteilet. Dann ob zwar der Churf. Uns schon für mehr dann Jahreszeit durch ihn, Crakowen, über obangeregte polnische Succession sondiren, auch folgendes gleichsam in höchstem Vertrauen sich vermerken lassen, daß er mit Unserer Intention sowohl des candidati als modi procedendi halber allerdings einig, desfalls auch mit Unsern dazu verordneten commissariis bereits gewisse Projecten umb darüber eine förmliche Vereinbarung aufzurichten, auswechseln und die Sache mit großem Eifer anfangs urgiren lassen, so hätte er, Crakow, doch folgends sich dabei nach und nach mehr schläferiger bezeiget und nun in etlichen Monaten keine Anregung davon getan, sodaß in des Churf. desfalls vorhin gehabten Fürhaben ohn-

---

[1]) Desgl. S. 184, Mémoires du marquis de Pomponne Bd. 2 S. 295 ff.

[2]) Vgl. Urk. u. Akt. Bd. 12 S. 187, 693.

fehlbar eine merkliche Veränderung fürgegangen sein und er seine Gedanken von Pfalz Neuburg gar abgewandt oder sich mit dem Kaiser auch verglichen haben müsse[1]), umb den Pfalzgrafen zur polnischen Krone zu verhelfen, ohne daß sie Uns die Ehre und den Dank gönnen wollen, umb etwas zu solcher Beforderung contribuiret zu haben, welches letztere auch dahero glaublich, weilen Pfalz Neuburg nicht das geringste mehr seines desfalls Uns vorhin eröffneten desiderii halber erinnern lässet. Ist diesem nach umb so viel nötiger, daß Ihr einer sonderbaren Circumspection Euch bei der Conversation, welche Ihr mit dem gesagtem Abgesandten habet, gebrauchet und zugleich sorgfältige Obacht habet auf dasjenige, was derselbe allda in dem ein oder anderm suchen und negociiren möchte. —

Instruktion für den Hofgerichtsrat Hermann Wolfradt. D. Stockholm 12. Dezember 1666.

[Dank für die Haltung des Kurf. in der Bremer Frage. Stellung des Kurf. zu Frankreich hinsichtlich der polnischen Thronfolge und des englisch-holländischen Krieges. Stellung des Kurf. zu Holland. Unbefriedigende Entwicklung der polnischen Thronfolgefrage. Dänemark. Moskau. Verhältnis des Kurf. zum Kaiser. Verhältnis des Kurf. zu den Reichsfürsten, namentlich zu Kursachsen, zum Administrator von Halle und zu Magdeburg. Differenzen Schwedens mit dem Kurf. betr. Pommern.]

„Nachdem I. Kgl. Maj. gut und nötig gefunden, bei Sr. Churfl. Durchl. zu Brandenburg einen gewissen ministrum jetziger Zeit zu unterhalten, welcher die aus denen gegenwärtigen Conjuncturen sich dann und wann herfürgebenden Affairen allda zur Stelle beobachten und dasjenige, was I. Kgl. Maj. sowohl des mit S. Churfl. Durchl. gemeinhabendem als Ihrem absonderlichem Interesse [halber] dabei wahrzunehmen haben, in Zeiten erinnern könne, fürnehmlich da I. Kgl. Maj. wegen der Reichs- und Kreissachen, wegen des obhandenen und noch ärger imminirenden Unwesens in Polen, wegen verschiedenen nachbarlichen Irrungen und wegen der unter sich habenden Verbündnüß gar viel Angelegenheiten in acht zu nehmen und darüber mit einander zu communiciren haben, I. Kgl. Maj. auch Dero Hofgerichtsrat Wolfrath allschon zu wissen getan, daß Sie ihn zu selbiger importanten Verrichtung in Gnaden destiniret, zu Gewinnung der Zeit schon mit nötigen Credentialen versehen und sich sogleich zu Sr. Churfl. Durchl. zu begeben befehliget[2]), so beziehen sich demnach I. Kgl. Maj. hiemit auf sotane Ihre vorige Ordre..." 22. Dez.

Wenn W. in der ersten Audienz die Kurialien abgelegt hat, soll er „diese Danksagung hinzutun, daß I. Kgl. Maj. über die Ihro vorhin öfters gegebene Preuven von einer aufrichtigen Affection und realen Begierde, umb mit I. Kgl. Maj. eine aufrichtige und gute Freundschaft zu pflegen, nun ohnlängst dies neue Kennezeichen eines wahren und sinceren Wohlmeinens von Sr. Churfl. Durchl. erhalten hätten, daß Dieselbe sich in die ohnlängst fürgewesene Mißhelligkeit mit der Stadt Bremen I. Kgl. Maj. Übelwollenden, wie hart und heftig Sie auch darumb be-

[1]) Desgl. S. 188 ff.

[2]) Vgl. oben S. 770, 744.

helliget, gleichwohl zur Schärfe nicht associiren, besondern sich derjenigen gütlichen Mittelwege lieber bedienen wollen, welche bei der mit der Stadt gepflogenen Handlung durch Ihre dabei gehabten Ministren mit sonderbarer Dexterität, auch solchem Success angewandt, daß darauf ein erwünschter guter Ausschlag erfolget [1]). I. Kgl. Maj. hätten in selbiger Sache auf Ihrem .. Rechten gar wohl bestehen, auch durch des Höchsten Güte die Mittel schon an der Hand haben können, womit Sie dem Übermut derjenigen, welche sich an I. Kgl. Maj. dieser sie nichtes angehenden Streitigkeit halber zu nötigen, Miene und Willen spüren lassen, zu steuren und Ihre Gerechtsame gleichwohl zu behaupten vermöcht. Allein I. Kgl. Maj. hätten auch diesmal die völlige Ausübung Ihres Rechtens aus Liebe zur Tranquillität noch eine Zeit gern anstehen lassen und immittelst Sr. Churfl. Durchl. und anderer rechtliebenden Chur- und Fürsten Cooperation zu der Sachen gütlichen Hinlegung oder in Fürstehung dessen der andern beim Westphälischen Friedenschluß interessirten Principalcompaciscenten richterlichem Ausschlage die Difference anheimbgeben, als darüber ein weit aussehendes Kriegesfeuer, dazu dem Ansehen nach ein und andere nicht wenig Lust gehabt, anzünden lassen wollen. I. Kgl. Maj. würden nun der Zeit abwarten müssen, wie weit Sie es durch einen der vorhergesagten Auswege zu bringen vermöchten, versicherten aber S. Churfl. Durchl., daß Sie die Ihro obiger freundbarer Erweisung halber zutragende Obligation in einem dankbarem Angedenken behalten und sich aller fürkommenden Gelegenheit bedienen würden, umb Sr. Churfl. Durchl. und Dero Churhause mit gleicher Integrität zu statten zu kommen.“ —

Nach Ablegung der sonstigen Visiten „wird der Resident weiter seine Gedanken auf die churfl. consilia und actiones, welcher Gestalt dieselbe jetziger Zeit geführet und intendiret werden möchten, richten und dieselbe solcher gestalt einteilen, daß er abzusehen und in Erfahrung zu bringen trachte, wie S. Churfl. Durchl. 1. mit den Königen, Potentaten und Republiquen außer dem Römischen Reiche, 2. mit Haupt und Gliedern in demselben, 3. mit I. Kgl. Maj. und Dero dem Churf. an so vielen Orten benachbarten Lande und 4. in seinem eigenem Hause stehe.

Soviel nun das erste dem Residenten W. anbefohlene Augenmerk anbetrifft, hat er zuforderst auf Frankreich zu sehen und in acht zu nehmen, was für Correspondence und Vertrauen zwischen selbigem Könige und Sr. Churfl. Durchl. und auf welche Intent dasselbe und die zwischen ihnen dann und wann gehende Abschickungen gerichtet seien. Und weilen es jetziger Zeit fürnehmlich das polnische Wesen und der Krieg zwischen Engelland und Holland ist, worüber Frankreich und Churbrandenburg entweder einerlei visée haben oder auch wider einander laufende Meinungen führen können und 1. ratione der polnischen Succession Frankreich annoch beständig fürzuhaben scheinet, daß [es] einen französischen candidatum .. auf Beforderung der Königin recommendiren und appuyiren wolle, der Churf. aber nebst dem Kaiser und vielen andern von einer widrigen Intention sein und entweder Pfalz Neuburg oder sonst jemand dazu lieber befordern dürfte, so würde I. Kgl. Maj. zu wissen nötig sein, ob zwischen Frankreich

[1]) Vgl. Urk. u. Akt. Bd. 12 S. 97 ff., Prot. u. Rel. Bd. 7 S. 579.

und dem Churf. darüber etwas gehandelt werde, es auch einige Apparence sei, daß der Churf. von seinem vorigem Vermeinen abgehen und sich zu Frankreichs Vorhaben gewinnen oder Frankreich zu der churfl. Intention wegen Pfalz Neuburg sich disponiren lassen möchte.

Wegen des gesagten andern membri als Frankreichs und des Churf. Communication über die Unruhe zwischen Engelland und Holland hat sich der Churf. bis anhero zwar bei dem Handel mit Münster mehr für Frankreich und Holland als zu Engellands faveur bezeiget; allein es hatte das Ansehen, daß sich der Churf. durch seine in Engelland gepräsentirte Mediation [1]) nicht allein dort wieder zu insinuiren, besondern man auch mit der zwischen Dänemark, ihm, dem Churf., auch Holland und Lünenburg [geschlossenen Verbündnüß] etwas mehr als die gegenwärtige Sicherheit suche [2]), Frankreich es auch selbst als eine ihm nicht zum besten anstehende Sache ansehe, besondern für einen dergleichen obicem halte, der ihm in seinen auf die Niederlande und sonsten etwa habenden Desseinen nicht wenig künftig zu hindern capabel sein könne."

Wenn es auch scheinen könnte, daß der Kurf. sich mit den Generalstaaten durch das Bündnis ziemlich fest gesetzt hat, so ist andrerseits auch möglich, daß er ihnen wegen der besetzten cleveschen Plätze und wegen anderer nachbarlichen Irrungen nicht das beste Gemüt zutrage. „Desfalls man auch dafür gehalten, daß er bei itzigem trüben Wasser in Holland selbst zu fischen und über die angeregte Differencen Raison und Richtigkeiten zu treffen suchen sollte." —

Außerhalb des Reichs habe der Kurf. seine vornehmste Reflexion wohl auf Polen gerichtet, wie auch der König nicht geringere Sorge um die Entwicklung der polnischen Frage trage. Der König habe dem Kurf. den Pfalzgrafen von Neuburg als polnischen Thronfolger vorgeschlagen und dieser habe das gebilligt [3]). „Es ist auch die Sache darüber zwischen I. Kgl. Maj. und dem Churf. schon so weit allhie gekommen, daß über solcher Recommendir- und Einführung des Pfalzgrafen zur polnischen Kron in casum fati regis vel eius abdicationis ein gewisser Tractat aufgerichtet werden sollen, zu dem Ende schon mit dem anwesenden churfl. Abgesandten zu handeln und zu schließen gewisse kgl. commissarii verordnet, die dazu benötigte Vollmachten hinc inde ausgewechselt, von churfl. Seiten ein in allen Stücken mit obigem übereinstimmendes Gegenproject eingeliefert [4]) und solcher gestalt mit der Handlung ein Anfang gemachet worden. Allein es will eine Zeit hero fast das Ansehen gewinnen, als ob man an der Gegenseiten eine andere mesure genommen und mit Uns in der Sache etwas kaltsinniger fortzugehen fürhabe; denn anstatt dessen, daß Pfalz Neuburg seinen ministrum Rautenstein allhie gehabt, durch denselben seine Beforderung aufs höchste begehren lassen und folgends dergleichen in Briefen öfters recommendiret, so ist aber davon nun altum silentium. Er schicket und schreibet nach geschlossenem Vergleich mit Churbrandenburg nicht weiter, es treibet der gesagte churfl. Minister auch die Sache recht

[1]) Vgl. Urk. u. Akt. Bd. 12 S. 187, 633 ff.

[2]) Desgl. S. 124 ff.

[3]) Vgl. Urk. u. Akt. Bd. 12 S. 172 ff.

[4]) Desgl. S. 184.

schläferig, und ist des Lubomirski Abgeschickter Los, der vorhin der Succession halber allhie gewest und nun auch desfalls wieder anhero gehen sollen, sobald er bei Pfalz Neuburg gewest, wieder umbgekehrt und zurück nacher Breslau gangen [1]), sodaß aus solchen und mehr andern Umbständen fast zu urteilen sein sollte, daß sich der Kaiser und Churbrandenburg verglichen, Pfalz Neuburg zur polnischen Kron zu verhelfen, ohne daß I. Kgl. Maj. von der dazu geleisteten Cooperation einigen Dank oder Ehre haben sollten, oder sie auch mit dergleichen Hoffnung den Pfalzgrafen zu amusiren und inmittels ihr sonst habendes Intent durchzutreiben suchen, wovon bei jetzigem Reichstage in Polen, da der Successionsstreit abermal auf die Bahn käme, oder allda beim churfl. Hofe wohl etwas zu penetriren sein dürfte, im Fall der Resident .. seinen höchsten Fleiß anlegen wird, dasselbe in Erfahrung zu bringen.

Es zweifeln I. Kgl. Maj. nächst diesem auch daran nicht, daß der Churf. mit dem Könige in Dänemark gar wohl stehe und sie nicht nur ratione obiger mit Holland geschlossenen Bündnüß vereiniget, sondern auch außerdem eine und andere nahe Verständnüß haben [2]), wie man auch einige Heiraten zu mehrer Befestigung der Freundschaft zwischen den ihrigen obhanden zu sein fürgibt. Worauf nun .. der Resident W. ein wachendes Auge haben und davon I. Kgl. Maj. allemal pertinente Nachricht überschreiben wird."

Wenn Schweden auch in Frieden mit Moskau lebe, so darf man sich doch nicht auf diese Macht verlassen. „Wird demnach der Resident auch nicht allein vom daselbigen churfl. Hofe aus darauf reflectiren, was der Großfürst dann und wann vorhabe und wie die zwischen ihm und Polen gegenwärtig obhandene Tractaten succediren, besondern auch, was der Churf. entweder selbst oder durch den Fürsten von Churland mit Muscou dann und wann handelt und in welchen Conditionen dieselbe Alliance bestehet, welche der Churf. mit dem Zaren seiner I. Kgl. Maj. desfalls selbst gegebenen Nachricht zufolge geschlossen [3]), gestalten er selbe Bündnüß im Wege zu sein fürgegeben, daß er I. Kgl. Maj. bei dem mit Ihr neulich geschlossenem foedere defensivo einige Volkshülfe wider Muscou nicht verwilligen können". [4])

Trotz seines vor einiger Zeit mit Frankreich geschlossenen Bündnisses und trotz seiner Haltung bei der Münsterschen Unruhe dürfte der Kurf. mit dem Kaiser wegen der polnischen Succession und wegen der Verteidigung des Burgundischen Kreises einer Meinung sein. W. soll mit besonderer Sorgfalt zu erforschen versuchen, „ob angeregter beider Sachen halber etwa ein absonderliche Verständnüß zwischen ihnen und auf was Bedingung bevorab das erste gerichtet, es sei, daß sie zum candidato Pfalz Neuburg serio destiniret oder sie ihn durch solche ihm machende Hoffnung nur zu amusiren und nachgehends bei erfolgter Vacanz ein anders mit ihrem Interesse etwa besser compatibles subiectum einzu-

---

1) Desgl. S. 167 f., 171, 302 ff.

2) Desgl. S. 116 ff., Bündnis vom 23. Mai 1666.

3) Vgl. v. Moerner S. 209 f.

4) Vgl. oben S. 743.

führen trachten. Und würde solch secretes Vernehmen auch daraus unter anderm zu schließen sein, wann sich das eine Zeit hero herumbgetragene Gerüchte in der Wahrheit also verhielte, daß nämlich der Kaiser dem Churf. über unterschiedliche Herzogtümer in Teutschland als Lünenburg, Mecklenburg und Holstein eine Anwartung erteilet, welche wiewohl noch in weitem Felde stehende Freigebigkeit der Churf. jedoch mit etwas sonderlichs verdienet haben müßte.

Nächst diesem wird der Resident auch wahrnehmen, wie der Churf. mit andern Chur- und Fürsten des Reiches stehe, was er mit dem ein oder anderm für absonderliche Vertraulichkeit pflege oder auch etwa zu streiten habe, insonderheit ob zwischen ihm und Chursachsen ein gutes Vernehmen und ob er auch die Alliance, welche I. Kgl. Maj. ohnlängst mit selbigem Churhause geschlossen[1]), mit einem guten Auge ansehe; dann, worin die Streitigkeiten bestehen, welche man zwischen dem Churf. und dem Herrn Administratoren zu Halle der Stadt Magdeburg halber obhanden zu sein fürgibt, auch wie sich die Stadt unter des Churf. Botmäßigkeit befinde[2]) und auf was Weise sie ihrer in dem Friedensschluß erhaltenen oder confirmirten Privilegien und Freiheiten halber gehandhabet werde; gestalten I. Kgl. Maj. als ein pars compaciscens principalis und Guarand selbigen Friedens billig achtgeben, damit niemand wider seine in den Friedenspacten erhaltene Gerechtsame beeinträchtiget werde, und zwar fürnehmlich diese Stadt, welche für das gemeine evangelische Wesen so viel gelitten und sich umb I. Kgl. Maj. Vorfahren am Reich mit ihrem Wohlverhalten so sonders verdienet gemachet. —

Bei dem dritten membro, demjenigen, was I. Kgl. Maj. ratione Ihrer benachbarten pommerschen Landen zu demeliren haben, wird der Resident zuforderst den bewußten Stettinschen Grenzreceß sambt denen dazu gehörigen Specialvereinbarungen[3]) sich zur Richtschnur fürstellen, desfalls sich von der pommerschen Regierung vidimirte Copien von solchen Pacten mitgeben lassen und dabeneben auch von derselben entweder gegenwärtig oder durch Schriften eine gründliche Information einziehen von denen nachbarlichen Irrungen, welche solcher Lande halber zwischen I. Kgl. Maj. und dem Churf. annoch würklich schweben und die Niederlagegerechtigkeit der Stadt Stettin, die von dem Churf. dawider angemaßete Schiffahrt den Ihnastrom auf und ab, die allda begonnene Salzsiederei, die veranlassete neue Auflagen bei den Landzöllen[4]), die zur Divertirung der Commercien auf dem Oderstrom bei Fürstenwalde angefangene neue Fahrt[5]) ... und dergleichen mehr andere Dinge betreffen, bevorab aber von I. Kgl. Maj. in allen diesen Differencen habendem Recht und Befugnüß, umb daß er denen Churfl. auf ihre desfalls movirende Discoursen nicht nur der Gebühr antworten, besondern auch alles solches dem Churf. und seinen ministris solcher gestalt bei Gelegenheit

---

[1]) Vgl. Lundquist in Historiska studier tillägnade Hjärne (Stockholm 1908) S. 377 ff.

[2]) Vgl. Urk. u. Akt. Bd. 12 S. 3 ff.

[3]) Vgl. v. Moerner S. 166 ff.

[4]) Vgl. oben S. 686, 716 f., Rachel, a. a. O. S. 344 f., 659.

[5]) Vgl. Urk. u. Akt. Bd. 9 S. 779 und oben S. 705.

zu Gemüte führen möge, daß sie daraus die Justice und Billigkeit, welche I. Kgl. Maj. und Dero pommersche Lande in obigen Streitigkeiten und ihren darüber bishero geführten Klagen auf Ihrer Seiten haben können und denenselben darin gebührende Reparation und Vergnügung zu erstatten, desto leichter disponiret werden können, und zwar fürnehmlich in dem Stück der Stadt Stettin Niederlagsgerechtsame betreffend, weilen solches eine Sache, darauf nicht ein geringer Teil selbiger Stadt Wohlfahrt und Conservation beruhet." —

Zur Wahrung der Rechte des Hauses Pfalz Zweibrücken beim Erbvergleich zwischen dem Kurf. und Pfalz Neuburg[1]) wäre es erwünscht, wenn der kurfl. Hof „zu überreden wäre, I. Kgl. Maj. eine Versicherung zu geben, daß man Ihro in Ihrem Rechten bei Ihrer künftigen Majorennität eine billige Vergnügung geben wollte. Welches aber der Resident mit einer sonderbaren Behuetsamkeit und nur als von sich selbst zu einem Mittelwege, die Freundschaft zwischen I. Kgl. Maj. und Sr. Churfl. Durchl. desto verbindlicher zu machen, fürschlagen, im geringsten es aber nicht als aus einer dazu habenden absonderlichen Ordre anziehen wird, gestalten man sich sonst damit leicht würde prostituiren und sie schwerlich auch erhalten können, im Fall der Churf. nicht etwa I. Kgl. Maj. Freundschaft und Cooperation in ein und andern Fürfallenheiten hochnötig hätte. —

Was das letzte membrum, als S. Churfl. Durchl. in Ihrem eigenem Hause, anreichet, desfalls wird der Resident zuforderst auf die jedesmal obhandene consilia, soweit er sie mittelst Anwendung seines äußersten Vermögens nur immer auszuforschen vermag, sein Augenmerk richten und nach deren Bewandtnüß urteilen.., wie weit solche Ratschläge und deren fürstehende Vollenziehung zu Friede oder Krieg angesehen, auch selbe mit I. Kgl. Maj. Interesse und Sicherheit compatibel oder Sie sich dafür wahrzunehmen Ursach haben. Dann 2. wird der Resident weiter fleißig aufmerken, in was Zustande Sr. Churfl. Durchl. Milice sich jederzeit befindet, ob sie dann und wann reduciret oder mittelst neuer Werbung vermehret, wie deren Stand zuweilen verändert und auf was Weise sie verpfleget wird und 3. auch acht haben auf das Ministerium zu Hofe, wie solches geführet, wer dabei am meisten gilt und angesehen wird und was darin etwa für Änderung fürfället. Sodann hat der Resident auch 4. zu reflectiren auf die churfl. Lande, wie sie gouverniret und gehandhabet und ob sie mit Contributionen und Imposten öfters graviret werden, und unter denen insonderheit die hinterpommersche Lande, als worauf I. Kgl. Maj. und die Kron die gesambte Hand bei der Lehen [so] und dannenhero auf ihre Conservation und Wohlfahrt ein wachendes Auge mit zu schlagen Ursach haben. Und zwar soviel insonderheit die Disputen und Mißverständnüssen, welche zwischen der churfl. Regierung und denen Landständen bewußter maßen im Religion- und Kirchenwesen gestritten worden, belanget[2]), und hat demnach der Resident I. Kgl. Maj. mit dem fordersamsten [zu] benachrichten, ob darin eine Vereinbarung gefunden, und das gesagte Kirchenwesen in dem Zustande, wie es der Churf. nach der Anstalt und Ordnung der Antecessoren ange-

[1]) Vgl. oben S. 752, 758f.

[2]) Vgl. Urk. u. Akt. Bd. 9 S. 767, 769f. und oben S. 161.

treten, gelassen oder darin einige Neuerung zum Nachteil der Anverwandten Augsburgischer Confession wider die Privilegien der Stände fürgenommen worden". —

Der Kurfürst an den Reichsfeldherrn Grafen v. Wrangel. D. Cöln a. d. Spree 5. Januar 1667.

[Polnische Thronfolgefrage; Unterstützung des polnischen Hofes durch Frankreich.]

Was die jüngste Post aus Polen wegen des tartarischen Einfalls und getanen 15. Jan.
Streifens eingebracht[1]), solches wird dem Herrn Grafen allbereit außer Zweifel kund sein. Sollten diese streifende Rotten[2]) weiter einbrechen, so würde man sich gleichwohl auf allen Fall darwider etwas in Postur und Verfassung stellen müssen; wovon ich des Herrn Grafen Gutachten erwarte, wiewohl sonsten verlauten will, als wären sie wieder zurückgewichen und einige von ihren Parteien geschlagen.

Ich habe auch ferner hiebei dem Herrn Grafen in Vertrauen nicht bergen wollen, was gestalt der polnische Hof bei diesen Conjuncturen und unterm Prätext dieser Gefahr sich um auswärtige Hülfe und für andern umb französischen Succurs sehr bewerben, auch consequenter hiernächst ein französisches subiectum zur Kron dadurch zu fordern, ja gar eine französische Armee zu Wasser gegen das Frühjahr in Preußen zu bringen Fürhabens sein, auch verschiedene fürnehme senatores und Stände desfalls bereits auf seine[3]) Seite gebracht haben [soll].

Wie nun dieses wohl allerhand Nachdenkens verursachete und sonderlich dem bewußten Dessein I. Kgl. Maj. zu Schweden, wesfalls der Herr Graf im jüngst verstrichenen Sommer mir seine Gedanken sub dato des 2. Augusti[4]) vertraulich eröffnet, ganz zuwiderlaufen wollte, so hab ich nicht unterlassen wollen, dem Herrn Grafen alsofort Nachricht zu geben, in Dessen vernünftiges Nachsinnen stellend, was man bei sotaner Beschaffenheit etwa für mesures zu nehmen und für consilia zu fassen. —

Die Vormundschaftsregierung an den Reichsfeldherrn Grafen v. Wrangel. D. Stockholm 9. Februar 1667.

[Vermittelung des Kurf. zwischen Schweden und den Niederlanden. Schwedens Beitritt zur Quadrupelallianz.]

W. erhält Befehl, „daß Ihr mit des Herrn Churf. zu Brandenburgs Lbden über 19. Febr.
diese Unsere des Beistands halber an Polen genommene Resolution nach Anleitung des Schreibens, welches hochgedachte S. Lbden an Euch desfalls abgehen und Uns

[1]) Vgl. Urk. u. Akt. Bd. 12 S. 315 ff.

[2]) Text: Ritten.

[3]) Text: ihre.

[4]) Ein Schreiben Wrangels von diesem Tage war weder im Stockholmer Reichsarchiv noch im Berliner Geh. Staatsarchiv zu finden.

copeilich durch Ihren ministrum Krakowen fürzeigen lassen [1]), weiter communiciret und dannenhero auch ein Argument nehmet, S. Lbden zu induciren, daß Sie Unsere in Holland suchende Vergnügung [2]) aufs beste durch die Ihrige ausarbeiten und zuwege bringen helfen wollten; und solches darumb desto mehr, weiln dieses das größeste Obstacul wäre, welches Uns an der Werkstellung obigen heilsamen Fürhabens etwa behindern könnte; gestalten Wir auch folgends nach dessen Removirung in die zwischen S. Lbden, denen Generalstaaten und bewußten andern Alliirten getroffene Bündnüß mit einzutreten [3]) und dadurch die Nachbarschaft, ja das gesamte Reich aus dem von Unseren Desseinen mit Ungrund gemachten Argwohn allerdings zu befreien erbietig und geneigt wären." —

Resident H. Wolfradt an die Vormundschaftsregierung. D. Berlin 4. März 1667.

[Freundschaftsversicherungen des Kurf. Polnische Thronfolgefrage. Dänische Gesandtschaft nach Berlin.]

14. März Ist vor 6 Tagen in Berlin eingetroffen. „Bei der Audience, da I. Durchl. vom Podagra incommodiret im Bette gelegen und mir ein Stuhl gesetzet, ist außer den Curialien nichts sonderliches vorkommen, als daß gegen E. Kgl. Maj. I. Durchl. eine große Affection und sonderbare Sincerität mit gar beweglichen Worten tesmoigniret und versichert, daß nicht allein das gemeine Interesse sondern auch Ihre selbsteigene Inclination Sie antriebe, bei E. Kgl. Maj. unverrückt zu stehen und, wie die Worte fielen, mit Deroselben einen Strang zu ziehen. —

Wegen des polnischen Wesens ließ er sich nach Beklagung des zerrütteten Zustandes dahin aus, daß, weiln nicht allein die Königin ohnlängst sehr krank gewesen und noch decumbirte, sondern auch der König neulich in der Kirchen mit einem so schweren Accident befallen, daß er etliche Stunden sprachlos gelegen wäre, daher denn wohl nötig, serio darauf bedacht zu sein, wie nebst E. Kgl. Maj. er das gemeine Interesse beobachten könnte." W. antwortet hierauf seiner Instruktion gemäß [4]), worauf der Kurf. meint, „daß E. Kgl. Maj. mit der von Crockowen hinterbrachten Resolution gar wohl friedlich sein würden, maßen er das Project, so wie es E. Kgl. Maj. selber gefasset, unterschrieben und in substantialibus ohngeändert zurücke gesandt [5]). Daß er sonst der französischen Partei und deroselben .. Desseinen adstipuliren sollte, habe ich nicht merken können.

Dem polnischen Gesandten Gninsky, welcher der Königin Creatur sein soll, ist bei Hofe viel Höflichkeit erzeiget, und weiln er secours wider die Tartarn und

[1]) Offenbar das vorstehende Schreiben.

[2]) Vgl. Geijer-Carlson, Bd. 4 S. 483 f., 498, Kretzschmar in Hansische Geschichtsblätter Bd. 17 S. 245 f.

[3]) Vgl. Köcher, a. a. O. Bd. 1 S. 462 ff., Urk. u. Akt. Bd. 12 S. 175, 181 f.

[4]) Vgl. oben S. 779 f.

[5]) Desgl. S. 776.

Türken begehret (da doch des Churf. Vermuten nach deswegen ganz nichts zu befahren ist), solche Resolution gegeben, daß der Churf. im Notfall mit einer ganzen Armee Polen zu Hilfe kommen wollte“ [1]). Bei einer Abschiedsvisite hat Gninsky W. mitgeteilt, er wolle auch nach Dänemark und Schweden gehen, um dort um Hilfe gegen jene Feinde zu bitten [2]). —

„Von des dänischen Abgesandten Detloff von Alefelten, welcher etwa vor 3 Wochen von Dresden anhero gekommen und nach weinig Tagen wieder verreiset, Anbringen, habe ich bis dato noch nichts penetriren können.“ —

Der Kurfürst an den Reichsfeldherrn Grafen v. Wrangel. D. Cöln a. d. Spree 6./16. März 1667.

[Vermittlung des Kurf. zwischen Schweden und den Niederlanden.]

Aus Wrangels Antwort auf das kurfl. Schreiben vom 5. 15. Januar [3]) habe der Kurf. ersehen, daß Schweden seine guten officia zur Beilegung der zwischen Schweden und den Niederlandenen schwebenden Differenzen wünsche, „damit solcher gestalt I. Kgl. Maj. desto freiere Hände in Polen haben und die selbiges Reich concernirende Sachen desto besser und nachdrücklicher neben Uns respiciren könnten. 16. März

Wie Wir nun nichts höhers wünschen und verlangen, als I. Kgl. Maj. und der löblichen Kron Schweden Unsere treubeständige Freundschaft und Affection in der Tat zu contestiren, also haben Wir auch nicht unterlassen, an Unsere ministros nach dem Haag gemessene Ordre und Befehl zu erteilen, daß sie alle mögliche gute officia bei dieser Sache zu gütlicher Beilegung der noch übrigen Differentien dergestalt prästiren sollen, damit die kgl. schwedische ministri und zuforderst I. Kgl. Maj. selbst Ursach haben mögen, damit zufrieden zu sein und Unsere gute Intention und wohlgemeinten Eifer daraus wirklich zu verspüren. Es wird also nur dieses nötig sein, daß der kgl. schwedische Gesandte nach dem Haag, der Graf v. Dona [4]), vorgemeldeten Unsern ministris nur an Hand gebe, worin und welcher gestalt sie hierin etwas zu I. Kgl. Maj. Diensten und Nutzen verrichten können“ [5]). —

---

[1]) Vgl. Pufendorf, Lib. X § 61, Urk. u. Akt. Bd. 12 S. 325 ff., Bd. 14 S. 299, 301, Hein, Hoverbeck S. 160.

[2]) Vgl. Urk. u. Akt. Bd. 12 S. 193 f.

[3]) D. Stade 1. März 1667 teilt Wrangel der Vormundschaftsregierung mit, daß er dem Kurf. von der Verfügung vom 9./19. Februar Kenntnis gegeben habe. 11. März

[4]) Graf Christoph Delphicus v. Dohna.

[5]) D. Stade 15. März 1667 übersendet Wrangel dies Schreiben nach Stockholm und bemerkt dazu, ob des Kurf. „Intention sincere ist, wird der Effect erweisen, gestalt ich dann dem Herrn Grafen v. Dohna bereits part davon gegeben und demselben geschrieben habe, daß er mit den brandenburgischen ministris der Ends gute Correspondence pflegen und nach Occurence der Tractaten sich ihrer guten Officien bedienen möchte, maßen E. Kgl. Maj. darauf Reflexion macheten“. — 25. März

Resident H. Wolfradt an die Vormundschaftsregierung. D. Berlin 13. März 1667.

[Unterredungen mit dem Kurf., mit Goes und Stratmann, vorzugsweise über die polnische Thronfolge.]

23. März Am letzten Sonntag ist er beim Kurf. zur Mittagstafel gewesen und hat vor und nach Tisch Gelegenheit gehabt, diesen „en particulier zu entreteniren und mittelst Vorstellung E. Kgl. Maj. guter Intention zu Unterhaltung aller vertraulichen Correspondence dero Gedanken die jetzo in der Welt passirende Affairen betreffend in einen und andern zu sondiren, welche ich denn mehrenteils dahin zielend gefunden, daß nach völliger Assopirung des bremischen Werkes, woselbst man noch immer Beisorge zu neuer Unruhe bishero gehabt und doch nicht gerne das Werk in Weitläuftigkeit oder Ungewißheit sehen wollte, alle Mühe dahin gerichtet wird, damit einerseits der schädliche Seekrieg cessiren und also Frankreich der Prätext zu so großer und weit aussehender Armatur zur See benommen werden möchte, andern Teils aber in Polen, woselbst der König in etwas, die Königin aber gar unpäßlich sein soll, das Werk dergestalt gefasset werden möge, wie es der Republik Freiheit und denen angrenzenden Potentaten und dero Landen am zuträglichsten sein könnte. Gleich wie man nun darüber große Satisfaction bezeuget, daß E. Kgl. Maj. Intention solchen Gedanken gleichstimmig, maßen denn Crakowen jüngste Relation davon gute Ouverture und Hoffnung gegeben, auch Apparence wäre, daß bei der Neuburgischen Gesandten .. [1]) Ankunft darunter noch weiter advanciret werden könnte, also würde cardo rei darin bestehen, daß man coniunctim Frankreich remonstriren möchte, wie gar schwer, ja wegen einiger Provincien in Polen Aversion .. fast ohnmöglich fallen wollte, das vorgehabte Dessein zur Execution zu bringen, und mit guter Manier auf solche Gedanken führen, daß es sponte desistiren möchte.

Ich habe darauf keinen Zweifel zu tragen repliciret, daß E. Kgl. Maj. nicht gleicher Meinung sein und Ihres Ortes dazu alle mögliche officia ganz gerne prästiren sollten. Wobei, wie ich mich erkühnete, Anlaß zu nehmen und daß E. Kgl. Maj. sowohl beim kaiserlichen Hofe als etlichen Ständen des Römischen Reiches in Dero notoirem Rechte wegen der Stadt Bremen so wenig Vergnügung gegeben, zu beklagen, hat er mittels großer Contestirung, daß er an seinem Orte allezeit solche consilia und Mittel vorgeschlagen, welche zu Beibehaltung E. Kgl. Maj. hohen Respects und Beruhigung des Kreises dienlich sein möchten, maßen er sich deshalben auf des Herrn Reichsfeldherrn Exc. kühnlich berufen könnte, zu verstehen geben, daß am kaiserlichen Hofe die Sache auch wohl höher apprehendiret, als wohl nötig gewesen, und hätte er von dem Baron de Goes verstanden, auch selber dazu geraten, daß vom kaiserlichen Hofe eine eigene Gesandtschaft an E. Kgl. Maj. destiniret würde [2]), welche denn zu aller fernern guten Intelligence den Weg bahnen würde.

---

[1]) Generalwachtmeister v. Velbrück und Hofrat Ehrmans, vgl. Urk. u. Akt. Bd. 12 S. 192.

[2]) Hermann v. Basserode, vgl. Urk. u. Akt. Bd. 12 S. 193, Bd. 14 S. 297, 302.

Eben solches hat mir der kaiserliche Gesandter bei neulich gegebener Visite gar hoch contestiret und sowohl als der Churf. beklaget, daß denen französischen ministris am polnischen Hofe gar zu große Freiheit, den ihrigen hergegen nicht einmal gestattet würde, ohngerufen in die antichambre zu kommen. —

Sonst hat der Neuburgische Abgesandter[1]) diese Tage mir zu verstehen gegeben, .. daß sein Herr durch die nach Schweden abgefertigete Gesandten das Successionswerk in Polen weiter incaminiren würde; dabei ich denn so viel abmerken können, daß ihm allerhand impressiones gemachet, als wenn einerseits der Kaiser mit dem Könige in Frankreich über den Herzog von Lothringen, anderseits aber E. Kgl. Maj. mit Frankreich über ein anders subiectum sich leicht einigen würden, und daß dahero der langsame succes der in Schweden vorseinden Handelung ohne Zweifel rühret, so auch, als ob Polen wegen der nahen Conjunction des Hauses Pfalz mit E. Kgl. Maj. sich mit einer solchen Familie zu engagiren bedenklich fallen möchte. Ich habe alle widrige Gedanken bestmöglichst abgelehnet und ihn versichert, daß bei der Abgesandten Ankunft in Schweden aus E. Kgl. Maj. Resolutionen sattsam zu verspüren sein würde, daß Sie die gute Affection gegen Pfalz Neuburg noch nicht geändert. —

Der kaiserliche Gesandter Baron de Goes scheinet bei Hofe sehr angenehm und gleichsam domestique zu sein, wiewohl ich auch nicht klagen kann, daß man E. Kgl. Maj. zu sonderbaren Respect mir nicht mit gnugsamer Civilität begegnen sollte." —

Resident H. Wolfradt an die Vormundschaftsregierung. D. Berlin 20. März 1667.

[Der Kurf. und Polen.]

Der Kurf. hat ihm bei einer Audienz zu verstehen gegeben, „daß auf er- 30. März
haltene gewisse Nachricht, welcher gestalt der König in Frankreich noch gänzlich intentioniret wäre, seine desseings in Polen zu prosequiren[2]), Sie vor ratsamb geachtet, den Herrn v. Blumenthal, welcher gestern verreiset, dahin zu depeschiren, umb die großen Difficulteten, so er bei solchem Werke zu risciren[3]) haben würde, zu remonstriren, und daß die weinigste Herren auf der Königin Seite wären, welche hergegen ohne einig fondement dem französischen Ambassadeur[4]) die Hoffnung so groß machete und die contraria studia vor ihm verborgen hielte. Im Fall nun der König nicht zu gewinnen wäre oder acquiesciren wollte, hätte er Ordre, sofort wieder zurücke zu gehen."

Weiter hat der Kurf. ihm mitgeteilt, daß er jetzt die Starostei Draheim besetzen wolle[5]), und daß Polen wegen der verminderten Türkengefahr statt um

[1]) Geheimrat Theodor Stratmann.
[2]) Vgl. Urk. u. Akt. Bd. 12 S. 694 f.
[3]) Text: reussiren.
[4]) Pierre de Bonsy, Bischof von Béziers.
[5]) Vgl. Urk. u. Akt. Bd. 12 S. 328 ff.

Truppen um Geld gebeten habe. „So viele habe sonsten aus allen Discoursen und Umbständen wohl abmerken können, daß der Churf. mit itzigem Gouvernement in Polen garnicht zufrieden, sich mit der sogenannten guten Parteie wohl verstehe und in casum, daß Polen von barbarischen Feinden oder sonst wegen der Succession mit Gewalt angefochten werden sollte, würkliche Hülfe zu Maintenirung der Republic Freiheit ohnfehlbar leisten, auch gerne sehen würde, wann E. Kgl. Maj. zu eben solcher Resolution zu bringen sein möchten." —

Resident H. Wolfradt an den Reichskanzler. D. Berlin 20. März 1667.

[Mißtrauen in Berlin gegen Schweden.]

30. März In Ergänzung seiner Relation berichtet er, „daß ich zwar bei diesem Hofe alle offenherzige, gute sincerationes zu beständiger und vertraulicher Correspondence mit I. Kgl. Maj., doch gleichwohl daneben einige retiratezza und Beisorge verspüre, als ob man einige dem polnischen Wesen nachteilige Alliance zwischen I. Maj. und Frankreich[1]), auch einige Desseine wider Holland gar hoch apprehendire. Dahero wohl nicht undienlich sein möchte, wenn E. Hochgräfl. Exc. mir die hohe Gnade erweisen und aus der Reichscanzelei mir dann und wann durch jemand der Herren Secretarien von I. Kgl. Maj. .. Intention, und was ich in einem und andern zu debitiren, und wie alle widerwärtige opiniones zu widerlegen, einige Information geben zu lassen, gnädig geruhen wollten. —

Der Neuburgische .. Gesandter gehet so retiré mit mir umb, daß ich wohl merken kann, man müsse ihm eine und andere impressiones gemachet haben, als ob I. Maj. in der mit Frankreich obhanden seienden Handlung etwas anders als die Promotion seines Herrn intentiren, maßen ich dann vermerken können, daß [man] solches aus einem von E. Exc. mit Cracowen geführeten Discours erzwingen wollen[2]); dahero dann derselbe sich mehr auf den Kaiser, Brandenburg und die Faction in Polen als auf I. Maj. zu verlassen scheinet." —

Rådslag och Consilium im Senat vom 26. März 1667.

[Es wäre bedenklich, wenn der Kurf. König von Polen würde, da seine wegen Pommern gegen Schweden gefaßte Eifersucht dann zum Kriege führen könnte.]

5. April — Sammaledes och till det andra är ock betänkligt bepröfvat, om Churf. af Brandenburg till besitt af polniska chronan skulle komma, i anseende så af dens herres ovisse och föränderlige conduite, som eljest för den osäkerhet skull, uti hvilken Kgl. Maj. och Sveriges Chronos rättighet i Pommern skulle blifva kastat, där Churf. genom polniska Chronans erhållande till en sådan autoritet och styrka hinna skulle, att han med ett ansenligt eftertryck torde våga till att

[1]) Vgl. Wittrock in Hist. Tidskrift Bd. 33 S. 26 f., Urk. u. Akt. Bd. 12 S. 193.

[2]) Vgl. Urk. u. Akt. Bd. 12 S. 189 f.

låta den jalousien uti fientlig actualitet utbrista, hvilken han emot Kgl. Maj. och Sveriges Chrona för Pommern skull fattat hafver. —

Resident H. Wolfradt an die Vormundschaftsregierung. D. Berlin 27. März 1667.

[Pfalz Neuburg und Schweden.]

— Stratmann gehe mit Goes ziemlich familiär um, „sub praetextu, daß er täglich allda die Messe hören muß, versichert mich gleichwohl, daß sein Herr alle gute Satisfaction und beständige Hoffnung, in der mit seinen Leuten in Schweden vorseienden Negotiation zu reussiren tesmoigniret, wiewohl ich vermerke, daß man dieses Ortes mittelst Communication der von dannen einlaufenden Relationen ihn in denen Gedanken zu entreteniren suchet, daß ob tractatus Gallicos die vorgewesene Handlung etwas langsam getrieben werde, und dahero man an dieser Seite auch etwas retiré gehen müßte, ne soli partibus Gallicis adversari viderentur.“ — 6. April

Resident H. Wolfradt an die Vormundschaftsregierung. D. Berlin 10. April 1667.

[Mißtrauen gegen Schweden wegen seiner Freundschaft mit Frankreich führt zur Zurückhaltung des Kurf. in der polnischen Wahlfrage. Stratmanns Bemühungen in dieser Angelegenheit. Gninskis Mission.]

Berichtet, „welcher gestalt man an hiesigem Hofe nicht allein vor sich selbst in denen sonderbaren Gedanken beständig begriffen, sondern auch dem Neuburgischen Abgesandten dergleichen impressiones gemachet, als ob E. Kgl. Maj. mit Frankreich in Deren zu Stockholm vorseienden Tractaten [1]) schon so weit avanciret wären, daß an deren Schlusse nicht mehr zu zweifeln, und ob schon E. Kgl. Maj. Interesse vielleicht nicht zugeben möchte, Frankreich in Polen einige avantage zu gönnen, so würde man doch, weiln der Kaiser, Brandenburg und Neuburg nebst der sogenannten guten Partei der Republicanten in Polen capabel genug sein möchten, solches Dessein zu hintertreiben, dies Werk dahin stehen lassen und ratione des niederländischen Wesens sich mit Frankreich verbinden, insonderheit da man bei dem Bremischen Werke so weinig Inclination zu einer sinceren Freundschaft bei Österreich und einigen Gliedern des Römischen Reichs verspüren können. — 20. April

Wiewohl ich nun alle dienliche sincerationes und Gegenremonstrationes sowohl bei dem Herrn selbst als denen ministris, so mir von dieser chorde angestimmet, getan, daß E. Kgl. Maj. sich nicht so schlechter Dinge mit Frankreich in dessen Desseinen engagiren und zum weinigsten des polnischen Wesens halber nicht einerlei Intention führen würden .., so kann doch aus allen Umbständen merken, daß man umb dieser Beisorge willen ziemlich retiré gehe und

[1]) Vgl. Geijer-Carlson Bd. 4 S. 493 ff.

sowohl die Recommandation als Nomination des Herrn Pfalzgrafen von Neuburg vivo rege in Polen zu beschaffen declinire. Der Neuburgische Minister arbeitet hergegen an diesem Werke, so viel er kann, und suchet sowohl diesem Hofe als dem kaiserlichen Abgesandten zu persuadiren, daß die nominatio necessaria seie, damit nicht ein ander zuvorkomme und die Sache difficiler werde. Vielleicht besorget er auch, ne mortua regina, quae multorum odia in se concitavit, res in alium deducatur statum, und andern dadurch einige Hoffnung zuwachsen möchte. —

Daß man sonst aller Orten so willig mit Offerirung der würklichen Hülfe gewesen, hat der polnische Hof nicht vermutet, und dürfte dieselbe von denen, so nicht a partibus Galliae, weinig angenehm sein, maßen man vermeinet, daß des Gninski Absendung zu nichts anders angesehen, als bei vermuteter Refusirung oder langer Ausbleibung anderweitiger Subsidien die französische Hülfe so viel besser coloriren zu können."[1]) —

Die Vormundschaftsregierung an den Residenten. H. Wolfradt. D. Stockholm 17. April 1667.

[Mit Frankreich besteht kein Bündnis, auch ist ein solches nicht beabsichtigt. Schweden hat ein dringendes Interesse an der Aufrechterhaltung der polnischen Wahlfreiheit und des Friedens in Polen; es ist zur Begünstigung Pfalz Neuburgs geneigt, falls die Rechte des Königs auf die Jülicher Lande anerkannt werden.]

27. April — Das Fürnehmste, so an selbigem Orte jetzo, wie Wir sehen, in Consideration kömmet, ist sowohl die polnische Electionssache und die Ombrage, welche entweder Frankreich selbst oder wer es sonst auch sein mag von einer zwischen selbiger Kron und Uns zum Faveur ihres darunter fovirenden Desseins geschlossenen foederis jedermänniglich machet, und die auch allda bei Brandenburg eines Teils geglaubet werden mag. Welche Bündnüß und der bei vielen darüber ausgebrochene Argwohn, gleich wie er nicht den geringsten Grund der Wahrheit hat, also könnet Ihr auch bei Gelegenheit den Churf. und dessen vornehmsten ministros wohl in Unsern Namen versichern, daß solche Confoederation weder annoch geschlossen noch von Unserer Seiten jemals beliebet und eingegangen werden soll; maßen Wir an Frankreich die bewußte Repräsentation nimmer getan und sie von der Continuation ihres darunter bisher so ernstlich poussirten Suchens abgeraten hätten, wann Wir dasselbe mit Unsern Interesse und der Kron Polen Wolhfahrt compatibel gefunden. Maßen eben in sotaner der Republique Wohlstand, nämlich der Observir- und Beibehaltung ihrer insonderheit ratione electionis habenden alten Freiheiten und Privilegien Wir und Unsere Kron ein so kundbares Interesse haben, daß ein jeder, der Vernunft admittiren will, leicht von selbst zu urteilen vermag, daß Wir dawider und zur Vergewaltigung der Republique nichtes willigen noch schließen und dieselbe zusambt der Nachbarschaft aus einer ohnausbleiblichen Folge zu einem theatro

[1]) Vgl. Hein, Hoverbeck, S. 160.

machen helfen werden, worauf zu Unserer eigenen so großen Gefahr eine so weit aussehende Kriegestragedie begonnen und ausgespielet werden müssen. Vielmehr wird sich bei denen allhie mit des Herrn Churf. und denen Pfalz Neuburgischen Abgesandten obhandenen Tractaten ausweisen, daß Wir eine sonderbare Begierde tragen, Uns mit ihnen zu der Republique, auch Pfalz Neuburgs eigenem Besten zusammenzusetzen, nur daß sie einigermaßen weisen, daß sie Uns in Unserer rechtmäßigen Jülichischen Prätension, wo nicht nun eine völlige Satisfaction geben, gleichwohl Uns dieselbe bei erhaltener Unser Majorennität zu erteilen versichern wollen; .. welche Befriedigung Ihr zwar bei dem Churf. nicht eben ex mandato urgiren, gleichwohl deren Rechtmäßigkeit sowohl bei denen churfl. als Pfalz Neuburgischen ministris bei zufälliger Gelegenheit repräsentiren werdet. —

Der Kurfürst an den Reichsfeldherrn Grafen von Wrangel. D. Magdeburg 24. April 1667.

[Französisches Durchmarschbegehren nach Polen.]

Teilt mit, „was gestalt Mr. Millet auf Meiner Anherreise bei Mir eingelanget 4. Mai und zu verstehen gegeben, was gestalt der König in Frankreich gesonnen wäre, eine Armee unter Conduite des Prinzen von Condé in Polen zu senden, mit Bitte, derselben den Paß durch Meine Lande zu gestatten. Wann ich dann dieses für eine Sache von sonderbarer Consequenz halte, welche nicht Mich allein sondern verschiedene andere Chur- und Fürsten, ja das ganze Römische Reich betrifft, und wobei auch sonderlich I. Kgl. Maj. und der Kron Schweden Interesse versiret, als trage Ich sonderbares Verlangen, hierüber I. Kgl. Maj. Meinung und Gedanken zu vernehmen". —

Resident H. Wolfradt an die Vormundschaftsregierung. D. Berlin 1. Mai 1667.

[Unterredungen mit Millet über die Bremer Frage und die französische Truppensendung nach Polen, mit Schwerin über die polnische Politik des Kurf. und Schwedens Verhältnis zu Frankreich. Verlängerung der Rheinischen Allianz. Versöhnliche Haltung von Goes.]

— „Millet ist nach abgelegter Commission an denen Braunschweig-Lünen- 11. Mai burgischen Höfen die vorige Woche zue Potsdam zu I. Churfl. Durchl. gekommen[1]). Von seinem Anbringen hat er bei denen hinc inde abgestatteten Visiten mir nichts anders offenbaren wollen, als daß sein König zu Bezeugung seiner guten Affection gegen E. Kgl. Maj. wie sonst allemal also auch jetzo ihm angelegen sein ließe, das Bremische Werk zu seinem vollenkommenen Stande zu bringen und also zu verhüten, daß nicht andere Benachbarte dahero zu gefährlichen consiliis Prätext und Anlaß nehmen möchten, maßen er dann sowohl an denen Lünenburgischen als auch an diesem Hofe schon erhalten, daß scharfe Briefe, davon

[1]) Vgl. Urk. u. Akt. Bd. 2 S. 432.

er mir die Abschrift communiciret[1]), an die Stadt Bremen abgegangen, umb E. Kgl. Maj. an denen noch rückstelligen Schwierigkeiten alle gute Satisfaction zu geben.

Wie ich nun dieses, mittelst Versicherung, daß E. Kgl. Maj. keine andere Intention hätten, als alle fernere Weitläuftigkeit in diesem Werke zu vermeiden, mit vielen Gegencontestationen angenommen und ihn endlich auf den Discours von dem polnischen Wesen gebracht, hat er sich gar retiré gehalten und nicht anders als in generalibus einlassen wollen. Indessen aber hat mir der Herr Baron v. Schwerin dieses offenbaret, daß er einen Durchzug von 12 000 Franzosen, so der König in Polen zum secours gegen die Tartern begehret, und sein König, da er vor diesem Österreich so franchement wider den Türken secondiret, nicht abschlagen konnte, durch des Churf. Länder begehret, und wie ihm darauf zur Antwort geworden, daß, wann man vorhero der andern Stände im Römischen Reiche .., als Churcöln, Neuburg, Lüneburg usw. Resolution vernehme, I. Durchl. als der letzte und nächst an Polen grenzende sich auch erklären würden, und er darauf versichert, daß von denenselben keine Verhinderung zu vermuten, man ihm aber dagegen remonstriret, daß die Gefahr wegen der Tartarn so groß nicht wäre, daß ein so geschwinder secours nötig sein möchte, wäre er endlich ausgebrochen, daß er die Condéische Election zu secondiren begehret und non obstant aller darüber mittelst Beibringung der Impossibilität und großen Inconvenientien eingewandten Remonstrationen hart darauf bestanden[2]).

Wobei, wie mir der Herr v. Schwerin gesaget, daß man an seiten Frankreich schon einige mit E. Kgl. Maj. ratione successionis Polonicae veraccordirte Puncten herausgegeben, sich aber von E. Kgl. Maj. allergnädigsten Intention etwas anders informiret und versichert gewesen, daß so weinig circa negotium Polonicum als auch in der an die Niederländische Provincien von Frankreich gemacheten Prätension man sich bis dato geeiniget, habe ich mich solcher Occasion bedienet und nicht allein alle dienliche rationes beigebracht, warumb das Interesse von Schweden solches nicht gestatten könnte, sondern auch dabei angehänget, daß man sich über solchem Vorgeben nicht zu verwundern, zumalen an andern Örtern man wohl debitiren oder glauben machen wollte, als wann S. Churfl. Durchl. selber die Kron vor sich oder einen Ihrer Prinzen ambiren und dazu gute Apparence und Affection in Polen haben möchten. Wie ich nun dieses mit so viel mehrer hardiesse vorgebracht, als ich, daß solches ausgebracht, gewisse Nachricht gehabt, hat der Herr v. Schwerin gar große contestationes gemachet und hoch beteuert, daß, wann schon S. Churfl. Durchl. die Religion aus den Augen setzen wollten, welches Sie doch so weinig als die Ihrigen nimmer tun würden, dennoch überaus viele rationes wären, so Sie von solchem Vorhaben abhalten und nur dahin zu cooperiren obligiren würden, daß Polen bei seiner Freiheit und statu praesenti bleiben und dabei gehandhabet werden möchte; welches, wie ich es wegen vieler Umbstände wahr zu sein glaube, also werde ich nicht man-

[1]) Vgl. Urk. u. Akt. Bd. 12 S. 115 f.

[2]) Vgl. Recueil des instructions Bd. 16 S. 128 ff., Urk. u. Akt. Bd. 2 S. 433 ff.

quiren, allen äußersten Fleiß anzuwenden, umb in des Herrn Millets Negotiation weiter zu penetriren. —

Wegen Continuation der Rheinischen Alliance berichtete mir Herr v. Schwerin, daß zu Regensburg etwas auf das Tapis gekommen, und daß S. Churfl. Durchl., weiln dero ministri berichtet, daß Herr Schnoilsky in der Sache angestanden und das negotium nicht groß urgiret, die Ihrigen auch beordert, das Werk ein weinig à la longue zu trainiren und fleißig mit Herrn Schnoilsky daraus zu correspondiren, daß sich in dem Fall einer dem andern conformiren könnte“ [1]). —

Goes scheint sehr zu wünschen, „daß ein gutes Vertrauen zwischen E. Kgl. Maj. und seinem Herrn gestiftet werden möge“ [2]). —

Die Vormundschaftsregierung an den Residenten H. Wolfradt. D. Stockholm 8. Mai 1667.

[Zurückhaltung gegenüber Frankreichs polnischen Plänen, Bereitschaft zum Abschluß mit dem Kurf. und mit Pfalz Neuburg. Mißtrauen gegen die Zuverlässigkeit des Kurf.]

W. soll genau darauf achten, was Millet „anbringet und ausrichtet. Dann 18. Mai
Wir nicht ohnbillig die Apprehension nehmen, daß, nachdem Frankreich siehet, wie Wir ihren in Polen habenden gefährlichen Intriguen nicht so blindlings hin, wie man es zum Nachteil Unseres eigenen Interesse begehret, favorisiren noch die Republique zu Erwählung eines französischen candidati, obschon der Polen Freiheit und Gesetze dabei zu Trümmern gehen sollten, forciren zu helfen [Uns] entschließen können noch wollen, es sich leicht auf eine andere Seite wenden und unter andern auch daselbigen Churf. zu Beforderung ihres Fürhabens mittelst ein und andern großen und vortelhaften Conditionen zu gewinnen suchen dürfte.

Zwar wollen Wir es und daß man Frankreich darunter Gehör geben und sich auf derselben Seite in dem Stück ziehen lassen sollte, umb so viel weniger glauben, als Wir mit dem churfl. und denen Pfalz Neuenburgischen Abgesandten pro conservando Polonorum avita libertate quoad electionem ac pro recommendatione Principis Neoburgici in legitimum electionis casum ein gewisses Bündnüß zu schließen in Handlung, auch deren glücklichen Vollenziehung halber in der Hoffnung stehen, daß dieselbe ohnfehlbar erfolgen könne, im Fall man Uns wegen Unserer und Unseres Herrn Vaterbrudern Lbden an denen Jülich- und Clevischen Landen habenden rechtmäßigen Prätension nur einige .. Reversales erteilen wolle. — Gleichwohl und weiln viele Veränderungen in selbigen Hofes Consilien auch wider Vermuten zu geschehen pflegen, so werdet Ihr demnach mit einer umb so viel mehrern Sorgfalt auf des gesagten Millets Negotiation ein wachendes Auge haben.“ —

[1]) Vgl. Urk. u. Akt. Bd. 11 S. 469 ff., Bd. 12 S. 699.

[2]) Desgl. Bd. 14 S. 303.

Resident H. Wolfradt an die Vormundschaftsregierung. D. Berlin 8. Mai 1667.

(Auf die Verfügung vom 17./27. April 1667.)

[Keine Aussicht auf das Gelingen der Mission Millets. Frankreich dürfte versuchen, den Kurf. von Österreich abzuziehen. Geneigtheit, zur Befriedigung der Ansprüche Schwedens auf die Jülicher Lande. Wendung in der polnischen Politik Frankreichs.]

18. Mai E. Kgl. Maj. allergnädigster Befehl super negotio Polonico und denen von Frankreich ausgebrachten Gerüchten ist mir diesmal zu Behauptung der vorhero schon vielfältig getanen Sincerationen und Remonstrationen gar wohl zu statten gekommen und wird, nachdem ich solches sowohl I. Churfl. Durchl. als auch dem Herrn Schwerin, an welchen Sie mich dann und wann, umb ausführlicher mit ihm zu conferiren, [zu] verweisen pflegen, mit guter Manier debitiret, in des Herrn Millets Negotiation die Resolutiones so viel mehr affermiren, maßen Sie mir denn zu vernehmen gegeben, daß, da er auf dem ersten Punct der Passage bestehet, den andern aber wegen der Condéischen Recommendation bei befundener Schwierigkeit nur discursive, ohne seines Königs specialen Befehl, beigebracht zu haben vorgibt, Sie ihm darauf solche schriftliche Resolution, so mir auch communiciret werden sollte, zukommen lassen würden, daß wann der Kaiser und die andern Reichsstände dies zulassen und die ganze Republic Polen, als worauf der Churf. propter viciniam große Reflexion setzen müßte, nebst dem Könige denselben [secours] begehren würde, daß man alsdann allhie daran nicht hinderlich sein wollte.

Gleich wie aber diese Resolution einer abschläglichen Antwort rebus sic in Polonia stantibus gar ähnlich, so präsumire ich fast, daß Herr Millet damit nicht vergnügt sein, sondern ex hac occasione Zeit, allhie zu subsistiren, suchen und seines Königs fernere Mandate abwarten werde, dürfte auch wohl, da das Werk zwischen Frankreich und Spanien dergestalt zur Ruptur stehet, das an gewissem Kriege nicht mehr zu zweifeln, diesen Prätext fahren lassen und eine andere Negotiation annehmen, umb den Churf., wo nicht in partes sui regis, dennoch von Österreich etwas weiter abzuziehen. Und deucht mir .., daß, weiln der Churf. mit Österreich zwar in gutem Vernehmen, aber doch so weit nicht engagiret ist, daß er nicht noch die freie Hand haben sollte, man werde an diesem Orte eine große Reflexion haben auf das, so E. Kgl. Maj., als gegen welche man propter viciniam die größeste déférence zu haben bezeuget, in hoc passu resolviren möchte und darnach seine mesures nehmen.

Unterdessen arbeitet der Baron de Goes so viel als möglich an diesem Hofe, umb .. Millets Negotiation zu traversiren, und sinceriret gar hoch gegen mich, daß E. Kgl. Maj. bei Ankunft des kaiserlichen Abgesandten seines Herrn aufrichtige Intention zu Stiftung näherer Intelligence in der Tat verspüren werden, maßen denn der Churf. mir solches auch versichert und gleichsam eine gloire darunter suchet, daß er diese Abschickung zu E. Kgl. Maj. merklich befodern helfen [1]). Ich habe daher Occasion genommen, mit guter Manier ihnen zu re-

[1]) Vgl. Urk. u. Akt. Bd. 14 S. 303.

monstriren, daß .. von dieser Seite würde auch der Weg zu völliger Adjustirung der zu Stockholm obhandenen Tractaten und besserer Zusammensetzung der Gemüter und Consilien in negotio Polonico desto mehr gebahnet werden, wann E. Kgl. Maj. vermerken würden, daß man sich in dem von Pfalz Neuburg, wie ich vernehme, anhero communicirten negotio ratione einiger Satisfaction, so man E. Kgl. Maj. in der Jülichschen Sachen bei Deroselben .. Rechte zu geben gedachte, zu Deroselben Contentement erklären würde. —

Der Herr Millet scheinet anjetzo die Proposition von Recommendirung des Prinzen von Condé vivente rege ex illa ratione weit von sich zu werfen, damit er andere von eben dergleichen Desseinen so viel besser dehortiren könne, maßen er denn dem Neuburgischen diese Tage gesaget, daß, wann sein Herr sich bei der Königin besser insinuiren und auch beim König in Frankreich dies Werk incaminiren, gleichwohl aber mortem regis Poloniae, dem man numehr zur Abdication nicht mehr raten wollte, abwarten würde, er darin besser als auf andere Art reussiren könnte[1]). —

Resident H. Wolfradt an die Vormundschaftsregierung. D. Berlin 15. Mai 1667.

[Wirkung des Todes der Königin von Polen. Anerkennung der schwedischen Ansprüche auf die Jülicher Lande. Drohender Konflikt zwischen Schweden und Braunschweig-Lüneburg.]

Berichtet, „daß gleich wie nach Absterben der Königin in Polen daselbst 25. Mai
facies rerum sich merklich geändert .., als man numehr hie auch andere mesures zu nehmen begonnen und nicht allein dem französischen ministro Millet[2]) beiliegende Resolution, sondern hin und wieder sowohl im Römischen Reiche als Polen davon Nachricht gegeben, ut ita coniunctis armis et studiis consilia haec Gallica averti possint. Gedachter französischer Minister beginnet auch numehr seine Batterie zu ändern und öffentlich zu debitiren, daß seinem Könige niemaln in den Sinn gekommen, die Kron Polen wider ihre Freiheit zu beeinträchtigen und deroselben einen candidatum wider Willen zu obtrudiren. —

Indessen arbeitet der Neuburgische Minister sehr fleißig, daß in denen zu Stockholm vorseienden Tractaten nichts geändert werden möge, hat mir vorgestern .. gesaget, daß Pfalz Neuburg über sich genommen, E. Kgl. Maj. .. zufrieden zu stellen, mit gar hohen und teuern Worten contestiret, daß .. I. Churfl. Durchl. ebensowohl als sein Herr sich zu solcher Satisfaction obligat gemachet und auch auf seines Herrn fleißiges Antreiben dabei zu concurriren nicht ermangeln würden. Nun begonnete er sich weiter herauszulassen, daß, weiln E. Kgl. Maj. solche Provincien weit entlegen, ihnen auch nicht zugemutet werden könnte, ohne große Jalousie hin und wieder zu verursachen, solche Satisfaction in Land und Leuten zu geben, sondern wann man es zu einer ansehnlichen Summe

[1]) Vgl. Urk. u. Akt. Bd. 12 S. 341, 712, 714 f., Pagès, a. a. O. S. 168 ff.

[2]) Vgl. Urk. u. Akt. Bd. 12 S. 696 f., Bd. 14 S. 304 f.

Geldes kommen lassen wollte, würde sowohl Churbrandenburg als sein Herr sich darunter raisonabel finden lassen und wären auf solchen Fall die zu Stockholm anwesende Gesandten sich auszulassen instruiret[1]). —

Sonst habe E. Kgl. Maj. .. zu berichten, daß gestern auf S. Churfl. Durchl. Befehl der Herr v. Blumenthal zu mir gekommen und vorgebracht, daß, weiln S. Churfl. Durchl. aus einen und andern Rapporten, so Ihr mit der Post zugekommen, abnehmen können, als wann sich einige Mißverständnüß zwischen E. Kgl. Maj. und denen fürstlichen Häusern Braunschweig-Lüneburg ereugeten, Sie, als welche nicht gerne meherere Weitläuftigkeit im Römischen Reiche zwischen so nahen Nachbarn sehen mochten, von mir vernehmen lassen wollten, ob mir davon etwas kund geworden, damit Sie .. auf solchem Fall zu Hinlegung solcher Mißverständnüß Ihre gute Cooperation und Interposition offeriren könnten". W. hat sich mit Mangel an Information entschuldigt und gemeint, dergleichen Meldungen wären falsch. Tags zuvor hat auch der Churf. ihn darauf angesprochen und ihm gesagt, die Braunschweiger hätten ihn gebeten, sich in Verfassung zu setzen. W. hat ihm vorgestellt, „warumb ich dergleichen Vorsorge nötig zu sein nicht präsumiren könnte, wiewohl man bei dem Bremischen Werke sich etwa solcher gestalt comportiret haben möchte, daß man dahero vielleicht ein unruhiges Gewissen hätte, welches wie er mir ridendo zugestanden, habe ich ihm dagegen berichtet, wie mir kund geworden, daß hochgemelte Lünenburgische Fürsten nicht allein dem Könige in Frankreich die Passage nach Polen ohne einige Condition verstattet, sondern auch gar 4000 Mann zu hochgemelten Königs Dienst bereit zu halten sich erboten[2]). Wiewohl ich nun aus allen diesen destail und lang hernach darauf geführeten Discoursen so viel vermerken können, daß S. Churfl. Durchl. deswegen keine sonderbare Apprehension tesmoigniren und es als einen von jener Seite angemesseten panicum terrorem halten, so ist doch meines weinigen Ermessens der Herr Millet, so sich nach Ankunft der Post den ganzen Vormittag bei I. Churfl. Durchl. aufgehalten und nach Mittag mit ausgefahren, zu diesem bruit die meiste Ursache; suchet sich auch auf allerlei Art bei hiesigen ministris sehr familiar und agréabel zu machen, dahero ich präsumire, daß er das polnische Werk als impracticabel hernächst angeben und auf etwas anders seine Negotiation richten werde." —

Die Vormundschaftsregierung an den Reichsfeldherrn Grafen v. Wrangel. D. Stockholm 18. Mai 1667[3]).

[Das französische Durchmarschbegehren nach Polen und dessen Begünstigung durch Braunschweig-Lüneburg.]

28. Mai „Die Ouverture aber, welche der Churf. Euch von .. Millets Proposition

[1]) Vgl. Urk. u. Akt. Bd. 14 S. 306.

[2]) Vgl. Urk. u. Akt. Bd. 2 S. 443, Bd. 12 S. 143 ff., Bd. 14 S. 308, Köcher, a. a. O. Bd. 1 S. 524 ff.

[3]) Antwort auf einen Bericht Wrangels D. 8. Mai, mit dem er das kurfl. Schreiben vom 24. April / 4. Mai übersandt hatte.

und Begehren getan, kommet Uns schließlich gar befrembdet vor, und können Uns nicht gnugsam darüber verwundern, daß sich Frankreich durch den March solcher Truppen in eine so weit aussehende Unruhe vertiefen, auch die Völker an sich selbst so vielen Gefährlichkeiten exponiren wolle.“ In Stockholm herrsche die Ansicht, „daß Frankreich, nachdem der gesagte Prätext [1]) nunmehr cessiret, auch auf dem jüngsten Reichstage die bewußte Constitution wider die Election schon gemachet [2]), sich oft und viel bedenken solle, ehe es zu der Vermessenheit kommt, sotanen March würklich fortgehen zu lassen. Insoweit Ihr Unsere Gedanken hochgedachtem Churf. auch wohl eröffnen und Euch bei demselben in Vertrauen erkundigen könnet, ob die von dem Resindent Müllern [3]) bei dieser Post gegebene Nachricht, daß nämlich die Herzogen von Lüneburg an Frankreich die freie Passage für dessen Armee nicht allein schon zugestanden, besondern auch zu deren Verstärkung 4000 Mann versprochen haben sollen, sich in der Wahrheit also verhalte, und welches des Churf. Gutfinden darüber sei.“ —

Resident H. Wolfradt an die Vormundschaftsregierung. D. Berlin 19. Mai 1667.

[Schwedens Ansprüche auf die Jülicher Lande. Millets Versuch, den Kurf. durch das Angebot von Geldern zu gewinnen.]

Berichtet, „welcher gestalt bei jüngst gehabter Audience [bei] S. Churfl. Durchl. eben ein Pacquet aus Schweden .. eingelaufen, welches Sie sofort erbrochen, wegen des Herrn Millets Anwesenheit aber mir nichts gesaget, bis hernach Sie mit fröhlicher Miene und so, daß ich merken können, daß Sie große Satisfaction daher empfunden, mich à part gezogen und versichert, daß numehr der Tractat in Schweden mit Krockow und denen Neuburgischen Gesandten geschlossen, davon Sie mir, wann nur die Briefe dechiffriret, die particularia zuschicken wollten.“ 29. Mai

Tags darauf erzählte ihm jedoch Stratmann, „daß der Churf. ein übersandtes Project vor eine Copey von dem geschlossenen Accord angesehen, hernach aber andere Umbstände befunden, maßen er denn von seines Herrn Gesandten eben dasselbe und diese Nachricht hätte, daß bishero das Werk sich an der Jülichschen Satisfaction accrochiret, welche E. Kgl. Maj. réellement verstehen .., sie aber bloß zu einem Revers de non praeiudicando per factam conventionem restringiren wollten [4]). —

Der französische Abgesandter, welcher vom Herrn und ministris gar sehr caressiret wird, scheinet, nachdem er eine große plainte gemachet, daß Herr Hoverbecke seines Königs Ersuchen mit der darauf allhie vermuteten Re-

---

[1]) Die von Türken und Tataren drohende Gefahr.

[2]) Vgl. Urk. u. Akt. Bd. 12 S. 333 f.

[3]) Vincent Möller, Resident im Niedersächsischen Kreise.

[4]) Vgl. Urk. u. Akt. Bd. 12 S. 193.

solution gar odiose in Polen debitiret[1]), von dieser Materie nachgerade abzugehen und .. seines Königs Dessein gegen Brabant recommandiren zu wollen; welches so viel schmackhafter zu machen, hat er begonnen anzustimmen von einer alten Prätension, so der Churf. ratione ducatus Iuliacensis auf Geldern haben soll[2]), zu deren Erlangung er anitzo ein favorabel tempo finden möchte. Wiewohl nun der Baron de Goes mit Hand und Mund dawider arbeitet, daß man nichts präjudicirliches eingehen oder sich übereilen möge, ich auch selber glaube, daß man so geschwinde nicht fortfahren, sondern erst den Anfang des Krieges abwarten und E. Kgl. Maj. Intention bei demselben sondiren werde, so sollte doch E. Kgl. Maj. hohen Interesse zuträglich zu sein .. davor halten, daß durch eine zeitige Sinceration und Declaration Deroselben allergnädigsten Meinung bei diesem Werke der Churf., welcher E. Kgl. Maj. darunter ein großes deferiren wird, auf solchen Weg gebracht werden möchte, der E. Kgl. Maj. ins künftige nicht mißfällig sein könnte." —

Der Kurfürst an den Reichsfeldherrn Grafen v. Wrangel. D. Cöln a. d. Spree 22. Mai 1667.

[Hollands Besorgnis vor Frankreich. Beilegung der holländisch-schwedischen Differenzen.]

1. Juni Mitteilung, „was gestalt der Rat Pensionarius de Witt Unsern ministris im Haag weitläufig fürgestellet, wie man billig große Ursache hätte, die französische Desseine wider die hispanische Niederlande in sonderbarer Consideration zu ziehen, wie dann der Staat auch solche mit höchster Sorgfalt apprehendirte und die Hand davon nicht abziehen würde; wollte auch gerne mit Uns und anderen concertiren, auf was Weise man sich bei diesem Werk zu betragen, und welcher gestalt die androhende Unruhe gestillet werden könnte[3]).

Wir haben Uns dazu zwar willig erboten, dabei aber fürgestellet, daß für allen Dingen aus dieser Sache auch mit der Kron Schweden zu communiciren sein würde. Wobei Wir auch Gelegenheit genommen, abermalige Ermahnung und Erinnerung zu tun, daß man der Kron, welche ohne Zweifel auch gute und zur gemeinen Wohlfahrt zielende intentiones bei dieser Sache hätte, alle billig mäßige Satisfaction tun[4]) und dabei etwas mehr Sorgfalt, als bishero geschehen, bezeugen möchte. Wie Wir nun in solcher Intention ferner continuiren und Uns gerne weiter bemühen werden, I. Kgl. Maj. und der Kron Schweden Interesse mit allen guten und dienlichen officiis nach Möglichkeit zu befordern, also würde Uns hingegen zu wissen nötig sein, was Wir dem Staat für fernere Hoffnung hierunter machen und demselben der Kron Schweden halber promittiren können." W. möchte entsprechende Mitteilungen machen.

---

[1]) Desgl. S. 336 f.

[2]) Der letzte Herzog von Cleve hatte Geldern im Vertrag von Venlo 1543 Karl V. abtreten müssen. Vgl. auch Urk. u. Akt. Bd. 11 S. 495, Bd. 12 S. 714.

[3]) Vgl. Urk. u. Akt. Bd. 12 S. 722 ff., Bd. 14 S. 308 f.

[4]) Vgl. oben S. 783 ff.

Resident H. Wolfradt an die Vormundschaftsregierung. D. Berlin 26. Mai 1667.

[Frankreichs Polenpolitik. Hollands Besorgnis vor Frankreich und Äußerungen des Kurf. hierüber, der seinen Wunsch nach Einvernehmen mit Schweden betont. Unterredung Wolfradts mit Millet.]

Übersendet Zeitungen aus Polen. „Wiewohl nun I. Churfl. Durchl. mir bei 5. Juni
jüngster Audience Nachricht zu haben gesaget, daß man noch immerzu das französische Dessein urgire . ., so will dennoch glauben, daß das Ding numehr zerfallen werde, und vielleicht höchstgedachte S. Churfl. Durchl. nur dahero desto sorgfältiger sein, daß Sie E. Kgl. Maj. zu so viel mehrer Beschleunigung der Tractaten dadurch obligiren mögen. —

Wegen des französischen Desseins auf die Niederlande hat er mir erstlich durch den secretarium Meinders und hernach selber zu verstehen gegeben, daß einige der Herren Staaten und in specie der Rat Pensionarius de Witt gegen Sr. Churfl. Durchl. ministros im Haag sich dahin ausgelassen, daß sie das französische Dessein wider Brabant sehr apprehendirten, mit Begehren, man möchte auf Mittel bedacht sein, wie Friede erhalten und diese Unruhe gestillet, auch tanta accessio regni Galliae (welches bereits jedermänniglich ob potentiam formidabel gnung wäre) verhütet werden könnte. Und weiln sie dabei bezeugen, daß sie, die Staaten, sehr verlangeten, mit E. Kgl. Maj. auch hieraus zu concertiren, so hätten die churfl. ministri daher Anlaß genommen, ihnen vorzustellen, wie große Ursache sie dazu hätten, und sie ermahnet, E. Kgl. Maj. bessere Satisfaction, als bishero geschehen, in Dero rechtmäßigen Prätension zu geben; worauf Sie auch mit voriger Post Ihre ministros ganz ernstlich aufs neue beordret, desfalls weitere Instanz zu tun und alle dienliche officia zu Erlangung guter Resolution vor E. Kgl. Maj. Ambassadeurs anzuwenden.

Wiewohl Sie nun fast dabei anstunden, ob solches dem de Witt, als welcher tout à fait von der französischen Partei dependirete, auch Ernst oder vielleicht zu Sondirung seiner, des Churf., Intention angestellet sein möchte, ist er doch auf die von mir getane Gegenremonstration, daß Holland nimmer aequis oculis solche Progressen ansehen, sondern zu desto genauerer Beobachtung ihres Interesses sich mit der ganzen Welt in gut Vernehmen zu setzen suchen würden, darin mit mir eins gewesen und sancte contestiret, daß er das schwedische Interesse des Orts bestermaßen secundiren und bei dem andern, weit aussehenden Werke, was Offerten und sincerationes ihm auch getan werden möchten, sich nach E. Kgl. Maj. Intention richten und seine mesures nehmen würde. Maßen er denn auch gestern seinen Schloßhauptmann Berlips[1]) zu Churmainz abgesandt, umb sich mit demselben aus der Sache zu vernehmen." —

Millet hat „bei mir . . mit großen Contestationen gewünschet, daß E. Kgl. Maj. sich nicht von andern, so seiner Meinung nach Dero Estat doch nicht viel gutes gönneten, dahin persuadiren lassen möchten, daß Sie von einem alten Freunde

[1]) Über die Sendung des Schloßhauptmanns Otto v. Berlepsch zu Churmainz vgl. Urk. u. Akt. Bd. 12 S. 701 ff.

und Alliirten sich ganz und gar abziehen ließen. Wie ich ihm nun dagegen versichert, daß aus E. Kgl. Maj. Conduite bei diesem Werke gnungsam erhellen würde, wie Sie ohne Ursache von Ihren alten Maximen und Unterhaltung guter Freundschaft mit einem so considerablen Bundesverwandten nimmer absetzen .. würden, so habe endlich aus allen hinc inde gepflogenen Discoursen wohl so viel abnehmen können, daß Frankreich gar wohl zufrieden sein würde, wann man sich nur neutral halten und ihm mit denen Niederlanden machen lassen wollte.“ —

Resident H. Wolfradt an die Vormundschaftsregierung. D. Berlin 29. Mai 1667.

(Auf die Verfügung vom 8./18. Mai 1667.)

[Polnische Frage. Sendung Isselsteins nach Berlin. Besorgnis des Kurf. wegen der Haltung Münsters und Herzog Johann Friedrichs von Hannover. Abwartende Haltung des Kurf. Frankreich gegenüber.]

8. Juni — „Wie ich S. Churfl. Durchl. noch immer ferm und ohnbeweglich in dessen bishero gehabten Maximen wegen des polnischen Werks befunden, auch nicht glaube, daß entweder Herr Millet oder jemand anders capabel sein werde, Sie bei so notoirer Concurrirung Ihres Interesses davon zu divertiren, also haben Sie mir aus freien Stücken zugestanden, daß Sie E. Kgl. Maj. Begehren wegen der Versicherung de non praeiudicando in tractatu Juliaco billig achteten.—

Wegen des Lünenburgischen Abgesandten Iselsteins Negotiation[1]) hat er mir dieses gesaget, daß die Herzogen von Lüneburg seiner Meinung bei diesen .. brabantischen motibus und des Bischofs von Münster dabei vermutlichem Engagement sich erkundigen und sein consilium begehren, auch zugleich noch einiger Beisorge wegen E. Kgl. Maj. in der Nähe stehenden Armee verspüren lassen, worauf er das eine bis auf eine nähere Communication mit andern benachbarten Reichsständen dilatorisch beantwortet, wegen des andern aber ihnen alle ohnnötige ombrage gesuchet zu benehmen, auch auf allen Fall sich zu gütlicher Interposition anerboten.

Wegen des Bischofs von Münster .. schien er .. nicht gar wohl zufrieden zu sein, wie auch mit der ihm zugekommenen Nachricht, als ob Herzog Johann Friedrich von Hannover mit einer französischen princesse sich eingelassen[2]), vorgebend, daß dergleichen Dinge nicht anders als zur Division des Reichs Glieder angesehen wären. Klagte daneben, daß man an kaiserlicher Seiten so schläfrig mit der Sache umbginge und dadurch Frankreich die advantage selbst in die Hand spielete. Dabei ich denn wohl vermerken konnte, daß man zwar denen von Franreich hie und anderswo ausgesprengeten Gerüchten, als ob E. Kgl. Maj. bei diesem Dessein mit concurriren dürften, keinen Glauben beimisset, gleichwohl E. Kgl. Maj. Intention darunter gerne versichert sein möchte, umb darnach die mesures

---

[1]) Über die Sendung des Majors v. Isselstein an den Kurf. vgl. Urk. u. Akt. Bd. 12 S. 148 und 706 f., Bd. 14 S. 308, Köcher, a. a. O. Bd. 1 S. 528.

[2]) Vgl. Bodemann, Briefwechsel der Herzogin Sophie von Hannover S. 133.

nehmen zu können, worauf ich nicht anders zu antworten gewußt, als daß bei Ankunft des kaiserl. ministri [1]) sich der Effect von E. Kgl. Maj. guten Intention zu Beruhigung des Römischen Reichs gnugsam würde spüren lassen.

Indessen lässet Herr Millet nicht nach, seines Königs Dessein meliori modo zu justificiren, findet auch unter etlichen ministris allhie ziemlichen applausum. Aus allen Umbständen aber kann ich sowohl als aus Sr. Churfl. Durchl. Discoursen so viel vermerken, daß man sich hie in der Resolution zu nehmen nicht präcipitiren, sondern alles erst wohl mit den andern Reichsständen und insonderheit E. Kgl. Maj. vorhero concertiren werde."

Morstein ist vor 2 Tagen aus Frankreich eingetroffen [2]).

Der Kurfürst an den Reichsfeldherrn Grafen v. Wrangel. D. Cölln an der Spree 31. Mai 1667.

[Frankreich sucht Condés Wahl zum König von Polen mit militärischer Macht durchzusetzen.]

Der Referendar Morstein hat ihm mitgeteilt, daß der König von Frankreich jetzt ganz entschlossen wäre, seine Desseine in Polen in kurzem auszuführen. Der König von Polen habe sich zur Resignation und zur Beförderung Condés verpflichtet. Dieser würde mit 10 000 Mann nach der Ostsee kommen und etwa in Danzig landen. Morstein hat sich sehr bemüht, ihn zur Approbation und Unterstützung dieses Plans zu bewegen. Jedoch verharre er beständig in den mit Schweden berahmten consiliis. Was wäre nach dortiger Auffassung zu tun, wenn Condé mit dieser Macht in die Ostsee käme? Er bittet ihn um vertrauliche Äußerung. 10. Juni

---

Resident H. Wolfradt an die Vormundschaftsregierung. D. Berlin 2. Juni 1667.

[Morsztyns beunruhigende Äußerungen über Frankreichs Eingreifen in Polen. Die allgemeine Lage und Frankreichs Vorgehen gegen die Niederlande.]

Berichtet von seiner Unterredung mit Morsztyn. Dieser habe sich zwar ihm gegenüber nicht ad particularia ausgelassen, doch habe er „sowohl aus Herrn Millets Discoursen als bei vorgestriger Audience von Sr. Churfl. Durchl. selbst vermerken können, daß sie noch so eifrig als jemalen damit umbgehen, Frankreichs Dessein, non obstante morte reginae, anitzo, weil die meisten Gemüter schon halb gewonnen, reussiren zu machen und den König zur Abdication zu bewegen, maßen dann dieser Morstein sich so gar gegen den Churf. bloß gegeben, daß er ihm von seiten des Königs in Frankreich conditiones und alle selbst begehrte Satisfaction vorgeschlagen, worauf der Churf. ihm geantwortet, daß er ihn nicht als 12. Juni

---

[1]) Vgl. oben S. 786 f.

[2]) Über den Besuch des polnischen Kronreferendars Andreas Morsztyn in Berlin vgl. Urk. u. Akt. Bd. 12 S. 340 f., Pagès, a. a. O. S. 157 f.

einen aus Frankreich kommenden polnischen ministrum, sondern als wann er sein eigen Rat und Diener wäre, auf sein Gewissen wollte befraget haben, ob er ihm zu dieser Sache raten oder dieselbe sowohl der polnischen Freiheit als seinem, des Churf., eigenem Interesse zuträglich achten wollte, und hat darauf angefangen, an ihm selber zu arbeiten, umb ihn zu der guten Partei zu bringen. Wie weit er aber darunter gekommen, habe ich bis dato nicht erfahren können, gleichwohl S. Churfl. Durchl. gebeten, daß zu desto mehrer Bestärkung der Wohlgesinnten in Polen man unter der Hand einigen guten Patrioten Versicherung von schleunigem Schluß des in Schweden vorseienden Tractats geben und unterdessen auch dahin sich bearbeiten möchte, daß durch längere Verweigerung der so billig von E. Kgl. Maj. prätendirten Versicherung ein so heilsames Werk nicht weiter aufgehalten würde, welches letztere, wie er durch eine expresse Ordre an Krockowen schon incaminiret zu haben versichert [1]), also erachte er das erste nicht undienlich zu sein, wiewohl er wegen der Franzosen noch immer besorget zu sein sich vermerken lässet, indem er mir in Vertrauen offenbaret, von gar gewisser Hand zu haben, daß der Prinz von Condé zu Dünkirchen mit ehisten 12 000 Mann embarquiren und in die Ostsee nach Danzig gehen würde, welches advis er auch so gewisse hielte, daß er nötig achtete, es dem Könige in Dänemark durch eine eigene Abschickung (weil es mit Briefen etwas gefährlich wäre) kund zu machen und, in Fall er dabei concurriren sollte, ihn davon auf alle Wege, auch gar durch Renunciirung der zwischen ihnen aufgerichteten Alliance abzuziehen, wie auch nach Danzig solches zu advertiren [2]). Bei welcher Gelegenheit, wie ich ihm zu Gemüte führete, daß E. Kgl. Maj., als welche das größeste Interesse bei die Ostsee hätten, solche gute devoirs nicht allein sondern auch dieses zu sonderbarem Gefallen gereichen würde, wenn Deroselben solches ebenmäßig notificiret würde, hat er solches gleichfalls zu tun und in antecessum mit des Herrn Reichsfeldherrn Exc. daraus zu communiciren angenommen, davon der Effect erwartet werden muß.

So viel merke sonst wohl, daß ihm dieses Werk sehr hart anlieget und er den Schluß in Schweden gerne beschleuniget sehen möchte, damit man hernächst so viel besser auf das andere Dessein in Brabant acht haben möge, bei welchem sich jedermann nicht weinig verwundert, daß Österreich und Spanien so lenta consilia führen, maßen der Kaiser noch nicht einmal die Defension des Burgundischen Kreises zu Regensburg aufs tapis bringen, auch sonst zu würklicher Hülfe geringen Effect verspüren lässet. Der Baron de Goes scheinet dahin zu zielen, daß, weiln der Kaiser ohne des Reichs oder zum weinigsten einiger der vornehmbsten Glieder Assistence sich des Werks nicht unterfangen dürfte, man aber die consilia im Reiche von der Natur und so langsam zu sein wüßte, daß sie diesen torrent aufzuhalten nicht capabel sein würden, man dahin trachten müßte, wie man E. Kgl. Maj., Holland, Churbrandenburg und die Lünenburgischen Häuser mittelst Abtuung aller noch hinc inde schwebenden Irrungen und Mißverständnüß in eine Allianz mit dem Kaiser zusammenbringen könnte, weiln alle andere officia, als Interposition

---

[1]) Vgl. Urk. u. Akt. Bd. 12 S. 191.

[2]) Vgl. Pufendorf, Lib. X § 26.

und Mediation, so der König in Frankreich .. annehmen, indessen aber die Waffen nicht cessiren lassen würde, solch ein großes, ganz Europa präjudicirliches Dessein zu hindern nicht suffisant wären." —

Resident H. Wolfradt an den Reichskanzler. D. Berlin 5. Juni 1667.

[Der Kurf. wünscht mit Schweden zum Abschluß zu kommen, wenn er auch mißtrauisch geworden ist. Große französische Versprechungen an den Kurf.]

Berichtet, „daß, ob zwar I. Churfl. Durchl. und alle Dero vornehme ministri eine große Begierde tesmoigniren, den in Schweden vorseienden Tractat ratione liberae electionis in Polonia perfectioniret zu sehen, ich gleichwohl aus einen und andern Umbständen abmerken können, daß sowohl der polnische Abgesandter Morstein als auch der Herr Millet große devoirs müssen angewandt haben, umb hochgedachte I. Durchl. auf andere Gedanken zu bringen und das foedus wo nicht gar zu hindern, dennoch durch gar odieuse Interpretation desselben es stutzig zu machen." Der Churf. hat ihm versichert, er wolle alles tun, was er könne, um die Ansprüche des Königs betr. die Jülicher Erblande zu befriedigen. Schwerin hat ihm zu verstehen gegeben, „daß vorerst die Communication, so Ms. de Pomponne von dieser Alliance geschehen, und ein bruit, so daneben ausgekommen wäre (welches mir Herr Millet auch zu sagen gewußt), als ob I. Kgl. Maj. noch 4000 Mann und einige Reuterei zu Dero Armee stoßen lassen wollten, sie ziemlich perplex in dieser Sachen gemachet und an so langer Tergiversation ihnen allerhand Gedanken verursachet, welche dann von denen durch Frankreich ausgesprengeten Gerüchten nicht vermindert wären"[1]. Es wäre gut, „wann zu Benehmung aller selbst gesucheten Prätexte und Ausflüchte in dieser I. Kgl. Maj. Interesse so hoch touchirenden Sache denen Tractaten nur ein geschwinder Ausschlag gegeben werden möchte, zumaln mir von einigen vornehmen ministris selbst zugestanden, daß sowohl dero Herrn als ihnen an seiten Frankreich aurei montes promittiret würden, im Fall sie dieses Dessein in Polen nur secondiren und bei denen Niederländischen stille sitzen wollten"[2]. — 15. Juni

---

Resident H. Wolfradt an die Vormundschaftsregierung. D. Berlin 5. Juni 1667.

[Unzufriedenheit des Kurf. mit dem Stocken der Stockholmer Verhandlungen. Geringere Besorgnis des Kurf. in der polnischen Frage. Seine abwartende Haltung betr. Frankreichs Vorgehen gegen die Niederlande.]

Der Kurf. habe bei der gestrigen Audienz bemerkt, „daß aus der von Crockowen jüngst eingelaufenen Relation Sie noch nicht vermerken könnten, 15. Juni

---

[1]) Vgl. Urk. u. Akt. Bd. 12 S. 195 f., 340 f.

[2]) Vgl. Recueil des instructions Bd. 16 S. 131, Urk. u. Akt. Bd. 12 S. 341, 712 f.

daß man denen in Stockholm vorseienden Tractaten die Endschaft geben wollte[1]), ohngeachtet er in der Gülischen Sache den Revers, so wie er vor diesem gestellet gewesen, zu geben nimmer difficultiret; dahero er nicht wüßte, was er davon urteilen sollte. Worauf, wie ich repliciret, daß, wenn I. Durchl. nur an Ihrer Seiten einen Ernst dazu tun wollten, an E. Kgl. Maj. guten Willen, das Werk zur Perfection zu bringen, ganz nicht zu zweiflen wäre, so habe aus vielen Umbständen dieses merken können, daß die von Herrn Morstein[2]) und Herrn Millet wegen dieser Alliance so frei geführte Reden vielleicht eine und andere impressiones gemacht haben mögen, welche man aber nicht groß zu attendiren, zumaln man weiß, daß diese an des Hofes particulier Interesse gar sehr attachiret sein. Es scheinet auch, als ob die Furcht vor das französische Dessein nach der Ostsee so groß nicht mehr sein mag, weil die Resolution, jemand nach Dänemark abzuschicken, verändert und solches advertissement durch einen Brief gegeben ist. —

Wegen des neuen Krieges in den niederländischen Provinzen ist alles noch still, und wartet man hie auf des nach Churmainz geschickten Schloßhauptmanns Berlipsen Wiederkunft, ehe man des Königs in Frankreich Notificationsschreiben[3]) beantworten wird.

Die Churfürstin befindet sich noch immer zu sehr schwach und nimmt dergestalt an Kräften ab, daß I. Churfl. Durchl. selbst an dero Reconvalescence zu zweifeln beginnen." —

Resident H. Wolfradt an die Vormundschaftsregierung. D. Berlin 9. Juni 1667.

[Wachsende Unzufriedenheit über Schwedens Zurückhaltung.]

19. Juni — So viel scheinet aus allen Umbständen, daß Morstein und Millet zu wege gebracht, daß man beginne, allhie zu stutzen, und da die Alliance in Schweden noch nicht geschlossen, eine solche mesure nehmen wolle, daß man den König in Polen von der Abdication, welche sowohl Frankreich als Neuburg poussiret, abhalte, indessen Zeit gewinne und so wenig Frankreich als sonst jemand disgoustiren dürfte, die Schuld aber der nicht geschlossenen Alliance E. Kgl. Maj. zuschreiben könne.

Indessen lässet es Millet an großen Promessen sowohl bei dem Churf. als ministris nicht ermangeln. Und habe ich von guter Hand, daß gestern der Fürst von Anhalt, Schwerin, Goltz und Meinders eine Conference darüber gehalten und auf vorgemeldetes Expedient kommen sein. Der Churf. aber lässet gegen mich sich nicht anders vermerken, als wann er noch alle Zeit bei denen vorigen Maximen beständig bliebe, darin ich auch glaube, daß er continuiren

---

1) Vgl. Urk. u. Akt. Bd. 12 S. 193 f.

2) Vgl. Pagès, a. a. O. S. 158.

3) Vom 13. Mai 1667, vgl. Urk. u. Akt. Bd. 12 S. 698, Bd. 2 S. 445 f.

würde, wann indessen die Alliance in Schweden geschlossen, worüber er Krockow Ordre gegeben, cathegorische Resolution zu fordern[1]). —

Resident H. Wolfradt an die Vormundschaftsregierung. D. Berlin 12. Juni 1667.

[Sendungen nach Dänemark und an Braunschweig-Lüneburg. Friedenspolitik und abwartende Haltung des Kurf.]

In denen Affairen ist außer dem jüngst gemelten ob recentem luctum weiter nichts vorgenommen, als daß I. Churfl. Durchl. mir durch den Herrn Schwerin ouverture geben lassen, wie Sie Dero Kammerjunkern Brandt, umb die Ratification der vorlängst geschlossenen Alliance[2]) nach Dänemark zu bringen und hernach als ordinair Minister daselbst zu subsistiren, schicken und demselben en passant des Herrn Reichsfeldherrn Exc. anzusprechen anbefehlen wollten, auch auf die Nachricht, als wenn einige der Lünenburgischen Häuser sich mit der französischen Partei auch gar durch Überlassung einiger Völker ziemlich weit engagiret[3]), dahin eine eigene Abschickung zu tun entschlossen wären. 22. Juni

Bei welcher Gelegenheit, wie ich remonstriret, daß E. Kgl. Maj. an Dero hohen Orte alles, was zu Conservation der Ruhe im Römischen Reiche und Abwendung der instehenden Gefahr dienlich, gerne beitragen und aufrichtige, gute Zusammenhaltung belieben würden, hat man dagegen große sincerationes gemacht, wie man in allen Dingen auf E. Kgl. Maj. reflectiren, zu Aufhebung der hinc inde noch zwischen etlichen Ständen schwebenden Irrungen und Mißverständnüß alle dienliche officia prästiren, sich in der Partei zu nehmen nicht präcipitiren und im übrigen alles mit E. Kgl. Maj. und des Herrn Reichsfeldherrn Exc., als in der Nähe seiende, aufs fleißigste communiciren wollte. Dessen bin sonst wohl versichert, daß bei solchem Comportement, als der Römische Kaiser noch bis dato bei dem Werke verspüren lässet, man zurücke halten und sowohl mit E. Kgl. Maj. als Chursachsen[4]) und denen Lünenburgischen Häusern wo möglich näher zusammensetzen und die Flamme von diesen Provincien abzuhalten suchen werde. —

Die Vormundschaftsregierung an den Residenten H. Wolfradt. D. Stockholm 19. Juni 1667.

[Polnische Thronfolgefrage.]

So unwahrscheinlich ein gewaltsames Vorgehen in Polen bei der jetzigen 29. Juni

[1]) Vgl. Urk. u. Akt. Bd. 12 S. 195.

[2]) Vgl. Urk. u. Akt. Bd. 12 S. 116 ff.

[3]) D. Stockholm 15. Juni 1667 schreibt die Vormundschaftsregierung an Wrangel, die braunschweigischen Rüstungen gelten offenbar der Unterstützung der französischen Absichten in Polen. W. möchte den Braunschweigern durch den Kurf. von diesem Unternehmen abraten und nötigenfalls den Marsch ihrer Truppen mit Gewalt verhindern. 25. Juni

[4]) Vgl. Urk. Akt. Bd. 12 S. 784 ff.

politischen Lage auch ist, so hat man doch Pomponne auf die Gefahren eines solchen Unternehmens hingewiesen, der von diesem aber nichts hat wissen wollen.

„S. Lbden den Churf. könnet Ihr bei allen dazu habenden Occasionen versichern, daß in diesen und allen andern die gemeine Wohlfahrt, den Ruhestand und die Freiheit der polnischen Republique angehenden Begebenheiten Wir Uns gern mit S. Lbden wohlgemeinten, heilsamen sentiments conformiren, desfalls mit Ihro und ihren Ministren .. vertrauliche Communication pflegen und auf Erfordern Rat und Tat zusammen setzen werden, umb das gemeine Beste behaupten zu helfen. Darüber Wir auch allhie mit Sr. Lbden und denen Pfalz Neuburgischen Abgesandten noch würklich in Handlung, auch der aufrichtigen Intention sein, dieselbe zu allerseits desto mehrern Sicherheit ehest zu schließen, nur daß mit einer gehörigen Moderation und Fürsichtigkeit darunter verfahren und Frankreich und dem polnischen Hofe nicht Ursach gegeben werde, in demjenigen, als der Eindringung certi alicuius candidati Uns eben das beizumessen, was Wir ihnen bishero fürgeworfen .., und daß man Uns auch wegen Unserer rechtmäßigen Jülichschen Prätension eine behörige Vergnügung gebe.“ —

Der Kurfürst an den Reichsfeldherrn Grafen v. Wrangel. D. Cölln a. d. Spree 20. Juni 1667 [1]).

[Stellung Schwedens zu den Unruhen im Nordwesten des Reiches.]

30. Juni Er erhalte aus England die Nachricht, daß man dort mit Frankreich durchaus nicht einig sei, vielmehr gern mit den Holländern abschlösse und wünschte, daß Schweden mit den evangelischen Reichsständen in guter Vertraulichkeit stünde und auch Dänemark dazu gezogen werden könnte. Münster soll seine starken Werbungen fortsetzen unter dem Vorwand, er wolle Frankreich unter Berufung auf den Rheinbund zur Ausführung seines Desseins in den Niederlanden und anderswo beistehen [2]). Der Kurf. glaubt nicht, daß man in Schweden meine, daß die Allianz so weit zu extendiren und dadurch das Reich in auswärtige Kriege zu verwickeln sei. „Und weiln Wir auch vermerket, daß man schwedischer Seite mit Prorogation dieses Bundes sehr große Circumspection gebrauchet, so würde Uns sehr lieb sein, wann dem H. Grafen gefallen möchte, Ihrer Kgl. Maj. eigentliche Intention von dieser Sache zu eröffnen, damit Wir Uns derselben desto mehr conformiren und Unsere mesures danach zu richten haben.“ —

Resident H. Wolfradt an den Reichskanzler. D. Lüssow 25. Juni 1667.

[Abwartende Haltung des Kurf. zwischen Frankreich und Österreich. Verständigung zwischen dem Kaiser und Schweden ist Voraussetzung einer schwedisch-brandenburgischen Freundschaft. Parteistellung der Räte.]

5. Juli Der Kurf. ist auf 3 Wochen verreist und hat die Gesandten beurlaubt. W.

7. Juli

[1]) Dies Schreiben sendet W. D. Bremervörde 27. Juni nach Stockholm mit der Bitte um Instruktion.

[2]) Vgl. Urk. u. Akt. Bd. 12 S. 708 ff.

hat sich daher auf sein Gut begeben. Da er von dort „die jetzige contenance des Hofes mit etwas mehrer Freiheit entdecken kann, so habe hiedurch gehorsamst berichten wollen, daß wie man vor diesem allemal gewohnet, also auch bei allen diesen vorkommenden Affairen man die resolutiones zu nehmen, so lange als möglich gerne aufschieben und nach denen veränderlichen Läuften und Conjuncturen seine mesures nehmen wollte, insonderheit in negotio Brabantico, worin von beiden Teilen so große Promessen getan werden; wobei, was der Churf. auch vor mine machen möchte, vor den Kaiser und Spanien sich zu erklären, ich doch nicht glaube, daß man eher etwas gewisses resorbiren werde, bis man siehet, wohin I. Kgl. Maj. unser .. König und Herr incliniren möchte.

In negotio Polonico .. scheinet wohl, daß mehr fermeté in consiliis seie, und man dahero gerne sehen möchte, daß das Werk zu Stockholm zu erwünscheter Endschaft gebracht würde, umb so viel mehr, als man die gewisse Persuasion hat, daß Frankreich mit Güte von solchem Dessein nicht abstehen werde, und dessen Reussirung sowohl mit I. Kgl. Maj. als dem brandenburgischen Interesse gleichwohl ganz nicht compatibel seie.

Soviel die Gemüter der Leute betrifft, tesmoigniren I. Churfl. Durchl. gegen I. Kgl. Maj. und die jetzige Regierung eine sonderliche Affection und Inclination zu allem beständigen Vernehmen, glaube auch, daß dero Interesse und die jetzige Conjuncturen Sie gnugsam dazu obligiren, und zweifle nicht an der Beständigkeit, wenn man sich nur super negotio Polonico einmal mit Deroselben festgesetzet und denn einige sperance geben wollte, mit dem Kaiser und Römischen Reiche hinfüro in besserm Vernehmen zu stehen, maßen die Opinion gar fest eingewurzelt, daß sonst I. Kgl. Maj. Waffen niemand mehr als einem so nahen vicino ombrage und Gefahr verursachen können.

Die ministri sind sowohl in publicis als privatim nicht eines Sinnes, maßen denn Herr Schwerin als caput consilii nebst denen von ihm dependirenden, als Herr Somnitz, Blumenthal und andern gnugsam tesmoigniren, daß sie die österreichische Partei halten, auch vor gewisse berichtet wird, daß einige derselben von dem Orte ziemliche pensiones touchiren. Herr Jena und andere, denen Herrn Schwerins große Autorität, so er sich teils durch der Churfürstin faveur, teils auch durch Education der Prinzen, als welche er tamquam solem orientem nimmer aus den Augen lässet, gemachet, suspect ist, contrecarriren ihm in allen Dingen und möchten zu der französischen Partei, nicht aus Inclination sondern ex odio wider ihn, propendiren. I. Churfl. Durchl. particulier Hofbediente und einige von der Miliz, in specie der Füst von Anhalt[1]), Generallieutenant Goltz und der Oberstallmeister Pöllnitz lassen sich öffentlich gnug vermerken, daß sie die französische Partei halten[2]) und von dem Orte zum Teil gewonnen sein, maßen sie in negotio Polonico, dabei doch des Churf. Interesse so merklich concurriret, sich dahin bemühen, daß sie ihn wo nicht gar auf die andere Seite lenken, dennoch stutzen machen und denen Franzosen, solange sie

---

1) Vgl. Waddington, Le Grand Electeur Bd. 2 S. 44.

2) Vgl. ebenda S. 146.

mit Gewalt nichts tentiren, oder I. Kgl. Maj. dieselbe zu steuern Hand mit anschlagen werden, das freie Feld, ihr Dessein zu poussiren, lassen möge.

Man meinet auch, daß nach der Churfürstin Tod des Herrn Schwerins Autorität wo nicht ziemlich fallen, dennoch einen großen Anstoß leiden dürfte, es wäre dann, daß er sich durch seine prudence und experience in denen Affairen, durch die déférence, so er gegen I. Churfl. Durchl. so gar enixe tesmoigniret, daß er auch Deroselben nicht in dem geringsten contradiciren darf, und endlich durch die Prinzen conserviren möchte. So wird auch gesaget, daß er die faveur, welche der Churf. dem Rat und Geheimen secretario Meinders zugeworfen, indem er mit demselben viele Dinge resolviret und non habito respectu ad consilium secretum expediiren lässet, gar hoch apprehendiren soll; maßen denn dieser Meinders, so des Heidecamps Tochter geheirat[1]), ein habiler Mann und von denen ist, so bloß allein vom Churf. jedesmal dependiret. Des Fürsten von Anhalts Autorität dürfte auch mortua iam electrice .. so groß nicht bleiben. Sollte der Churf., wie viele Vermutungen sein, ad secunda vota schreiten und, da so leicht keine ansehentliche Partei bei denen Reformirten zu finden, eine lutherische Princessin heiraten, würde facies rerum ganz immutiret werden.“ —

Resident H. Wolfradt an die Vormundschaftsregierung. D. Berlin 10. Juli 1667.

[Abschluß des Bündnisses mit Schweden. Fortgang der französischen Umtriebe in Polen. Brandenburgische Sendungen nach Dänemark und an die Herzöge von Braunschweig.]

20. Juli — Sonst haben I. Durchl. bei gehabter Audience eine große Satisfaction und Vergnügung über der numehr zwischen E. Kgl. Maj. und Deroselben super negotio Polonico geschlossenen Alliance verspüren[2]) und sich dabei vernehmen lassen, daß Sie schon unter der Hand davon nach Polen an Ihre Confidenten Nachricht geben lassen, und zweifelten nicht, es würde solches guten Effect zu Appuyirung der guten Partei tun, wiewohl der König in Polen noch neulich an Herrn Millet, der den Brief allhie gewiesen, geschrieben, daß er alles, was er dem Könige von Frankreich versprochen, auch nach der Königin Tod punctuellement zu halten entschlossen. —

Millet soll I. Churfl. Durchl. vorgetragen haben, daß die rapports sowohl von Monsieur de Pomponne als Monsieur de Gremonville[3]) dahin lauteten, als wäre niemand im Römischen Reiche, der des Königs in Frankreich Desssein mehr traversirte und den Kaiser zur vigoureusen resistance anmahnete als eben höchstgedachte I. Churfl. Durchl., maßen denn auch Monsieur de Bezieres eben dasselbe aus Polen geschrieben. Wiewohl nun I. Durchl. selbiges ziemlich beantwortet, so scheint doch nicht zum besten genommen zu werden, daß man

---

[1]) Vgl. Strecker, Meinders S. 13.

[2]) Vgl. Urk. u. Akt. Bd. 12 S. 196.

[3]) Der französische Gesandte in Wien Chevalier Jacques Brethel de Gremonville, vgl. Urk. u. Akt. Bd. 2 S. 453 f.

auf solche Art in Sie tringen und gleichsam von Ihren Actionen und consiliis raison fodern will.

Sonst haben I. Durchl. mir gesaget, daß Sie den Herrn v. Blumenthal nebst dem jungen Brandt nach Dänemark schicken und diesen als einen ordinairen ministrum daselbst residiren lassen wollen [1]). —

Der Generallieutenant Goltz und der Rat Reichhardt haben die Lünenburgischen Fürsten zusammen im Sauerbrunnen angetroffen [2]), und gehet ihre Commission, soviel ich davon in Erfahrung bringen können, insonderheit dahin, 1. mit denen Häusern über das französische Werk in Brabant zu concertiren, 2. auf des Bischofs von Münster Werbungen und actiones gute Acht zu geben, maßen denn vor gewisse verlauten will, daß er mit französischem Gelde dieselbe fortsetze, auch Holland schon damit gedrauet werde, im Fall man das französische Dessein in Brabant zu traversiren, sich gelüsten lassen würde, .. 4. zu Offerirung aller guten Officien und Interposition, im Fall etwa, wie die Braunschweigische Häuser vor diesem angegeben, einige Mißverständnüß zwischen E. Kgl. Maj. und denenselben zu befahren sein möchten. —

Die Vormundschaftsregierung an den Residenten H. Wolfradt. D. 14. Juli 1667.

[Forderung nach Befriedigung der schwedischen Wünsche betr. Anerkennung der kgl. Rechte auf Jülich und Cleve.]

Aus Unsern vorigen habet Ihr außer Zweifel schon vernommen, was Wir 24. Juli Euch von dem Succeß der allhie mit Churbrandenburg und Pfalz Neuburg wegen der Succession in Polen eine Zeit lang obhanden gewesenen Tractaten kund zu tun gut gefunden. Gleichwie aber die desfalls mit dem Churf. pro conervande Reipublicae Polonae libertate circa negotium electionis à part gutgefundene Confoederation seither geschlossen und also der Basis geleget worden, auf welches auch das speciale foedus, worin Wir und Churbrandenburg Pfalz Neuburg zur polnischen Kron existente legitimo vacantiae casu zu recommendiren und nach erhaltener Wahl auch zu schützen vermeinet, gegründet werden sollen, Wir auch nichtes liebers gewünschet, dann daß solches seine allsoforte Vollenziehung erlangen und Wir dadurch die aufrichtige Begierde weisen können, welche Wir, des Pfälzischen Hauses splendeur zu befordern und Uns mit S. Lbden und dem Churf. zu Versicher- und Cultivirung Unser allerseits darunter versirenden Interesse in ein festes und ohnauflösliches Vertrauen zu setzen, tragen, also hätten Wir auch wohl gehoffet, daß diese Unsere wohlgemeinte Intention seine gute Endschaft erreichet haben und keine Schwierigkeit gemachet sein sollte, Uns daentgegen auch in demjenigen zu willfahren, was Wir zu Verwahrung Unsers

[1]) Vgl. Pufendorf Lib. X § 36.

[2]) Über die Sendung des Generalleutnants Joachim Rüdiger von Goltz und des Geheimrats Johann Georg Reinhardt an die braunschweigischen Herzöge vgl. Urk. u. Akt. Bd. 2 S. 452, Bd. 12 S. 148 ff., Bd. 14 S. 313, Köcher, a. a. O. Bd. 1 S. 528.

Herrn Vaterbrudern Lbden Rechtens auf die Jülich- und Clevische Lande erinnern und begehren müssen." Jedoch die Gesandten nehmen in der einen Stunde zurück, was sie in der andern versprochen haben. W. erhält daher Befehl, dem Kurf. die Wünsche des Königs vorzutragen, damit er diesen zustimmt und seinen Gesandten entsprechend instruirt[1]).

Resident H. Wolfradt an die Vormundschaftsregierung. D. Berlin 14. Juli 1667.

[Mitteilung des mit Schweden geschlossenen Vertrages an den Kaiser, an Polen und an Frankreich.]

24. Juli Der Kurf. hat ihm durch Meinders sagen lassen, er hoffe, „daß diese Alliance das vorige gute Vernehmen zwischen E. Kgl. Maj. und Deroselben immer fester setzen würde. — Wegen der Publication dieser Alliance[2]) und wie dieselbe etwa zu Benehmung aller widrigen ombrage sowohl Polen als dem Kaiser[3]) und Frankreich am besten zu notificiren wäre, und ob man sie in forma oder nur die contenta zu communiciren, stünden Sie billig so lange bei sich an, bis Sie darüber E. Kgl. Maj. Meinung vernommen .., hielten doch ohnvorgreiflich davor, daß die Notification coniunctim oder ja von jedem Teil durch concertirte Schreiben am füglichsten geschehen könnte, hätten jedoch den Fürsten Radziwill und Hoverbecken davon part gegeben, umb auf allen Fall unter der Hand denen Wohlaffectionirten davon eine geschwinde[4]) ouverture zu erstatten[5]), weiln man sich befahren müßte, daß von einigen Übelwollenden diesem heilsamen Werke eine andere Deutung gegeben werden könnte. Der Herr Millet, wie er es hie erfahren, und auf geschehene Nachfrage I. Durchl. ihm solches pure zugestanden, hat sich ziemlich perplex darüber bezeiget." —

Die Vormundschaftsregierung an den Residenten H. Wolfradt. D. Stockholm 17. Juli 1667.

[Forderung auf Anerkennung der Rechte an Jülich und Cleve.]

27. Juli Aus Unsern vorigen habet Ihr außer Zweifel mit mehren schon vernommen, was in denen zwischen Uns, Churbrandenburg und Pfalz Neuburg fürgewesenen Tractaten bis anhero fürgangen, und daß sich deren Vollenziehung allein daran gestoßen, daß man ihrer Seiten wegen Unseres Rechtens an den Jülich- und Clevischen Landen Uns eine gebührende Versicherung difficultiret. Und scheinet auch, daß der Schluß der Handlung darüber ins Stocken geraten oder aufs wei-

[1]) Vgl. Urk. u. Akt. Bd. 12 S. 197.
[2]) Vgl. Pufendorf, Lib. X § 49.
[3]) Vgl. Urk. u. Akt. Bd. 14 S. 315.
[4]) Text: gesunde.
[5]) Vgl. Urk. u. Akt. Bd. 12 S. 347.

nigste so lang in suspenso bleiben wird, bis eine billigere Erklärung von beiderseits Principalen einlanget, welche aber die Neuburgische Gesandten nicht abwarten, besonders sogleich ihren Rückweg nehmen wollen[1]). — Im Fall nun solcher gestalt der Pfalz Neuburgischen Abreise erfolget, werdet Ihr nicht unterlassen, dieselbe gehöriger Orten solcher gestalt anzudeuten, als die wahre Beschaffenheit der Sachen dictiret, und man Unsere sincere Intention darob zu erkennen haben möge. —

Resident H. Wolfradt an die Vormundschaftsregierung. D. Berlin 17. Juli 1667.

[Vertragsabschluß mit Schweden. Verhandlungen mit Holland. Verlängerung des Rheinbundes.]

Der Kurf. hat ihm mitgeteilt, die Ratifikation des Vertrages werde heute abgehen; er wünsche von Herzen, „daß das übrige und nachstelliger Tractat auch völlig abgetan und darauf wegen füglicher Communication dieser Sachen an allen dienlichen Örtern E. Kgl. Maj. Intention ihm kund werden möchte, damit man also in diesem Werke eine gewisse mesure nehmen könnte. — 27. Juli

Und weil er incidenter auf den Discours geriet, daß die Holländer mit denen Herzögen von Lünenburg geschlossen, ihre Milice gegen die halbe Subsidien noch 4 Monat auf den Beinen zu halten, offenbarete er mir, daß gedachte Holländer bei ihm eben dergleichen Ansuchung getan, worauf er zwar seine ministros beordret, ihre Vorschläge zu vernehmen, gleichwohl aber ohne seine weitere Ordre nichts verbündliches zu stipuliren[2]). So hätte er auch seine ministros nach dem Convent zu Cöln gesandt[3]), mehr umb zu vernehmen, was daselbst vorginge, als daß er sich einiger reelln Resolution von dem Orte versehen hätte.

Der Herr Millet hat diese Tage abermal gar starke Instanz wegen Prorogation der Rheinischen Alliance getan[4]), aber diese Antwort bekommen, daß I. Churfl. Durchl. sich durchaus in diesem Fall von E. Kgl. Maj. nicht separiren könnten, sondern vorhero vernehmen müßten, was Dieselbe darin vor mesures nehmen würden.“ —

Die Vormundschaftsregierung an den Residenten H. Wolfradt. D. Stockholm 20. Juli 1667.

[Verlängerung des Rheinbundes.]

— Wir haben zwar wegen Prolongation der Rheinischen Alliance Unsere Ordre zu erteilen eine Zeit her angestanden, nachdem Wir insonderheit Uns erinnert, wie dieselbe denen Evangelischen wenig Nutzen gestiftet, besondern viel- 30. Juli

[1]) Vgl. Urk. u. Akt. Bd. 12 S. 198 f.
[2]) Vgl. Urk. u. Akt. Bd. 12 S. 725 ff., Köcher, a. a. O. S. 542 ff.
[3]) Vgl. Urk. u. Akt. Bd. 12 S. 806 f.
[4]) Vgl. Urk. u. Akt. Bd. 2 S. 459 ff.

mehr der schädliche Zügel gewest, wodurch die Catholische jene ihre Confoederirte in ihrem sonst gehabtem großem Interesse zurückhalten und inzwischen ihre verfängliche Dessein mit so viel freiern Händen ausführen können, wie man an der Stadt Erfurt ein leidiges Exempel und wir dennenhero wohl die Hoffnung gehabt, daß andere der guten Partei zugetane Stände von Verlängerung sotanen Bündnusses mit zurücktreten und sich lieber unter einander zusammensetzen würden. Allein weilen außer Churbrandenburg sie insgesambt auf die Extension gedrungen, und Wir gleichwohl auch nicht ratsam gefunden, sie allein das foedus erneuern und Uns ausgeschlossen zu lassen, so haben Wir dennoch Unserm Abgesandten Snoilsky .. Ordre zugesandt, umb zusambt dem churbrandenburgischen ministro in die gesagte Prolongation zu willigen [1]. —

Resident H. Wolfradt an die Vormundschaftsregierung. D. Berlin 7. August 1667.

[Anerkennung der kgl. Rechte auf Jülich und Cleve.]

(Auf die Verfügung vom 17./27. Juli 1667.)

17. Aug. Er wird dem Kurf. die nach der Verfügung vom 17./27. Juli erforderlichen Vorstellungen machen. Auch auf Stratmann hat er einzuwirken versucht. „Es blieb aber derselbe beständig dabei, daß dieses vor seinen Herrn conditio impossibilis sowohl als vor den Churf., der sich dahin nicht würde persuadiren lassen, sein würde [2]), und daß Polen nur ein Wahlreich, welches ungewiß, hergegen die Jülichschen Lande von der Natur wären, daß sie auf die Posterität in infinitum verstammet würden. — Und merke ich wohl aus diesen Discoursen so viel, weiln er nach dieser eingelaufenen Zeitung mit dem Churf. und denen vornehmsten ministris geredet, daß man vermutet, E. Kgl. Maj. werde dieses ohngeachtet die Ratification auf das mit Churbrandenburg geschlossene foedus generale zu verwechseln kein Bedenken haben und, von Dero eigenem Interesse getrieben, zu Beforderung des Pfalzgrafen, als eines Fürsten aus Dero eigenem Hause, zur polnischen Krone in dieser Sache ein Temperament zulassen.“ —

Resident H. Wolfradt an den Reichskanzler. D. Berlin 7. August 1667.

17. Aug. Über den Aufschub der letzten Verhandlungen sei man perplex; Krockow und die Neuburger Gesandten machten „darüber allerhand interpretationes, welche mehrenteils dahin zielen, als ob man in faveur von Frankreich, worauf man noch immerzu Reflexion setze, erstlich das Werk traisniren und endlich gar abrumpiren

[1]) Vgl. Urk. u. Akt. Bd. 11 S. 469 ff., Bd. 14 S. 331.

[2]) Vgl. den zwischen dem Kurf. und Pfalz Neuburg geschlossenen Nebenrezeß vom 17. September 1666, v. Moerner S. 303 f.

würde. Ich werde gegen solche imputationes so viel als möglich arbeiten, I. Kgl. Maj. wohlgemeinte Intention anführen und glaube auch, wann nur, wie vermutlich, das erstgeschlossene foedus generale durch Auswechselung der Ratificationen bestärket, daß man hernach mildere Gedanken schöpfen werde." —

Resident H. Wolfradt an die Vormundschaftsregierung. D. Berlin 14. August 1667.

[Jülicher Frage. Verlängerung des Rheinbundes. Zusammenkunft des Kurf. mit dem Kurf. von Sachsen. Anlehnung Pfalz-Neuburgs an Frankreich.]

W. hat in den letzten Tagen zweimal Audienz wegen der Jülicher Frage 24. Aug. gehabt. Der Kurf. schien zunächst nicht zufrieden damit zu sein, daß er in dieser Sache so lange aufgehalten würde, während er doch erklärt hätte, so weit als möglich entgegenkommen zu wollen; wäre nicht weiter zu kommen, so müßte es beim ersten Tractat bleiben. Er hat schließlich Schwerin und Somnitz zu Besprechungen mit W. beauftragt.

„Der Herr Millet, so gestern auch bei I. Churfl. Durchl. gewesen, treibet noch immer auf die Prolongation der Rheinischen Alliance. I. Churfl. Durchl. haben ihm aber rundaus gesaget, daß Sie schon in so vielen Alliancen sich engagiret, daß Sie Mühe haben würden, die darin abgeredete Zahl Völker an allen Orten zu liefern, und also darin nicht treten könnten." —

Graf[1]) ist hier gewesen und hat zur Beschleunigung der Zusammenkunft des Kurf. mit dem Kurf. von Sachsen[2]) „ein gut Teil geholfen und den Churf. von des Hofes consiliis dergestalt informiret, daß verhoffentlich bei dieser Zusammenkunft zu E. Kgl. Maj. Diensten viel gutes gestiftet werden kann". —

Über des Herrn Pfalzgrafen von Neuburg neu gefassete consilia, und daß derselbe sich so sehr an 592[3]) hänget, beschwerten Sie sich gar hoch und glaubeten, wenn man solches in Polen erfahren sollte, daß viele der guten Affection verloren werden dürfte." —

Resident H. Wolfradt an die Vormundschaftsregierung. D. Berlin 21. August 1667.

[Moskowitische Gesandtschaft.]

Am Sonntag hat der moskowitische Gesandte[4]) öffentliche Audienz gehabt 31. Aug.

---

[1]) Eberhard Grafe, schwedischer Gesandter in Dresden.

[2]) Vgl. Urk. u. Akt. Bd. 2 S. 470 ff., Bd. 12 S. 785 ff., Bd. 14 S. 329, 333 ff., Pagès, a. a. O. S. 175.

[3]) Unaufgelöste Chiffre, offenbar für „Frankreich", vgl. Urk. u. Akt. Bd. 12 S. 341 ff., 713 ff., Bd. 14 S. 330.

[4]) Basilius Bohusch, vgl. Urk. u. Akt. Bd. 19 S. 256 ff., Pufendorf, Lib. X § 61, Urk. u. Akt. Bd. 2 S. 471, 476.

und seine Proposition in deutscher Sprache abgelegt. „Gestern hat er abermal eine secrete Audience gehabt und, wie mir I. Churfl. Durchl. hernach selber berichtet, sein meistes Absehen dahin gerichtet gehabt, daß durch des Churf. Cooperation der Stillstand in Polen in einen ewigen Frieden verwandelt werden möge. — Auch hat er einige Anregung getan wegen des französischen Vorhabens in Polen, und daß sein Czar solches auch nicht zugeben könnte, daß der Republic ein König mit Gewalt aufgedrungen werden sollte; daß er aber von einiger Recommendation seines Großfürsten zur Kron Polen Erwähnung tun sollen [1]), hätte der Churf., wiewohl er ihm etliche Mal darüber sondiret, nicht vernehmen können. Er hat begehret, zur churfl. Tafel admittiret zu werden, mit promesse, den churfl. Gesandten solches in der Moscow wieder zu verschaffen, so ihm aber als ohngewöhnlich abgeschlagen. Denen frembden ministris hat er seine Ankunft, wiewohl es ihm von Hofe an die Hand gegeben, nicht notificiren lassen. Er soll sonst von teutschen Eltern, aus Livland oder Curland .. sein, redet gar perfect teutsch und wird von dem Churf. vor einen civilen und habilen Mann gerühmet. Er wird vermutlich, weiln der Churf. morgen zu der Entrevue mit Chursachsen nach Kloster Zinna gehet, heute seinen Abschied nehmen." —

Resident H. Wolfradt an den Reichskanzler. D. Berlin 21. August 1667.

[Verlängerung des Rheinbundes.]

31. Aug. Man zweifelt in Berlin nicht, daß es zur Auswechslung der Ratifikationen kommen wird, und hat Krockow, dem Urlaub erteilt war, befohlen, in Stockholm zu bleiben.

„Sonst ist I. Durchl. zu Ohren gekommen, als ob I. Kgl. Maj. nicht ungeneigt sein möchten, in die Prolongation der Rheinischen Alliance zu consentiren [2]), welches, wie Sie [es] bei jetzigen Conjuncturen und Frankreichs weit aussehenden Desseinen dem gemeinen Wesen nicht so gar ersprießlich achten, und, da Sie bishero mit dem Prätext, daß Sie ohne I. Kgl. Maj. Zustimmung dazu nicht resolviren könnten [3]), das Werk aufgehalten, dasselbe gerne ganz gehindert sehen möchten, also haben Sie teils selber teils auch durch Ihre Leute mir zureden lassen, an allen dienlichen Orten zu repräsentiren, 1. daß das foedus schon am 15. August st. n. exspiriret und also nicht prorogiret, sondern gar aufs neue geschlossen werden müßte, 2. zudem Sie es aus vielen Ursachen sehr nachteilig hielten, da man schon von Münster erfahren, daß er sich verlauten lassen, vermöge der Rheinischen Alliance verpflichtet zu sein, umb Frankreich eine gewisse Anzahl Völker in denen Niederlanden zuzuführen, hergegen dem Kaiser und allen andern den Durchzug dahin zu verwehren [4]), 3. so wären auch I. Churfl. Durchl. bei so vielen andern

[1]) Vgl. Hirsch in Zs. des Westpr. Gesch.-vereins Bd 25 S. 16.
[2]) Vgl. Urk. u. Akt. Bd. 11 S. 475 f.
[3]) Vgl. Urk. u. Akt. Bd. 2 S. 459.
[4]) Vgl. Urk. u. Akt. Bd. 12 S. 709.

Alliancen engagiret und bei dieser in dem Contingent dergestalt graviret, daß Ihnen ohnmöglich fallen würde, die Zahl der Völker überall zu fourniren; dahero Sie gerne sehen mögen, daß entweder I. Kgl. Maj. auch gar daraus bleiben könnten oder doch zum allerwenigsten vorhero mit Ihr dies Werk, wie es weiter zu fassen sein möchte, überzulegen belieben wollten, maßen Sie denn schon vorlängst nicht allein Ihre ministros zu Regensburg dahin beordret, mit I. Kgl. Maj. Abgesandten fleißig aus dieser Sache zu correspondiren, sondern auch I. Kgl. Maj. von solcher Ihrer Intention part geben lassen[1])." —

Die Vormundschaftsregierung an den Reichsfeldherrn Grafen von Wrangel. D. Stockholm 27. August 1667.

[Verlängerung des Rheinbundes.]

Frankreich dürfte bei der Abneigung aller Stände auf den Durchzug nach Polen bereits verzichtet haben, wie auch Pomponne versichert[2]). Sollte es jedoch wirklich einen Durchmarsch versuchen, so konformiert sich die Regierung den etwaigen Beschlüssen der andern Stände zur Ruhe des Reichs umsomehr, als das Bündnis mit dem Kurf. sie verpflichtet, für die freie Wahl in Polen zu sorgen. 6. Sept.

Schwieriger ist eine Stellungnahme hinsichtlich der Verlängerung des Rheinbundes und des von Frankreich gewünschten Verbots eines Durchzugs kaiserl. Truppen nach Flandern. Die in Braunschweig versammelten Fürsten sind wenigstens zum Teil Anhänger Frankreichs[3]); so bezieht Kurköln 200 000 Rth., Münster 170 000 Rth., Kurmainz 24 000 Rth. französische Pension. Das Haus Braunschweig hätte kürzlich Platen nach Paris geschickt, der dort sehr freundlich empfangen worden sei[4]). Ob den brandenburgischen Sincerationen zu trauen ist, bleibe dahingestellt.

Jedenfalls soll W. sein Augenmerk auf alle Verabredungen richten, die auf Rüstungen im Niedersächsischen und Westfälischen Kreis abzielen; er soll solche Liguen zu verhindern suchen.

Den Rheinbund sähe die Regierung lieber aufgelöst, da er für die Evangelischen schädlich ist und die Katholiker mit seiner Hilfe ihre Pläne umso besser ausführen und den mit ihnen verbundenen Evangelischen die Hände halten wollen, damit sie ihren unterdrückten Glaubensgenossen nicht beistehen. Schweden würde sich ein Verdienst beim Kaiser erwerben, wenn es auf die Auflösung des Bundes hinarbeiten würde. Allein alle andern Confoederirten wünschen seine Verlängerung und „Curbrandenburg allein hat fürgewandt, daß es sich mit Unserem Gutfinden conformiren und wann Wir entschlössen, auch ja sagen wollte, außer Zweifel zu dem Ende, daß es Uns mit Frankreich desto übeler setzen und die Schuld dessen, daß

---

1) Vgl. Urk. u. Akt. Bd. 11 S. 471.

2) Vgl. oben S. 805 f. und Urk. u. Akt. Bd. 12 S. 198.

3) Vgl. Köcher, a. a. O. Bd. 1 S. 534 ff.

4) Desgl. S. 530 f., 540, 545, 561 ff.

Frankreich in seinem Suchen und Anliegen enthöret, Uns allein aufbürden könnte". Da der Bund auch ohne Schweden verlängert werden würde, wie sie wissen, haben sie sich entschlossen, seiner Verlängerung zuzustimmen und Snoilsky entsprechend instruiert. Jedoch haben sie ihn beauftragt, die Sache hinzuhalten, bis sie sehen, „wie es Unser Interesse dictire, Uns mit einer von denen ietzo auf dem theatro stehenden großen Parteien in Europa zu rangiren".

Frankreich werde den Bund so auffassen, daß seine Mitglieder gegebenenfalls dem Kaiser nicht den Durchzug nach den spanischen Niederlanden gestatten dürfen. Diese Auffassung war bei Abschluß des Bundes berechtigt, inzwischen ist der Pyrenäenfriede geschlossen, und der Burgundische Kreis nebst den zu ihm gehörigen spanischen Niederlanden hat Anspruch auf den Schutz des Reiches. Danach wären die Reichsstände also verpflichtet, den Kaiser bei einem solchen Unternehmen zu unterstützen. Über diesen Punkt wird es gewiss lange Erörterungen geben, so daß man Zeit gewinnt. Brandenburg sei auch der Ansicht, daß der Bund nicht so aufgefaßt werden dürfte, wie Frankreich meine.

Hofkanzler Mathias Biörnklou an den Gesandten Freiherrn Georg v. Fleming in England. D. Stockholm 28. August 1667.

[Angebliches Bündnis des Kurf. mit dem Kaiser und Spanien. Mißtrauen Biörnklous gegen Brandenburgs Freundschaft.]

7. Sept. Der Kurfürst von Sachsen habe einen Fürsten von Holstein-Plön nach Stockholm gesandt[1]), der zu melden hatte, daß der Kaiser und Spanien mit Kurbrandenburg ein Bündnis geschlossen und ihm das Generalat über die deutsche Armee übertragen hätten[2]); damit schiene sich ganz Deutschland gegen Frankreich zu vereinigen. Der Kurf. solle bereits 400 000 Rth. erhalten haben und weiterhin monatlich 70 000 Rth. beziehen. Kursachsen wolle sich der Partei anschließen, die Schweden ergreifen würde. Vermutlich bezweckt Blumenthals Sendung nach Dänemark dessen Gewinnung für den Kaiser. Diese tags zuvor ihnen gewordenen Mitteilungen seien von hoher Wichtigkeit. Er persönlich meine, daß die schwedische Armee nicht vermindert werden dürfte[3]), wenn der Kurf. mit seinen Adhärenten Dänemark, Pfalz Neuburg, den Lüneburgern und Hessen Kassel ungewöhnlich stark rüstet. Der Kurf. sei verstimmt gegen Schweden wegen Pommern und die Lüneburger wegen Bremen und außerdem habe der Kurf. mit Pfalz Neuburg in der Jülicher Frage zum Nachteil des Hauses Zweibrücken einen Vertrag geschlossen, so daß Schweden mit Pfalz Neuburg ratione Poloniae nicht finaliter habe abschließen können, sondern nur mit dem Kurf., und auch mit diesem lediglich generalissimis terminis.

---

[1]) Vgl. Urk. u. Akt. Bd. 12 S. 199, Auerbach, La diplomatie française et la cour de Saxe S. 293 ff.

[2]) Vgl. Urk. u. Akt. Bd. 12 S. 199 f., Bd. 14 S. 316 ff.

[3]) Vgl. Wittrock in Hist. Tidskrift Bd. 33 S. 29.

Resident H. Wolfradt an die Vormundschaftsregierung. D. Berlin 1. September 1667.

[Mißtrauen des Kurf. gegen den Umschwung der französischen Politik in Polen.]

Der Kurf. hat ihm gesagt, er habe aus Polen die Nachricht, „daß Frankreich, was vor mine es auch äußerlich mache, dennoch immerfort suche, seine Partei zu establiren. — Sonst ist diese Tage der Herr Millet bei mir gewesen und mittelst Verlesung eines Briefes von dem Herrn Pomponne .. gar große contestationes von seines Königs guten Intention bei dem polnischen Werke gemachet, und daß man nicht zum besten getan, diese Alliance [1]) ohne sein Zutun zu schließen, maßen er versichern wollte, daß sein König die Ruhe und Wohlstand in Polen so gerne befodert sehen würde, daß, was er auch auf der Polen vielfältiges und fast importunes Anhalten vor diesem vor resolutiones genommen, er anitzo, da er vermerke, daß dieselbe zu einer innerlichen Unruhe und Division Anlaß geben möchten, ganz andern Sinnes worden und allen seinen Credit zu Avancirung des Pfalzgrafen von Neuburg employiren wollte; man müßte ihm aber Zeit gönnen und etwas vertraulicher aus der Sache mit ihm correspondiren, auch zusehen, daß er durch dergleichen Alliancen nicht an seiner guten Intention gehindert würde, maßen der Baron de Goes ihm, Millet, expresse gesaget, daß der Kaiser zu der Alliance nicht condescendiren würde." In Berlin nimmt man jedoch alle solche Discourse nur dahin auf, „als ob man der Seiten nur suchen wollte, das Werk zu stutzen, die hohe Interessenten von der einmal gefasseten guten Intention abzuleiten, Pfalz Neuburg zu abusiren, umb denselben bei den teutschen Affairen desto williger zu haben und indessen unter der Hand das Werk in Polen doch mehr und mehr zu poussiren." — 11. Sept.

Die Vormundschaftsregierung an den Residenten Wolfradt. D. Stockholm 14. September 1667.

[Beitritt Schwedens zum Braunschweiger Bündnis. Verlängerung des Rheinbundes. Bündnis mit dem Kurf. und mit Pfalz-Neuburg.]

Als Wir die Entschließung genommen, zu dem Verbündniß, welches ohnlängst in der Stadt Braunschweig zwischen bewußten Chur- und Fürsten aufgerichtet und wozu Uns selbe Alliirte gleichfalls eingeladen, nunmehr mit beizutreten und Unserm auch Unserer Reiche Feldherrn demnach gnädigst aufgetragen, solche Unsere Intention denen andern Alliirten zu hinterbringen, auch das instrumentum foederis wegen Unserer teutschen Lande mit ihnen zu adjoustiren [2]), so haben Wir demnach gut gefunden, Euch von selbiger Unserer Resolution ... part zu geben, umb daß Ihr darab Gelegenheit nehmen könnet, die Begierde, welche Wir nicht nur mit des Herrn Churf. Lbden. in festem Vertrauen zu leben, besondern auch die ge- 24. Sept.

---

[1]) Mit Brandenburg.

[2]) Vgl. v. Moerner S. 318, 323, Köcher, a. a. O. Bd. 1 S. 535 ff., Urk. u. Akt. Bd. 2 S. 478, Bd. 12 S. 200, Bd. 14 S. 345.

sambte Nachbarschaft von Unserer zur Ruhe und Sicherheit zielenden aufrichtigen Intention zu versichern, tragen, gegen S. Lbden und Dero vornehme ministros zu contestiren und das negotium inclusionis, so wie der Herr Reichsfeldherr auch dazu Anleitung geben wird, zu befordern.

Anlangend aber die Rheinische Bündnüß, deswegen ist es zwar also, daß Wir endlich zur quaestio an zu resolviren Uns erkläret, weilen aller übrigen Alliirten ministri sich, wie bekannt, vernehmen lassen, daß sie von ihren Principalen dazu bereits instruiret, ja der churbrandenburgische selbst fürgegeben, daß er sich mit Unserer darunter nehmenden Entschließung zu conformiren befehliget. Weilen aber solcher gestalt die Invidie auf Uns allein geworfen und sich jedermänniglich dadurch bei Frankreich weiß zu brennen und Uns die Schuld des Verzuges beizumessen getrachtet, Frankreich solcher maßen die übrige Foederirte auch leicht insgesambt auf seine Seite bringen, die Bündnüß mit ihnen schließen und Uns zu Unserm Nachteil draußen stehen lassen können, so haben Wir auch das obige Mittel, umb sotanen hazard nicht allein exponiret zu sein, zwar ergreifen müssen, aber Unsern desfalls an Snoilsky ergangenen Befehlig mit der Fürsichtigkeit schon eingerichtet, daß er bei der quaestione quomodo schon Zeit gewinne und zusambt andern Wohlmeinenden zuvorher in Beratschlagung ziehen können, was dabei zu Salvirung der gemeinen Ruhe als Unserer aller in dem Friedenschluß gegründeten Interesse in acht genommen zu werden diene, maßen er, Snoilsky, sich auch der Behutsamkeit gebrauchet, daß er, nachdem er Sr. Lbden Abgesandten in gesagter quaestione an nicht befehliget gesehen, sein votum darüber auch zurückgehalten und also das Werk in dem Zustande gelassen, daß man darin noch entschließen kann, was nach vorher gepflogener weiteren Beratschlagung dem gemeinen Besten ersprießlich befunden wird, wie Wir ihn auch nun ferner beordret, nichtes sotaner Prorogation halber zu entschließen, als worüber die Alliirte des obig gesagten Braunschweigischen Bündnüß sich vorhero beraten und beschließen werden [1]).

Der Schluß des mit Sr. Lbden und Pfalz Neuburg fürgewesenen Bundes stehet annoch so lang verschoben, bis sie sich wegen Unseres Rechtens an den Jülichschen Landen erklären. —

Resident H. Wolfradt an die Vormundschaftsregierung. D. Berlin 18. September 1667.

[Beunruhigung Wrangels wegen Verlängerung des Braunschweiger Bündnisses. Millet wegen eines Zusammenschlusses mit Brandenburg und Schweden wegen der moskowitischen Aspirationen in Polen und der geplanten Heirat des polnischen Königs mit der Kaiserinwitwe.]

28. Sept. Wrangel hat ihm von der Erneuerung des Braunschweiger Bündnisses geschrieben, für die er keinen Grund zu finden wisse, und hat ihn beauftragt, sich bei den Ministern nach deren Zweck zu erkundigen. „Als ich nun darauf vorgestern in Abwesenheit I. Churfl. Durchl. und fast aller Räte nach Landsberg zu dem

[1]) Vgl. Urk. u. Akt. Bd. 11 S. 475 ff.

Herrn v. Schwerin gereiset und durch weitläuftige Discourse bei ihm sondiren wollen, aus was Intention oder Ursachen man zu solcher Prorogation geschritten, insonderheit da anitzo ganz keine Notwendigkeit oder Gefahr für der Interessenten Provincien obhanden, aber gar keine gerade oder absolute Antwort aus ihm bringen können, habe ich endlich gesaget, daß der Herr Reichsfeldherr mir geschrieben wie er nicht weinig über diesem Werke verwundert wäre, und ich derowegen gerne wissen möchte, was ich denseben darauf zu antworten. Worauf er endlich angefangen, die Sache aufs höchste zu entschuldigen, daß I. Churfl. Durchl. von dieser Sache so eigentlich, daß sie daselbst zur Endschaft kommen sollte, nichts gewußt, auch den Herrn Jena[1]) darauf zu anfangs nicht in specie instruiret und, wie Sie die Zeitung davon bekommen, gesaget, daß Sie es nicht ratificiren wollten; gestalt er denn auch nicht wußte, daß die Ratification ausgefertiget, und bäte er, den Herrn Reichsfeldherrn zu versichern, daß er noch denselben Tag an I. Churfl. Durchl. schreiben wollte, umb deren Ausgebung zu verhindern, einen Weg als den andern aber dieses Werk zu keines Potentaten Offense angesehen, viel weiniger E. Kgl. Maj. ombragiren könnte, als mit welcher I. Churfl. Durchl. in solchem Vertrauen stünden, daß Sie einerlei Interesse in vielen Dingen haben und behalten würden, umb so viel mehr, als durch die neulich geschlossene Alliance .. dazu ein guts Fundament geleget wäre. Wiewohl ich nun gerne eine richtigere und mehr pertinente Antwort auf meine Proposition desideriret, so habe doch, weiln nichts anders herauszubringen gewesen, damit acquiesciren müssen." —

Sie kamen dann auf den angeblichen Umschwung in der polnischen Politik Frankreichs zu sprechen. Schwerin meinte, daß „man darauf nicht mehr zu reflectiren, als daß etwa Frankreich Pfalz Neuburg dadurch nur zu gewinnen suche, umb ihm bei dem brabantischen Wesen so viel mehr zu favorisiren". Aber als W. ihm auseinandersetzte, „daß man nach erhaltener Zeitung, wie man sich am kaiserlichen Hofe nicht allein Hoffnung sondern fast Gewißheit machet von einer Heirat zwischen dem Könige in Polen und der verwittibten Kaiserin[2]) oder der Princessin von Innsbruck, billig auf Frankreich zu reflectiren, welches, da es selber in Polen nicht zu reussiren oder das jetzgemelte Dessein wegen der Heirat allein zu hintertreiben capabel sein möchte, leichtlich zu einiger Zusammensetzung der Consilien in hoc passu mit E. Kgl. Maj. und dem Churf. resolviren möchte, ist er mit mir darunter ganz einig gewesen, daß man diese ouverture, so Frankreich nun zu verschiedenen Malen durch den Herrn Millet tun lassen, nicht so schlechter Dinge verwerfen, sondern darüber weiter vertraulich correspondiren müßte. —

Es hat sonst gedachter Millet .. also von dem polnischen Werke mit sonderbarer chaleur gegen mich sich vernehmen lassen, daß man daselbst nicht allein den Türkenkrieg sondern auch Moscows Desseine, sich selber zu Kron zu bringen, insonderheit da er nur gar zu viel Affection von denen Littawen hätte, merklich zu

[1]) Vgl. Köcher, a. a. O. Bd. 1 S. 537.

[2]) Maria Eleonore, Witwe Ferdinands III., vgl. Pufendorf, Lib. X § 66, Urk. u. Akt. Bd. 2 S. 480, Bd. 12 S. 351, Levinson im Archiv f. österr. Gesch. Bd. 103 S. 809.

befahren, und er auch Argwohn hätte, als wenn der neulich allhie gewesene moscowitische Envoyé [1]) von dieser chorde auch etwas touchiret; dahero, weiln so wenig E. Kgl. Maj. als seinem König ein so mächtiges accroissement von Moscow zu erdulden stünde, man auch billig auf des kaiserlichen Hofes consilia in diesem Fall ein wachendes Auge zu haben, es allermaßen nötig wäre, sich über solchem Werke vertraulicher zusammen zu tun. Ich habe das letzte, als ob deswegen hie einige Proposition geschehen, nicht glauben zu können mich ausgelassen, maßen der Churf. mit so hohen Contestationen mich dessen versichert, sein eigen Interesse ihm auch ein anders dictiret, und wegen des übrigen ihn an E. Kgl. Maj. und diesen Hof selbst verwiesen." —

Resident H. Wolfradt an die Vormundschaftsregierung. D. Berlin 2. Oktober 1667.

12. Okt. — „Die andere Rheinische Alliance dürfte allem Ansehen nach zu Regensburg bestecken bleiben, weiln I. Churfl. Durchl. öffentlich sagen, daß Sie sowohl Ihren ministris zu Regensburg deswegen Ordre als auch dem Herrn Millet selbst zu verstehen gegeben, daß Sie dazu nicht resolviren könnten". Dann würden auch die Braunschweiger und Hessen nicht in die Verlängerung stimmen, so daß „an Dissolvirung solches Werks umb so viel weniger zu zweifeln, wiewohl der allhie anwesende französische Minister darüber nicht die beste mine machet und sich verlauten lässet, daß er wohl in kurzem avociret werden dürfte; maßen er mir denn zu verstehen geben, daß seinem Könige die in Teutschland bei so vielen fürstlichen Höfen geführete consilia ganz nicht gefielen und leicht Anlaß geben könnten, daß die Kriegsflamme weit umb sich greifen möchte, gestalt denn der König gewillet, eine Armee von 30 000 Mann unter dem Prinzen de Condé und seinem Sohne gegen das Vorjahr nach Elsaß zu schicken, umb denen Leuten, so etwa Lust hätten, über den Rhein zu gehen, die Hand zu bieten [2])."

Wie er vom Kurf. erfahren hat, will der König von Polen von keiner neuen Heirat hören [3]). „Der Baron de Goes hat mir diese Tage gesaget, daß Bezieres [4]) sich soll haben verlauten lassen, es wäre seines Königs Declaration, umb von der Condéischen Recommendation zu desistiren, mit dieser Restriction zu verstehen, im Fall kein Interregnum in Polen entstünde; denn sonst würde ihm so frei sein als andern, einen candidatum zu recommendiren [5])". —

Die Vormundschaftsregierung an den Gesandten Eberhard Grafe in Dresden. D. Stockholm 2. Oktober 1667.

[Beitritt Schwedens zum brandenburgisch-sächsischen Bündnis.]

12. Okt. Grafes kürzlich eingegangener Bericht enthalte, „welcher gestalt die beide

[1]) Vgl. oben S. 813 f., vgl. auch Urk. u. Akt. Bd. 2 S. 478 f.
[2]) Vgl. Urk. u. Akt. Bd. 2 S. 484.
[3]) Vgl. Pufendorf, Lib. X § 66.
[4]) Der französische Gesandte in Polen Pierre de Bonzy, Bischof von Béziers.
[5]) Vgl. Urk. u. Akt. Bd. 12 S. 351.

Herren Churfürsten Sachsen und Brandenburg bei ihrem jüngsten Zusammensein von einer näheren Verbindung gesprochen und dabei verabredet, Uns und den Kaiser folgends zu invitiren und mit einzuziehen, wann sie vorhero über den Zweck und die Art des Bundes unter sich verglichen. Nun ist Uns solche Benachrichtigung umb so viel angenehmer gewest, als Wir alsofort keinen Zweifel gehabt, dann es werde solch beider Herren Churfürsten Fürhaben zu dem gemeinen Besten nämlich zur Beibehaltung des gegenwärtigen Ruhe- und Wohlstandes im Reich und Abwendung aller von dessen Grenzen durch die dort angebrannte Kriegesflamme fürscheinenden Gefahr angesehen sein. Desfalls Wir auch das Vertrauen, so beide Herren Churfürsten in Beforderung eines so heilsamen Werkes zu Uns setzen, umb so viel höher schätzen und nichtes mehres verlangen, dann daß dieselbe mit Uns durch Unsere bei ihnen anwesende ministros, als Euch und den Residenten Wolfrath, darüber fordersamst communiciren wollen.

Und ergehet diesem nach an Euch hiemit Unser gnädigstes Gesinnen, Ihr wollet hochgedachtem Herrn Churfürsten und dessen vertrautesten ministris dieser Sache halber bei Gelegenheit zureden und dieselbe dahin zu disponiren suchen, daß sie entweder allein oder zusambt Churbrandenburg Uns von dem Augenmerk und sonst projectirten modo dieses foederis eine gründliche Nachricht geben und mit Uns zugleich solche Bündnüß schließen, ohne daß Wir die Zeit verlieren sollten, selbe Alliance von beiden Churfürsten allein aufrichten und Uns folgends allererst mit einziehen zu lassen. Wir tragen aber dieses Verlangen zu keinem anderm Ende, dann daß, weilen Unsere größeste Sorge gegenwärtig darin bestehet, wie gesagtes in denen Niederlanden ohnlängst angebrannte Kriegesfeuer bei einer so großen Gefahr, umb das ganze Teutschland mit in die Flamme zu setzen und den mit so ohnsäglicher Mühe und vielem Blut kaum erkauften Frieden wieder unter die Füße zu treten, ehest gelöschet werden möge, Wir also mit ihnen, Herren Churfürsten, Uns in Zeiten über die Mittel vereinigen mögen, welche solchem Unfall zu wehren und den mehrbesagten heilsamen Zweck des Ruhestandes zu behaupten, vermögend sein können[1])." —

Resident H. Wolfradt an die Vormundschaftsregierung. D. Berlin 9. Oktober 1667.

[Hammersteins Sendung. Russische Wahlumtriebe in Polen.]

Der Kurf. ist mit dem kürzlich eingetroffenen lüneburgischen Gesandten Hammerstein nach Potsdam gereist[2]). „Soviel ich von jetztgemelten Abgesandten Negotiation allhie penetriren mögen, gaben die mit denen hiesigen ministris geführete Discourse mir Ursache zu glauben, daß außer der Zusammensetzung der consiliorum bei dem burgundischen Werke man dem Bischof von Münster gern eine Kappe zuschneiden wollte, und daß Holland davon nicht abstimmig, sondern 19. Okt.

[1]) Vgl. Urk. u. Akt. Bd. 12 S. 790, 796, Bd. 14 S. 362, 366.

[2]) Zur Sendung des osnabrückischen Hofmarschalls Georg Christian v. Hammerstein vgl. Köcher, a. a. O. Bd. 1 S. 548 ff., Urk. u. Akt. Bd. 12 S. 797 ff., Bd. 14 S. 348, 353.

diesen und die lünenburgischen Höfe zum Recompens der bishero genossenen Subsidien[1]) gewaltig dazu anreize".

Zu ihm selbst hat Hammerstein geäußert, „daß, gleichwie die zu Braunschweig abgeredete Alliance zu keinem andern Zweck angesehen, als daß, weiln man denen andern Alliirten beim Rhein, so die Neutralität angenommen, sich zu associiren und auch gleichwohl die Katholische so allein machen zu lassen gar bedenklich hielte, man einigen Anlaß daher nehmen könnte, sich auch in etwanige Postur zu setzen, und dahero gerne sehen möchte, wann E. Kgl. Maj. ihnen in solchem Dessein adstipuliren und Dero consilia mit zu diesem Zweck zu dirigiren belieben möchte, als er von seiner gnädigsten Herrschaft anhero geschicket wäre, umb solches Werk allhie besser zu incaminiren und mit dem Churf. sich eines nähern Vernehmens zu vereinigen, dazu er auch gute Hoffnung und Ordre .. hätte, von hie gerades Weges nach Wien zu gehen, umb .. daselbst die Mediation, wie in Frankreich schon geschehen, auch anzubieten."

Stratman hat ihm versichert, daß sein Herr nach wie vor die größte Reflexion auf Schweden setze; man möge es dort nicht übel nehmen, wenn er „Frankreich bei gutem Willen erhalten könnte".

Millet hat W. Briefe von Gremonville und Béziers gezeigt, „dieses Einhalts, daß der Kanzler Pac[2]) diesem in Vertrauen gesaget, daß die Litauer sich mit Moscow in eine so feste Union gesetzet, daß zu befahren wäre, sie möchten des Caren Sohn, der katholisch erzogen würde, bei künftigem interregno zu großem Präjudiz der benachbarten Potentaten zur Kron promoviren, und daß Fürst Radzivil[3]) selbst deswegen sich sehr verdächtig machete[4])." —

Resident H. Wolfradt an die Vormundschaftsregierung. D. Berlin 13. Oktober 1667.

[Der Kurf. wünscht Schwedens Beitritt zum braunschweigischen Bündnis und lehnt jede Begünstigung der französischen Politik in den Niederlanden und in Polen ab.]

23. Okt. Wie er vom Kurf. und von Jena gehört hat, wird die Ratifikation des Braunschweiger Bündnisses aufgeschoben, bis man Schwedens Deklaration darüber weiß. Der Kurf. hat ihn noch gestern gefragt, ob er nähere Nachricht bekommen hätte, und hat dann erörtert, daß die Intention bei dem Bündnis gut wäre, „und wann es schon ein schwacher Anfang und bei jetzigen Conjuncturen nicht zureichend zu sein scheinen möchte, es dennoch zu fernerer Zusammensetzung der Gemüter und consiliorum dienen könnte; gestalt denn allerdings nötig sein wollte, da die Katholischen sich alle nacheinander dergestalt an Frankreich hängeten, daß die Evangelischen sich bei diesen weit aussehenden Conjuncturen auch etwas näher zusammen täten und E. Kgl. Maj., als welche dem Werke das vornehmste Gewichte

[1]) Vgl. Urk. u. Akt. Bd. 12 S. 725 ff.

[2]) Der litauische Großkanzler Christoph Pac.

[3]) Wohl Fürst Boguslav Radziwill, der preußische Statthalter.

[4]) Vgl. Pufendorf, Lib. X § 74, Urk. u. Akt. Bd. 12 S. 361, 378.

geben könnten, eben dergleichen consilia zu fassen belieben wollte. Er hätte schon mit denen braunschweigischen Häusern sich ziemlich gesetzet, Herrn Somnitzen nach Leipzig, umb mit Chursachsen das zu Zinna Abgeredete zu perfectioniren und mit ihm eine völlige Alliance zu schließen[1]), den Kanzler von Bayreuth[2]) aber, damit es desto ohnvermerkter zugehen möchte, auf Herrn Kleisten Veranlassung nach dem Churfürsten von Bayern geschicket, umb denselben auch zu dieser Partei zu ziehen. Es hätte zwar Herr Millet noch gestern mittelst Versicherung von seines Königs guten Intention und sonderbaren Moderation bei diesem Werke .. ihm große Promessen und Offerten getan, daß sein König nicht allein, wann er nur des Churf. Intention bei dem polnischen Werke wüßte, dieselbe auf alle Wege secondiren, sondern auch, weiln er an denen niederländischen Provincien und insonderheit Geldern einige Prätension hätte, ihm von Hispanien alle Satisfaction verschaffen wollte, wenn er neutral bleiben und sich in das Werk nicht weiter als die andern rheinischen Fürsten einmischen würde, darauf er ihm aber eine so generale Antwort gegeben, daraus er gnugsam merken können, daß weder in Polen noch in Niederland er bei des Königs in Frankreich Desseinen concurriren würde[3])."

Der auf der Durchreise von Polen her durch Berlin gekommene Neuburger Kanzler Giese hat ihm erzählt, der König von Polen würde am liebsten garnicht mehr heiraten, jedenfalls nicht vor Ablauf des Trauerjahrs[4]).

Resident H. Wolfradt an die Vormundschaftsregierung. D. Berlin 23. Oktober 1667.

[Beitritt Schwedens zu den Bündnissen des Kurf. mit Braunschweig und mit Kursachsen. Umschwung in der Haltung des Kurf. gegenüber Frankreich.]

Auf die Ordre vom 2./12. Oktober hin[5]) habe er nicht allein „I. Churfl. Durchl. mittelst ausführlicher Remonstrirung E. Kgl. Maj. bei solchem Vornehmen führenden guten Intention und dahero zu Erhaltung des so teuer erworbenen Friedens im Römischen Reich vermutenden großen advantage diese Proposition getan, sondern auch darauf mit dem Herrn Baron von Schwerin aus dem Werk weitläuftig geredet. Gleichwie nun höchstgedachte I. Churfl. Durchl. solche ouverture mit sonderbaren Freuden und großen Gegencontestationen angenommen und mich versichert, daß bishero noch nichts verbindliches mit Chursachsen in angezogener Sachen geschlossen und E. Kgl. Maj. von allem die Nachricht ganz gerne communiciret werden sollte, also habe aus denen mit .. Schwerin gefüh- 2. Nov.

[1]) Vgl. Urk. u. Akt. Bd. 2 S. 487, Bd. 12 S. 793 ff., Pagès, a. a. O. S. 177.

[2]) Karl von Stein, vgl. Urk. u. Akt. Bd. 12 S. 804 ff., Pufendorf, Lib. X § 34, Doeberl, Bayern und Frankreich Bd. 1 S. 367 ff., Bd. 2 S. 58 f.

[3]) Vgl. Urk. u. Akt. Bd. 2 S. 487 ff., Bd. 12 S. 353, 746 ff., Bd. 14 S. 349 ff., Bd. 20 S. 4 ff.

[4]) Vgl. Urk. u. Akt. Bd. 2 S. 488.

[5]) Vgl. die entsprechende Verfügung an Grafe vom selben Tage oben S. 820 f.

reten Discoursen, ehe wir auf diese Sache gekommen, wohl so viel abnehmen können, daß sie sich einer dergleichen Proposition von dieser Seiten nicht vermutet; maßen er nach Anführung, wie zu geziemender déférence vor E. Kgl. Maj. I. Churfl. Durchl. die Ratification über die zu Braunschweig projectirte Alliance so lange in suspenso gehalten, bis von E. Kgl. Maj. völlige Resolution wegen der Eintretung erfolgen, auch super modo et conditionibus admissionis man sich einer anderweitigen Zusammenkunft vergleichen könnte, endlich dahin ausgebrochen, daß auf des Herrn Millets zu verschiedenen Malen wiederholete propositiones, wie der König in Frankreich gewillet, sich in dem polnischen Werke mit denen von E. Kgl. Maj. und Sr. Churfl. Durchl. bishero geführeten consiliis allerdings zu conformiren und den Herrn Pfalzgrafen von Neuburg zu portiren, wann man nur dagegen in dem brabantischen Werke sich neutral bezeigen oder zum weinigsten die Rheinische Klliance auf einige Jahre noch prorogiren wollte, man allhie in Deliberation gezogen, ob bei Frankreichs weit aussehenden Desseinen.., insonderheit da so weinig der Aaiser als Spanien selbst sich in sonderbare Postur stellen, sondern vielmehr den Frieden durch Überlassung eines und andern Ortes amplectiren zu wollen scheinen, man nicht in vorgedachte Rheinische Alliance auf gewisse Maße mit eintreten und also denen darin schon Interessirten sich an die Seite setzen wollte, umb deren consilia zu penetriren, so viel mehr, als man wüßte, daß E. Kgl. Maj. eben dergleichen Gedanken und consilia führete, indem Sie schon vor einiger Zeit Dero Gesandten zu Regensburg beordret, sich super quaestione an herauszulassen, nur daß man in der quaestione quomodo sich etwas vorsehen und die conditiones so, wie zu der habenden Intention dienlich, einrichten möchte. Und wäre gleichwohl gut, wenn man durch ein solches Werk, welches man also dirigiren könnte, daß es per se innoxium, Frankreich obligiren und bei dem polnischen Wesen auf andere Gedanken bringen könnte. Weswegen I. Churfl. Durchl. ihm expreß anbefohlen, mit mir daraus zu conferiren und meine Gedanken darüber zu vernehmen.

Ich habe darauf repliciret, daß, obzwar höchst zu wünschen, daß Frankreich zu Beruhigung Polens mit E. Kgl. Maj. und dem Churf. einerlei consilia ergreifen wollte, ich gleichwohl super modo, dasselbe dahin zu obligiren, E. Kgl. Maj. allergnädigsten Willens nicht versichert wäre, sondern allermaßen nötig sein wollte, vermöge des neulich geschlossenen Tractats mit E. Kgl. Maj. vorhero vertraulich aus der Sache zu communiciren. Soviel die Continuation der Rheinischen Alliance betrifft, hätten E. Kgl. Maj. sich vor diesem erkläret gehabt, daß, wenn dieselbe der allgemeinen Ruhe ersprießlich geachtet werden sollte, Sie an Dero hohem Orte dahin gerne mit condescendiren wollten; da man aber von dieser Seiten das Werk so hoch widersprochen und positive sich erkläret, darin nicht zu willigen, Dero Ordres dahin modificiret, daß man sich denen Braunschweigischen Alliirten darunter conformiren sollte. Wiewohl man nun nicht eigentlich absehen könnte, wieweit Frankreich sich dieser Alliance bei dero habenden Desseinen auch nur in speciem bedienen möchte, oder ob die conditiones so innoxiae sein dürften, so stellete ich doch dahin, wie ferne die Erhaltung einer größern advantage bei dem polnischen Werke damit in Comparaison zu bringen, hielte aber allermaßen nötig und billig, daß, wie E. Kgl. Maj. den allgemeinen Nutzen und Wohlstand des Römischen Reichs Ihrem etwa sonst habendem Interesse in so weit vorgezogen, daß Sie in dieser Alliance denen allhie geführeten consiliis Beifall gegeben, also man auch numehr ohne vorhergegangene speciale Communication darunter nichts veränderliches vornehmen und schließen möchte, insonderheit, da ich noch nicht vernommen, daß von seiten Frankreich in Schweden wegen des polnischen Werkes dergleichen ouverture geschehen, und die Neuburgischen ministri an diesem Orte vielleicht das Werk gar zu frühzeitig und eiferig poussiren möchten.

Welche rationes, wie er allermaßen relevant befunden, also hat er angenommen, bei Sr. Churfl. Durchl. zu beschaffen, daß nicht allein E. Kgl. Maj. Gutbefinden vorhero abgewartet sondern auch mit des Herrn Reichsfeldherrn Exc. in antecessum darüber conferiret würde.

Wie ich nun auf vorhergegangene ausdrückliche Versicherung, daß mit Chursachsen außer dem zu Zinna gemacheten Generalproject noch nichts geschlossen, sondern nur diese Tage zwischen Herrn Somnitz und Herrn Friesen zu Leipzig ein specialer Tractat entworfen, so hinc inde communiciret und mir auch gewiesen werden sollte [1]) .., von E. Kgl. Maj. .. Intention ihm Nachricht gegeben, hat er mir zugestanden, daß er dieses Werk von solcher Consideration achtete, darüber man billig mit dem vorigem, als Schließung der Rheinischen Alliance, noch einzuhalten, und möchte er wünschen, daß man den sächsischen Hof, als wo die consilia sehr variable wären, zu einer guten Entschließung mitbringen könnte; so wäre von solchem obhandenen foedere, insonderheit da E. Kgl. Maj. darin mit zu treten willens, welches sie allerseits herzlich verlanget, viel gutes zu vermuten. —

Wegen der Braunschweigischen Alliance habe auf des Herrn Reichsfeldherrn Exc. Veranlassung Sr. Churfl. Durchl. remonstriret, daß, da man ja dieselbe zu perfectioniren nützlich achten sollte, nötig sein würde, deswegen nochmaln eine neue Zusammenkunft anzustellen, wobei E. Kgl. Maj. hohes Interesse bei Dero Zutretung gebührender maßen beobachtet werden könnte. Welches nicht allein I. Churfl. Durchl. Ihr wohl gefallen lassen, sondern auch noch bei Ablaufung der Post der Herr Schwerin mir beigelegtes Advertissement gegeben [2]) und im Namen Sr. Churfl. Durchl. zu aller geziemenden déférence gegen E. Kgl. Maj. sich erkläret.“ —

Der Kurfürst an den Reichsfeldherrn Grafen v. Wrangel. D. Cölln a. d. Spree 23. Oktober 1667.

[Beitritt Schwedens zum Braunschweiger Bündnis.]

Wolfradt habe ihm mitgeteilt, „daß I. Kgl. Maj. und die Kron Schweden 2. Nov.

---

[1]) Vgl. Urk. u. Akt. Bd. 12 S. 793 ff.

[2]) Beilage: Schwerin an Wolfradt. D. Cöln a. d. Spree 23. Oktober 1667: Das gestrige 2. Nov. Anbefohlene habe ich Sr. Churfl. Durchl. hinterbracht, in beiden Puncten, sowohl wegen der Braunschweigischen Zusammenkunft als auch wegen des foederis mit Chursachsen, so noch in fieri, der Kron vollkommentlich deferiret und allemal das Vertrauen, so wir auf dieselbe gerichtet, in der Tat gezeiget werden [soll].

nicht ungeneigt, die neulicher Zeit zu Braunschweig geschlossene Defensivbündnüß auch ihres Orts mit zu belieben. Wann nun zuforderst deshalb eine anderweite Zusammenschickung der Räte beliebet, und die schwedische Erinnerungen vernommen werden, so haben Wir umb dieser Ursachen willen nicht allein befordert, daß der sonst auf den 13. dieses zu Auswechslung der Ratificationen angesetzte terminus verschoben [1]), sondern auch nunmehr vorgeschlagen, daß allerseits Räte sich hinwiederumb auf den 28. November in Braunschweig einfinden und das Werk zum völligen Stande bringen möchten". Er notificire Wrangel dies, wofern es ihm gefiele, einen schwedischen Bevollmächtigten nach Braunschweig zu entsenden [2]).

Resident H. Wolfradt an die Vormundschaftsregierung. D. Berlin 30. Oktober 1667.

[Bevorstehender Umschwung in der Haltung des Kurf. Frankreich gegenüber.]

9. Nov. Giese hat sich bei Hofe verabschiedet und ihm zu verstehen gegeben, „daß der Pfalzgraf von Neuburg die französischen Anerbietungen „nicht aus der Acht so schlechterdings lassen können, sondern diesem Hofe darunter zusprechen müssen. Gleichwie sie aber befünden, daß ohne E. Kgl. Maj. Zustimmung derselbe zu nichts resolviren würde [3]), also ersucheten sie mich, die Sache nacher Schweden favorablement zu referiren, und da sie versichert, daß die consilia ebenmäßig dahin gingen, daß man cum bona gratia sowohl des Kaisers als des Königs in Frankreich das polnische Werk zu einem guten Stande bringen möchte, allen Fleiß anzuwenden, daß man von seiten E. Kgl. Maj. nicht allein Frankreich bei dem anjetzo habenden guten humeur erhalten, sondern auch durch kräftiges Zusprechen den kaiserlichen ministrum dahin poussiren könnte, daß er selbigen Hof durch fleißige remonstrationes zu andern Gedanken bringen und also das

---

[1]) Vgl. Köcher, a. a. O. Bd. 1 S. 583.

18. Nov. [2]) D. Stade 8. November 1667 erwidert Wrangel, er werde einen Vertreter nach Braunschweig entsenden. „Als ich aber nötig befinde, die bei einem und andern Punct selbiger Bündnüß vorkommende Erinnerungen wegen I. Kgl. Maj. teutschen Provincien und dero Beitretung E. Churfl. Durchl. voran zu eröffnen, so habe E. Churfl. Durchl. selbige gegenwärtig beischließen (vgl. Köcher, a. a. O. Bd. 1 S. 583 f.) und Dero gnädigen Gefallen untertänig anheimb geben wollen, ob Dero belieben möchte, dieselben monita vorher mit denen andern hohen Interessenten zu communiciren und dero Gedanken darüber einzuziehen, damit hernacher leichter aus dem Werke zu kommen sein möchte". D. Cöln
23. Nov. a. d. Spree 13. November 1667 erwidert der Kurf., er werde dem Wunsch Wrangels entsprechen. „Es wird aber solcher gestalt der beliebte terminus des 28. huius etwas zu kurz fallen und die Erklärung für demselben nicht einkommen können. Dannenhero Wir denn sowohl denen anderen Herren Interessenten wie auch dem Herrn Grafen freistellen, ob sie sich eines andern termini vergleichen und Uns davon Nachricht geben wollen." Gleichzeitig empfahl der Kurf. dem Herzog von Wolfenbüttel, mit Rücksicht auf Schwedens Beitritt den Termin der geplanten Zusammenkunft zu verschieben, womit dieser sich D. Wolfenbüttel 15. November einverstanden erklärte.

[3]) Vgl. Urk. u. Akt. Bd. 20 S. 10.

Werk an allen Seiten unterbauet werden möchte[1]); warumb man sich denn ebenmäßig an diesem Orte umb so viel mehr bemühete, als große Beisorge, daß sonst bei diesem gefährlichen Zustande in Polen und vorseiender Expedition Frankreich sein lange gehabtes Dessein effectuiren möchte." —

Wolfradt kann „nicht anders befinden, als daß man an diesem Hofe das Werk sehr plausibel hält und ziemliche Inclination dazu spüren lässet, insonderheit da man davor hält, daß salvis omnibus confoederationibus, die entweder schon geschlossen oder noch auf dem Tapis sein möchten, man dieses wohl eingehen könne und nicht länger zu halten schuldig seie, da Frankreich seine Meinung wegen Eingehung eines schleunigen und moderaten Friedens, als welches pro fundamento dieses Werkes gesetzet[2]), ändern würde. Indessen glaube doch nicht, daß man weiter in der Sache verfahren werde, bis darüber E. Kgl. Maj. Bedenken eingelanget. Wie denn der Churf. mir noch gestern gesaget, daß er durch Crockowen alles, was passiret, communiciren lassen und ehister Tagen er dem Herrn Reichsfeldherrn auch jemand abfertigen wollte, auch schon den secretarium Schultzen abgeschicket[3]), umb dem Großkanzler[4]) in Polen davon part zu geben. Wobei er sich nicht weinig über die Langsamkeit der österreichschen Consilien beklagete, daß man die Leute von einem Orte zum andern führete, und also viele Zeit darüber hinliefe; dahero man schier argwöhnen möchte, als ob sie mit Frankreich sich dergestalt wegen der Satisfaction schon heimlich geeiniget, daß sie den Frieden nach Belieben erhalten könnten[5]).

Also berichtete er daneben, daß sich Holland schon weit genug gegen Spanien, auch gar zu Überlassung eines ansehnliches Postes von 5 Millionen ausgelassen und eben zu keinem andern Ende die Mißhelligkeit zwischen Cöln und Münster fomentirte, als daß man dadurch Frankreich mit ins Spiel zu bringen und also von denen Niederlanden zu divertiren Anlaß haben könnte. Wobei ich aber wohl dieses vermerke, daß S. Churfl. Durchl. mit denen holländischen und lünenburgischen consiliis wider Münster garnicht einig, sondern lieber dem von Paderborn[6]) als jemand anders den Coadjutorat gönnen[7])". —

Resident H. Wolfradt an die Vormundschaftsregierung. D. Berlin 3. November 1667.

[Haltung gegenüber den französischen Vorschlägen. Bündnis mit Kursachsen.]

Aus einer Unterredung mit Schwerin hat er den Eindruck gewonnen, daß 13. Nov.

---

[1]) Vgl. Urk. u. Akt Bd. 12 S. 202 f.

[2]) Vgl. Urk. u. Akt. Bd. 2 S. 485.

[3]) Desgl. Bd. 12 S. 353 f.

[4]) Nikolaus Prazmowski.

[5]) Vgl. Waddington, a. a. O. Bd. 2 S. 159, Urk. u. Akt. Bd. 14 S. 351, Mignet, Succession d'Espagne Bd. 2 S. 337 ff.

[6]) Ferdinand von Fürstenberg, Bischof von Paderborn.

[7]) Vgl. Ribbeck in Zs. für vaterländische Geschichte und Altertumskunde (Münster 1894) Bd. 52 S. 49 ff.

man immer noch nicht ganz an den Ernst der französischen Vorschläge glaubt, aber Unterhandlungen darüber für unvermeidlich hält. „Wiewohl man nun hie selbst bei der Sache anstehet und mir expreß zu verstehen gegeben, daß man vermöge des mit E. Kgl. Maj. geschlossenen Tractats alles nach Schweden fideliter communiciren und durch eine eigene Abschickung des Herrn Reichsfeldherrn Exc. davon part geben wollte, so merke ich doch, daß man ziemliche Inclination zu dem Werke habe und indessen nicht nachlassen werde, mit dem französischen ministro in Conference zu treten, maßen ich denn schon ein von demselben gemachtes Project unter der Hand zu sehen bekommen [1]). Jedoch vermeinet man nächst vertraulicher Concertation mit E. Kgl. Maj. alles auf diesen Grund zu bauen, daß Frankreich in dem Hauptwerke in Niederland mittelst Erlangung einer moderaten Satisfaction den Frieden eingehe und das polnische Werk vorgeschlagener Maßen einrichte, maßen man dahin sowohl die Neutralität und Eintretung in die Rheinische Alliance zu limitiren als andere sonst vorseiende consilia und confoederationes allerdings zu dirigiren willens ist.

Wegen der von E. Kgl. Maj. geschehenen ouverture das Zinnische Werk betreffend hat Chursachsen anhero geschrieben und von dieser Seiten die Resolution erhalten, daß man, weiln res noch in integro, alles nach Schweden fideliter communiciren wollte; worauf, wie ich vermute, daß man entweder durch ihre daselbst habende ministros das Werk incaminiren oder auch uns dieses Orts einige weitere Nachricht davon zukommen lassen werde" [2]). Er glaubt freilich, daß „diese französische Proposition alle andere Sachen noch eine Zeit lang in suspenso halten dürfte". —

Resident H. Wolfradt an den Reichskanzler.
D. Berlin 6. November 1667.

[Die neuen französischen Vorschläge und ihre Wirkung.]

16. Nov. Berichtet, „daß man bei diesem Hofe zwar eine ungemeine Inclination spüren lässet, umb Frankreichs Begehren zu deferiren, wann es nur hergegen in dem polnischen Werke serio die promittirte officia möchte interponiren, auch zu solchem Ende, umb die Hände desto freier zu haben, die ministros hin und wieder befehliget, in den obhandenen Tractaten bis auf weitere Ordre nicht fortzugehen, indessen [man] zu Wien [3]) und in Schweden sowohl als bei denen braunschweigischen Häusern [4]) die etwa künftig diesfalls nehmende Resolution suchet zu unterbauen [5]).

[1]) Vgl. Urk. u. Akt. Bd. 20 S. 7.

[2]) Vgl. Urk. u. Akt. Bd. 12 S. 796.

[3]) Vgl. Urk. u. Akt. Bd. 12 S. 585 f., Bd. 14 S. 351.

[4]) Desgl. Bd. 12 S. 800 f.

[5]) An die Vormundschaftsregierung schreibt Wolfradt am selben Tage: So große Neigung zur Annahme der französischen Vorschläge auch bestehe, werde man doch wohl „keine ferme Resolution fassen, ehe man von E. Kgl. Maj., von Wien und denen lünenburgischen Häusern, dahin der Dechant Gröben, der auch zugleich des Herrn Reichsfeldherrn

Wann man von Seiten I. Kgl. Maj. vor Pfalz Neuburg vollkommen versichert sein und den Kaiser, wie auf solchen Fall zu vermuten wäre, gewinnen könnte, halte ich davor, daß man lieber durch dieses als jenes Mittel zu seiner Intention und Zweck zu gelangen suchen würde.

Bei dem mit Chursachsen zu Zinna projectirten Werke bin ich dergestalt circumspect gegangen, daß ich ihnen gleichsam geraten, I. Kgl. Maj. durch ein Schreiben dazu zu invitiren, welches man zwar angenommen, aber aller Apparence nach vor abermaliger Zusammenkunft bei der Churfürstin Begräbnis schwerlich effectuiren wird"[1]). —

Resident H. Wolfradt an die Vormundschaftsregierung. D. Berlin 13. November 1667.

Berichtet von den Verhandlungen des Kurf. mit Millet. „I. Churfl. Durchl. vermeinen sonst, daß durch Incaminirung dieses Werkes der Ruhestand in Polen vollenkommen würde erlanget werden können, maßen ohnedem nicht allein Groß- und Kleinpolen sondern auch ganz Litauen zu dieser Partei incliniren soll und Sie . . sich von der Armee auch viel gutes promittiren, da man sich doch an Frankreich nicht weiter binden dürfte, als bis man sehe, ob es denen so vielfältig getanen Propositionen wegen Annehmung einer moderaten Satisfaction in denen Niederlanden, wozu man Spanien gnugsam disponiret hält, auch wirklich nachkommen möchte. Wieweit nun die dazu gebrauchete Mittel zureichend sein dürften, und ob Frankreich, wenn es den intendirten Zweck wegen der Rheinischen Alliance diesmal erhalten, alle Zeit in denen vorgeschriebenen Schranken bleiben werde, stehet billig weiter zu bedenken." — 23. Nov.

Die Vormundschaftsregierung an den Generalgouverneur in Livland Grafen Claes Tott. D. Stockholm 16. November 1667.

Gerüchtweise verlautet, daß der Sohn des Caren sich mit einer Tochter des Herzogs von Kurland verloben wolle; dann würden der Kurf. als der Schwager des Herzogs und der mit dem Kurf. eng verbundene Fürst Radziwill also die russische Partei in Polen stärken. Zu einem solchen Verdacht bestehe 26. Nov.

Exc. anzusprechen befehliget, vorgestern abgereiset (vgl. Urk. u. Akt. Bd. 12 S. 800 ff., Bd. 14 S. 360 über die Sendung des Brandenburger Domdekans Geheimrats Hans Ludwig von der Gröben) Nachricht habe, wie die Sache daselbst angenommen werde. Gleichwohl aber scheinet Frankreich schon dieses damit gewonnen zu haben, daß alle consilia und Tractaten, dabei dieser Hof concurriret, in suspenso so lange bleiben, bis man hierunter eine Gewißheit habe."

[1]) Der Vormundschaftsregierung meldet Wolfradt am selben Tage: „Indessen ist an Chursachsen geschrieben, daß man E. Kgl. Maj. durch ein eigenes Schreiben, so communi nomine abgehen sollte, gebührend zu den Tractaten mitinvitiren möchte"; vgl. Urk. u. Akt. Bd. 12 S. 796.

umsomehr Anlaß, att uti alla de tractater, som emellan Oss och Churf. af Brandeburg handlade äro, hafver bemälde Churf. alltid velat undandraga sig det, som uti någon måtto kunde choquera Caren och hans stat[1]). T. soll nach dem Grunde dieses Gerüchts forschen und auf der Hut sein.

Resident H. Wolfradt an die Vormundschaftsregierung. D. Berlin 20. November 1667.

[Unterredung mit dem Kurf. über die polnische Wahlfrage und die allgemeine politische Lage. Gespräch mit Millet über die polnische Frage.]

30. Nov. Bei einer kürzlich stattgefundenen Audienz hat er dem Kurf. vorgestellt, daß er das Werk mit Frankreich nicht präcipitiren möchte, da nicht anzunehmen sei, daß Frankreich seine vorteilhafte Stellung in Polen aufgeben würde; auch dürften die Polen im Hinblick auf den Tatareneinfall und auf den drohenden Türkenkrieg einen Feldherrn von der Bedeutung Condés brauchen; es sei damit zu rechnen, daß Frankreich die Gegenpartei nur einschläfern und den Pfalzgrafen von Neuburg dadurch, daß er sich Frankreich angeschlossen hat, verhaßt machen wolle; auch habe Frankreich keine vorbehaltlosen Zusagen zu Neuburgs Gunsten gegeben. Es sei zu bedenken, „was Frankreich nicht nur durch Eingehung der Neutralität und Rheinischen Alliance, sondern durch diese bloße Tractaten bei dem brabantischen Wesen gewönne, indem nicht allein ganz Teutschland sondern auch Engelland und Holland darauf reflectiren und Frankreich, wenn es nur diesen Winter Zeit gewonnen, künftige Campagne sein Dessein so weit poussiren würde, daß hernächst nicht so leicht zu einem mit anderer Potentaten Interesse übereinkommenden Frieden zu gelangen sein möchte.

I. Churfl. Durchl. haben mir darauf geantwortet, daß es freilich ein Werk von Consideration wäre, Sie auch eben diese dubia hätten und ohne E. Kgl. Maj. Vorwissen darin nichts schließliches resolviren wollten. Jedoch müßten Sie auf meine rationes dieses repliciren, daß vorerst Herr Millet ihm so hoch versichert, daß der König in Frankreich ganz kein Geld auf das polnische Werk verwendet, sondern alles von der Königin in Polen ausgeschossen. Die Affectionirte von der französischen Partei wären auch nicht in solcher Menge, daß die Gegenpartei sie nicht überwägen sollte, indem ihm der Großkanzler versichert, daß nicht allein Groß- und Klein Polen sondern auch ganz Litauen und die Armee auf ihrer Seite wäre. .. So wäre er auch von der Partei vor den Pfalzgrafen so wohl versichert, daß nicht zu befahren, daß ihm durch diese französische Declaration, der sie ohnedem nicht viel traueten, etwas abgehen möchte. .. Er wollte alles sowohl E. Kgl. Maj. als auch seinen Freunden in Polen sincerement communiciren, und wie man selbst gut finden und ihm an die Hand geben würde, in dem Werke procediren. —

---

[1]) Vgl. den Separatartikel zum Bündnisvertrag vom 27. März/6. April 1666 bei v. Moerner S. 279.

Über den kaiserlichen Hof beschwereten Sie sich, insonderheit daß die consilia dabei so langsam und widerlich gingen und daß man daselbst Frankreichs Dessein in Polen allein nicht hindren könnte, gleichwohl aber vor die andere Partei sich nicht erklären wollte und entweder in Ernst oder doch, andern Leuten Ombrage zu machen, mit dem Moskowiter allerhand consilia vorhätte. Man sehe genug, was sie daselbst sowohl als in Spanien selbst wegen des brabantischen Werkes vor schlechte resolutiones nehmen. Er hätte sich mit dem Marquis Castel Rodrigo in gewisse Tractaten eingelassen (welche auch, wie ich sonst erfahren, zum Schlusse gebracht); wie es aber zum Geldgeben kommen sollen, wäre alles bestecken blieben[1]). Wobei, wie er mich gar scharf und inständig gefraget, ob E. Kgl. Maj. jemand nach Brüssel geschicket und mit Spanien etwas tractiren lassen, habe ich nichts anders antworten können, als daß mir solches unwissend. Darauf er fortgefahren, daß Frankreich nicht allein in Engelland alles wohl unterbauet, sondern auch de Witte den Don Stefan de Gamarra[2]) in die Augen sagen dürfen, daß Spanien an Frankreich nicht allein die eroberte Plätze lassen sondern auch noch viel mehr zur Satisfaction geben müßte, und Holland dazu helfen würde[3]). Weswegen denn nicht abzusehen, was bei so schlechter Gegenanstalt und der großen lenteur am kaiserlichen Hofe, die wohl gar zu einem Verständnüß und heimlichen Tractaten Argwohn causiren möchte, bei der Sachen zu tun, solange man das Römische Reich aus der Unruhe halten könnte.“

Wolfradt hat den Eindruck, „daß man hierselbst, seine Intention in Polen zu erhalten, alles tun werde, was Frankreich begehret, maßen zu dieser Abschickung solche Personen gewählet, davon der eine ganz von Frankreich dependiret[4]), der andere[5]) aber meist auf Pfalz Neuburgs Instanz adjungiret und zu Befoderung dessen Interesse gar sehr postiret ist, gestalt sie denn auch vorhero bei Pfalz Neuburg ansprechen und nach dessen Gutdünken alles incaminiren werden[6])“.

Neulich hat er im Scherz Millet gefragt, „warumb er seine Negotiation vor mir so verborgen gehalten, da er doch wohl gewußt, daß I. Churfl. Durchl. ex foedere mit E. Kgl. Maj. dero ministris davon part geben würden“; dieser hat erwidert, „que le roi, son maître, avait commencé cette négociation à la prière de cette cour ici (welches ich dennoch anders weiß) et que, si la Suède faisait les mêmes instances, on ne manquerait pas à s'y ranger, mais puisque depuis quelque temps on avait marché si serré et fait si peu de cas de leur amitié, on ne devrait pas s'étonner, s'ils étaient un peu plus retenus qu'auparavant, welches, wie es fast ein Ansehen gehabt, als wenn sie die Opinion hätten, daß das polnische Werk von ihren arbitrio gänzlich dependirte, habe ich mich nicht entbrechen können, ihm zu antworten, daß ich gleichwohl wüßte, wie durch Pom-

[1]) Vgl. Urk. u. Akt. Bd. 12 S. 729 ff., 760 ff.

[2]) Spanischer Gesandter im Haag.

[3]) Vgl. Urk. u. Akt. Bd. 12 S. 749.

[4]) Der Oberstallmeister Gerhard Bernhard von Pöllnitz.

[5]) Meinders.

[6]) Vgl. Urk. u. Akt. Bd. 12 S. 851 ff.

ponne die erste Ansuchung in Schweden geschehen, umb bei der Recommendation des Prinzen von Condé mit zu concurriren, und da man solches resolument abschlagen dürfen, hätte man gleichwohl vermerkt, daß ein gut Teil der Republique in Polen mehr confiance wegen Beibehaltung ihrer Libertät zu E. Kgl. Maj. als zu Frankreich verspüren lassen und sie also gleichwohl endlich auf die Gedanken, so man in Schweden bei dem Werke gehabt, selber fallen müssen." —

Resident H. Wolfradt an die Vormundschaftsregierung. D. Berlin 4. Dezember 1667.

[Verhandlungen über ein Bündnis zwischen Schweden, Brandenburg und Sachsen. Verständigung des Kurf. mit Frankreich.]

14. Dez. Hat den Kurfürsten von Sachsen[1]) besucht, dessen „ministri von I. Churfl. Durchl. [zu Sachsen] guten Intention, des Reichs Wohlfahrt bei jetzigen Conjuncturen bestmöglichst zu beobachten, mir große sincerationes gemacht und gleichsam zu verstehen gegeben, daß, gleichwie sie an diesem Hofe zweifelsohne wegen der dazwischen gekommenen französischen Tractaten nicht mehr so großen Eifer als zuvor zu Befoderung des zu Zinna projectirten foederis verspüreten, also ihnen recht lieb wäre, daß E. Kgl. Maj. mit darin zu treten resolviret, welches gleichsam das Band sein könnte, so sie nicht allein desto fester zusammen verknüpfen, sondern ihnen auch ein großes appuy geben würde; daher sie denn zu verschiedenen Malen mit denen brandenburgischen ministris in Conference gewesen und beratschlaget, auf was Art die Notification an E. Kgl. Maj. am füglichsten geschehen könnte; und wäre der Schluß dahin gefallen, daß, weiln durch ein communi nomine abgelassenes Schreiben[2]) das Werk nur weitläuftiger werden und mehr esclatiren möchte, man vor das Ratsamste gehalten, E. Kgl. Maj. an beiden Höfen anwesenden ministris davon part zu geben und durch dieselbe die Notification verrichten zu lassen.

Dieser genommenen Resolution nun zufolge haben sich vorgestern der Herr Schwerin, Somnitz und Jena zur Conference bei mir anmelden lassen und im Namen I. Churfl. Durchl. angetragen, daß, weiln zwischen beiderseits Herren Churfürsten Sachsen und Brandenburg vor diesem zu Zinna und anitzo wiederumb allhie verabredet, sich in eine Defensivalliance ohne einiges Menschen Offension und Präjudiz .. einzulassen, und sie dabeneben vermerketen, daß E. Kgl. Maj. nicht allein gleiche rühmliche Intention hätten, sondern auch wohl nicht abgeneigt sein möchten, solches foedus mit einrichten zu helfen, also wäre beiderseits hohen Interessenten solches sehr angenehm gewesen und dieses beschlossen, daß, weiln res noch plene integra, man E. Kgl. Maj. anwesenden ministris solches notificiren und derer Sorgfalt anheim geben möchte, sich so bald als möglich eine gewisse Instruction zu verschaffen, was etwa E. Kgl. Maj. bei Einrichtung solches

[1]) Johann Georg II. war zur Beisetzung der Kurfürstin nach Berlin gekommen, vgl. Urk. u. Akt. Bd. 14 S. 362, Bd. 20 S. 21.

[2]) Vgl. oben S. 829.

foederis zu beobachten nötig achten würden, damit man sich alsdenn zusammentun und das Werk zur Endschaft bringen könnte." Einzelheiten sind noch nicht zur Sprache gekommen. Als Zweck des Bündnisses haben die Minister nur Erhaltung des Ruhestandes im Reich und Defension ihrer Lande bezeichnet.

W. meint, der Eifer zu diesem Bündnis scheint nachgelassen zu haben, „und daß man wegen der mit Frankreich vorseienden Handlung sich dieser Entschuldigung, umb E. Kgl. Maj. vorhero davon part zu geben, zum Aufschub ganz gerne bedienet, maßen denn von Seiten Frankreichs auch allerlei Hinderungen eingestreuet und an diesem Hofe vorgegeben, daß zwischen E. Kgl. Maj. und Chursachsen bei des Herzogen von Holsteins Anwesenheit ein eigen absonderlich foedus aufs neue geschlossen [1]), dagegen denn von kaiserlicher Seiten vorgegeben, ob hätten E. Kgl. Maj. mit Spanien und Österreich schon etwas gewisses geschlossen [2]). Maßen denn der Churf. von Brandenburg mich zu 2 Malen gar scharf zu Rede gesetzet, ob E. Kgl. Maj. nicht jemand zu dieser Zeit zu Brüssel bei dem Marquis Castel Rodrigo hätten. Wird also dieses ganzen Werkes Ausschlag und Perfection des zwischen beiden Churfürsten beredeten foederis von E. Kgl. Maj. allein dependiren." —

Wie er unter der Hand erfahren hat, hat man sich mit Millet in den Vertragsverhandlungen super quaestione an schon ziemlich herausgelassen [3]), ungeachtet der Zusagen, daß man vor Eintreffen der schwedischen Resolution sich nicht endgiltig erklären wollte.

„Von des Königs in Frankreich Begierde zum Frieden machet man sich abermal allhie dahero große Hoffnung, weiln Churmainz anhero notificiret, daß Frankreich durch einen expressen Courier ihm kund getan, wie es die zwischen Holland und ihm concertirte Satisfaction annehmen und darauf den Frieden schließen wollte. Wobei gleichwohl noch diese Condition annectiret gewesen, daß Spanien sich gegen den 1. Martii auch erklären sollte, ob es dabei acquiesciren wollte, welcher terminus vielen ziemlich enge scheinet." —

Die Vormundschaftsregierung an den Residenten H. Wolfradt. D. Stockholm 21. Dezember 1667.

[Verlängerung des Rheinbundes. Polnische Wahlfrage. Neutralität bei der Niederländischen Unruhe.]

Aus seinen letzten Relationen sei zu ersehen, „daß man dort .. nun etwas milder gegen Frankreich sich zu erweisen und die vorige consilia in so weit zu dessen faveur zu ändern beginne, daß man wegen Prorogation der Rheinischen Alliance ratione quaestionis an Frankreich sich bequemen, über das polnische Successionswerk mit Frankreich für den Pfalzgrafen von Neuburg sich vereinigen, ja auch wohl gar selbigem Könige eine Neutralität bei obhandener niederländi- 31. Dez.

[1]) Vgl. oben S. 816, Urk. u. Akt. Bd. 12 S. 200 f.

[2]) Vgl. Urk. u. Akt. Bd. 14 S. 353 ff., 361.

[3]) Desgl. Bd. 11 S. 478 f., Bd. 20 S. 21 ff.

schen Unruhe versprechen wolle; wie dergleichen ouverture auch allhie vom Abgesandten Cracou[1]) und bei Unserer Reiche Feldherrn vom churfl. ministro Gröben[2]) geschehen.

Nun haben Wir, soviel den ersten Punct betrifft, besagtem Cracouen antworten lassen .., daß Wir, gleichwie Wir Unserm zu Regensburg anwesendem Abgesandten Snoilsky allschon die Ordre vorhin erteilet[3]), also durch dieselbe nun aufs neue bei ihm wiederholet[4]), daß er ratione dictae quaestionis an sich mit denen Churbrandenburgischen und anderer Alliirten ministris conformiren und dieselbe nach ihrer allerseits einmütigem Gutfinden zu Beweisung Unseres aufrichtigen Fürhabens, umb mit ihnen in der bisherigen Vertraulichkeit zu befahren und für die gemeine Wohlfahrt und Sicherheit nebst ihnen wachen und arbeiten zu helfen, einwilligen, ad quaestionem quomodo aber, und wie nach denen gegenwärtigen von dem ersten Anfang der Bündnüß umb ein merkliches veränderten Conjuncturen die materialia und der scopus desselben eigentlich einzurichten, dieses aus gesagter für die gemeine Ruhe und Tranquillität tragenden Sorgfalt erinnert haben wollten, daß man darin das Friedensinstrument zur Richtschnur nehmen, darnach die vorigen articulos examiniren und nichtes in deren Adjoustirung willigen möchte, welches man solchen heilsamen Pacten einigermaßen zu widern zu sein urteilen könnte.

Welches Unser .. Einraten Ihr des Herrn Churf. Lbden gleichfalls angenehm zu machen suchen und Dieselbe zugleich versichern werdet, daß Wir beim polnischen Successionswerke annoch die willfährige Gedanken für Pfalz Neuburg aufrichtig führen, welche Wir anfangs bei Incaminirung dieses negotii mit Ihro .. Lbden verspüren lassen, zu wirklicher Erweisung dessen Wir auch annoch erbötig und bereit, dasjenige proiectum foederis, worüber Wir mit des Herrn Churf. und Pfalz Neuburgs Lbden bewußter maßen eventualiter verglichen, zu vollenziehen, sobald Wir nur erfahren, wie weit sie beiderseits entschlossen, Uns wegen Unserer rechtmäßigen Prätension an denen Jülich- und Clevischen Landen die desiderirte Sicherheit zu geben[5]). —

Der gesagten Neutralität halber aber können Wir Uns nirgends andershin erklären noch dem Herrn Churf. ein anderes raten, dann daß man in dem Werke freie Hände behalte, für die gemeine Sicherheit zu wachen und per viam mediationis die kriegende Parteien fordersamst wieder zu versöhnen suche, gestalten man widrigen Teils und da man sich zu der gesuchten Neutralität ohne Bedingung verpflichtete, gar leicht der allgemeinen Securität aufs höchste schaden und der einen Partei umb so viel größeres Vermögen gleichsam in die Hände geben könnte, umb die andere gänzlich zu unterdrücken." —

---

[1]) Vgl. Urk. u. Akt. Bd. 12 S. 202 f.

[2]) Vgl. oben S. 828 f.

[3]) Desgl. S. 811 f., 818.

[4]) Vgl. Urk. u. Akt. Bd. 11 S. 480 f.

[5]) Vgl. oben S. 791, 793, 803 f., 809 ff.

Resident H. Wolfradt an die Vormundschaftsregierung. D. Lüssow 25. Januar 1668.

[Das Braunschweiger Bündnis und die Annäherung des Kurf. an Frankreich.]

Die Braunschweiger Zusammenkunft ist von neuem und bis zum 10./20. Febr. verschoben[1]) und Wrangel davon benachrichtigt worden. „Gleichwie nun aus allen Umbständen erhellet, daß Brandenburg die völlige Perfection solches foederis mit gutem Willen traisnire, bis die nach Frankreich abgeschickete ministri etwas nähere Ouverture von ihrer Negotiation gegeben, so soll doch der Lünenburg-Zellische Abgesandter Spörke[2]), so neulich wieder nach Berlin kommen, nicht allein auf Vollenziehung dieser Alliance sondern auf noch nähere Zusammensetzung gar sehr dringen. Ich kann mir aber nicht einbilden, daß selbiger Hof sich vor erhaltener Nachricht, wie die Negotiation zu Paris ratione negotii Polonici ablaufen werde, zu etwas gewisses erklären, sondern more solito aufs äußerste freie Hände behalten werde." — 4. Febr.

Resident H. Wolfradt an die Vormundschaftsregierung. D. Berlin 2. Februar 1668.

[Die Annäherung an Frankreich und das englisch-holländische Bündnis.]

W. ist vor 2 Tagen nach Berlin zurückgekehrt[3]). Er hat den Zustand der Affairen „in so weit verändert gefunden, daß man gnugsam ein weiteres Engagement mit Frankreich, als ich bei meiner Abreise gelassen, verspüren können, zudem die ministri nicht allein die Hoffnung haben, mit dem polnischen Werke in kurzem zu einem guten Ausschlage zu gelangen, sondern, da allem Ansehn nach die deswegen vorhin gemachete projects vollenzogen und denen Gesandten auf Paris nachgeschicket worden, über der zwischen Engelland und Holland geschlossenen Aliance nicht wenig perplex sein, wiewohl ich aus einigen Discursen abnehmen können, daß man sich mit der Hoffnung flattire, daß alles dergestalt conditioniret, damit man in omnem casum gnugsam wieder echappiren könne[4]). Gleichwohl hat dieses Engagement schon so viel zu wege gebracht", daß alle fremden Werbungen verboten sind. — 12. Febr.

Resident H. Wolfradt an die Vormundschaftsregierung. D. Berlin 5. Februar 1668.

[Wolfradts Verstimmung über die Verständigung des Kurf. mit Frankreich.

Nachdem er erfahren hatte, daß der Vertrag mit Frankreich abgeschlossen 15. Febr.

[1]) Vgl. oben S. 825 f.

[2]) Über die Sendung des Schatzrats Spörcke vgl. Köcher, a. a. O. Bd. 1 S. 577 f., 694, 697, Urk. u. Akt. Bd. 14 S. 571.

[3]) Die erste Relation Wolfradts aus diesem Jahr datiert Stralsund 14/24. Januar.

[4]) Vgl. Waddington, a. a. O. Bd. 2 S. 168, Urk. u. Akt. Bd. 2 S. 659 ff., 755 ff., 858, Bd. 14 S. 371 f., Bd. 20 S. 34 ff.

sei, hat er sofort Schwerin aufgesucht „und zuerst mit demselben wegen des niederländischen Werkes und des dabei durch die neulich im Haag geschlossene Alliance vermutenden schleunigen Friedens etwas discouriret, zu dessen Befoderung er Sr. Churfl. Durchl. große Inclination nicht gnug rühmen können und endlich dahin geschlossen, daß, weiln er vernehme, welcher gestalt E. Kgl. Maj. dem Haagischen foederi mit beigetreten[1]) und S. Churfl. Durchl. ebenmäßig zu einem so heilsamen Werk als Befoderung des Friedens zu cooperiren, Ihr angelegen hielten, er vermutete, daß selbige officia nicht ohne guten Effect abgehen würden.“

W. betont in seiner Antwort besonders, wie lieb es ihm sei, „daß E. Kgl. Maj. und S. Churfl. Durchl. wiewohl ohne Concertirung und vorhergegangene Communication sich in dem Hauptweg einig befunden, obschon die Wege, dahin zu gelangen, unterschiedlich wären, zumaln da ich vernehme, daß man ex occasione des polnischen Werkes, darinnen man gleichwohl vermöge des getroffenen foederis nicht allein mit E. Kgl. Maj. communiciren, welches zwar geschehen, sondern auch Dero Zustimmung und placiti abwarten sollen, sich mit Frankreich zugleich über dem Niederländischen Frieden geeiniget und einen formellen Tractat geschlossen, ohne E. Kgl. Maj. und Dero ministris die geringste Nachricht davon zu geben. Und ob ich zwar nicht sagen könnte, daß von dem Hauptweg so weit verfehlet wäre, indem man gesuchet, Frankreich bonis modis zu Befoderung des Ruhestandes in Polen und Portirung I. Fürstl. Durchl. zu Neuburg zu obligiren.., so könnte ich doch nicht finden, daß man ohne E. Kgl. Maj. expressen Consens so weit in dem Tractat fortgehen und, da in dem foedere kein gewisses subiectum benennet, E. Kgl. Maj. auch vorhero wissen wollen, wie weit man Deroselben in Ihro rechtmäßigen Prätension auf die Jülichschen Lande Satisfaction geben würde, sich darüber mit Frankreich so positive einigen und dagegen bei dem niederländischen Werke die Neutralität, so vielleicht zu Befoderung des Friedens mehr schädlich als nützlich sein möchte, ohne einige Bedingung eingehen sollen. Begehrte daneben, daß mir die Alliance communiciret werden möchte.

Worauf, wie er mit großen Contestationen en substance dieses antwortete, daß man ja die obhandene Vorschläge sowohl durch Cracowen in Schweden als durch Gröben[2]) beim Herrn Reichsfeldherrn und mir selbst communiciret und nicht absehen könnte, daß E. Kgl. Maj. zuwidern sein möchte, Frankreich zu Befoderung des Herzogen von Neuburg zu obligiren, habe ich zwar solches nicht leugnen dürfen, gleichwohl aber den modum procedendi nicht approbiren können.

Die eingegangene Neutralität suchete er dergestalt zu entschuldigen, daß er nicht absehe, wie einer mediator sein könnte, der sich zur Neutralität nicht obligiret, und wäre dieselbe gleichwohl so conditioniret, ihren Gesandten nach Paris auch anbefohlen, dergleichen Moderation zu gebrauchen, daß man dadurch zu einem schleunigen raisonablen Friede gelangen möchte... Worauf ich ihm dieses zur Antwort gab, daß einer gnugsam mediator sein könnte, der sich nur ohnparteiisch und hors du jeu hielte, und man sich nicht in infinitum, da auch ein oder

---

[1]) Vgl. Urk. u. Akt. Bd. 12 S. 204, 756 ff.

[2]) Vgl. oben S. 828f., 824.

ander Teil keinen raisonablen Frieden eingehen wollte, zur Neutralität zu verbinden nötig hätte. Von ihrer Abgesandten Moderation zu Paris möchten andere Leute judiciren, wiewohl dahero verlauten wollte, als ob einige derselben ziemliche favorable Discourse vor Frankreich führeten und der anderen Partei das tort beilegeten, welches zu der indigitirten Mediation wohl nicht allzu dienlich sein möchte.

Und lief endlich unsere Conference dahin aus, daß bei I. Churfl. Durchl. Zurückkunft [1]) Ich nicht allein die Copey des mit Frankreich geschlossenen Tractats.., sondern auch wegen I. Churfl. Durchl. guten Intention zu Befoderung des Friedens und sonderbaren Inclination, mit E. Kgl. Maj. in aller vertraulichen Union und Communication zu continuiren, gnugsame Preuven haben würde.

Wobei, wie ich diesmal acquiesciren müssen, so kann gleichwohl aus allen Umbständen schließen, daß ihnen, da das Werk im Haag dergestalt ausgeschlagen, nicht allzu wohl bei der Sachen ist und lieber wünschen möchten, sich nicht so weit mit Frankreich engagiret zu haben". ..Man schmeichelt sich, „das Werk so meisterlich geführet zu haben, daß man Frankreich von den polnischen Desseinen abgebracht, und der Friede in Niederland anjetzo wohl ohnedem folgen müsse [2])". —

Resident H. Wolfradt an die Vormundschaftsregierung. D. Berlin 19. Februar 1668.

[Beitritt zur Tripleallianz. Unzufriedenheit des braunschweigischen Gesandten mit der Haltung des Kurf.]

Die Entscheidung über den Beitritt zur Tripleallianz dürfte hingezögert werden, „bis man den Ausschlag des polnischen Reichstages, und was Frankreich darauf weiter beginnen möchte, sehen wird... 29. Febr.

Spörcke tesmoigniret im Namen seiner Herren Principalen ein ziemliches deplaisir, daß, da man vorhero sich mit ihnen ziemlich genau engagiret, auch Ursache gewesen, daß durch Hammerstein am kaiserlichen Hofe solche propositiones, so vor Frankreich nicht allerdings favorabel, geschehen [3]), man darauf so geschwinde eine andere Resolution gefasset und Frankreich zu Gefallen viele Dinges, so vielleicht so bald nicht wieder zu redressiren, passiren lassen. Und meinete er, daß seine Herren Principalen nicht allein mit zu dem holländischen foedere treten sondern auch Holland wohl gar einige Völker überlassen würden [4])". —

---

[1]) Der Kurf. war nach der Neumark gereist.

[2]) Vgl. Urk. u. Akt. Bd. 14 S. 375 f.

[3]) Zur Sendung des Osnabrücker Hofmarschalls G. Chr. v. Hammerstein nach Wien vgl. Köcher a. a. O. Bd. 1 S. 555 ff.

[4]) Desgl. S. 588 ff.

Resident H. Wolfradt an die Vormundschaftsregierung. D. Berlin 26. Februar 1668.

[Gespräch mit dem Kurf. über dessen Verhältnis zu Frankreich, Beitritt zur Tripleallianz und die polnische Wahlfrage, im besondern über die Gefahr einer russischen Thronkandidatur.]

7. März Er hat dem Kurf. vorgestellt, daß Frankreich in dem mitgeteilten Vertrag eine unlimitirte Neutralität zugestanden sei[1]); damit habe Frankreich einen großen Vorteil erlangt, während es andrerseits unsicher bleibe, welche Wirkung die von Frankreich zugesagten guten officia in Polen haben würden; man sollte sich dessen Cooperation in Polen nicht weiter bedienen, als „die von demselben Dependirende ihrer Obligation zu entschlagen und im übrigen die Republic bei ihrer Libertät und freien Wahl zu lassen, damit nicht die Gegenpartei das Odium, so sie gegen Frankreich gehabt, auch auf den von Frankreich aufs neue recommendirten candidatum werfen möchte.

Wegen des ersten vermeinete er, die Neutralität sowohl bei diesem Tractat als auch durch seine Abgesandten zu Paris dergestalt circumscribiret zu haben, daß, wenn Frankreich keinen raisonablen Frieden eingehen wollte, er alle Zeit die freie Hand hätte, zu tun, was er wollte[2]). Und konnte er auch schier nicht absehen, was man hoc rerum statu anders tun könnte, da man so schlechte consilia und geringe Verfassung an spanischer Seiten vermerkete, welche ihnen ganze Provincien in so kurzer Zeit ohne einzigen Widerstand wegnehmen ließen. Vom kaiserlichen Hofe wäre ebenmäßig nichts sonderbares zu vermuten, maßen sie nicht allein seinem Bumenthal dergestalt begegnet, daß er ihn mit ehistem avociren wollte[3]), und den lünenburgischen Abgesandten Hammerstein nur mit einem Project von nicht sonderbarer importance abgefertiget[4]), sondern auch die neue Werbungen nnd Recruyten ganz eingestellet und den Marquis de Grana nach Spanien geschicket, umb daselbst den Frieden zu befodern. Dahero fast zu vermuten, daß sie sich mit Frankreich verstehen und à l'improviste ein Friede getroffen werden möchte; alsdann es über diejenige, so sich des Werkes so eiferig angenommen, ausgehen dürfte. Wobei, wie er auf die Haagische Alliance kam, improbirte er den modum procedendi aufs höchste und gab gnugsam zu verstehen, daß die Sachen noch viel anders in der Welt laufen müßten, ehe er sich dabei einlassen würde, wiewohl er von Holland dazu invitiret.

Wegen des polnischen Werkes war er in denen Gedanken, daß man sich Frankreich gar nützlich gebrauchen könnte, umb den König zur Abdication zu bringen, als wozu er sich specialiter obligiret[5]). Und ob ich wohl ihm dagegen diesen Einwurf gemachet, daß, wenn solches nicht bald geschehe, man gnugsam abmerken könnte, daß Frankreich, weiln der König vor seine Person zur Abdication sehr in-

---

[1]) Vgl. §§ 5 und 6 des Vertrages vom 5./15. Dezember 1667, v. Moerner S. 322 f.

[2]) Vgl. Einleitung und § 1 dieses Vertrages, v. Moerner S 321 f.

[3]) Vgl. Urk. u Akt. Bd. 12 S. 591 ff.

[4]) Vgl. Köcher a. a. O. Bd. 1 S. 559, 570.

[5]) Vgl. v. Moerner S. 324 ff.

cliniret, nur contraria officia tue, vermeinete er doch in der Sachen gewisse genug zu sein, nur gab mir dabei nicht undunkel zu verstehen, daß er gerne sehen möchte, wenn E. Kgl. Maj. das Werk mit etwas mehren Eifer ebenmäßig embrassiren wollten, zumaln man wegen des Moscowiters nicht ohne Gefahr wäre.“.. Er habe, „da er nach so vielfältiger Beschickung von Moscow den Grafen Dönhoff wieder dahin schicken müssen, denselben dahin instruiret, daß er auf die desfalls vorseiende consilia ein weinig acht haben möchte [1])“. —

Resident H. Wolfradt an die Vormundschaftsregierung. D. Berlin 11. März 1668.

[Russische und lothringische Thronkandidatur in Polen.]

— Wegen des Moscowiters mesneen tesmoigniren sowohl I. Churfl. Durchl. als auch der französische Minister, immerzu noch große Apprehension zu haben, und wollen mich versichern, daß man unter der Hand solches Werk vom kaiserlichen Hofe secondire, maßen denn Herr Millet mir expresse gesaget, daß Sobieski dem Béziers offenbaret, wie ein Expresser von Wien nach der Moscow gegangen, umb ihnen consilia zu suggeriren, wie sie es am besten anzufangen, und daß sein König Mr. Béziers Ordre erteilet, zu proponiren, daß man sich, Moscows Dessein zu hintertreiben, in eine gewisse Alliance einlassen möchte [2]). Der Baron de Goes sousteniret gar hoch das contrarium und saget, daß man sie ja so närrisch nicht ansehen möchte, als ob sie dergestalt contra propria commoda und rationem status arbeiten sollten, maßen sie quemcumque, ja den Prinzen von Condé selbst, ehe als Moscow befodert sehen würden. 21. März

Führet dabei an, daß man ihm alle Zeit hart zuspreche, warumb Blumenthal in seiner Negotiation zu Befoderung des Pfalzgrafen von Neuburg am kaiserlichen Hofe nicht reussiren könne, und daß solches dahero komme, weiln man suche, den Herzog von Lothringen zu recommendiren [3]), daß also entweder das, was man mir von Moscow saget oder ihm wegen Lothringen vorwirft, nicht zusammen bestehen könne, und glaube er, daß alle consilia am kaiserlichen Hofe dahin gehen, daß man die Declaration so lange als möglich suche zu hindern, vivente et regnante rege keinen candidatum benenne und in omnem casum der Republic zu Beibehaltung ihrer Freiheit assistiren werde [4]). —

---

[1]) Über die beabsichtigte Sendung des Generalmajors Grafen Ernst von Dönhoff nach Moskau vgl. Urk. u. Akt. Bd. 12 S. 380, 601.

[2]) Vgl. Urk. u. Akt. Bd. 12 S. 361, Bd. 20 S. 40 f.

[3]) Desgl. Bd. 12 S. 595 ff., Bd. 14 S. 379.

[4]) Desgl. Bd. 14 S. 377.

Resident H. Wolfradt an die Vormundschaftsregierung. D. Berlin 25. März 1668 [1]).

[Besorgnis des Kurf. vor einer russischen Thronbewerbung in Polen. Sein Eintritt in die Tripleallianz. Seine zweite Vermählung.]

4. April Am 22. März 1./April ist ein Kourier aus Polen mit Briefen eingetroffen, „welche von großer Importanz müssen gewesen sein, zumaln I. Churf. Durchl. den Baron von Schwerin", der nach Altlandsberg gereist war, „sofort wieder einrufen und nach ein paar Stunde Conference wieder dahin wegreisen lassen [2]). Ich habe davon noch nichts weiters in Erfahrung bringen können, als daß I. Churfl. Durchl. mir selber gesaget, wie Sie einen Brief der Herzogin aus Kurland erhalten, welchen Sie mich auch sofort lesen lassen, daß der Moscowiter einig Dessein vorhabe, Zweifels ohne seinen Sohn in Polen zu establiren und bei itzigem verwirretem Zustande, wo nicht anders, dennoch durch die Waffen zu reussiren vermeinete, maßen er gesinnet, mit einer considerablen Armee ermelten sein Sohn hineingehen zu lassen. Und wären nicht allein außer den Littowern etliche andere senatores auf seine Seite, sondern er hätte auch vom kaiserlichen Hofe, unter der Hoffnung einer Heirat mit einer österreichschen Princessin, gewissen support zu vermuten. Von welchem letzten zwar ich in dem Briefe nichts sehen konnte. Gleichwohl versicherten I. Churfl. Durchl. mich, gewisse Nachricht zu haben, daß einige senatores, darunter Pac [3]) mit gewesen, diese Quaestion, an Moschus sit assumendus, in einer geheimen Zusammenkunft debattiret und quod sic geschlossen, auch schon weiter in der Sache fortgefahren wäre, wenn nicht ein guter Patriot unter einem andern Prätext das Werk aufgehoben und in aliud tempus hätte differiren machen. Dahero man das Ding so geringe nicht achten, sondern in Zeiten dazu tun müßte, und hoffete er, E. Kgl. Maj. würden dabei mit concurriren, und wollte er indessen durch seine gute Freunde allen Fleiß anwenden, daß des Pacen consilia gehindert und seinem Bruder [4]) die littawsche Armee aus der Hand gespielet und auseinander gebracht würde. —

Indem wir nun in dergleichen discours begriffen, ist der Baron de Goes dazu gekommen, gegen welchen Sie ebenmäßig in diesem propos continuiret und sich gar dieser Worte verlauten lassen, daß, wenn der Moskowiter anderwärtig support finden sollte, es ihnen auch an Hilfe nicht ermangeln würde." Auf Goes Gegenvorstellungen hat der Kurf. erwidert, „daß Sie deswegen gute Nachricht hätten und gewisse wüßten, daß man zu Wien ex odio contra Gallos allerhand consilia führete, so nicht das beste fondement hätten. —

Wegen des Friedens in denen Niederlanden beginnet allhie die Hoffnung mehr und mehr zu verschwinden, nachdem man vernommen, daß Frankreich das

---

1) Vgl. hierzu den Bericht von Goes vom 6. April, Urk. u. Akt. Bd. 14 S. 380 f. und die Berichte Millets vom 4. und 11. April, Urk. u. Akt. Bd. 20 S. 44 ff.

2) Vgl. Urk. u. Akt. Bd. 12 S. 921 das Schreiben des Kurf. an Schwerin vom 1. April 1668, das sich offenbar auf die Verlobung des Kurf. bezieht.

3) Der litauische Großkanzler Christoph Pac.

4) Michael Pac, litauischer Großfeldherr.

armistitium nicht länger als bis ultimo Martii continuiren wolle und sonst auch andere Scrupulen machet. Und haben I. Durchl. mir gestern gesaget, daß Sie ehister Tagen ein Schreiben vom Könige in Engelland vermuteten, dadurch er Sie zur Eintretung in die Haagische Alliance invitiren würde. Es däuchte Ihnen aber noch Zeit genug zu sein, indem Sie noch nicht sehen, daß E. Kgl. Maj. darunter auch eine gewisse Entschließung genommen. Mit denen Holländern würde es, wenn keine andere Leute dazu kämen, auch nicht zum besten zu Lande bestellet sein." —

P. S. W. hat ferner zu berichten, „daß I. Churfl. Durchl. diese Tage mit großem Verlangen auf einige Briefe von Cassel gewartet. ..Ich habe .. erfahren, daß solche impatience dahero verursachet, weiln die Frau Landgräfin von Cassel nach Hertzberg verreiset gewesen, umb des hochseligen Fürsten von Lünenburg Christian Ludwigs Frau Witwen die Visite zu geben und dabei vielleicht eine Heirat zu stiften, maßen denn I. Churfl. Durchl. bei endlicher Erlangung der Briefe eine große Vergnügung sollen haben verspüren lassen. Und soll dieses Werk so insgeheim ohne Zuziehung der Räte getrieben werden [1]". —

Resident H. Wolfradt an die Vormundschaftsregierung. D. Berlin 22. April 1668.

[Wirkung des spanisch-französischen Friedens in Berlin. Blumenthals Mißerfolg in Wien.]

Über den Abschluß des spanisch-französischen Friedens ist man sehr erfreut. 2. Mai
„Die hiesigen ministri vermeinen sich bei diesem Werke dergestalt wohl comportiret zu haben, daß sie dem Kaiser und Spanien en effect nichts zuwidern getan, Frankreichs Affection beibehalten und daneben in dem polnischen Werke viel gewonnen haben. Der kaiserliche Minister bezeuget über diesen Frieden .. gar weinig Vergnügung, der französische eine indifference, als wenn culpa Hispanorum daran noch zu zweifeln. Beiderseits aber haben sie E. Kgl. Maj. Moderation bei diesem Werke gegen mich zum höchsten gerühmet, weiln Dieselbe durch Aufschiebung Dero Finalresolution numehr noch en estat wären, eines jeden Teils Freundschaft, welche Sie Dero hohen Interesse am zuträglichsten fünden, ohne öffentliche Ruptur mit dem andern zu embrassiren." —

Blumenthal ist vor einigen Tagen aus Wien zurückgekehrt. Er berichte, „daß daselbst wegen Zutretung zu dem polnischen Werke weinig Hoffnung zu machen, indem sie durch heimliche Correspondenz mit Moskow das Werk nur zu embrouilliren und schwer zu machen [suchten] und unterdessen ihre Partei zu Recommendirung des Herzogen von Lothringen formiren würden... Der Chevalier de Gremonville hätte solche habitude und affection zu Hofe, daß er nicht glaubete, daß der König einen mehr habilern Minister an den Ort zu schicken hätte finden können; und würde er über alle Maße und mehr caressiret, als einiger ander frembder

---

[1]) Vgl. Hein, Schwerin S. 250 f. und 401.

Minister. Aus welchen Discoursen wohl so viel abzunehmen, daß erwähnter Blumenthal alldaselbst nicht das beste accueil oder Expedition gehabt [1])". —

Resident H. Wolfradt an die Vormundschaftsregierung. D. Berlin 29. April 1668.

[Spanische Erbfolge. Keine Besorgnis des Kurf. vor gewaltsamem Vorgehen Frankreichs in Polen, wohl aber wegen einer russischen Kandidatur. Seine Zurückhaltung in der polnischen Thronfolgefrage.]

9. Mai Numehr wendet man allhie nebst der ganzen Welt die Augen darauf, was Frankreich bei so gehabter großen advantage und continuirender starken Armatur beginnen und wohin es sich wenden werde. I. Churfl. Durchl. vermeinen zwar, daß, wenn man mit einer guten Vorsichtigkeit procedirete, man die Sache wegen der künftigen Succession, im Fall dem Könige in Hispanien etwas zukommen sollte, durch eine gewisse Determination, was Frankreich alsdenn davon zu gewarten, per tractatus gnugsam heben könnte. Es scheinet aber, weiln Engelland und Holland diese Chorde nicht einmal rühren dürfen, daß es hernächst noch viel schwerer sein möchte, ante casum existentem davon zu tractiren.

Ich habe bei dieser Gelegenheit, da aus Herrn Appelbooms [2]) Correspondence ersehen, daß Frankreich soubs main einige Schiffsgefäße zu Transportirung etlicher Völker mieten solle, Anlaß genommen, mit dem Churf. zu reden, ob man auch wegen des vorhin projectirten Desseins nach Polen gar zu sicher sein könnte. Wogegen er zwar allerhand rationes angeführet, als daß er nicht absehe, wo dieselbe Völker zu Lande setzen könnten, da niemand derer, so über die Hafen zu disponiren, solches zugeben würde. Vom Könige in Polen wollte er versichern, daß derselbe davon nichts wüßte, weiln er nicht allein dazu geholfen, daß die littawsche Armee, deren Häupter von Frankreich dependiret, abgedanket, sondern auch gar resolviret wäre, sich im Notfall nach Elbingen zu retiriren, und auf solchen Fall einige Völker von dem Churf. zum renfort in selbige Stadt begehret, welche ich sonst glaube, man ihm dahin zu schicken nicht gerne abschlagen sollte. So wäre auch der König in Frankreich durch seine dem Churf. gegebene parole.. verbunden, von dem polnischen Wesen gänzlich abzustehen. —

Wegen der moskowitischen Faction in Polen scheinen I. Churfl. Ducrhl. noch einige Apprehension zu haben, maßen Sie mir gesaget, daß Sie von guter Hand gewarnt wären, die Abschickung, so Sie sonst nach Moscow destiniret, nicht werkstellig zu machen, damit nicht, weiln Moscow wüßte, daß Sie sich so weit für Neuburg interessiret, dem Gesandten einiger Schimpf widerfahren möchte. Darumb der Graf Dönhoff unter dem Schein einer zugestoßenen Unpäßlichkeit zurückebleiben und nur ein secretarius mit Briefen dahin gehen würde [3]).

[1]) Vgl. Urk. u. Akt. Bd. 12 S. 602 f., Bd. 20 S. 53.

[2]) Harald Appelboom, schwedischer Gesandter im Haag.

[3]) Vgl. oben S. 839.

Soviel ich sonsten aus denen mit I. Churfl. Durchl. und etlichen ministris gehabten Discoursen vernehmen können, deucht mir, daß Sie vermeinen, in dem Abdicationswerke so weit avanciret und richtig zu sein, daß der Tractat wegen des Königs Unterhalt und Retraite ganz zur Perfection kommen und von allen Seiten ratificiret seie[1]), und daß..man..dahero nicht sonderlich mehr auf die Vollenziehung des Tractats in Schweden, den Neuburg so hart urgiret, dringen werde, maßen man dem Pfalzgrafen von Neuburg durch Meinders, so en passant daselbst angesprochen, von dem, was in Frankreich negotiiret, part geben und zugleich erinnern lassen, daß der weinigste bruit und Suchung einiges appuys das beste Mittel seie, in Polen einige Affection beizubehalten[2]). —

Resident H. Wolfradt an die Vormundschaftsregierung. D. Berlin 13. Mai 1668.

[Polnische Thronfolgefrage, im besondern russische Aspirationen auf den polnischen Thron und Frankreichs Desinteressement.]

Berichtet, „daß I. Churfl. Durchl. mir beiliegende Proposition[3]), so der 23. Mai
moskowitische Gesandte in Hispanien getan haben soll, communiciren lassen und dabei zu vernehmen gegeben hat, daß man dessen Intention gnugsam daraus zu ersehen und nicht zu zweifeln hätte, daß sie an etlichen Orten adstipulatores und appuy finden würden, maßen mir auch solches der französische Minister mit mehren Umbständen versichert. Ich habe an beiden Orten repliciret, daß ich leicht zugeben und glauben könnte, daß Moscow solche Intention hätte und sich durch allerhand Mittel bewerben würde, dieselbe zu Werke zu richten; daß aber andere Potentaten eine solche präjudicirliche Sache zu secundiren sich unternehmen oder sie die cautionem de non coniungendis regnis istis gnugsam prästiren könnten, wäre fast nicht zu glauben. So hat mir auch dagegen der kaiserliche Minister beständig versichert, daß er .. von dergleichen Proposition ganz nichts vernommen, auch per rerum naturam dieses Anbringen nicht sein könnte, weiln der secundogenitus Moscki nur 7 Jahr alt und also zur Wahl vor der Hand inhabilis wäre. I. Churfl. Durchl. bleiben hingegen beständig dabei, daß der Polen variablen consiliorum halber man nicht ohne Apprehension in dieser Sache sein könne. —

Was aber auch hievon sein mag, so habe ich doch aus andern Discoursen, darinnen man die polnischen Sachen mit einer sonderbaren froideur vorbringet und vor mir cachiret, so viele zu judiciren, daß, je näher man dem Abdicationswerke gekommen, je weiter man solches zu werfen suche. Maßen die aus Frankreich zurückgekommene ministri nochmaln vom Könige in Frankreich neue

---

[1]) Vgl. v. Moerner S. 324 ff.

[2]) In einer Relation D. Berlin 6. Mai schreibt Wolfradt, der Kurf. erwarte die 16. Mai
Abdankung Johann Kasimirs, fürchte aber, daß „die französische gar zu große Recommendation oder appuy Neuburg verhinderlich sein möchte".

[3]) Vgl. Theatrum Europaeum Bd. 10 Teil 1 S. 901, Pufendorf, Lib. X § 74. Urk. u. Akt. Bd. 14 S. 383.

Versicherung mitgebracht, daß man daher nichts widerliches zu befahren, der Churf. auch noch zur Zeit Freunde und Anhang genug in Polen hat." —

Resident H. Wolfradt an den Reichskanzler. D. Berlin 17. Mai 1668.

[Kursächsischer Gesandter in Berlin.]

27. Mai Ein kursächsischer Gesandter Burkersrode ist eingetroffen[1]), dessen Sendung hauptsächlich dahin geht, „weiln der Herzog von Holstein[2]), so in Schweden den Tractat gemachet, am kaiserlichen Hofe gewesen und man ihm daselbst an Hand gegeben, daß der Churfürst von Sachsen in einige Verfassung sich stellen und mit dem Kaiser sich in Defensivalliance, welche aber mehrenteils, wie ich vernehme, auf das polnische Werk ein Absehen haben soll, einlassen sollte, er anhero geschicket, umb zu sondiren, wie weit man mit dem kaiserlichen Hofe bei des v. Blumenthals Anwesenheit sich einigen können oder anjetzo zu einer nähern intelligence mit dem Kaiser bei solchem Werke zu bringen sein möchte. Ich glaube aber, daß, wann er einig dessein hat, diesen Hof von Frankreich und der Neuburgischen Promotion abzuführen, mit welchen Österreich schwerlich de concert agiren wird, er in seiner Negotiation nicht sonderlich reussiren möchte." —

Die Vormundschaftsregierung an den Residenten H. Wolfradt. D. Stockholm 20. Mai 1668.

[Das schwedische Bündnissystem dient der Erhaltung des allgemeinen Friedens.]

30. Mai Übersendet eine Kopie des mit Brandenburg und Pfalz Neuburg geschlossenen Vertrages[3]). „Und verhoffen, daß Unsere nicht nur für des Herrn Pfalzgrafen besondern auch des Herrn Churf. Lbden Lbden Interesse darin declarirte Wohlmeinung ein gutes Mittel sein solle, das Band bisheriger Freundschaft noch weiter zwischen Uns und ihnen zu befestigen. Welches Ihr auch, soviel an Euch ist, auf allermögliche Weise zu cultiviren angelegen und Euch zu dem Ende auch bereit halten werdet, dem Herrn Churf. nacher Preußen folgen zu können, umb allda zu beobachten, was dessen vornehmste Verrichtungen allda sind, und ob auch etwas das polnische Werk angehend fürfallen möge. —

Sonsten sind Wir auch nun mit dem Kaiser[4]) in das gleichfalls copeilich beigehende foedus defensivum, auch mit Engel- und Holland in die bewußte Mediations-

---

[1]) Über die Sendung des kursächsischen Geheimen Rats Johann Friedrich von Burkersrode nach Berlin vgl. Urk. u. Akt. Bd. 12 S. 928, Bd. 14 S. 385, Bd. 20 S. 55, Auerbach, La diplomatie française et la cour de Saxe S. 320.

[2]) Vgl. oben S. 816, Urk. u. Akt. Bd. 12 S. 200 f.

[3]) Vgl. v. Moerner S. 328 ff., Urk. u. Akt. Bd. 12 S. 208 ff.

[4]) Vgl. Urk. u. Akt. Bd. 12 S. 212 f., Londorp, Acta Publica Bd. 9 S. 654.

alliance[1]) getreten. Gleichwie Wir aber bei Aufrichtung sotaner Bündnüssen kein ander Augenmerk als die Wiederbring- und Erhaltung des allgemeinen Ruhestandes gehabt, also verhoffen Wir auch, es werde diese Unsere heilsame Intention also und nicht anders auch dort bei dem Herrn Churf. angenommen und eine gleichmäßige Begierde gefunden werden, mit Uns in einem so gemeinnützigen Zweck zu cooperiren. Desfalls Ihr dann Gelegenheit nehmen werdet, Sr. Lbden solche Unsere wohlgemeinte Intention, gleichwohl nur als von Euch selbst und ohne das foedus an jemand zu communiciren, zu vernehmen zu geben und dabei sorgfältig nachzufragen, wie diese Unsere Entschließung allda, auch sonst hin und wieder, gedeutet werde.“ —

Resident H. Wolfradt an die Vormundschaftsregierung. D. Berlin 5. Juli 1668.

[Polnische Wahlangelegenheit, Schwedens Bündnisse mit dem Kaiser und mit Holland und England.]

— „Publica belangend so habe gestern mit dem Baron Schwerin wegen der dreien von E. Kgl. Maj. neulich geschlossenen Alliancen einen Discours gehabt. ..Wegen des ersten, mit Pfalz Neuburg geschlossenen foederis berichtete er, daß zwar hochgedachter Herr Pfalzgraf neulich an S. Churfl. Durchl. geschrieben und begehret, daß man solch foedus nur in forma declarationis des vorigen zwischen E. Kgl. Maj. und Churbrandenburg geschlossenen foederis perfectioniren möchte, damit die Polen nicht gar zu große ombrage von so vielen foederibus nehmen möchten, welches I. Durchl. sich auch gefallen lassen und Cracowen Ordre gegeben, im Fall res noch integra .. wäre, es also einzurichten und hernach vor seine Person nacher Hause zu kommen[2]). Widrigenfalls müßte es bei vorigem sein Verbleiben haben, und wären I. Churfl. Durchl. zufrieden, daß die ratificationes bei des Herrn Reichsfeldherrn Exc. ausgewechselt würden. 15. Juli

Bei solcher Gelegenheit und da wir auf der Zustand des Königreichs Polen kamen, berichtete er, daß der König bei der gegebenen Declaration, bei bevorstehendem Reichstage abdiciren zu wollen, beständig verbleiben würde, ohngeachtet der Vermutung, so einige hätten, ihn noch auf andere Meinung zu bringen; denn soviel ihm des Königs humeur und die jetzige Conjuncturen bekannt wären, wüßte er, daß er tenax propositi und unter dem Könige und Ständen große Feindschaft wäre. ..Wegen Moscow bezeugete er noch große Apprehension zu haben“, meinte aber, „wenn schon Moscow einiger Orten Affection finden sollte, daß doch maior et potior pars reipublicae pro Neoburgico stehen würde. Der Kaiser beginnete auch schon bessere consilia und Gedanken zu führen, weiln er durch Mairen-

---

[1]) Vgl. Londorp, Acta Publica Bd. 12 S. 653.

[2]) Vgl. Urk. u. Akt. Bd. 12 S. 213. Bereits D. Gröningen 11. Juni 1668 hatte der Kurf. der Vormundschaftsregierung angezeigt, daß er Krockow gestattet hätte, seiner Privatangelegenheiten wegen zeitweilig zurückzukehren.

berg [1]) sich erklären lassen, daß er contra Neoburgicum nichts zu sagen hätte und, wenn der casus käme, sich super recommendatione auch wohl auslassen wollte [2]). In welcher guten Meinung der Kaiser noch mehr bei des Giesen und des Herzogen von Neuburgs selbsteigner Ankunft nach Wien bestärket werden dürfte.

Bei welcher Gelegenheit, wie ich Anlaß nahm, dieses schon als einen Effect der zwischen E. Kgl. Maj. und dem Römischen Kaiser gemacheten guten Correspondence anzuziehen, kamen wir auf das andere foedus cum imperatore, worüber seinem Bericht nach S. Churfl. Durchl. sich umb so viel mehr erfreuen sollen, als Sie von langen Jahren an Stiftung solches guten Vertrauens gearbeitet und gleichsam den ersten Grund dazu legen helfen [3]), könnten auch nicht anders als wohl dabei fahren, weiln I. Churfl. Durchl. Länder so situiret, daß sie zwischen diesen beiden Potentaten einliegen und also bei einigem sich ereugenden Mißverständnüß immer mit leiden müßten.

Wegen der triplen alliance .. konnte ich keinen großen applausum bei ihm vermerken, weiln er vermeinete, daß dieselbe wegen der Verweigerung der Subsidien stutzig geworden wäre oder noch werden könnte.“ —

Resident H. Wolfradt an die Vormundschaftsregierung. D. Berlin 7. Juli 1668.

[Die Kurfürstin. Russische Kandidatur in Polen. Der Kurf. hat polnische Anregungen, selbst in Polen zu kandidieren, abgelehnt. Sein Eintritt in die Tripleallianz.]

17. Juli Hat beim Kurfürstenpaar Audienz gehabt und seinen Glückwunsch zur Vermählung abgelegt. „Soviel sonst hochgedachter Churfürstin Person betrifft, ist dieselbe von einer advantageusen taille, aggreablen mine und freundlichen gütigem abord und wird zwischen derselben und dem Churf. eine sonderbare große Liebe verspüret, weiln sie gemeiniglich nicht lange von einander bleiben.“

Im Anschluß an diese Audienz hat er mit dem Kurf. ein Gespräch über die neuen Bündnisse Schwedens gehabt. Er hat „Moscows und Pacen meneen gar gefährlich“ gemacht und W. gebeten zu berichten, daß der Zar stark rüste und gegen Schweden gefährliche Desseins vorhätte, wie ihm zuverlässig gemeldet sei. Weiter hat der Kurf. erwähnt, „daß der Großfürst einen höflichen Brief anhero geschrieben, den Sie mir auch wollten communiciren lassen, und unter andern nebst E. Kgl. Maj. Mediation zu Erhaltung eines ewigen Friedens in Polen auch seine, des Herrn Churf., gute officia begehret, welches, wie es mit vorigem nicht wohl zu accordiren, so glaube ich, daß man die ombrage nur dahero machen wollen, umb das negotium abdicationis in Polen viel mehr zu poussiren und E. Kgl. Maj. nachdrückliche Cooperation desto ehe zu erhalten, welches denn daraus noch mehr zu schließen, daß man sich immer stellet, noch in Zweifel zu stehen, ob sich der König wegen der Abdication nicht bedenken würde. —

---

[1]) Augustin v. Mayernberg, kaiserlicher Gesandter in Polen.

[2]) Vgl. Urk. u. Akt. Bd. 12 S. 373, 376 f.

[3]) Vgl. Urk. u. Akt. Bd. 14 S. 302 f.

Wie ich darnächst auf die von E. Kgl. Maj. mit dem Römischen Kaiser geschlossene Alliance kam.., haben I. Churfl. Durchl. sich zwar äußerlich nicht anders vermerken lassen, als daß Ihr solches sehr angenehm wäre, weiln Sie vorlängst schon an solcher guten Correspondence arbeiten helfen. Gleichwohl habe ich an dero Mienen einige Änderung sehen können, als wenn dieses Werk ihm einig Nachdenken verursachete, zumaln Sie fort auf den locum communem gefallen von denen langsamen widerwärtigen consiliis am kaiserlichen Hofe, und daß E. Kgl. Maj. wohl in der Tat befinden würden, daß Sie darauf keinen großen Staat zu machen hätten.

Welche widrige Ausdeutung ich daher glaube entstanden zu sein, daß Sie eben mit der polnischen Post Nachricht bekommen, als hätte man in Polen ausgesprenget, daß Sie mit 14 000 Mann nach Preußen aufbrechen und Elbingen einnehmen wollten, dahero die Polen sich verlauten lassen, daß sie sich zusammenziehen und I. Durchl. die Passage nach Preußen mit Gewalt wehren wollten[1]). Wegen welches Gerüchtes Sie den kaiserlichen ministrum Mairenberg in Verdacht halten. Wobei Sie mir denn nochmaln gar hoch beteuret, versichert zu sein, daß der Kaiser Moscow supportiren würde, und ein Expresser deswegen nach Moscow abgefertiget wäre[2]).

Ich habe solches in Respect I. Churfl. Durchl. leicht glauben zu können repliciret, aber nicht, daß es dem Kaiser ein Ernst sein würde. Weiln Sie aber hart darauf bestanden, habe ich abgebrochen und im Scherz beigebracht, aus einer polnischen Relation gesehen zu haben, daß man große Reflexion auf I. Churfl. Durchl. eigene Person, umb Dieselbe bei der Wahl in Consideration zu ziehen, machete. Worauf Sie mir zugestanden, daß die Polen sich oft dessen gegen Sie verlauten lassen, auch zu beschaffen angenommen, daß sie die Freiheit erlangeten, einen evangelischen König wählen zu können, er aber solches jederzeit decliniret, daß die Herren Polen verhoffentlich an ihm nicht mehr gedenken würden; und wären seine Lande so situiret, daß er ohne Erweckung großer jalousie daran nicht gedenken könnte, wäre ihm auch besser geraten, einen guten Freund und Nachbarn in Polen als die Krone selbst zu haben[3]).

Wegen der triplen alliance sagte er öffentlich, daß er darin zu treten denen Holländern glatt abgeschlagen[4]), könnte auch nicht glauben, daß dieselbe bestehen würde, weiln Frankreich quovis modo einen oder andern davon abzuziehen sich angelegen halten und die Holländer wohl endlich erfahren würden, was sie an Frankreich hätten.“ —

---

[1]) Vgl. Urk. u. Akt. Bd. 12 S. 370.

[2]) Vgl. oben S. 839.

[3]) Vgl. Pufendorf, Lib. X § 75, Urk. u. Akt. Bd. 12 S. 391, Bd. 14 S. 419 f.

[4]) Vgl. Urk. u. Akt. Bd. 12 S. 756 ff., 858 ff.

Die Vormundschaftsregierung an den Residenten H. Wolfradt. D. Stockholm 11. Juli 1668.

[Anfrage über die Stellung des Kurf. zur Rekommendation des Pfalzgrafen von Neuburg in Polen.]

21. Juli „Als nunmehr aus Polen bei unterschiedlichen Posten versichert worden, daß der König vom Regiment abzutreten ernstlich entschlossen.., und Wir Uns nun guter maßen erinnern, wie Wir auf solchen Fall Unsere Recommendation dem Herrn Pfalzgrafen von Neuburg versprochen und mit dem Herrn Churf. und hochgedachtem Pfalzgrafen Uns auch mittelst dem Euch bekannten Bündnüß bereits würklich vereinbaret, wie solche Recommendation von Uns geschehen und auf was Weise Wir auch, wann der Herr Pfalzgraf par maiora ordinum Poloniae suffragia und also rite zur Kron erhalten werde, denselben wider alle auswärtige Gewalt und Eintrag dabei kräftigst zu conserviren gehalten sein sollten, Wir auch nun sotanem Unserm Versprechen mit aller Aufrichtigkeit ein Genügen zu tun fürhabens und den Herrn Churf. mit gleicher Integrität dazu portiret zu sein nicht zweifeln, so haben Wir demnach der Notdurft zu sein erachtet, daß, weilen der casus foederis nun für der Tür zu sein und Unser beiderseits Confoederirten sorgfältige Beobacht- und Erfüllung der an Pfalz Neuburg getanen Zusage zu erfordern scheinet, Wir mit dem Herrn Churf. Uns in Zeiten beraten möchten, wie Wir beiderseits am füglichsten, auch der Republique am behäglichsten solche Recommendation für Pfalz Neuburg einbringen und sonsten ein und andere ersprießliche officia weiter in Pfalz Neuburgs faveur und zu Facilitirung dessen lobwürdigen desiderii prästiren und beitragen können." Er soll daher möglichst bald den Kurf. fragen, „wie S. Lbden vermeinen, daß man nun Unser beiderseits Wohlmeinen für den Herrn Pfalzgrafen der Republique insinuiren, gefällig machen und darunter einen erwünschten Ausschlag zu Salvirung der Republique Freiheit und Unser beiderseits dabei versirenden so augenscheinlichen Interesse zu wege bringen können, allermaßen solche beide Stücke nicht einer geringen Gefahr exponiret werden dürften, im Fall man die Hände in den Schoß legend, das Werk bloß ansehen und dadurch geschehen lassen wollte, daß ein solcher Herr, als Muschowiter, seine Intention erreichete und bei habendem einem so starken Rücken sowohl die polensche Libertät unter die Füße träte als auch allen Benachbarten mit einem dergestalt schweren Gewicht auf den Armen läge; welchen hazard hoffentlich die Republique selbst voraussehen und demnach mit dero wohlintentionirten Gliedern dieselbe, so bloß ihres Eigennutzes halber für solche Partei stehen, leicht hoffentlich überstimmen und zurückhalten wird." W. soll die Ansicht des Kurf. hierüber sofort berichten.

Resident H. Wolfradt an die Vormundschaftsregierung. D. Berlin 12. Juli 1668.

[Polnische Thronfolgefrage.]

22. Juli Der Bischof von Béziers ist in der Nähe eingetroffen. „Und nachdem

Herr Schwerin zu Köpenick eine Conference mit ihm gehalten, die entrevue aber mit dem Churf. wegen der Competenz zu beiden Seiten decliniret worden, hat man dennoch das expediens gefunden, daß I. Churfl. Durchl. als spaziren fahrende denselben gestern gegen Abend im offenen Felde rencontriret und über eine Stunde mit ihm gesprochen, davon Sie mir hernach über der Tafel, weiln Sie en particulier zu entreteniren ich nicht Gelegenheit haben mögen, nur dieses in generalibus gesaget, daß in Polen alles wohl ginge, außer daß man vor Moskow große Apprehension hätte und zu der Sache etwas mehres tun müßte, welches ich denn von dem Rat Meinders vernommen dahin zielen soll, daß man durch Engelland am türkischen Hofe etwas unterbauen zu lassen suchen möchte, damit Polen auch von dannen aus von solcher Promotion abzustehen ermahnet würde [1]).

Der Herr Béziers wird gleichwohl heute hereinkommen." —

Resident H. Wolfradt an die Vormundschaftsregierung. D. Berlin 15. Juli 1668.

[Meinung des Kurf. über die Aussichten des Pfalzgrafen von Neuburg auf den polnischen Thron. Reise des Kurf. nach Preußen.]

Der Kurf. hat mit ihm über Béziers Darstellung der Verhältnisse in Polen gesprochen, „welches hauptsächlich dahin zielet, daß in Polen alles wohl vor Neuburg stünde und die Gemüter ziemlich präpariret wären; und obwohl bei etlichen die moskowitische Partei prävaliren möchte, dieselbe auch von dem Kaiser fomentiret würde, nicht eben, daß sie reussiren, sondern dadurch nur eine innerliche Diversion in Polen angerichtet werden sollte, damit bei solcher Gelegenheit sie tertium, nämlich den Herzog von Lothringen, einschieben könnten, so glaubeten Sie doch, daß solches alles vergebens sein und auf allen Fall, da eine innerliche Unruhe entstehen sollte, potior pars reipublicae pro Neoburgico stehen und derselbe durch E. Kgl. Maj. und sein, des Herrn Churf., support gnugsam durchdringen würde. — 25. Juli

Begehreten im übrigen von mir, bei E. Kgl. Maj. alleruntertänigst Erwähnung zu tun, daß man in casum abdicationis (welche numehr so fest gesetzet, daß der König davon nicht abstehen würde, es wäre denn, daß er gar zu große advantage vor Moskow sehen sollte) nicht allein in Zeiten parat sein möchte, jemand zur Recommendation hineinzuschicken, sondern auch, weiln E. Kgl. Maj. mit Engelland in so gar gutem Vertrauen stünden, daß dasselbe auch zur Recommendation und durch dessen ministrum an der türkischen Pforten zu beschaffen obligiret würde, damit der Türke einige ombrage von der moskowitischen Wahl nehmen und Polen davon dehortiren möchte.

Sie würden auf der Reise nach Preußen außer Ihrer Garde zu Pferde keine Völker mitnehmen, umb denen Polen keine ombrage zu geben, hätten ihnen auch solches notificiret, würden aber gleichwohl alle Zeit so parat sein, daß Sie in kurzer

[1]) Vgl. Urk. u. Akt. Bd. 12 S. 370 ff.

Zeit mit ein 12 à 14 000 Mann der Republic, dafern sie notleiden würde, zu Hülfe kommen könnten, zweifelten auch nicht, E. Kgl. Maj. würden sowohl aus eben dieser Consideration als weiln man nicht wüßte, was im Römischen Reiche sich vor Fälle und Veränderungen begeben könnten, Ihre in Teutschland stehende Armee noch eine Zeit lang bei einander lassen." —

Resident H. Wolfradt an die Vormundschaftsregierung. D. Berlin 26. Juli 1668.

[Polnische Thronfolgefrage; Kurf. gegen Österreich gereizt. Zusammengehen mit Schweden zugunsten Pfalz-Neuburgs.]

5. Aug. W. hat „auf eingelangete Nachricht aus Polen, als ob die französische Partei vor den Prinzen von Condé wieder rege werden soll, sowohl mit I. Churfl. Durchl. selbst als dem Herrn Schwerin geredet und sondiret, ob daran etwas sein möchte. Da sie denn zu beiden Teilen solches nicht anders als ein spargement oder ja ein artifice der österreichischen ministrorum gehalten, welche dadurch die französischen consilia und also die vor Neuburg künftiger Zeit interponirende officia immer mehr und mehr verhasset zu machen sucheten, gestalt sie denn zu solchem Ende alle dergleichen Zeitungen debitirten, als ob der Churf. armata manu den Herzog von Neuburg suchete zu introduciren. Und wollte man mich wohl versichern, daß, wenn man die geringste mine nur an Frankreich verspürete, daß sie ihren vorigen Desseinen inhäriren wollten, man es allhie als einen sonderbaren affront aufnehmen und auf weit andere consilia verfallen würde.

Die Ratification über den letzt geschlossenen Tractat ist schon fertig, umb bei des Herrn Reichsfeldherrn Exc. auswechselt zu werden. Man will aber, wie es scheinet, erstlich von Crackowen Nachricht erwarten, ob auch etwas in formalibus geändert, weiln in Vorschlag kommen, daß man dieses als eine declarationem prioris foederis einrichten wollte [1]). Indessen vermeinete Herr Schwerin, hochnötig zu sein, daß von E. Kgl. Maj. des Herrn Reichsfeldherrn Exc. je ehe [je] lieber wegen Dero allergnädigsten Intention informiret werden möchte, damit man sich mit ihm super modo agendi besprechen und auf alle schleunige Vorfallenheiten ein wachendes Auge haben könnte." —

P. S. Wie er hört, soll er nächstens durch „Herrn Bluhme" ersetzt werden [2]).

Resident H. Wolfradt an die Vormundschaftsregierung. D. Berlin 29. Juli 1668.

[Verwendung Schwedens und des Kurf. für Pfalz-Neuburg in Polen.]

8. Aug. Auf Grund der Verfügung vom 11./21. Juli hat W. „nicht allein mit Sr. Churfl. Durchl. selbst vorgestern und gestern, da Sie eben in procinctu gestanden,

[1]) Vgl. oben S. 845.

[2]) Vgl. unten S. 852 ff.

dero Reise anzutreten, sondern auch auf dero Veranlassung mit dem Herrn Baron Schwerin, Blaspeil und Meinders aus dieser Sachen ausführlich geredet und E. Kgl. Maj. aufrichtige und heilsame Intention mit mehrem vorgestellet. Also hat man darüber zwar große Satisfaction contestiret und zu aller dienlichen Cooperation sich anheischig gemachet. Wie ich aber ad specialia gehen und ihre Meinung darüber vernehmen wollen, habe ich einige retiratezza verspüren müssen, indem man nicht gerne von dieser Seiten den Anfang machen zu wollen geschienen, sondern vermeinet, es müßte von E. Kgl. Maj. als potiori parte paciscente und Welche insonderheit wegen des moskowitischen Desseins dabei gar merklich interessiret wären, der erste Vorschlag geschehen. Worauf ich mit mehrem angeführet, daß E. Kgl. Maj. weit von Polen entfernet, keinen ministrum von sonderlicher Autorität jetziger Zeit daselbst hätten und also nicht sowohl als I. Churfl. Durchl., welche so viel näher die Correspondence hätten, von des Königreichs Zustande und Veränderungen informiret sein könnten. So wären auch bei Reussirung der moskowitischen Intention I. Churfl. Durchl. und viel andere Potentaten nicht weiniger als E. Kgl. Maj. interessiret, und endlich bei diesem negotio mehr Gefahr als von Moskow allein zu vermuten. Im Fall nun I. Churfl. Durchl. dero Gedanken dahin offenbaren wollten, wie man der Republic Freiheit am besten conserviren und alle gefährliche machinationes abwehren könnte, würden E. Kgl. Maj. sich schon hinwiederumb auslassen, durch was Mittel das moskowitische Dessein aufs schleunigste und kräftigste zu hintertreiben.

Ob sie mir nun solches zugestehen müssen, habe ich doch nichts als lauter generalia von ihnen vernehmen können, daß man erst bei der Überkunft nach Preußen in der Nähe sehen würde, wie sich alle Sachen in Polen anließen. Wenn denn E. Kgl. Maj. gefällig sein möchte, weiln Sie doch jemand der Ihrigen, so etwas näher von Dero .. Intention unterrichtet, nach Polen schicken würden, umb zu rechter Zeit die Recommendation zu interponiren, denselben dahin zu beordren, daß er sich bei Sr. Churfl. Durchl. so lange, bis es die Zeit zu sein geachtet würde, nach dem Wahltage zu gehen, aufhalten möchte, wollte man nicht allein mit demselben alles concertiren und überlegen, sondern auch indessen mit allen Posten mit des Herrn Reichsfeldherrn Exc. über dem Werke communiciren, nicht zweiflend, E. Kgl. Maj. bei demselben solche Disposition super modo agendi veranlassen würden, damit man auf alle schleunige emergentia ein wachendes Auge haben und mit gutem Nachdruck der Sachen Rat schaffen könnte. Es hätte Cracow geschrieben, daß E. Kgl. Maj. Herrn Lilliehöken schicken wollten, umb bei Sr. Churfl. Durchl. so lange sich aufzuhalten, bis es Zeit wäre, nacher Polen zu gehen, und vermuteten Sie denselben in Preußen vor sich zu finden, welches Ihnen umb so viel lieber sein sollte, als Sie gerne jemand hätten, so von E. Kgl. Maj. gnädigsten Intention völlig informiret; zumaln da die Polen so wankelmütig wären, und in diesem Werke auf einige fermeté kein Staat zu machen. — Der ganze Ausschlag ging endlich dahin, daß man denen Polen zwar keine ombrage machen müßte, als wenn man mit Gewalt etwas tentiren oder ihnen jemand aufdringen wollte, gleichwohl aber indessen auf seiner Hut und in omnem casum armiret stehen müßte, gestalt denn S. Churfl. Durchl. versicherten, daß

Sie auf solchem Fall mit 12 000 Mann marchiren könnten. Wann nun E. Kgl. Maj. Dero Trouppen in denen teutschen Provincien stehen ließen und in Livland auch mine macheten, einige Völker an die Grenze zu verlegen (welches Sie als ein sonderliches expediens, umb die Gemüter von Moskow abzuschrecken, vorschlugen), vermeineten Sie, der Sache würde gnugsam geraten sein.

Soviel ich sonst von dem Werke penetriren können, däucht mir, daß diese retiratezza bei ihnen daher entstanden, daß sie vermeinet, E. Kgl. Maj. hätten bei so langer Traisnirung dieses Werks noch immer ein Absehen auf Österreich gehabt, und wäre bei dem letzten foedere darüber etwas secretes verabredet, und denn, daß Cracow noch mit letzter Post vom 15. dieses geschrieben, wie ich denn solchen Brief gesehen, daß man gegen ihm sich einiger mesfiance vermerken lassen, als ob man I. Churfl. Durchl. in Verdacht hielte, daß Sie selbst nach der Kron Polen trachteten. Ich habe das letztere als eine gar zu große Sorgfalt von Cracowen interpretiret, der vielleicht aus einem und andern particulier Discoursen solche Consequence genommen, und versichert, daß E. Kgl. Maj. gar wohl persuadiret, es würden S. Churfl. Durchl. nach einer solchen Sache, so impracticabel und so weinig mit anderer Potentaten als dero eigenem Interesse compatibel wäre, garnicht streben; wie denn E. Kgl. Maj. ich wohl .. versichern kann, daß darauf dieses Orts keine Gedanken sind. Bei dem ersten Punct habe ihnen die Indignität mit mehrem remonstriret, daß man übel täte, von E. Kgl. Maj. Sincerität solche Gedanken zu schöpfen, als ob Dieselbe pari passu, ja eodem momento mit Österreich etwas bereden und gleichwohl mit Sr. Churfl. Durchl. ein anders schließen sollten; und glaubete ich ehe, daß die bei Österreich wegen des polnischen Werks interponirte officia mehr vor Neuburg als denselben zuwidern sein würden, wie man mir auch zustehen müssen, daß sich der kaiserliche Hof numehr ein weinig geändert, der Herzog von Lothringen von dannen abgereiset, und man auch anfinge, das moskowitische Werk ein weinig mehr daselbst zu apprehendiren.“ —

Instruction, welche I. Kgl. Maj. Rat und nunmehr nacher dem Churbrandenburgischen Hof destinirter Resident .. Reinhold Bluhme zu beobachten. D. Stockholm 6. August 1668 [1]).

16. Aug. „Nachdem I. Kgl. Maj. Dero an selbigem Hofe bestallt gewesenen Residenten Wolfradt nacher Pommern zu einer anderwärtigen employ abgefordert [2]) und dannenhero nötig gefunden, einen andern capablen ministrum wiederumb an dessen Stelle zu verordnen, welcher die .. sich dann und wann herfürgebende Affairen allda in loco beobachten und dasjenige, was I. Kgl. Maj. sowohl des mit Sr. Churfl. Durchl. gemeinhabendem als Ihrem absonderlichem Interesse darbei wahrzunehmen haben, in Zeiten erinnern könne, fürnehmlich da I. Kgl. Maj. wegen der Reichs- und Kreissachen, wegen des obhandenen und noch ärger imminirenden Unwesens in Polen, wegen verschiedener nachbarlichen Irrungen,

[1]) Bluhm war 1668—1672 Gesandter bei Kurpfalz, 1672/73 beim Reichstag.

[2]) Wolfradt war im Juni 1668 zum pommerschen Regierungsrat ernannt worden.

wegen der unter sich habenden verschiedenen Bündnüssen gar viel Angelegenheiten in acht zu nehmen und darüber mit einander zu communiciren haben," so soll B. den Kurf. ungesäumt in Berlin oder in Preußen aufsuchen.

Bei der Antrittsaudienz soll er ausführen, daß nach Abberufung Wolfradts „I. Kgl. Maj. gleichwohl diese Ihr so angelegene Post wiederumb mit seiner Person besetzen wollen, allermaßen das Interesse, welches I. Kgl. Maj. mit S. Churfl. Durchl. sowohl des gesambten evangelischen Wesens als vieler anderen aus denen Reichs- und Kreisnegotien oder beiderseits, als in so vielen Orten Benachbarten, .. Angelegenheiten halber hätten, von der Natur, daß es vielen aus denen Zeiten und Conjuncturen herrührenden Veränderungen, auch zuweilen allerhand ungleichem rapport und heimlichen Nachstellungen unterworfen, und demnach die Notdurft bevorab die Aufrechterhaltung und Cultur einer beständigen Freundschaft erforderte, daß, gleichwie I. Churfl. Durchl. Ihren Abgesandten bei I. Kgl. Maj. Hofe etliche Jahre gehabt, derselbe auch die Zeit über eine sonderbare Fürsorge und Dexterität bezeuget, umb selbiges gemeinnützige Werk eines sinceren guten Vertrauens recht in seinem Grunde zu befestigen, I. Kgl. Maj. auch verhoffeten, daß Ihro bei Sr. Churfl. Durchl. bishero gewesener Minister zu Obtinirung selbigen heilsamen Werks mit gleicher Integrität und Begierde gearbeitet hätte, als I. Kgl. Maj. noch weiter jemand bestelleten, welcher in so salutairem negotio vigilirete".

Von den Ministern soll er namentlich den Fürsten von Anhalt begrüßen „und diesen von der Affection, welche I. Kgl. Maj. ihm seiner I. Kgl. Maj. Herrn Vatern geleisteten tapferen Kriegesdienste halber annoch beständig zutrügen [1]), versichern und sodann weiter auch seine Gedanken auf die churfl. consilia und actiones, welcher gestalt dieselbe jetziger Zeit geführet und intendiret werden möchten, richten und dieselbe dieser maßen einteilen, daß er abzumerken und in Erfahrung zu bringen trachte, wie S. Churfl. Durchl. mit den Königen, Potentaten und Republiquen außer dem Römischen Reiche, 2. mit Haupt und Gliedern in demselben, 3. mit I. Kgl. Maj. und denen dem Churf. an so vielen Orten benachbarten Landen und 4. in Ihrem eigenen Hause und Churfürstentumb stehe.

Soviel nun das erste dem Residenten B. anbefohlene Augenmerk anbetrifft, hat er zuvorderst auf Frankreich zu sehen und in acht zu nehmen, was für Correspondence und Vertrauen zwischen selbigem Könige und Sr. Churfl. Durchl., und auf welch Intent dasselbe und die zwischen ihnen dann und wann geschehende Abschickungen gerichtet sein. Und weilen es jetziger Zeit fürnehmlich das polnische Wesen ist, worauf Frankreichs Negotiation mit Churbrandenburg eine Weile hergegangen und darauf auch die Verbündnüß gerichtet, die Frankreich mit dem Churf. ohnlängst geschlossen — —, so wird .. B. zu erforschen Fleiß anwenden, ob der König und Churf. darunter annoch einerlei visée, und was sie, umb mit derselben bei gegenwärtigem verwirretem Zustande in Polen und bei so großer Mißhelligkeit der Gemüter daselbst durchdringen zu können, für Hoffnung und Mittel haben; gestalten I. Kgl. Maj. gnugsam sehen, daß, ob Sie auch selbst schon

[1]) Vgl. Müsebeck in Forschungen zur brand. u. preuß. Gesch. Bd. 16 S. 480 ff.

eben selbigen candidatum der Republique behaglich zu machen fürhabens, die Sache gleichwohl sehr delicat zu hantiren und nicht ohne große Behutsamkeit und Mühe ein erwünschtes Auskommen dabei zu finden sei. Im Fall noch etwas mehres zwischen ihnen beiderseits geschlossen und noch weiter in Handlung, wird es mit der Zeit dem Residenten nicht fehlen, darunter vollends auf den Grund sehen zu können."

Weiter hat B. zu erkunden, wie der Kurf. mit England steht.

Ungeachtet der Quadrupelallianz, die aus Besorgnis vor Schweden geschlossen ist, sprechen verschiedene Gründe für die Lockerung der Freundschaft des Kurf. mit den Generalstaaten; namentlich dürfte auch Frankreich die Lösung des brandenburgisch-holländischen Einvernehmens sich angelegen sein lassen, solange es mit den Generalstaaten schlecht steht.

„Außer Reiches nimmt der Churf. wohl seine größeste Reflexion auf das polnische Wesen. Und weiln I. Kgl. Maj. dessen wegen nicht weniger Sorge zu tragen und bevorab jetziger Zeit darauf ein wachsames Auge zu wenden desto größere Ursach haben", als der Rücktritt des Königs nahe bevorsteht, „desfalls dann I. Kgl. Maj. billig mit aller Sorgfalt, und so viel nur immer durch Ihr äußerstes Vermögen zu erreichen sein wird, dahin sich zu bemühen haben, wie ein solcher König in des abtretenden Stelle wiederumb gewählet werden möge, welcher der Republique anständlich, auch I. Kgl. Maj. und Dero Kron Interesse nicht zuwidern sein möge, und gleichwie I. Kgl. Maj. gnugsam bekannt gewest, daß dem Herrn Churf. eben selbige Fürsorge obliege," so habe er mit diesem die beiden Bündnisse zur Beförderung des Pfalzgrafen von Neuburg geschlossen. „Und verhoffen I. Kgl. Maj. in solchem Ihrem wohlgemeintem Fürhaben einen so viel mehrern Beifall durchgehends zu finden, als die Republique in Polen, wann sie den größesten Teils zu Conservation ihrer Freiheit angesehenen heilsamen Zweck desselben beherzigen will, ja nicht anders als I. Kgl. Maj. für solche rühmliche Fürsorge höchst obligiret sein, der Kaiser, weilen er aus seinem Hause niemand zum Candidaten fürzustellen, auch wegen des Herrn Pfalzgrafen Beforderung die geringste Aversion bishero nicht gewiesen hat, mit Fug dawider nicht setzen, viel weniger Frankreich es nun übel deuten und sich demselben zuwidern legen kann. — Desfalls nun diese und mehr andere Potentaten in Europa lieber dieser I. Kgl. Maj. gemeinnützigen Intention hoffentlich beipflichten als dem Moskowiter seinen Sohn dazu zu erheben und mittelst solcher Wahl beides, die Freiheit der Republique und dann auch die Sicherheit aller Benachbarten in eine so augenscheinliche Gefahr zu setzen zu- und freilassen werden.

Als man nun die Abdication des Königs bereits festgestellt zu sein .. und zu dem Ende auch des Herrn Churf. Reise nacher Preußen angesehen zu sein vermeinet, so halten demnach I. Kgl. Maj. umb so viel nötiger, daß der Resident Bluhme Sr. Churfl. Durchl. dahin folge und sorgfältig beobachte, ob und wie weit Deroselben dort führende consilia und actiones mit demjenigen, worüber Sie sich in denen .. beiden foederibus mit I. Kgl. Maj. vereinbaret, übereinkommen oder abstimmig sein. Gleichwie aber I. Kgl. Maj. dieses nicht befürchten, besondern vielmehr den Churf. bei seiner Pfalz Neuburg gegebenen Parole beständig annoch zu verharren glauben wollen, also wird auch der Resident Sr. Churfl. Durchl. .. von I. Kgl. Maj. festem Fürsatz, umb alles, was in selbigen Bündnüssen enthalten, getreulich zu erfüllen, versichern und Sr. Churfl. Durchl. .. Einraten und Gutfinden requiriren, wie die dann und wann bei der Sachen etwa erwachsende Difficultäten füglich aus dem Wege zu räumen und alles mit gutem succès glücklich auszuführen sein möge.

So zweifeln I. Kgl. Maj. nächst diesem auch daran nicht, daß der Churf. mit dem Könige in Dänemark gar wohl stehe und sie beiderseits nicht nur ratione obig gesagter mit Holland geschlossener Bündnüß übereinstimmen, besondern auch außerdem ein und anders nahe Verständnüß haben; wie dann zu deren mehrern Befestigung nicht nur die schon zwischen dem kgl. dänischen Prinzen mit Sr. Churfl. Durchl. Schwestertochter getroffene Heirat [1]) ein merkliches contribuiren kann, besondern man auch noch mehrer dergleichen Allianeen zwischen ihnen obhanden zu sein fürgibt. Worauf nun und die darab nach und nach herrührende operationes der Resident ein wachendes Auge haben und davon I. Kgl. Maj. allemal pertinente Nachricht überschreiben wird. —

Bei dem andern membro dieser Instruction wird der Resident insonderheit Obacht nehmen, wie der Churf. am kaiserlichen Hofe stehe. Gestalten, ob derselbe zwar mit Frankreich in gewisser Bündnüß begriffen, ratione Münsters gegen Holland fürgenommenen Krieges auch bei Frankreich gestanden und noch gegenwärtig an selben König große contestationes tue, so urteilen I. Kgl. Maj. gleichwohl auch billig aus vielen andern auf der Gegenseiten in Consideration kommenden rationibus, daß der Churf. seines Interesses halber nicht anders könne, dann sich auch am kaiserlichen Hofe in gutem Credit zu erhalten und insonderheit dahin nun nach allem Vermögen zu trachten, damit er den Kaiser disponire, umb mit ihm der polnischen Wahl halber einer Meinung zu sein. Es verlangen aber I. Kgl. Maj. für allem zu wissen, wie der Churf. mit dem Bündnüß, so I. Kgl. Maj. unlängst mit dem Kaiser geschlossen, zufrieden sei, und ob er nicht über solcher mit dem Hause Österreich eingegangenen Freundschaft jalousie tesmoignire [2]), wiewohl dieselbe an seiten I. Kgl. Maj. zu niemand Nachteil, besondern vielmehr zur Sicherheit und beständigen Tranquillität des Reiches angesehen; dergleichen heilsames Augenmerk I. Kgl. Maj. in dieser Ihrer Entschließung sowohl als in allen übrigen Ihren Actionen haben.

Weiter wird der Resident auch wahrnehmen, wie der Churf. mit andern Chur- und Fürsten im Reich stehe, was er mit dem ein und andern für absonderliche Vertraulichkeit pflege oder auch etwa zu streiten habe, insonderheit ob zwischen ihm und Chursachsen ein gutes Vernehmen, und ob er auch die Alliance, welche I. Kgl. Maj. für ungefähr 2 Jahren mit selbigem Churhause geschlossen .., mit einem guten Auge ansehe."

Wie der Passus betr. die Stellung des Kurf. zu den Reichsfürsten, so ist

---

[1]) Im Juni 1667 hatte sich die Nichte des Kurf. Charlotte Amalie von Hessen-Kassel mit dem späteren König von Dänemark Christian V. vermählt.

[2]) Vgl. oben S. 844 ff.

auch alles weitere nahezu wörtlich der Instruktion für Wolfradt vom 12./22. Dezember 1666 entnommen.

Zum Schluß heißt es: „Ob zwar I. Kgl. Maj. bei anfänglicher Einrichtung dieser Instruction willens gewesen, Dero Residenten B. sogleich dem Churf. zu Brandenburg auf Preußen nachreisen zu lassen,“ so ist später doch besser befunden worden, daß B. zunächst zu Kurpfalz nach Heidelberg zurückkehrt und sich dort verabschiedet, bevor er seinen Dienst bei Kurbrandenburg antritt.

Die Vormundschaftsregierung an den Residenten Wolfradt. D. Stockholm 12. August 1668.

[Wolfradt soll dem Kurf. nach Preußen folgen. Die Reduktion der Armee bedeutet keine Beeinträchtigung der Verpflichtung, für die Wahl des Pfalzgrafen von Neuburg zum König von Polen einzutreten.]

22. Aug. Ob Wir zwar aus Eurem letzterhaltenem Schreiben vernommen, welchergestalt des Herrn Churf. zu Brandenburgs Lbden allschon nacher Preußen abgereiset und Ihr aus denen dabei eröffneten Ursachen gut gefunden, Euch zurück nacher Pommern und zu der Euch allda aufgetragenen Function zu begeben, so verhoffen Wir gleichwohl, es werde Euch währender Zeit Unsere anderwärtige Ordre bereits zu Handen gekommen und daraus zu ersehen gewesen sein, daß Wir Euch annoch von solcher Reise nicht zu dispensiren vermocht, besondern es Unser endlicher Wille, auch Uns daran sehr hoch gelegen sei, daß Ihr bei hochgedachtem Churf. so lang verweilet, bis Euch der Rat Bluhme ablösen und einer Unser Ministren dieser Zeit und bei denen so importanten polnischen Affairen bei selbigem Hofe beständig zugegen sein und Uns von dessen consiliis gründlichen Unterricht stets erteilen könne. —

Daß Ihr aber dem Churf. .. auf Preußen nun ohne Verzug folgen möget, halten Wir jetzo umb so viel nötiger, als Wir die Entschließung ohnumgänglich nehmen und desfalls Unserm und Unserer Reiche Feldherrn die Ordre für einigen Tagen überschreiben müssen, daß er Unsere draußen in Bremen und Pommern gehabte Armee deslogiren, den dabei gewesenen Generalstab und die Artiglerie von einander gehen, die Nationalvölker zu Roß wieder ins Reich herübersetzen, von denen teutschen Knechten einen Teil nacher Livland und Schonen senden, die übrige in die Guarnisonen draußen einteilen, die geworbene Reuter in wenigere Regimenter einziehen und reduciren lassen solle, gestalten Uns und selbigen Unsern Landen ohnerträglich gefallen, eine so formirte und gleich zum Marsch stehende Armee mit so ohnsäglichen Kosten und ohn jemands Zuschub, so wie Wir diese drei Jahr hero bloß dem gemeinen Besten zu Steur, Uns und Unsern Untertanen aber zu einer höchstbeschwerlichen Last getan, also weiter auf eigene Kosten zu halten [1]).

Als nun Churbrandenburg und Pfalz Neuburg darüber vielleicht ohn-

---

[1]) Vgl. Wittrock in Hist. Tidskrift Bd. 33 S. 37 und Wittrock, Karls XI. förmyndares finanspolitik 1668—1672 S. 64 ff.

gleichen Argwohn nehmen und in die sorgliche Gedanken verfallen dürften, daß Wir bei fürgenommener solcher Reduction weder willens noch capabel wären, der Pfalz Neuburgischen Wahl solcher gestalt, als Wir im jüngst geschlossenen foedere versprochen, mit Nachdruck zu statten zu kommen, Wir auch dem churfl. .. Einraten, umb die Armee noch auf eine Zeit, also daß die Polen darauf Reflexion zu nehmen hätten, stehen zu lassen[1]), wenig Gehör gegeben hätten, so könnet Ihr demnach dem Herrn Churf. in Unserm Namen die .. Versicherung .. erteilen, daß, ob Wir zwar zu Dissolvirung Unserer Armee beregter maßen .. resolviren müssen, Wir gleichwohl deren Verlegung also eingerichtet, daß Wir sie auf den Notfall bald und noch stärker, als sie vorhin gewesen, wieder beisammen haben und zu Effectuirung desjenigen, wozu Wir Uns in Kraft des vorangeregten Bündnüsses verpflichtet wüßten, so, als es zu rechtmäßiger Beforderung der Sachen einmütig gut befunden wurde, würklich employiren könnten, solche Reduction aber dazu auch dienen möchte, daß bei denen Polen die ombrage, welche sie von sotaner Unserer Armee .. genommen und zu Hinderung ihrer freien Wahl angesehen zu sein vermeinet, hoffentlich sich verlieren würde.“ —

Resident H. Wolfradt an die Vormundschaftsregierung. D. Küstrin 12. August 1668.

[Polnische Wahlangelegenheit.]

Während man sich wegen der Haltung Frankreichs in Polen nicht Sorgen machen zu müssen glaubt, fürchtet man den Moskowiter und den Kaiser, diesen „weiln ohngeachtet des Neuburgischen Kanzlers Giesen Versicherung, daß er denselben Hof vor seinen Herrn schon gewonnen hätte[2]), man dennoch vermeinet, daß der Herzog von Lothringen daselbst wieder angekommen und große Summen Geldes .. mitgebracht haben soll. Dahero man denn befahret, wenn ein innerlich dissidium zwischen der Neuburgischen und Moskowitischen Partei entstehen sollte, daß man loco expedientis Lothringen tanquam tertium vom kaiserlichen Hofe vorschlagen und supportiren würde.“ 22. Aug.

Der Kurf. hat von ihm „gar inständig begehret, E. Kgl. Maj. die obhandene Gefahr .. zu remonstriren und zu bitten, daß Dieselbe, wo es noch nicht geschehen, bei des Herrn Reichsfeldherrn Exc. solche .. Ordre zu stellen geruhen wollten, damit man in subitaneis motibus würklich zu dem Werke zu tun capabel sein möchte. Maßen Sie denn, umb mit demselben eins und anders zu communiciren, den Schloßhauptmann Berlips[3]) mit dem ehisten abfertigen wollten, auch jemand von E. Kgl. Maj. ministris mit näher und völliger Instruction zu Deroselben nacher Preußen aufs fordersamste abzufertigen [begehret], von dem Sie E. Kgl. Maj. Intention zu vernehmen haben möchten.“ —

[1]) Vgl. oben S. 850.

[2]) Vgl. Urk. u. Akt. Bd. 12 S. 376, Pagès, a. a. O. S. 191.

[3]) Vgl. Urk. u. Akt. Bd. 12 S. 213.

Resident H. Wolfradt an den Reichskanzler. D. Küstrin 12. August 1668.

[Der Kurf. wünscht enges Zusammengehen mit Schweden in der polnischen Thronfolgefrage.]

22. Aug. Seinem Bericht vom selben Tage habe er hinzuzufügen, „daß I. Churfl. Durchl. sowohl als Herr Schwerin sich dahin gegen mich ausgelassen, daß allermaßen nötig sein wollte, weiln nunmehr das polnische Werk recht in crisi, sich desselben ein wenig mit Ernst anzunehmen und auf alle Fälle parat zu stehen, und weiln man kein Bedenken zu haben, daß man nicht ouvertement ad exclusionem Moschi gehen sollte, die Republic aber mit nichts als Bedrohung des Krieges auf solchen Fall zu andern Gedanken gebracht werden könnte, weiln sie der Unruhe müde und quemcumque lieber nehmen, als sich in Krieg verwickeln würde, so hielte man vor ratsam, daß an seiten I. Kgl. Maj. Miene gemachet würde, als ob man aus Livland mit einer considerablen Macht in omnem casum einbrechen wollte, die Leute in denen teutschen Provincien auch stehen bleiben möchten, umb auf allen Fall sich mit ihren Trouppen conjungiren zu können, die man auf ein 12 000 Mann ausgibt, und zu dem Ende aus dem Clevischen und andern I. Churfl. Durchl. Provincien unter Prätext der Abwechselung einiger Garnisonen einige mehr Völker anhero auf die Nähe ziehet.

Vor allen Dingen aber würde höchst nötig sein, daß des Herrn Reichsfeldherrn Exc. von I. Kgl. Maj. instruiret werden möchte, damit man sich in subitaneis bei deroselben Rats erholen könnte .., auch zu dem Ende lieber sehen möchten, daß hochgedachte S. Exc. hernächst in Pommern residiren und so viel näher sein möchten. Darnächst begehreten Sie, daß I. Kgl. Maj. jemand von Ihren ministris nach Preußen mit ehistem abfertigen und demselben völlige Instruction geben möchten, damit Sie so viel besser von I. Kgl. Maj. Intention informiret würden und Ihre Gedanken so viel freier dagegen eröffnen könnten, welches Sie gegen jemand, der gnugsam von I. Maj. dazu autorisiret wäre, ganz gerne und lieber tun wollten, als anjetzo Ihre sentiments zu eröffnen und zu verstatten, daß solches ad plenum senatum nach Schweden und an mehr als 40 Personen, wie Sie wohl wüßten, daß ich tun müßte, referiret würde. Und ob ich schon dagegen eingewandt, es könnte ebenmäßig von mir wohl mesnagiret und E. Hochgräfl. Exc. en particulier berichtet werden, sind Sie doch fest darauf bestanden und sich nicht weiter auslassen wollen. Daher denn allerdings nötig sein will, daß Herr Lilliehök, davon Cracow Erwähnung getan [1]), oder jemand sonst mit dem fordersamsten nacher Preußen abgefertiget werden möge.“ —

Der Kurfürst an den König. D. Küstrin 13. August 1668.

[Bedauern über Wolfradts Abberufung.]

23. Aug. Bedauert Wolfradts Abberufung. Etenim tantam in ipso prudentiam, fidem, dexteritatem atque diligentiam in negotiis gerendis nec non amorem, studium

[1]) Vgl. oben S. 851.

atque zelum tam in promovendo bono publico tam in conservanda firmandaque mutua Nostra cum Regia Maj.te V.a amicitia deprehendimus, ut Nostram omnino mereatur approbationem, et ipsius persona admodum simus contenti. Ac proinde gratum Nobis fuisset, si Regia Maj.tas V.a eo apud Nos mutuae voluntatis interprete diutius uti voluisset. —

Die Vormundschaftsregierung an den Reichsfeldherrn Grafen v. Wrangel. D. Stockholm 16. September 1668.

[Mißtrauen gegen die Haltung des Kurf. in der polnischen Thronfolgefrage.]

Mitteilung, „daß Uns die Intention des Churf. zu Brandenburg ratione der 26. Sept.
polnischen Wahl und der desfalls dem **Pfalzgrafen zu Neuburg** gemacheten Hoffnung ziemlich suspect fürkömmet, indem nicht allein hochgedachten Herrn Pfalzgrafen Partei von Tage zu Tage, wie Uns aus Polen geschrieben wird, schwächer und hingegen diejenige, so einen der französischen Candidaten foviret, mächtiger, besondern auch solches alles vom Churf. gedissimuliret und quasi nicht geglaubet, vielmehr der v. **Blumenthal**[1]) nun nach Frankreich geschicket und eine sehr genaue Vertraulichkeit unter solchen beiden Parten gespüret wird. Wann man nun auch in Frankreich mit der Sprache selbiges negotium angehend nicht recht heraus will, ja gar einige aus unterschiedlichen rationibus glauben zu können vermeinen, daß Frankreich, wann es zu Beforderung seines candidati keinen gnugsamen appui sähe, lieber dem moskowitischen Princen als jemand anders die Kron in die Hände zu spielen trachten sollte, so ist Uns demnach auch so viel mehr daran gelegen, daß Wir auf Unserer Wacht stehen und ein so schädliches Fürhaben zu verhindern allen möglichen Fleiß und Sorgfalt anspannen müssen." W. soll daher dem Pfalzgrafen vertraulich mitteilen, „daß Wir obiger Intriguer halber nicht eine geringe Beisorge tragen und von demselben gern verständiget sein wollten, ob er dieselbe Grund zu haben und wie man sie am sichersten verhütet werden zu können vermeine." Schweden würde sein Bestes dazu tun.

Resident H. Wolfradt an die Vormundschaftsregierung. D. Königsberg 22. September/2. Oktober 1668 [2]).

[Polnische Wahlfrage.]

Der Kurf. hat sich 14 Tage auf der Jagd belustigt und ist dann in Fischhausen 2. Okt.
am Podagra erkrankt. Von den in Königsberg anwesenden Ministern hat W. ge-

---

[1]) Vgl. Urk. u. Akt. Bd. 12 S. 865 f.

[2]) Erster Bericht aus Königsberg. D. Danzig hatte W. am 16./26. September ge- 26. Sept.
meldet: „Allhie und überall sind die Leute sehr perturbiret und erschrocken, weiln viel Polen sich vernehmen lassen, daß sie zu Moskow, teils noch zu einem französischen candidato incliniren, zweifelsohne, umb die Freiheit ihrer Wahl so viel höher esclatiren zu machen. Daher denn die Leute sich einiger Unruhe und Kriegs befahren." —

hört, „daß man das polnische Werk mit großen Sorgen anitzo treibet, zumaln da man vernommen, daß die Convocation sieben Wochen nach dem Reichstage angehen und darauf die neue Wahl vorgenommen werden solle, sodaß man im decembri den Ausschlag solches großen Werkes vermutet. Hiebei machen nun die Herren Polen, umb die Libertät ihrer Election umb so viel höher zu treiben, von vielen candidatis großen bruit. Es halten aber die hiesige ministri sowohl als der Neuburgische davor, daß das moskowitische Werk .. nicht reussiren werde. — Dahero, wenn man nur ad exclusionem principis Condéi und Lothringen kommen könnte, die Sache vor Neuburg alsdenn ausgemachet sein würde."

W. hat bei Gelegenheit solcher Gespräche auftragsgemäß von der Verminderung der in Deutschland stehenden schwedischen Truppen gesprochen [1]). „Man hat mir dagegen anzuführen gewußt, daß man zwar noch zur Zeit keine Division in Polen zu befahren, dennoch als ein secretum des polnischen estats hielte, daß bei währender Election dieselbe ein wenig in Furcht und Beisorge gehalten würden, damit sie nicht etwa jemand wählen möchten, cuius occasione a vicinis ipsis bellum imminere posset, und glaubeten dahero, wenn E. Kgl. Maj. Dero Armee in Teutschland noch etliche weinig Monat stehen lassen, solches dem gemeinen Werke viel Nutzen hätte schaffen können [2]). —

Wegen Frankreich tesmoigniret man auch noch einige Apprehension zu haben, als ob dieselbige Partei unter der Hand noch immer fomentiret worden. —

Im übrigen habe bei hiesigen ministris vermerken können, daß sie ziemlich besorget sein, weiln der actus abdicationis so schleunig geschehen und es schon späte im Jahre ist, sie dennoch nicht vernommen, daß von E. Kgl. Maj. jemand nacher Polen destiniret seie. — Und wiewohl sie sonsten mit ihren consiliis, insonderheit da bei I. Churfl. Durchl. selbst ich bishero noch nicht Audienz gehabt, etwas retiré gehen und hinter dem Berge halten, so werde dennoch nicht ermangeln, gegen künftige Post etwas weiter darin zu penetriren". —

Resident H. Wolfradt an die Vormundschaftsregierung. D. Königsberg 25. September/5. Oktober 1668.

[Radziwill und Schwerin über die polnische Wahlfrage.]

5. Okt. Fürst Radziwill ist guten Willens, die Wahl im Sinne Schwedens zu beeinflussen, fürchtet freilich, daß der Zar mit seinen Plänen durchdringen wird, und rechnet damit, daß Frankreich wieder die Wahl eines seiner Prinzen betreibt und mächtigen Anhang findet [3]). „Der Herr Schwerin aber, so gestern bei mir gewesen, ist gar in contraria opinione und meinet, daß Frankreich so weinig unanimi consensu als par force zu der Kron gelangen könne, weiln die Aversion gar zu general

---

[1]) Vgl. oben S. 850, 857.

[2]) An den Reichskanzler meldet W. gleichzeitig: Wegen der Truppenverminderung sei man sehr alteriert, „insonderheit da sie sich dieses Ortes nicht kräftig genug befinden, auf benötigten Fall etwas mit der force durchzutreiben".

[3]) Vgl. Urk. u. Akt. Bd. 12 S. 383.

wider dasselbe ist. Mit denen Waffen auch etwas zu tun, würde ihm die Entlegenheit des Orts, die unbequeme saison und die Nachbarschaft gnugsam entgegen stehen und ihn abhalten können. Dahero er denn einen solchen Schluß machet, weiln Moskows Dessein von sich selbsten fallen und Frankreich unmüglich reussiren würde, zudem Lothringen, da der Kaiser zum weinigsten öffentlich ihm keine officia tun könnte, weiln er per tractatum cum Neoburgico sich anders verpflichtet [1]) in so große Consideration nicht mehr käme.., daß nicht zu zweifeln wäre, Neuburg würde es emportiren. Man würde nur die Zeit abwarten und ein Zeitlang sich stille halten müssen.“ —

Die Vormundschaftsregierung an den Residenten H. Wolfradt. D. Stockholm 3. Oktober 1668.

[Polnische Wahlfrage.]

Da die polnische Königswahl nahe bevorsteht, „und Wir uns dabei guter 13. Okt.
maßen erinnern, welcher gestalt nicht nur insgemein Unser Interesse erfordere, auf solche Wahl und die dabei in Consideration kommende Candidaten ein sorgfältiges Auge zu haben, besondern auch nach Anweisung der mit dem Herrn Churf. und Pfalz Neuburg ohnlängst getroffenen Bündnüß Uns absonderlich obliege, dahin nach äußerstem Unserm Vermögen zu trachten, wie hochgedachter Pfalzgraf, als welchen Wir beides, für die Republique und Unser eigen Bestes, am sichersten zu solcher Kron erhoben werden zu können geurteilet, nun tempore interregni denen Ständen behäglich gemachet, folgends durch dero einmütige Wahl zu dem Reich gelangen und endlich auch dabei gegen allen sich von außen etwa herfürgebenden Gewalt geschützet werden könne, noch zur Zeit und bevor Wir den terminum electionis wissen, Wir gleichwohl ganz ohngeraten finden, einen expressen legatum an die Republique zu diesem Ende abzuschicken, weilen Uns bekannt, was großen Argwohn die bisherige Besendungen denen Ständen gemachet, und daß sie demjenigen negotio, welches man durch sie zu befordern fürgehabt, mehr geschadet als Nutzen geschaffet, auch, da es dem Verlaut nach abermal darauf stehet, daß man alle frembde ministros sich von dar zu begeben nötigen werde, so haben Wir demnach anfangs und bis Wir von der Disposition der Gemüter in Polen, der zur Wahl bestimmten Zeit und von des Herrn Churf. Einrat — und Gutfinden etwas näher und gründlicher unterrichtet, zwar annoch keinen legatum absenden, gleichwohl, umb aber auch Unser in foedere getanen Zusage nicht zu entsein und für des Herrn Pfalzgrafen Lbden etwas zu versäumen, dasjenige Mittel gebrauchen wollen, welches in dergleichen wichtigen Sachen zwischen beiden Reichen von alters üblich und hergebracht, nämlich daß Wir durch Unsern Reichssenat denen Senatoren der Republique zur bevorstehenden neuen Wahl Glück und Gedeihen anwünschen, sie zur einmütigen Entschließung, das gemeine Beste zu befordern, ermahnen und sich bei sotaner Wahl das Interesse, so beide

---

[1]) Desgl. S. 376.

Kronen, in guter, nachbarlicher Verständnüß zu beharren, haben, zu erinnern, animiren lassen.“ Abschrift dieses Schreibens und einer Rekommendation für Pfalz Neuburg wird beigefügt. „Und verhoffen, daß dieselbe gleichwohl nicht ohne Frucht sein solle, im Fall die Gemüter durch die widrige factiones nicht allzu sehr distrahiret und voreingenommen. Von welchem allem Ihr nun dem Herrn Churf. Nachricht geben und zugleich desselben hochvernünftigen Rat in Unserm Namen requiriren werdet, wie S. Lbden die Sache zu Behauptung Unserer gemeinnützigen Intention und Abrede nun, da dieselbe in crisi stehet, am besten und fürträglichsten unterbauet und geleitet werden zu können vermeine; gestalten Wir erbötig und willfährig, alles dabei anzuwenden, was immer in Unserm Vermögen sein wird. Wir erwarten hierauf eheste Antwort und verlangen zugleich zu wissen, was Ihr bei der Republique für Pfalz Neuburg annoch zu hoffen zu sein in Erfahrung bringen könnet.“ —

Resident H. Wolfradt an die Vormundschaftsregierung. D. Königsberg 6./16. Oktober 1668.

[Polnische Wahlfrage.]

16. Okt. Hat am Tage vorher Audienz beim Kurf. gehabt. „Da Sie mir denn mittelst Contestirung sonderbarer Satisfaction wegen E. Kgl. Maj. vor das polnische Werk tragenden guten Vorsorge unter andern auch dieses zu vernehmen gegeben, daß man numehr post abdicationem, da schon alles ad futuram electionem ziemlich unterbauet, äußerlich ein weinig in Ruhe stehen, unter der Hand aber allen Fleiß anwenden müßte, die Partei vor den Herrn Pfalzgrafen von Neuburg zu fortifiiren. Und stünde insonderheit anitzo zu bedenken, ob dem gemeinen Wesen und bishero gehabten guten Intention zuträglich, daß die Election beschleuniget oder bis künftigen Mayum ausgesetzet würde. Bei dem ersten wäre dieses zu considerіren, daß, wenn es im Winter geschehen sollte, die gemeine noblesse, so die meiste Aversion vor Frankreich hat, bei weitem nicht allda zusammen kommen könnte, hergegen die von der französischen Partei zur Stelle und die stärkesten sein würden.—

Die Partei, so vor Moscow spricht, meinet Hoverbecken iudicio nach nicht so sehr Moscow als Frankreich; und haben sie nicht sofort von Condé auf Neuburg fallen wollen, wie sie von dem Könige in Frankreich gleichsam abandonniret, und dahero eine dritte Partei formiret und auf Moscow gefallen,; wobei er incidenter dieses erwähnete, daß seine Frau Schwester, die Herzogin von Kurland, von großer Armatur des Moskowiters noch immerzu schreibe.

Ich nahm bei diesem Punkte Gelegenheit, wegen Dissolvirung E. Kgl. Maj. Armee etwas beizubringen, und daß auch einige Regimenter nach Livland übergehen würden, umb daselbst auf alle besorgende Fälle so viel mehr force zur Hand zu haben. Worauf I. Churfl. Durchl. replicirten, weiln Sie höreten, daß noch einige Regimenter in denen teutschen Provincien stehen blieben, so zweifelten Sie nicht, E. Kgl. Maj. würden so gute Vorsorge vor das gemeine Interesse tragen, daß man auf alle Fälle capabel sein könnte, dasselbe mit vigueur zu beobachten; erwartete also mit Verlangen die Nachricht zu haben, daß E. Kgl. Maj. Instruction bei des

Herrn Reichsfeldherrn Exc. eingekommen; alsdenn Sie Ihren Schloßhauptmann und Obristen Berlips schon beordret, dahin zu gehen[1]). Sonst ist auch wohl in Vorschlag gekommen, weiln einige Armatur zu machen und frembde Völker an sich zu ziehen, denen Polen sehr großes Aufsehen und ombrage verursachen würde, ob man nicht einige Mittel daran wagen und durch ein und andern in Polen einige Völker zusammenbringen könnte, welches aber Hoverbecke dissuadiret und die Gelder nur vor der Hand, umb sich Freunde zu machen, geraten zu employiren." —

Resident H. Wolfradt an die Vormundschaftsregierung. D. Königsberg 13./23. Oktober 1668.

[Polnische Wahlfrage.]

W. setzt auseinander, daß Frankreich den Plan, einen eignen Kandidaten in Polen aufzustellen, aufgegeben hat, und daß es, wenn das nicht der Fall wäre, gegenüber der beim Kleinadel gegen einen König aus französischem Hause herrschenden Abneigung keine Aussicht hätte, einen solchen durchzubringen. Ferner könnte er versichern, daß von einer Begünstigung eines etwaigen französischen Kandidaten durch den Churf. keine Rede sein könnte; vielmehr habe dieser „kein ander Augenmerk, als den Herrn Pfalzgrafen quovis modo zu promoviren. Denn vorerst haben I. Churfl. Durchl. alle wegen der Jülichschen Länder noch übrige Irrungen mit Pfalz Neuburg abgetan, auch mehr Hoffnung, bei Pfalz Neuburgs avancement zur Kron die Souverainität von Preußen und andere mehr advantages zu erhalten, als wenn ein französischer candidatus dazu sollte kommen. So ist auch dieses das einzige Mittel gewesen, Dieselbe vom Kaiser und von der spanischen Partei in vorigem Kriege abzuziehen, daß man sich an seiten Frankreichs des polnischen Werks begeben. Und haben I. Churfl. Durchl., welcher gleichwohl ein genereuser Herr sein und wenn Sie von Frankreich dergestalt herumbgeführet würden, es sehr ressentiren würden, insonderheit da Sie von E. Kgl. Maj. appui versichert wären, sich öfters solcher Worte diese Sache concernirend verlauten lassen, daß ich davor schwören wollte, es wären niemaln solche consilia vorgewesen, daß man Frankreich in seinem Dessein adstipuliren wollte. Soviel des v. Blumenthals Abschickung nacher Frankreich betrifft[2]), ist dieselbe nicht so sehr zu Stiftung genauern Vernehmens als dazu angesehen, daß man hoc rerum statu und bei vorseinder polnischer Wahl in die dortige consilia penetriren und Frankreich zur Cooperation obligiren möge ..., sodaß E. Kgl. Maj. in hoc passu gnugsam gesichert sein können, daß ehe Churbrandenburg die gloire suchet, Pfalz Neuburg allein promoviret oder doch das meiste dazu contribuiret zu haben, als daß es einem andern candidato, dabei es doch nimmermehr sein compte finden würde, die Kron gönnen sollte. Im Fall auch bei vorkommender Wahl einige Division zu vermuten und Frankreich alsdenn suchen möchte, I. Churfl. Durchl. an sich zu ziehen, glaube ich, 23. Okt.

[1]) Vgl. Urk. u. Akt. Bd. 12 S. 213.

[2]) Vgl. oben S. 859.

daß wenn schon Dieselbe einig penchant zu Frankreich hätten, dennoch die principalsten ministri ferm vor Neuburg [stehen] und ihren Herrn quovis modo von der französischen Partei abhalten würden."

Auch Moskau habe keine Wahlaussichten. „Dahero nicht zu zweifeln, weiln der König in Frankreich sich durch seine parole und so viele tractatus engagiret befindet und nicht allein die Honnestetät sondern auch die Utilität und sein eigen Interesse ihn gnugsam dazu antreiben, es werde derselbe Pfalz Neuburg tout de bon portiren, und dieser bei so einmütigem consensu aller benachbarten Potentaten, auch habenden großen Affection in Polen .. zu der Kron gelangen." —

Reichsfeldherr Graf v. Wrangel an die Vormundschaftsregierung. D. Stade 16. Oktober 1668.

26. Okt. Der Kurf. wartet auf die Auswechslung der Ratifikationen ihres Vertrags. Bereits mit Schreiben D. Lebus 11. August habe er den Oberst und Schloßhauptmann v. Barlep zu ihm geschickt zwecks deren Auswechslung und um „mir I. Churfl. Durchl. sentiment de modo agendi super hoc negotio zu eröffen und hingegen meine Gedanken darüber zu vernehmen."

So wartet auch der Pfalz Neuburgische Gesandte auf Instruktion und Order für W. zu Abmachungen für den Fall der Wahl seines Herrn.

Resident H. Wolfradt an den Reichskanzler. D. Königsberg 16./26. Oktober 1668.

[Der Kurf. hält fest zur Neuburgischen Partei, ist aber mißtrauisch gegen Schwedens Haltung in Polen.]

26. Okt. Er kann nach seinen fleißigen Erkundungen versichern, „daß man zwar großen Estat und Reflexion auf die französische Freundschaft allhie machet, aber dieselbe niemaln so weit extendiren werde, daß man zu einem franzoschen candidato stimmen sollte. Und habe ich davon durch unterschiedliche Umbstände so gewisse preuven, daß ich garantiren dörfte, es werde so wenig der Herr als die hiesigen ministri nisi summa necessitate coacti die Neuburgische Partei nimmermehr verlassen."

Allerdings sei zu bemerken, „daß ich seiter meinen jetzigen Anwesenheit so viel franchise und Vertraulichkeit bei diesem Hofe, insonderheit in dem polnischen Werke gegen mich nicht verspüren können, als ich wohl vorhero gewohnet. Und ob ich wohl dasselbe zu verschiedenen Malen tesmoigniret, daß I. Kgl. Maj. anjetzo keinen ministrum in Polen von solcher Autorität hätten, daß er in die consilia völlig penetriren könnte, hergegen I. Churfl. Durchl. aus der Nachbarschaft alles so viel besser wissen könnten, und weil Sie jetziger Zeit keinen ministrum in Schweden hätten, I. Kgl. Maj. gleichwohl das Werk mit solchem Eifer beherzigten, wie Sie dazu durch die Tractaten sich obligiret befünden, Sie mir dahero ein wenig ouverture geben möchten, was Sie vermeineten, daß bei der Sache anjetzo zu tun wäre, so habe ich doch eine continuirliche retiratezza spüren müssen, welche endlich dahin ausgebrochen, daß man sowohl aus Herrn Krockows Rapport..als auch aus der mit dem Kaiser pflegenden guten Correspondence eine Suspicion gefasset, als ob I. Kgl. Maj. sich endlich mit dem Kaiser wegen Lothringen einigen und Pfalz Neuburg abandonniren möchten. Herr Schwerin hat solches in einer mit ihm neulich gehaltenen Conference zwar nicht eigentlich aussagen wollen, aber dennoch dergestalt zu verstehen gegeben, daß ich es sowohl aus seinen als hernach mit Krockowen gepflogenen Discoursen gnugsam vernehmen können." W. hat Gegenvorstellungen erhoben. „Was ich aber auch darunter getan und sagen mögen, so scheinet doch, daß die impressiones gar zu stark und noch dadurch desto mehr zugenommen, daß hoc praesertim tempore, da man nötig gehabt, die gute Partei zu fortifiiren und in omnem casum mit Nachdruck ihr die Hand zu bieten, I. Kgl. Maj. dero teutsche Trouppen auseinandergehen lassen. — Und hoffe ich, I. Kgl. Maj. werden mit dem ehisten, weil Sie doch nach Polen gegen die comitia electionis jemand schicken müssen, einen von Dero hohen Ministren anhero gehen lassen, umb diesen Hof völlig von Dero Intention zu informiren und weiter esclaircissement in der Sache zu suchen." —

Resident H. Wolfradt an die Vormundschaftsregierung. D. Königsberg 16./26. Oktober 1668.

[Polnische Wahlangelegenheit.]

W. hat mit einigen Ministern wegen der polnischen Frage konferiert. „Da ich denn zu anfangs befunden, daß man die Meinung, das Interregnum und die Wahl bis in das Vorjahr zu protrahiren, ganz geändert und besser zu sein vermeinet, daß dieselbe nur noch diesen Winter vor sich gehen könnte, weiln man viele von denen Herren Senatoren gewonnen [1]) und bei großer Versammlung der gemeinen Noblesse nicht so sehr vor Frankreich als Lothringen befahren müßte. Dem kaiserlichen Hofe trauet man in diesem Fall noch garnicht, und verursachet die lange Tergiversation und Ausbleibung des Baron de Goes noch mehr Nachdenken, da insonderheit von Wien verlauten will, daß der Kaiser dem Herzog von Lothringen große Caressen tue.. Ja man besorget sich wohl gar, daß der Kaiser suchen möchte, E. Kgl. Maj. auch auf die Partei zu ziehen. Außerdem vermeinet man von Frankreich und der Affection, so der Pfalzgraf von Neuburg in Polen hat, so versichert zu sein, daß man wünschet, die comitia electionis morgen anzufangen und an einem glücklichen Ausschlage vor Pfalz Neuburg garnicht zweifelt. Vor Moscow tesmoigniret man auch ganz keine Apprehension mehr, und saget mir Schwerin, daß genug unterbauet wäre, daß er mit denen Tartaren und Kosaken zu keinem Stillstande kommen würde, ja Moscow wohl gar besorget sein müßte, daß er den Stillstand mit Polen beständig halten könnte." — 26. Okt.

---

[1]) D. Königsberg 23. Oktober / 2. November 1668 meldet Wolfradt der Regierung: „Man .. vermeinet Leute genug an seiner Seite zu haben und lässet es an keinen Mitteln mangeln, dieselbe beizubehalten, wiewohl der neulich von Warsow zurückgekommene 2. Nov.

Resident H. Wolfradt an die Vormundschaftsregierung. D. Königsberg 30. Oktober/9. November 1668.

[Mißtrauen des Kurf. gegen Schwedens Haltung in Polen. Der Kurf. hofft auf die Wahl Pfalz-Neuburgs. Generalvisitation der preußischen Ämter.]

9. Nov. Wrangel hat ihm mitgeteilt, daß die Ratifikation des letzten Vertrages aus Stockholm abgesandt sei, was er sofort dem Kurf. übermittelt und um Festsetzung der Zeit zur Auswechslung der Ratifikationen gebeten hat. „Ob man nun zwar eine sonderbare Satisfaction darüber verspüren lassen, so ist doch dieselbe sehr gemindert, indem ich nicht versichern können, daß bei dem Herrn Reichsfeldherrn E. Kgl. Maj. .. Instruction super modo agendi in casu necessitatis sich eingefunden, da man doch vermeinet, daß E. Kgl. Maj. numehr schon vorlängst von der Abdication Nachricht haben können, und dahero in denen Gedanken mehr befestiget wird, ob hätten E. Kgl. Maj. mit dem Kaiser eine andere mesure dieses Werks halber genommen. „Der Kurf. hat erklärt, „daß, weiln Sie einmal den Obristen Berlips beordret, sobald des Herrn Reichsfeldherrn Exc. einige Instruction aus Schweden bekommen würden, sich zu deroselben zu verfügen, die Auswechselung der Ratificationen bis dahin auch wohl könnte ausgestellet bleiben.

Sonst hat man anitzo aus Polen, weiln alle frembde ministri von Warsow abgereiset, weinig gewisses; nur daß man immerzu in Sorgen stehet, es möchte die Convocation zerreißen und der terminus comitiorum electionis länger ausgestellet und also denen Pacen mehr Zeit zuwachsen, ihre Partei stärker zu machen. Hoverbeck .. berichtet mir, daß man sich vor dieselbe am meisten vorzusehen, weiln sie zwar Moscow immer zum Prätext im Munde führen, aber dennoch andere verborgene desseins haben, so man nicht penetriren kann. —

Wegen der Candidaten haben I. Churfl. Durchl. mir bei jüngster Audience nochmaln die starke Versicherung gegeben, daß die Partei vor Pfalz Neuburg sehr wohl stünde, und Sie noch neulich von dem Feldherrn Sobieski die Versicherung erhalten, daß er ab hac parte stehen wollte [1]), weiln nun recta ratio den Polen nicht dictiren würde, Moscow zu nehmen und sich aller Benachbarten Feindschaft und Krieg auf den Hals zu laden, er auch vor Frankreich wohl gut sein wollte,.. und die große Aemulation unter denen Herren Polen nicht zulassen würde, einen Piastum zu erwählen. So hätte man niemand mehr zu fürchten als Lothringen, vor welchem des Kaisers Intention sich gnugsam vermerken ließe. —

Allhie ist eine Generalvisitation der churfl. Ämter vorgenommen, und meinet man vielen Pfandträgern die Rechnung dergestalt zu machen, daß sie die Ämter quitiren sollen, davon ich aber noch weinig Effects gesehen.“ —

---

secretarius Scultetus berichtet, daß die Mittel zum Teil gar übel angewandt, weiln man so wenig Staat auf die Leute machen kann.“ Er bittet, wenn eine schwedische Gesandtschaft nach Polen käme, Königsberg, „woselbst mich die Luft ganz nicht leiden will, weiln ich Zeit meiner Anwesenheit fast nicht gesund gewesen“, verlassen zu dürfen.

[1]) Vgl. Urk. u. Akt. Bd. 12 S. 384.

Die Vormundschaftsregierung an den Reichsfeldherrn Grafen v. Wrangel. D. Stockholm 4. November 1668.

[Ratifikation des mit Brandenburg und Pfalz-Neuburg geschlossenen Vertrages und Ermächtigung zu Verhandlungen über dessen Ausführung.]

Aus Wrangels Schreiben vom 16. Oktober sei zu ersehen, „welcher gestalt Ihr zwar bei Churbrandenburg und Pfalz Neuburg ein sonderbares Verlangen verspüret, umb über der weiteren Vereinbarung, wozu in dem .. foedere dessen künftigen Execution und Vollenziehung halber ihnen Hoffnung und Zusage gegeben, mit Uns draußen zu tractiren und zu schließen, Ihr sie aber zu solcher Handlung annoch nicht zu Euch bescheiden können, weilen Ihr weder Vollmacht noch Instruction dazu von Uns empfangen und deswegen auch nicht anders dann nur defectum mandati in der ihnen gegebenen Antwort allegiren können. 14. Nov

Nun haben Wir die Euch desfalls unterschiedlich promittirte Ordre und Bevollmächtigung nicht darumb bisher zurückgehalten, daß Wir Uns desjenigen etwa gereuen lassen, welches Wir obgesagten Confoederirten in dem Bündnüß versprochen. gestalten Wir vielmehr eines beständigen Fürhabens, dem allem optima fide nachzukommen, allein, daß Wir den bisherigen Verzug darunter zugelassen, hat bloß diese Ursach gehabt, daß Wir von denen . Reichstagsaffairen so überhäufet worden, auch dafür gehalten, es wäre entweder bei dem Werke annoch kein periculum in mora und könnte allezeit geschehen, wann der casus foederis obhanden und die darin zugesagte Operation requiriret würde, oder auch nicht ratsam, daß wir so bald durch eine neue Handlung noch mehr ombragirten. Nun aber, da Wir Uns jener Verhinderung größesten Teils entbürdet und der Zustand in Polen etwas mehrer Sorgfalt nach Anleitung des gesagten Bündnüsses zu erfordern scheinet, so haben wir nicht länger verziehen wollen, Unser Äußerstes bestes in Pfalz Neuburgs faveur für die Hand zu nehmen, gestalten wir nicht allein durch Unsern Reichssenat die senatores der Kron Polen, wie es in dergleichen hohen Angelegenheiten zwischen beiden Reichen von alters gebräuchlich, wegen Unserer sinceren Wohlmeinung gegen die Republique aufs beste versichern und zur bevorstehenden neuen Wahl Glück und Heil anwünschen, besondern auch für Uns ein absonderliches Recommendationsschreiben zu Beforderung hochgedachten Herrn Pfalzgrafen Person an die gesagte Republique abgehen lassen [1]), wie Wir durch die Residenten Wolfradt und Habbäus beiden, dem Churf. und Pfalzgrafen, davon Nachricht geben lassen.

Überdem senden Wir Euch .. Vollmacht, umb mit des Herrn Pfalzgrafen und denen churbrandenburgischen Gevollmächtigten entweder selbst oder per subdelegatos, so als Ihr es gutfinden werdet, dasjenige zu behandeln und zu schließen, was .. in Kraft des .. Bündnüsses annoch ohnabgehandelt zurückstehet. Zwar ist die Instruction noch nicht dabei, nach welcher Wir ratsam achten, das quantum und die übrige conditiones der in casum rite electi Principis Palatini zugesagten Volkshilfe verabreden zu lassen [2]). Allein dieselbe soll in wenig Tagen nachfolgen, und

[1]) Vgl. oben S. 861 f.

[2]) Vgl. § 6 des Bündnisses vom 6./16. Mai 1668, v. Moerner S. 329.

senden Wir Euch dies pouvoir zu dem Ende voraus, damit Ihr gesagte brandenburgische und neuburgische ministros zu Euch bescheiden und dero Herren den aus dem bisherigen Verzug etwa genommenen Argwohn wieder benehmen könnet. Maßen Ihr solche moram .. aufs beste zu entschuldigen nicht unterlassen und inmittelst darauf selbst bedacht sein werdet, welche conditiones sotaner assistence halber für Uns die vorträglichste sein möchten, insonderheit wie stark die Hilfe etwa nach Proportion der von Brandenburg und Neuburg dazu kommenden Anzahl, auch was deren Verpfleg- und Recruitirung halber, ingleichen wegen eines plâce d'asseurance zu bedingen sein möchte. Und könntet Ihr mit dergleichen Bedingungen und was wegen der Concurrence beim Commendo auch sonst zu beobachten, die Gevollmächtigten, im Fall sie .. für Einlangung Unserer Instruction bei Euch sich einfinden sollten, gar wohl so lang ohnvermerkt entreteniren, bis selbiger Unser Befehl einlanget und dadurch die Sache der Gebühr [nach] vollenziehen. Zwar dürfte auch die Deslogirung Unserer Armee ihnen, Unsern Confoederirten, etwas Scrupel gemachet haben. Allein Wir verhoffen, daß derselbe durch die obig gegemelten Unsern Residenten anbefohlene Remonstration bei ihnen schon gehoben, oder Euch auch gar facil sein [wird], dero Ministren selben ausreden [zu] können, wann Ihr ihnen erweiset, wie Wir die Infanterie insgesambt zur Hand behalten und auch aus Schonen nacher Teutschland, ingleichen aus Finnland nacher Livland so viel Cavallerie leicht übersetzen können, als eine solche, hoffentlich aber durch eine ruhige Wahl wohl gar unnötige Expedition sonst requiriren möchte [1])."—

Resident H. Wolfradt an die Vormundschaftsregierung. D. Königsberg 6./16. November 1668.

[Brandenburgische und schwedische Sendungen nach Warschau.]

16. Nov. Da Nachrichten aus Warschau ausgeblieben sind, beabsichtigt der Kurf., am nächsten Tage den Sekretär Scultetus [2]) wieder dorthin zu senden, und empfiehlt, daß auch Dörffler [3]) dorthin geht. „Ich habe ihm zwar deswegen nach Thorn zugeschrieben, aber seiner eigenen Discretion und Gutfinden anheimgestellet, was er darunter zu E. Kgl. Maj. Diensten am meisten à propos befinden würde, indessen gleichwohl ihn zu fleißiger Correspondence mit gedachtem Sculteto angewiesen. Weiln auch I. Churfl. Durchl. bedenklich halten, den Herrn Hoverbecken wegen zunehmenden Alters und weiln er viele facheuse Sachen in Polen hantiren müssen, wieder dahin zu senden, so haben Sie den Herrn Baron Schwerin ad comitia electionis, umb die Recommendation vor den Herrn Pfalzgrafen von Neuburg zu verrichten, destiniret, und verlanget man allhie gar sehr nach E. Kgl. Maj. zu eben solchem Effect erwähleten ministro, umb in allen Dingen de concert zu gehen." W. hofft, Blume werde bald eintreffen [4]), und bittet, ihn nach Pommern zu entlassen.

[1]) Vgl. oben S. 850, 857, 860.

[2]) Vgl. Urk. u. Akt. Bd. 12 S. 385.

[3]) Simon Dörffler, 1667—1693 schwedischer Kommissionssekretär in Polen.

[4]) Vgl. oben S. 850, 852 ff.

Resident H. Wolfradt an die Vormundschaftsregierung. D. Königsberg 13./23. November 1668.

[Aussichten Lothringens und Pfalz-Neuburgs in Polen. Ratifikation des Vertrages mit Schweden. Streitlustiger Königsberger Pfarrer.]

Es ist zwar diese Tage wieder jemand aus Großpolen anhero gesandt, umb 23. Nov. dem Churf. neue Versicherung zu geben, daß der Großkanzler[1]) sowohl als die ganze Woywodschaft bei Pfalz Neuburg ohnverrückt halte. Solange man aber der Pacen und Litauer nicht versichert ist, ist das Werk nur halb getan. Man hat gute Hoffnung, daß Bezieres[2]), welcher schon Erfurt passiret und teils seiner Briefe und Recommendationen in copia voraus geschickt, als ein habiler und des polnischen Estats kundiger Mann dabei viel gutes verrichten werde, und apprehendiret nichts mehr als die heimliche menées von Lothringen, welcher 2 Negotianten in Warschau haben und viel Geld spendiren soll. Des Baron de Goes Wiederkunft verzäucht sich auch[3]), dahero man über die kaiserliche consilia viel Raisonnirens hat und ziemlich suspect hält, daß der Herzog von Lothringen mit kaiserlicher Permission nicht allein nach Breslau, sondern gar in die polnische Grenze ohnfern Cracow gegangen[4]); und will noch über das gewisse verlauten, daß sein Vetter ihm große Remisen von 4—500 000 Rthlr. nacher Frankfurt übermachet. I. Churfl. Durchl. haben dem Herrn Pfalzgrafen von Neuburg geraten, sich auch etwas näher herzuzumachen, und ihm zu dem Ende Krossen offeriret. Es scheinet aber, daß seine ministri solches umb 2 Ursachen willen widerraten, als damit er nicht die Polen offendire und in omnem casum sich prostituire oder sonst gar zu viel Überlauf und Abzug von denen benachbarten Polen haben möge. —

Unkosten seindt von dieser Seiten auch gnug aufgewandt[5]), wenn es nur nicht anitzo, da es am meisten nötig, aus großer Confidence auf die Benachbarten unterlassen werden und der Herr nur habile mit denen polnischen Humeuren übereinkommende Leute dazu gebrauchen möchte. I. Churfl. Durchl. sowohl als die Neuburgische ministri stehen sehr bei sich an und sind verschlagen, daß von E. Kgl. Maj. so weinig noch zur Zeit jemand nacher Polen destiniret, als dem Herrn Reichsfeldherrn einige Instruction zugekommen ist; haben, ohngeachtet ich deren schleunigste Erfolgung versichert und so lange in Ruhe zu stehen gebeten, nötig befunden, den Obristen Berleps mit dieser Post zu beordren, daß er die ratificationes über den letzten Tractat auszuwechseln zu Sr. Exc. überreisen soll[6]).

Dieser Tage ist abermal eine Geschwierigkeit mit denen Priestern vorgewesen,

---

[1]) Nikolaus Prazmowski, vgl. Urk. u. Akt. Bd. 12 S. 391.

[2]) Pierre de Bonzy, Bischof von Béziers, französischer Gesandter in Polen, vgl. Recueil des instructions Bd. 4 S. 105 ff.

[3]) Vgl. Urk. u. Akt. Bd. 14 S. 390 f.

[4]) Vgl. Hirsch in Zs. des Westpr. Gesch.-vereins Bd. 25 S. 99 f.

[5]) Vgl. Urk. u. Akt. Bd. 12 S. 383 f., 931 f., Bd. 14 S. 403.

[6]) Vgl. Urk. u. Akt. Bd. 12 S. 213.

indem einer in der Altstädtischen Kirche namens Schröder ein Gebet, darin wider den Calvinischen Seelengift gebetet wird, nicht nachlassen wollen und pendente lite eine Schrift eingegeben, darinnen er die Reformirte perturbatores pacis publicae genennet; darüber ihm die Canzel verboten und er ab officio suspendiret worden, dessen ohngeachtet er dennoch am abgewichenen Sonntag auf die Canzel gegangen und an dem Seelengift eine scharfe Predigt getan [1]). S. Churfl. Durchl. haben darauf mit denen Oberrichtern [2]) und dem Magistrat der Stadt consultiret und stehet noch dahin, was man vor ein medium finden wird, eine so chatouilleuse Sache, dabei autoritas summi principis engagiret, zu gutem Ende zu bringen. —

Resident H. Wolfradt an die Vormundschaftsregierung. D. Königsberg 20./30. November 1668.

[Polnische Thronfolgefrage.]

30. Nov. Der Kurf. ist weiter bemüht, in Polen Freunde für die gute Partei zu gewinnen. Der Termin für den Wahltag dürfte demnächst festgesetzt werden. „Numehr beginnet man recht sehr zu verlangen, daß E. Kgl. Maj. sich des Werkes mit etwas mehrem Eifer annehmen und mit dem ehisten Dero Gesandtschaft nacher Polen fortgehen lassen mögen. Und wird mir fast sauer, an diesem Orte bei nicht habender Instruction von E. Kgl. Maj. .. Intention bei diesem Werk denen Leuten etwas gewisses zu sagen und sie in guten Humeur zu erhalten, zumaln da man sich allhie so sehr in diesem Werke vertiefet, daß man nicht getrauet, mit einigem andern candidato sich vereinigen zu können, wenn es Pfalz Neuburg nicht emportiren sollte.“

Resident H. Wolfradt an den Reichskanzler. D. Königsberg 20./30. November 1668.

[Brandenburgs Interesse an der Wahl Pfalz-Neuburgs. Dessen Unterstützungsgesuch an Schweden.]

30. Nov. In Ergänzung seiner gleichzeitigen Relation habe er zu berichten, „daß die consilia an diesem Hof anjetzo so eifrig auf das polnische Werk gerichtet sein, daß man keiner Mühe noch Unkosten sparet, umb Pfalz Neuburg zu der Kron zu verhelfen, maßen denn noch diese Tage dem Starosta Pekinsky, so Rittmeister über des Sobieski Leibkompagnie, 6000 Rthlr. ausgezahlet, und haben sich sogar I. Churfl. Durchl. gegen mich verlauten lassen, daß Sie pro Suo interesse keinen andern Candidaten als Pfalz Neuburg in Polen recommendiren und dulden könnten, und ehe das Äußerste daran setzen würden, als davon zu relaschiren. Dahero man denn mit so viel mehr impatience abwartet, was I. Kgl.

[1]) Christoph Schröder, vgl. Urk. u. Akt. Bd. 16 S. 542.

[2]) So, offenbar soll es heißen: Oberräten.

Maj. endlich zu Verfolg der darüber aufgerichteten Tractaten bei diesem Werke zu tun resolviren möchte, insonderheit da man uns noch suspect hält, als ob cum Caesare etwas in praeiudicium der vorigen Tractaten gehandelt oder geschlossen sein möchte. Und können E. Hochgräfl. Exc. leichtlich .. ermessen, wie mir bei dieser Sache zu Mute und was ich vor contenance halten solle, da nunmehr seiter den 12. Augusti von I. Kgl. Maj. .. Intention dieses Werk betreffend mir nicht der geringeste Befehl oder Nachricht zugekommen.

Sollte der Kaiser mit Lothringen durchdringen, würde es ein Mittel sein, diesen Hof pour jamais in das französische Interesse zu werfen. Gott gebe nur, daß I. Kgl. Maj. Gesandtschaft nach Polen zu rechter Zeit depeschiret sein möge, damit bei etwa schleunig vorgehender Wahl I. Kgl. Maj. hohes Interesse in einem so wichtigen Werke gebührend beobachtet werden könne." —

P. S. Der neuburgische Gesandte [1]) hat ihn dieser Tage gefragt, „ob I. Kgl. Maj. nicht möchten dahin zu disponiren sein, daß Sie auf den Fall, da die Election diesen Winter vor sich gehen und also seinen Herrn mit Völkern zu assistiren ohnmöglich fallen sollte, ihn mit 100 000 Rthlr. zu assistiren gegen gewisse Versicherung und dieselbe auf allen Fall in Danzig oder Hamburg parat zu haben. Ich habe ihm, solches an I. Kgl. Maj. referiren zu können, ganz abgeschlagen." —

Die Vormundschaftsregierung an den Residenten H. Wolfradt. D. Stockholm 25. November 1668.

[Lebhafteres Eintreten Schwedens für Pfalz-Neuburg.]

Man habe dem Kaiser die Kandidatur Pfalz Neuburgs empfohlen und 5. Dez. dieser habe nun seine Cooperation zugesagt. Wolfradt soll das dem Kurf. mitteilen. „Und wird man in Ansehung dieses Schreibens und Unsers sonst gebrauchenden Comportements Uns ja aus dem Argwohn endlich lassen, als ob Wirs mit Pfalz Neuburg nicht bona fide meineten und bald Lothringen bald einen andern aus einer verdeckten, mit dem Kaiser habenden Verständnüß zur polnischen Kron befordern helfen wollten. Es kommet Uns aber dieses also vor, daß man am churfl. Hofe nicht eben eine solche übel anstehende Unbilligkeit von Uns glaube, besondern dieselbe allein Pfalz Neuburg einzubilden trachte, umb daß, wann die Sache nach Wunsch reussirte, sie desto größern Dank erwerben, Unser Bemühen und Wohlmeinung aber in so viel geringere Consideration genommen werden möge." Um Pfalz Neuburg diesen Scrupel zu benehmen, habe man Wrangel Instruktion und Vollmacht erteilt, „umb auf den Fuß des bewußten Bündnisses den modum operationis, obschon der casus, als die Wahl eines Königs in Polen, noch so bald nicht für der Tür zu sein scheinet, mit denen churfl. und Pfalz Neuburgischen Gevollmächtigten, wann sie sich zu dem Ende bei ihm einfinden werden, zu schließen. Davon Ihr ebenmäßige ouverture allda tun werdet, ob Wir dieselbe schon von Unserer Reiche Feldherrn bereits geschehen zu sein nicht zweifeln." —

[1]) Theodor Stratmann, Pfalz-neuburgischer Geheimer Rat.

Instruction, welche I. Kgl. Maj. Ihrem .. Reichsfeldherrn .. bei der ihm mit Churbrandenburg und Pfalz Neuburg auf den Fuß des allhie zu Stockholm unterm 6. Mai dieses Jahres geschlossenen Bündnüsses dessen weitern Vollenziehung halber in Gnaden committirten ferneren Behandlung in Obacht zu nehmen, gnädigst anheimgeben. D. Stockholm 28. November 1668.

[Militärische Abmachungen mit dem Kurf. und Pfalz-Neuburg, um diesem im Fall einer Wahl zum polnischen König die Krone zu erhalten. Freundschaftsvertrag mit Polen für den Fall dieser Wahl.]

8. Dez. Man hält es für nötig, „der in dem foedere genommenen Provisionalabrede nach nun in Zeiten sich mit Churbrandenburg und Pfalz Neuburg ferner zu vereinbaren, wie der modus exequendi illud foedus beschaffen sein und, im Fall der Herr Pfalzgraf rite und solcher gestalt, als in dem foedere mit mehrem angewiesen, zur polnischen Kron erhoben, von jemand aber desfalls feindlich angefochten würde, mit wieviel Volk zu Roß und Fuß und auf was Bedingung I. Kgl. Maj. ihm alsdann beitreten und selbigen seinen und der Republique Feinden Widerstand tun helfen sollen.“ Wrangel soll daher den beiden Fürsten mitteilen, daß er mit Instruktion und Vollmacht „zu solcher in der Alliance promittirten Vereinbarung .. versehen und demnach auch allerdings gereit sei, mit dero Gevollmächtigten, wann sie dieselbe an ihn abzufertigen beliebeten, zusammenzutreten und dasjenige darin zu schließen, was zu Beforderung des in dem foedere enthaltenen heilsamen Zwecks würde diensam und ersprießlich gefunden werden.“ —

Bei dem Vertrag hat W. besonders ins Auge zu fassen, „daß derselbe bimembris und zweifach sein als eines Teils mit dem Herrn Churf. und Herrn Pfalzgrafen insgemein und zugleich teils aber mit hochgedachtem Herrn Pfalzgrafen allein und absonderlich aufgerichtet und geschlossen werden müsse. Jener gemeiner Tractat hat nun das öfters vorangeregte foedus zum Fundament, und gehet dessen Zweck .. eigentlich dahin, daß, weiln sotanes Bündnis dahin verpflichtet I. Kgl. Maj., mit gesagten Ihren beiden Confoederirten sich eventualiter zu vereinbaren, wie dem Herrn Pfalzgrafen .. mit solchen kräftigen Hilfsmitteln von Volk und anderer Kriegsbehör unter die Arme zu greifen, daß er sich bei der solcher gestalt rite erhaltenen Kron schützen und selbige seinen und der Republique Feinden gnugsamen Widerstand tun könne. —

Nachdem nun Pfalz Neuburg mit Churbrandenburg über solchem Werke allschon vorher und ehe obiges foedus mit I. Kgl. Maj. getroffen“, eine Vereinbarung getroffen, in der über das Quantum der Hilfe und andere zur Kriegsexpedition nötige Bedingungen nichts bestimmt ist, „so wird dannenhero die Notdurft erfordern, daß man in diesem Tractat convenire 1. über eines jeden Contingent dieser Volkshülfe, 2. welcher gestalt es mit Verschaffung nötiger Artiglerie und Ammunition gehalten werden, 3. wie die Conjunction der confoederirten Trouppen am besten geschehen und I. Kgl. Maj. Leuten ein freier Durchzug durch die churfl. oder des Herzogen von Churland Lande erteilet werden könne,

4. wie weit I. Kgl. Maj. und des Churf. Generalen beim Commendo zu concurriren, was 5. selbige I. Kgl. Maj. Kriegsvölker nach einer gewissen ordinance an Unterhalt und Sold zu gewarten, woher sie 6. zu ihrer Recruitirung bemittelt sein, was sie 7. für eine plâce d'asseurance haben und 8. was Entgelt die Trouppen bei ihrer Erlassung zu gewarten haben sollen.

Anlangend nun erstlich die Anzahl der Völker, welche Pfalz Neuburg zu seiner Hilfe zu stipuliren nötig finden möchte, hätten I. Kgl. Maj. sich wohl etwas näher und präciser darin auslassen können, wann sie des bewilligten churfl. quanti benachrichtiget gewest. Allein weilen angeregte Neuburgische ministri es allhie verhehlet, aber alldort .. der Sachen Notwendigkeit halber wohl werden eröffnen müssen, so finden auch I. Kgl. Maj. am besten, daß der Herr Reichsfeldherr, wann nämlich solch Contingent mäßig und etwa bei 5- in 6000 Mann bestünde, nur entweder so viel verspürete, als man churfl. Seiten zugesaget zu sein mit dem Tractat beweise, gestalten I. Kgl. Maj. keine Ursach sehen, warumb Sie sich darunter mehr beschweren lassen sollten. Hätte aber der Churf. bei 12 000 Mann, wie die Rede gehet, versprochen[1]) und sich zu einem so großen quanto .. anheischig gemachet, haben I. Kgl. Maj. solches nicht eben für eine Norm Ihres Anteils anzunehmen, besondern der Herr Reichsfeldherr etwas wenig mehr als obige summa zu stipuliren, gestalten I. Kgl. Maj. keinen andern Nutzen aus diesem Tractat zu haben und zu ziehen begehren, dann daß Sie und Ihr Reich mit dem Könige und der Republique eine beständige Freundschaft beibehalten könnten. Gleichwohl sind I. Kgl. Maj. nicht abgeneigt, wann die Pfalz Neuburg entgegenstehende frembde Macht größer, als daß ihr von der Anzahl, welche Sie in kraft dieses Tractats zusambt der Republique Beistand zusammenzubringen vermögen, gewehret und behöriger Widerstand getan werden könnte, alsdann auf sein, des Herrn Pfalzgrafen als sodann rechtmäßig erwählten Königs in Polen, und der Republique weiteres Begehren alle nur immer in Ihren Kräften stehende weitere Assistence zu leisten." —

Die Besorgnisse des Kurf. und des Pfalzgrafen wegen der Truppenverminderung Schwedens seien grundlos[2]), da „I. Kgl. Maj. .. bemittelt wären, aus Ihren der Gefahr am nächsten belegenen Landen, als von Finnland durch Livland und aus Schonen mehr dann die nötige Anzahl Reuter gegen die Zeit der Wahl, als welche man im Majo allererst für sich zu gehen vermutet, zu überschicken und, wo es die Notdurft erforderte, agiren zu lassen. Zudem habe die Erfahrung bishero gelehret, daß es nicht eben am ratsamsten, die Polen mit einer ihnen an der Seiten stehenden starken Armatur zu irren und dadurch zu verbittern. Von der geworbenen Infanterie aber hätten I. Kgl. Maj. keinen Mann außer Diensten gelassen, eben zu dem Ende, damit I. Kgl. Maj. damit sogleich gereit sein könnten."

Wieviel Feldstücke jeder Teil der Auxiliartruppen bei sich führen soll, hat Wrangel zu bestimmen, desgleichen, wie die Vereinigung der Hilfstruppen mit denen der Republik erfolgen soll; zu bedingen ist das Durchmarschrecht durch

---

[1]) Vgl. § 5 des Vertrages vom 10. Juni 1666, v. Moerner S. 286.

[2]) Vgl. oben S. 868.

die kurfl. Lande und, falls die ratio belli das erfordert, durch Kurland. Dem Pfalzgrafen soll der Hauptbefehl über die schwedischen Hilfstruppen zustehen; doch ist zu bedingen, daß diese „nicht allein und ohne Not der etwa vorhandenen Gefahr zu ihrer Ruin exponiret werden." — Wegen der plâce d'asseurance ist zur Vermeidung alles Mißtrauens ein schriftliches Abkommen mit dem Pfalzgrafen dahin zu treffen, „daß I. Kgl. Maj., wann die Kriegesexpedition beendiget und Ihren Völkern wieder heimbzugehen von der Republique erlaubet, selbigen Platz ohnverletzet wieder räumen und der Republique zu sichern Händen zustellen lassen wollten." —

Im übrigen hat W. mit Pfalz-Neuburg allein ohne Beteiligung Brandenburgs darüber zu verhandeln, welchen Vorteil der König für seine Hilfeleistung zu erwarten hat, wofern der Pfalzgraf zur Krone gelangt. „Zwar könnten I. Kgl. Maj. selbige avantage wohl etwas höher spannen und in Consideration der Ihr und Ihrem Reich darab imminirenden Gefahr und leicht überkommenden Krieges-ungelegenheit diese und andere Entgeltnüß und Recompensirungen begehren. Gleichwohl, weilen I. Kgl. Maj. darunter weder Pfalz Neuburg noch der Republique beschwerlich zu sein fürhaben, besondern allein intendiren, einen rechten und soliden Grund zu einer beständigen und ohnerlöschlichen Freundschaft zwischen I. Kgl. Maj. und Dero Reiche, auch Pfalz Neuburg als König in Polen und der Republique zu legen, als wird dieser Tractat auch nur eine generale Contestation von einem aufrechten Vorsatz, umb mit einander eine rechte, wahre und ohngefärbete Freundschaft und Vertraulichkeit zu pflegen, in sich begreifen dürfen, gleichwohl diese Verheißung an seiten Pfalz Neuburgs in sich halten müssen, daß derselbe, wann er .. zur Kron gelanget, alsdann die Republique alles Vermögens dahin zu bewegen trachten wolle, damit zwischen ihr und I. Kgl. Maj. Kron durch eine neue Verbündnüß solch eventualiter gebundenes Freundschaftsband weiter zusammengeknüpfet und befestiget und auf diejenige casus zu einem kräftigen mutuellen Beistande gerichtet werden könne, welche alsdann zu beider Reiche Wohlfahrt und Sicherheit nötig und diensam erfunden werden." —

Resident H. Wolfradt an die Vormundschaftsregierung. D. Königsberg 1./11. Dezember 1668.

[Besorgnis wegen der Wahl Pfalz-Neuburgs.]

11. Dez. — Von denen candidatis kommen allerhand scripta heraus, so aber meist von Lothringen sein; dahero und weiln der Baron de Goes auch nur in terminis generalibus spricht[1]), man vor Neuburg beginnet zu fürchten und umb so-

18. Dez. [1]) D. Königsberg 8./18. Dezember 1668 meldete Wolfradt: „Wegen Lothringen ist man noch dergestalt besorget, daß man auch entschlossen, mit dem Baron de Goes deswegen in Conference zu treten und zu remonstriren, daß nötig sein wollte, das Lothringische Regiment aus denen an der polnischen Grenze so nahe belegenen Quartieren zu deslogiren, damit ihm aller Prätext benommen werde, sich so nahe an Polen aufzuhalten." — Vgl. Urk. u. Akt. Bd. 14 S. 404 ff.

viel desto lieber siehet, daß E. Kgl. Maj. würklich Hand mit anlegen und durch die bei des Herrn Reichsfeldherrn Exc. veranlassete Instruction auf alle Fälle eine beständige Resolution fassen wollen. Es hat sonst noch neulich einer, so mit dem Feldherrn Sobieski sehr familiär ist, vor gewiß anhero berichtet, daß derselbe noch einen Weg als den andern die französische Faction treibe[1]) und dabei sowohl durch seine Gemahlin als den Schatzmeister Andreas Morstein fortifiiret würde. Ob nun wohl Blumenthals relationes und Bezieres Versicherungen das contrarium behaupten wollen, so ist man doch nicht allerdings ohne Sorgen.

Resident H. Wolfradt an die Vormundschaftsregierung. D. Königsberg 11./21. Dezember 1668.

[Begünstigung Lothringens in Polen durch den Kaiser.]

Schwerin und Jena haben mit Goes konferiert[2]), „umb zu sondiren, 21. Dez.
wie weit der kaiserliche Hof bei der Promotion des Herrn Pfalzgrafen von Neuburg zu concurriren willens, auch super recommendatione et mediis promotionis sich zu beratschlagen. Soviel ich aber davon penetriren können, ist gedachter Abgesandter nur in terminis generalibus gegeblieben und vorgegeben, der kaiserliche Hof hätte genug getan, daß er wider die vorige Maximen sich aus der Indifference gesetzet und auf Neuburgs inständiges Anhalten den Tractat geschlossen[3]), dabei man anitzo wohl bleiben und die Recommendation debito tempore et modo verrichten müßte; zu andern consiliis würde man den kaiserlichen Hof schwerlich bringen, es wäre denn, daß einige Beisorge wegen eines französischen candidati noch übrig sein möchte; weiln aber Frankreichs jetziges Comportement und so viel vor Neuburg interponirte officia ein anders glauben macheten, würde man ein wenig in Ruhe stehen und denen Herren Polen nicht zu weit eingreifen müssen. Bei solchen Umbständen nun und da er sich bei dem Vorschlage, das Lothringische Regiment von der Grenze abzuziehen, etwas difficil bezeiget, der nach Polen destinirter Abgesandter Graf Schaffgotsch[4]) auch sehr vor Lothringen sich engagiren soll, und dieser continuirlich sich über die Grenze hineinbegiebet und bei einem und andern sich insinuiret, glaubet man allhie fester, daß man sich vom kaiserlichen Hofe nichts anders als einer bloßen Recommendation zu getrösten haben und das heimliche appui vor Lothringen bleiben werde. Setzet dahero so viel mehr Hoffnung auf E. Kgl. Maj. solide Hülfe, und daß man sowohl dadurch als die in Polen habende und täglich sich mehrende gute Affection in dem Werke endlich reussiren werde." —

P. S. Einige seiner Leute sind von Kneiphöfer Stadtwächtern belästigt worden. Der Bürgermeister ist gezwungen worden, sich bei ihm zu entschuldigen.

---

[1]) Vgl. Urk. u. Akt. Bd. 12 S. 387 f.
[2]) Vgl. Urk. u. Akt. Bd. 14 S. 406.
[3]) Vgl. oben S. 861.
[4]) Graf Christoph Leopold Schaffgotsch.

Der Kurf. und die Minister haben ihm zu verstehen gegeben, „daß sie diese Leute, als wobei noch viele Schwierigkeiten, ein weinig mit Discretion tractiren müßten, und ich also den Bogen nicht gar zu hoch spannen möchte." —

Resident H. Wolfradt an die Vormundschaftsregierung. D. Danzig 19./29. Dezember 1668.

[Polnische Thronkandidaten. Wolfradts Abreise. Kommissionssekretär Dörffler.]

29. Dez. Seit Wrangel instruiert und seit Goes angekommen ist, hat „der unziemlich gefassete Argwohn, dem ich sonst cum magna animositate allezeit widersprochen, sich .. umb ein großes geändert, indem man numehr die ganze Zuflucht bei dem Werke zu E. Kgl. Maj. Hilfe nimbt. — Der brandenburgische Hof sowohl als Neuburg machen sich die sperance noch immer größer und verlassen sich auf die vielfältig getane Promessen und insonderheit auf E. Kgl. Maj. und Frankreichs support, halten auch, daß keiner in Balance kommen könnte als Lothringen, der ziemlichen Anhang in Polen und des Kaisers heimliche Affection hat; wenn man aber .. das Werk überlegen sollte, gleichwohl Neuburg es vor Lothringen multis modis emportiren würde. Der Baron de Goes ist seiter seiner Ankunft und nachdem man vernommen, daß er so froide propositiones getan, ziemlich übel angesehen, so gar, daß man auch dem Neuburgischen ministro verdenken und verbieten wollen, viel vertrauliche Correspondence mit ihm zu haben." —

P. S. Seine Krankheit, über die er ein Attest des kurfl. Leibarztes Bonnet einreicht, und Geldmangel haben ihn zur Abreise genötigt. Er hoffe, „es werde in denen Affairen bei dieser Zeit, da doch I. Churfl. Durchl. bei erfolgendem guten Schlittenwege auf ein Wochen 6 nach dero Littowischen Ämbtern und gar an die Grenze nach Curland zu dero Frau Schwestern gehen wollen, nichts verabsäumet werden, maßen denn E. Kgl. Maj. aus meinen vorigen .. Relationen zur Genüge wird kund sein, daß der Wahltag in Polen bis den 2. Mai aufgeschoben, alles vor Pfalz Neuburg noch wohl gehe und ein Teil der mir .. aufgetragenen Puncten schon von mir beobachtet worden, teils auch noch durch Schreiben und die allezeit beibehaltende Correspondence, dazu ich gute Anstalt gemachet, gnugsam ausgerichtet werden können. Wie ich denn auch zu desto besserer Beobachtung E. Kgl. Maj. hohen Interesses und damit ja kein momentum verabsäumet werde, den Commissionssecretarium Dörfler anhero beschieden, und, dafern E. Kgl. Maj. .. Befehl .. ihn nicht in expressen terminis dahin anweisen sollte, daß er mit den Briefen selber auf Warschau reisen müßte[1]), welches doch noch einigermaßen bedenklich und nötig sein würde, mit dem churbrandenburgischen Hofe und Neuburgischen ministris vorhero darüber und insonderheit wegen Übergebung der Recommendation zu concertiren, denselben dahin obligiren werde, daß er bis zu E. Kgl. Maj. .. weitern Disposition zu Königsberg so lange subsistiren und die Correspondence halten möge, bis ich mich wieder daselbst ein-

[1]) D. h. mit den oben S. 862 erwähnten Schreiben.

finden könne.“ Wofern er Geld erhält, ist er bereit, nach 4—5 Wochen nach Königsberg zurückzukehren, hoffe jedoch, durch Blume[1]) ersetzt zu werden.

Die Vormundschaftsregierung an den Reichsfeldherrn Grafen v. Wrangel. D. Stockholm 21./31. Dezember 1668.

[Bedenken gegen die Wahl des Pfalzgrafen von Neuburg zum König von Polen; nur im Fall seiner rechtmäßigen Wahl wird Schweden ihm nötigenfalls beistehen.]

Es ist Euch außer Zweifel aus denen von Polen einlangenden Nachrichten 31. Dez. guter maßen bekannt, wie es fast das Ansehen gewinnen wolle, daß Pfalz Neuburg wenig Hoffnung mehr zur polnischen Kron haben und diejenige viele recommendationes, womit er dieselbe ohnfehlbar zu emportiren vermeinet, ihm eben am meisten daran hinderlich sein dürften. .. Ob Wir nun zwar Uns hiedurch nicht irren noch von dem an hochgedachten Pfalzgrafen in kraft der aufgerichteten Bündnüß einmal gegebenen Versprechen abwendig machen lassen werden, gestalten Uns auch weder die Republique noch sonst jemand verdenken kann, wann Wir iusto tempore et debito modo die Recommendation verrichten, Uns der von andern dabei gebrauchenden Intriguen enthalten und endlich auch der Republique beitreten, wann jemand ihren rechtmäßigen erwählten König vom Throne zu verdringen sich unterfangen wollte, so giebet Uns obige der Sachen Bewandnüß gleichwohl Ursach, darinnen etwas mehr behutsam zu gehen und Euch fürnehmlich dieses zu erinnern, daß, weiln Wir vermuten die Churbrandenburgische und Pfalz Neuburgische Gevollmächtigte gegenwärtig bei Euch zu sein, umb nach Anleitung der Bündnüß den modum agendi mit Euch zu verabreden, und Wir nun vom Resident Wolfradt vernehmen, wie der Churf. den Pfalzgrafen, es koste was es wolle, zu souteniren und gegen alle andere Candidaten mit Gewalt der Waffen, ohne sich einmal an die per maiora ausgefallene Wahl zu binden, kräftig zu behaupten vorhabe, Wir garnicht solchem des Churf. Intent beipflichten und insoweit der Republique gebührenden freien Wahl eingreifen, besondern alsdann erst den Herrn Pfalzgrafen zu mainteniren mit Hand anlegen wollen, wann derselbe iuxta tenorem foederis per maiora Ordinum suffragia und also rite zum König in Polen erwählet. —

Kommissionssekretär Simon Dörffler an die Vormundschaftsregierung. D. Danzig 5. Januar st. n. 1669.

[Dörffler geht vorläufig nach Königsberg.]

Wolfradt, dem er in Danzig begegnet ist, hat ihn veranlaßt, ad interim an 5. Jan. den kurfl. Hof zu gehen und bis zur Ankunft Blums dort mit Rücksicht auf die polnischen Angelegenheiten zu bleiben; sollte dessen Eintreffen sich jedoch verzögern, so würde Wolfradt nach Wiederherstellung seiner Gesundheit wieder zum Kurf. kommen. Er ist auf Wolfradts Wunsch eingegangen, weil er ermessen könne,

---

[1]) Vgl. oben S. 850, 852ff.

„wie daß E. Kgl. Maj. hohes Interesse erfordere, daß bei jetziger Zeit die Correspondence zwischen Derselben und dem churfl. Hofe durch continue daselbst residirende ministros unterhalten werde". —

Resident H. Wolfradt an die Vormundschaftsregierung. D. Lüssow 6. Januar 1669.

[Unterredung mit Bonzy über die polnische Thronfolge. Begegnung Wrangels mit brandenburgischen und neuburgischen Abgesandten.]

16. Jan. Hat Bonzy in der Nähe von Danzig gesprochen. „Wiewohl ich nun äußerlich von ihm nichts anders als großen Eifer vor die Neuburgische Partei verspüren können, maßen er gesaget, von seinem Könige dergestalt instruiret zu sein, daß er allen seinen Credit anwenden und alle die officia tun sollte, so Churbrandenburg und Pfalz-Neuburg selbst begehren und ihm an Hand geben würden, dahero er so viel mehr apprehendirte, daß Moscow noch so starke factiones hätten und die Jesuiter nebst vielen andern sich vor den Herzog von Lothringen so sehr interessirten, qui, pour dire la verité, avait beaucoup de qualités, pour se rendre agréable à la republique, mais que le roi son maître serait fort trompé, si après avoir sacrifié ses plus chers intérêts au repos de la republique et abandonné ceux de sa propre maison, fut obligé de souffrir un roi de Pologne, qui y voulût entrer malgré lui [1]); wiewohl nun aus diesen allen, wie gedacht, Frankreichs gute Intention zu verspüren sein möchte, habe ich doch etwas retenue bei ihm gemerket, wie ich ihn auf den Discours von Ankunft des kgl. secretarii Mansini gebracht, weiln er so gar soigneusement dessen Reise zu entschuldigen gesuchet. —

Er war sonst von der bei dem Herrn Reichsfeldherrn vorseinden Conference [2]) gar wohl informiret und vermeinete, daß selbige ziemliche ombrage in Polen geben würde, welche Meinung ich ihm aber damit, daß gleichwohl E. Kgl. Maj. den Rest von Dero noch stehenden Trouppen gänzlich reduciret, zu benehmen suchete, und daß diese Zusammenkunft zu nichts anders angesehen, als super modo zu concertiren, wie man die Recommendation vor Pfalz Neuburg aufs beste in Polen incaminiren möchte. —

Soviel sonst die oberwähnte Conference mit denen brandenburgischen und Neuburgischen ministris betrifft, geruhen E. Kgl. Maj. aus der Beilage von dem Baron Schwerin und des Neuburgischen ministri Stratmans beiden Schreiben [3])

---

[1]) Vgl. Recueil des instructions Bd. 4 S. 89 ff.

[2]) Vgl. oben S. 871 ff.

[3]) In Beantwortung eines Briefes Wolfradts vom 18./28. Dezember 1668 schreibt Schwerin D. Königsberg 29. Dezember 1668 st. n.: . . „Was die bewußte Conference anlanget, hat mein hochgeehrter Herr gar gleich (so), daß die zu Benehmung aller soupçons in höchstem geheim geschehen müsse. Es ist auch solches Sr. Churfl. Durchl. Intention, und wird sie solche umb so viel mehr auf solche Art einrichten lassen. Ich halte auch davor, es könne gar wohl sein, daß die Neuburgische davon bleiben." — Stratmann schreibt D. Königsberg 1. Januar 1669 an Wolfradt: „Schwerin apprehend

.. zu ersehen, daß, wie eifrig man auch vorhero darauf getrieben, man anitzo gern sehen sollen, daß die Conference noch eine Zeit lang nachbleiben oder doch gar geheim, quod fere impossibile est, gehalten werden sollte. Ich habe mit des Herrn Reichsfeldherrn Exc. daraus geredet, ob ratsam, daß ad evitandas suspiciones die Neuburgische ministri davon bleiben möchten. Worauf S. Exc. vermeineten, daß vermöge E. Kgl. Maj...Instruction dieselbe notwendig dabei würden sein müssen.

Wie E. Kgl. Maj. aus der andern Beilage von dem Baron de Goes[1]) ersehen werden, so ist der kaiserliche Hof auch noch nicht allerdings außer der Apprehension vor die französische Partei, wie denn aus Pufendorfs[2]) Bericht eine und andere Consequence gezogen werden kann." Wolfradt meint, „daß, was Frankreich auch vor mine mache und vor advantage sich promittire, es dennoch propter odium commune und die starke Gegenparteien nimmer reussiren und Pfalz Neuburg niemand mehr als Lothringen zu fürchten haben werde." —

Kommissionssekretär Simon Dörffler an die Vormundschaftsregierung. D. Königsberg 8./18. Januar 1669.

[Polnische Thronfolgefrage. Der Kurf. hofft auf die Wahl Pfalz-Neuburgs, empfiehlt Schweden jedoch für dessen Rekommendation vorläufige Zurückhaltung.]

Er ist am 3./13. Januar dort eingetroffen, hat noch am selben Tage Stratmann aufgesucht „und mit ihm von allem, was mir zu nötigem Unterricht dienlich, fleißige Unterredung gepflogen. Des folgenden Tages ließ Mr. Stratmann Sr. Churfl. Durchl. von meinem arrivement zu wissen tun und zugleich für sich umb Audience anhalten. Hierzu ward ihm die erste Stunde nach Mittag benennet und darbei zu wissen getan, daß es der Churf. gern sehen würde, wann er mich zu Schloß bringen und für S. Churfl. Durchl. stellen wollte. Als wir nun umb bestimmte Zeit erschienen und ein jeder dem Churf. seine révérence getan, fing Mr. Stratmann an, die Ursachen meiner Ankunft kürzlich zu eröffnen; worauf der Churf. mir gar gnädig zuredete und zu wissen begehrte, was ich notables mit der jüngsten Post von Warschau erhalten. Nachdem ich nun solches kürzlich hinterbracht und zugleich für die nach meiner Abreise von Warschau durch Mr. Wolfradt mir offerirte Protection und Sicherheit, in dero Landen bis ad terminum electionis mich aufzuhalten, demütigen Dank gesagt, habe ich darauf die von Herrn Stratmann angeregte Materie weitläufiger prosequirt und .. contestirt die gute nachbarliche Confidenz und Freund- 18. Jan.

fort, que la conférence avec S. Exc. le Grand Connetable eclatera, et en voit en tout cas fort peu de profit, puisque vous congédiez tout vos gens, qui sont dans les provinces, n'en réservant que ce qui vous en est nécessaire pour les guarnisons. Nous attendrons cependant Mr. Dörffler et vos advis.' Ein weiterer Brief Stratmanns ist bedeutungslos.

[1]) Goess an Wolfradt D. Königsberg 4. Januar 1669: Je vois, qu'on commence à remarquer mieux les forces, que prend la faction française, et qu'il ne passera plus pour crime, de douter des intentions de ce côté-là.

[2]) Kommissionssekretär Esaias Pufendorf in Paris.

schaft, welche E. Kgl. Maj. zu Sr. Churfl. Durchl. tragen, wannhero Dieselbste auch wären bewogen worden, in diesem hochangelegenen und gemeinnützigen Werke, indem Sie auf den Fall, da die Election schleinig erfolgen und so viel Zeit nicht übrig sein würde, eine expresse Gesandtschaft ad comitia electionis abzufertigen, au faveur S. Hochfürstl. Durchl. des Pfalzgrafen von Neuburg diese [1]) Schreiben tam Suo quam senatus nomine ad rempublicam et senatores Poloniae auszufertigen und derselben Überlieferung mir .. anzubefehlen, dienlich zu sein befunden, zuvor Dero consilium und hochweises Gutachten hierüber zu vernehmen und nach demselben sich zu reguliren Ihrem Residenten Herrn Wolfradt committiret hätten. Wann nun aber solche E. Kgl. Maj. Ordre allererst bemeldtem Herrn Residenten zu handen kommen, nachdem derselbe .. in Danzig schon angelangt gewesen", so habe D. es für seine Pflicht gehalten, „solche E. Kgl. Maj. sincere Intention Sr. Churfl. Durchl. zu überbringen und Dero hohes sentiment zu vernehmen, ob es nötig, mit diesen Schreiben nach Warschau zu reisen oder aber mit denselben bis zur Ankunft einer Gesandtschaft aus Schweden einzuhalten.

Hierauf antwortete mir der Churf., die Sachen für Pfalz Neuburg stünden nunmehr in so guten und gewünschten terminis, daß er hoffte, es würden die meiste Schwierigkeiten gehoben und alle suspiciones, welche bishero die Gemüter in Polen unruhig gemacht, beigeleget sein. Wann nun von Nöten, alle Gelegenheiten zu vermeiden, wodurch das Feur gleichsam in der Asche gerühret und die Tranquillität der numehr zwar assopirten, dennoch aber noch immerzu furchtsamen Gemüter aufs neue verunruhigt werden dürfte, als könnte er aus guter vertraulicher Meinung und freundnachbarlicher Confidenz zu E. Kgl. Maj. hierzu nicht raten, daß ich mit diesen Schreiben eilen, sondern vielmehr damit so lange einhalten sollte, bis E. Kgl. Maj. aus denen von Verlängerung des termini electionis erhaltenen Rapporten andere mesures nehmen und diese durch Schreiben für Pfalz Neuburg wohlmeinentlich geleistete officia ehestes durch eine Legation ablegen würden; welches umb so viel mehr Nachdruck alsdann haben würde, wann diese Recommendation iusto et legitimo tempore und dazu mit einmütiger Cooperation und Beistand anderer frembden Gesandten der Republik würde beigebracht werden. Ferner sagte Elector, er hätte mit der letzten Post gar gute Zeitung gehabt und gewisse Nachricht erhalten, daß numehr keine Faction der Neuburgschen Partei praevaliren würde; auch diejenige, so es bis dato so steif mit Frankreich gehalten, wären numehr gewonnen." —

Er hat dann Schwerin, Jena, Hoverbeck und Meinders besucht, „welche alle mit des Churf. sentiment übereinstimmten". —

---

[1]) Rekommendationsschreiben für Pfalz-Neuburg.

Der Kurfürst an den Reichsfeldherrn Grafen v. Wrangel. D. Königsberg 12./22. Januar 1669.

[Besprechung Wrangels oder Wolfradts mit einem brandenburgischen Abgesandten über die polnische Thronfolge.]

Aus Wrangels Schreiben vom 31. Dezember [1]) habe der Kurf. ersehen, das 22. Jan. dieser aus Schweden Instruktion erhalten habe, „umb die noch übrige puncta bei dem zu Stockholm ohnlängst geschlossenem foedere vollends zu adjoustiren. Wie nun der Herr Graf sich annoch erinnert, daß Wir Unsers Orts nicht ermangelt haben, alles, was zu völliger Einrichtung dieses negotii noch desideriret werden könnte, äußerster Möglichkeit nach zu beobachten, auch bereits vor Unserer Abreise aus Unsern Chur- und Reichslanden jemand der Unserigen darzu verordnet und instruiret [2]), der zu dem Herrn Grafen auf empfangene Notification gehen und alles ferner verabreden und schließen sollte, also können Wir Demselben anjetzo nicht bergen, daß Wir seiter dem in Polen große jalousie und ombrage über die zu Stockholm geschlossene Tractaten vermerket und einige fürnehme Stände bei der Republique solches sehr odiose traduciret haben, gleich [als] wollte man [als] ihre Vormünder agiren und ihren bei der Election habenden Freiheiten präjudiciren und Eintrag tun oder ihnen zum wenigsten ratione candidatorum gewisse Schranken, Ziel und Maß setzen. Dieweil nun bei der ganzen Sache allerseits kein ander Zweck ist, als des Herrn Pfalzgrafen zu Neuburg Lbden zur polnischen Kron zu verhelfen, dannenhero auch billig alles, was von solchem Zweck abführen oder zu dessen Erreichung schädlich oder hinderlich sein könnte, zu evitiren, so stellen Wir des Herrn Grafen .. Nachdenken anheimb, ob es etwan zu raten und der Sache ersprießlich sein möchte, daß man aufs neue zusammenkäme und Handlung pflegte, welches doch .. außer Zweifel die bereits gefassete ombrage und suspiciones vermehren, consequenter auch der Sachen selbst mehr hinderlich als beförderlich sein könnte. Und weil Wir vernehmen, daß des Herrn Pfalzgrafen Lbden dem schwedischen ministro Habbaeo [3]) Ihre Meinung und Gutachten eröffnet, so stünde zu erwägen und wollen Wir des Herrn Grafen Gutachten desfalls erwarten, ob Er nicht am diensamsten ermessen möchte, daß einer Unserer vertrautesten Diener etwan zu Pasewalk oder Stettin mit .. dem v. Wolfradt, als welchem die Sache mit allen Umbständen bekannt, in geheim zusammenkämen und derselbe vom Herrn Grafen informiret und instruiret würde, was man für Abrede in einem und andern zu nehmen, der dann auch zugleich die Ratification über den letzten Tractat auswechseln könnte." —

---

[1]) Schreiben Wrangels an den Kurf. D. Wolgast 31. Dezember 1668. Er erklärt 10. Jan. sich bereit, Abgesandte des Kurf. und Pfalz-Neuburgs zu den fraglichen Verhandlungen in Stettin oder Stralsund zu erwarten. Berlepsch sei zur Auswechslung der Ratifikationen des zu Stockholm geschlossenen Bündnisses noch nicht eingetroffen; sobald er käme, solle der Austausch erfolgen. (Nach der Reinschrift im Geh. Staatsarchiv zu Berlin.)

[2]) Vgl. oben S. 857, 863f., 866.

[3]) Christian Habbaeus von Lichtenstern, 1662—1669 schwedischer Resident im oberrheinischen und im schwäbischen Kreise.

Oberpräsident Otto v. Schwerin an den Residenten Wolfradt. D. Königsberg 14./24. Januar 1669.

[Polnische Thronfolgefrage.]

24. Jan. — „Wiewohl nun anjetzo wenig zu communiciren vorfällt, so würde es dennoch gut sein, daß auf allen begebenden Fall jemands wegen I. Kgl. Maj. hier wäre, welchem von den einkommenden Sachen Nachricht gegeben werden könne, so gewiß erfolgen soll, im Fall nur etwas einlaufen wird.“ Bisher sei freilich „alles so still, daß wir uns auch nicht gnugsamb darüber verwundern können. Von dem Moscowiter wird gesaget, daß er sich vernehmen lasse, er prätendire nichts auf die Kron für seinen Sohn. Indessen glauben doch andere, daß er die starke Armatur nicht umbsonst tue. In Frankreich continuiret man noch, uns fest zu versichern, daß man der Orts an die Kron nicht mehr gedenke, und wird aus Polen geschrieben, daß die französische Faction selbst ablasse. Vor Lothringen aber wird noch stark negotiiret; sonderlich der Reichsunterkanzler [1]) und der Kastellan von Lemberg [2]) suchen desfalls eine starke Faction zu machen.“ —

Kommissionssekretär Simon Dörffler an die Vormundschaftsregierung. D. Königsberg 15./25. Januar 1669.

[Polnische Thronfolgefrage.]

25. Jan. D. hat sich bei einigen insinuirt, „die für andern affabiles sein wollen. Bei welcher Gelegenheit ich dann in puncto die Pfalz Neuburgische affaires in Polen betreffend so viel vernommen, wie daß dieser Hof hierbei einen sonderbaren großen Eifer spüren läßt und man mit Verlangen zu vernehmen wünschet, ob E. Kgl. Maj. bald eine Gesandtschaft, umb des Herrn Pfalzgrafen von Neuburg Fürstl. Durchl. der polnischen Republique bei künftiger Wahl zu recommendiren, verordnen und nacher Polen abfertigen werden. Warumb man mich unterschiedlich befragt und damit so viel zu verstehen gegeben, daß man für allen Dingen die zeitliche Ankunft dieser Legation gern vernehmen und wissen möchte.“ —

Resident H. Wolfradt an die Vormundschaftsregierung. D. Wolgast 17. Januar 1669.

[Konferenz Wrangels oder Wolfradts mit brandenburgischen und neuburgischen Abgesandten.]

27. Jan. Wie er in seiner letzten Relation gemeldet, „daß, so sehr man auch vor diesem auf die mit des Herrn Reichsfeldherrn Exc. vorhabende Conference gedrungen, so wenig Eifer man seiten Brandenburgs und Neuburgs anitzo dazu spüren lasse, also befindet sich auch solches in der Wahrheit, maßen nicht allein der Herr

[1]) Andreas Olszowski.

[2]) Alexander Maximilian Fredro.

Pfalzgraf durch die an den Herrn Reichsfeldherrn abgelassene Briefe bald eine Conference durch Habbaeum, dem er dazu ein Creditiv gegeben, halten zu lassen, bald andere Expedientien, wie solches mit der weinigsten ombrage in Polen zu verursachen zugehen könne, ins Mittel bringet, sondern auch vom churbrandenburgischen Hofe man mir an die Hand giebet, daß das Werk ohne großen bruit an der pommerschen und märkischen Grenze mit denen churfl. ministris könnte abgerichtet werden, wann I. Exc. mir oder jemand anders von E. Kgl. Maj. .. Intention Nachricht und Instruction geben wollte, mit denenselben in Conference zu treten. Gleichwie nun I. Exc. ohne E. Kgl. Maj. speciales Befehl darunter etwas zu verordnen sich nicht bemächtigen wollen, also habe die Antwort nach Königsberg auch solcher gestalt eingerichtet, daß sie dasselbe entweder abwarten oder auf ein ander expediens bedacht sein mögen. Und ist zwar nicht ohne oder zu verwundern, daß sie bei so wunderlicher Veränderung der Gemüter in Polen etwas behutsam in der Sache gehen müssen, weiln sonst alles, so noch vor die Neuburgische Partei hält, durch einen plausiblen Prätext übern Haufen geworfen werden könnte.“ —

Kommissionssekretär Simon Dörffler an die Vormundschaftsregierung. D. Königsberg 1. Februar 1669.

— Fürst Boguslaus Radziwill[1]) tut allhier alle gute Vetrröstung, daß endlich das Werk pro duce Neoburgico einen glücklichen Ausgang gewinnen werde, allermaßen sich diejenige, so bishero a partibus Condéi gestanden, gegen ihm auf der jüngsten Convocation solcher gestalt erkläret, daß sie, wann sie sehen würden, daß sie numehr auf keinerlei Mittel noch Wege mit dem Prinzen von Condé weiter fortkommen könnten, alsdann für allen andern candidatis in ducem Neoburgicum ihre suffragia conferiren wollten. Ich sehe aber, daß bei Mr. Stratmann diese Promessen noch von so kräftiger Wirkung nicht sein, daß ihme dadurch alle Sorgfalt und zweifelhafte Gedanken benommen werden könnten[2]). — 11. [oder 1.] Febr.

Der Kurfürst an den Reichsfeldherrn Grafen von Wrangel. D. Königsberg 5./15. Februar 1669.

[Dänemark begünstigt eine russische Kandidatur in Polen.]

Nachdem wir aus Desselben vom 21. Januar[3]) an Uns abgelassenem Antwortschreiben ersehen, daß Er Unsere bei der vorgewesenen bekannten Schickung 15. Febr.

---

[1]) Über Radziwills Reise nach Polen vgl. Urk. u. Akt. Bd. 12 S. 385, Hirsch, a. a. O. S. 31 f., 35 ff., 43, 98.

[2]) Vgl. Urk. u. Akt. Bd. 14 S. 410.

[3]) D. Wrangelsburg 21. Januar 1669 hatte Wrangel dem Kurf. in Beantwortung des Schreibens vom 12./22. Januar geschrieben, Habbaeus habe ihm mitgeteilt, er sei von Pfalz Neuburg zu der sekreten Konferenz mit Wrangel bevollmächtigt, sei aber verhindert, zu ihm zu kommen, und außerdem vom Könige auch nicht dazu instruiert. Er habe nun weitere Weisungen aus Stockholm erbeten. Inzwischen werde man ja nichts 31. Jan.

und Zusammenkunft geführte considerationes erheblich befunden und aus Schweden .. desfalls ferneren Befehl erwarte, als werden Wir auch bis dahin der Sache einen Anstand geben.

Und haben inmittelst in hergebrachter vertraulicher Correspondence dem Herrn Grafen nicht verhalten wollen, was gestalt Wir vom dänischen Hofe die Nachricht erhalten, daß man daselbst der moskowitischen Partei sehr zugetan sei und nicht allein gern sehen, sondern es auch nach Möglichkeit dahin zu befordern suchen würde, damit jemand von des Czaren jungen Prinzen zur polnischen Kron hiernächst befordert werden möchte [1]). Wir werden zwar Unsers Teils nicht unterlassen, desfalls gebührende Remonstration an besagtem Hofe zu tun und soviel möglich es dahin zu befordern, damit man des Herrn Pfalzgrafen zu Neuburg Lbden wo nicht gute, doch auch zum wenigsten keine böse officia in Polen leiste. Wir zweifeln aber auch nicht, I. Kgl. Maj. zu Schweden werden auch hierin viel gutes prästiren und den dänischen Hof von dergleichen consiliis divertiren können. Zum wenigsten wird nötig sein, auf allen Fall hierauf ein wachendes Auge zu haben und die nötige mesures bei ein und andern Occurrentien darnach zu nehmen. —

Kommissionssekretär Simon Dörffler an die Vormundschaftsregierung. D. Königsberg 12./22. Februar 1669.

[Polnische Thronfolgefrage.]

22. Febr. — „Allhier bei Hofe fänget man nun an, auf die Legation zu gedenken, so nach Warschau ad comitia electionis geschicket werden soll, und vernehme ich, daß Herr Schwerin mit Herrn Hoverbeck diese Ambassade auf sich nehmen werde."

Auf dem Landtag in Samaiten haben die Pac sich sehr um den Ausschluß des Herzogs von Neuburg bemüht, wogegen einige Evangelische protestirt haben. Der Landtag zu Graudenz soll gefordert haben, daß der Bischof von Béziers sich nicht in den kurfl. Landen aufhalten dürfe [2]).

„Neulich hat gedachter Beziers ein Schreiben, so der Prinz von Condé an ihn abgehen lassen, in originali anhero gesandt [3]), darin bemeldter Prinz sich dahin declariret, daß er nicht allein umb die polnische Kron sich weiter nicht bewerben, sondern auch, wenn sie ihm schon per libera suffragia offerirt würde, dieselbe nicht annehmen wollte. Nun habe ich zwar bis dato diesen Brief nicht gesehen, sondern referire nur, was mir Mr. Stratmann und andre draus berichten; allein ich muß bekennen, daß dies alles noch nicht gnuge ist, mich in Sicherheit zu setzen, daß es

versäumen, „weil die Wahl in Polen bis auf künftigen Maium hinausgesetzet ist, und in mittler Zeit diese Tractaten gnugsamb können abgehandelt und adjustiret werden." Den Inhalt seiner Weisungen werde er dem Kurf. und Pfalz Neuburg melden (nach der Reinschrift im Geh. Staatsarchiv zu Berlin).

[1]) Vgl. Pufendorf, Lib. X § 74.

[2]) Über diesen Landtag vgl. Lengnich, Gesch. der preußischen Lande polnischen Anteils Bd. 8 S. 6 ff.

[3]) Vgl. Urk. u. Akt. Bd. 12 S. 874, Pagès, a. a. O. S. 198.

Frankreich in puncto electionis so gar aufrichtig und besser mit seinen Nachbarn als mit sich selbst meine." —

Die Vormundschaftsregierung an den Reichsfeldherrn Grafen v. Wrangel. D. Stockholm 13. Februar 1669.

[Besprechung schwedischer, brandenburgischer und neuburger Delegierter.]

— Betreffend diesem nächst die von Churbrandenburg und Pfalz Neuburg vorhin so hoch verlangete, nun aber von selbsten declinirende Handlung über den modum executionis ratione des vorhin mit ihnen der polnischen Wahl halber geschlossenen Bündnisses, so lassen Wir Uns ebenfalls gar wohl gefallen, daß die Sache aufs geheimeste man kann, umb denen Polen keinen weitern Argwohn zu geben, fürgenommen und zu solcher Negotiation derjenige Weg erwählet und gegangen werde, welchen gemelte Unsere Confoederirte dazu selbst fürschlagen und gutfinden, es sei, daß man sie auf den Grenzen zwischen der Mark und Pommern unter dem Schein einiger selbige Lande angehenden Angelegenheit oder auf einige andere Art fürnehme, nur daß die realia dabei observiret und festgestellet werden, welche Wir Euch in der übersandten Instruction [1]) an die Hand gegeben und bei einer so wichtigen Sache verabreden zu lassen nötig finden; dergleichen Instruction Ihr dann denjenigen, so Ihr zum Tractat zu subdelegiren und abzufertigen gefielet, ferner mitteilen und dadurch verhüten werdet, daß in solcher Handlung nichtes einfließe, welches Unserm Interesse und dem in der Instruction deutlicher fürgestelltem heilsamen Augenmerk nachteilig sein könne. — 23. Febr.

Reichsfeldherr Graf v. Wrangel an den Kurfürsten. D. Stralsund 13. Februar 1669 [2]).

(Auf das Schreiben vom 5./15. Februar 1669.)

[Dänische Umtriebe gegen Pfalz-Neuburgs von Schweden auch weiterhin begünstigte Wahl zum König von Polen.]

— Sonsten tue gegen E. Churfl. Durchl. wegen der von denen am dänischen Hofe circa electionem Polonicam jetziger Zeit vorseienden consiliis mir gegebenen vertraulichen ouverture mich ganz demütigst bedanken. Es hat sonsten der .. an besagten dänischen Hofe residirender Minister [3]), ob er mir gleich wöchentlich zuschreibet und von dem, so daselbst passiret, part giebet, noch zur Zeit nicht das allergeringste davon notificiret, und scheinet wohl, so etwas daran ist, daß mans an selbigem Hofe sonders secret halten müsse. Als aber solches nicht allein für Pfalz Neuburg, besondern allen denen, so einiges Interesse an der polnischen Wahl haben, sehr nachteilig ist, so würde wohl nötig tun, daß man ein wachendes 23. Febr.

[1]) Vgl. oben S. 872 ff.

[2]) Nach der Reinschrift im Geh. Staatsarchiv zu Berlin.

[3]) Gustav Lilliecrona.

Auge darauf hätte und den dänischen Hof von dergleichen consiliis in Zeiten divertirte. Es ist auch wohl kein Zweifel, wann .. I. Kgl. Maj. davon Nachricht erlangen .., daß Sie nicht gleich E. Churfl. Durchl. gerne alle Möglichkeit anwenden sollten, solchem schädlichem Dessein in ein und andere Wege vorzubeugen, sintemalen E. Churfl. Durchl. ich wohl gehorsambst versichern kann, daß .. I. Kgl. Maj. es mit Pfalz Neuburg aufrichtig meinen und, wie bereits geschehen, also auch noch ferner alle gute officia, so desselben Promotion zur polnischen Wahl immer nur zu befordern capabel, von Ihrer Seiten beizutragen und darunter anzuwenden, nicht unterlassen werden. —

Der Kurfürst an den Reichsfeldherrn Grafen v. Wrangel. D. Königsberg 5./15. März 1669.

[Russische Thronkandidatur in Polen.]

15. März — „Sonst können Wir aus denen von allen Orten eingekommenen Relationen noch zur Zeit nicht anders schließen, als daß die Moscowiter einen Weg als den andern ihre Desseine fortzusetzen gemeinet sein müssen, allermaßen sie denn absonderlich bemühet sein, in Litauen sich eines starken Anhangs zu versicheren, welches unter andern aus denen vielfältigen Correspondencen und Unterredungen zwischen den moscowitischen Bedienten und denen litauischen, insonderheit denen Pacen, abzunehmen.“ Es folgen nähere Angaben über Verhandlungen des Großfeldherrn und des Großkanzlers Pac mit den Russen. „Wir haben dieses alles dem Herrn Grafen desto weitläufiger melden wollen, weilen Wir wissen, wie hoch sowohl allen Benachbarten als absonderlich I. Kgl. Maj. zu Schweden daran gelegen, daß diese Partei ihren Zweck nicht erreiche und ihre habende Desseine hintertrieben werden.“ —

Kommissionssekretär Simon Dörffler an die Vormundschaftsregierung. D. Königsberg 8. März 1669.

[Polnische Thronfolgefrage.]

18. [oder 8.] März Aus dem beigefügten Schreiben aus Thorn [1]) sei zu ersehen, „was der junge Herzog von Lothringen bei denen zu Graudenz auf dem conventu generali versammelten Ständen der Lande Preußen durch den Grafen von Schlieben negotiiret [2]). Nun ist deshalben dieser Hof mit gedachtem v. Schlieben sehr übel zufrieden, daß er sich, als welcher hier im Herzogtumb Preußen gesessen und wohl begütert ist, dessen er aber ungeachtet neulich die bäpstische Religion angenommen, in solche seines Landesherrn Intention und Maximen zuwiderlaufende affaires gemischet und damit seiner Devotion und schuldigen Pflicht nicht gemäß gehandelt habe.“ —

[1]) Liegt nicht bei.

[2]) Vgl. Urk. u. Akt. Bd. 14 S. 144; vgl. auch Paczkowski in Forsch. zur brand. u. preuß. Gesch. Bd. 2 S. 461.

Nach dem Bericht von Scultetus soll der Großkanzler[1]) erklärt haben, „daß er für allen candidatis Pfalz Neuburg zu befördern ihm mit allem Ernst wolle angelegen sein lassen. Dafern sich aber die Parteien über dem subiecto eligendo nicht einigen könnten, wollte er den Streit keineswegs armis civilibus decidiren lassen. Der Kastellan von Posen[2]) schreibt an den Churf. mit vielen sincerationibus und hohen Beteuerungen, daß er allein des Herzogs von Neuburgs Interesse aufrichtig meine und für dasselbe bis auf den letzten Mann stehen wolle. Allein man besorget dennoch, daß die entstandene Feindschaft zwischen diesen beiden proceribus[3]) causae communi schlechten Nutz schaffen und einer des andern consilia, indem er seinen Privatpassionen nachhänget, traversiren und hintertreiben werde.“ —

Ein vertrauter Freund am kurfl. Hof hat ihm erzählt, „daß, weiln der Bischof von Ermland[4]), umb das negotium electionis desto mehr zu fördern, geraten, der Kanzler Pac müßte für allen Dingen gewonnen werden, S. Churfl. Durchl. dannenhero resolviret habe, den Obristen Lieutenant Lehnsdorff[5]), so neulich in polnischen Diensten gewesen, nach Litauen zu senden.“ —

Der Kurfürst an den Reichsfeldherrn Grafen v. Wrangel. D. Königsberg 9./19. März 1669.

[Moskowitische und französische Thronkandidatur in Polen.]

Beruft sich auf das vorstehende Schreiben. „Seiter dem ist Uns Kgl. Würden aus Dänemark Antwort aus Kopenhagen vom 20. Februarii zu handen gekommen, worin Dieselbe Uns festiglich versichern, daß Sie des Moscowiters Intention in Polen keineswegs zu befordern gemeinet sein, weniger desfalls einige wirkliche Veranlassung jemalen getan, sondern vielmehr diese Kron des Herrn Pfalzgrafen Lbden vor allen andern candidatis und competitoribus gönneten. 19. März

Was Wir sonsten wegen des Moscowiters aus Litauen berichtet, solches ist Uns aus Warschau ebenfalls zugeschrieben und dabei erwähnet worden, daß der Czar eine Deliberation mit seinen Patriarchen und Geistlichen angestellet, wobei der Schluß und die Resolution dahin gefallen sein soll, daß der älteste czarische Prinz in der römischen catholischen Religion erzogen werden solle. Die Pacen in Litauen sollen auch dieser Partei sehr zugetan sein, jedoch vielleicht nicht zu dem Ende, daß sie den jungen czarischen Prinzen zur Kron gern befordert sehen möchten, sondern nur, umb die noch übrige Faction für den Prinzen de Condé unter solchem Prätext zu stärken oder doch zum wenigsten, umb die Neuburgische Partei zu schwächen. Welches alles die Zeit in kurzem ausweisen wird.“ —

---

[1]) Johann Leszczynski, vgl. Urk. u. Akt. Bd. 12 S. 391.

[2]) Christoph Grzymultowski.

[3]) Vgl. Urk. u. Akt. Bd. 12 S. 389 ff., Hirsch, a. a. O. S. 20.

[4]) Johann Stephan Wydzga, vgl. Urk. u. Akt. Bd. 12 S. 388.

[5]) Ahasver v. Lehndorff.

Die Vormundschaftsregierung an den Reichsfeldherrn Grafen v. Wrangel. D. Stockholm 20. März 1669.

30. März Wrangel wird benachrichtigt, daß Graf Tott nach Polen entsandt wird. Er soll das dem Kurf. und dem Pfalzgrafen von Neuburg mitteilen [1]).

Kommissionssekretär Simon Dörffler an die Vormundschaftsregierung. D. Königsberg 2./12. April 1669.

[Polnische Thronfolgefrage.]

12. April Der Kurf. erachtet es für notwendig, „mit Tott zuvor confidente Unterredung zu pflegen von allem dem, was bei dem Recommendationswerke zu beobachten sein möchte" [2]).

Oberstleutnant Lehndorff ist kürzlich von Kanzler Pac zurückgekehrt. Dieser hat „sein Anbringen mit sonderbarer Ehrenbezeugung gegen S. Churfl. angenommen und mit Worten zu verstehen gegeben, daß er nicht abgeneigt, Sr. Churfl. Durchl. Verlangen zu contentiren und derselben sich sub certis conditionibus aufs möglichste zu bequemen. Unter welchen nicht die letzte, daß I. Churfl. Durchl. dahin möchte cooperiren helfen, umb den litauschen Vicekanzler Fürsten Michael Radziwill zur Abtretung der bishero so eifrig prätendirten Unterfeldherrschaft zu bewegen. Vermeinet also dieser Obrist Lieutenant, daß der litausche Kanzler .. gar füglich von seinen bishero geführten Maximen abzubringen und auf diese Seite zu lenken sein werde." —

Kommissionssekretär Simon Dörffler an die Vormundschaftsregierung. D. Königsberg 5. April 1669.

[Mißtrauen am kurfl. Hofe gegen Frankreichs Haltung in der polnischen Thronfolgefrage.]

15. [oder 5.] April — Dieser Hof, wie ich merke, apprehendirt nun so sehr nicht die Concurrence des Herzogs von Lothringen, nachdem neulich des franzschen Gesandten Hofmeister, so mit Briefen anhero geschickt gewesen, die Versicherung getan, daß

---

17. April [1]) D. Stockholm 7. April erhält Tott 3 Vollmachten: 1. Plenipotentia .. tractandi cum iis, qui ab electo Poloniae rege eaque reipublicae parte, quae pro illo stat, ut et Serenissimo Electore Brandeburgico deputati fuerint. 2. Plenipotentia .. tractandi cum deputatis Brandeburgicis et Neoburgicis de ulteriori illa in foedere Neoburgico nominata conventione. 3. Plenipotentia .. tractandi cum iis, qui a rege electo et republica deputati fuerint de conservanda mutua regnorum securitate. — Graf Claudius Tott traf erst Anfang Juni beim Wahlreichstag ein, vgl. Urk. u. Akt. Bd. 12 S. 405 ff., Hirsch, a. a. O. S. 72, 74.

19. April [2]) Auch D. Königsberg 9./19. April 1669 meldet Dörffler, der Kurf. wünsche, daß Tott ihn „allhier en passant incognito ansprechen und in materia recommendationis et inclinationis animorum in Polonia Unterredung pflegen möchte".

rex christianissimus diese Competenz mit aller Macht hindern und viel lieber den Moscowiter als den Herzog von Lothringen zum Könige in Polen haben wollte. Und diese Resolution, wie mir Herr v. Jena sagt, soll rex christianissimus auch dem secretario Pufendorf in Paris beizubringen befohlen haben.

Hiermit aber ist man noch nicht aller Sorge und ombrage befreit, ob nicht Frankreich annoch heimlich mit der Condéischen Faction unter einer Decken liegen und des Prinzen Interesse unvermerkt poussire, welche Practiquen aber endlich bei der Election werden ausbrechen müssen. Und obwohl rex christianissimus duci Neoburgico versprochen, daß er ihn, im Fall es mit der Wahl zu einer Scission ausbrechen sollte, mit einer Kriegesmacht wider seinen Competitoren und dessen Anhang secondiren wolle, so hat man doch auch hierbei seine besorgliche reflexiones, daß vielleicht dieser secours sub nomine Neoburgico vielmehr dem Prinzen von Condé zugedacht sein dürfte. Alleweil sind diejenige, welche den gegenwärtigen Zustand mit Spanien und des Königs in Frankreich vastes desseins betrachten, solcher Meinung, daß, weiln nunmehr Frankreich nach des Königs von Spanien Tod neue praetensiones an die Spanische Niederlande vorhat [1]), es sovielmehr allen Fleiß anwenden werde, das negotium electionis in Polen zu intriguiren, damit die benachbarte Potentaten durch das polnische Wesen divertiret und Frankreich in den Niederlanden unverhindert zu agiren Zeit und Raum gelassen werde. Zu welchem Ende dann, wie man mich vertraulich berichtet, die französische Faction in Polen nichts mehr wünschet, als daß es zwischen E. Kgl. Maj. und Moskau zur Ruptur kommen möge, verhoffende also, durch dieses Mittel den Czar von der Concurrence abzuhalten und zugleich auch E. Kgl. Maj. zu empeschiren, daß Sie, wann Sie mit sich selbst zu tun haben, Frankreich in seinem Vorhaben so sehr nicht würden schaden können. —

Reichsfeldherr Graf v. Wrangel an die Vormundschaftsregierung. D. Wolgast 6. April 1669.

(Auf die Verfügung vom 20./30. März .)

Als er die Verfügung erhielt, wonach Tott die Verhandlungen wegen der 16. April polnischen Wahl übertragen waren, hatte er bereits den Regierungsrat Wolfradt beauftragt, sich mit dem neumärkischen Kanzler Christoph v. Brandt am 19. April in Pasewalk zu treffen. Er wird diesen von den Veränderungen benachrichtigen und ihm empfehlen, nach Stettin zu kommen zwecks Übergabe der Ratifikation des Stockholmer Bündnisses, die B. bei sich habe. —

Die Vormundschaftsregierung an den Reichsfeldherrn Grafen v. Wrangel. D. Stockholm 17. April 1669.

[Mißtrauen gegen die Haltung des Kurf. in der polnischen Thronfolgefrage.]

— „Sonsten vernehmen Wir zwar gern, daß Ihr durch Euren Delegirten, 27. April den Regierungsrat Wolfradten, mit Churbrandenburg den bewußten modum

[1]) Vgl. auch Urk. u. Akt. Bd. 12 S. 880 ff.

operationis in Pasewalk abhandlen lassen zu können vermeinet. Allein es wird bei solcher Negotiation wohl eine so viel mehrer Behuetsamkeit Unser Seiten von Nöten sein, als nicht allein die Polen darüber aufs neue in Argwohn gebracht werden dürften, besondern Wir auch nicht eben versichert, ob Churbrandenburg annoch seiner vorigen Zusage und Obligation eingedenk und nicht vielmehr mit Frankreich zu Favorisirung dessen Intention in neuer und vielleicht Unserm Zweck nicht eben gleichmäßiger Verständnüß sei," wie das aus einem Bericht Pufendorfs aus Paris geschlossen werden müsse.

Kommissionssekretär Simon Dörffler an die Vormundschaftsregierung. D. Warschau 23. April/3. Mai 1669.

[Der Kurf. würde lieber dem Moskowiter als Condé oder Lothringen den polnischen Thron gönnen.]

3. Mai Am 2. Osterfeiertage hat[1]) der Kurf. ihn in Abschiedsaudienz empfangen und dabei u. a. wörtlich zu ihm gesagt: „Ich möchte doch fleißige Achtung geben auf die Intriguen der französischen Faction, davon noch immerzu so viel Redens gemacht würde. Er, der Churf., wollte zwar an der Sincerität und Aufrichtigkeit des Königs von Frankreich, welcher mit so vielfältig wiederholten Versicherungen des Herzogs von Neuburg Interesse bei der polnischen Wahl sonder jemanden anders zu befördern, aufs beste zu beobachten versprochen, keinen Zweifel tragen; dennoch aber müßte ihn befrembden, daß die Condéische Faction noch immerzu durch allerhand Practiquen [sich] bemühete, ihre Intention durchzutreiben[2]). Endlich sagten S. Churfl. Durchl. mit einer merklichen Commotion diese Worte: „Ich will weder den Prinz von Condé noch den Lothringer zum König von Polen haben und mich eher zum Moskowiter schlagen, ehe ich leide, daß einer von diesen beiden zu besagter Kron gelange." Wiewohl mich nun solche unverhoffte Rede etlicher maßen bestürzt, so habe ich dennoch dieselbe mit gebührender Modestie kürzlich beantwortet, es wäre gefährlich und würde ein weites Aussehen gewinnen, wann S. Churfl. Durchl. dergleichen extrema vor die Hand nehmen wollte; derohalben könnte Dero jetzt geführter discours sich in keinem andern Verstand annehmen, als daß Dieseltbe hiemit ab impossibili hätte argumentiren und andeuten wollen, daß, wie es per omnem status sui rationem unmöglich wäre, die moskowitische Partei anzunehmen, also Sie auch neque Condéum neque Lotharingum würden ad diadema Polonicum admittiren können." —

D. hat Königsberg am 13./23. April verlassen.

---

[1]) 22. April neuen Stils.

[2]) Vgl. Urk. u. Akt. Bd. 12 S. 884.

Regierungsrat H. Wolfradt an die Vormundschaftsregierung. D. Wolgast 27. April 1669.

[Besprechung mit Brandt über militärisches Eingreifen in Polen und über die Thronfolgefrage. Der Kurf. würde, wenn der Herzog von Neuburg nicht gewählt wird, Condé vor Lothringen vorziehen.]

In Wrangels Auftrag ist er am 22. April/2. Mai in Stettin gewesen und hat dort mit dem kurfl. Geh. Rat und Kanzler der Neumark Brandt die Ratifikationen des am 6. Mai 1668 zu Stockholm geschlossenen Vertrages ausgetauscht [1]). 7. Mai

„Wegen der anderweitigen Conference über den in dem foedere ausgesetzeten Punct berichtete [Brandt], daß I. Churfl. Durchl. gar wohl zufrieden wären, daß dessen Debattirung und Abhandlung nach Warschau verwiesen und der Ambassadeur Herr Graf Tott deswegen Instruction bekommen, zumaln sich die Sache daselbst cum Brandenburgicis et Neoburgicis wie auch der Partei, so vor Unsern candidatum stünde, viel besser als hie abhandeln lassen und pro re nata die mesures zu nehmen sein würden. Incidenter aber, und da ich ihn auf den Discours brachte, wie stark I. Churfl. Durchl. mit dero Trouppen auf benötigten Fall wohl marchiren könnten, ließ er sich dahin aus, daß, weiln ihre Fußvölker ganz complet, die Regimenter zu Pferde auch mit Beibehaltung völliger officiers auf 140 jedes reduciret wären, man bald ein mehres zur Hand schaffen und also der Churf. mit 8000 Mann, ohne seine Festungen zu blößen, zu Felde gehen könnte. Worauf ich weiter repliciret, daß ich zwar nicht eigentlich wüßte, ob E. Kgl. Maj. sich zu einer so großen oder gewissen Anzahl vor der Hand verbindlich machen würden,; doch könnte ich denselben wohl versichern, daß auf benötigten Fall und da einer oder ander öffentlich der Republique Freiheit und die gute Partei zu unterdrücken sich unterstehen sollte, alsdann E. Kgl. Maj. nicht nur mit 8000 Mann, sondern mit einer considerablen Armee und allen Kräften dieselbe zu defendiren suchen würden.“ W. hat darauf Brandts Einwurf widerlegt, Schweden würde keine Truppen gegen Polen zur Verfügung haben.

„Das meiste, so ihm drückete, schien wohl dieses zu sein, wenn etwa Lothringen durchdringen und der Kaiser seine Partei halten, sein Herr, der Churf., aber sich, umb solches zu hintertreiben, etwas näher mit Frankreich setzen möchte, ob auf solchem Fall, da man wüßte, daß E. Kgl. Maj. mit dem Kaiser nach geschlossener Alliance in so gutem, hergegen mit Frankreich nicht im besten Vernehmen wären, Dieselbe auch Dero consilia und Hülfe mit Frankreich dergestalt sociiren würden, daß darauf einige zuverlässige Reflexion zu machen. Wobei, wie er sich ziemlich herumbzog und auf die von mir gemachte instances, daß der Baron v. Blumenthal zweifelohne in Frankreich etwas sonderliches negotiiren würde, sich so weit bloß gab, daß daher einigermaßen zu präsumiren war, ob würde der Churf. en cas, daß Neuburg nicht reussiren könnte, lieber die französische Partei wählen als vor Lothringen sich erklären, ich ihm ziemlich remonstrirte, daß vorerst vom Kaiser nicht zu präsumiren, daß er contra expressa pacta, so er mit Pfalz Neuburg gemachet, Lothringen so öffentlich portiren würde in der mit

[1]) Vgl. Urk. u. Akt. Bd. 12 S. 213.

E. Kgl. Maj. geschlossenen Alliance des polnischen Werks halber auch nichts enthalten und endlich E. Kgl. Maj. mit Frankreich in solchen terminis noch zur Zeit stünden, daß, wann das support vor Neuburg nur sincerement gemeinet wäre, E. Kgl. Maj. ganz kein Bedenken haben würden, mit Frankreich sowohl als dem Churf. alles aufrichtig zu concertiren und, was zu Erreichung des vorgesetzten Zwecks dienlich, Ihres hohen Orts beizutragen, da Deroselben im Gegenteil ganz nicht gefallen könnte, wenn man ohne vorhergegangene Communication die mesures verändern und andere consilia fassen wollte.

Daß sonsten der Prinz von Condé so gar sein Dessein noch nicht quittiret, wies ich ihm aus Pufendorfs Relation und einer von des Primatis Agenten dem Papst getanen Proposition, welches er aber mit andern rationibus zu widerlegen suchete und damit abbrach, nur noch dieses berichtend, daß numehr durch seines Herrn vielfältige Bemühung der Großkanzler mit dem Posnanski [1]) verglichen und dahero die Neuburgische Partei auf Groß-Polen so viel mehr Staat machen könnte, und dahero zu bedenken sein würde, ob man mit Groß Polen anspannen und en cas de besoin von dieser Seiten einen effort zu tun sich in Postur setzen wollte.“ —

Der Kurfürst an den Reichsfeldherrn Grafen v. Wrangel. D. Königsberg 4. Juni 1669.

[Vorbereitung für eine militärische Unterstützung Neuburgs im Fall seiner Wahl zum König von Polen.]

4. Juni Ich zweifele nicht, Derselbe werde bei allen Posten gnugsame Nachricht empfangen haben, was in Polen fürgeht, und habe demnach eine Zeit hero unnötig geachtet, die Mir daher zugekommenen Zeitungen weitläuftig zu communiciren. Nachdem aber nunmehr die Sachen ad crisim kommen und reif zu werden beginnen, also daß in wenig Tagen der Success und Ausschlag der jetzigen Convocation zu erwarten stehet, dabei man dann noch immerhin für des Herrn Pfalzgrafen Partei alles gutes zu hoffen Ursach hat, wiewohl nicht allein die Condéische sondern auch die Moskowitische und die Lotharingische ihre fautores und Adhaerenten finden, so hat man nach reifer Überlegung der gegenwärtigen Conjuncturen ratsamb gefunden, daß des Herrn Pfalzgrafen zu Neuburg Lbden sich denen polnischen Grenzen etwas näherten, wozu Ich dann I. Lbden Mein Schloß Crossen offeriret und nicht zweifele, Dieselbe sich allda mit dem ehesten einfinden werden.

Als auch einige Wohlaffectionirte in Polen für diensamb erachtet, daß man einige Kriegesmacht in der Nähe parat haben und halten möchte, insonderheit weil dem Bericht nach der Herzog von Lothringen einige 1000 Mann zu seiner Devotion in Bereitschaft haben solle [2]), so habe Ich die Verordnung getan, daß einige Meiner Kriegsvölker aus Westphalen und Halberstadt nach der Chur Brandenburg rücken und gegen die polnische Grenze einquartiret werden sollen. Dazu Ich

[1]) D. h. mit dem Kastellan von Posen Grzymultowski, vgl. oben S. 887.

[2]) Vgl. Urk. u. Akt. Bd. 12 S. 401.

dann desto mehr bewogen worden, weil doch in casu duplicis electionis die polnischen Stände, welche Pfalz Neuburg erwählen, darauf dringen werden, daß der Sache ein Nachtruck gegeben werde. Dafern es nun dem Herrn Grafen gefallen möchte, Mir wissen zu lassen, wieviel Volks von I. Kgl. Maj. sich auf solchen Fall zu Erreichung des fürgesetzten Zwecks mit den Unsrigen würden conjungiren können würde es Mir sonderlich lieb und der Sachen selbst sehr fürträglich sein[1]). —

Die Vormundschaftsregierung an den Gesandten in Polen Graf Tott. D. Stockholm 26. Mai 1669.

[Mißtrauen gegen die Haltung Frankreichs und Brandenburgs in Polen.]

Tott erhält Befehl, att noga observera Frankrikes comportementer vid valet, såsom ock eljest därjämte ett stadigt vakande utsikt hafva uppå Churbrandenburgs conduite, hvilken, ehuruväl han stor sinceritet emot hertigen af Neuburg utvärtes tesmoignerar och påskina låter jämväl och emot secretarien Dörffler (hvarom han Eder förmodligen lärer själf hafva berättat) betygat en särdeles omsorg, att Frankrike uti election icke emot Neuburg reussera måtte, så vilja likväl så åtskilliga omständigheter och considerationer inträda, att icke tro freden alltför väl, utan fast heller försiktligen taga därpå vara, att Neuburg icke utaf Churbrandeburg omkringledes, såframt det icke allareda till Neuburgs skada, som med sorg kan befaras, skett är. 5. Juni

Der Kurfürst an den Reichsfeldherrn Grafen v. Wrangel. D. Königsberg 4./14. Juni 1669.

[Ausschluß Condés von der Thronbewerbung. Aussichten Lothringens und Neuburgs bei der Wahl.]

„Es wird Demselben außer Zweifel bereits wissend sein, welcher gestalt einer von denen gefährlichen competitoribus, und für welchen der Herr Graf jedesmal sonderbare Apprehension bezeuget, nämlich der Prinz de Condé, numehr unanimi reipublicae consensu mit großem Vergnügen und Frohlocken der Ritterschaft von der polnischen Wahl excludiret worden[2]). Wir hoffen, es werde solches die Neuburgische Partei nicht wenig stärken. — 14. Juni

[1]) Am 4./14. Juni 1669 übersandte Wrangel dies Schreiben an die Vormundschaftsregierung und bemerkte dazu, er sei zunächst wegen seiner Antwort in Verlegenheit gewesen. Schließlich habe er erwidert, daß er dem Kurf. „nicht gründlich zu berichten wüßte, wieviel Volks von E. Kgl. Maj. sich mit den Seinigen conjungiren könnten, sintemalen Sr. Churfl. Durchl. wohl wissend wäre, daß E. Kgl. Maj. die mir hiebevor bei Derselben und Pfalz Neuburg desfalls gnädigst aufgetragene Commission mir abgenommen und Graf Tott aufgegeben hätten, mit Ihren und denen Pfalz Neuburgischen bei der Wahl in Polen befindlichen ministris wegen der etwan benötigten Kriegsoperationen Handlungen zu pflegen." — 14. Juni

[2]) Vgl. Hirsch, a. a. O. S. 64 ff., 117 f.

Es soll zwar die Lothringische Partei sehr considerabel sein, und prävaliret sich sonderlich der Herzog von Lothringen zu großem Nachteil der Neuburgischen Partei der Advantagen, die er als kaiserlicher Obrister aus I. Kaiserl. Maj. Erblanden ziehet. Es stehet aber zu hoffen, daß vermittels fleißiger Cooperation des kgl. schwedischen Gesandten und anderer Wohlintentionirten die Neuburgische Partei endlich prävaliren werde."

Er erwartet Wrangels Antwort auf sein Schreiben vom 4. Juni.

Der Kurfürst an den König. D. Königsberg 7./17. August 1669.

17. Aug. Mitteilung, daß er nach der Mark zurückkehren wolle.

Et cum non dubitemus, quia .. comes Tott, qui legati extraordinarii munere in Polonia functus [est], retulerit, quid negotii in Polonia actum, expectabimus mentem R.ae M.tis V.ae, an e re et necesse existimet, pro firmanda magis magisque tam in Imperio quam hisce in oris pace consilia conferre et an id cuidam in Germania existenti ministro committere an vero alio modo uti velit. Nos omnia prompte conferemus, quae pro bono publico servanda tranquillitate et pace facere quicquam posse communi consilio existimabuntur [1]). —

Aus der Instruktion für den nach Polen entsandten Oberst Carl v. Arenstorff. D. Stockholm 4. September 1669.

[Zurückhaltung Schwedens, wofern Polen dem Kurf. die preußische Souveränität strittig machen will.]

14. Sept. — Emedan det spörjes, som skulle man i Polen begynna. att göra Churf. af Brandeburg någon svårighet om hans souveränitet i Pryssen och således disputera honom Brombergiska pacterna, af hvilken orsak man också hafver velat difficultera, att gifva Churf. titulum af domino Bitoviae et Lauenburgi [2]), hvarföre och i fall sådan disput med Churf. vid Cröningscomitierna på banen komma och de Churfl. sig därom uti tal med öfversten gåfve, till att sondera honom om Kgl. Majs. intention därvid, beropandes sig på det foedus med Churbrandeburg här i Stockholm anno — [3]) slutet, då kan han excusera sig emot dem defectu mandati, sägandes att man hade fuller hört något sådant tal gå, som gjordes Churf. utaf en och annan i Polen något inkast emot hans souveränitet, men så hade Kgl. Maj. uppå sådant tal icke kunnat grunda något visst omdöme om saken, i synnerhet efter hos Kgl. Maj. Churf. sig icke det ringaste hafver låtit förmärka.

16. Okt. [1]) In der Antwort D. Stockholm 6. Oktober 1669 heißt es, der Kurf. könne sich gegebenenfalls der Hilfe des schwedischen Legaten in Deutschland Bengt Oxsnstierna bedienen. — Bengt Oxenstierna war 1665 zum „schwedischen Legaten in Deutschland" ernannt und 1669 in dieser Würde bestätigt worden.

[2]) Vgl. Urk. u. Akt. Bd. 12 S. 422 ff.

[3]) So; gemeint ist das Bündnis vom 27. Mai / 6. Juni 1667, im besondern dessen § 5, v. Moerner S. 277 f.

Skulle nu Churf. beropa sig på Chronan Sverige, till att därmed vilja studsa Polen uti en sådan disput och att antingen därföre eller ock eljest en eller annan i Polen och särdeles af dem, som därsammastädes personer af staten äro, och han, öfversten, förmärker icke utaf en blott nyssgirighet, till att utleta något härutinnan honom åtsporde om den alliancen emellan Kgl. Maj. och Churf. af Brandeburg, uppå hvilken Churf. sig beropade, huruledes nämligen densamma förevetade, och om någon sådan vore sluten, då kan han säga, sig hvarken ordres hafva med denna saken något sig att befatta, ej heller vore så alldeles om densamma informerad, dock kunde han icke neka, att han hade hört några discourser därom, begynnandes därpå att quaestionera dem, om icke de hade slutit något med Churf. uti Bromberg.

Reichsratsprotokoll 18. März 1671.

Der Reichskanzler zeigte einen Brief aus Stettin vor om Churbrandenburgs attentater emot Kgl. Maj. 28. März

Hvarföre tycktes högnödigt vara att hafva ett vakandt öga på den orten, och helst om Marderfeldt[1]), som gammal och sjukligen är, något vidkommo.

Die Vormundschaftsregierung an Regierungsrat Wolfradt in Wolgast. D. Stockholm 18. März 1671.

[Vorwand der Sendung: Beilegung der pommerschen Streitigkeiten und Ausgleich zwischen Münster und Lüneburg. Zweck der Sendung: Ermittelung, ob der Kurf. mit Frankreich, Dänemark und Lüneburg ein Bündnis geschlossen habe, ob er Frankreich gegen Holland beistehen und ob er in die Tripleallianz treten wolle, seine Stellung zu den schwebenden Reichstagsverhandlungen und zu Polen. Innere Verhältnisse des Kurstaats.]

„Nachdem Uns bei denen obhandenen und noch weiter in bevorstehendem Sommer vermutenden Conjuncturen merklich daran gelegen, daß Wir in die derenwegen hin und wieder pflegende consilia etwas näher einsehen und bei Zeiten wissen können, was man gemeinet sei, für mesure darin zu nehmen und bei denen befahrenden Weiterungen zu des ein- oder anderen Teiles würklichen Beistande oder gütlichen Vereinbarung zu entschließen, und Wir dieses Falls auf den Churf. zu Brandenburg größesten Teils zu reflectiren und bei selbigen Uns ohnvermerkt zu erkundigen nötig haben, wohin dessen Augenmerk nicht nur wegen der imminirenden Troubeln inner Reichs besondern auch außer demselben gehe, so erachten Wir nun einer sonderbaren Notdurft zu sein, sotane Ratschläge soviel möglich bei Zeiten in Erfahrung zu bringen, eine gewisse Person an den Churf. abzuschicken und dazu Euch fürnehmlich zu gebrauchen." 28. März

Als Vorwand für seine Sendung kann W. die Streitigkeiten zwischen Schweden und dem Kurf. über Pommern wählen, zu deren Beilegung dieser auf Schwedens

---

[1]) Konrad Mardefeld, Vicegouverneur von Pommern.

Vorschlag in die Einberufung einer Konferenz gewilligt hat. ,Und könnet Ihr demnach bei erlangender ersten Audience .. in Unsern Namen den Churf. bedanken, daß er sich so willfährig erkläret, die annoch zwischen beiden Landen schwebende Irrungen assopiren und dadurch dasjenige aus dem Wege zu räumen helfen, welches der nachbarlichen Einig- und Vertraulichkeit, so das gemeine Interesse, auch Unsere eigene Gemütsneigung, dictirte, fest und ohnverbrüchlich unter Uns zu unterhalten, einigen Anstoß verursachen könnte... Desfalls Ihr auch die praeliminaria selbigen congressus zu verabreden bereit und committiret wäret [1]).

Weiter könnet Ihr Erwähnung tun der Unruhe, welche zwischen dem fürstl. Hause Braunschweig Lüneburg und dem Bischof zu Münster wegen der Stadt Höxter [2]) weiter anzuglimmern und sich also zu vermehren schiene, daß sie die ganze Nachbarschaft in Ungelegenheit setzen könnte, im Fall man nicht Hand anlegte, dieselbe in der Asche gleich zu dämpfen. Und gleichwie Wir Unser Seiten gern zu solcher gemeinnützlichen Composition allen Vermögens cooperiren würden, in behuf dessen auch die gesambten Stände des Kreises auf dem nun instehenden Kreisconvent zusammen erbeten, daß sie unter andern Kreisangelegenheiten auch jene, so den Ruhestand und also die Wohlfahrt des Kreises am meisten afficirte, mit beherzigen und einen solchen Ausweg darin zu finden bedacht sein wollten, welcher alle daher befahrende Ungelegenheiten zeitig verhüten könnte.., also wäre Uns auch umb so viel lieber, daß des Herrn Churf. Lbden zu eben selbigen heilsamen Zweck so sorgfältig durch Ihre zu Vermittelung dieser Streitigkeit gesandte Ministren arbeiten ließen, und wollten gern durch die Unsrige, wann denenselben nur Anleitung dazu gegeben würde, ihnen die Hand getreulich bieten und die so gemeinnützige Sache mit gemeinen Einraten und Vermögen ausarbeiten und endigen lassen.

Wann Ihr nun auf diese .. Weise Eure Anwesenheit und Gewerb specieus und angenehm gemachet, werdet Ihr dann wohl Mittel und Gelegenheit finden, etwas gründliches zu erfahren von denen consiliis, so jetziger Zeit der obiggesagten Conjuncturen halber an selbigen Hof geführet werden, insonderheit ob der Churf. sich mit Frankreich, Dänemark, Lünenburg und andern schon zu einem gewissen Dessein engagiret oder ob er dasselbe nach dem künftigen Lauf der Affairen formiren wolle.

Zwar können Wir nicht daran zweifeln, es werde Habbaeus bei seiner bewußten Gegenwart an selbigen Hof [3]) wohl sein Bestes getan haben nach der malice und dem verbitterten, undankbaren Gemüte, welches er in allen seinen Actionen,

[1]) Über diese Streitigkeiten vgl. Urk. u. Akt. Bd. 17 S. 150 ff.

[2]) Vgl. zu diesen Streitigkeiten Köcher, Gesch. von Hannover und Braunschweig Bd. 2 S. 114 ff., Urk. u. Akt. Bd. 14 S. 470.

[3]) Christian Habbaeus von Lichtenstern, 1662—1669 schwedischer Resident im Oberrheinischen und Schwäbischen Kreise, war 1670 in dänische Dienste getreten und Resident in den beiden Sächsischen Kreisen geworden. Über seine Ende 1670 erfolgte Sendung nach Berlin vgl. Pufendorf, Lib. XI § 40, Urk. u. Akt. Bd. 14 S. 460, 464, 466, Bd. 17 S. 66 ff.; vgl. auch Köcher, a. a. O. S. 149 f., 176.

seithero er aus Unsern Diensten gegangen, spüren lassen, umb dem Churf. und dessen Ministren nicht nur allerlei ohngegründete impressiones von Unserm wider den Churf. auf diese oder jene Art geformirten Übelwollen zu machen, besondern ihn auch in solcher Apprehension dahin zu verleiten, daß er sich etwa gesagter maßen mit Dänemark, dem fürstl. Hause Lüneburg und andern, bei welchen er ebenmäßige schädliche officia könnte getan haben, etwa zu Unserm Nachteil zusammengesetzet haben oder auch solches annoch künftig zu tun gesinnet sein möchte, maßen Unsere Bremische Regierung von selbigem Hofe die gewisse Nachricht zu haben vermeinet, daß er, Habbaeus, dergleichen Bündnüß allda fürgeschlagen, aber deren Schluß wegen Mangel einer giltighaften Vollmacht anstehen lassen müssen, welches, wo es nicht etwa Uns in Unsern teutschen Provincien gesambter Hand feindlich anzugreifen angesehen, wie man solches aus Frankreich und Engelland bei etlichen Posten versichern und solches auf Frankreichs Instigation zu geschehen fürgeben wollen, dasselbe Wir aber weder von Frankreich befahren noch auch von ihnen vermuten können, weiln Wir so wenig einige Feindschaft umb sie verdienet, als Wir vielmehr mit denenselben mehrenteils in absonderliche Confoederation stehen, solche Intention gleichwohl aufs wenigste dahin zielen möchte, daß man Uns in faveur Frankreichs verhindern wollte, mit einer Armee dorthinaus zu kommen und existente casu triplicis foederis zu agiren. Was aber darunter eigentlich fürgegangen, werdet Ihr in loco mit aller Sorgfalt zu penetriren und diejenige böse Einbildung zu benehmen suchen, welche er die Zeit hero Profession gemachet, aller Orten und zweifelsohne auch allda beizubringen.

Dann werdet Ihr in Erfahrung zu bringen suchen, wieweit der Churf. mit ein- und anderm im Reich, fürnehmlich aber außer denselben mit Frankreich engagiret, und ob dieser König mit dem Churf. nur in simpler Freundschaft oder zu ein- und andern gewissen scopo in Alliance stehet, ferner auch, ob einige Apparence dazu sei, daß der Churf. den Bischof zu Münster und das fürstliche Haus Lünenburg zu vereinigen arbeiten, folgends sich mit beiderseits Kriegsvölkern conjungiren und dem Churf. zu Cöln wider die Stadt Cöln über Rhein belegen [1]) (in welchem Dessein man auch Frankreich geschäftig zu sein fürgibt) zu Hilfe ziehen oder auch dieselbe wohl gar zu Dienste Frankreichs gegen Holland gebrauchen könnte, umb bei solcher Gelegenheit sich seiner von Holland annoch usurpirenden Plätze wieder zu bemächtigen.

Was der Churf. von dem Vermögen und und Ansehen der triplen Alliance judiciret, werdet Ihr bei discours zu sondiren und dabei auch dieses zu expisciren trachten, ob und worumb der Churf. nicht entschließen will, in dieselbe mit einzutreten, gestalt ja dieselbe kein anders Augenmerk hat, als Beibehaltung Friede und Ruhe unter den mächtigsten Potentaten der Christenheit, und also zu einen so salutairen scopo billig ein jeder, der den Frieden liebet, mitarbeiten hilft.

Nicht weniger dienet zu Unserer nötigen Information, wie der Churf. der obhandenen Reichstagsaffairen halber gesinnet [2]), und ob er desistiren wolle von

[1]) Vgl. Ennen, Frankreich und der Niederrhein Bd. 1 S. 196 ff.

[2]) Vgl. Londorp, Acta publica Bd. 9 S. 791 ff., Droysen Bd. 3 Teil 3 S. 351 ff., Urk. u. Akt. Bd. 14 S. 440 ff., 472 ff.

denen Anerinnerungen, welche er durch seine Ministren bei Formirung der obhandenen Wahlcapitulation gemachet, und wodurch solches heilsame Werk bis [zu] dieser Zeit denen Friedenspacten zuwider [verzögert] worden; dann auch, wie der Churf. punctum securitatis imperii consideriret, und ob er die Vorschläge, so desfalls beides zu Richtung der Armee und Erwählung der Generalen geschehen und teils schon beliebet, gut und gnugsam halte oder desfalls andere visées vielleicht seines eigenen Interesse halber habe; dann, was der Churf. des lothringischen Wesens halber für Gedanken führe: entweder Frankreich darunter sich behaglich zu erweisen oder auch beim kaiserlichen Hofe und auf dem Reichstage Rat zu geben, daß man sich der Sachen mit Ernst annehmen und in Entstehung gütlicher Restitution Frankreich mit Nachdruck dazu zu bewegen trachten müßte, dergleichen Consultation nun beim Reichstage aufs tapis zu kommen scheinet, nachdem der Gesandter Windischgrätz ohnverrichteter Sachen aus Frankreich wieder zurückkommt [1]).

Weiter dienet Uns auch zu wissen, wie der Churf. gegenwärtig mit dem polnischen Hofe stehe, und ob Hoffnung sei, daß sie über alle bisher aufgekommenen Irrungen verglichen werden oder dieselbe zu einigen Weiterungen ausbrechen dürften. Zu jenem aber scheinet nun apparence zu sein, nachdem der polnische Abgesandter [2]) mit so gutem Vergnügen abgereiset und zu Hinlegung aller Differencen ein Congreß berahmet.

Auf das Religionswesen in Hinterpommern [3]) finden Wir gleichfalls nötig ein wachendes Auge zu haben und in Zeiten dienliche Anerinnerung zu tun, daß der Stände Landessatzungen und Privilegien, auch dem Grenzreceß zuwidern keine Neuerungen fürgenommen werden mögen. Desfalls Ihr Uns dann auch zeitig advertiren werdet, im Fall Ihr dieserwegen etwas nachteiliges fürgenommen zu werden erfahret. — Ingleichen, wie es sonst mit des Churf. Regierung inner Landes sich verhalte, bevorab in Preußen, allwo man noch viele Malcontenten und dieselben sowohl als den größten Teil der polnischen Stände mit selbiger Souveränität nicht friedlich zu sein vermeinet. Und dann schließlich, wie stark des Churf. milice zu Roß und Fuß sich wohl befinde. —

Wann Ihr solcher gestalt Euer Gewerb verrichtet und in diesen und andern Angelegenheiten, welche Ihr zu Unserer Information dienlich zu sein urteilet, ein gnugsames Licht bekommen, möget Ihr Euch wieder zurück nacher Pommern begeben und Uns von dannen eine gründliche Relation darüber zuschicken.“ —

Regierungsrat H. Wolfradt an die Vormundschaftsregierung. D. Berlin 28. April 1671.

[Gespräch mit Verjus über die Vermittelung zwischen Braunschweig-Lüneburg und Münster und über Frankreichs Verhältnis zu Holland.]

8. Mai — Da ich vor einigen Stunden .. allhie angelanget, I. Churfl. Durchl. aber

[1]) Vgl. Mignet, Négociations Bd. 3 S. 494 ff.

[2]) Zur Sendung des Warschauer Unterkämmerers Albert Opacki nach Berlin vgl. Urk. u. Akt. Bd. 12 S. 496 ff.

[3]) Vgl. oben S. 161, 686, 692 f., 696 f.

nicht in Dero Residenz gefunden, weil Dieselbe sich fast mehrenteils zu Potsdam aufhalten und sowohl frembde als Ihre eigene ministros nach Belieben zu sich auskommen lassen, so werde ich mein Creditiv, sobald nur der Baron Schwerin, der diesen Abend erwartet wird, hereingekommen, überreichen und, wie bald man mich zur Audience admittiren wolle, vernehmen.

Indessen habe allhie in dem Hause, wo ich mein Quartier genommen, einen französischen ministrum namens du Vergu angetroffen[1]. ..Selbiger hat sofort nach meiner Ankunft mir die visite gegeben und nebst vielen Contestationen von seines Königes beständigen Affection gegen E. Kgl. Maj. erwähnet, daß er nach abgehandelten Praeliminartractaten zu Hameln hieher geschicket wäre, I. Churfl. Durchl. zu poussiren, daß Sie die Mediation zwischen Lünenburg und Münster bei den Haupttractaten mit übernehmen möchten, worunter er auch schon so weit reussiret, daß er verhoffte, bald seine Abfertigung zu bekommen...

Wie ich ihn incidenter auf den Discours wegen des Königes in Frankreich Armatur gebracht und im Scherz gesaget, daß die Holländer dadurch ziemlich würden alarmiret werden, hat er gesaget, daß, ob zwar das gemeine Interesse aller hohen Potentaten darunter versirte, daß dieser Leute bishero gebrauchte Insolence ein wenig abbaissiret würde, er dennoch nicht glaubete, daß sie sich wegen eines Krieges von Frankreich etwas zu befahren hätten, weilen sein König parole gegeben, Spanien nicht zu attaquiren, und er mit der Macht, so er anjetzo an der Hand hätte, die doch nur die ordinaire milice von seinem Hause wäre, bei Holland auch nicht viel ausrichten würde. Indessen hätte er die advantage, daß er quasi aliud agendo et en se promenant die Holländer nicht alleine alarmiren, sondern ihnen auch durch die große Kosten, so sie anwenden müßten, Schaden tun und durch Hemmung ihrer Commercien sie insensiblement ruiniren könnte. Ich habe alles kaltsinnig beantwortet und mich nicht anderes vermerken lassen, als daß ich nur wegen einiger zwischen Vor- und Hinterpommern vorgewesenen Particulirsachen anhero zu gehen, im übrigen aber E. Kgl. Maj. gute Inclination zu Beruhigung Teutschlandes und der benachbarten Länder zu tesmoigniren beordert wäre. —

Regierungsrat H. Wolfradt an die Vormundschaftsregierung. D. Berlin 2. Mai 1671.

[Berichtet über die entsprechend seiner Instruktion erfolgte Unterredung mit dem Kurf.]

Er hat „Anlaß genommen, denen Prinzen aufzuwarten, umb bei solcher Gelegenheit den Baron von Schwerin zu sprechen und dadurch die Audience bei I. Churfl. Durchl. zu maturiren. Wie ich nun am abgewichenen Sonntag zur Tafel aufgeholet worden, hat gedachter Schwerin tesmoigniret, daß I. Churfl. Durchl. sehr verlanget, mit E. Kgl. Maj. wegen jetziger Conjuncturen einige vertrauliche Correspondence pflegen zu lassen, maßen er mir denn ein Handschreiben von

12. Mai

[1]) Zu Verjus Sendung vgl. Recueil des instructions Bd. 16 S. 163 ff., Urk. u. Akt. Bd. 20 S. 109 ff.

hochgedachter Churfl. Durchl.[1]) vorgezeiget, darin Dieselbe wünschen, daß des Herrn Reichsfeldherrn Exc. in der Nähe sein möchten, umb mit Deroselben daraus communiciren zu können, maßen Sie denn auch willens wären, jemand der Ihrigen zu E. Kgl. Maj. exprès abzufertigen und ihm dahero in selbigem Briefe befehlen, auf ein capabel subiectum bedacht zu sein; würde also I. Churfl. Durchl. meine Ankunft umb so viel desto angenehmer sein. Wie ich nun darauf geantwortet, daß E. Kgl. Maj. ebenfalls nichts liebers sein würde, als de concert mit I. Churfl. Durchl. den Fried- und Ruhestand im Römischen Reich und denen Benachbarten conserviren zu können, hat er darauf angenommen, mein Creditiv I. Churfl. Durchl. noch selbigen Tag nach Potsdam durch Meinders zuzusenden und mir darauf Dero Willen wissen zu lassen.

Wie nun I. Churfl. Durchl. sofort den andern Morgen wieder hereingesandt und begehret, daß ich noch selbigen Tag hinaus kommen möchte, bin ich in der Kutsche gestern hinausgefahren, und nachdem ich mit gewöhnlichen Cerimonien hinauf geführet, auch nach kürzlich abgelegten Curialien, weiln es eben Zeit zur Mahlzeit gewesen, und darauf gehaltene Tafel mit I. Churfl. Durchl. in Dero Cabinet gegangen und nebst wiederholeten Contestationen von E. Kgl. Maj. beständigen Affection gegen Dieselbe vermöge der mir erteileten .. Instruction mit mehrem vorgestellet, daß, wie E. Kgl. Maj. jeder Zeit Ihr angelegen sein lassen, alles dasjenige, was zu Bestätigung einer sinceren Freundschaft dienlich sein möchte, an Ihrem hohen Orte zu befodern und dahero das Offert zu Aufhebung der Dispute, so wegen der freien Schiffahrt und Stapelgerechtigkeit zwischen denen beiden Städten Stettin und Stargard[2]) entstanden, so viel lieber angenommen, also hätten Sie mir .. anbefohlen, wegen der Praeliminarien allhie einige gewisse Abrede zu nehmen, auch zugleich wegen Assopirung der Höxterischen Sache E. Kgl. Maj. gute Intention zu aller dienlichen Cooperation vorzustellen und denn endlich S. Churfl. Durchl. von E. Kgl. Maj. geneigten Propension zu Erhaltung Friede und Ruhe im Römischen Reiche zu versichern. — Ob auch schon die Sache zwischen den Braunschweigschen Häusern und Münster durch den Praeliminarvertrag .. mehrenteils gehoben[3]), so würde doch nötig sein, das Werk in völligen guten Stand zu setzen, zu dessen Erreichung E. Kgl. Maj. .. es so weiniger ermangeln lassen würden, als Sie Ihr nichts mit mehrem Eifer angelegen sein ließen, denn überall im Römischen Reich Friede und Ruhe zu erhalten.

I. Churfl. Durchl. haben dieses alles mit dergleichen Gegencontestationen beantwortet und sich erboten, daß .. Sie dem Herrn Schwerin befehlen wollten, wegen der Stargardischen Sache mit mir weiter zu reden. Die Höxterische Sache wäre auch numehro in denen terminis, daß ohngeachtet der Holländer Contraminirung an gutem Ausschlage nicht zu zweifeln...; dennoch sollte Ihr lieb sein, wenn E. Kgl. Maj. zu völliger Hebung aller noch übrigen Differentien Dero gute Cooperation durch Dero ministros beitragen lassen wollte. Bei dem 3. membro

[1]) Vgl. Urk. u. Akt. Bd. 12 S. 947.

[2]) Vgl. Rachel, Die Handels-, Akzise- und Zollpolitik Brandenburg-Preußens bis 1713 S. 345 ff.

[3]) Vgl. Köcher, a. a. O. S. 154.

meiner Proposition aber, als welches von mehrer Importanz und Nachdenken, wäre ihm zufoderst E. Kgl. Maj. habende gute Intention, daran er doch niemaln gezweifelt, sehr lieb zu vernehmen; es kämen aber dabei insonderheit zwei Dinge in Consideration, so den Ruhestand im Römischen Reich vor der Hand troubliren könnten, als erstlich die Irrung zwischen dem Churfürsten von Cöln und selbiger Stadt[1]) und denn des Königs in Frankreich große Armatur und Annährung zu denen Niederlanden. Bei dem ersten wäre zu befahren, daß, weiln die Stadt sich an die Holländer gehänget, auch ein Regiment von ihnen eingenommen, der Churfürst auch frembde Hilfe als bei Frankreich und Münster suchen und vielleicht auch finden, dadurch aber sedem belli an den Ort ziehen und die benachbarten Kreise sehr incommodiren möchte, worunter wie seine, des Churf., Länder am meisten leiden würden, so hätte er nicht allein beide Teile zu gütlicher Hinlegung der Differentien angemahnet, sondern auch bei I. Kaiserl. Maj. beschaffet, daß eine Commission auf Mainz, Trier und ihm ausgefertiget worden, umb diese Sache zu heben, und würde er auf alle Mittel und Wege bedacht sein, wie solchem Unwesen zu steuren oder auf allem Fall die Nachbarschaft durch zureichende Anstalt in Ruhe bleiben könnte. Mit welchen Worten er .. auf die zwischen ihm und Münster und Neuburg zu Bielefeld geschlossene Alliance[2]), vermöge deren sie eine Armee von 15 000 Mann im Westphälischen Kreise halten und ehistens den Kreistag ausschreiben werden, gezielet. In welche Alliance sowohl Frankreich durch den anhero geschickten Verjus als auch Churcöln durch den allhie gewesenen Gesandten[3]) mit einzutreten sich höchstens bemühet, so wie aber meine Kundschaft lautet, bishero noch vergeblich, maßen die ganze Sache nach Bielefeld remittiret und vermutlich der Französische ehister Tage mit eben solcher Resolution abgefertiget werden wird[4]). So viel habe wohl aus des Churf. und andern Discoursen vermerket, daß man diese Sache nicht weinig apprehendiret und auf alle Wege zu complaniren, auch dahin trachten wird, daß die holländische Soldaten wieder abgeführet werden und die Stadt einige Kreisvölker zu ihrer Defension einnehmen möge, damit nicht Churcöln obligiret, ex illo capite französische Hilfe zu suchen oder der König von Frankreich en cas de rupture mit Holland Anlaß nehmen möchte, unter solchem Praetext die Stadt en faveur Churcöln zu attaquiren und also sedem belli in den Kreis und also Ihre eigene Länder zu ziehen. —

In dem französischen Werke haben zwar I. Churfl. Durchl. sich mehr retiré gehalten, gleichwohl aber gesaget, daß es nicht ohne große Apprehension wäre, es möchte auch das Dessein ausschlagen, wohin es wollte, wiewohl viele nur in den Gedanken wären, daß der König ebenso wie die vorigen Jahre nur die Nachbarschaft alarmiren und nichts tätliches vornehmen würde. Doch hätte sowohl Teutschland als Holland und Spanien auf ihrer Hut zu stehen, und könnte er sich nicht

---

[1]) Vgl. oben S. 897.

[2]) Bündnis vom 7. April 1671, v. Moerner S. 339 ff.

[3]) Über die Sendung des Hildesheimer Vizekanzlers Johann Franz Nikolartz nach Berlin im April und Mai 1671 vgl. Pufendorf, Lib. XI § 17, Urk. u. Akt. Bd. 12 S. 946, Bd. 14 S. 479 ff., Bd. 18 S. 785 f., Pagès, a. a. O. S. 251 ff.

[4]) Vgl. Urk. u. Akt. Bd. 20 S. 112 ff.

genug über dieser letzten schläferigen Anstalt verwundern, müßte fast vermuten, daß sie mit Frankreich heimlich intelligence und consilia zum Nachteil des evangelischen Wesens pflegeten. Doch habe ich aus allen Umbständen nicht vermerken können, daß I. Churfl. Durchl. noch zur Zeit mit Frankreich einig Engagement hätten oder auch so bald dazu resolviren möchten, sondern mir deucht, man dürfte noch ein weinig zurücke bleiben und erst sehen, wohin das Werk ausschlagen würde. Maßen denn I. Churfl. Durchl. sich dahin verlauten ließen, daß, wenn Sie von E. Kgl. Maj. bei dem Werke führenden Intention einige weitere Ouverture erlangen würden, Sie alsdenn sich dergestalt expectoriren wollten, daß verhoffentlich durch einmütige Zusammensetzung der consiliorum dem gemeinen Besten viel gutes zuwachsen könnte; maßen Sie denn auch entschlossen, durch eine eigene Abschickung E. Kgl. Maj. Dero Gemütsmeinung eröffnen zu lassen. —

Wie incidenter von der triplen Alliance geredet wurde, konnte ich nicht vermerken, daß I. Churfl. Durchl. hoc rerum statu dieselbe, dem obhandenen Unwesen Rat zu schaffen, zureichend achteten oder Belieben haben wollten, mit darin zu treten[1]). —

Sonst tesmoignirte I. Churfl. Durchl. auch, von Herzen zu wünschen, daß E. Kgl. Maj. mit Dänemark jederzeit in gutem Vernehmen bleiben möchten; wollten Ihres Orts nimmer etwas ermangeln lassen, was Sie zu Erhaltung dessen dienlich achteten. — Zu denen Reichstagsaffairen und daß von der daselbst obhanden seinden Verfassung dem Reiche einiger Vorteil zuwachsen könnte, schienen I. Churfl. Durchl. keinen großen Mut zu haben, sagten auch, daß Sie willens gewesen, die Ihrigen zu avociren[2]), wann Sie nicht von andern gebeten, sie noch ein Zeit lang allda subsistiren zu lassen.

In Polen vermeineten Sie die französische Faction noch nicht völlig gedämpfet zu sein, und daß selbigem Reich sowohl dahero als wegen des Türken, der gewiß dahin aufbrechen würde, noch große Gefahr anschiene. Soviel die hiesige Differentien mit Polen betrifft, vermerke ich, daß Opacki mit guter Vergnügung weggereiset, die Kalcksteinsche Sache damit excusiret, daß es inscio Electore geschehen, Brandt[3]) auch darüber disgratiiret[4]), und wann der Proceß vollens gemachet, man denselben zu des Königs in Polen Satisfaction selbst zu Warschau ihm communiciren [wird]." —

Regierungsrat H. Wolfradt an die Vormundschaftsregierung. D. Berlin 10. Mai 1671.

[Münster. Der Konflikt zwischen dem Kurfürsten von Köln und der Stadt Köln. Erfolglosigkeit der Sendung von Verjus.]

20. Mai — Wegen des Münsterischen Wesens tesmoigniret man allhie gar keine

---

[1]) Vgl. Urk. u. Akt. Bd. 14 S. 467, 483.

[2]) Desgl. S. 472 f.

[3]) Eusebius v. Brandt, brandenburgischer Resident in Polen.

[4]) Vgl. Urk. u. Akt. Bd. 12 S. 498 ff.

Apprehension mehr, weiln die mediatores in der Hauptsache numehr schon würklich in Bielefeld zusammengetreten und auf allem Fall die Sache doch zum compromis gelangen würde [1]), wann etwa die Parteien gar zu hart gegen einander wären oder auch die Holländer nicht Lust hätten, das accommodement bona fide zu befodern. Zudem wären nicht allein die Lothringische Truppen nach vermutlich mit Frankreich getroffenen accommodement .. aus Münster schon abgefodert und nach dem Reich gegangen, sondern es verlautete auch, daß Münster dem Churfürsten von Cöln ein Teil seiner Truppen überlassen wollte; daher denn die Gefahr bei dem cölnischen Wesen so viel größer allhie geachtet wird, weiln die Stadt das holländische Regiment .. nicht gerne wieder auslassen, obschon die Holländer es dem Berichte nach wieder abgefodert und der Churfürst von Cöln auch nicht ehe zu der Commission oder einigem Tractat sich verstehen will, bis solches geschehen; doch meinet man, daß elector sibi relictus .. es nimmer zu denen Extremitäten werde kommen lassen und also sedem belli nebst der auswärtigen Hülfe in sein eigen Land ziehen. Umb allem Unheil aber vorzukommen, hält dieser Hof vor ein dienliches Mittel, nicht allein sich bei dem Werke kräftig zu interponiren und den Churfürsten sowohl als die Stadt zu gütlicher Hinlegung anzumahnen, sondern auch nach Anleitung des zu Bielefeld geschlossenen foederis sich in Verfassung zu stellen. .. Man hat mir von gedachtem foedere beiliegende Copey zu- und dabei freigestellt, E. Kgl. Maj. zu berichten, daß I. Churfl. Durchl. gerne sehen würde, wann Dieselbe als ein Mitglied des Kreises darin zu treten .. resolviren würden [2]). —

Von des Königs in Frankreich Desseinen soustenіren die hiesigen ministri beständig, daß man dieses Jahr keinen Krieg zu vermuten, weiln Lionne sofort auf erhaltene Nachricht, daß der spanische Hof die arbitrage pure angenommen, sich mit dem Comte de Monterey [3]) abbouchiret, umb wo möglich ihre Differentien unter sich abzutun, Spanien auch nicht allein in denen Niederlanden in ziemlicher Verfassung stünde, sondern auch die Holländer merklich auf ihrer Hut wären. —

I. Churfl. Durchl. sowohl als alle dero ministri sinceriren sonst gar hoch, daß sie von allem Engagement mit Frankreich in dieser Sachen ganz frei sein, auch sich so leicht nicht embarquiren werden, wiewohl sie selber gestehen, daß .. Verjus viel Vorschläge und Promessen tue und er dennoch sowohl dieser Sachen als der Einschließung halber in die Bielefeldische Alliance (welches man sein vornehmstes Gewerbe zu sein beständig vorgiebet) nicht anders als dilatorische Antwort erhalten werde. Maßen ich solches auch wohl nicht anders praesumire, weiln er nicht länger als etwa 20 Tage hie gewesen, nicht mehr als 2 Mal Audience bei dem Churf. gehabt, mit hiesigen ministris keine sonderliche Conferencen gehalten und noch heute oder morgen seine audience de congé haben und auf Bielefeld abreisen wird. Ich werde mein bestes tun, davon noch eines oder anders

[1]) Vgl. Köcher, a. a. O. S. 154.

[2]) Vgl. Urk. u. Akt. Bd. 14 S. 483.

[3]) Gouverneur der Spanischen Niederlande.

zu penetriren, wiewohl es sehr beschwerlich anitzo fället, indem I. Churfl. Durchl. durch Herrn Baron Schwerin und Meinders alles allein betreiben und in langer Zeit die gesambten Geheimen Räte nicht convociret gehabt. —

Regierungsrat H. Wolfradt an die Vormundschaftsregierung. D. Berlin 16. Mai 1671.

[Friedenspolitik des Kurf. Habbaeus.]

26. Mai Der Kurf. hat ihn schon in Abschiedsaudienz empfangen. „Und haben I. Churfl. Durchl. bei genommenem Abscheide mir nochmaln aus eigenem mouvement gesaget, daß E. Kgl. Maj. ich wohl .. versichern könnte, daß Sie kein ander Augenmerk hätten als den, Ruhe und Wohlstand des Römischen Reichs zu erhalten; wollten auch mit E. Kgl. Maj. Dero consilia gerne communiciren und sich darunter etwas näher zusammensetzen, auch zu dem Ende eine eigene Absendung nach Schweden mit dem fodersamsten tun, stelleten auch E. Kgl. Maj. anheim, ob Deroselben gefällig, mit in die Bielefeldische Alliance zu treten und deswegen bei vorseindem Kreistage etwas gewisses zu entschließen. —

Der französische Minister ist am vergangenen Sambstag auch abgereiset und wird zu Potsdam en passant Abschied nehmen. Soviel ich merken können, ist er mit dieses Hofes Resolution nicht allerdings zufrieden, weiln dieselbe dilatorisch gewesen, alles nach Bielefeld remittiret und, soviel ich abnehmen können, man sich so lange als immer möglich außer dem Spiel halten und durch eine oder andere avantageuse Offerten zu einer positiven Resolution nicht verleiten lassen wird, zumaln die itzige Beschaffenheit des Hofes und aller ministrorum Interesse nichts anders zu dictiren scheinet, als daß sie so lange als immer möglich, und wenn sie nicht bei den Haaren dazu gezogen würden, sich in keinen Krieg oder einige Alliance, die denselben nach sich ziehen könnte, engagiren werden, wiewohl es an französischer Seiten an guten Offerten wohl nicht ermangelt haben möge. Doch habe ich gleichwohl unter der Hand vernommen, daß die angebotene Subsidien, wann man sich nur neutral und dem französischen Interesse nicht zuwider erklären wollte, nicht von der Importance gewesen, daß man darauf anzubeißen oder sich die Hände binden zu lassen, Lust gehabt.

Ich werde durch eine oder andere addresse etwas mehr zu erfahren auch nach meiner Abreise Gelegenheit haben, maßen mir denn auch die Promesse getan, im Fall Habbaeus etwas von sonderlicher importance aufs tapis gebracht, mir solches en destail nachzusenden. .. Zwar mag wohl, wie sein humeur bekannt, per discursum auch wohl gegen einige Privatleute Erwähnung geschehen sein, daß man eine genauere Zusammensetzung zwischen Dänemark, Churbrandenburg und denen Lünenburgischen Häusern suchen und veranlasesn sollte, und daß kein besser Mittel wäre, Schweden in seinen Grenzen zu halten. Daß er aber dazu Instruction gehabt, viel weiniger etwas projectiret sein sollte, kann ich mir nicht einbilden. Und hat mich der Kaiserliche Baron de Goes versichern wollen, daß er ihn nicht allein totum quantum Austriacum befunden und also nicht zu befahren wäre, daß er gegen E. Kgl. Maj. in faveur Frankreich etwas allhie sollte machiniret haben, sondern auch, daß er mit allem Respect und großer Moderation von E. Kgl. Maj. und jetziger Regierung gesprochen." —

Regierungsrat H. Wolfradt an die Vormundschaftsregierung. D. Wolgast 23. Mai 1671.

Da der Kurf. von Berlin abgereist ist, und „auf Dero Ambtshäuser eine tour herumb zu tun gewillet," ist W. nach Wolgast zurückgekehrt. Er übersendet seine 2. Juni

Relation vom Churbrandenburgischen Hofe und dessen Zustand anno 1671.

Wann man den jetzigen Zustand und Beschaffenheit des Churbrandenburgischen Hofes und die Regierung der churfl. Lande und Untertanen recht betrachten will, wird umb guter Ordnung und Richtigkeit willen nötig sein, zu untersuchen, 1. wie I. Churfl. Durchl. mit andern Potentaten außerhalb des Römischen Reichs, 2. mit Haupt und Gliedern in denselben, 3. in Ihrem eigenen Hause und 4. mit Dero Untertanen in Dero Länder Regierung stehe.

Unter denen auswärtigen Potentaten machen I. Churfl. Durchl. wohl anitzo die größeste Reflexion auf Frankreich und dessen vasta consilia, sind zwar nach der alten Maxime in der Meinung, daß Sie quovis modo dessen Freundschaft beizubehalten haben, zu welchem Ende denn auch die hinc inde geschehene Abschickungen zielen. Wann aber Frankreichs Augenmerk dahin gerichtet sein sollte, entweder das Römische Reich zu incommodiren und darinnen insonderheit bei dieser cölnischen Unruhe einen oder andern Ort zu seinem Vorteil zu occupiren oder auch durch Infestirung der Spanischen oder Vereinigten Niederlande sich denen clevischen Ländern zu nahen, dürfte solche Nachbarschaft sehr suspect fallen und den Churf. obligiren, zu besserer Beobachtung seines Interesses sich in größere Verfassung und mit andern Potentaten dergestalt festzusetzen, daß Frankreichs Desseins möglichster maßen hintertrieben werden möchten. Indessen werden die von Frankreich geschehene sincerationes mit gleichen Gegencontestationen angenommen, und mögen alle specieuse Offerten den Hof zu keinem weitern Engagement, so auf ein gewisses Dessein gerichtet, als zu Unterhaltung simpler Freundschaft verleiten, weiln man von denen alten Maximen, dabei man sich bishero ziemlich wohl befunden, nicht gerne absetzen, sondern gern das Tempo zu einem würklichen Engagement so weit als immer möglich aussetzen will und alsdenn noch zeitig genug Partei zu machen sich getrauet. Zudem sind I. Churfl. Durchl. und die meisten ministri in solchem estat, daß wann es immer möglich Sie lieber in Ruhe sitzen als einig gefährlich Dessein, so Sie und Dero Lande mit in einen Krieg verwickeln möchte, embrassiren werden. —

Mit dem Könige in Hispanien hat der Churf. ganz keine Alliance oder Correspondence, scheinet auch bei jetzo führenden schlechten consiliis am spanischen Hofe auf dessen Freundschaft weiter nicht weiter Reflexion zu machen, als so weit sein Interesse ihm dictiret und das Römische Reich sich mit engagiren möchte, auf die Conservation der Niederlande acht zu haben. Zu welchem Ende obzwar die Triplealliance ein zureichendes Mittel geachtet wird, dem Churf. auch wohl vor diesem von Engelland als auch sonsten genug an die Hand gegeben, daß er mit darin treten möchte, scheinet doch, daß er dazu nicht inclinire, 1. weiln solche Alliance directo wider Frankreich angesehen, welches er ohne Not nicht chocquiren will, 2. weil man ihm nicht zeitig und decore darumb ersuchet, 3. er auch keine Hoffnung zu großen Subsidien haben kann, 4. und dann endlich die Niederlande und per consequens seine eigene Lande durch diese Alliance gnugsam à couvert sein, ohne daß Not wäre, sich intempestive dabei mit zu engagiren.

Mit denen Vereinigten Niederlandischen Provincien stehet zwar der Churf. nicht in sonderbarem guten Vertrauen, insonderheit solange de Witte beim Ruder sitzet und das Haus Orange untergehalten wird, man auch seine Freundschaft mit keinem großen empressement oder Anbietung einiger Subsidien zu suchen scheinet; dahero man gedenken sollte, daß ihm wohl nicht entgegen sein würde, wann der Leute orgueil ein wenig gedämpfet werden möchte. Wann er aber gleichwohl sein wahres Interesse und dieses recht beleuchtet, daß an dieser Provincien Conservation nicht allein allen Potentaten in Europa, sondern auch insonderheit ihm wegen der Nachbarschaft merklich gelegen, maßen er dieselbe lieber als quemvis alium in der Nähe zu haben wünschen sollte, sie auch Meister von seinen clevischen Festungen sein, die weder in seine eigene noch frembde Hände außer seiner Lande äußersten Ruin geraten können, und wann solches möglich wäre, deren Unterhaltung ihm alle clevischen Intraden und ein mehres zu großem Abbruch seiner Kammerrevenuen und Leidsein der ministrorum wegnehmen würde, so stehet nicht zu vermuten, daß er mit Frankreich oder jemand anders diesen Provincien zum Praejudiz sich engagiren, sondern lieber bis aufs äußerste warten und en cas de rupture lieber mit andern gegen Erlangung gewisser Subsidien zu deren Defension concurriren werde.

Auf Engelland wird sowohl wegen Gleichheit in der Religion als auch der großen Macht zur See, und daß solches mit Holland allemal etwas zu demesliren hat, sonderbare Reflexion gesetzet. Doch ist zu dieser Zeit zwischen denselben und diesem Hofe kein sonderlich Engagement, so sich weiter als auf eine reciproque Freundschaft erstrecket.

Mit Dänemark stehet dieser Hof in sonderbarem und durch viele Alliancen bestärketen Vertrauen, maßen nicht allein die Heirat zwischen selbigem Könige und der Princessin von Cassel[1]) dazu ein gutes Fundament geleget, sondern auch beiderseits Interesse zu dictiren scheinet, daß man sich gegen die Nachbarschaft

---

[1]) Im Juni 1667 hatte sich der spätere König Christian V. mit Charlotte Amalie von Hessen-Kassel vermählt.

jeder Zeit dergestalt zusammensetze, daß dieselbe auf allem Fall darauf Reflexion tragen müsse. Wie aber beiden Teilen wohl nichts nützlichers, als daß sie in Friede bleiben und ihre Länder zu conserviren suchen mögen, so wird dieser Hof Dänemark so wenig raten, vor sich selbsten was anzufangen, als auf solchen Fall dabei concurriren, wo nicht ein solches Tempo käme, darinnen an beiden Seiten große advantage zu vermuten. —

Wie groß nun auch die Reflexion sein möchte, so bei diesem Hofe auf andere Potentaten gesetzet wird, so kommen doch keine in größere Consideration als die beiden benachbarten Königreiche Schweden und Polen. Denn soviel das erste betrifft, sind die churfl. Länder, als Preußen, Hinterpommern und die Mark, sowohl durch die schwedische angrenzende Provincien als die Ostsee dergestalt enclaviret, daß der Churf. sich nicht wohl rühren oder zu einem gewissen Dessein engagiren kann, sonder zu wissen, was die Kron Schweden dabei vor Interesse oder Partei nehmen will; dahero und weiln er ein offen Land hat und weiß, daß die Kron Schweden alle Zeit in solcher Verfassung stehet, daß sie quovis momento ein considerabel corpus aus dem Reiche an diese Seit überwerfen kann, er nimmer andere mesures bei etwa sich ereugenden Conjuncturen nehmen wird, als worin er de concert mit Schweden gehet, sich auch so leicht nicht mehr zu solchen consiliis, als bei vorigem Kriege geschehen, dadurch doch weinig advantage erhalten, bringen lassen wird. Zum weinigsten hat Schweden von diesem Hofe nichts widerliches zu befahren, solange es nicht in öffentlicher Fehde mit andern und in solchem estat stehet, daß der Churf. einige advantage durch Occupirung eines oder andern Orts zu vermuten haben möchte. So ist ihm auch die Souverainität von Preußen so hoch angelegen, daß er bei schlechtem Vertrauen zu Polen und seinen eigenen Untertanen in Preußen die Freundschaft mit Schweden, als welches ihm in der letzten Defensivalliance zu deren Maintenirung Assistence versprochen, quovis modo zu entreteniren suchen wird. Zwar unterlässet der Churf. nicht, in seinen Ländern den Handel zu establiren und alles dahin zu ziehen, wann auch gleich denen kgl. pommerschen Städten dadurch Schade zuwachsen sollte. Wann aber gleichwohl solches gebührend remonstriret wird, bezeiget man sich allezeit willig, alle nachbarliche Irrungen durch gütliche Conferentien, so meist von brandenburgischer Seiten gesuchet werden, zu heben.

Auf Polen muß wegen der preußischen Lande und der darüber erhaltenen Souverainität ebenmäßig große Reflexion gesetzet werden; und ob zweifelsohne wohl besser gewesen wäre (welches einige auch wohl erkennen), daß Preußen in vorigem Stande und als ein feudum von Polen geblieben wäre, weiln alsdenn dieser Hof anstatt jetzo habender großen jalousie und Mißgunst jederzeit en cas de besoin von Polen Hülfe und Assistence haben können, so bestehen dennoch die, qui fortasse autores huius consilii fuerunt und viel dadurch verdienet zu haben angesehen sein wollen, gar hart darauf, daß dadurch eine große advantage erhalten und man ne latum unguem davon abgehen solle. Bei solcher jalousie nun und da durch die Occupirung Draheim [1]), die genommene Passage über die

[1]) Vgl: v. Moerner S. 227, Urk. u. Akt. Bd. 12 S. 365, 375, 380.

Weichsel und die mit Kalckstein vorgenommene Procedur die Gemüter in Polen ziemlich verbittert sein und dadurch die confirmatio pactorum in suspenso bleibet [1]), scheinet man nicht groß an diesem Hofe darnach zu fragen, daß motus belli externi und die inwendige Unruhe, so durch die französische Faction noch immerzu fomentiret wird, die Polen abhält, an diese und andere Sachen zu gedenken. Zwar mag wohl der König und die, so es mit ihm halten, eine particulier Freundschaft und Zusammensetzung mit diesem Hofe suchen, der Kaiser auch dazu alle gute officia praestiren. Außer dem aber, daß man lieber Neuburg als diesem Könige die Kron gegönnet und so viel vergeblich angewandte Unkosten noch regrettiret, auch von des Königs in Polen comportement und daher vermutendem establissement schlechte Opinion hat, stehet man sehr an, sich wozu einzulassen, so der Republic zuwider sein und auf einen oder andern Fall gefährliche Consequentien nach sich ziehen könnte. Indessen giebet man denen Polen gute Worte und hat den Opacki [2]) mit so guten Vertröstungen abgefertiget, daß er alle Differentien schon vor ausgemachet gehalten, indem man Hoffnung gegeben, sub spe, daß es die Polen nicht annehmen würden, ihnen Kalckstein wiederumb zu offeriren, durch eine solenne Abschickung, dasjenige, so dabei vorgegangen, zu excusiren und nach erhaltener Confirmation der pactorum alle übrige Schwierigkeiten völlig abzurichten, wiewohl die Herren Polen diesen letzten Punct vor der Confirmation abgetan haben wollen, daraus man aber allerlei gefährliche Consequentien und dieses besorget, daß es allemal bei Erneuerung der pactorum dergleichen Irrungen abgeben könnte, so dieselbe suspendiren möchten. Indessen ist gleichwohl der Kanzler Somnitz, qui tamen autor fuisse dicitur omnium horum violentorum consiliorum, denominiret, umb nacher Polen zu gehen, der aber durch einige langwierige Krankheit incommodiret, nicht groß Belieben zur Reise tesmoigniret und numehr auch dieselbe gänzlich verbeten [3]), sodaß noch alles mit Polen sehr weitläuftig stehet und die Entschuldigung wegen Kalckstein vielleicht nicht ehe kommen wird, als wann ihm der Proceß schon gemachet. —

Mit Moscow stehet der Churf., als mit einem mächtigen und gefährlichen Nachbarn, zwar nicht in sonderbarem Vertrauen, aber gleichwohl in solcher Freundschaft, daß er vor ihm sicher zu sein vermeinet. —

Den andern Punct betreffend, wie der Churf. mit dem Römischen Kaiser und andern Reichs- und Churfürsten stehet, ist wohl nichts anders zu vermuten, als daß I. Churfl. Durchl. zu Erhaltung Friede und Ruhe im Römischen Reiche die Conservirung des Hauses Österreich gerne sehen sollten, wiewohl auf den begebenden Fall Ihr wohl von einem oder andern Orten Hoffnung gemachet sein möchte, von der Occasion zu profitiren und von denen Despouillen in Schlesien oder sonsten mit zu participiren. Daß Sie aber mit denen kaiserlichen ministris und denen jetziger Zeit daselbst führenden schläferigen consiliis sollten zu finden

---

[1]) Vgl. Urk. u. Akt. Bd. 12 S. 432 ff., 502 ff.

[2]) Vgl. oben S. 898.

[3]) Vgl. Urk. u. Akt. Bd. 12 S. 501, Bd. 14 S. 484.

(so) sein, kann man so gar nicht merken, daß Sie auch bisweilen hautement darüber wohl in des kaiserlichen ministri Gegenwart klagen. —

Zu dem Reiche insgemein und daß bei jetzigem Reichstage und der daselbst vorseinden Verfassung dem gemeinen Besten zu gute etwas nützliches könne gestiftet werden, hat dieser Hof so weinig Vertrauen, daß sie lieber mit 2 oder 3 Reichsständen sich vereinigen und in gewisse Verfassung zur Defensive ihrer Länder stellen, als en cas de besoin von dem Reiceh etwas nachdrückliches vermuten werden. Dahero man auch schon zu vielen Malen incliniret gewesen, den Reichstag zu abrumpiren oder doch die churfl. ministros von dannen abzufodern, damit zugleich der punctus capitulationis in suspenso bleiben möchte [1]).

Mit denen geistlichen Churfürsten aber und denen am Rhein liegenden Fürsten, insonderheit mit Cöln, Münster und Neuburg, stehet dieser Hof in sonderbarer vertraulichen Correspondence und specialer Alliance, davon die letzte noch neulich zu Bielefeld geschlossen, und auf dem bevorstehenden Westphälischen Kreistage noch ein mehres dürfte beredet werden. Und ist insonderheit mit dem Herzog von Neuburg die Vertraulichkeit so groß, daß, wann nur noch einige weinig Differentien wegen des exercitii religionis in denen clevischen Landen gehoben, darüber man anitzo zu Bielefeld und Berlin tractiret, sie alsdenn ohnaufhörlich mit einander verbunden zu sein ihnen fest einbilden. Mit Chursachsen wird auch nach altem Gebrauch und Einhalt der Erbverbindung fleißig communiciret, wiewohl man bei jetzigen Conjuncturen und Beschaffenheit desselben Hofes daher keine große würkliche Beitretung zu vermuten. Mit Churpfalz ist wegen Verfassung der Gemüter kein sonderlich Vernehmen, wie auch mit dem Hause Braunschweig-Wolfenbüttel wegen der Reinsteinischen Controversie [2]). .. Mit denen andern Herren aber von diesem Hause stehet man in bessern Vertrauen und wird bei diesen Conjuncturen nicht ermangeln, sich auf einen oder andern Weg näher mit ihnen zu setzen. Bei denen andern fürstlichen Häusern Mecklenburg und Holstein siehet man mehr auf die Conservation dero Länder, als worauf man Anwartung hat, als daß man sie würklich zu einem oder andern Dessein zu engagiren nötig achten sollte.

Beim 3. membro, wie nämlich I. Churfl. Durchl. in Dero eigenem Hause stehen, kommet vorerst Dero hohe Person und churfl. Haus und denn endlich die ministri wie auch der Militarstaat in Consideration. Und befinden sich .. I. Churfl. Durchl., indem Sie numehr das 52. Jahr Ihres Alters erreichet, noch bei ziemlich vigoureuser Leibesdispositon, nur daß Sie dann und wann einen Anstoß vom Podagra haben und wegen hitziger Leber unterm Gesicht etwas rot und incommodiret sein; dennoch können Sie fahren und travailliren, wobei die Churfürstin eine beständige Gefährtin abgiebet und ihren Herrn nicht leicht quittiret, sondern, umb denselben lange zu erhalten, von allen serieusen Occupationen fleißig abziehet und ihm allerhand Recreation und Divertissement machet; dahero Sie auch mehrenteils zu Potsdam sich aufhalten und niemand gerne umb

[1]) Vgl. Droysen, Bd. 3 Teil 3 S. 354 ff.

[2]) Vgl. Köcher, a. a. O. S. 95 ff.

sich haben, als die, so durch Spielen oder sonst Ihnen die Zeit passiren helfen, und innerhalb Jahresfrist kaum 8 Tage beständig in Berlin geblieben. Welches denen ministris ziemlich incommod fället, indem alle Posttage, wo nicht Herr Schwerin, dennoch Meinders hinaus reisen, die Briefe lesen und die Antwort darauf verfertigen muß, auch nicht anders mit dem Geheimen Rat communiciret wird, als was man nötig und von solcher importance hält. I. Churfl. Durchl. sind bekannter maßen von einem sehr gütigen und freundlichem Naturel, werden nicht leichtlich jemand, auch von Dero eigenen Dienern und Untertanen, mit harten oder widerlichen Worten begegnen oder sonst scharfe Inquisition in einem oder andern tun lassen, es wäre dann, daß jemand anders Sie praeoccupiret, Sie zu einer Sache, welche vorhero leicht gemachet, engagiret und hernach Ihr beigebracht, daß Dero hoher Respect darunter versire, auf welchem Falle Sie sich auch wohl ad violenta consilia verleiten lassen dürften. Gegen Frembde und Ihre eigene Diener erzeigen Sie sich sehr milde und liberal, so daß die, so das Tempo recht in acht zu nehmen wissen, nicht allein die Hauptmannschaften über die besten Ämbter und andere beneficia, sondern alles, was sie nur begehren, bekommen können; dahero denn die Cassa und Schatoulle bisweilen ledig, die ministri aber sehr reich sein, solches auch ohne alle Invidie und Beisorge, daß es übel genommen werden möchte, durch Kaufung stattlicher Güter, Bauung großer Häuser, köstlicher Meublirung derselben und splendider täglicher Tractirung an den Tag geben dürfen. Bei Hofe ist alles magnific und überaus köstlich, sodaß kein Hof in Teutschland diesem zu vergleichen, doch alles so wohl regliret und in guter Ordnung, daß man niemaln von einigen Exceß, so in Trinken oder sonsten vorgehen sollte, höret. Nebst dem Bauen belieben I. Churfl. Durchl. die Jagd gar sehr und nehmen nebst der Churfürstin darin zum öftern Ihr Divertissement, wie Sie denn zu solchem Behuf alle Ambtshäuser dergestalt adaptiren lassen, daß Sie darauf mit einer kleinen suite gar wohl accomodiret sein können. Das Haus in Potsdam ist nebst dem dabei gelegenen Tier- und Fasanengarten schon in so gutem Stande, daß Sie daselbst nebst 2 oder 3 fürstlichen Personen zusambt deren Gefolge gar füglich logiren können.

Die Churfürstin, so anitzo von 36 Jahren ist, bleibet continuirlich umb ihren Herrn, reiset in einer offenen Calesse mit ihm herumb und accomodiret sich zu allen seinen Plaisiren, will auch [so] weinig vor ihre Person bei publiquen oder andern fascheusen Sachen (wie wohl die vorige Churfürstin getan) sich interessiren, als zugeben, daß der Churf. ohne sonderbare Not damit fatigiret werden möge. Womit sie den Herrn dergestalt gewonnen, daß sie alles nach Wunsch von ihm erhalten kann. —

Der Churprinz Carolus Aemilius ist ein Herr von 16 Jahren, zwar nicht gar lang gewachsen, aber stark und robust von Gliedern, von gütigem, frommen Naturel, hat seine eigene Hofstaat und wird vom Herrn Baron v. Schwerin und andern umb sich habenden wackern Leuten gar wohl erzogen, des Tages 4 à 5 Stunden zum Studiren gehalten, hernach in der französischen Sprache, deren er ziemlich mächtig, und andern exercitiis corporis unterwiesen, so daß er große Hoffnung von sich machet. Sein Bruder Prinz Friedrich .. ist etwa von 12

Jahren. .. Ist sonst sehr scharfsinnig und prompt in Reden, aber nicht so gütig als der Churprinz, mit dem er ab und an kleine Picquantereyen zu haben pfleget. —

Der Fürst von Anhalt ist numehro zum Feldmarschall declariret, ist viele zu Dessau bei seiner Gemahlin, reiset doch ab und zu und ist noch in sehr gutem Credit beim Churf.; und vermutet man, daß er, im Fall ein casus bei Minderjährigkeit des Churprinzen sich begeben sollte, nebst der Churfürstin und andern Räten die Vormundschaft behalten würde exclusis agnatis, mit welchen man außerdem, daß sie lutherischer Religion, auch sonsten, insonderheit mit dem Markgrafen von Bayreuth, nicht wohl zufrieden ist, weiln er Hoffnung gemachet, die Prinzessin von Churland zu freien, und hernach changiret[1]). Dahero ihm auch das Generalat über die Cavallerie genommen und dem Landgrafen von Hessen Homburg, so aber nicht viel bei Hofe ist, gegeben worden. Der Herzog von Holstein ist Gouverneur in Magdeburg und zu Hofe gar wohl gesehen, desgleichen auch Fürst Mauritz von Nassau[2]), .. ein Herr, der sowohl des Churf. als des ganzen Hofes Affection und Estime hat. Der Herzog von Croya scheinet bei jetzigen schwierigen Conjuncturen in Preußen und wegen einer oder anderer mißgünstigen Leute Anbringen nicht in so gutem Credit bei Hofe zu sein, als dieses Herrn Tugenden wohl meritirten[3]).

Der Oberpräsident Schwerin conserviret sich zu männigliches Verwunderung bei der stets gehabten faveur, hat durch seine gute Qualitäten, nützliche Dienste und gute Manier, sowohl mit Frembden als Einheimischen zu tractiren, insonderheit aber durch fleißige und sorgfältige Erziehung der Prinzen ein so gutes Fundament zu seinem und der Seinigen zukünftigen Glücke geleget, daß jedermann in denen Gedanken stehet, er werde dasselbe wider die Gewohnheit dieses Hofes beständig beibehalten: Dahero er auch so viel weiniger zu einigem weitaussehendem Engagement oder Kriege raten wird, weiln er numehr schwach und nicht mehr travailliren kann, auch auf solchem Fall bei den Prinzen würde zurückebleiben und den hazard stehen müssen, daß ihm ein ander in der faveur zuvorkäme, die er sonst bei dem Churf. auf alle Weise et nunquam nisi summa cum modestia contradicendo beizubehalten, sich äußerst bemühet.

Herr Canstein, so noch der einzige Lutherische von den Geheimen Räten ist, .. ist ein cordater und verständiger Mann, hat aber sehr regrettiret, daß, da er Mittel genug, er nicht bei begehrter Unterschreibung des Reverses einen plausiblen Praetext genommen, abzudanken, dazu er vielleicht hernächst nicht mit so guter Manier gelangen dürfte[4]). —

Herr Kanzler Somnitz wird meist in denen pommerschen und andern Reichs-

---

[1]) Der Kurf. hatte sich erfolglos um die Vermählung seiner Nichte Charlotte Sophie mit Markgraf Christian Ernst von Bayreuth bemüht, vgl. Seraphim, Eine Schwester des Gr. Kurfürsten Luise Charlotte S. 120 f.

[2]) Fürst Johann Moritz von Nassau-Siegen, Statthalter von Cleve-Mark.

[3]) Herzog Ernst Boguslav von Croy, vgl. Orlich, Gesch. des preußischen Staates im 17. Jahrh. Bd. 1 S. 348 ff., Hein, Schwerin S. 283 ff.

[4]) Vgl. Hering, Neue Beiträge zur Gesch. der Evangelisch-Reformierten Kirche in den preußisch-brandenburg. Ländern Bd. 2 S. 260 ff.

sachen gebraucht, machet sich alt, schwerfällig und caduc und ist von andern ministris nicht gleiche viel geliebet. Herr Baron v. Blumenthal ist ein capabler Mann, in Verschickungen zu gebrauchen und durch die Heirat an den Baron Schwerin attachiret [1]). Herr Jena wird mehrenteils in denen Reichsaffairen und dieselbe concernirenden Abschickungen gebrauchet, Herr Köppen aber, so ein guter Jurist, wann dergleichen Dinge vorkommen, so in das privatum laufen.

Der Herr Feldmarschall Dörffling lebet meist auf seinen Gütern und kommt selten zu Hofe, machet sich auch ziemlich schwach, sodaß er nicht viel Kriegstravaillen mehr wird ausstehen können. — Der Generalleutenant Goltz, so das Gouvernement von Berlin an Generalmajor Pöllnitz gegen Erlegung 5 à 6000 Rthlr. abgetreten, .. befindet sich .. anitzo wegen Unpäßlichkeit im Carlsbade und stehet darauf, daß er gar quittiren und nach Polen auf seine Güter gehen wird. Der Generalmajor Pöllnitz ist Oberstallmeister und Obrister über die Garde wie auch Commendant in Berlin, hat zu Hofe bei I. Churfl. Durchl. große faveur, ist stetig umb Dieselbe und kann Derselben ins Ohr sagen, was ihm gefället, auch dadurch viel ausrichten. Incliniret sonst sehr zu der französischen Partei, weiln er einmal nebst Meinders dahin abgeschicket gewesen [2]); anjetzo aber, da es das Ansehen gewinnen würde, daß es gegen Holland gehen möchte, wird er wegen seines großen Interesses, weiln er daselbst noch in Diensten engagiret, auch an dem Orte geheiratet hat, von allem Engagement abraten.

Der Geh. Kriegsrat Meinders, so sich nebst seinem Schwiegervater, dem Rat und Cammerier Heidecamp, der des Churf. Schattoullengelder in Händen hat und daneben dann und wann einen ansehnlichen Vorschuß tut, mit Pöllnitz fest gesetzet, verwaltet anitzo das Generalcommissariat beim Kriegsstaat, so durch Platens Tod erlediget worden [3]), welches beizubehalten, er ebenmäßig nicht gerne sehen sollte, daß es zu einigem Kriege ausschlüge, bei welcher Bewandtnüß er dasselbe nicht mainteniren würde [4]). Es ist sonst dieser Meinders ein capabler und arbeitsamer Mann, hat auch die Affairen dergestalt unter Händen und bei dem Churf. solche faveur, daß er fast alles mit ihm allein tut und dem Baron Schwerin große ombrage machet, von allen andern aber sehr geehret und caressiret wird. Insgemein aber gehen alle Affairen und resolutiones, die man nicht sonderbarer Ursachen oder Wichtigkeit halber in den Geheimen Rat bringen muß, durch Herrn Schwerins und Meinders Hände [5]). —

Bei dem 4. membro von der Regierung der churfl. Untertanen und Länder kommet zuerst in Consideration der status religionis. — In der Mark .. gehet man offenbar damit umb, nachgerade nicht allein alle ministros sondern das ganze Land, wo nicht völlig zu der reformirten Religion, dennoch zu einer solchen Tole-

---

[1]) Christoph Caspar v. Blumenthal war Schwerins Schwiegersohn.

[2]) Vgl. Urk. u. Akt. Bd. 12 S. 849 ff.; Waddington, Le Grand Electeur Bd. 2 S. 245.

[3]) Generalkommissar Claus Ernst v. Platen war im Juli 1669 gestorben, vgl. Wolters, Gesch. der brandenb. Finanzen 1640—1697 Bd. 2 S. 95.

[4]) Vgl. ebenda S. 96 ff.

[5]) So hatte auch Millet 3 Jahre vorher geurteilt, vgl. Urk. u. Akt. Bd. 20 S. 55.

ranz zu bringen, daß den Reformirten durch die Lutherische nicht mehr geschadet werden möge. I. Churfl. Durchl. hohe Person betreffend, sind Dieselbe zwar eifrig und devot; es wird Ihr auch ziemlich durch Schreiben aus Engelland und andern reformirten Orten zum Ruhm beigeleget, daß Sie das vornehmste Haupt und Befoderer der reformirten Religion im Römischen Reiche sein. Sie wollen aber niemand zwingen oder obligiren, von seiner Religion abzutreten, nur daß Ihr von vielen und in specie denen, so vielleicht ihr Exempel mit anderer Nachfolge beschönen wollen, an Hand gegeben wird, als ob die Lutheraner die Reformirten verketzern, verdammen, ja nicht einmal in vita politica vor solche Leute halten, damit sie gerne umbgehen wollen. —

Von dem regimine politico im Clevischen und Preußen wird nicht nötig geachtet, anitzo viel zu erwähnen, weiln dasselbe bekannter maßen nach der alten Form durch Einheimische verwaltet wird, wiewohl allenthalben und insonderheit in Preußen große Klage ist, daß durch die erhaltene Souverainität viele verändert und die leges fundamentales patriae labefactiret werden. In der Mark aber wird große Klage geführet, daß nicht allein die Justiz nicht so, wie sich gebühret, administriret werde, sondern auch die ministri bei der Landesregierung nicht die leges fundamentales patriae und andere Reichssatzungen, sondern voluntatem principis und ihr eigenes Interesse die Richtschnur sein lassen. Denn soviel die Justiz betrifft, haben I. Churfl. Durchl. das privilegium de non appellando vel avocando. Es ist auch das Kammergericht tanquam supremum iudicium, dabei der Vicekanzler Rahden Director ist, im Lande wohl bestellet. Es hat auch der Adel das privilegium, daß sie transmissionem actorum bitten und aller remediorum et beneficiorum iuris sich gebrauchen mögen. Dabei wird aber viel Klage geführet, daß, wann nur ein oder ander part sich nach Hofe wendet, es daselbst durch dieses oder jenes ministri faveur solche rescripta an das Kammergericht erhalten könne, quae cursum iustitiae sistere videntur, wider welche schwerlich beim Kammergericht etwas zu erhalten, zu geschweigen, daß in Lehnsachen und Concursprocessen die vornehmsten ministri straxs ein wachendes Auge haben, die Güter subhastiren lassen und vor ein geringes Geld an sich bringen, non obstante constitutione, daß niemand unter der Hälfte dessen, so die Güter taxiret, bieten solle; daher auch die Leute so furchtsam sein, daß, sobald sie hören, daß ein vornehmer Minister nach einem Gute stehet, sie ihre Praetension lieber vor ein leidliches abstehen, als den Ausschlag erwarten wollen.

In andern Landes- und Contributionssachen, so mit Landständen beredet werden müssen, werden ja dieselbe wohl gefodert; es sein auch Landesdeputirte und in den Districten gewisse commissarii verordnet; die Leute aber, so das directorium dabei führen, sind churfl. Geheimbte Räte und Hauptleute die das Interesse principiis quovis modo befodern; die andern aber so widersprechen, werden strax notiret und mit churfl. Ungnade bedrauet, ex quo capite denn auch der Landeshauptmann v. d. Schulenburg nicht zum besten zu Hofe angesehen ist. Die hohen Jagden werden dem Adel, so dieselbe nicht expresse in ihren Lehnbriefen haben, genommen und denen andern gegen anderweitige geringe Satisfaction abgekaufet. Zu Eintreibung der Ämbterintraden und anderer Revenuen ist die Ambtskammer nebst dero Räten bestellet. Weiln aber ein gut Teil der Ämbter sowohl in der Mark als denen andern Provincien verpfändet, die vornehmsten ministri auch die übrigen besten Ämbter inne haben und dahero weinig der Casse zufließet, muß es auf die Landescontribution ankommen, dabei man bishero, des modi in andern Provincien zu geschweigen, in der Mark die Städte ziemlich angegriffen und den Adel conserviret, anjetzo aber auf andere Maximen fället und jenen durch die introducirte Accisen ein soulagement gönnen, den Adel aber per indirectum mit graviren will. —

Der Neue Graben ist zwar noch im Stande, wird aber von keiner durée gehalten, und ist bei truckenen Sommer weinig Wasser darin, sodaß die Particulier durch deren Wiesen und Holzung er mit großen Unkosten geführet, merklichen Schaden, die churfl. und andere Mühlen, denen das Wasser dadurch benommen wird, großen Abgang spüren, die Schlüsen annoch viele zu unterhalten kosten und dagegen geringer Profit ist, weiln außer denen Kahnen, so mit Garn aus Schlesien heraufkommen, welches vor diesem zu Lande nach Hamburg geführet ist, weinig Fahrt darin zu finden ist, welches doch, wann schon 1000 Kahne des Jahrs durchgehen möchten, weinig und von einem jeden kaum 2 Rth. tragen kann, weiln man es darumb so leidlich gesetzet, daß die Leute dahin gewohnet werden mögen.

Ch. v. Brandt an den König. D. Stockholm 19. März 1672 [1]).

[Bittet um eine Erklärung über Schwedens Haltung im französisch-holländischen Kriege.]

29. März Der Kurf. hatte B. zunächst beauftragt, den König um Vermittlung zwischen Frankreich und Holland zu bitten. Da es dazu zu spät ist, bittet er ihn, sich freie Hand zu lassen, „Teutschland und der evangelischen Partei, wann die Gefahr immer größer werden sollte, zu Hilfe zu kommen". Der Kurf. erwartet, daß der König gleich seinen Vorfahren „die teutsche Freiheit und das evangelische Wesen" beschützen werde.

Im Interesse vertraulicher Beziehungen erklärt B. im Auftrag des Kurf., dieser sei fest entschlossen, „nicht das Geringste zu beginnen, so denen desseignen, welche aus demjenigen, was auf Zulaß und Beforderung des Erzstifts Cöln auf des Reichs Boden geschiehet [2]), klärlich zu schließen und abzunehmen seie, zustatten kommen könne". Daher habe er den französischen Antrag, wider Holland Partei zu nehmen, rund abgelehnt. Er habe freie Hand, habe sich aber in Verfassung gesetzt und seine Truppen verstärkt und sei bereit, mit dem König „umbzutreten, die Securität und freien welt- und geistlichen Staat des Heil. Röm. Reichs zu conserviren". Er bittet um offenherzige Deklaration der Sentimente und des guten

---

[1]) Zur Sendung des Geh. Rats und Neumärkischen Kanzlers Christoph v. Brandt nach Stockholm vgl. namentlich Urk. u. Akt. Bd. 17 S. 147 ff. und Wolpers, Die polit. Beziehungen Brandenburgs zu Schweden 1672—1675, Diss. Münster 1912, für die damalige Situation namentlich Brandts Bericht vom 20./30. März, Urk. u. Akt. Bd. 17 S. 198 ff.

[2]) Vgl. Philippson, Der Große Kurfürst Bd. 2 S. 246 f., Urk. u. Akt. Bd. 3 S. 215 ff., Bd. 14 S. 527 ff.

Vorhabens des Königs. Namentlich wäre dem Kurf. eine Verständigung auch im Hinblick auf den gefährlichen Zustand Polens lieb[1]).

Reichsratsprotokoll 2. April 1672.

[Die Abmachungen mit Frankreich sollen Brandt nicht mitgeteilt, sondern ihm gesagt werden, der König habe die Hände frei und könne sich also mit dem Kurf. und andern Freunden in Deutschland in einen Vertrag einlassen.]

Der Reichskanzler berichtete, er habe gestern dem kursächsischen Gesandten Haugwitz[2]) gesagt, Frankreich könnte keinen Feind im Rücken lassen, würde daher Wesel, Reinberg und andere Festungen am Rhein nach einer Mitteilung Courtins[3]) an Brandenburg pour rien geben[4]). 12. April

Darauf wird das Memorial des brandenburg. Gesandten verlesen. Claes Tott bemerkt dazu: Es ist gut, daß der Kurf. noch die Hände frei hat. Man soll ihm die Abmachungen mit Frankreich mitteilen[5]). Om Churf. sedan sluter med Holland, sluter han directe emot oss.. Der Reichskanzler meint, man sollte antworten, daß man mit dem Kurf. betr. securitas imperii och religionis ganz einig sei, daß der König hofft, er werde einen Krieg im Reich verhüten helfen, och efter Churf. ännu förnimmes hafva fria händer, glädjer Hans Maj. sig däröfver så mycket mera, som H. Maj. och på sin sida har fria händer och sig uti intetdera party har engagerat, och således kan så mycket bättre inlåta sig ännu uti tractat med Churf. och andra vänner i Tyskland.

Resolutio: Denna meningen gillades[6]).

Ch. v. Brandt an den König. D. Stockholm 19. Mai 1672.

[Aufforderung zur Mitwirkung an der Erhaltung des Friedens im Reich.]

Der Kurf. ist sehr erfreut, daß der König sich die Erhaltung der Ruhe in Deutschland angelegen sein lassen will, und daß auch seine Verhandlungen mit Frankreich nichts anders bezwecken. Er hat B. befohlen, dem König beim Ab- 29. Mai

[1]) Die Antwort der Vormundschaftsregierung D. Stockholm 26. April 1672 s. Urk. u. Akt. Bd. 17 S. 216 ff. — Für die Einstellung des Kurf. Schweden gegenüber vgl. Pufendorf, Lib. XI § 34, Urk. u. Akt. Bd. 14 S. 527, 259, Bd. 20 S. 151.

[2]) Friedrich Adolph v. Haugwitz, vgl. Auerbach, La diplomatie française et la cour de Saxe S. 362 ff.

[3]) Honoré Courtin, 1671/72 französischer Gesandter in Stockholm, vgl. Recueil des instructions Bd. 2 Einl. S. 20 f., 59, 62, Text S. 119 ff.

[4]) Desgl. Bd. 16 S. 178 ff., Urk. u. Akt. Bd. 20 S. 163 ff.

[5]) D. h. den unmittelbar bevorstehenden Abschluß des Bündnisses mit Frankreich, vgl. Wimarson, Sveriges krig i Tyskland Bd. 1 S. 2 ff.

[6]) Vgl. dazu Urk. u. Akt. Bd. 17 S. 204, 207 ff.

schied [1]) vorzustellen, daß auch Münster den kurkölnischen Weg gehen wollte, und daß also der ganze Westfälische Kreis Kriegsschauplatz werden dürfte. Das Reich müsse unverzüglich „von dem gegenwärtigen .. Unheil, Oppression und fremden Macht errettet werden". Der König möchte „durch Rat und Tat diejenige Stände des Reichs, so die Liebe und Schuldigkeit kegen das Vaterland teutscher Nation so gefährlich hindansetzten, wieder auf den rechten Weg bringen helfen. Wie dann auch S. Churfl. Durchl., nachdem Sie oberwähnter E. Kgl. Maj. höchstrühmlichen Intention versichert worden, sich numehr, dafern obberegte beide Glieder des Reichs des französischen und holländischen Werks in kurzem sich nicht entschlagen, schwerlich werden entbrechen können, wirklich zuzutreten und, soviel an Ihr ist, dem für Augen schwebenden Übel entgegenzugehen, nicht zweifelnde, E. Kgl. Maj. werden diesem Vorhaben, weil es Ihren eigenen Maximen gemäß ist und von dem größesten Teile des Röm. Reichs .. für höchst nötig gehalten wird, aufs beste favorisieren."

Der König habe sich erboten, mit dem Kurf. und dem Kaiser sich zu vereinigen und alle Gefahr vom Reiche zurückzuhalten und alle Friedensstörer in der Güte oder mit Nachdruck zur Raison zu bringen [2]), womit offenbar auf die kurkölnischen und münsterschen Prozeduren abgezielt werde. B. zweifle daher nicht, der König werde sich hierauf so herauslassen, daß er dem Kurf. darüber tröstliche und gewünschte Resolution überbringen kann.

Der pommersche Regierungsrat Hermann Wolfradt an die Vormundschaftsregierung. D. Berlin 20. Mai 1672 [3]).

[Zeremonielle Schwierigkeiten. Empfang beim Kurf.]

30. Mai Ist vor 2 Tagen dort angelangt und hat sein Kreditiv sofort übersandt. Jedoch hat sein Empfang sich verzögert, weil im Kreditiv kein Charakter angegeben war. Der Kurf. ließ ihm durch den Sekretär Fuchs sagen, er würde ihn diesmal trotzdem empfangen, jedoch müßte er sich verpflichten, den König zu bitten, daß künftig seine Minister in Schweden entsprechend behandelt würden oder daß ein Kreditiv mit Charakter eingesandt würde; auch dürfte sein Entgegenkommen in keine Konsequenz gezogen werden. Darauf ist er empfangen worden.

Erklärung der Vormundschaftsregierung an Christoph v. Brandt. D. Stockholm 21. Mai 1672.

[Rechtfertigung des Vertrages mit Frankreich.]

31. Mai Der König habe das Bündnis mit Frankreich geschlossen, um den Frieden

[1]) Brandt wurde durch Reskript vom 30. April/10. Mai 1672 abberufen, Urk. u. Akt. Bd. 17 S. 222.

[2]) Vgl. Urk. u. Akt. Bd. 17 S. 217.

[3]) Zu Wolfradts Sendung vgl. Urk. u. Akt. Bd. 17 S. 286 ff.

zu bewahren, sich vor aller Gefahr zu schützen und dem Röm. Reich keinen Anlaß zu geben, wegen Frankreichs großer Armatur Verdacht zu schöpfen. Obgleich schon Wolfradt beauftragt sei, davon Mitteilung zu machen, werde zu desto besserer Information auch B. davon in Kenntnis gesetzt [1]) und ihm das foedus publicum und die Sekretartikel, die das Reich einigermaßen angehen, mitgeteilt. Der Vertrag ist auf dem Westfälischen Frieden fundiert.

„Und hat der 4. Art. publici und 1. und 2. secreti foederis [2]), gegen welchen man etwas an Seiten der Stände zu sagen zu haben vermeinen möchte, das instrumentum pacis zum Fundament. Weiln nun darin mit ausdrücklichen Worten inter imperatorem, regem christianissimum ac electores, principes ac reliquos imperii status verabredet und stipuliret, quod alter alterius hostes presentes aut futuros nullo unquam titulo vel praetextu vel ullius controversiae bellive ratione contra alterum armis, pecunia, milite, commeatu, aliterve iuvet etc., so folget ja ohnwidersprechlich daraus, daß niemand von denjenigen, so solcher Gestalt mit einander pacisciret, ohne diesem Versprechen zu wiedere zu handeln, einige dergleichen Hilfe Frankreichs Feinden zu leisten zugelassen, vielmehr I. Kgl. Maj. und andere wohlgesinnete Stände des Reichs schuldig und verpflichtet sein, soweit gütliche Abmachungen nicht zureichen wollen, mit zusammengesetzten Kräften dergleichen Contravention zu behindern und dadurch zugleich zu verhüten, daß diejenigen, so solcher Gestalt ohnzulässiger Weise aus dem Reich Frankreich anderswo anzugreifen gehen, nicht von einem Teil dessen gegenwärtigen considerablen Macht mögen in das Ihrige zurück begleitet und damit also ein schweres Kriegesfeuer hie oder da in Teutschland zu dessen allgemeinen Gefahr und Entzündung angestecket werden, dabei gleichwohl Haubt und Gliedern im Reich die nötige Sorge billig oblieget, alles Vermögens abwenden zu helfen, damit durch eines oder andern Unterfangen das gesambte Reich in so augenscheinlichen hazard nicht gesetzet werden, besondern ein jeglicher nach der Norm des Friedens sich frembder Händel zu äußern gehalten sein möge.

Und ob man es schon also nehmen und deuten wollte, daß der gesatzte passus instrumenti pacis de inimicis aggressoribus allein redete und Frankreich dann erst zu statten kommen könnte, wann es von andern aggrediret würde, nicht aber, wann es andere feindlich angriffe und dieselbe sich zu schützen und ihrer Confoederirten Hilfe wider solche Aggression zu gebrauchen Recht und Ursach hätten [3]). Nun sind zwar I. Kgl. Maj. mit solcher Deutung einig und auch garnicht der Intention, einigem Stand im Reich in seinem Befugnis, umb mit auswärtigen Staaten nach der Richtschnur des Friedensschlusses Bündnissen zu haben und in kraft derselben Hilfe zu nehmen und zu leisten, hinderlich zu sein. Allein weiln derjenige nicht eben aggressor, der einen andern am ehesten mit Krieg überzeucht, sondern vielmehr derselbe, welcher mit Injurien und anderm ohnbefugtem widrigem Begegnen

[1]) Vgl. Urk. u. Akt. Bd. 17 S. 227 f.

[2]) Vgl. den Vertragstext bei Dumont, Corps universel Bd. 7 Teil 1 S. 166 ff., die hier erwähnten Artikel auch bei Pufendorf Lib. XI § 35, ferner Urk. u. Akt. Bd. 17 S. 288 f.

[3]) So.

dem Gegenteil die Waffen und eine rechtmäßige vengeance abnötiget, und es nun zu einer so importanten Resolution nicht genugsam ausfindig gemachet, wer auf der ein oder anderen Seite an diesem Kriegesunheil die größeste Schuld habe, kein Stand im Reich auch hoffentlich allein und ohne Haupt oder Glieder im Reich auch eine der beiden Kronen als principal paciscirenden Teile mit sich zu haben, nicht wird entschließen noch definiren wollen oder können, wer unter gesagten feindlichen Parten aggressor sei. Wie ein oder ander Stand es aber in der Tat tun würde, wann er ex foedere aliquo defensivo an Frankreich oder Holland Hilfe leistete, so wird demnach zuforderst nach den Reguln der Justice und Honestet diese hoch angelegne Frage erörtert werden müssen, nicht besser und sicherer aber decidiret werden können, als wann diejenige, so an der Sache teil zu haben vermeinen, mit I. Kgl. Maj. die Mediation zwischen allen, nun schon im Krieg begriffenen Parten, wie I. Kgl. Maj. denenselben diese officia nun schon angeboten [1]), übernehmen und durch dieselbe sich zu bearbeiten, entweder dies Kriegesfeuer in seiner ersten Flamme .. zu leschen oder auch nach Befindung, welchem die Aggression mit Fug beizumessen, .. alsdann die Entschließung nehmen ..".

Der 2. Sekretartikel ist dadurch gerechtfertigt, daß Frankreich par raison de guerre nicht genötigt werden konnte, die dem Reich gehörenden, von Holland besetzten Städte am Rhein ungestört zu lassen, denn niemand könne gezwungen werden, einen Feind im Rücken stehen zu lassen. „Und stehet nun beim Reich, insonderheit denen an diesen Städten interessirten Chur- und Fürsten, mit I. Kgl. Maj. auf Mittel zu gedenken, wie dem Könige in Frankreich solcher Städte und der daraus befahrenden Feindseligkeit halber eine gnugsame Sicherheit geschaffet und also an der Seite auch die Kriegesunruhe vom Reich zurückgehalten werden könne [2]) [3])." —

König Karl XI. an den Kurfürsten. D. Stockholm 22. Mai 1672.

[Rekreditiv für Brandt. Versicherung seiner Friedensliebe.]

1. Juni Celsitudinis V.ae El.lis curam ac studium pro conservanda imperii tranquillitate ac removendis etiam omnibus iis, quae optime hactenus cultae vicinitati aliquo in futurum esse detrimento posse videntur impedimentis, exposuit Nobis .. Christophorus de Brand uberius atque ea qua pollet ac Nobis singulariter acceptus est prudentia ac integritate. Cum vero illa Nobis nulla optatior evenire potuerit declaratione, hac praesertim rerum undique commotarum ac maximos belli motus minitantium facie ac constitutione, proinde etiam eo lubentius .. Ablegatum pro ea, qua aeque in salutarem hanc quietis publicae conservationem ferimur sollicitudine, de eis certiorem fecimus remediis, quae adaequata ac commoda fore arbitramur huic tempestati, si ipsa alibi, quod vero a summo pacis ac belli arbitro

[1]) Vgl. Wimarson a. a. O. Bd. 1 S. 14 ff., Urk. u. Akt. Bd. 17 S. 208.

[2]) Vgl. Pufendorf, Lib. XI § 37.

[3]) Zum schwedisch-französischen Bündnis vgl. Wittrock, Karls XI. förmyndares finanspolitik 1668—1672 S. 266, 335.

precamur, tam cito desaevire nollet, eos tamen ad minimum figere posse terminos, quod sub guarantia Pacis Westphalicae comprehensum ac exinde merito tutum imperium simul corripere non valeat. Quod uti Ablegatus Celsitudinis V[ae]. El.[lis] pluribus ac fideliter procul dubio est relaturus, ita rogamus, velit ei plenam desuper habere fidem. —

Der pommersche Regierungsrat H. Wolfradt an die Vormundschaftsregierung. D. Berlin 22. Mai 1672. (Praes. 10. [20.] Juni 1672.)

[Erste Verhandlung mit dem Kurf. Dessen Besorgnis vor einem französischen Angriff und Verhältnis zu Holland.]

Bei der ersten Audienz hat W. dem Kurf. zunächst in generalibus zu verstehen gegeben, daß der König es für nötig erachtet habe, ihm mitzuteilen, auf welche Weise er die Ruhe im Röm. Reich nach dem Fuß des Westfälischen Friedens zu erhalten versucht habe. Die nähere Besprechung verschob der Kurf. bis nach Tisch. Er schloß sich mit W. in seinem Kabinett ein und W. trug dort folgendes vor: Zur Beförderung des Wohlstands der Evangelischen, Erhaltung der Ruhe im Reich und Dämpfung der in dessen Nachbarschaft entstandenen Unruhe habe der König es als zweckmäßig angesehen, mit Frankreich ein neues Defensivbündnis zu schließen, um dessen gegen das evangelische Wesen oder gegen das Reich gerichtete gefährliche Desseins in den Schranken des Westphälischen Friedens zu halten und um mit Hilfe dieses Bündnisses nachdrücklicher an der Dämpfung der Unruhen arbeiten zu können. Um Mißdeutungen vorzubeugen, habe der König seine Verbündeten und namentlich den Kurf. hiervon benachrichtigen wollen. 1. Juni

Der Kurf. äußerte den Wunsch, den Bündnisvertrag einsehen zu können; er würde dann einige Räte beauftragen, mit W. zu konferieren. W. legte den Vertrag sofort vor und erklärte sich zur Teilnahme an der Konferenz bereit.

Der Kurf. hat sich mit ihm dann in Diskurs eingelassen. „Woraus ich vornehmlich dieses angemerket, daß Sie vermeinet, man müßte an evangelischer Seiten nicht gar zu sicher sein, weiln Frankreich alle Catholische mit zu engagiren suchete und ihnen Hoffnung machete, die geistlichen Güter wiederumb zu reduciren, maßen der Comte St. Geran keinen Scheun getragen, wie er neulich bei Ihr auf dem Closter Zigeser gewesen, öffentlich zu sagen, daß dieses auch ein geistliches Gut wäre und mit der Zeit ad pristinum statum wieder kommen müßte. Teutschland könnte bei diesen Conjuncturen auch nicht .. unangefochten bleiben, weiln Cöln und Münster sich so weit mit Frankreich engagiret, teils Örter des Reichs, auch mit darunter seine eigene Festungen mit eigenen Guarnisonen besetzet wären, welche man so ungerne sehen würde, daß sie in Frankreichs Händen fielen, als es ohne gänzliche Ruinirung derer Provincien, darinnen sie belegen, nicht geschehen könnte. Die französischen Minister hätten ziemlich hoch gesprochen und von keiner dritten Partei im Reiche wissen wollen. Dahero er wohl wünschen mögen, daß E. Kgl. Maj. außer einigen Engagement mit Frankreich sich mit andern wohlgesinneten Patrioten im Reiche feste und eine Armee auf die Beine zu setzen belieben wollen, umb sich mit so viel besserm Nachdruck bei den streitenden Parteien interponiren zu können. Sie müßten numehro so viel als möglich auf Ihre Conservation bedacht sein, und wollten, soviel als Sie immer könnten, sich in Postur setzen, maßen Sie denn schon in Lippstadt bei ein 4000 Mann zusammen hätten und noch in weitern Werbungen begriffen wären."

W. hat darauf versichert, daß der König vigoureuse Resolutionen fassen würde, falls Frankreich das evangelische Wesen oder das Reich bedrohte, und daß er nichts dagegen hätte, wenn der Kaiser oder ein von diesem beauftragter Reichsstand Cöln und Münster, wofern sie Unruhen im Reich hervorrufen wollten, nach Anleitung der Reichskonstitutionen in ordinem redigiren würden. Auch würde der König alle gute officia interponiren, um Frankreich von einem Angriff auf die cleveschen Festungen abzuhalten.

Da der Kurf. einen französischen Angriff fürchtet, ist es wohl möglich, daß er bei näheren Eröffnungen auf die Vorschläge des Königs eingeht. Wie weit der Kurf. mit Holland engagiert ist, hat W. noch nicht erfahren; jedoch ist es sicher, daß er von dort 200 000 Reichstlr zu Rüstungszwecken erhalten hat und daß er 14—15 000 Mann zusammenbringen kann, ohne seine Garnisonen zu schwächen[1].

H. Wolfradt an den Reichskanzler Graf de la Gardie. D. Berlin 22. Mai 1672.

[Der Kurf. gegen Frankreich eingestellt, gibt beruhigende Versicherungen über seine Haltung Schweden gegenüber, wünscht Erhaltung des Friedens im Reich.]

1. Juni Berichtet, „daß ich alle Inclination von Frankreich an diesem Hof erloschen finde, außer daß noch einige ministri allsolche Partei halten und durch Vorstellung der großen Gefahr rem in statu quo zu lassen raten mögen. Welches ich daher abnehmen können, daß von I. Churfl. Durchl. bei meiner ersten Audience ich nicht allein solche Minen verspüret, als wenn Sie nicht allerdings satisfait dieses foederis halber wären, sondern auch Dieselben sich entfallen ließen, daß Sie vermeinten, daß dies nicht der rechte Weg sei, Friede und Ruhe zu erhalten, sondern wann I. Kgl. Maj. sich mit dem Kaiser und Ihnen, wie auch andern wohlgesinneten Ständen feste zu setzen belieben wollen, hätten Sie I. Kgl. Maj. wohl so viel Advantage, als man itzo von Frankreich hat, verschaffen wollen, und hätte dieses Werk ohne Frankreichs Offense wohl dahin dirigiret werden können, daß man die Holländer aus diesem Labyrinth gerissen.

Wie Sie mir denn gar vertraulich insinuireten, daß I. Kgl. Maj. Ihrenthalten einige Ombrage zu nehmen nimmer Ursach haben dürften, weiln Sie an Pommern Ihre Tage nicht mehr gedenken, auch nicht vermuten wollten, daß ein einziger von Ihren Nachkommen so unglücklich sein würde, ein solches zu tuen. —

Man hat eine Conference mit mir gehabt, dazu die Herren Baron Sverin,

---

[1]) Vgl. Urk. u. Akt. Bd. 20 S. 133, 149, Jany, Gesch. der kgl. Preußischen Armee Bd. 1 S. 211 ff.

Somnitz und Jena deputieret gewesen[1]), umb zu vernehmen, ob ich sonst zur Elucidation oder Declaration des communicirten foederis noch etwas zu sagen hätte. Wobei ich mich auch ausgelassen, daß, dafern sie bei Durchlesung desselben noch einige scrupulos hätten, ich aller Möglichkeit nach dergleichen Explication ihnen tun wollte, daraus die Sinceritet von I. Kgl. Maj. Intention zur Genüge erhellen sollte. Es schiene aber, daß die guten Herren von mir nur etwas hören und nicht darnach fragen wollten, gerade als wenn ich selber einige scrupulos auf tapis bringen .. sollte. Maßen sie denn so kaltsinnig waren, daß sie zu verstehen gaben, nicht Zeit gehabt zu haben, daß sie das foedus recht durchgelesen. Dahero ich auch ohnnötig hielte, mich mit ihnen weiter einzulassen. Nur daß ich ihnen zu verstehen gab, daß gleichwie I. Kgl. Maj. wohl geschehen lassen könnten, daß Cöln und Münster durch den Kaiser und andere Stände abgehalten würden, in das Werk so sehr sich zu immisciren und dadurch im Reiche troubles zu erwecken, also auch I. Kgl. Maj. lieb sein würde, wann sich andere enthielten, an Frankreich Occasion zu geben, seine Waffen ins Reich zu transferiren.

Sie vermeineten, Ihr Herr wäre vermöge des clevischen Friedens als Garant obligiret, Münster von Holland abzuhalten." W. hat ihnen zu verstehen gegeben, daß es dem König lieb wäre, wenn das Reich und der Kurf. Frankreich versichern wollten, daß es nicht mit einem Angriff aus den clevischen Festungen zu rechnen hätte. Doch erwiderten die Minister, es wäre dazu wohl schon zu spät.

Der Kurf. hat ihm noch mitgeteilt, er erwarte Feuquières, der ihm Neutralität gegen Versicherung der Festung Lippstadt abverlangen würde. Er wolle ihm antworten, sie sollten Lippstadt doch nehmen, er habe schon 4000 Mann dort und wolle noch mehr hineinlegen.

Die Werbungen gehen mit holländischem Gelde weiter. Zwischen den Generalen ist starke Eifersucht, weil keiner sich dem andern unterordnen will[2]).

Der pommersche Regierungsrat H. Wolfradt an die Vormundschaftsregierung. D. Lüssow 4. Juni 1672. (Praes. 21. Juni [1. Juli] 1672.)

[Verhältnis des Kurf. zu Frankreich und zu Holland. Zustand der Mark.]

Bevor der Kurf. zur Musterung seines Regiments nach Oranienburg und dann weiter nach Schwetz reiste, ließ er W. zu verstehen geben, daß er vorher seine Abschiedsaudienz erhalten könnte, was auch geschehen ist. Er übersendet das Protokoll der mit den brandenburgischen Ministern gehaltenen Konferenz und fügt dazu noch folgende Anmerkungen: 14. Juni

Aus allem, was er gesehen hat, muß er schließen, daß der Kurf. sich ganz der holländischen Partei angeschlossen hat, und zwar darum, weil seine cleveschen Lande unvermeidlich bei einem holländisch-französischen Kriege Kriegsschauplatz werden

[1]) Vgl. Urk. u. Akt. Bd. 17 S. 286 ff.

[2]) Vgl. Ribbeck in Forsch. z. brand. u. preuß. Gesch. Bd. 13 S. 34, v. Unger in Beihefte zum Militärwochenblatt 1896 S. 334 f.

müssen, und er sie lieber in der Hand der Holländer sieht als in der der Franzosen, von denen er sie niemals zurückerhalten würde. Der Kurf. und alle Minister haben ihm öffentlich gesagt, „daß weiln an Hollands Conservation ganz Europa, dem Römischen Reiche und in specie ihnen so groß gelegen, sie in Entstehung anderer Hilfe vermöge einer alten Alliance .. dieselbe nimmer abandonniren könnten“. Auch habe der Kurf. die von Frankreich durch St. Géran ihm unter ungünstigen Bedingungen angebotene Neutralität nur ad certum tempus, aber nicht, wie jener gewollt, bis zum Kriegsende annehmen wollen [1]).

Wohl mögen zunächst viele der prinzipalsten Minister dem Anschlusse an Holland widersprochen, auch einige zur Verbindung mit Frankreich geraten haben. „Es haben aber Ihre Churfl. Durchl. einen solchen Eifer und Inclination zur Defension des Ihrigen und einen ziemlichen Widerwillen gegen Frankreichs weitaussehende Desseine spüren lassen, daß Sie endlich dem Werke den Ausschlag gegeben und von Ihren Geh. Räten, auch teils Generalspersonen, von denen Sie die vota schriftlich erfodert, die genommene Resolution mit zu unterschreiben begehret [2]), werden auch nicht unterlassen, den Kaiser sowohl als das Reich und wen sie sonst vermögen, mit in solche Partei zu ziehen, weiln sie der gänzlichen Meinung sein, daß Frankreichs Dessein nirgend anders hin aboutire, als die Holländer dahin zu bringen, daß sie ihn nicht mehr hindern können, die spanische Provincien zu emportiren und endlich das Reich oder eine gute Partei davon zu seiner Devotion zu bringen.“ Namentlich nach dem Angriff auf Wesel, Orsoy und Rheinsberg habe man ihn darauf hingewiesen, was Frankreichs Friedensbeteuerungen bedeuteten, und wie gewaltsam und rücksichtslos es vorginge.

Man teilte ihm mit, daß man Schweden auffordern wollte, Frankreich nicht zu unterstützen. Wiederholt hat man ihm zu verstehen gegeben, man könnte mit seinen Versicherungen den Art. 4 des schwedisch-französischen Bündnisses [3]) nicht vereinbaren, wonach die beiden Könige sich die explicationem instrumenti pacis anmaßen und also das arbitrium rerum in imperio an sich ziehen.

Man hat wohl große Bedenken, Frankreich öffentlich zu choquieren, will aber Holland die versprochene Hilfe leisten, was in der Weise versucht werden soll, daß man bei Lippstadt ein großes Lager anlegt. Erfolgen dagegen, wie zu erwarten, energische Proteste von Münster, so wird man, sobald nur ein Vorwand zum Bruch sich findet, dort einrücken und Holland Hilfe bringen.

Brandts rasche Abreise aus Stockholm wird bedauert und die Absendung eines andern Gesandten in Erwägung gezogen.

„Ihrer Churfl. Durchl. Lande und Untertanen sind sonst noch in gutem Flor und Stande, und obwohl die Contribution in der Mark monatlich über 30 000 Rtlr. anlaufet, haben sie doch dagegen gute Nahrung, und ist das Korn, weiln viele consumiret wird, fast noch eines so hohem Preise als allhie in Vorpommern. Maßen denn auch die große Consumption und darauf in denen Städten geschlagene Accis, so zur Contribution zu Hülfe genommen wird, die Leute merklich soula-

[1]) Vgl. Urk. u. Akt. Bd. 20 S. 138, 144, Pagès a. a. O. S. 284.
[2]) Vgl. Hein, Schwerin S. 303 f.
[3]) Vgl. oben S. 917.

giret und insonderheit in denen großen Städten ihnen Anlaß giebet, viel und köstliche Gebaue aufzuführen. So wird auch die Milice richtig bezahlet und alles wieder vor bar Geld von derselben gekaufet, so den Leuten auch nicht wenig zu statten kommet, indem sie ihr eignes und das frembde Geld im Lande behalten."—

Die Vormundschaftsregierung an Oberstleutnant v. Wangelin. D. Stockholm 27. Juli 1672.

„Als Wir der Notdurft zu sein befinden, jemand der Unserigen bei des H. Churf. 6. Aug.
zu Brandenburg Hofe zu haben, der desselben gegenwärtige consilia und actiones in Obacht nehmen und Uns davon nach und nach gründlichen Unterricht erteilen könne, insonderheit da man denselben entschlossen zu sein fürgibt, mit sein und seiner Alliirten Armee in Person an den Rheinstrom zu gehen und denen Holländern .. Luft zu machen," so soll er sich auf weitere Order zum Aufbruch nach Berlin bereit halten.

Instruktion für Oberstleutnant Bernd Christian v. Wangelin zu seiner Sendung an den Kurfürsten von Brandenburg. D. Stockholm 30. August 1672 [1]).

Seit zwischen den beiden Höfen infolge Abberufung von Brandt und Wolf- 9. Sept.
radt keine Verbindung mehr besteht, dem König aber daran liegt zu wissen, wie weit der Kurf. seine Wünsche auf Abwendung eines großen Krieges teilt, soll Wangelin als Gesandter nach Berlin gehen. Er soll den Kurf. zunächst der unerschütterlichen Freundschaft des Königs versichern, „welche weder Zeit noch widrige Zufälle verändern könnten", und ihn dann bitten, ihm seine Gedanken über die gefährlichen Konjunkturen zu eröffenen.

W. hat vornehmlich darauf zu achten, ob der Kurf. durch gütliche Mittel das Kriegsfeuer löschen oder mit seinen Confoederierten am Kriege teilnehmen will; ferner soll er auf die Vorgänge in Regensburg und auf den Kreistagen, auf die polnischen Affären und auf die Grenzirrungen des Kurf. mit Schweden achten.

Namentlich ist zu erforschen, wie der Kurf. zum schwedisch-französischen Bündnis steht, ob er eines Sinnes mit dem König ist „und nicht vielmehr des Fürhabens sei, in faveur Holland diese oder jene Tätlichkeit zu resolviren und sich und das gesambte Reich dadurch in die Gefahr eines solchen feindlichen Angriffs zu setzen, wovon I. Kgl. Maj. Sie durch das foedus mit Frankreich zu praeserviren gesuchet."

Eben das befürchtet der König, weil der Kurf. zu Brandt und zu Wolfrȧdt geäußert hätte, er würde bei einer Beteiligung von Kurköln und namentlich von Münster nicht neutral bleiben können. Der König habe darauf er-

[1]) Das Kreditiv für Wangelin datiert Stockholm 18. August 1672. 28. Aug.

klärt, daß er diese beiden nicht unter die Bundesgenossen rechnete [1]), von denen er alle Invasion aus dem Reich abzuwenden verpflichtet sei, womit man am kaiserl. und am kurfl. Hof ziemlich content gewesen sei. Da aber das Mißtrauen gegen ihn groß ist, soll W. feststellen, ob dieses beim Kurf. bis zu einer Tätlichkeit führen könnte.

Der Kurf. soll sich mit dem Kaiser, mit Dänemark, mit Braunschweig-Lüneburg und andern Fürsten in eine neue Confoederation eingelassen haben und sich in considerable Kriegsverfassung setzen. Er soll im Begriff sein, den Niederlanden zu Hilfe zu kommen, sei es durch direkten Angriff auf Frankreich, was der König kaum glauben könnte, oder auch auf Köln und Münster, oder nur dadurch, daß er in Cleve und Berg Quartier nimmt. Kommt es zu einem Feldzuge, so soll W. den Kurf. begleiten und über die Stärke der Truppen berichten.

Da der König die Truppen in seinen deutschen Provinzen verstärken wird, soll W. entsprechende Fragen dahin beantworten, daß die Truppenzahl immer noch nicht das zur Verteidigung nötige Maß hätte im Hinblick auf die Verstärkung in andern Landen, und daß sie verwandt werden sollten, wenn das gesamte Reich sie zu seiner Sicherheit gebrauchte.

Der König hätte gern eine Abschrift des vom Kurf. geschlossenen letzten Bündnisses, wüßte namentlich gern, wer dazu gehört und was sein Zweck ist.

Wenn es in Polen zu einer innerlichen Unruhe zwischen König und Malkontenten kommt, würde der Kurf. dann den König unterstützen oder ihn seinem Schicksal überlassen und würde er bei einem Türkenkrieg sich auf die vertragsmäßige Hilfe beschränken oder diese weiter ausdehnen? Der König ist gemäß dem Bündnis, das er in den polnischen Affären mit dem Kurf. geschlossen hat, bereit, auf dessen Anleitung hin sich weiter zu beraten.

Oberstleutnant Bernd Christian Wangelin an die Vormundschaftsregierung. D. Buxtehude 24. September 1672.

[Absendung zum Kurfürsten. Brandenburgisch-lüneburgische Abmachungen wegen der Winterquartiere. Dänische Rüstungen.]

4. Okt. Hat am 21. die Order und Instruktion zu seiner Sendung an den Kurf. erhalten.

Aus Hamburg hat er sichere Nachricht, daß der Kurf. sich mit den Herzögen von Lüneburg dahin verglichen hat, einige Regimenter in ihre Lande in Winterquartier zu legen, „unter diesem Praetext, daß es nicht allein billig sondern auch notwendig wäre, auf solche Art zur Securität des gemeinen Friedens und Ruhe im Reiche Sr. Churfl. Durchl. beizutreten und unter die Arme zu greifen, als welche zu solchen Ende sich in Verfassung gesetzet, und ohne Zweifel in diesem Absehen, daß wenn sie in dergleichen den Anfang erst gemachet, andere Fürsten und Stände des Reiches ihrem Exempel nachzufolgen so viel eher induciret werden könnten.

---

[1]) Vgl. Urk. u. Akt. Bd. 17 S. 205 ff., 288 ff.

Insonderheit aber wäre obhanden, daß der König von Dennemarck eben unter selbigem Vorwand als ein Glied des Römischen Reichs zu Festsetzunge und Beschützunge des Teutschen Westphälischen Friedens in gewisse Postur sich setzen wollte, und möchte wohl dergleichen Versuch tun, umb in E. Kgl. Maj. Herzogtümer Bremen und Verden Winterquartier zu haben. Ich kann nicht sagen wieviel an dieser Zeitunge ist" [1]). —

B. Ch. Wangelin an die Vormundschaftsregierung. D. im churfürstlichen Hauptquartier Bergen eine Stunde von Frankfurt [2]) den 19. Oktober 1672.

[Der Kurf. wünscht gutes Einvernehmen mit Schweden. Unbefriedigende militärische Lage.]

Ist am 17. [27.] dort eingetroffen und tags darauf vom Kurf. empfangen 29. Okt. worden. Auf seine gemäß der Instruktion erfolgte Ansprache erwiderte der Kurf., daß er mit dem König entsprechend dessen Wunsch in gutem Vernehmen bleiben und mit ihm wegen Erhaltung der Ruhe korrespondieren wollte. „Aus diesem und was S. Churfl. Durchl. nachgehends bei einer halben Stunden lang, und zwar alleine, jedoch alles nur in generalioribus, redeten, habe ich nicht anders merken können, als daß diese abermalige Versicherunge von E. Kgl. Maj. beständigen Freundschaft sehr angenehme gewesen" [3]).

Dann besuchte ihn Generalleutnant Goltz wie von sich aus und erkundigte sich, ob der Kurf. von Schweden nichts zu befürchten hätte, und ob der König beabsichtigt, Frankreichs bedenklichem Fortschreiten mit Vigeur entgegen zu treten. Wegen der ersten Frage gab W. eine beruhigende Versicherung und erklärte, daß Verhandlungen über die zweite den Zweck seiner Sendung darstellten.

Ähnlich verliefen Besprechungen mit Baron v. Schwerin und Graf Dohna.

Im Hanauschen stehen 15 750 Mann Kaiserliche, der Kurf. hat an 13 600 Mann und 40 Kanonen. Mit Lüneburg, Hessen-Kassel [4]), Mainz [5]) und Trier [6]) besteht alles nur in Sincerationen; zu Allianzen ist es noch mit keinem gekommen. Der Herzog von Hannover gilt noch für gut französisch [7]); er soll etwa 6300 Mann haben.

An der militärischen Untätigkeit der Verbündeten gibt der Kurf. Monte-

---

[1]) Vgl. Urk. u. Akt. Bd. 13 S. 238 ff., Bd. 14 S. 596 ff., Köcher a. a. O. Bd. 2 S. 265 ff.

[2]) Vgl. Peter, Der Krieg des Gr. Kurf. gegen Frankreich S. 69.

[3]) Vgl. Urk. u. Akt. Bd. 17 S. 298 ff. Bd. 14 S. 615.

[4]) Beide gehörten zu den Mitgliedern des Braunschweiger Bündnisses vom 12./22. September 1672, v. Moerner S. 367 ff.

[5]) Vgl. Urk. u. Akt. Bd. 13 S. 287 ff.

[6]) Desgl. S. 304 ff.

[7]) Vgl. Köcher, a. a. O. S. 274 ff.

cuccoli die Schuld; dieser entschuldigt sich, er könne mit seinen Kerntruppen wegen der Rebellion in Ungarn und des türkischen Wesens in Polen die Franzosen nicht angreifen. Der holländische Gesandte klagt, auf diese Weise erfahre man von den Verbündeten keine Unterstützung[1]).

B. Ch. Wangelin an die Vormundschaftsregierung. D. Flersheim[2]) 27. Oktober 1672 st. v.

6. Nov. Der Kurf. wünscht den Beistand Schwedens sehr lebhaft. Wie er von Schwerin gehört hat, „wartet man mit Verlangen der Antwort auf den Brief, so I. Churf. Durchl. jüngsten an E. Kgl. Maj. geschrieben[3]), umb nach solcher weiters ihre Hoffnunge und mesures zu richten." —

Übersendet das Verhandlungsprotokoll D. 23. Oktober 1672 st. v.[4])[5]).

Der Kurfürst an den König. D. Rüsselsheimb am Mayn 15./25. November 1672.

[Das vom französischen Reichstagsgesandten Gravel vorgeschlagene gegen den Kaiser und gegen den Kurf. gerichtete Bündnis.]

25. Nov. Das von Gravel in Regensburg vorgeschlagene Bündnis[6]) bezweckt, die Stände vom Kaiser zu trennen, sie gegen einander zu hetzen „und aus deren Mittel so viel immer möglich zur Auswärtigen Potentaten Partei, welche ohnedas mehr als zuviel in Teutschland überhandgenommen, [zu] bringen. —

Wann man nun zu Aufrichtung eines solchen foederis stillschweigen und zugeben wollte, daß sich die Reichsstände mit einem auswärtigen Könige, so dergleichen Tätlichkeiten öffentlich im Reich verübet, dergestalt verbinden möchten, so würde es scheinen, als billigte man dieselben, und würde man sich also der Mittel, so man anjetzo noch hat, solcher ohnerträglichen Drangsalen [sich] zu entschütten, selben berauben."

Von den Art. 24 und 25 des Bündnisentwurfs ist der eine gegen den Kurf. gerichtet, während der andre einen Vorwand sucht, das Reich mit Einwilligung der Stände zu bekriegen.

---

1) Vgl. Urk. u. Akt. Bd. 3 S. 300 ff.; Peter, a. a. O. S. 81 ff.

2) Vgl. Peter, a. a. O. S. 79.

3) Vgl. Urk. u. Akt. Bd. 17 S. 297.

4) Vgl. ebenda S. 298 f.

12. Nov. 5) D. Rüsselsheim 2. November 1672 meldet W., man beabsichtige, jemand zu Allianzverhandlungen an den König zu senden, wie es heißt, den Oberst Grosseck. D. 10./20. November meldet er, die Instruktion für Grosseck, über deren Inhalt er nichts wisse, sei abgefaßt; dieser werde in wenigen Tagen abreisen. Zur Sendung des Oberst Ludolf Lorenz v. Krosigk nach Stockholm vgl. Urk. u. Akt. Bd. 17 S. 237 ff.

6) Vgl. Pufendorf, Lib. XI § 69, Urk. u. Akt. Bd. 13 S. 239, 284, 477, Bd. 14 S. 626 ff., Bd. 17 S. 239.

Der König möchte sich in Regensburg für Ablehnung des Bündnisses einsetzen, und dafür, „daß die Stände sich unzertrennet beisammen halten und mit Fremden zu ihrem eignen und des Vaterlandes Untergang sich nicht einlassen noch verbinden mögen“. —

B. Ch. Wangelin an die Vormundschaftsregierung. D. Risselsheimb 24. November 1672 st. v.

[Der Kurf. versucht Schweden zu gewinnen.]

Berichtet zunächst über die Konferenz vom 19./29. November mit Schwerin und Meinders[1]). 4. Dez.

Als er am 20. [30.] zu Hofe kam, berief der Kurf. ihn allein in seine Schlafkammer und sprach ihm seine Freude darüber aus, daß der König zur Wiederherstellung des Friedens in den Niederlanden alle möglichen Mittel anwenden wolle. Das wäre auch sein Ziel. Er wolle daher „alles tun und beitragen, was zu einer näheren Correspondence gereichen könnte. Wie Sie dann zu solchem Ende innerhalb wenig Tagen den Obristen Grosseck an E. Kgl. Maj. abfertigen würden, umb zu vernehmen, ob E. Kgl. Maj. gefällig wäre, sich mit I. Churfl. Durchl. in nähere Vertraulichkeit und in eine feste Alliance zu setzen.“ Wäre der König dazu geneigt, so würde er es ihm überlassen, ob er selbst einen Bevollmächtigten zu diesem Zweck nach Schweden senden sollte, oder ob der König lieber einen seiner hohen Minister aus Pommern oder Bremen mit den Verhandlungen beauftragen wollte.

Ohne vertrauliche, feste Freundschaft, erklärte der Kurf., könnten beide Länder zu keinem gedeihlichen Aufnehmen kommen. Vornehmlich aber erheischte der Zustand der Evangelischen dieses Bündnis, da aus dem jetzigen Kriege leicht ein Religionskrieg entstehen könnte. Die Kriegführung ginge nicht, wie sie sollte. „Wann Sie mit E. Kgl. Maj. in dergleichen Alliance gewesen und von Dero Generalen einen bei sich hätten, es sollte ganz anders gehen; Sie müßten sich ein wenig anitzo in die Zeit schicken. Sie versicherten aber dabei, daß wenn Sie merken sollten, daß dergleichen etwas wider die evangelischen Stände hierunter gesuchet würde, Sie so bald darauf sich mit einer vigoureusen Resolution dagegen setzen wollten.“

W. fügte hinzu, man habe ihm angedeutet, der Krieg könnte ohne große Kosten für den König im Münsterischen geführt werden, wo später auch die Satisfaktion zu suchen wäre.

Amerongen hat ihm mitgeteilt, der Kurf. habe auf seine Bitte an den Kaiser geschrieben, man sollte versuchen, auch Schweden in die Allianz zu ziehen[2]). In Wien ist geantwortet, daß zunächst Montecuccolis Ansicht hierüber eingeholt werden sollte.

---

[1]) Vgl. Urk. u. Akt. Bd. 17 S. 301 f.

[2]) Vgl. Urk. u. Akt. Bd. 14 S. 606 f., 624.

Der König an B. Ch. Wangelin. D. Gäfle 27. Januar 1673.

[Friedensneigung. Besorgnis vor Frankreichs Übermacht.]

6. Febr. Es wäre am besten im Interesse des Friedens, wenn der Kurf. Holland zur Annahme des Armistitiums veranlassen wollte. Bei Frankreich ist guter Wille dazu vorhanden, und auch England wünscht den Frieden. „Und kann man ja Frankreichs Desseignen keine besser und sicherere Hinderung geben, als wenn man es zum Frieden und dadurch aus der jedermänniglich so formidablen gegenwärtigen Positur bringet" [1]). —

B. Ch. Wangelin an den König. D. Bielfeld 10. Februar 1673.

[Schwedische Friedensbemühungen im Haag und bei Turenne.]

20. Febr. Entsprechend seiner Instruktion bemüht er sich bei jeder Gelegenheit, den Kurf. „zu bewegen, daß Sie an Ihrem Orte so viel möglich den gelindesten Weg auch gehen und sich für aller ferneren Tätlichkeit und gänzlicher Verfallunge mit dem Könige von Frankreich hüten möchten. .. S. Churfl. Durchl. haben jederzeit bezeuget, daß Ihr fürnehmbstes Augenmerk wäre, Friede und Ruhe in der Nachbarschaft wieder zu befodern, im Römischen Reiche zu unterhalten und Ihre eigene Länder von feindlicher Invasion zu schützen. Wenn Ihre actiones anderst ausschlagen sollten, wäre es gegen Ihre Intention, und wären für Gott und der Welt entschuldiget."

Nachdem Wangelin erfahren hatte, daß die schwedische Gesandtschaft im Haag die Generalstaaten zum Abschluß eines Waffenstillstandes angeregt, diese das aber glatt abgelehnt hätten [2]), hat er einigen Ministern vorgestellt, daß der schwedische Vorschlag namentlich gerade für die Generalstaaten günstig sei, und hat ihnen empfohlen, diesen nicht ganz freie Hand zu lassen. Der Kurf. hat daraufhin tags zuvor an die Generalstaaten wegen Annahme des Waffenstillstands geschrieben [3]). Auch hat W. den Kurf. angeregt, von sich aus ein Armistiz einzugehen. „Da ich dann gemerket, daß Sie nicht allein dazu incliniret, sondern Sie haben sich auch endlich gegen mich herausgelassen, wenn ich wollte über mich nehmen, eben ein solches bei dem Feldmarschall Turenne zu versuchen, so wollten Sie hiemit zusagen, daß Sie alsofort Ordre an Ihre Generalen

---

16. Febr. [1]) D. Falun 6. Februar 1673 weist der König W. darauf hin, daß bei Fortgang des Krieges „eine so treffliche Republique und an deren Conservation der Christenheit und fürnehmlich dem evangelischen Wesen so hoch und viel gelegen, unter den Fuß gebracht und Frankreichs Macht und Vermögen dadurch noch so viel mehr vergrößert wird". Er soll den Kurf. im Sinne des holländischen Friedens zu beeinflussen suchen, „maßen Wir garnicht gemeinet, denselben also zu vermitteln, daß er an Holland gar zu schädlich sein solle". — Vgl. Urk. u. Akt. Bd. 17 S. 246, Höjer, Sveriges yttre politik under åren 1676—1680 S. 6 ff.

[2]) Vgl. Urk. u. Akt. Bd. 3 S. 367, Bd. 13 S. 482 f., Bd. 17 S. 303 f., Wimarson, a. a. O. S. 14 f., Peter, a. a. O. S. 141.

[3]) Vgl. Pufendorf, Lib. XI § 86, Urk. u. Akt. Bd. 13 S. 405 ff.

und allen Commendanten geben wollten, auf dem Fall ich an französischer Seiten es erhalten würde und ihnen es notificirte, daß alsdann von solchem Moment an alle Feindseligkeit sollte eingestellet sein.“ W. wird gleich zu Turenne abreisen [1]).

B. Ch. Wangelin an den König. D. Bielfeld 17. Februar 1673.

[Waffenstillstandsverhandlungen mit Turenne. Der Kurf. wünscht Friedensschluß mit Frankreich und Bündnis mit Schweden.]

Er hat Turenne am 13. [23.] bei Unna getroffen und ihn gefragt, ob er das von Holland abgelehnte Armistiz ad interim annehmen möchte, weil dadurch das Generalarmistiz befördert werden könnte und „der Kurf. zu einem gänzlichen raisonnablen accommodement mit Frankreich beweget werden könnte.“ Turenne hat erwidert, diese Proposition würde dem König sehr angenehm sein, aber er selbst hätte keine Möglichkeit, deswegen an ihn zu schreiben; er empfahl, W. möchte sich an den Pariser Gesandten Grafen Tott wenden, was er auch getan hat. 27. Febr.

„Bei meiner Rückkunft hierher habe ich zuforderst remonstriret, aus was Ursachen das proponirte armistitium nicht sofort hätte können an französischer Seiten placidiret werden, und danächst den Kurf. und meisten bei Hofe nicht alleine in voriger Disposition annoch gefunden, sondern auch große Begierde und Inclination, sich mit Frankreich wieder wohl zu setzen, und das umb so viel mehr, als man eines Teils siehet oder zum wenigsten dafür hält, daß die Kaiserliche nicht vollenkommene gute Intention für Holland haben, daß man allein Holland nicht helfen könne, daß Holland bei so gestalten Sachen die Subsidien nicht mehr geben will, und endlich, daß man besorget, die ganze Last des Krieges werde dem Kurf. und seinem Lande obliegen.

Die zwischen den Kaiserlichen und Churbrandenburgischen einige Zeit her schon gewesene Jalousie und Mißtrauen nimbt immer zu, dannenhero hoffet und wünschet man alle Hülfe zu einem guten Auskommen aus dieser Sache von E. Kgl. Maj. und verlanget man sehr, sich mit Deroselben in eine beständige und sichere Alliance einzulassen.“ —

B. Ch. Wangelin an den König. D. Minden 28. Februar 1673.

[Bemühungen um einen Waffenstillstand.]

Der Kurf. hat Generalmajor Pelnitz an die Generalstaaten wegen Abschluß des Armistitiums abgeschickt und erklärt, er wäre zu einem partikulieren Armistiz von sich aus bereit [2]); den kaiserl. Feldmarschall Duc de Bourneville hat er zu der gleichen Erklärung bewogen. Dagegen hat Turenne, dem W. dies mitgeteilt hat, sich zu nichts engagieren wollen. Auch der Bischof von 10. März

---

[1]) Vgl. Pufendorf, Lib. XI § 83, Urk. u. Akt. Bd. 17 S. 247, Pagès, a. a. O. S. 305, 309.

[2]) Vgl. Pufendorf, Lib. XI § 87, Urk. u. Akt. Bd. 13 S. 784 ff.

Osnabrück hat Turenne wegen eines Waffenstillstandes angegangen, jedoch die gleiche Antwort erhalten [1]).

Am 25. Februar [7. März] hat er das kgl. Schreiben vom 27. Januar [6. Februar] erhalten und darüber mit dem Kurf. und mit einigen Ministern gesprochen. Der Kurf. hat erwidert, sein Verhalten zeige, daß er den Frieden wünsche; er wolle sich den Ratschlägen des Königs so weit als möglich conform zeigen in der Hoffnung, dieser werde sich seiner Interessen bei den Verhandlungen annehmen.

Schwerin hat ihm darauf geraten, seine Erklärung in schriftlicher Form einzureichen, damit man sie an den Kaiser und die Generalstaaten einsenden kann; W. hat das getan [2]). Darauf ist Krockow nach Wien abgefertigt, um all dies vorzustellen [3]).

B. Ch. Wangelin an den Kurfürsten. Aus dem Churfürstlichen Hauptquartier zu Sächsstädt 7. März 1673.

17. März Während Turenne ruhig bei Soest steht, verübt der Bischof von Münster allerhand Feindseligkeiten im Ravensbergischen. W. hat ihn unter Hinweis auf die schwebenden Verhandlungen aufgefordert, davon abzusehen [4]). Ferner hat er Turenne die kurfl. Erklärung [vom 10. März] mitgeteilt.

Graf Claes Tott an den König. D. Paris 7./17. März 1673.

[Frankreichs Bedingungen für einen Waffenstillstand.]

17. März Nachdem Wangelin an ihn wegen des Waffenstillstands mit Brandenburg geschrieben hat, hat er sich deswegen an den König gewandt, der ihm darauf seine Waffenstillstandsbedingungen übergab [5]). Danach ist der König zu Verhandlungen bereit, wenn der Kurf. auf das Bündnis mit Holland verzichtet und Lippstadt einem Unparteiischen übergibt, der sich verpflichtet, die Festung Frankreich zu übergeben, falls der Kurf. nicht sein Wort hält. Nimmt der Kurf. diese Bedingungen an, so wird Frankreich die besetzten Orte möglichst schnell räumen.

---

[1]) Über Ernst Augusts Verhandlungen mit Turenne vgl. Köcher a. a. O. Bd. 2 S. 294 f., Urk. u. Akt. Bd. 13 S. 491 ff.

[2]) Vgl. Urk. u. Akt. Bd. 17 S. 304 f. mit dem irrigen Datum 18. März. Die Antwort des Kurf. datiert Minden 10. März st. n. Er sei zum Abschluß eines Armistitiums auf raisonnable Bedingungen bereit und habe, um Zusammenstöße zu vermeiden, seine Truppen bereits zurückgezogen. Jedoch müßten zunächst seine Verhandlungen mit seinen Verbündeten über diese Fragen erledigt werden. Er habe seinen Generalen Einstellung der Feindseligkeiten befohlen. Der Kurf. wolle nach dem Waffenstillstand das Hildesheimsche räumen und im Kölnischen und Münsterschen keine Kontributionen erheben. Er erwarte dagegen Räumung der Grafschaft Mark.

[3]) Vgl. Urk. u. Akt. Bd. 13 S. 565 ff.

[4]) Vgl. Urk. u. Akt. Bd. 13 S. 488, 495 f., 557 f., Bd. 18 S. 792.

[5]) Vgl. Urk. u. Akt. Bd. 13 S. 496 f., Bd. 14 S. 667, Bd. 17 S. 307 f., Bd. 18 S. 792, Pagès a. a. O. S. 311 f.

Tott hat Pomponne vorgestellt, daß diese Bedingungen unannehmbar seien. Dieser brachte ihm eine Stunde später die Entschließung des Königs, daß von der Bestimmung wegen Verzicht des Kurf. auf das Bündnis mit Holland abgesehen werden sollte; auf die Pfandgabe Lippstadts an Schweden oder einen andern Fürsten wollte Frankreich nicht verzichten, wohl aber auf die Klausel vom etwaigen Wortbruch des Kurf.

P. S. In der ihm eben eingesandten kgl. Resolution wird bestimmt, daß Lippstadt an Schweden, Bayern, Cöln oder Hannover übergeben und im Fall des Wiederausbruchs der Feindseligkeiten von Cöln oder Münster besetzt wird.

B. Ch. Wangelin an den König. D. Churfürstl. Hauptquartier zu Hornburg 14. März 1673.

[Ungeklärte Lage.]

Turenne rückt nach Höxter und der Bischof von Münster trifft Vorbereitungen zur Besetzung von Bielefeld und Sparrenberg. 24. März

Der kaiserl. und der spanische Gesandte[1]) sowie der kürzlich bei Hof gewesene Graf Waldeck haben sich bemüht, den Kurf. bei der holländischen Allianz zu erhalten[2]). Der Kaiser hat in Aussicht gestellt, seine Truppen dem Kommando des Kurf. zu untergeben, der spanische Gesandte verspricht, daß sein König Frankreich den Krieg erklären werde. Ja man will den Kurf. glauben machen, daß auch der König von Schweden die Fortsetzung des Krieges wünscht. Auf W.s Gegenvorstellungen hat der Kurf. ihn um deren schriftliche Fassung ersucht, um seinen Verbündeten Schwedens wirkliche Haltung erweisen zu können. W. hat diesen Wunsch des Kurf. erfüllt[3]).

Weder Turenne, noch der Bischof von Münster, noch Tott haben ihm bisher geantwortet. „Dannenhero ich numehro fast nicht weiß, was für Hoffnunge zum Stillstande und Accomodement ich an diesem Orte ferner geben könne, da man albereit anfängt zu sagen, man habe alles auf E. Kgl. Maj. Vorstellen getan, was Sie gut gefunden; man sehe aber wohl, daß an französischer Seiten kein Ernst zum Frieden wäre. Und sorge ich, dafern der Feldmarschall Turenne seinen march hieher befordern und der Bischof ferner die Hostilitäten continuiren sollte, es möchten Ihre Churfl. Durchl. ganz andere resolutiones wieder nehmen." —

B. Ch. Wangelin an den König. D. Magdeburg 21. März 1673.

Der Kurf. hat ihm erklärt, er würde solange als möglich versuchen, den Frieden zu erreichen, trotz des feindseligen Verhaltens der Gegenseite, und hat 31. März

---

[1]) Baron Hoensbroek.

[2]) Vgl. Urk. u. Akt. Bd. 3 S. 372 ff., Bd. 14 S. 653 ff.

[3]) Vgl. Urk. u. Akt. Bd. 17 S. 266 f. und (Teildruck) ebenda S. 305.

ihn um nochmaligen Besuch bei Turenne gebeten. Da er schwer erkrankt ist, hat er an Turenne geschrieben. Der Bischof von Münster hat in seiner Antwort alle Friedensverhandlungen abgelehnt; um weitere Verbitterung zu verhüten, hat er diese am Hofe nicht mitgeteilt.

L. L. v. Krosigk an den König. D. Stockholm 22. März 1673.

[Wunsch nach Einvernehmen mit Schweden. Erweiterung des Braunschweiger Bündnisses.]

1. April Der König werde von Wangelin erfahren haben, wie der Kurf. sich wegen des Armistitiums mit Frankreich erklärt habe. Das sei namentlich geschehen, um dem König zu zeigen, wie sehr der Kurf. wünsche, mit ihm in genauer Verständnis und fester Freundschaft zu leben und sich dessen heilsamen, auf Stiftung des Friedens im Niederland gerichteten Absichten zu konformieren. Der Kurf. wüßte gern, wie er nach Ansicht des Königs zur Herstellung des Friedens beitragen könnte.

Er ist beauftragt, dem König mitzuteilen, daß die alliierten Minister in Braunschweig eine Zusammenkunft halten wollen zwecks Erörterung einiger noch ausgesetzten Punkte der Braunschweiger Allianz; namentlich wollen Trier und Kursachsen eintreten. Er hat zu fragen, ob auch der König beliebt, sich anzuschließen [1]).

B. Ch. Wangelin an den König. D. Berlin 29. März 1673.

[Der Kurf. ist bereit, dem französisch-schwedischen Bündnis beizutreten.]

8. April — „Inmittelst wird aus Holland an I. Churfl. Durchl. geschrieben, daß der König von Frankreich gar harte condiciones, worauf der Stillstand sich gründen sollte, begehret habe; deren aber der Herr Graf Tott schon etliche abgetan hätte. Daferne diese condiciones I. Churfl. Durchl. nicht gar zu nachteilig oder ohnerträglich fallen, so merke ich, daß man wohl nicht ohngeneigt sei, in die Alliance mit zu treten, so E. Kgl. Maj. mit dem Könige von Frankreich gemachet, daferne nur E. Kgl. Mt. bezeugen, daß Sie es wünschen. Dieses ist mir gestern von einem der fürnehmbsten Minister in Vertrauen gesaget“ [2]). —

B. Ch. Wangelin an Graf Tott in Paris. D. Berlin 2./12. April 1673.

[Empfiehlt in Paris Entgegenkommen gegen den Kurf.]

12. April So geneigt der Kurf. auch zu einer Verständigung mit Frankreich ist, so will er sich doch andrerseits nicht zwingen lassen. Er empfiehlt, dem König

---

[1]) Vgl. Pribram, Lisola S. 591, 598, Köcher a. a. O. S. 301 f., Urk. u. Akt. Bd. 14 S. 664, 669, Bd. 17 S. 265.

[2]) Vgl. Urk. u. Akt. Bd. 17 S. 267 f.

Mäßigung anzuraten. Je ne doubte pas, que V. Exc. ne juge, que l'article de Lipstat [1]) ne soit tel, que quandbien l'Electeur y consentiroit, il ne servira à autre chose, qu'à donner un aliment de jalousie. Die Verständigung zwischen Frankreich und dem Kurf. ist eine Notwendigkeit. Bisher ist es ihm noch gelungen, den Kurf. zu beruhigen, der namentlich gegen den Bischof von Münster sehr erbittert ist [2]); könne dieser doch nur unter Frankreichs Schutz sich gegen ihn erheben. Cet article est si important, que je me trouve obligé, de le mander à V. Exc. comme une chose, qui peut estre remedié par Sa prudence. —

B. Ch. Wangelin an den König. D. Berlin 5./15. April 1673.

[Aussichten der Waffenstillstandsverhandlungen.]

Am 2. [12.] hat ein Trompeter ihm mehrere Briefe von Graf Tott und die französischen Waffenstillstandsbedingungen überbracht [3]). Der Kurf. hat „alle andere conditiones, wie schwer sie Ihr auch fürgekommen, endlich dennoch nicht so sehr geachtet, als die einzige von Lippstadt. Und glaube ich sicher, daß Sie niemahlen zu selbiger sich würden verstanden haben, wann auch alles hätte sollen wieder zerfallen. Es ist aber von unterschiedlichen Orten I. Churfl. Durchl. für gewisse berichtet, daß I. Kgl. Maj. von Frankreich allbereit auf Zusprechen und Remonstriren des H. Graf Totten diesen Punkt fahren lassen. Mir ist aber nichtes von .. Tott deswegen kund gemachet.“ 15. April

Verjus hat ihm seine Ankunft bei der Armee mitgeteilt und angefragt, ob der Kurf. jemand zu ihm senden würde [4]). Er kann das bejahen, da Schwerin ihm soeben berichtet hat, daß der Kurf. den Regierungsrat Ledebuer und den Legationsrat Baron Heiden bereits dazu bestimmt hätte [5]).

Die Bischöfe von Paderborn [6]) und Osnabrück [7]) bemühen sich sehr um das Zustandekommen des Stillstandes. Doch wäre es dem Kurf. lieber, wenn alles in Schwedens Händen bliebe.

Der Kurfürst an den König. D. Potstam 8./18. April 1673.

[Hilfegesuch gegen Münster.]

Schildert das mit seinen Friedensbestrebungen unvereinbare Verhalten des Bischofs von Münster. Has immeritas .. iniurias ... vindicare animum in- 18. April

[1]) Vgl. Urk. u. Akt. Bd. 14 S. 667.

[2]) Vgl. Urk. u. Akt. Bd. 18 S. 792.

[3]) Vgl. Urk. u. Akt. Bd. 13 S. 497, Bd. 14 S. 667 ff., Bd. 17 S. 269 f., Bd. 18 S. 792.

[4]) Vgl. Recueil des instructions Bd. 16 S. 192 ff., Urk. u. Akt. Bd. 13 S. 489, 496, 498 ff., Bd. 14 S. 668 ff.

[5]) Vgl. Pagès, a. a. O. S. 315, Urk. u. Akt. Bd. 13 S. 577, Bd. 14 S. 668.

[6]) Ferdinand von Fürstenberg, vgl. Köcher, a. a. O. S. 295, Pagès, a. a. O. S. 315, Urk. u. Akt. Bd. 13 S. 513, Bd. 14 S. 668, 673.

[7]) Vgl. Urk. u. Akt. Bd. 13 S. 491 ff.

duxerimus. — At vero cum negotium hoc Regiam M.tatem V.am nunc quoque simul tangat, officiose ab Eadem contendimus, ut quam Nobis foedera cum Eadem inita ipsaque causae iustitia et aequitas auxiliorum spem faciunt, ea Nobis quantocyus submittere dignetur [1]). —

B. Ch. Wangelin an den König. D. Berlin 9./19. April 1673.

19. April Am letzten Sonntag traf die Nachricht ein, der Bischof von Münster belagere Bielefeld und Sparenberg. Der Kurf. war dadurch sehr allarmiert und hat ihm durch Schwerin sagen lassen, er könnte solche Beschimpfung nicht hinnehmen und hätte bereits Truppen dorthin beordert. Niemand könnte ihm verdenken, wenn er dagegen die Mittel anwende, die Gott und die Natur ihm verliehen hätten; der Kurf. wolle Schweden um Hilfe bitten. W. hat sich bisher vergebens bemüht, ihn davon abzubringen. Auch hat er an Turenne, Königsmarck [2]) und Verjus die Aufforderung gerichtet, sie möchten den Bischof von seinem Vorhaben abzubringen suchen.

B. Ch. Wangelin an den König. D. Berlin 19./29. April 1673.

29. April Der Kurf. hat ihm gesagt, er möchte sich mit Frankreich nicht setzen, bevor er die Meinung Schwedens wüßte. Die französischen Bedingungen wären etwas general; so sichere man Aufrechterhaltung des Münsterschen Friedens zu. Er wolle die Sache hinziehen, bis er aus Schweden Nachricht hätte. Frankreich werde ihn hoffentlich nicht zu sehr drängen.

L. L. v. Krosigk an den König. D. Stockholm 24. April 1673 [3]).

[Hilfegesuch gegen den Bischof von Münster.]

4. Mai Trotz des Armistitiums und des Rückzugs der kurfl. Truppen über die Weser fährt der Bischof von Münster mit seinen Feindseligkeiten fort; namentlich belagert er Bielefeld. Der Kurf. könne das „nicht auf sich sitzen lassen". Mit

[1]) Vgl. Urk. u. Akt. Bd. 13 S. 559 f.

25. April [2]) Im Schreiben an Otto Wilhelm v. Königsmarck D. Berlin 15. April 1673 heißt es, der Kaiser biete 24000 Mann, die er dem Kommando des Kurf. unterstellen wolle; Spanien erkläre sich bereit, mit 30000 Mann in den Spanischen Niederlanden zu agieren. Die meisten Minister empfehlen dem Kurf. die Annahme dieser vorteilhaften Bedingungen. Jedoch bleibe dieser dabei, daß er sich mit Frankreich verständigen wolle, auch in der Hoffnung, daß Tott Frankreich zum Verzicht auf die Forderung betr. Lippstadt bewogen hat. Es wäre gut, wenn Münster zum Einlenken veranlaßt werden könnte; um so eher wäre dann der von Schweden so gewünschte Übertritt des Kurf. auf die französische Seite möglich. Die von Frankreich gestellten harten Bedingungen ließen auf kein dauerhaftes Einvernehmen hoffen.

[3]) Vgl. Urk. u. Akt. Bd. 17 S. 277.

Bezugnahme auf seine Allianz mit dem König und darauf, daß er mit Rücksicht auf diesen das Armistiz angenommen hat, bittet er ihn um sofortige Unterstützung durch seine im Bremenschen liegenden Truppen. So fest der Kurf. sich auch auf die Hilfe des Königs verläßt, so wird er doch die Verhandlungen mit Frankreich fortsetzen.

B. Ch. Wangelin an den König. D. Berlin 30. April 1673.

[Der Kurf. zur Verständigung mit Frankreich entschlossen.]

Gemäß der Weisung des Königs vom 27. März [6. April] hat er dem Kurf. geraten, aus dem Kriege auszuscheiden, um so den allgemeinen Frieden zu beschleunigen. Der Kurf. ist ganz derselben Ansicht, hat freilich betont, daß er sich nicht in das französische Interesse setzen oder dieses befördern helfen könne. 10. Mai

Am Montag war von morgens 6 bis mittags 12 Uhr Geheimratssitzung und es wurde beschlossen, sich mit Frankreich wieder wohl zu setzen [1]).

Schwerin hat ihm darauf noch mitgeteilt, der Kurf. wolle sich mit Frankreich etwa in der Weise verständigen, daß der Münstersche Friede und die Ruhe im Römischen Reich pro norma genommen würde; er würde in terminis von Neutralität bleiben und also seine Pläne und Handlungen nach dem Rat des Königs einrichten können.

Der Kurfürst an den König. D. Cölln an der Spree 3. Mai 1673.

[Beitritt Schwedens zum Braunschweiger Bündnis.]

Der König werde in Erinnerung haben, was Krosigk ihm wegen der jüngst in Braunschweig aufgerichteten Defensivallianz [2]) hinterbracht habe. Zur Fortsetzung der Verhandlungen ist der auf den 12. Mai nach Braunschweig berufene Niedersächsische Kreistag bestimmt. Er stellt ihm anheim, ob er seine zu diesem Kreistag bevollmächtigten Minister „auch zu dieser Allianz und Eintretungssache mit gnugsamer Vollmacht, Creditiven und Instruction versehen wolle“ [3]). — 13. Mai

---

Antwort der schwedischen Regierung auf das Memorial des Gesandten v. Krosigk. D. Stockholm 8. Mai 1673.

[Ausweichende Antwort auf das Hilfegesuch gegen Münster.]

Aus dem von K. am 24. April eingereichten Memorial ersehe der König, daß der Kurf. auf seinen Rat das Armistitium annehmen wolle und Holland auch dazu 18. Mai

---

[1]) Die Sitzung fand am 28. April/8. Mai statt; vgl. Pagès, a. a. O. S. 319 f., Hein, Schwerin S. 322 f., Urk. u. Akt. Bd. 13 S. 498 ff., Bd. 14 S. 679.

[2]) Vgl. oben S. 924.

[3]) Vgl. Köcher, a. a. O. S. 296 f., 310.

ermahnt habe, ferner, daß er zur Vermeidung von Feindseligkeiten über die Weser zurückgegangen sei; daß aber der Bischof von Münster seine Lande trotzdem feindlich überzogen habe, sodaß er sich genötigt sehen würde, wieder die Waffen zu ergreifen; daß er erwarte, der König werde diesen Entschluß billigen und ihn mit seinen in Bremen stehenden Truppen unterstützen.

Der König könne das Verhalten des Bischofs nicht billigen. Er würde auch kein Bedenken haben, dem Kurf. mit seiner Hilfe beizutreten, „wenn Sie es nicht für eine Sache hielten, die das Reich insgemein und absonderlich den Westfälischen Kreis touchirte und solchen insgesamt gebührete, es in reife Consideration zu ziehen und sich darüber zu vereinbaren, wie dieser Unbilligkeit zu Sr. Churfl. Durchl. Vergnügen zu steuern, dabei I. Kgl. Maj. auch nach höchstem Ihrem Vermögen cooperiren wollen, wie Sie es aber bei jetzo beschaffenen Sachen nicht nötig und vielmehr die gemeine Ruhe erst überall wieder zu erhalten zu sein hoffen." —

Der König an B. Ch. Wangelin. D. Stockholm 13. Mai 1673.

(Auf den Bericht vom 19./29. April.)

23. Mai Nachdem der Kurf. sich zum Frieden mit Frankreich entschlossen hat, versichert der König, daß er sein Bestes stets befördern werde. Er freue sich, daß der Kurf. in Frankreichs Anerbieten seine Rechnung findet. Er wisse dabei nichts zu erinnern oder zu raten; der Kurf. werde bei seinem hohen Verstande von selbst den Entschluß nehmen, der dem gemeinen Besten und der Sicherheit seines Hauses am vorteilhaftesten sei. W. soll es entschuldigen, daß der König sich nicht näher auslasse; er kenne jedoch die von Frankreich gestellten Bedingungen nicht.

Der Kurfürst an den König. D. Potstam 12. Juni 1673.

22. Juni Krosigk habe ihm berichtet, wie gnädig der König ihn stets behandelt habe. Indessen hat K. ihn wiederholt um seine Abberufung gebeten, auch wegen Privatangelegenheiten. Der Kurf. gibt nun seinen Wünschen nach und ruft ihn zurück, zumal er erfahren hat, daß der König den Reichsfeldherrn Wrangel zu Verhandlungen mit ihm beauftragen wolle [1]).

Der König an den Kurfürsten D. Stockholm 29. Juni 1673.

9. Juli Der Kurf. habe ihm mit Schreiben vom 12. Juni Krosigks Abberufung notifiziert. Dimittimus equidem ad nutum Celsitudinis V.^{ae} El.^{lis} praedictum Suum Ablegatum. Sed non potuimus intermittere, quin simul testemur, quod id fiat aegre et quod privemur conversatione, quae ob viri prudentiam, morum

[1]) Vgl. Urk. u. Akt. Bd. 14 S. 719, Wimarson, a. a. O. Bd. 1 S. 30.

suavitatem ac in rebus peragendis dexteritatem Nobis maxime fuit grata. Abeunti autem ulterius declaravimus et studium Nostrum promovendi rem communem et praecipue illam, quam Celsitudo V.ª El.lis in ea sibi vendicat partem et quod nullam omissuri simus occasionem excolendi et arctius stringendi illum, quae Nos intercedit sincerae amicitiae nexum. —

B. Ch. Wangelin an den König. D. 19. August 1673.

[Geneigtheit des Kurf. zum Bündnis mit Schweden.]

Der Kurf. hat ihm gesagt, daß er sehr wünschte, im Interesse der evangeli- 29. Aug.
schen Religion mit dem König von Schweden bald ein festes Bündnis zu schließen. W. bemerkt dazu, der Kurf. werde von beiden Parteien umworben; man könnte also nicht wissen, wie lange er in dieser guten Disposition bleiben würde[1]).

B. Ch. Wangelin an den König. D. Berlin 26. August 1673.

[Schwedische Bemühungen, den Kaiser vom Kriege gegen Frankreich zurückzuhalten.]

Der König habe ihm mit Schreiben vom 9. [19.] August befohlen, sich in 5. Sept.
Berlin dafür einzusetzen, daß man im Interesse der Friedensverhandlungen den Kaiser zur Einstellung militärischer Operationen zu bewegen versuchen sollte. Er hat sich an Schwerin gewandt, der zur Zeit auf seinen Gütern 3 Meilen von Berlin weilt, da er ganz derselben Meinung ist. Dieser hat denn auch sofort an den Kurf. deswegen geschrieben und empfiehlt eine Sondergesandtschaft an den Kaiser. Auf Schwerins Wunsch hat W. ein Memorial beim Kurf. über diese Frage eingereicht[2]).

Instruktion für den General und Vizegouverneur in Pommern Konrad Mardefeld und für den Oberstleutnant Bernd Christian Wangelin bei der ihnen an den Kurfürsten von Brandenburg aufgetragenen Kommission. D. Malmö 26. August 1673.

[Schwedische Bündnisvorschläge an den Kurf.]

Der Kurf. habe durch Krosigk und Wangelin zu verstehen gegeben, daß 5. Sept.
er mit dem König einig sei in dem Wunsch auf Beilegung des Krieges, daß er auf seinen Rat das Armistiz geschlossen habe und nun eine nähere Verständigung mit dem König herbeizuführen wünsche. Der König begegnet sich in seinem und dem allgemeinen Interesse mit diesem Wunsch des Kurf. und beauftragt

[1]) Vgl. Urk. u. Akt. Bd. 14 S. 717, Bd. 20 S. 206, 227.

[2]) Vgl. Pufendorf, Lib. XII § 5, Urk. u. Akt. Bd. 14 S. 719 ff., Bd. 20 S. 206, 214, Redlich in Mitt. des Inst. f. österr. Gesch.-Forschung Bd. 37 S. 561 f., Hein, Schwerin S. 329.

Mardefeld und Wangelin mit Verhandlungen in Berlin. Mardefeld hat seine Reise dorthin möglichst zu beschleunigen.

Der Zweck des geplanten Bündnisses muß sein, „den Frieden bei denen in Krieg begriffenen Parteien wieder zu bringen, selben im Römischen Reich .. zu erhalten und sich auch beiderseits selbst gegen jedermänniglichs unbilligen Gewalt zu verwahren."

Wegen Unterhalts der Miliz, Beschaffung von Munition und Artillerie und wegen der Jurisdiktion könnte das Rheinische oder Braunschweigische Bündnis [1]) zu Grunde gelegt werden. Ebenso wegen der Proportion der Hilfstruppen, wofern man da nicht abmachen will, daß die Hilfe nach Bedarf geleistet wird. Das Oberkommando soll der haben, in dessen Land der Krieg geführt wird oder der die Hilfe begehrt hat. Wenn Kriegshandlungen in loco tertio vorfallen, hofft der König, daß der Kurf. dann seinen Generalen das Kommando lassen wird. Wegen Unterstützung Polens im Türkenkrieg könnte man sich verständigen.

Wegen Beilegung der Pommerschen Grenzirrungen ist der König zur Einsetzung einer Kommission bereit.

B. Ch. Wangelin an den König. D. Berlin 1. September 1673.

[Sendung von Mahrenholtz nach Wien. Der Kurf. sucht Anschluß an Schweden.]

11. Sept. Hat mit dem Kurf. in Potsdam über den Wunsch des Königs wegen Sistierung der kaiserl. Operationen gesprochen. Dieser meinte zunächst, es wäre schon zu spät dazu, sagte dann aber doch die Entsendung von Mahrenholz zu [2]).

Als W. den Kurf. dann bat, ihm seine Gedanken über die Herstellung des Friedens mitzuteilen, erklärte dieser, gemäß dem Rat des Königs habe er mit Frankreich Frieden geschlossen. Die jetzigen Conjuncturen wären so gefährlich, daß man wohl zu überlegen hätte, wie man sie mit dem geringsten Risiko überwinden könnte. Der König möchte ihm seine für ihn so maßgebliche Ansicht mitteilen, um im beiderseitigen Interesse zu einer Zusammensetzung zu kommen. Bis er darüber unterrichtet sei, wolle er die Armee zusammenhalten [3]).

Der König an General Mardefeld und Oberstleutnant Wangelin. D. Kalmar 9. September 1673.

[Weitere Vertragsanerbietungen Schwedens an den Kurf.]

19. Sept. Ihm ist an der Beschleunigung der Verhandlungen mit dem Kurf. sehr gelegen. Wangelin wisse, wie sehr der Kurf. danach verlange, und daß er wegen der guten Intention des Königs bei weiterer Verzögerung argwöhnisch werden und die ihm von einer oder der andern Partei getanen Offerten annehmen könnte.

---

[1]) Vgl. v. Moerner S. 368 f.

[2]) Vgl. oben S. 937.

[3]) Vgl. Urk. u. Akt. Bd. 14 S. 721 f., Bd. 20 S. 216.

Dem König kommt es auf Erhaltung der allgemeinen Ruhe an. Doch findet der Kurf. in dergleichen Generaldingen vielleicht nicht seine Rechnung, sondern wünscht Abmachungen zu seiner Sicherheit. Sie können ihm erklären, daß der König dazu bereit ist, seine Armee mit der des Kurf. zu vereinigen, falls dieser es so gut findet. Eine Vollmacht zum Abschluß eines solchen Vertrages wird beigefügt.

Der König an Mardefeld und Wangelin. D. Borgholm 19. September 1673.

[Wunsch nach Verständigung mit dem Kurf. und mit Braunschweig-Lüneburg.]

Die Lage gestaltet sich immer gefährlicher. Der König hofft daher, daß sie die Verhandlungen mit dem Kurf. bereits begonnen haben, da ihm sehr viel daran liegt, sich mit ihm, der so wohl intentioniert für die gemeine Ruhe sei, de concert gegen alle dem Reich drohende Gefahr zu setzen. Er bevollmächtigt Mardefeld, mit dem Kurf. vorbehaltlich seiner Ratifikation alles zu schließen[1]). 29. Sept.

Er sendet Wolfsberg an die Lüneburger Höfe, um deren Anschluß ans Bündnis zu betreiben, das die durch den unzeitigen kaiserl. Marsch bedrohten Stände retten oder doch die eigne Sicherheit verteidigen soll[2]). Sie sollen auch den Kurf. zu Verhandlungen mit Braunschweig-Lüneburg zu bewegen suchen.

B. Ch. Wangelin an den König. D. Berlin 7. Oktober 1673.

[Der Kurf. wünscht Verständigung mit Schweden, aber keine Teilnahme am Kriege.]

Ist bei Schwerin auf dessen Gut bei Berlin gewesen, um zu hören, ob der Kurf. nach wie vor die nähere Verständigung mit Schweden wünscht, nachdem der König sich entschlossen hat, eben zu deren Herbeiführung den General Mardefeld nach Berlin zu senden. Schwerin hat ihm versichert, daß der Kurf. die Verständigung mit Schweden wünsche, vorausgesetzt freilich, daß er dadurch nicht wieder, gleichgültig auf welcher Seite, in den Krieg hereingezogen würde. 17. Okt.

Jena hat zu ihm geäußert, es wäre dem Kurf. unmöglich, seine Armee aus eignen Mitteln zu unterhalten; Subsidien annehmen hieße aber Partei ergreifen. Es erschiene ihm billig, daß die Reichs- und Kreissteuern zur Unterhaltung eines Heeres vergrößert würden, das nur dem Schutz des Reiches diene. Jena hat jetzt fast alles allein unter Händen[3]).

---

[1]) Vgl. für die damalige Haltung Schwedens Carlson Bd. 4 S. 586 f., Wimarson, a. a. O. Bd. 1 S. 28 ff., Höjer, Sveriges yttre politik under åren 1676—1680 S. 7 f.

[2]) Vgl. Köcher, a. a. O. S. 323 ff., Urk. u. Akt. Bd. 20 S. 237.

[3]) Vgl. Verjus Urteil über Schwerins und Jenas damalige Haltung Urk. u. Akt. Bd. 20 S. 228.

General Mardefeld und Oberst Wangelin an den König. D. Berlin 21. Oktober 1673.

[Beginn der Konferenzen mit den Brandenburgern.]

31. Okt. Die zunächst auf den 17. [27.] angesetzte Antrittsaudienz wurde, wie ihnen durch Schwerin mitgeteilt wurde, auf den 18. verschoben. Sie benutzten den freien Tag dazu, den in Berlin verbreiteten Gerüchten entgegenzutreten, der König würde zu Gunsten Frankreichs eine Diversion nach Schlesien unternehmen. Nachdem sie ihre Proposition abgelegt hatten, beauftragte der Kurf. Schwerin und Jena, mit ihnen in Konferenz zu treten; noch am selben Nachmittag fand eine Konferenz statt und am 20. [30.] zwei. Sie haben sich bei den Verhandlungen unparteiisch gezeigt, „weilen wir je länger je mehr angemerket, daß der Kurf. bei der beständigen Meinung verbleibet, sich in das itzige Wesen zwar nicht mit einiger Parteilichkeit einzumischen, doch aber sonsten demselben gern auf alle erfindliche Wege geholfen zu sehen“ [1]). —

B. Ch. Wangelin an den Reichskanzler Graf Magnus de la Gardie. D. Potsdam 21. Oktober 1673.

[Der Kurf. wünscht weder für Österreich noch für Frankreich Partei zu ergreifen. Unterredung Wangelins mit Verjus.]

31. Okt. — „Das ist aber gewisse, .. daß Ihre Churfl. Durchl. gerne unparteiisch sich in allem, insonderheit bei Schließunge dieser intendirten Alliance bezeugen wollen, und so es möglich, dem Kaiser sowenig als Frankreich darunter zu favorisiren gedenken, viel weniger, daß ich vermuten kann, daß Sie sich sollten einigermaßen für Frankreich gegen .. Verjus herausgelassen haben. Zum wenigsten sagen Sie gegen uns nichts davon. Und hat .. Verjus sich sehr impatient gegen mich und curieux gegen andere bezeiget, als nehme er einige ombrage, daß diese unsere Abschickunge hieher und erfolgende Negotiation etwas praejudicirliches für seinem König möchte resaltiren.“ W. hat ihn davon abzubringen gesucht. „Ob ich aber ihme auch die Opinion vermehren soll, die er saget zu haben, daß es auf eine Conjunction der Waffen zu seines Königs Besten allein angesehen sei, das habe ich mir nicht unterstehen wollen, weil ich sowenig von E. Hochgräfl. Exz. .. dazu veranlasset, als von I. Kgl. Maj. Selbsten dazu allergnädigst sollte befehliget sein.“ —

[1]) Proposition und Konferenzprotokolle vgl. Urk. u. Akt. Bd. 17 S. 311 ff. — Nachzutragen ist hier, daß am 21. [31.] abends 8 Uhr Schwerin und Jena zu den Gesandten kamen und ihnen mitteilten, der Kurf. wäre sehr zufrieden damit, daß sie Renovation und Extension des foederis suchten. Da in Potsdam aber keine Akten wären, sollten die weiteren Konferenzen in Berlin stattfinden. — Vgl. auch Urk. u. Akt. Bd. 14 S. 728 f., Urk. u. Akt. Bd. 20 S. 238, Pufendorf, Lib. XII § 13 ff.

General-Vicegouverneur von Vorpommern Konrad Mardefeld und Wangelin an den König. D. Berlin 25. Oktober 1673.

[Bemühungen Dänemarks und Österreichs, den Kurf. von Frankreich zu trennen. Strömungen gegen das Bündnis mit Schweden.]

Als sie vorgestern wegen Fortsetzung der Konferenzen vorstellig wurden, entschuldigte Schwerin sich mit Unpäßlichkeit, ebenso gestern. Wahrscheinlich will man warten, bis der Kurf., was in den nächsten Tagen geschehen soll, nach Berlin kommt und zu dem in dieser Frage ergangenen Gutachten des Geh. Rats [1]) Stellung nimmt. 4. Nov.

Sie haben von sicherer Hand, daß Dänemark eine Gesandtschaft an den Kurf. schicken will, um ihn zum Rücktritt auf die antifranzösische Seite zu bewegen [2]), ferner daß der Kaiser sich für alle von den Generalstaaten restirenden Subsidien verbürgen und von ihnen ein Monatssubsidium von 100.000 Rth. zusichern will [3]). Der Kurf. soll diese Vorschläge ernsthaft erwogen haben, aber aus dem letzten Vertrag mit Frankreich ersehen haben, daß ihm die Hände gebunden seien, worauf er „auf die, welche solchen Accord machen helfen, sehr ungnädig invehiret, auch darauf, wie sie solchen Punkt anders expliciren könnten, zu gedenken, an die Geh. Räte begehret haben solle".

Auch würde dem Kurf. vorgestellt, er könnte bei der Allianz mit Schweden nicht solche Sicherheit finden, wie bei den Verbündeten. Ginge es unglücklich, so wäre es schwer zu redressiren, entwickelte sich alles nach Wunsch, so würde Schweden als der Mächtigere größeren Nutzen aus dem Bündnis ziehen als der Kurf.

Der König an Mardefeld und Wangelin. D. Linköping 27. Oktober 1673.

(Auf den Bericht vom 7./17. Oktober.)

Mit dem Vorschlag des Kurf. wegen der Besteuerung anderer Stände [4]) ist er einverstanden und sagt ihm für dessen Durchführung seine Unterstützung zu. 6. Nov.

„Sonsten verlangen Wir mit dem ehesten gründlich informiret zu sein, wie stark sich des Churf. Milice annoch befinde und wieviel er davon aus seinen Besatzungen entraten kann, umb davon ein Corpus im Felde zu formiren und derjenigen Armee, die Wir draußen aufbringen können, beizusetzen." —

---

[1]) Vermutlich die bei Pufendorf Lib. XII §§ 14—17 veröffentlichten Gutachten.

[2]) Vgl. Urk. u. Akt. Bd. 18 S. 804.

[3]) Desgl. Bd. 14 S. 727 f.

[4]) Vgl. oben S. 939.

Actum Berlin den 28. Oktober 1673 in des Herrn Mardefeldt Behausung und im Beisein des H. Abgesandten .. Wangelins.

[Vertragsverhandlungen mit den Brandenburgern.]

7. Nov. Schwerin, Somnitz und Jena ließen sich zur Konferenz anmelden und Schwerin trug vor: Gemäß dem Wunsch des Kurf. haben sie ein Allianzprojekt aufgesetzt, das sie mit der Bitte übergeben, das, was der Auffassung des Königs nicht entsprechen sollte, zu ändern. Das Bündnis von 1666 sei zu grunde gelegt. Nur hoffe der Kurf., der König werde kein Bedenken tragen, nachdem inzwischen der Streit mit Neuburg beigelegt sei, die clevischen Lande mit einzusetzen. Mardefeld dankte und erklärte, sie wollten in das Projekt Einsicht nehmen; die Einbeziehung der clevischen Lande dürfte keine Schwierigkeiten machen [1]).

Konferenz zwischen Schwerin, Somnitz, Jena, Mardefeld und Wangelin. D. 3. November 1673.

[Fortgang der Bündnisverhandlungen.]

13. Nov. Man spricht über die von den schwedischen Gesandten inzwischen eingereichten Bemerkungen zum brandenburgischen Bündnisprojekt. Es handelt sich namentlich darum, ob eine feste Zahl für die Hilfstruppen festgesetzt werden soll, wie die Brandenburger wünschen und die Schweden schließlich zugeben, ob der Bündnisfall auch gilt, wenn der andere Teil beim Ergehen des Hilfegesuchs selbst im Kriege ist, wie die Schweden meinen, ob Schonen zu den Gebieten gehört, auf die das Bündnis Anwendung findet, ob der Kurf. als requirens den Oberbefehl führt und ob, wenn Dritte dem Bündnis beitreten und um Hilfe bitten, ein schwedischer General das Kommando erhält.

Konferenz D. 12. November 1673 hora 11 antemeridiana auffm Schloß in Cöln an der Spree in des H. Oberpräsidenten Baron v. Schwerins Logement. Praesentibus: .. Mardefeld, Wangelin, Schwerin, Somnitz, Jena.

[Polens Unterstützung im Türkenkriege.]

22. Nov. Schwerin führt aus, Wangelin hätte versichert, der König würde in der polnischen Frage nichts allein resolviren, sondern gemeinsam mit dem Kurf. handeln. Der Kurf. habe dementsprechend dem polnischen Gesandten antworten lassen [2]). Doch nun habe er gehört, daß der König mit den zu ihm geschickten polnischen Gesandten über eine gewisse Hilfeleistung und auch über andere Fra-

[1]) Das Projekt entspricht dem endgültigen Vertrag; jedoch fehlen in ihm noch die Artikel 4, 10—13, 19, 20, 22. — Vgl. Urk. u. Akt. Bd. 14 S. 731.

[2]) Litauischer Unterstallmeister Felix Morsztyn, vgl. Urk. u. Akt. Bd. 12 S. 557.

gen abgeschlossen hätte [1]). Der Kurf. wünschte den Inhalt dieses Abkommens kennen zu lernen. Mardefeld erwidert, soweit sie benachrichtigt wären, hätte der König den Polen geantwortet, diese Sache sollte mit Zuziehung des Kurf. abgetan werden.

Konferenz D. 14. November in aedibus H. General Mardefelds. Anwesend: Dieselben.

[Fortgang der Bündnisverhandlungen.]

Die kurfl. Kommissare erklären, Schonen könnte nicht in den Vertrag ein- 24. Nov. bezogen werden, weil der Kurf. keine Schiffe hätte. Möchte aber der Angriff mit Zuziehung einiger Confoederirter geschehen, so würden Schwedens deutsche Provinzen angegriffen und der Bündnisfall eintreten.

Die Einbeziehung der clevischen Lande in den Vertrag soll nach dem Wunsch der Schweden nicht ins Hauptinstrument gesetzt werden, sondern einen Separatartikel bilden.

Konferenz D. 20. November 1673 in aedibus domini Generalis. Anwesend: Dieselben.

[Bündnisverhandlungen. Verhandlungen des Kurf. mit Kurtrier und Kursachsen. Polen.]

Schwerin: 1. Beide Vertragschließende sollen nicht über das Bündnis 30. Nov. hinaus gebunden sein. Daher wäre es gut, diesem zu inseriren, „es möchten I. Kgl. Maj. oder S. Churfl. Durchl. entweder beide oder einer unter ihnen Partei nehmen oder auch einer oder ander ihren Alliirten Assistence leisten, so wollten sie dennoch allezeit in beständiger Freundschaft verbleiben und sollte dennoch dies foedus in suo vigore conserviret werden.“

2. Kurtrier hätte ihn um Hilfe gebeten und Kursachsen Ausschreibung eines Kreistags angezeigt. Der Kurf. wolle dem Kriege fern bleiben, müsse aber einem Mehrheitsbeschluß der Kreistage sich fügen.

3. Über die Verhandlungen des Königs mit den polnischen Deputierten dürften die beiden Gesandten inzwischen unterrichtet sein. Der Kurf. habe die positive Nachricht erhalten, daß jenen Volkshilfe versprochen sei.

4. Dem Kurf. läge sehr viel daran, daß Cleve in den Hauptvertrag gesetzt wird. In einem Separatartikel könnten die Ansprüche des Königs auf diese Lande gewahrt werden.

Die schwedischen Gesandten erwidern:

1. Es entspräche nicht mehr dem Bündnis, wenn jeder von beiden Teilen auf Seiten einer andern Partei stünde. Man beabsichtige doch gerade Wiederherstellung des Friedens, und es würde eher den Krieg, als den Frieden befördern, wenn man in getrennte Lager ginge. Die Kurfürstlichen erwidern, so wäre

[1]) Konstantin Brzeza, vgl. Urk. u. Akt. Bd. 19 S. 23.

es nicht gemeint, aber die früheren Allianzen des Kurf. behielten doch ihre Kraft. Die Schweden erkennen das an, sprechen aber die Erwartung aus, daß ohne Vorwissen und Einraten des einen der andere keine neuen Bündnisse abschlösse.

2. Hat keine Schwierigkeit.

3. Es wäre ihnen nichts Neues bekannt geworden.

4. Bleiben bei ihrer Auffassung. Selbst wenn der König den Separatartikel nicht ratifizieren sollte, würde doch der Hauptvertrag gelten. Auch weisen sie darauf hin, daß Schonen im Vertrage fehlt.

Konferenz D. 26. November 1673 bei den Herren Abgesandten.

6. Dez. Man verständigt sich über die entgültige Fassung des Artikels betr. Abschluß neuer Bündnisse.

Mardefeld und Wangelin an den König. D. Berlin 26. November 1673.

[Stocken der Bündnisverhandlungen.]

6. Dez. Der Kurf. verlangt durchaus, daß die clevischen Lande in das Bündnis einbezogen werden, was sie ohne ausdrückliche Bewilligung des Königs nicht zugestehen können. Die Verhandlungen kommen daher zunächst nicht vorwärts.

Aufzeichnung Wangelins D. 3. Dezember 1673.

[Gleichgewichtspolitik des Kurf. Polnische Thronfolgefrage.]

13. Dez. Am Morgen um 8 Uhr hat der Kurf. ihn empfangen. W. hat ihm eröffnet, daß er nach Schweden zurückkehren würde, und gefragt, was er dem König von seiten des Kurf. mitzuteilen hätte. Der Kurf. hat sich zunächst im Sinne des Protokolls vom Tage zuvor[1]) geäußert und weiter ausgeführt: Die größten Schwierigkeiten dürften von Spanien herkommen, das die im Pyrenäenfrieden verlornen Gebiete zurückfordern würde; aber man müßte einen Mittelweg gehen; Frankreich dürfte nicht mächtiger, aber auch nicht völlig unterdrückt werden. „Holland müßte disponiret werden, hierunter sein Interesse selbst zu erkennen und von Spanien so weit separiret zu werden, daß es collaboriren hülfe, oftberegte Cron Spanien zu billigen Condicionen zu lenken. Dieweil aber dieser Staat an diese Kron durch die jüngste Alliance sehr attachiret, so müßten allerhand stringente rationes herfürgesucht werden, sie auf solche Opinion zu bringen. Unter andern könnte wohl eine sein, den Holländern unter der Hand fürzustellen, daß

[1]) Protokoll vom 2./12. Dez., Urk. u. Akt. Bd. 17 S. 216 f. Der Vertrag vom 1./11. Dez. bei v. Moerner S. 377 ff. Unterschrift und Auswechslung der Ratifikationen erfolgten am 3./13. Dezember, wie die Gesandten am selben Tage meldeten. Von diesem Tage datieren auch ihre Rekreditive, Urk. u. Akt. Bd. 17 S. 217.

der Prinz von Oranien durch die Continuation des Krieges ebensosehr auf sein eigen, als des Staats Interesse reflectirte und sich je länger je mehr fest zu setzen suchte; ob aber ihnen solches fürträglich, würde dahin gestellet. Für allen Dingen aber müßte dahin getrachtet werden, daß die Evangelischen fest zusammenhielten; man hätte erfahren, wie Frankreich mit den Kirchen an den Orten, deren es sich bemeisterte, umbgegangen. Den Kaiser seine Intention erreichen zu lassen, wäre auch nicht ratsam. Darumb es ein Mittelweg sein müßte, durch welchen die Sachen zu heben."

In Polen, meinte der Kurf., müßte verhütet werden, daß „keiner aus Moscau oder der französischen Partei Zugetaner zu solcher Kron gelangen möchte"; das wäre gegen das schwedische und sein eignes Interesse. Beide Parteien hätten viel Anhang; der Feldherr Sobieski schiene zu Frankreich zu neigen. Österreich hätte keinen Kandidaten. W. wies auf Lothringen hin, worauf der Kurf. meinte, dieser hätte in Polen ziemliche Affektion. —

Mardefeld und Wangelin an den König. D. Berlin 4. Dezember 1673.

[Der Kurf. wünscht Herbeiführung des Friedens und Einvernehmen mit Schweden.]

Bei dem Vertrag[1]) sind nicht alle ihre Forderungen durchgekommen, weil „man alhie gar sorgfältig evitiret, bei diesen foedere nichtes zu tun, welches ein oder andern Partei der itzo kriegenden Teile choquiren könnte". Des Kurf. Absehen ist ledig dahin gerichtet, daß „durch Anwendung fernerer Bemühung und Vorschlagung billiger Wege der Friede reduciret werden möchte". Die Brandenburger sind dabei geblieben, daß das Oberkommando in der Hand des Kurf. liegt, wenn er requirens ist. 14. Dez.

„Dieses ist sonst gewiß, daß der Kurf. anitzo eine ganz feste und beständige Meinung und Vorsatz habe, mit E. Kgl. Maj. allezeit vertrauliche Freundschaft und Correspondence zu pflegen, maßen er dann sich noch gestern Nachmittag gegen mich, den General, ausließ, daß von E. Kgl. Maj., was Sie zu Wiederbringung des gekränkten Friedens vermöge des instrumenti pacis und sonsten fürnehmen würden, Sie sich nimmer separiren, sondern E. Kgl. Maj. darunter getreulich beitreten und Ihren auf solchen guten Fundament beruhenden consiliis sich conformiren würden."

Der König an den Kurfürsten. D. Stockholm 2. Januar 1674.

[Wangelins Rückkehr nach Berlin.]

Wangelin hat ihm berichtet, daß der Kurf. mit ihm in aufrichtiger Freundschaft zu leben wünsche, um mittels getreuer Zusammensetzung dem gemeinen Besten zu dienen und die eigne Sicherheit wahrzunehmen. Er wird sich die Kul- 12. Jan.

[1]) Vgl. Verjus Berichte über die Vertragsverhandlungen Urk. u. Akt. Bd. 20 S. 245 ff.

tivierung ihrer Freundschaft angelegen sein lassen. Zu diesem Zweck sendet er Wangelin wieder an ihn zurück.

B. Ch. Wangelin an den König. D. Berlin 3. Februar 1674.

13. Febr. Ist tags zuvor dort angekommen und hat von Schwerin und von andern gehört, daß seit seiner Abreise sich wenig geändert hat, daß der Kurf. an Schweden festhalte und den Vertrag sofort ratifizieren würde. Der Kaiser und Holland bemühen sich sehr, ihn wieder in den Krieg zu verwickeln[1]).

B. Ch. Wangelin an den König. D. Berlin 10. Februar 1674.

[Der Kurf. billigt Schwedens Friedensbemühungen. Die polnische Thronfolgefrage.]

20. Febr. Der Kurf. hat ihm zugesagt, die Auswechslung der Ratifikationen beschleunigen zu wollen. Er ist sehr damit einverstanden, daß der König sich um ein Generalarmistiz bemüht und das Bündnis an andere Mächte mitteilt. Er habe Neuburg in Polen bereits rekommendieren lassen und wolle dem Wunsch des Königs entsprechend auch weiter für ihn eintreten. Doch glaube er nicht an einen Erfolg Neuburgs. Condé habe zu starken Anhang. Wie W. erfahren hat, ist der Kurf. unter dem Einfluß des kaiserl. Gesandten Baron de Goes zu dieser Meinung gekommen, der Condés Aussichten übertreibt, um den Kurf. der Kandidatur des Lothringers geneigt zu machen[2]).

Der Kurf. hat ihm angedeutet, daß der König seines Erachtens Frankreich zu sehr entgegenkäme. Er würde nächstens einen Gesandten nach Stockholm abfertigen[3])[4]).

---

[1]) Vgl. Urk. u. Akt. Bd. 14 S. 743, Bd. 18 S. 810 f., Bd. 20 S. 269 ff., Ribbeck in Forschungen z. brandenb. u. preuß. Gesch. Bd. 13 S. 43.

[2]) Vgl. Urk. u. Akt. Bd. 13 S. 617 f., Bd. 14 S. 742 f., Bd. 19 S. 36 ff., Bd. 20 S. 253 ff.

[3]) Christoph v. Brandt, vgl. Urk. u. Akt. Bd. 17 S. 327 ff.

22. Febr. [4]) In einer Konferenz mit Schwerin, Somnitz und Jena am 12./22. Februar überreicht W. seinen am selben Tage vor dem Kurf. gehaltenen Vortrag in schriftlicher Form (vgl. Urk. u. Akt. Bd. 17 S. 321). Daraus ist noch hervorzuheben: Man dürfe die von den Spanischen Niederlanden aus im Reich, namentlich im Neuburgschen verübten Tätlichkeiten nicht dulden. Der König habe seinen Gesandten in Köln (vgl. Köcher, a. a. O. Bd. 2 S. 321 f., 328 ff.) beauftragt, dagegen zu protestieren und sei auch beim Kaiser deswegen vorstellig geworden; er erwarte das Gleiche vom Kurf. Frankreich habe sich in Stockholm bereit erklärt, den durch den Krieg in Mitleidenschaft gezogenen Ständen, namentlich Kurtrier und dem Elsaß, beim Friedensschluß Reparation zu geben. Der König wünsche zu wissen, ob der Kurf. gleich ihm den Polen Hilfe gegen die Türken leisten wolle (vgl. Urk. u. Akt. Bd. 17 S. 318 f., Bd. 19 S. 40 f.). Hannover, Kurbayern und Pfalz-Neuburg hätten um Aufnahme in ihr Bündnis angehalten (vgl. Köcher, Bd. 2 S. 316, 325 ff.). Der König empfiehlt wegen Erweiterung des Bundes einen Kur- und Fürstentag in Köln oder Hamburg. Pfalz Neuburg namentlich betreibt Aufnahme in das Bündnis.
2. März. Aus der Antwort des Kurf. D. 20. Februar 1674 (vgl. Urk. u. Akt. Bd. 17 S. 322),

B. Ch. Wangelin an den Kurfürsten. D. Berlin 12. Februar 1674.

Er hatte gehofft, die Räte würden mit ihm konferieren und die Ratifikationen austauschen. Aber auf Anfragen ist ihm geantwortet, sie hätten keinen Befehl dazu. Da dem König sehr an der Beförderung der Allianz liegt, um mit dem Kurf. in vertrauliche Korrespondenz zu kommen und in diesen gefahrvollen Zeiten gemeinsam mit dem Kurf. zu beraten, bittet er den Kurf. anzuordnen, daß die nötigen Besprechungen erfolgen und die Ratifikationen ausgetauscht werden [1]). 22. Febr.

B. Ch. Wangelin an den König. D. Berlin 3. März 1674.

[Ratifikation des Bündnisses mit Schweden. Der Kurf. von Frankreich und Holland umworben.]

Am 26. Februar [8. März] hat der Geh. Rat über die Ratifikation des Bünd- 13. März

---

ist hervorzuheben: Der Kurf. hat gegen Aufnahme Neuburgs in das Bündnis nichts einzuwenden (vgl. Pufendorf, Lib. XII § 23), wofern man sich über die Bedingungen einigt. Er hat an Kursachsen, Celle und Hessen-Kassel wegen ihres Beitritts geschrieben. Dagegen hat er gegen die von Schweden vorgeschlagene große Tagung Bedenken. Die Forderungen an Spanien und Frankreich scheinen ungleich zu sein. Von jenem verlange man sofortige Einstellung der Tätlichkeiten, von diesem Restitution beim Friedensschluß; der Kurf. sei erstaunt, daß er unter denen fehle, denen Frankreich Satisfaktion zusage. Der Kurf. halte es noch für zu zeitig, sich über einen Kandidaten für den polnischen Thron zu einigen. Doch wolle er über alle Nachrichten mit dem König kommuniciren und dahin gehen, daß kein Kandidat gewählt wird, „welcher den vicinis formidabel und nachteilig sein könnte". Wegen einer Hilfeleistung in Polen könnte der Kurf. dort leicht in Verdacht geraten. Er bäte um Mitteilung des schwedisch-polnischen Vertrages.

[Es folgt das Urk. u. Akt. Bd. 17 S. 322 Gedruckte.]

Konferenz am 24. Februar 1674.

Wangelin erklärt: Die ungleiche Behandlung Spaniens und Frankreichs kämе daher, das jenes sich noch zu keiner Entschädigung bereit erklärt habe. Der König habe geglaubt, daß die Satisfaktion für den Kurf. durch dessen Frieden mit Frankreich gesichert sei. Er bitte um Mitteilung, falls der Kurf. anderer Meinung sei, und erbietet sich zu aller Hilfe, falls irgend ein Kriegführender den kurfl. Landen etwas zufügt. Mit dem polnischen Gesandten in Stockholm (Brzeza) sei nichts geschlossen (vgl. oben S. 942 f). 6. März

Konferenz am 3. März 1674.

Schwerin: Die Aussichten Lothringens in Polen seien zur Zeit sehr günstig. Frankreich habe sich für Lothringen bisher nicht eingesetzt. Über die Türkenhilfe könne er sich nicht äußern, bevor er nicht wisse, daß die Polen diese wünschen und bereit wären, mit König und Kurf. gemeinsam darüber zu verhandeln. Der Inhalt des mit Brzeza in Stockholm geschlossenen Abkommens sei dem Kurf. bekannt geworden. 13. März

[1]) Vgl. Urk. u. Akt. Bd. 20 S. 276.

nisses mit Schweden beraten [1]) und ist einstimmig dafür gewesen, so sehr der kaiserl. Gesandte sich auch bemüht hat, das zu verhindern. Tags darauf haben Schwerin und Somnitz das diesem angezeigt [2]). Die Auswechslung der Ratifikationen ist am 2. [12.] März erfolgt.

Der französische Gesandte hat vollen Ersatz der im Clevischen entstandenen Schäden zugesagt und Subsidien versprochen, falls der Kurf. sich im Rahmen des mit Schweden geschlossenen Bündnisses halten und neutral bleiben würde [3]). Doch wird er hingehalten, vermutlich bis zum Eintreffen des holländischen Gesandten [4]).

Die Verhandlungen wegen Aufnahme von Pfalz Neuburg in das Bündnis gehen gut vorwärts.

E. Pufendorf an B. Ch. Wangelin. D. Wien 5. März 1674.

[Entscheidende Bedeutung der Stellungnahme des Kurf.]

15. März Ist erfreut, von W. zu hören, daß die Ratifikation des Vertrages gesichert ist. „Sonsten sind sie allhier mehr als zu sehr versichert, daß es zu Berlin auf ein changement hinauslaufen und die Kron Schweden endlich von ihrem mit dem Churf. geschlossenen foedere keinen Nutzen haben werde, und ist mir umb desto mehr unlieb zu hören, daß auch M. H. Abgesandter eine Inclination bei S. Churfl. Durchl. zu solcher Veränderung verspüret..

Allein wenn gleichwohl I. Churfl. Durchl. bedenken wollten, wie weitaussehende consilia die Hh. Spanier, welche anjetzo allhier praedominiren, führen, und was einen langweiligen, blutigen Krieg Sie veranlassen würden, wann Sie abermahl changiren sollten, da Sie hergegen den Frieden in Ihren Händen und nächst Gott alles zu Dero und des gesampten Evangelischen corporis Nutzen und Sicherheit dirigiren können, wenn Sie bei I. Kgl. Maj. fest bleiben und von dero consiliis und modo agendi sich nicht separiren lassen, so würden Sie gewißlich sich darmit nicht übereilen.

Der Einfall in die Pfalz ist freilich verdrießlich [5]), aber niemand als denen zuzuschreiben, welche keinen Frieden haben wollen und das zweimal angebotene armistitium so liederlich refusiret."

Krockow hat ihm erzählt, daß er in Wien zum Frieden geraten, aber gar schlechten Trost erhalten hat.

---

[1]) Pufendorf, Lib. XII § 22

[2]) Vgl. Urk. u. Akt. Bd. 14 S. 746.

[3]) Desgl. Bd. 20 S. 268, 277 ff.

[4]) Achtienhoven traf am 25. März in Potsdam ein, vgl. Urk. u. Akt. Bd. 3 S. 428.

[5]) Über die Wirkung des französischen Einfalls in die Pfalz auf den Kurf. vgl. Pagès, a. a. O. S. 353 f., Hein, Schwerin S. 338.

B. Ch. Wangelin an den König. D. Berlin 10. März 1674.

Der auf der Durchreise nach Polen befindliche Pfalz-Neuburgische Gesandte 20. März Giese[1]) hat vom Kurf. die Zusage erhalten, er würde den Pfalzgrafen unterstützen. Dasselbe hat der Kurf. zu ihm geäußert. Jedoch glaubt man nicht, daß neben Lothringen jemand aufkommen kann.

Der Einschluß Pfalz-Neuburgs in den brandenburgisch-schwedischen Vertrag ist bis auf Anfertigung der Reinschriften fertig[2]).

Der König an B. Ch. Wangelin. D. Stockholm 14. März 1674.

[Besorgnis wegen der Haltung des Kurf.]

Wangelins Verhandlungen mit dem Hof kommen nicht recht vorwärts, und vom 24. März kaiserl. Hof laufen nachdenkliche Meldungen über die Haltung des Kurf. ein, als stünde er im Begriff, „einige andere mesures zu nehmen und von der Vertraulichkeit etwas zu relachiren, die er Uns in dem jüngst aufgerichtetem foedere angelobet".

W. soll die Auswechslung der Ratifikationen befördern und den Kurf. darauf hinweisen, wie bedenklich es für die Stände im Niedersächsischen Kreise sein müßte, daß die kaiserl. Truppen ihre Quartiere so sehr erweiterten.

Der unvermutete Friedensschluß zwischen England und Holland schaffe eine neue Situation[3]). „Wir warten nun mit höchstem Verlangen darauf, daß Wir von Euch ehest erfahren können, wohin die nun wiederum auf den Wank stehende dortige Consilien ausschlagen wollen und [wie] weit sie dem Augenmerk, so Wir Eurem Wohlwissen nach bei gegenwärtigen Conjuncturen führen, fürträg- oder schädlich sein können." —

B. Ch. Wangelin an den König. D. Berlin 17. März 1674.

[Polen. Schwedisch-hannoverscher Vertrag. Der Kurf. wünscht allgemeinen Frieden.]

Man glaubt jetzt, daß Sobieski Aussichten auf die Krone hätte. Der Kurf. 27. März erklärt, wenn die Krone einem seiner Söhne unter der Bedingung mutandae religionis angeboten würde, wollten sie eine Wahl ablehnen[4]). Er gönne die Krone Pfalz Neuburg[5]).

W. übersendet den Accessionstractat mit Pfalz-Neuburg.

Er hat den Kurf. von dem zwischen Schweden und Hannover geschlossenen Vertrag in Kenntnis gesetzt[6]). Dieser hat erwidert, er habe Bedenken, sich mit

---

[1]) Über die Sendung des Kammerrats Bernhard von Giese zum Kurf. vgl. Urk. u. Akt. Bd. 19 S. 40, 47.

[2]) Vgl. v. Moerner S. 380 f.

[3]) Vgl. Urk. u. Akt. Bd. 14 S. 746.

[4]) Vgl. Hein, Hoverbeck S. 183 ff.

[5]) Vgl. Urk. u. Akt. Bd. 19 S. 43.

[6]) Vgl. Köcher, a. a. O. Bd. 2 S. 326 f., 330.

dem Herzog von Hannover einzulassen, der sich vom Reich und seinen Brüdern und Vettern separiert habe und ganz vom französischen Gelde abhänge.

Der holländische Gesandte ist angelangt[1]).

Der Kurf. und seine vornehmsten Räte bemühen sich um den allgemeinen Frieden und meinen, wenn Frankreich von Holland weder Geld noch Land fordert und an Spanien etwas von den seit dem Pyrenäenfrieden gemachten Eroberungen abtritt, so dürfte es nicht schwer sein, zum Frieden zu kommen.

B. Ch. Wangelin an den König. D. 24. März 1674.

[Verhandlungen des Kurf. mit Achtienhoven und mit Verjus.]

3. April Der holländische Gesandte hat, wie Schwerin ihm mitgeteilt hat, trotz des Drängens des Kurf. die holländischen Friedensbedingungen nicht nennen wollen. Der französische Gesandte hat sich um einen neuen Vertrag mit dem Kurf. bemüht, in dem dieser nur Frankreich das Durchgangsrecht durch seine Lande gewähren sollte, und nicht dem Kaiser. Der Kurf. hat jedoch erklärt, er werde sich in keinen neuen Vertrag einlassen, sondern seine Neutralität bewahren[2]).

Der König an B. Ch. Wangelin. D. Stockholm 31. März 1674.

[Der Kurf. soll im Interesse des Friedens zum Anschluß an die zu bildende „dritte Partei“ bewogen werden.]

10. April Ist über die Ratifikation des Bündnisses sehr befriedigt. Er erwartet nun die Wirkung des Traktats, „insonderheit bei diesen sich immer gefährlicher anlassenden Conjuncturen, und da es wohl die äußerste Not erfordert, daß neben Uns jemand mehr für den Riß treten und in Zeiten Rat pflegen helfen wolle, wie dem immer weiter einbrechenden Kriegsfeuer endlich zu steuren und dasselbe beides im Reich und der Nachbarschaft kräftig zu dämpfen.“ Der König billige weder das Verhalten des Kaisers noch das Frankreichs. W. soll versuchen, den Kurf. von einer Parteinahme zurückzuhalten und auf den Mittelweg zu bringen, wo er am besten für den Frieden oder wenigstens für Waffenruhe wirken könnte. Der Kurf. möchte seine Kräfte mit denen des Königs vereinigen und noch andre Fürsten dafür gewinnen, so daß man den kriegführenden Teil, der das Übergewicht hat und zu keinem billigen Frieden geneigt ist, mit Nachdruck zu einem raisonablen Vergleich überreden könnte.

Frankreich ist bereit, viel von seinen Forderungen nachzulassen, Holland will einige Satisfaktion an Frankreich geben; der Kaiser wäre zufrieden, wenn Lothringen restituiert und die andern Stände in ihren vorigen Stand gesetzt würden. Soll der Krieg also nur Spaniens wegen fortgesetzt werden? Unter spanischem Einfluß wird in Wien Mißtrauen gegen die Mediation des Königs erweckt. Wird

---

[1]) Vgl. oben S. 938.

[2]) Vgl. Urk. u. Akt. Bd. 20 S. 297, 300 f.

Frankreich zu sehr geschwächt, so könnten in Österreich wieder die Ziele von 1629 lebendig werden.

B. Ch. Wangelin an den König. D. Berlin 14. April 1674.

[Der Kurf. noch nicht an Holland gebunden. Verhandlungen mit Verjus. Polnische Thronkandidatur des Kurprinzen.]

W. hat beim Kurf. Vorstellungen erhoben wegen dessen angeblicher Verhandlungen mit den Generalstaaten. Der Kurf. hat ihm versichert, daß ihm bisher keine einzige Proposition zu einem neuen Engagement geschehen sei, noch weniger Verhandlungen stattgefunden hätten. Sollte es geschehen, so würde er mit dem König entsprechend ihrer Allianz darüber sich ins Benehmen setzen. Schwerin hat ihm dasselbe gesagt mit dem Bemerken, der Kaiser und Holland würden den Anschluß des Kurf. ja sicherlich gern sehen, doch hätte dieser bisher keine Neigung dazu. 24. April

Mit dem französischen Gesandten wird über die Räumung von Wesel und Rees verhandelt, die zu erreichen große Hoffnung besteht, weil man meint, Frankreich werde die dort liegenden Truppen für den bevorstehenden Feldzug brauchen.

Man erwartet einen polnischen Gesandten, der dem Kurprinzen die Krone anbieten soll. Da aber der Religionswechsel gefordert wird, will der Kurf. „garnicht darnach hören".

Der König an den Reichsfeldherrn Graf K. G. Wrangel. D. Stockholm 14. April 1674.

[Schwedische Kriegsvorbereitungen.]

Er hat vergebens versucht, den Frieden durch bloßes Ermahnen herzustellen. So muß er sich entschließen, den Worten Respekt und Nachdruck durch die Waffen zu geben. Die Kriegsverfassung soll je eher desto besser verstärkt werden, obgleich er im Einvernehmen mit dem französischen Gesandten[1]) nicht sofort loszubrechen gedenkt; Frankreich verspricht ihm 900 000 Rth., wenn er seine Armee „draußen" auf 20—22 000 Mann bringt[2]). Er will bereit sein, falls die Gegenpartei versucht, ihm zuvorzukommen, und sich um beschleunigte Auszahlung der erst ab Juli laufenden Subsidien bemühen[3]). W. soll das Oberkommando erhalten. 24. April

---

1) Marquis Isaac de Pas de Feuquière.

2) Vgl. Wimarson, Sveriges krig i Tyskland Bd. 1 S. 43 ff., 60.

3) Über die Schwierigkeiten, die gerade dieser Punkt verursachte, vgl. ebenda Bd. 1 S. 73.

Der Kurfürst an den König. D. Colonia ad Spream 16./26. April 1674 [1]).

[Kreditiv für Christoph v. Brandt.]

26. April Cum antiquius nihil Nobis sit, quam ut vinculum istud foederum, amicitiae ac vicinitatis, quod Regiam M.tem V.am et Nos interest, indissolubile conservemus arctiusque subinde adstringamus, in mandatis dedimus Ablegato Nostro Extraordinario .. Christophoro de Brandt, ut propediem ad Regiam M.tem V.ram se conferat Eidemque hoc Nostrum desiderium et alia quaedam ad hunc assequendum finem spectantia exponat. —

E. Pufendorf an B. Ch. Wangelin. D. Wien 19. April 1674.

[Mißtrauen gegen die Haltung des Kurf.]

29. April Hier glaubt man bestimmt, zwischen Kaiser und Kurf. sei abgemacht, dieser solle den Bischof von Münster angreifen und zu einem Sonderfrieden nötigen und sich dann auch gegen Frankreich gebrauchen lassen. Krockow hat innerhalb von wenigen Tagen drei lange Konferenzen mit Montecuculi gehabt. Graf Alberto Caprara [2]) schreibt aus Berlin, er habe dort gute Disposition für Lothringen gefunden und Goes hoffe, den Kurf. wieder in das Interesse des Kaisers ziehen zu können.

Krockow sagt garnichts zu Gunsten des Herzogs von Neuburg, hat aber wiederholt den Prinzen von Lothringen besucht. Er hat also andere Order, als man Wangelin sagt, oder er handelt selbständig. Aus den Vorgängen in Regensburg erhellt, „daß zum wenigsten daselbst I. Churfl. Durchl. in Conformitet des jüngst geschlossenen foederis nicht agiren lassen“ [3]) —

Der König an B. Ch. Wangelin. D. Stockholm 22. April 1674.

[Vorschlag zu gemeinsamer Einwirkung auf Spanien. Zweck der schwedischen Rüstungen. Besorgnis vor der Haltung des Kurf.]

2. Mai Übersendet die Ratifikation des mit dem Kurf. und Pfalz-Neuburg geschlossenen Vertrags [4]). Soll mit dem Kurf. überlegen, ob nicht Gewalt mit Gewalt zu erwidern wäre, wenn Spanien den Pfalzgrafen weiter mit schweren Exactionen

[1]) Vgl. Urk. u. Akt. Bd. 17 S. 327 ff.

[2]) Caprara war damals im Auftrage Lothringens in Berlin gewesen, vgl. Urk. u. Akt. Bd. 19 S. 47, Bd. 20 S. 305.

[3]) Beigelegt eine Verfügung an die brandenburgische Gesandtschaft in Regensburg D. Cölln an der Spree 14. März 1674, worin es mit Bezugnahme auf den französischen Einfall in der Pfalz heißt, die Gesandten sollen sich mit dem kaiserlichen Prinzipalkommissar deswegen in Verbindung setzen; fremde Gewalt müsse vom Reichsboden vertrieben werden (vgl. Urk. u. Akt. Bd. 13 S. 680, Pufendorf, Lib. XII § 30).

[4]) Die schwedische Ratifikation datiert vom 18./28. April 1674, v. Moerner S. 381.

plagt, und ob über die dazu nötigen Mittel eine Abrede zu treffen wäre [1]); die bisher versuchte gütliche Einwirkung auf Spanien sei ja gänzlich erfolglos geblieben.

Nachdem die Verhandlungen in Cöln gescheitert sind [2]), muß jeder, der sich nicht den Gewalttätigkeiten des stärkeren Teils aussetzen will, sich in Verfassung setzen. Er hat daher seine Truppen in Deutschland verstärkt und schickt auch aus Schweden Truppen dorthin.

W. soll dem Kurf. eröffnen, daß der König sich um Wiederaufnahme der Kölner Verhandlungen bemühen wolle und darum Gesandte nach Wien [3]), Paris [4]), Regensburg und nach dem Haag [5]) schicke.

W. soll zu erfahren suchen, zu welcher Partei der Kurf. neigt. Er hofft, daß die Gerüchte falsch sind, nach denen eine nähere Zusammensetzung zwischen dem Kaiser, Dänemark, dem Kurf. und den Herzögen von Lüneburg zu Schwedens Nachteil erfolgt ist.

B. Ch. Wangelin an den König. D. Berlin 28. April 1674.

[Die Aussicht, den Kurf. von der Verbindung mit Österreich zurückhalten zu können, ist im Wachsen.]

Über das Schreiben des Königs vom 31. März hat er, da der Kurf. ver- 8. Mai
hindert war, zunächst mit Schwerin gesprochen, der ihm empfahl, es dem Kurf. vorzulesen. Das hat er getan und starken Eindruck auf den Kurf. gemacht. Er hat erwidert, er könnte sich in eine so wichtige Sache nicht sofort finden, wollte zunächst mit den Geh. Räten darüber konsultieren und ihn dann auf einer Konferenz die Meinung wissen lassen.

Er fuhr dann fort, man müßte die Macht des Hauses Österreich in einer solchen Balance zu halten suchen, daß sie nicht zu groß und allen Ständen gefährlich würde.

W. kam dann auf die Behandlung des französischen Gesandten in Regensburg [6]); das wäre ein Verstoß gegen eine selbst bei barbarischen Völkern respektierte Regel des Völkerrechts. Der Kurf. erklärte das Verhalten des Kaisers mit der Erbitterung über den französischen Einbruch in der Pfalz. Darauf meinte W., der Kaiser habe den von allen Ständen anerkannten Gesandten ausgewiesen,

---

[1]) Vgl. die entsprechende Weisung Pomponnes an Verjus vom 29. April 1674, Urk. u. Akt. Bd. 20 S. 310.

[2]) Vgl. ebenda S. 305, Köcher, a. a. O. Bd. 2 S. 331, v. Orlich, Gesch. des preuß. Staats im 17. Jahrh. Bd. 2 S. 107 f.

[3]) Graf Bengt Oxenstierna, vgl. Redlich in Mitt. d. Inst. f. österr. Geschichtsforschung Bd. 37 S. 563, Wimarson, a. a. O. Bd. 1 S. 52.

[4]) Reichsrat Graf Klas Tott, vgl. Wimarson, a. a. O. S. 41.

[5]) Oberst Freiherr Thomas van der Noot, ebenda S. 42.

[6]) Der Kaiser hatte mit Dekret vom 19. März 1674 den französischen Gesandten Robert de Gravel aus Regensburg ausgewiesen, vgl. Urk. u. Akt. Bd. 20 S. 313.

so würde er sich wohl in Zukunft das Recht anmaßen, zu entscheiden, ob die Stände Gesandte empfangen dürften oder nicht. „I. Churfl. Durchl. blieben ein wenig stille, nachgehends sageten Sie, das wird der Kaiser niemaln anfangen, *und* ferner, Sie wollten, daß dieses nicht geschehen wäre. —

So können auch E. Kgl. Maj. sicherlich glauben, daß man anitzo an diesem Hofe wieder beginnet, ein wenig kaltsinniger für Österreich und Holland zu werden, z. B. auch wegen einer Äußerung des Feldmarschall Caprara, die Fürsten müßten wieder Gehorsam lernen."

Die Räumung von Schenkenschanz hat den Kurf. sehr erfreut [1]). Er hat zu W. geäußert, die Holländer hätten ihm lange Jahre das Seinige verweigert, während Frankreich ihm gebe, wozu es nicht verpflichtet sei.

„Wann die Disposition dieses Hofes so noch ferner zunimbt, wie sie sich in 14 Tagen her angefangen und von der vorigen geändert hat, so hoffet der französischer Gesandter, er werde I. Churfl. Durchl. zu dergleichen bewegen, wie er vor einiger Zeit proponiret hat" [2]). —

Conference, gehalten auf dem Churfl. Schloß zu Cölln a. d. Spree den 1. Maji 1674 zwischen .. Obristen Wangelin .. Schwerin und Somnitz.

[Die Stellungnahme des Kurf. gegen Frankreich wird deutlich.]

11. Mai Schwerin: Ganz im Sinne des Königs betreibe der Kurf. den Frieden und namentlich das Armistiz. Der König scheine zu meinen, daß man die österreichische Partei praevaliren lassen wolle; der Kurf. beziehe sich auf das, was er bisher getan, er habe bisher überall nur zum Frieden und, wie der König es begehrt habe, zum Armistiz geraten. Als einige Gesandtschaften von Köln weggezogen waren, hat er seinen dortigen Minister nach London gesandt wegen Fortsetzung des Ausgleichsversuchs [3]). Der Kurf. hoffe, daß Krockow in Wien nichts gegen seine Intention vorgebracht habe. Da aber das Reich in diesem Kriege mit interessiert sei und viele seiner Glieder mit überzogen wären, könnte Krockows Diskurs anders aufgenommen worden sein, als er gemeint war [4]).

Allerdings würden jetzt durch Frankreichs Vorgehen viele Reichsstände betroffen. Der Kurf. habe es Frankreich niemals verhehlt, daß er sich vom Reich nicht separieren könnte; er hätte sich schon vor einiger Zeit bei dem Gesandten nach der Stellung des Königs in der Pfälzer Frage erkundigt, inzwischen werde Verjus wohl Resolution erhalten haben. Der Kurf. könne nicht finden, daß man den Mittelweg verließe, wenn man das Reich vor feindlicher Gewalt schützen hülfe, worin ihn auch die Worte des Königs bestärkten, er könne nicht billigen, was Frankreich gegen einige Reichsstände unter Verletzung des Westfälischen Friedens vorgenommen hätte.

---

[1]) Vgl. Urk. u. Akt. Bd. 20 S. 312.

[2]) Desgl. S. 313.

[3]) Der jüngere Otto v. Schwerin, vgl. Urk. u. Akt. Bd. 17 f., 39 ff.

[4]) Vgl. oben S. 942.

Bei seinen Bemühungen um Waffenruhe ist dem Kurf. immer entgegnet worden, Frankreichs Vorgehen erwecke nicht den Eindruck, daß er dazu geneigt sei. Aber wenn der König Mittel wüßte, zum Waffenstillstand zu gelangen, würde der Kurf. ihm auf diesem Wege gern folgen.

Der Kurf. wisse nichts davon, daß Holland geneigt sein sollte, an Frankreich eine Satisfaktion zu geben. Vielmehr meine man dort, man könnte kein Gebiet an Frankreich abtreten, ohne in die größte Unsicherheit zu geraten, und daß man den Krieg fortsetzen müßte bis zu einem Frieden, der es Holland und seinen Nachbarn ermögliche, in Sicherheit zu leben. Ebensowenig glaube er, daß der Kaiser sich mit der Restitution Lothringens begnügen werde; er habe auch Kurtrier, Kurpfalz und andere zu beschützen.

Der Kurf. bittet den König, er möchte Frankreich zur Moderation disponieren.

Er müsse es höchlichst rühmen, daß der König sich bemühe, eine Balance unter den Mächten zu erhalten. Doch glaube er nicht, daß die Ereignisse von 1629 sich wiederholen könnten. Sollte aber das evangelische Wesen in Gefahr geraten, so dürfe der König sicher sein, daß er mit zu dessen Rettung beitragen werde. — Wangelin dankte und sagte Bericht an den König zu[1]. —

B. Ch. Wangelin an v. Schwerin und v. Somnitz. D. Berlin 2. Mai 1674.

[Wangelin empfiehlt im Interesse des Friedens die Bildung der dritten Partei.]

In der Pfälzer Frage hat er noch keine Instruktion. Ein Mittel zur Be- 12. Mai
förderung des Friedens wäre es, wenn Schweden und Brandenburg einig in diesem Ziel blieben und andere Fürsten ihnen beiträten. Der König werde auch bei Holland und Frankreich Vorstellungen tun lassen, die diesem Zweck dienten. Er sei ferner der Meinung, daß auch die andern bedrängten Stände restituiert werden müßten, jedoch habe der Kaiser anfangs weiter nichts von Frankreich verlangt, als Lothringens Restitution und Frankreich habe sich entgegenkommend dazu geäußert. Der König werde auch weiterhin bei Frankreich das befördern, was der Kurf. ihm an die Hand geben werde.

B. Ch. Wangelin an den König. D. Berlin 5. Mai 1674.

[Die polnische Thronfolgefrage hemmt die Entscheidung des Kurf. im Westen. Für Frankreich günstige Momente.]

Übersendet das Protokoll vom 11. und sein Schreiben vom 12. Mai. Schwerin 15. Mai
und Somnitz haben ihm inzwischen gesagt, daß der Kurf. mit einem Zusammenschluß auch mit andern Ständen zur Vorbereitung des Friedens ganz einverstanden sei, aber meine, man sollte noch nicht davon sprechen, es würde unzeitige Ombrage geben.

---

[1]) Vgl. Pufendorf, Lib. XII § 37, Urk. u. Akt. Bd. 20 S. 316.

Offenbar wolle man bis zum Ausgang der polnischen Wahl freie Hände behalten; dieser gehört überhaupt jetzt das größte Interesse. Daher zaudert man wohl auch, das Angebot französischer Subsidien anzunehmen, „damit, wenn etwan ein französischer König in Polen käme, den man ganz incompatible mit I. Churfl. Durchl. Interest hält, man nicht auf dieser Seiten gut Freund und dorten e diametro Feind mit Frankreich sein dörfte [1]).

Die wachsende Macht und Anmaßung des Hauses Österreich macht diesen Hof stutzig.“ Schon spricht man nicht mehr von den 3000 Mann, die zur Reichsarmee stoßen sollten. Dazu kommt der Friede zwischen Holland und Münster [2]), gegen das der Kurf. schon gerüstet zu haben scheint. Auch hat die Räumung von Wesel und Rees, wo die Franzosen viel Artillerie, Munition und Proviant zurückgelassen haben, den Kurf. für Frankreich sehr eingenommen.

B. Ch. Wangelin an den König. D. Berlin 12. Mai 1674.

[Die schwedischen Rüstungen. Preußische Ständekämpfe.]

22. Mai Gemäß dem kgl. Schreiben vom 22. April hat er dem Kurf. mitgeteilt, daß der König sich bei den weitaussehenden Läuften genötigt sehe, Truppen aus Schweden in seine deutschen Provinzen zu deren Schutz und, wenn es not wäre, zur Unterstützung seiner Verbündeten zu senden, daß er aber gleichwohl seine Friedensbemühungen fortsetzen und Gesandte nach Wien, Paris und dem Haag senden wollte.

Der Kurf. hat ihm für seine Mitteilungen gedankt und erwähnt, auch er erwäge eine Gesandtschaft nach Frankreich.

Berichtet über das energische Vorgehen des Kurf. den preußischen Ständen gegenüber. „Die meisten von I. Churfl. Durchl. ministris hätten wohl gerne gesehen, daß ein gelinderer Weg gegangen wäre, aber sie haben es nicht ändern können. Und wird dem H. Kanzler Somnitz von vielen beigemessen, daß er allein hierzu geraten“ [3]). —

B. Ch. Wangelin an den König. D. Berlin 19. Mai 1674.

[Wahl Sobieskis. Antifranzösische Haltung des Herzogs von Celle.]

29. Mai Es heißt, daß Sobieski zum König gewählt ist. „Man hat allezeit .. hier gehalten, daß er nicht gar zu affectionniret wäre für I. Churfl. Durchl. Dahero glaube ich, gönnete man wohl jemand anders die Kron, als eben ihme; dennoch lässet man sich anitzo .. nichtes merken.“

Der Kurf. hat bei Celle angefragt, ob er wirklich mit der antifranzösischen Partei eine Offensiv- und Defensivallianz geschlossen habe. Der Herzog hat durch

---

[1]) Vgl. Urk. u. Akt. Bd. 20 S. 317.

[2]) Desgl. Bd. 14 S. 760, Bd. 20 S. 313.

[3]) Vgl. Urk. u. Akt. Bd. 16 S. 801 ff., für Somnitz Hein, Schwerin S. 284.

seinen Minister Mahrenholtz versichert, daß er das nicht beabsichtige und nur an Herstellung des Friedens denke [1]).

Der Kurf. lebt in Potsdam. Die Geh. Räte und auch die Gesandten fahren nur selten zu ihm hinaus.

B. Ch. Wangelin an den König. D. Berlin 26. Mai 1674.

Der Kurf. sieht in Sobieski den Kandidaten Frankreichs. Doch hofft er, 5. Juni in gute Beziehungen zu ihm gelangen zu können, obgleich Sobieski ihm bisher nicht wohlgesinnt gewesen sei. Man rechnet damit, daß der neue König mit den Türken Frieden machen und sich gegen Moskau wenden wird, während die Türken freie Hand zum Angriff auf den Kaiser gewinnen.

B. Ch. Wangelin an den König. D. Berlin 2. Juni 1674.

[Wangelins Bemühungen um Neutralität des Kurf. Anmarsch der Truppen aus Preußen.]

Da der Kurf. gerade gegen einen kaiserl. Kommissar sehr erbittert war, 12. Juni der im Clevischen Proviant ausgeschrieben hatte [2]), hat er diese Stimmung benutzt, ihm eine nähere Zusammensetzung mit dem König vorzuschlagen. Da er einerseits wußte, daß dem Kurf. der Unterhalt seiner Truppen schwer fiel, dieser andrerseits mit Rücksicht auf den Kaiser französische Subsidien nicht annehmen wolle, hat er sich zunächst mit dem französischen Gesandten in Verbindung gesetzt, der versicherte, Frankreich würde, offiziell als Subsidien Schwedens, monatlich 20.000 Rth. für 'die Neutralität des Kurf. zahlen [3]). W. hat sich zuerst an Schwerin gewandt, der mit dem Kurf. darüber sprach, aber keine klare Antwort geben konnte, sondern W. empfahl, sich selbst an den Kurf. zu wenden, ohne jedoch zu erwähnen, was er ihm geantwortet hätte.

Der Kurf. erwiderte ihm, er müßte erst mit seinen Räten beraten und würde dann Konferenz mit ihm halten lassen. W. hatte den Eindruck, daß er nicht ganz abgeneigt war. Der Kurf. habe freilich erklärt, daß ihm auch dann freistehen müßte, für Reich und Stände dasselbe zu tun, wie andere Fürsten.

Holland soll für die Neutralität monatlich 14 000 Rth. geboten haben, was dem Kurf. nicht genug war. Am Kaiserhof soll man 20.000 Rth. gefordert haben.

Alle in Preußen stehenden Truppen sind nach der Mark beordert. Er hat Schwerin deswegen befragt, der ihm versicherte, es gelte nicht die Bildung einer dritten Partei, wie Celle, Wolfenbüttel, Dänemark und Hessen-Kassel sie betrieben hätten, ebensowenig eine Verbindung mit dem Kaiser und Holland, sondern wahrscheinlich Hilfe für Kurpfalz. Doch wisse er nichts Bestimmtes, da

---

[1]) Vgl. Köcher, a. a. O. Bd. 2 S. 332 ff., Urk. u. Akt. Bd. 14 S. 767, Bd. 20 S. 322 f.

[2]) Vgl. Urk. u. Akt. Bd. 20 S. 326.

[3]) Desgl. S. 824 ff., Bd. 14 S. 768, Pufendorf, Lit. XII § 37.

der Kurf. die Ordres ohne Besprechung mit den Ministern habe ergehen lassen [1]).

B. Ch. Wangelin an den König. D. Berlin 16. Juni 1674.

[Wangelins Bemühungen um die Neutralität des Kurf. wenig aussichtsreich.]

26. Juni Die Brandenburger verlangen von ihm eine Spezialvollmacht zu den Subsidienverhandlungen. Er weist darauf hin, daß deren Einholung viel Zeit erfordern würde. Schwerin hat ihm zugesagt, darüber mit dem Kurf. zu sprechen. „Ich fand sonsten den H. Baron Schwerin so, daß ich glaube, er sollte gerne sehen, daß die Sache zur Handelunge und folgends zum Schluß komme und I. Churfl. Durchl. dadurch behindert würden, sich mit andern einzulassen, von welchen Sie sehr und mit großen Promessen sollicitiret werden, wobei er mir nochmals sagte, daß es diesen I. Churfl. Durchl. Landen unmöglich fiele, länger die Armee zu unterhalten; und weil I. Churfl. Durchl. gar von keinem Abdanken hören wollten, so würden Sie wohl gezwungen sein, auf andere Mittel zu gedenken.“

Am 14. [24.] ist er beim Kurf. gewesen, der sofort bei seinem Eintritt vom Spiel aufstand und mit ihm in sein Kabinett ging. Er erklärte ihm, ohne Spezialvollmacht würde er nicht verhandeln. W. fragte, ob er nach deren Eintreffen bestimmt auf Verhandlungen rechnen dürfte. Der Kurf. antwortete, das hinge von den Bedingungen ab. W. fragte nun weiter, ob er sicher sein könnte, daß der Kurf. inzwischen sich mit keinem andern einlassen würde. „Sie antworteten, daß Ihr sehr große Advantagen angeboten würden, Sie hätten aber bishero mit keinem geschlossen.“ W. wiederholte seine Frage. „Darauf sageten Sie lachend: „Ihr sehet und wisset ja wohl, daß ich mit keinem handele.“ Weiter erwähnte der Kurf., ein Gesandter von Wolfenbüttel [2]) hätte ihn zum Eintritt in die Allianz aufgefordert, die Wolfenbüttel und Celle mit Spanien und Holland geschlossen hätten. Er kenne aber den Vertragstext nicht und würde auch dann nicht beitreten, wenn er ihm mitgeteilt werden würde.

Tags darauf ließ der Kurf. ihn wieder kommen und eröffnete ihm, er hätte einen Aufsatz bekommen, daß er 18 000 Mann nebst zugehöriger Artillerie ins Feld stellen könnte; die Subsidien müßten zum Unterhalt dieser Armee ausreichen. Wangelin erwiderte, der König wünsche ja nur, daß der Kurf. neutral bliebe. Da könnte er nicht erwarten, daß ihm das ganze Heer nur für Stillsitzen unterhalten würde, sondern nur ein Teil. Der Kurf.: Neutralität wäre gefährlich, er könnte nichts abdanken, brauche aber ansehnliche Subsidien.

Verjus hat ihm mitgeteilt, er habe nur 10.000 Rth. monatlich zu bieten;

---

[1]) Vgl. Urk. u. Akt. Bd. 14 S. 766, 768, Bd. 20 S. 325, 327 f. Dabei ein Verzeichnis der Truppen, die der Kurf. ins Feld senden will: 7506 Mann Infanterie und 1320 Mann Kavallerie.

[2]) Der Wolfenbütteler Kammerpräsident Fritz v. Heimburg, vgl. Pufendorf, Lib. XII § 34, Urk. u. Akt. Bd. 14 S. 770 ff.

worauf W. ihm bedeutete, wenn man den Kurf. neutral halten wollte, müßte man mehr bieten. Verjus versprach, deswegen zu berichten [1]).

B. Ch. Wangelin an den König. D. Berlin 23. Juni 1674.

Er hat Somnitz erklärt, daß ein Subsidientraktat auf die vom Kurf. angegebenen Bedingungen schwerlich zustande kommen dürfte. Somnitz hat seine Auffassung als irrig bezeichnet; der Kurf. habe dem König nur mitteilen wollen, über welche Heeresmacht er verfüge. 3. Juli

W. ist einige Tage bei Schwerin auf dem Lande gewesen, der ihm deutlich zu verstehen gab, daß er die nähere Zusammensetzung mit dem König wünschte.

Jedoch meint Verjus, der Kurf. habe schon mit Spanien und Holland ein Bündnis gegen monatlich 50.000 Rth. geschlossen.

E. Spanheim an B. Ch. Wangelin. D. Wien 28. Juni 1674.

[Entscheidung des Kurf. gegen Frankreich.]

Man glaubt hier, daß die vom Kurf. geplante Expedition im kaiserl. Interesse erfolgt. Der Kurf. läßt verlauten, er wolle den Frieden beschleunigen, d. h. offenbar, Frankreich zur Rückgabe aller Eroberungen an Holland, zum Verzicht auf einen Teil der Erwerbungen von 1668 und zur Restitution Lothringens zwingen. Wenn der Kurf. Schweden nicht fürchtet, geschieht das wohl in der Erwägung, daß dieses in Deutschland keinen Freund hat, Dänemark bereits im Felde steht und die Herzöge von Celle und Wolfenbüttel an der Hand hat. 8. Juli

Der Kurfürst an den König. D. Colonia ad Spream 30. Juni 1674 [2]).

Wangelin hat ihn gebeten, mit der Reichshilfe zu warten, bis er mit dem König darüber verhandelt hat. Der Zustand des Reichs würde aber vielmehr erfordern, daß er den König bittet, diesem gleichfalls zu Hilfe zu kommen. Nunquam autem a pacis consiliis alieni erimus et novit cordium scrutator, Nobis nulla consilia cordi esse, quam quae ad pacem spectant. 10. Juli

Vollmacht des Königs für B. Ch. Wangelin. D. Stockholm 2. Juli 1674.

Der König bevollmächtigt Wangelin, foedus illud, quod die 1· decembris elapsi anni invicem tractavimus et conclusimus, novo et firmiori vinculo con- 12. Juli

[1]) Vgl. Urk. u. Akt. Bd. 20 S. 331 ff.

[2]) Vollständig gedruckt Pufendorf, Lib. XII § 40.

stringere ac Suae Celsitudini El.[li] quaedam subministrare media et adminicula, quae illam coaptiorem reddere valent, communi praefatae rei utiliter posse operari et in pacis promotionem Nobiscum sua consilia, studia ac vires serio coniungere. —

Der König an B. Ch. Wangelin. D. Stockholm 4. Juli 1674.

[Die Hoffnung auf Neutralität des Kurf. ist fast erloschen.]

14. Juli Übersendet ihm Vollmacht zu Subsidienverhandlungen mit dem Kurf., damit Frankreich sehen könne, daß er es an sich nicht habe fehlen lassen, um den Kurf. vom Anschluß an die Gegenpartei abzuhalten. Er hält freilich alles für vergebens. Denn der Kurf. würde seine Truppen nicht aus den Quartieren aufgeboten haben und selbst zu Felde gezogen sein, wenn er sich nicht mit einer Partei zur Tätlichkeit engagiert hätte.

Wie er vom Kaiserhof, aus Holland und sonst erfährt, erhält der Kurf. von Holland und Spanien Subsidien. Die Verhandlungen in Berlin dürften also nur amusements sein. Ein Teil der Minister soll von der Resolution des Kurf. nichts wissen, diese vielmehr mit Dörfling allein gefaßt sein.

Beobachtet W., daß ein verfänglicher Schluß obhanden ist, so soll er dem Kurf. und den Ministern vorstellen, daß solche Verhandlungen ohne Verständigung mit dem König gegen ihr Bündnis liefen, daß der Kurf. auf diesem Wege Frankreich nicht schwächen würde, und soll ihm raten, gerüstet ohne Tätlichkeiten stehenzubleiben. Zum Unterhalt der Armee habe der König ihm die geeigneten Mittel geboten.

Ist der Kurf. zur Neutralität bereit, so müßte W. zunächst mit dem Berliner französischen Gesandten wegen der Subsidien eine feste Abrede treffen.

„Weiln der Kurf. capabel gewest, von dem mit Uns geschlossenen foedere, sobald als es kaum geschlossen, abzugehen und demselben directe zu wideren zu handeln, so müssen Wir nicht ohnbillig befahren, daß er auch capabel sein könnte, sich gar zu einigen Widerwärtigkeiten gegen Uns verleiten zu lassen. Desfalls Wir auch so viel mehr Ursach haben, auf seine Ratschläge und actiones acht zu nehmen, deren sorgfältige Beobachtung Wir Euch nun hiemit gn. committiren und zu dem Ende gutfinden, daß Ihr dem Kurf. auf seinem fürhabenden march folget und Euch an gute Worte weiter nicht kehret, besondern anderer Gestalt Euch bemühet, zu erfahren, hinter den Grund ihres Fürnehmens zu kommen [1]).“ —

B. Ch. Wangelin an den König. D. Berlin 7. Juli 1674.

17. Juli Er beobachtet, daß man ihm nicht mehr alles sagt, offenbar in der Besorgnis, er könnte vertrauliche Mitteilungen zum Schaden des Kurf. an Frankreich weitergeben.

---

[1]) Vgl. Wimarson, a. a. O. Bd. 1 S. 56.

Der König an den Gesandten A. Lilliehöök in Polen. D. Stockholm 10. Juli 1674.

[Versuch, Polen gegen den Kaiser und Brandenburg zu gewinnen.]

— Vi hålla för alldeles nödigt, att denne konungs affection emot Oss på allt gjörligt sätt vinnas måtte, så att han kunde förmås till att formedelst en närmare förbindning vilja befästa med Oss och republiquen ett gement interesse. — 20. Juli
Ty såsom de författningar och allianeer, som så hos Kejsaren, som konungen af Danmark, Churf. af Brandeburg jämte andre förstar in imperio göras, vida utseende consilier betyga och Oss inråda till en tidig varsamhet, alltså är förmodeligt, att där man eljest varse blefve, att mellan Oss och Polen en alliance åtminstone under händerne vore till inbördes säkerhet och försvar . ., både Kejsaren och Brandeburg ja och Danmark, som icke behöfves att tvifla, att ju Polerne ännu veta vägen åt Hollsten. ., lärer därigenom märkeligen kunna studsas uti de vidrige desseiner, de efter all apparence i sinnet hafva[1]).

E. Pufendorf an B. E. Wangelin. D. Wien 12. Juli 1674.

Krockow hat verschiedenen gesagt, der Kurf. habe mit Holland geschlossen, 22. Juli
doch handle es sich nur um Aufrechterhaltung der großen Friedensschlüsse. Zu ihm selbst hat Krockow geäußert, „daß nunmehro unmöglich, Teutschland durch eine ordentliche Reichsverfassung zu retten, und man andere Mittel für die Hand nehmen müßte, Frankreich daraus zu bringen, als welches immer einen nach dem andern übern Haufen würfe, und den andern, die Gewalt mit Gewalt vertreiben wollten, menacirte, nicht anders, als wenn es schon ganz Teutschland unter seinen Füßen hätte". —

Konferenz zwischen Wangelin, Schwerin und Somnitz. Auf dem Schloß zu Cöln a. d. Spree 20. Juli 1674.

[Mitteilung, daß der Kurf. Kurpfalz beistehen werde. Vorwürfe gegen Schweden.]

Schwerin: Der Kurf. hat die unumgängliche Resolution fassen müssen, 30. Juli
Kurpfalz zu Hilfe zu kommen. Er teilt das dem Gesandten gemäß dem Bündnis mit und erwartet, der König werde gegen diesen Entschluß um so weniger einzuwenden haben, als auch ihm an der Erhaltung von Kurpfalz gelegen sein muß. „Wie Sie dann auch darauf nicht improbiren werden, daß nach solcher ergriffenen unumbgänglichen Resolution S. Churfl. Durchl. zu mehrer Dero Versicherung sich sowohl mit andern verbunden, als Sie es auch in dem Regard und zu desto besseren Cultivirunge aller Vertraulichkeit mit I. Kgl. Maj. zu Schweden gleicher Gestalt getan und zu dem Ende die jüngste Alliance aufgerichtet, worin S. Churfl.

[1]) Über diesen Versuch und sein Scheitern vgl. Urk. u. Akt. Bd. 19 S. 74 ff. Wimarson, a. a. O. Bd. 1 S. 63 f., 71.

Durchl. sich ausdrücklich reserviret, dem Reiche allemal zu assistiren, auch sonst Ihre mesures nach Ihres Staats-Gelegenheiten zu nehmen. Woraus denn erfolget, daß Sie sich auch zugleich die media vorbehalten, welche hiezu dienlich sein."

Die Traktaten mit Holland sind noch nicht voll abgeschlossen. Sobald es der Fall ist, werden sie dem Könige mitgeteilt werden. Der Kurf. wolle nicht unerinnert lassen, daß auch vom König solche Communication nicht erfolgt sei, „zu geschweigen der Correspondentien und des Tractirens, so mit Frankreich geschiehet, wovon gleichwohl das Geringste nicht communiciret wird".

Wangelin: Er sehe, der Kurf. werde sich nicht ändern. Wolle morgen etwas zu seiner Exculpation beibringen [1]).

B. Ch. Wangelin an den König. D. Berlin 21. Juli 1674.

[Der Entschluß des Kurf. zum Kriege.]

31. Juli Übersendet das Konferenzprotokoll vom Tag zuvor.

Der Entschluß zum Eintritt in den Krieg ist vom Kurf. selbständig gefaßt worden; die meisten Minister hätten eine Verständigung vorgezogen.

„Die Zeitunge, daß Polen mit dem Türken Frieden werde kriegen und daß auch E. Kgl. Maj. Armee in Pommern dergestalt aus Schweden verstärket werde [2]), beginnet Nachdenken zu machen, zumahln man dergleichen hier garnicht hat glauben wollen. Man gibt dem Feldmarschall Dörfling und dem Kanzler Somnitz Schuld, daß sie beide I. Churfl. Durchl. zu dieser Resolution gebracht. Herr Kanzler Jena ist nun wieder hier und stimmet garnicht mit dazu. So ist auch gewisse, daß der H. Baron Schwerin und andere mehr diese Sache nicht mit geraten [3])." —

B. Ch. Wangelin an O. v. Schwerin und Somnitz. D. [Berlin] 22. Juli 1674 [4]).

[Vorwürfe gegen den Kurf. Dessen Bündnis mit den Niederlanden. Harmlosigkeit der schwedisch-französischen Beziehungen.]

1. Aug. Befürchtet eine Trübung im Verhältnis des Königs zum Kurf. Wohl habe der Kurf. sich freie Hand zu des Reiches Wohlfahrt ausbedungen gehabt, aber es ist im Bündnis auch vereinbart, daß keiner der Paciscenten dergleichen weit aussehende Resolutionen nehmen, noch weniger Bündnisse schließen könne, ohne rechtzeitige Communication. Der Entschluß des Kurf. komme ihm um so unerwarteter, als dieser ihm stets gesagt hätte, er könnte dem König versichern, daß er

---

[1]) Vgl. Pufendorf, Lib. XII § 39, Urk. u. Akt. Bd. 20 S. 355 f.

[2]) Vgl. Urk. u. Akt. Bd. 14 S. 777 f.

[3]) Desgl. Bd. 20 S. 355 ff., Ribbeck in Forsch. z. brandenb. u. preuß. Gesch. Bd. 13 S. 48.

[4]) Geh. Staatsarchiv Berlin.

mit Holland, Spanien und Kaiser über dergleichen Dinge nicht verhandelt hätte und daß er seine Truppen nur zusammenzöge, um sie bei den jetzigen gefährlichen Conjuncturen zusammen zu haben. Als der Kurf. ihm von dem Entschluß, Kurpfalz beizustehen, Kenntnis gab, habe dieser schon so festgestanden, daß er nicht einmal auf kurze Zeit suspendirt werden konnte.

Achtienhoven habe am 8. Juli neuen Stils den Abschluß des Vertrages mit dem Kurf. gemeldet, den die Generalstaaten bereit seien zu communiciren. Die Korrespondenzen und Verhandlungen mit Brandenburg beträfen nur den Generalfrieden.

Protokoll der zwischen Schwerin, Somnitz und Wangelin am 27. Juli 1674 gehaltenen Konferenz.

Schwerin trägt vor: Der Vorwurf Wangelins, daß der Kurf. seinen Plan, Kurpfalz zu unterstützen, zu spät mitgeteilt habe, träfe nicht zu. Vielmehr sei bereits am 3./13. März und 1. 11. Mai[1]) Wangelin eine solche Anzeige gemacht worden. Alle Bemühungen des Kurf. um Fortsetzung der Friedensverhandlungen seien erfolglos gewesen. Sein jetziges Vorhaben diene der Wiederbringung des Friedens, nicht aber einem Sonderinteresse, könne also nicht gegen das Bündnis verstoßen. Vielmehr habe der Kurf. zum König das Vertrauen, er werde entsprechend seinen oft wiederholten Versicherungen, sich dem Reich nicht entziehen zu wollen, dieselbe Resolution ergreifen wie er und dadurch den Frieden befördern helfen. 6. Aug.

Bei Absendung Brandts sei es noch zweifelhaft gewesen, ob Frankreich den Kurf. wirklich zu einer solchen Resolution nötigen würde. Nur durch Brandts infolge von Krankheit verzögerte Reise sei die Überbringung der ihm aufgetragenen Mitteilungen hiervon verspätet worden.

Die Mitteilung des Vertrages mit Holland werde erfolgen, sobald dieser seine Perfektion erlangt habe.

Schließlich hoffe der Kurf., wenn Brandt seine Proposition abgelegt haben werde, werde der König seine Pläne billigen, dem Reich mit einer ansehnlichen Hilfe beistehen und das foedus beobachten, wozu auch der Kurf. beständig gewillt sei.

Wangelin nahm alles zum Bericht[2]).

Der Kurfürst an den König. D. Colonia ad Spream 27. Juli 1674.

Nach Beweisen großer Langmut haben die Reichsstände sich entschließen müssen, zu den Waffen zu greifen. In eo sumus, ut cum copiis Nostris eo confe- 6. Aug.

---

[1]) Vgl. oben S. 944 f.

[2]) Vgl. Pufendorf, Lib. XII § 39, Urk. u. Akt. Bd. 20 S. 356 f.

ramus, ubi necessitas ac periculorum magnitudo id exigit. Er vertraut darauf, daß der König piam hanc Nostram destinationem billigen und unterstützen werde.

Für seine Abwesenheit vertraut er dem König als seinem Bundesgensosen die Sorge für die Sicherheit seiner Lande an.

B. Ch. Wangelin an den König. D. Berlin 28. Juli 1674.

7. Aug. Der Kurf. hat bei ihm anfragen lassen, ob er ihn ins Feld begleiten würde. Er hat sich mit Mangel an Instruktion entschuldigt. Die gleiche Frage ist an den kaiserlichen und an den spanischen Gesandten ergangen, nicht aber an den französischen, der sich aber anschickt, mitzugehen, bis es ihm direkt verboten wird [1]).

B. Ch. Wangelin an den Kurfürsten. D. Berlin 31. Juli 1674 [2]).

[Versuch, den Kurf. zu einer neutralen Haltung zu bewegen.]

10. Aug. Der König habe ihm befohlen, dem Kurf. vorzutragen, er habe von allen Orten gehört, der Kurf. wolle mit seiner Armee ins Reich und gegen Frankreich vorgehen, habe auch mit Spanien und Holland ein Bündnis. Nach den Versicherungen des Kurf. hätte der König gehofft, er würde neutral bleiben und sich noch näher mit ihm zusammensetzen. Um so unerwarteter komme ihm dessen jetziger Entschluß. Er meine, es läge im Interesse des gemeinen Wesens, seines eigenen Staats und seiner Verbündeten, wenn der Kurf. mit seiner Armee gleichsam auf der Wache für die gemeine Wohlfahrt stehen würde. Er wiederhole hiermit das Subsidienangebot in der Hoffnung, auf diese Weise dem Frieden zu dienen. Der König von Frankreich habe in Stockholm versichern lassen, daß er einen allgemeinen Frieden wünsche. Der Kurf. möchte daher ein Verbleiben in der Neutralität erwägen und künftig entsprechend dem Bündnis wichtige Fragen zeitig genug mitteilen.

Resolution des Kurfürsten an Wangelin. D. Cöln 1. August 1674 [3]).

(Auf das Schreiben vom 31. Juli/10. August.)

[Annahme schwedischer Subsidien abgelehnt.]

11. Aug. Wenn Brandt erst seine Proposition abgelegt hat, würde der König sich wahrscheinlich dem Reichsconclusum anschließen und die Ruhe im Reich wiederherstellen helfen.

---

[1]) Wangelin verließ Berlin am 24. August / 3. September und ging ins kurfl. Hauptquartier.

[2]) Geh. Staatsarchiv Berlin. — Vgl. Pufendorf Lib. XII § 41, Urk. u. Akt. Bd. 20 S. 359.

[3]) Geh. Staatsarchiv Berlin. — Vgl. Pufendorf, Lib. XII § 41.

Betreffend die Neutralität habe der Kurf. bei allen Verhandlungen, so auch bei den Konferenzen mit dem französischen Gesandten, erklärt, daß er sich dazu nicht verstehen könnte, solange das Reich in Gefahr wäre; noch weniger könnte er sich vom Reich trennen.

Wegen der Subsidien habe man sich nicht in Unterhandlungen eingelassen in der Annahme, daß diese von Frankreich herkommen sollten. Nur aus Respekt gegen den König von Schweden seien Verhandlungen hierüber nicht einfach abgelehnt worden [1]).

Reichsratsprotokoll 1. August 1674.

[Verhandlungen mit dem spanischen, holländischen und brandenburgischen Gesandten.]

Der Reichskanzler berichtete über ein Gespräch mit dem spanischen Gesandten de Nunez, der urgierte, att E. Maj. borde assistera Churbrandenburg, om fursten af Hannover ville förvägra honom marchen genom sitt land [2]),.. sägandes, att man i vidrigt fall vorde sig förseendes emot hela Imperium. 11. Aug.

Der Reichskanzler habe betont, daß Schweden sich vielmehr um Erhaltung des Friedens bemühen wollte. Nunez habe darauf ersucht, man sollte Hannover nicht zu Hilfe kommen, falls Brandenburg toge marchen igenom dess land, ty om vi det gjorde, så vore la guerre declarée emot oss både af l'empereur, l'Espagne, Danmarc och Holland, särdeles emedan Churbrandenburg intet annat vorde sökandes än innoxium transitum.

Ego: Om man kunde vara säker, att Churbrandenburg intet annat sökte än innoxium transitum, så hade man intet att säga. Man kunde icke heller gifva Brandeburg någon större säkerhet än genom en tractat, den vi och redan hade slutit med bem. Churf. Men vi såge, huru det vore gått med Darmstadt, man hade det och låfvat innoxium transitum och nu vore det ruinerat.

Ille: Ja, om Churbrandenburg intet får, så tager han sig transitum.

Ego: Ja, så slå vi honom på hufvudet.

Ille: Så lärer Holland komma med sin flotta och spärra eder in, så att icke ett skepp kommer ut, ...

Ego: Om Holland kommer med sin flotta, menar H. Envoyén, att resten af Europa sådant lärer tåla, namentlich England, das ohnehin mit Holland in gespanntem Verhältnis stehe? Detta var innehållet af conferencen med Comte de Nunez. —

Der Reichskanzler sprach dann über eine Unterhaltung mit dem holländischen Gesandten Schaep, der sich über die schwedischen Rüstungen sehr beunruhigt zeigte. Er habe ihm erklärt, es handle sich dabei nur darum, daß

---

[1]) Vgl. oben S. 957 f.

[2]) Vgl. Urk. u. Akt. Bd. 14 S. 781 f., Bd. 17 S. 333 f., Bd. 20 S. 360 f., Wimarson, a. a. O. Bd. 1 S. 75, Prutz in Forsch. z. brandenb. u. preuß. Gesch. Bd. 12 S. 172 ff., Regelmeier, Beziehungen der Fürsten Nordwestdeutschlands zu Frankreich und den nordischen Seemächten 1674—1676 S. 13.

Schweden die Mediation nachdrücklicher betreiben wolle. Schaep erklärte darauf, att om vi attaquera någon af Hollands allierade, så vill Holland gå löst på oss. . .

H. Riksdrotsen[1]): Envoyén Schaep har talt med mig på samma sätt som med H. Rikskanzlern. Jag remonstrerade honom, att Churbrandeburg intet behöfde marchera genom Hannover. —

Er setzte dann auseinander, daß Schweden am besten täte, sich mit England zu verständigen[2]).

Darauf berichtete Johann Gyllenstierna[3]) über die Konferenz, die er, der Kanzleirat Örnstet und der Staatssekretär Hoghusen mit Brandt gehalten hätten[4]). Dieser habe vorgetragen, daß der Kurf. hade måst armera samt sluta med Kejsaren, Holland och deras allierade, till hvilken resolution honom förnämligen efterföljande orsaker hade bevekt, nämligen

1. Att Kejsaren hade låtit utgå mandata till alla Status Imperii, att de honom krigshjälp skicka skulle;
2. Ständerne hade på Riksdagen sig förent emot konungen i Frankryke,
3. Churfurstarne sig sammansatt att hjälpa hvarannan,
4. Mareschal de Turenne hotat, att attaquera några status.

Desse skäl hade förorsakat Churf., att sätta sig uti en considerable författning, så och att taga emot penningar af Holland, emedan hans egna medel intet försloge till alla vid sådant tillfälle nödige utgifter. Han förhoppades, att E. Maj. med denna resolution vore väl till freds, aldenstund E. Maj. sökte och alltid hade sökt conservationem pacis Westphalicae, och han, Churf., intenderade intet annat, än att assistera Churtrier och Churpfalz, vetandes, att om han intet toge sig desse Churfurstarne an, torde honom samma olycka öfvergå, som de nu äre råkade uti.

Brandt habe dann erwähnt, daß er dem Reichskanzler gesagt hätte, der Kurf. müßte durch Hannover marschieren, gleichgiltig ob er an den Oberoder an den Niederrhein wollte. Han begärde och intet annat än en innoxium transitum, ty ehuruväl han väl visste, att Hannover hade tagit frantzöske penningar, så ville Churf. likväl i anseende till E. Maj. intet röra honom.

H. Rikskanslern: Jag har emot alla gifvit den förklaringen, att emot innoxium transitum hade vi intet att säga. —

H. Johann Gyllenstierna: — Sist när han gick bort, sade han. Churf. marscherar nu bort och lämnar sitt land blått, hoppas, att hafva till att förse sig allt gått till E. Maj. —

H. Rikskanslern .. tycker bäst vara, att Cancelliecollegium sig företager den sist med Churbrandeburg slutne tractaten, tillseendes, om och hvad Churf. däremot handlat hafver, så och af hvad importence det vara kan, och om man något därom skall röra eller och låta't så passera och skrifva 't på en kipp, att

[1]) Graf Per Brahe.
[2]) Vgl. Pufendorf, Lib. XII § 54.
[3]) Reichsrat Graf Johann Gyllenstierna.
[4]) Vgl. Urk. u. Akt. Bd. 17 S. 333 f.

han så skall få sluta och excusera sitt brått allenast med ett bref, det tycker nästan vara för E. Maj. disreputerligt.

Resolverades efter denna meningen. —

B. Ch. Wangelin an den König. D. Berlin 4. August 1674.

Gemäß dem Schreiben des Königs vom 4. Juli hat er den Kurf. gebeten, neutral zu bleiben; der Kurf. hat erwidert, daß sein Gesandter Brandt dem König alle zufriedenstellende Aufklärung geben werde. 14. Aug.

Aus Holland sind 100.000 Rth. angelangt; die gleiche Summe hat Spanien zugesagt.

Der französische Gesandte hat nach einigem Sträuben gemäß dem Wunsch des Kurf. Abschiedsaudienz genommen [1]).

Ch. v. Brandt an den König. D. Stockholm 12. August 1674.

[Der Kurf. unterstützt Kurpfalz entsprechend dem Reichsbeschluß und möchte wünschen, daß Schweden sich daran beteiligt. Sein Ziel ist Herbeiführung des Friedens.]

Wangelin habe bei den Verhandlungen meist defectum mandati vorgeschützt, so namentlich in der Kurpfälzer Frage. Der Kurf. hat sich daher entschlossen, Kurpfalz zu Hilfe zu kommen und seine früheren Bündnisse mit dem Kaiser und den Niederlanden zu erneuern, auch mit Spanien ein Abkommen zu treffen. 22. Aug.

Der Kurf. hofft, der König werde hiermit einverstanden sein; die Bündnißverträge würden ihm nach erfolgter Ratifikation mitgeteilt werden.

Der Kurf. kann sich der beschlossenen Reichshilfe nicht entziehen. Da diese aber nur langsam zusammenkommt, wird er, damit seine Unterstützung wirksam ist, Kurpfalz mit gesamter Macht helfen.

Das Ziel des Kurf. bei diesem Vorgehen ist Herbeiführung des Friedens. Es wäre ihm das Liebste, wenn der König seine in Bremen und Pommern stehenden Truppen mit den seinigen zur Verteidigung des Rheins vereinigen würde. Doch wisse er nicht, ob dieser infolge Übernahme der Mediation oder durch sein Bündnis mit Frankreich daran verhindert sei. In diesem Fall möchte er jedoch nicht die Stellung seines Reichskontingents unterlassen.

Ch. v. Brandt an den König. D. Stockholm 12. August 1674.

[Unterstützung Polens im Türkenkrieg.]

Obwohl Polen einen tapferen, kriegserfahrenen König hat, so steht der Kurf. 22. Aug. wegen der diesem Reich drohenden Türkengefahr doch in großer Sorge und würde

[1]) Vgl. Urk. u. Akt. Bd. 20 S. 361. — D. Berlin 12. August 1674 berichtet W., 22. Aug. der Kurf. sei vor 2 Tagen von Potsdam aufgebrochen.

mit dem König darüber gern vertrauliche Korrespondenz pflegen. Jedoch würde es die polnischen proceres mißtrauisch machen, wenn auswärtige Potentaten zu ihrer Assistenz etwas schließen würden, da ihnen die frühere Korrespondenz zwischen König und Kurf. hierüber schon verdächtig vorgekommen sei. Es wäre also wohl am besten, abzuwarten, ob Polen sie um Hilfe bittet, wovon der Kurf. dem König vertrauliche Nachricht geben würde.

Der König an den Herzog von Hannover. D. Stockholm 12. August 1674 [1]).

[Zusage des Beistandes, falls der Kurf. den Durchmarsch durch Hannover erzwingen will.]

22. Aug. Der Herzog habe ihm am 28. Juli geschrieben: Der Kurf. begehre für seine Armee den Durchzug durch Hannover trotz seinen Gegenvorstellungen, daß das Land dadurch ruiniert würde, daß er ihn daher um die Hilfe bitte, die in ihrem kürzlich aufgerichteten Bündnis [2]) festgesetzt sei.

Der König halte sich für verpflichtet, seine Zusagen zu erfüllen und wiederhole jetzt die Orders an seine Generale in Deutschland, die er wegen eilfertiger Leistung des Entsatzes ihnen schon wiederholt früher gegeben habe. Der Herzog möchte sich mit dem Feldmarschall [3]) in Verbindung setzen und sich seines Entsatzes bedienen, wie die Notdurft und das Bündnis erfordern. „Allhier haben Wir es dem churbrandenburg. Abgesandten Brandt dürr unter Augen sagen lassen, daß Wir solche E. Ld. Beeinträchtigung nicht dulden könnten, besondern Ihro dawider in Kraft des mit Ihr habenden Bündnisses mit allem dem zu Hilfe kommen müssen, so nur immer in Unserm Vermögen wäre. Er hat über sich genommen, diese Unsere Declaration zu berichten und dem Churf. von aller Gewalt abzuraten.“ —

Déclaration donnée par les Commissaires de Sa Maj. de Suède à l'Ambassadeur de France. D. Stockholm 10. September 1674 [4]).

[Offizielle Mitteilung vom bevorstehenden Angriff auf Brandenburg, Celle und Wolfenbüttel.]

20. Sept. Nous soubsignés certifions à la réquisition et pour la décharge de Mr. l'ambassadeur .. de Feuquières, qu'il a plu au Roy nostre maistre en vertu du traité avec S. M. très Christ. de l'année 1672, de donner des ordres précis à son armée en Allemagne, d'entrer dans les Estats de Mr. l'Électeur de Brandenbourg et

---

[1]) Vgl. oben S. 965.

[2]) Vgl. Koecher, a. a. O. Bd. 2 S. 330 f., Regelmeier, a. a. O. S. 13, Prutz in Forsch. z. brandenb. u. preuß. Gesch. Bd. 12 S. 171.

[3]) Freiherr Simon von Helmfeld; vgl. Regelmeier, a. a. O. S. 13.

[4]) Vgl. Wimarson, a. a. O. Bd. 1 S. 81.

des princes de Zelle et Wolfenbeutel et d'agir hostilement contre eux, comme ayant directement contrevenu aux traités de Westphalie. Ce qui sera par telle raison exécuté six semaines après l'arrivée de Mr. le Connétable[1]) en Allemagne, le quel part dès à présent, de quoy nous donnons cette promesse au dit ambassadeur par ordre du Roy, moyenant, que la France paye d'à présent cent milles escus en espèce. —

Nicolaus Brahe, Joh. Gyldenstierna, Edm. Gripenhielm, Gustaf Adolf de la Gardie.

Protokoll der Konferenz zwischen Wangelin und Somnitz. D. Hauptquartier Markelstein 14. September 1674 [2]).

Somnitz: Dem Kurf. sei hinterbracht, daß der französische Gesandte am 17. August feierlich vom König empfangen sei und in seiner Proposition gefordert habe, ihm zu assistiren promptement de ses armes contre l'Électeur de Brandenburg en vertu des traités, dont le cas est arrivé. Der Kurf. entsinne sich der Versicherungen Wangelins, daß eine solche Allianz nicht vorläge, und bäte daher um Aufklärung. 24. Sept.

Wangelin: Er wisse von keiner solchen Allianz.

Somnitz: Falls dem Kurf. etwas Widriges in seinen Landen zustoßen sollte, erwarte er die Assistenz gemäß dem Bündnis.

Wangelin: Der König habe Beweise davon gegeben, wie hoch er das gute Vertrauen mit dem Kurf. schätze und wolle dieses auch weiter befestigen.

Der König an den Reichsfeldherrn Graf K. G. Wrangel. D. Stockholm 16. September 1674 [3]).

[Der König ist zum Kriege gegen den Kurf. entschlossen, verschiebt dessen Eröffnung aber, bis er wegen der Erneuerung des Bündnisses mit Frankreich, wegen Abschluß des Bündnisses mit England und wegen der Haltung Hannovers Klarheit hat.]

Wrangel habe der Senatsitzung beigewohnt, die über Frankreichs Hilfegesuch beriet und entschied, da der Kurf. durch die Holland geleistete Hilfe den Westfäl. Frieden gebrochen habe, sei der casus foederis gegeben, wofern der Kurf. nicht auf eine ernstliche Ermahnung des Königs seine Armee zurückzieht. 26. Sept.

Feuquières habe verlangt, daß er sich auch gegen den Kaiser erklärt, aber Subsidien habe er nicht gegeben. Bevor er sich weiter einläßt, muß er sich namentlich darum sichern, weil sein Bündnis mit Frankreich im April endet.

---

[1]) Reichsfeldherr Graf Karl Gustav Wrangel.

[2]) Geh. Staatsarchiv Berlin. — Vgl. Pufendorf, Lib. XII § 53, Urk. u. Akt. Bd. 13 S. 630.

[3]) Vgl. Wimarson, a. a. O. Bd. 1 S. 78.

Der König verbleibt vid den föresagde emot Churf. tagne resolution ferm och oföränderlig, men finner likväl därhos nödigt, att suspendera des effect och fullbordan, till des Kgl. Maj. kan

1. sluta på nytt med Frankrike om det, som vid begynnelsen af ett så svårt krig och dess success och utgång kan vara mycket långvarachtigt och dubieust, vara nödigt och gagneligt;

2. fullborda den nu med Engeland påbegynte tractaten och förvänta därigenom enkannerlig till sjös något bistånd [1]) och

3. få utaf Hannovers förehafvande, nämligen om samma hertig skulle vara resolverat att conjungera sina vapn med Kgl. Majs. armee contra quoscumque etiam in imperio, någon säkerhet.

Och efter Kgl. Maj. om allt sådant allaredo sina ministrar hafver beordrat och står uti det hoppet, att kunna uti ett par månader nå därutinnan en behörig riktighet och gripa dårefter verkligen till vapnen, så drager Kgl. Maj. till H. Riksfältherrn den nådigste tillförsikt, att han nu utan dröjsmål lär anträda den resan till Tyskland.

Die Kammer wird zunächst für den Unterhalt der Truppen sorgen. Doch hofft der König, Frankreich werde nun die Subsidien bezahlen und därmed Kgl. Maj. de medel fournera, hvilke till armeens närvarande subsistence och tillkommande operation behöfvas. —

Instruktion für Kanzleirat Freiherr Karl Bonde bei seiner Sendung nach Paris. D. Stockholm 17. September 1674 [2]).

[Forderung pünktlicher Subsidienzahlung. Feuquières fordere den Beginn der schwedischen Feindseligkeiten.]

27. Sept. Der König erwähnt, daß seinerzeit die von ihm in Pommern und Bremen getroffenen militärischen Vorbereitungen mit zur Trennung des Kurf. vom Kaiser beigetragen haben. Bei der jetzigen Haltung von Churbrandenburg, Celle und Wolfenbüttel casus foederis cum Gallia för handen synes vara; der König verstärke die Truppen in seinen deutschen Provinzen, bitte aber auch um pünktliche Subsidienzahlung. Er habe Feuquières erklärt, att vilja med vapn gå emot Churbrandenburgs och hertigarnes af Lüneburg desseiner, han, de Feuquières, likväl förmenar, icke kunna eller böra sig därmed förnöja, utan en verklig invasion och på en eller annan ort attaque och infestation yrkas.

Der König an den Reichsfeldherrn Graf K. G. Wrangel. D. Stockholm 20. September 1674.

[Befehl zum Beginn der Feindseligkeiten gegen den Kurf.]

30. Sept. Das ihm neulich übergebene Memorial werde dahin geändert, daß Wrangel

[1]) Vgl. Wimarson, a. a. O. Bd. 1 S. 79 f.

[2]) Desgl. S. 78 f.

entsprechend einer jetzt dem französischen Gesandten gegebenen Erklärung 6 Wochen nach seiner Ankunft in Pommern „gegen Churbrandenburg feindlich agiren“ soll. Der König hofft, „daß Wir währender Zeit Unsere Intention, umb mit Frankreich und Engelland weiter zu schließen und von Hannovers Fürhaben nähere Nachricht zu bekommen, werden erreichen und Unsere nötige mesures darnach nehmen und einrichten können“ [1]). —

B. Ch. Wangelin an den König. D. Straßburg 3. Oktober 1674.

Zuletzt hat er das Schreiben des Königs vom 15. August erhalten und vermutet, dieser werde auch weiter seine Rückkehr wünschen. Er hat daher durch Somnitz um Abschiedsaudienz gebeten. Der Kurf. hat die Hoffnung ausgedrückt, daß seine Rückberufung aus keiner widerlichen Ursache erfolge oder die Aufhebung ihres Bündnisses bedeute; er habe nicht anders handeln können, als es geschehen sei. Es sei gut, daß er und Lüneburg dabei wären, so könnten sie mäßigend auf den Kaiser und auf Spanien einwirken. 13. Okt.

Konferenz in Straßburg zwischen Wangelin und Somnitz am 5. Oktober 1674.

Somnitz: Der Kurfürst habe ihn beauftragt, mit Wangelin anläßlich seines Weggangs über verschiedene Punkte zu konferieren: 15. Okt.

Die neuen Traktaten seien noch nicht ratifiziert und daher noch nicht mitgeteilt. Der Kurf. empfehle das bedrängte Teutschland dem aus hohem teutschen fürstl. Geblüt entsprungenen König. Er erfahre, Frankreich bemühe sich in Stockholm, offenbare Feindschaft zwischen ihm und dem König zu stiften; er hoffe, daß es dazu niemals kommen werde.

Wangelin: Bedauert, daß der Kurf. dem König von den Verhandlungen mit Holland und Spanien nicht vor deren Beginn Mitteilung gemacht hat. Was der französische Gesandte in Stockholm verhandle, wisse er nicht. Doch könne der Kurf. sicher sein, daß der König nicht von der Freundschaft mit ihm abstehen würde, solange er selbst daran festhielte.

B. Ch. Wangelin an den König. D. Durlach 10. Oktober 1674.

Der Kurf. hat ihn am 4. [14.] mit den gewöhnlichen Zeremonien in Abschiedsaudienz empfangen. Der Kurf. sagte ihm, er hätte sich zur Teilnahme am Krieg entschlossen, um Spanien zu mäßigeren Friedensforderungen zu bringen; wäre das nicht möglich, so könne Spanien allein weiter kämpfen; an eine Niederwerfung Frankreichs denke er nicht. Er sei dafür, daß Frankreich Maastricht 20. Okt.

[1]) Vgl. Wimarson, a. a. O. Bd. 1 S. 83.

und Charleroi an Spanien zurückgebe oder wenigstens rasierte, was W. als ausgeschlossen bezeichnet hat.

Der König an den Kurfürsten. D. Stockholm 10. Oktober 1674 [1]).

[Aufforderung zur Einstellung der Feindseligkeiten gegen Frankreich.]

20. Okt. Unter Bezugnahme auf den Brief des Kurf. vom 30. Juni und auf Wangelins Berichte fordert er den Kurf. auf, arma Sua retinere ac sistere potiusque imitando Nostram huic et alteri parti factam atque a Cels.^{ine} V.^{a} El.^{li} saepius comprobatam declarationem, quod nempe exercitum Nostrum asserendi pacem et iis Nos opponendi, qui illam nollent aequam, honestam ac universalem, paratum haberemus, Se et dicta Sua arma eidem scopo nimirum recuperandae quieti .. reservare, quam Se partibus belligerantibus iungendo reddere illam omnino incurabilem. Sunt illa vota tanto magis Nobis cura cordique, cum ea non solum arbitremur publico bono et saluberrimo pacis negotio unice salutaria, verum quod alias inter sacrum et saxum, ut aiunt, constituti, hoc est inter periculum amittendae prorsus, quam cum Cels.^{ine} V.^{a} El.^{li}, qua pacem procurandam coluimus hactenus, bonae correspondentiae et inter necessitatem servandae fidei, quam leges Westphalicae pacis exigunt, et cuius sinceram et debitam observantiam Nos, uti Cel.^{nem} V.^{am} El.^{lem} per expressam ablegationem certiorem fecimus, regi Galliarum per singulare quoddam foedus denuo stipulati sumus. —

Haec est, quae nos potissimum movit ratio, quod tam anxie novum cum Cels.^{ine} V.^{a} El.^{li} desideravimus amicitiae et sincerae correspondentiae vinculum, ut eo utrinque ligati non possemus facile seiungere Nostra consilia ad diversum, quam promotionem pacis tendere scopum et exinde prolabi in eas, quae publico et Nostro utriusque commodo aliquatenus obesse possent resolutiones. Er hofft, der Kurf. werde seine Pläne ad metam pacis dirigieren.

Der König an den Reichsfeldherrn Graf K. G. Wrangel. D. Stockholm 24. Oktober 1674 [2]).

[Der Beginn der Feindseligkeiten gegen Brandenburg ist hinzuhalten, bis über Hannovers und namentlich über Dänemarks Haltung Klarheit gewonnen ist. Wäre Dänemark zuerst anzugreifen?]

3. Nov. Mitteilung von Truppensendungen nach Pommern. Gott möge zu dem „intendirenden Fürnehmen Glück und Segen verleihen. Damit aber der Churf. vorher wissen möge, daß Wir mit seiner gegen den Westpäl. Frieden und Unsere mit ihm aufgerichte Bündnis genommenen Entschließung nicht zufrieden, besondern dieselbe mit Fug und Recht zu ahnden haben, so haben Wir beigehendes Schrei-

[1]) Vgl. Pufendorf, Lib. XII § 58, Wimarson, a. a. O. Bd. 1 S. 88 f., 307.

[2]) Vgl. Wimarson, a. a. O. Bd. 1 S. 93 und 306 ff.

ben[1]) an ihn abgehen lassen ... Und werdet Ihr solch Schreiben dem Obersten Wangelin, sobald Ihr urteilet, daß es nach Eurer gemachten Anstalt dienen will, zusenden, umb daß er es dem Churf. übergeben und damit zugleich seinen Abschied nehmen .. möge. —

Nächst diesem werden Wir eine völlige Iustification unsers Fürnehmens in Form eines Manifests herausgeben und bevorab den Reichsständen zu Regensburg fürstellen lassen, damit jedermann sehen möge, daß Wir diese Entschließung nicht zu Frankreichs Faveur, besondern Unsers und des gemeinen Interesse halber genommen." —

Wrangel soll sich vergewissern, ob und welchen Beistand er von Hannover zu erwarten hat[2]). „Währender Zeit nun, daß Ihr davon die verlangende Sicherheit haben und dann auch in der Anstalt fertig werden könnet, die Ihr zu der bevorstehenden Kriegesexpedition nötig habet", werde der König sich durch eine Gesandtschaft nach Dänemark Klarheit über dessen Haltung holen[3]). Wrangel soll sich dazu äußern, „ob Wir nicht, im Fall Wir von Dänemark keine vergnügliche und eine solche Antwort, darin Wir gnugsame Securitet haben, .. erlangeten, besser täten, daß Wir zufoderst Dänemark angriffen und selbes zur Raison brächten, bevor Wir die Entschließung wider den Churf., die Ihr desfalls auch bis zu dieser aus Dänemark erfolgenden Antwort aufschieben werdet, effectuirten, gestalten jenes mit weniger Gefahr und zu mehrem Aufnehmen der Armee als dieses fürgenommen werden zu können scheinet. Und ist der französische Ambassadeur in einer mit ihm darüber gestern gehaltenen conference selbiger Meinung gewest"[4]). —

Reichsratsprotokoll 26. Oktober 1674[5]).

[Da Frankreichs militärische Lage sich gebessert hat und die allgemeine Neigung zum Frieden wächst, da Schweden ferner isoliert sein kann, soll mit kriegerischem Vorgehen gewartet werden, bis man über Dänemarks Haltung unterrichtet ist.]

Der Reichskanzler: Er bedauert, daß man nicht schon im vergangenen Jahr gerüstet habe als Köln, Münster und England mit Frankreich vereinigt waren, und bevor das ganze Reich sich gegen dieses zusammengeschlossen hatte, så och förrän Frankrike hade föröfvat flera exorbitantier emot instrumentum pacis och emot de Evangeliska. 5. Nov.

[1]) Das vorstehende Schreiben vom 10./20. Oktober.

[2]) Vgl. Wimarson, a. a. O. Bd. 1 S. 84 ff., Regelmeier, a. a. O. S. 14 f.

[3]) Nach Kopenhagen ging Reichsrat Graf Nils Brahe, vgl. Wimarson, Bd. 1 S. 93 ff., 101 ff.

[4]) Diesen Befehl zum Aufschub des Vorgehens gegen Brandenburg wiederholt der König, freilich mit einer bedeutungsvollen Einschränkung, D. Stockholm 14. November: „Welchen Aufschub, wann res integra und die Völker annoch in ihren vorigen Quartieren stünden, Wir aufs sorgfältigste Euch hiemit nochmaln erinnern"; vgl. Wimarson in Hist. Tidskrift Bd. 40 S. 28.

[5]) Vgl. Wimarson, Sveriges krig Bd. 1 S. 94 f., 297 ff.

Zwei Befürchtungen, die man damals hegte, sind nicht eingetroffen: Einmal bestand die Gefahr, daß Frankreich und England Holland vernichten och England draga dominium maris och commerciorum till sig allena, helst emedan den engelska nations genius mycket inclinerar till att sträfva efter ett sådant absolute välde och coniuncturerne en sådan dessein mycket favorisera syntes. Allein Holland habe solche Erfolge gehabt, daß die Entscheidung über den Frieden in seiner Hand zu liegen scheine. Sodann fürchtete man, daß Frankreich von seinen vielen Feinden måtte alldeles blifva accablerat. Das habe der König nicht wünschen können ob aequilibrium in Europa, ferner weil Schweden seit Gustav I. mit Frankreich befreundet sei, endlich nicht als Garant des westfälischen Friedens. Inzwischen hat sich gezeigt, daß die Gefahr für Frankreich nicht so groß ist, wie man noch vor einigen Wochen gefürchtet hätte. So hätte Schweden also weniger Grund zur Aktion als damals. Aber inzwischen habe der französische Ambassadeur folgendes vorgestellt: Da der Kurf. nun zum zweiten Mal mit seinem König bricht, erwartet dieser von Schweden verklig secours. Såsom ambassadeuren detta repraesenterade, så blef och detta hans anbringande med flit öfverlagt, och ändtlig resolverade E. Maj., att så snart Feldherren kunde komma öfver till Pommern och få troupperne tillhopa, skulle han söka att komma Churf. till att taga andra mesures. Men nu frågas, om det är rådligt, att Feldherren utan att reflectera på någon ting och utan att se sig för vidare, strax skall i följe af första ordren gå lös på Churf., oachtat så väl allt annat som i synnerhet, att hela Imperium lärer strax förklara sig emot oss.

Es fragt sich, ob Schweden losschlagen solle, obgleich seine diplomatische Lage noch ungeklärt ist und es namentlich unsicher ist, ob Hannover mit ihm zusammengeht; unter Umständen steht Schweden allein und seine Provinzen werden nach Schluß der Campagne von 40—50 000 Mann angegriffen.

Der Reichsadmiral[1]) hält einen Bruch für um so bedenklicher, als jetzt alle zum Frieden inklinieren.

Der Reichskanzler: Neigt Österreich zum Frieden, so war alle von Schweden aufgewandte Mühe für die Vermittlung umsonst, falls es jetzt bricht. Zudem wartet Dänemark nur darauf, Schweden in den Rücken zu fallen, falls es etwas in Deutschland beginnt.

Aber wenn es vielleicht auch gelingt, Dänemark mit französischem Gelde in Frieden zu halten, so bleiben doch die großen Kosten des Krieges übrig; auch Rußland könnte vorgehen.

Graf Nils Brahe fragte, warum jetzt die dem Feldherrn erteilten Befehle verändert werden sollten.

Der Reichskanzler: Weil Frankreichs militärische Lage sich seither gebessert habe und weil Aussicht auf Frieden bestünde.

Graf Nils Brahe: Men hvad lärer Gallus säga om denne vår conduite?

H. Rikskanslern resp.: 1. Man behöfver intet säga Frantzosen annat, än det man redan hafver sagt, sufficit, att vi göre det, som rätt är, och att han intet

---

[1]) Graf Gustaf Otto Stenbock.

med skäl kan beskylla oss. 2. Jag vill svara, som man vet Academien plägar säga: Amicus Plato, amicus Aristoteles, sed tamen magis amicus veritas. Alltså bör oss fuller Gallus vara kär, men vårt eget interesse kärast... 3. Ambassadeuren har självf sagt, att om Hannover sig intet förklarade för Gallia och Danmark intet ville sitta stilla, så ville han intet begära af oss, det vi skulle bryta, och fast om han det intet hade sagt, så vet han, att det var en condicio sine qua non, uppå hvilken pacta slötes. Och om han begärde, att vi allena skulle taga uppå oss all faran, så vore han den iniusteste i världen. —

Der König stimmt dem Vorschlag des Reichskanzlers bei, daß Wrangel sich zunächst auf praeparatoria beschränken soll, und daß durch eine Gesandtschaft Gewißheit über Dänemarks Haltung einzuholen ist.

Der König an den Reichsfeldherrn Graf K. G. Wrangel. D. Stockholm 29. Oktober 1674 [1]).

[Der Beginn der Feindseligkeiten ist bis zur Klärung der Haltung Dänemarks um so mehr zu verschieben, als das neue Bündnis mit England nicht Schwedens Erwartungen entspricht.]

Bevor die Feindseligkeiten gegen den Churf. begonnen werden können, muß über Dänemarks Haltung Klarheit gewonnen werden, wenn Schweden nicht in noch sehr viel größere Gefahr gebracht werden soll, als jeder Krieg sie mit sich bringt. Zu diesem Zweck geht Graf Nils Brahe nach Kopenhagen. Gibt Dänemark keine ausreichend beruhigende Erklärung, så kunne Vi intet annat se och befinna, än att det är för Oss icke allenast orådeligt, utan alldeles ogörligt, att Vi nu skulle bryta med Churf. af Brandenburg och per consequens cum toto Imperio och lämna en sådan considerable och viss fiende Eder på ryggen, utan att Vi densamma igenom Våre vapen, och så länge dess allierade ännu annorstedes äre occuperade, måste bringa till den estat, att han Oss därefter icke kan så lätt skada, utan Vi nogsamt kunde vara för honom försäkrade. — 8. Nov.

P. S. Der eben von Per Sparre eingegangene neue Bündnisvertrag mit England [2]) gibt Schweden nicht die erwartete Sicherheit. Wrangel werde nun wohl selbst dafür sein, att Vi verket, om Vi Oss däruti icke vele fördjupa och styrta utan vänner och support uti den största faran, med omsorg och försiktighet hantera, och den Eder förr committerade operationen emot Churbrandenburg nu så länge differera måste, till dess Vi igenom den legationen.. konungen i Dannemarck antingen till en säker neutralitet kunna disponera eller och, blifvandes förvissat om hans vidrige och till en ruptur med Oss ansedde dessein, förmedelst Guds bistånd och våre vapn honom till raison bringa. —

---

[1]) Vgl. Wimarson, Sveriges krig Bd. 1 S. 95 ff., 309 ff.

[2]) Desgl. S. 90.

Der Reichsfeldherr Graf K. G. Wrangel an den König. D. Wrangelsburg 14. November 1674[1]).

(Auf die Verfügung vom 24. Oktober / 3. November.)

[Mangel an Lebensmitteln nötigt ihn zum Beginn der Feindseligkeiten am 1. Dezember.]

24. Nov. Die Truppen aus Bremen sind im Marsch und auch sonst alle Anstalten zur Erfüllung der Intention getroffen; er ist bereits „in provinctu, mit allen trouppen auf das rendez-vous zu rücken". Bei der großen Truppenmenge ist das Futter im Lande schier aufgezehrt, so daß die Landleute schon ihr Vieh veräußern; nun kommen noch die Bremer Truppen dazu. Unter Offizieren und Gemeinen herrscht große Armut. „Weshalben denn der Meinung sein muß, daß weiln die wahre Not es erfordert, andere Quartiere zu suchen, als mit welcher Hoffnung man bis dato noch die notleidende und dahero bereits unwillige Milice bei guten humeur erhalten, man also bei der einmal gefasseten Resolution verbleiben und in Gottes Namen darnach die actiones anstellen muß. —

Bei Erwägung aller unumbgänglichen Ursachen denn entschlossen, nächst göttlichem Beistand das rendez-vouz den 1. decembris bei Pasewalk zu halten." —

B. Ch. Wangelin an den König. D. Gollnow 22. November 1674.

2. Dez. — — „Ich bin ferners auf Berlin gegangen, da ich alles in großer Apprehension gefunden, ob würden E. Kgl. Maj. in Pommern und Bremen stehende Armee gegen I. Churfl. Durchl. gewandt werden, wannenhero in der Mark und zwar von Berlin selbsten ein groß Flüchten war.

Der Fürst von Anhalt bezeigete nicht geringe Beisorge und hat mir nicht undeutlich zu verstehen gegeben, daß I. Churfl. Durchl. wohl dazu möchten von E. Kgl. Maj. zu bewegen sein, sich wieder in die Neutralität mit Frankreich zu begeben. Ich muß bekennen, daß ich zwar I. Churfl. Durchl. Selbsten sehr geändert gefunden bei meinem Wegreisen und alle Sachen so disponiret, daß Sie, zumaln mit den Kaiserlichen, nicht lange in solcher Vertraulichkeit würden bleiben wollen; daß Sie aber so weit sich sollten herauslassen.., das habe ich nicht so geschwinde vermuten können." —

Der König an K. G. Wrangel. D. Stockholm 25. November 1674[2]).

[Der König genehmigt den Einmarsch in das kurfl. Gebiet, wünscht aber Feindseligkeiten vermieden zu sehen.]

5. Dez. Da die Bremer Völker schon in Marsch sind, das Rendezvous „bei Stettin"

[1]) Vgl. Wimarson, Sveriges krig Bd. 1 S. 104 und in Hist. Tidskrift Bd. 40 S. 29, Wolpers, a. a. O. S. 42.

[2]) Vgl. Wimarson, Sveriges krig Bd. 1 S. 104 und Hist. Tidskrift Bd. 40 S. 30 f., Wolpers, a. a. O. S. 42 ff.

angesetzt ist, da ferner sein Vorhaben gegen den Kurf. schon allgemein bekannt ist, „so geben Wir Euch..es selbst zu urteilen anheim, ob es nicht besser und geratener,.. daß Ihr [Unsere Entschließung] mit dem ehesten nur ins Werk setzet, gleichwohl mit dieser anfangs sehr nötigen Moderation, daß Ihr, wann Ihr in die churfl. Lande anlanget, mehr die subsistence und den Unterhalt für die Armee darin zu suchen, als dieselbe und des Landes Einwohner einigermaßen feindlich tractiren lassen wollet, desfalls Ihr dann auch an die Festungen..Euch zu Anfang nicht kehren, gleichwohl also Euer Kriegeserfahrenheit nach zu logiren suchen wollet, daß die Armee ihre gnugsame Sicherheit haben möge. Wäre es aber, daß Ihr für Einlangung dieses Euch einigen Passes oder vesten Ortes schon bemächtiget, könntet Ihr es damit entschuldigen, daß solche Occupirung zu selbiger Unserer Waffen Securitet fürgenommen werden müssen, Ihr aber gereit wäret, selbige Ort sowohl als die gesamte churfl. Lande so bald zu quittiren, als der Churf. entschließen würde, sich mit seinen Waffen wieder zurück zu ziehen und von seinem gegenwärtigen widrigen Engagement los zu machen.“ —

Vollmacht des Königs für den Reichsfeldherrn Graf Karl Gustav Wrangel. D. Stromsholm 15. Februar 1675 [1]).

[Genehmigung zu Einigungsverhandlungen mit dem Kurf.]

Der König wünscht die Wiederherstellung der freundschaftlichen Beziehungen 25. Febr. zum Kurf. Er erteilt daher dem Reichsfeldherrn Wrangel Vollmacht, „ut cum altememorato D^{no} Electore vel ipsius eum in finem rite et sufficienti facultate instructis Commissariis super iis, quae promemorato dirimendae ac plane tollendae eiusdem litis scopo conducere possunt, vel ipse vel per subdelegatos quosdam hac sua potestate iterum munitos congrediatur, agat, tractet, statuat ac concludat. —

Instruktion für die Friedenskommissare, den Präsidenten des Wismarer Tribunals, Grafen Bengt Oxenstierna, und den Kanzleirat und Staatssekretär Johann Paulin Olivencrantz. D. Stockholm 19. April 1676 [2]).

[Gegen brandenburgische Satisfaktionsansprüche ist die diplomatische Hilfe Frankreichs und Hollands zu suchen. Wenn Zugeständnisse unvermeidlich sind, ist der König bereit, dem Kurf. seine Ansprüche auf die Jülich-Clever Lande und äußersten Falls seinen Anteil an den hinterpommerschen Seezöllen abzutreten.]

— Där Churbrandenburg skulle antingen utaf sig själf emot all förmodan 29. April eller och utaf de andre allierade vilja söka att göra freden svår eller för Kgl. Maj. odrägeligt beropandes sig till den ända därpå, att han utaf Kgl. Maj. vore aggre-

[1]) Vgl. Wimarson, Sveriges krig Bd. 1 S. 116 f.

[2]) Vgl. Höjer, Sveriges yttre politik under åren 1676—1680 S. 16 ff., Wimarson, Sveriges krig Bd. 2 S. 36 ff.

dierade, med begäran af olydelige fredsconditioner till sin satisfaction, och att allt därföre hända torde, det de andre parterne, som till freden lust hade, kommo på förslag, att denne quaestion måtte utsättas till decision af visse därtill förordnade arbitrer, hvarföre och på det genom sådan artifice freden icke måtte reculeras mera än befrämjas, alltså läre Kgl. Majs. Legater hafva till att remonstrera så mediatorerne som de andre af parterne, huruledes sådant icke vägen är till en prompt fred, sökandes att evitera samman förslag af arbitrage och dithän sig bearbetandes, att den controversen, som emellan Kgl. Maj. och Churf. af Brandeburg måtte blifva under mediatorens händer och utaf honom handleras och aftjälpas, på sett och vis som allt det öfvrige fredstractaten angående.

Skulle nu hända, om Churf. sig uti sine praetensioner allt för ogent anställde, och att de allierade stå därpa, att Churfs. brått intet så stor vore som det straffet han redan utstått hade, då lära Legaterne hafva till att föra de Französke till gemüthes, huruledes likväl genom den resolutionen, som Kgl. Maj. emot Churbrandenburg fattat och verkstellig gjort hafver, Frankerike märkeligen är blefven soulagerat. — — Utaf hvilket Legaterne sedan kunna taga motiver och skäl till att låta dem Fransöske se, att Kgl. Maj. billigt däremot bör förvänta utaf Frankerike den reconnoissancen, att till att frälsa det commune interesse, som bägge Chronorne därutinnan hafva, att den Westphaliska freden icke på något sätt till Churf. eller de andre allierades satisfaction måtte komma till att lida någon afbräck.

Där också härutinnan emot förmodan på Frankerikes sida svårighet skulle finnas, så aldenstund det icke Hollands interesse tyckes vara, att underhjälpa Churf. till all för stor puissance i anseende på det bandet, som är emellan Churf. och princen af Oranien, och att denne, när han någon ändring af Regementsformen i Holland torde vilja företaga, utaf Churf. desto större appuy kunde hafva, ju mer han genom några conquester förmedelst denne freden redoutable blefvo. Sind die Holländer nicht auf andere Weise zu bewegen, att vilja taga Churf. Kgl. Maj. ifrån armerne och således maintenera Kgl. Maj. vid den Westphaliske freden, so können die Legaten ihnen kommerzielle Vergünstigungen in Aussicht stellen.

Skulle nu allt detta ingalunda vilja angå, utan att man påstår, det Kgl. Maj. något måtte cedera till satisfaction åt Churf., så är Kgl. Maj. till freds, att åt Churf. cederas och afstås de praetensioner, hvilke Kgl. Maj. uppå de Güliske och Cleveske länderne hafver; hvilken cession instrumentum pacis på intet sätt ändrar, varandes och samma praetensioner i sig själfve så beskaffade, att Kgl. Maj. ingen görlighet för sig ser, att kunna nånsin komma uti verklig possession af de länder, och Churf. och Pfalz-Neuburg likväl genom tractat de anno 1668 med Kgl. Maj. i Stockholm sig obligerat [hafva], utöfver samma praetensioner med Kgl. Maj. att vilja handla. —

Kgl. Maj. tillåter och ändeligen det, att Legaterne villfara Churf. med uppdragandet af Kgl. Majs. anpart uti sjötullen i Hinterpommern, som Kgl. Maj. i kraft af Stettiniske gränserecessen hafver [1]). —

---

[1]) Vgl. v. Moerner S. 172, 177 f.

Der Körig an den Feldmarschall Graf Otto Wilhelm v. Königsmarck. D. Malmö 3. Juni 1676[1]).

[Anknüpfung von Friedensverhandlungen mit dem Kurf.]

— Eine große Last würde Uns zu anfangs abgewälzet werden, wann Wir mit dem Churf. von Brandenburg, nachdem auf einen Generalfrieden so bald keine Hoffnung zu machen, zu einem absonderlichen Vergleich gelangen könnten. Zwar möchte derselbe, auch wohl in Ansehung der Churf. so viel Alliirten und Avantagen hat und die auf Unserer Seiten befindliche Difficultäten ihm zweifelsohne genugsam bewußt, seine Schwierigkeit haben. Und wollen Wir uns in Verlangung solcher Reconciliation zum Nachteil Unseres kgl. Respects nicht gern bloß geben und den Churf. nicht damit hochmütiger machen. Allein wenn einige apparence sich etwa zu solcher Vereinbarung ereugete, so haben Wir Euch gern vermittelst diesem Unsere dazu tragende Inclination zu erkennen geben .. wollen. 13. Juni

Die Ursachen, so Uns zu dieser Vermutung bewogen, sind, daß Wir aus Frankreich die Nachricht haben, wie der Churf. zu Reconciliation mit selbigem Könige Anleitung gegeben[2]), derselbe aber solche zu Unsere Einwillig- und Zuziehung remittiret; daß er mit Münster in guten Vertrachten stehet und zwischen selbem Bischof und Frankreich, wie Wir aus Hannover versichert werden, ein aparter Vergleich obhanden und bereits ziemlich weit avanciret[3])...

Es sei aber, wie ihm wolle, so haben Wir Euch nicht gern, im Fall sich die Occasion ereugete, nach dem pouvoir warten lassen und Euch gleichfalls selbst zu dijudiciren anheim geben wollen, ob es nicht ein Mittel, daß man durch den Herrn Herzogen zu Güstrow[4]), als der zu Erleichter- und Beruhigung seiner eigenen Lande solchen Vergleich gern sehen und befordern würde, dazu eine ohnvermerkte Anleitung geben und sich des Obersten Wangelins Anhandgebung [zu] Incaminir- und künftiger Behandlung des Tractats bedienen könnte[5]). —

Die schwedischen Friedenskommissare an den König. D. Nimwegen 23. Oktober/2. November 1676.

[Klage der holländischen Gesandten über die hohen Friedensforderungen ihrer Verbündeten; Lüneburg fordere Bremen, der Kurf. Pommern bis Greifswald und Stralsund, Dänemark Schonen; Holland sei nicht verpflichtet, solche Forderungen zu vertreten.]

Beverning hat Oxenstierna anvertraut, er und Fagel hätten stor svårhet med sine allierade, hvilke om store conquester på Sverige gjorde sig allt hopp 2. Nov.

[1]) Vgl. Wimarson in Forsch. z. brandenb. u. preuß. Gesch. Bd. 15 S. 207 f.

[2]) Vgl. dagegen Urk. u. Akt. Bd. 3 S. 474 f.

[3]) Vgl. Ribbeck in Zs. für vaterländ. Gesch. u. Altertumskunde Bd. 52 (Münster 1894) S. 71 ff., 145 ff., Regelmeier, a. a. O. S. 122.

[4]) Herzog Gustav Adolf von Mecklenburg-Güstrow.

[5]) Für den Verlauf dieses Friedensversuchs vgl. Wimarson a. a. O. S. 200 ff. und Sveriges krig Bd. 2 S. 184 ff., Urk. u. Akt. Bd. 3 S. 485 f., Bd. 14 S. 870 f., Bd. 18 S. 265.

och sökte, att engagera Generalstaterne till dess guarantie icke allenast med en och annan offerte utan och med förmälande, att Frankrike hade dem sådant till bud gjort, nämligen åt huset Lüneburg Bremen [1]), åt Churbrandenburg Pommern in på Grypswaldt och Stralsund [2]), när och åt Danmark Skåne, hvarföre de förhoppades, att Generalstaterne som desses allierade skulle ju unna dem till det minsta så store fördel, än deres egen fiende hade tillbjudit, att man vore bekymbret om, hvad man dem härpå svara skulle, i att de intet sågo något medel utan att Churf. ändeligen måtte med något satisfacieras, att de helst önskade en general fred igenom Sveriges interposition hos Frankerike, och bad fördenskull, att vi med honom detta allt ville kunde finna på gode råd på bägge sidor.

De kunde ej längre stå i krig; de vore väl Spanien och Lothringern mycket förbundne, som sig för dem i kriget engagerat hade, Danmark också något; men Kejsaren och Lüneburgern hade större obligation åt Generalstaterne än de dem, efter de med deras penningar och assistenz hade sökt sin egen fördel, och vore Generalstaterne ej pliktige att blifva i krig, till att förskaffa sine allierade en hop conquester. —

Relation von dem, was der Oberst Wangelin am churfl. brandenburgischen Hofe gehöret und angemerket. [Ende Januar 1677] [3]).

[Friedenserörterungen.]

Ende Januar Während seiner Gefangenschaft in Kolberg hat W. Gelegenheit gehabt, mit Generalmajor Schwerin über die Möglichkeiten, Brandenburg und Schweden wieder zu versöhnen, gesprochen. Am 12. [22.] Oktober hat Schwerin den Kurf. um Entlassung Wangelins gebeten, der diesem darauf am 20. [30.] November sagen ließ, daß er nach Hamburg reisen dürfte und seinen Weg über Berlin nehmen möchte. Jedoch hat seine Freilassung sich über 6 Wochen verzögert. „Woran der Obrist vermeinet, daß die wegen der dem Churf. refusirten Winterquartiere entstandene Schwierigkeit Schuld gewesen, welche beim Kaiser noch ferner zu sollicitiren der Rat Meynarts nach Wien war geschicket worden, vor dessen Rückkunft der Churf. mit dem Obristen zu sprechen nicht für dienlich geachtet. Welches insonderheit aus den Worten abzunehmen, die er anfänglich, wie ihm des Kaisers abschlägige Antwort kund worden, öffentlich geredt, wenn er gesagt: Der Kaiser tractiret mich so, daß er mich bald sollte in der Laune finden, daß ich dörfte Wangelin holen lassen und mich mit der Kron Schweden wieder ins vorige Vertrauen setzen [4])."

Als Meinders nicht mehr weit von Berlin war, erhielt W. Erlaubnis, nach Hamburg zu gehen, „auch zugleich den Befehl, auf Berlin zu zu kommen und, weil

[1]) Vgl. Urk. u. Akt. Bd. 3 S. 463 ff., Bd. 18 S. 131 ff., 246 ff.

[2]) Desgl. Bd. 18 S. 560.

[3]) Vgl. Wimarson in Forsch. z. brandenb. u. preuß. Gesch. Bd. 15 S. 209 ff., ebenda S. 200 ff. über Wangelins Gefangenschaft.

[4]) Vgl. Urk. u. Akt. Bd. 14 S. 876 ff., Bd. 18 S. 282, 450 ff.

der Churf. zu Potsdam war, dahin seine Ankunft von Berlin aus sofort zu notificiren; woselbst er den 10. [20.] dito arriviret und, daß er dort angelanget wäre, zur Stunde nach Hofe kund getan. Es sind darauf drei Tage hingangen, in denen M. Goë, dänischer Abgesandt, unterschiedene audiences gehabt und auch Rat Meynarts, der eben von Berlin angekommen war, von seiner daselbstigen Verrichtung, daß, weil die sechs churfl. Regimenter de facto im Sächsischen die Winterquartiere genommen, selbige endlich wären ratificiret worden, Relation abgestattet. Und hat man erst am 13. [23.] Januar dem Obristen angedeutet, daß er zum Churf. nach Potsdam kommen möchte, woselbst S. Churfl. Durchl. mit ihm sprechen würden. Ist demnach des folgenden Tags, am 14. [24.], von einem capitaine des gardes von Berlin dahin abgeholet, da dann I. Churfl. Durchl. ihn gnädig empfangen, aber von denen Ihr vor diesem durch den Generalmajor Schwerin auf des Obristen Veranlassen hinterbrachten .. Propositionen nichts gedacht haben."

Tags darauf hat der Generalfeldzeugmeister Herzog August von Holstein-Plön mit W. gesprochen „und in seinen Discoursen gnugsam zu verstehen gegeben, daß selbiger Hof für den Frieden keine Aversion hätte, auch unter andern erwähnet, daß Engellands oder Polens Mediation die Sache am besten befordern könnte. Worauf der Obrist geantwortet, daß I. Kgl. Maj... keinen raisonablen Frieden ausschlagen würden." Zur Erörterung der Friedensfrage kam es jedoch nicht, und der Herzog, der die Unterhaltung wiederholt unterbrochen hatte, um dem im Nebenzimmer weilenden Churf. davon zu berichten, schloß mit der Erklärung, Derfflinger würde weiter mit W. reden.

Da am 16. [26.] entgegen Wangelins Erwartung keine Besprechung erfolgte, hat er am nächsten Tage um seine Entlassung nach Stralsund gebeten. Derfflinger hat ihn darauf „zu sich ins Cabinet genommen und alles, was der Herzog vorhin erwähnet hatte, wiederholet, auch zum endlichen Schluß hinzugesetzet, daß, weil I. Churfl. Durchl. mit dem Könige von Dänemark in sehr genauen Verbündniss stünden [1]) und daher ohne sein Vorwissen und Willen hierinnen nichts vornehmen könnten, Sie mit besagtem Könige hierüber communiciren und die Antwort, so von demselben einkäme, ihme versiegelt nach Stralsund zuschicken wollte, dem Herrn Graf und Feldmarschall Königsmarck davon part zu geben, welcher zweifelsohn von I. Kgl. Maj. desfalls schon würde advertiret, auch mit benötigter Vollmacht versehen sein, das Werk dieser Orten vorzunehmen und zu vollziehen.

Aus denen mit dem Obristen geführten Discoursen hat er gnugsam abnehmen können, daß, wenn die holländische Subsidien diesen Sommer über ausbleiben sollten [2]) und das mécontement, so man gegen den Kaiser hat, nicht gehoben würde, ein raisonabler Friede mit dem Churf. zu machen stünde, wann sichs nur an Dänemark nicht stoßete, auf welchen nur allein unter allen den Alliirten der Churf. reflectiret [3]). Und hat man dem Obristen mit ausdrücklichen Worten zu

[1]) Vgl. v. Moerner S. 391 ff., Urk. u. Akt. Bd. 18 S. 284 ff.

[2]) Vgl. Urk. u. Akt. Bd. 3 S. 494, Bd. 18 S. 146 ff.

[3]) Vgl. ebenda Bd. 3 S. 493, Bd. 18 S. 156.

verstehen gegeben, daß man alles in Pommern restituiren wollte, wenn man nur Stettin wieder dafür bekäme. Auch hat der Obrist merken können, daß, wenn England oder Polen [1]) die Mediation und zwar zu Particuliertractaten vorschlagen würden, solches nicht allein zu Berlin angenehme, sondern auch vermutlich nicht ohne guten succès sein würde; jedoch sollte man viel lieber sehen, daß es von Polen geschehe, weil in währender solcher Vermittlung der Churf. nichts feindseliges von ihm zu vermuten hätte."

Feldmarschall Graf Otto Wilhelm v. Königsmarck an den König. D. Stralsund 24. Januar 1677 [2]).

[Friedenserörterungen mit Brandenburg.]

3. Febr. Übersendet vorstehende Relation Wangelins, der tags zuvor bei ihm eingetroffen ist. „Und obwohl solche friedsuchende mine verdächtig und nur eine feinte, die an selbigem Orte nicht so gar ungemein, sein könnte, uns nur dadurch sicher zu machen und .. von den Gedanken, Stettin mit allem Eifer und Nachdruck zu entsetzen, listiglich abzuführen, so ist dennoch nicht undienlich, uf allen Fall zu wissen, wie man gleichwohl, wenn es so gemeinet wäre, sich in der Sache zu verhalten hätte. Ist es ein Ernst, so muß sichs bald ausweisen, weil unterdessen, da des Königs in Dänemark Resolution einkommen kann, nicht viel Zeit hingehen wird.

Es vermeinet dennoch der Obrist Wangelin, daß, ohne so lang zu warten, bis die dänische Erklärung .. anhero geschicket werde, man alsobald Engelland sondiren könnte, ob es die Vermittelung dieser Sache über sich zu nehmen incliniret sein möchte. Selbiger König ist hierinnen billig dem in Polen vorzuziehen, weil dieser, so lange er sich an nichts kehret, den Churf. noch immer in der Furcht hält, daß er etwas wider ihn vornehmen oder ihm verdeckter Weise schaden werde."

Er bittet um Information. Gegebenenfalls wäre Wangelin ein geeigneter Unterhändler.

Der König an die Friedenskommissare. D. Wää 28. Januar 1677.

(Auf dem Bericht vom 2. November/23. Oktober 1676.)

[Verstimmung gegen Frankreich, Bereitschaft zur Verständigung mit dem Kurf.]

7. Febr. Sie sollen versuchen, Holland auf seine Seite zu ziehen, da Frankreich nicht sein Bestes wolle. Feuquières habe einen Frieden mit Dänemark unter Verzicht auf Bremen, Verden und Wismar vorgeschlagen. Auf Schwedens Kosten werde Frankreich auch seine übrigen Feinde zu gewinnen suchen, um seine eignen Eroberungen desto sicherer festhalten zu können [3]).

---

[1]) Vgl. Urk. u. Akt. Bd. 19 S. 120, Hein, Hoverbeck S. 194.

[2]) Vgl. Wimarson a. a. O. S. 212 f.

[3]) Vgl. Höjer a. a. O. S. 23 ff., Wimarson, Sveriges krig Bd. 2 S. 307.

Er hofft auf polnischen Angriff auf Preußen [1]) und rüstet selbst nachhaltig zu Wasser und zu Lande. Gleichwohl wäre er im Interesse des Friedens bereit, dem Kurf. eine Satisfaktion in Geld zu gewähren.

Der König an den Feldmarschall Graf v. Königsmarck. D. Wää 19. Februar 1677 [2]).

[Ablehnung eines Sonderfriedens mit Brandenburg.]

Auf Königsmarcks Bericht D. 24. Januar erwidert der König, „daß Uns des Churf. Erbieten zu einem absonderlichen Vergleich nicht anders dann captieus und verdächtig fürkommen kann, weiln er Dänemark mit hineinzuziehen und die Handlung dadurch so fern auf die lange Banke ziehen zu können vermeinet, daß er daraus scheiden kann, wann es ihm also gut dünket und der Lauf der Conjoncturen ihm etwa einen bessern Vorteil weiset. Weiln auch Dänemark allschon durch den hiesigen französischen Ambassadeur zu eben dergleichen Particuliertractaten Anleitung geben lassen [3]), so können Wir nicht anders dafür halten, dann es müßte diese artifice von sämbtlichen Alliirten concertiret sein, umb nur die Nimwegische Tractaten, worzu sie so wenig Lust und Mut zu haben scheinen, also zu brouilliren und insonderheit Holland in seiner zum Frieden habenden guten Inclination irre zu machen. — 1. März

Wir halten demnach fürs diensambste, daß Ihr, wann Ihr diesesfalls weiter sondiret werden solltet, nur die Antwort gebet, weil der Nimwegische Tractat eine so gute Hoffnung eines fürdersamen und billigmäßigen Friedens von sich gebe, so wollten Wir selben mit diesem Eingriff nicht gerne turbiren, besondern solchen Erfolg zuforderst erwarten." —

Die schwedischen Friedenskommissare an den König. D. Nimwegen 2./12. März 1677.

[Zurückhaltung Frankreichs gegen schwedische Satisfaktionsansprüche. Frankreich ist vielmehr bereit, um Celle, Brandenburg und Dänemark zu gewinnen, Schweden territoriale Opfer zuzumuten.]

Endlich ist es zur Übergabe der Propositionen gekommen [4]). Die Franzosen haben es abgelehnt, in ihre Proposition etwas über die schwedische Satisfaktion aufzunehmen [5]); sie haben ja ihre Eroberungen auch in Händen. Der König hätte sie beauftragt, nur von Dänemark Satisfaktion zu fordern, doch haben sie, um Gegenforderungen zu begegnen, diese Forderung allgemein gestellt. 12. März

---

1) Desgl. S. 52 ff., Hein, Hoverbeck S. 191 ff., Prutz in Forsch. z. brandenb. u. preuß. Gesch. Bd. 12 S. 191 ff.

2) Vgl. Wimarson a. a. O. S. 213 ff.

3) Vgl. Wimarson, Sveriges krig Bd. 2 S. 358.

4) Vgl. Urk. u. Akt. Bd. 18 S. 567 ff.

5) Vgl. Actes et mémoires des négociations de la paix de Nimègue Bd. 2 S. 35 f.

Dänemark fordere für den Kurf. ganz Pommern, für sich Rügen, Wismar und einen Teil von Bremen [1]).

Der französische Ambassadeur [2]) hat gemeint, es wäre vorteilhaft, Lüneburg, Brandenburg und Münster von der Gegenseite abzuziehen; im einzelnen hat er auf den Herzog von Celle hingewiesen, den man mit einem Teil von Bremen gewinnen könnte. Sie haben das entschieden zurückgewiesen. Wie sie erfahren, hat Frankreich Celle gegen Zusage der Neutralität die Garantie von Bremen auch gegen Schweden angeboten [3]).

Sådana negotiationer och offerter sägas och vara passerade med Churf. om Stettin och Pommern på Stralsund och Grypswald, när och med Danmark angående Skåne, och att konungen i Danmark och Churf. sig också däraf betjäna till att förmå sine allierade att åtminstone unna sig så mycket som deras fiender.

Die schwedischen Friedenskommissare an den König. D. Nimwegen 17./27. März 1677.

[Klagen über Frankreichs Haltung.]

27. März Holland nimmt große Reflexion auf den Kurf. und möchte ihn nicht gern choquiren. Es wäre gut, wenn man den Kaiser für Schweden interessieren könnte.

Sie müssen sagen, att de största svårheter och förhinder, som uti hela vår commission vi härtill försport och ännu dageligen spörja, herröra förnämligen af Frankrikes hemlige intriguer och negotiationer då hos Churbrandenburg med offerande af Stettin och en del af Pommeren, då hos Danmark med lika offerter af Skåne, då hos Cell och Hannover med Bremen, då och här i Holland med tillbud af separate tractater. —

Johann Olivenkrantz an den Kanzleirat Franz Joel Örnstedt. D. Nimwegen 28. März/7. April 1677.

[Besprechung mit Stratmann über eine Verständigung Schwedens mit dem Kaiser.]

7. April Bei der Haltung Frankreichs ist es sehr notwendig, den Kaiser zu gewinnen, eftersom Sveriges förlust består mest i dess tyske provincier och till desses restitution en stor vikt lär gifas, om Kejsaren kunde blifva därtill benägen. Er hat die Gründe zusammengesucht, mit denen eine günstige Beeinflussung der kaiserl. Politik möglich wäre, und unter Hinweis auf Frankreichs Haltung Stratmann auseinandergesetzt, daß der König jetzt sein rechtes Interesse erkannt hätte, som bestode i en fast union med Kejsaren och Imperio. Stratmann fragte, ob Schweden

---

[1]) Desgl. S. 17.

[2]) Charles Colbert, Marquis de Croissy.

[3]) Vgl. Höjer a. a. O. S. 25, Wimarson, Sveriges krig Bd. 2 S. 326 ff., Prutz a. a. O. S. 193 ff.

etwa eine Offensiv- und Defensivallianz mit dem Kaiser eingehen würde. Hierüber erbittet O. Instruktion [1]).

Die schwedischen Friedenskommissare an den König. D. Nimwegen 29. März/8. April 1677.

[Graf Kinski hält Wiederherstellung des status quo ante für erwünscht, Stratmann glaubt, das würde schwerlich zu erreichen sein, wenn auch der Kaiser Schweden alles Seinige gönne.]

Graf Kinsky [2]) hat ihnen erklärt, der Kaiser begärde ej eller några conquester, utan önskade fast mera, att alle andre ville låta sig nöja med hvad de för detta haft hade, och att alltså allt måtte komma i förige tillstånd. 8. April

Stratmann har...gifvit att förstå, att fast Kejsaren skulle unna E. Kgl. Maj. allt sitt igen, skulle dock falla svårt, att förmå de allierade därtill. —

Sie haben angeregt, daß der Kaiser einen entsprechenden Antrag in Regensburg einbringt.

A. Lilliehöök an den König. D. Warschau 9. April 1677 [3]).

[Bedingungen Sobieskis für einen Angriff auf Preußen. Lilliehöök empfiehlt, daß Schweden nicht an Erwerbung des kurfl. Preußens denkt, sondern dies lieber Polen überläßt.]

Er hat zum König geäußert, Moskau, Österreich und Brandenburg wären 9. April seine und seines Hauses natürliche Feinde. Dieser hat ihm zugestimmt, aber auch gesagt, er könnte ohne Zustimmung des Reichs nicht Partei ergreifen, so sehr er die Könige von Frankreich und Schweden auch schätze. Doch wäre er bereit, einige 1000 Mann an Schweden zu überlassen, die mit dem livländischen Heer sich vereinigen könnten, när den gifver sig i marche att attaquera det Churfl. Prussen. Das dazu nötige Geld müßte freilich Frankreich geben, Polen und Schweden hätten es nicht. Er wolle nach Danzig gehen, um bei der Hand zu sein, wenn in Preußen etwas vorfiele.

Der französische Gesandte [4]) erklärte, wegen Bewilligung von Subsidien sei er nicht instruiert, doch erhielte Schweden so immense Subsidien, daß diese auch zu dem livländischen Unternehmen zureichen müßten.

L. meint, der König könnte nicht mehr tun, als den schwedischen Durchmarsch gestatten, das schwedische Heer mit 5—6000 Mann verstärken und den Kurf. hindern, Preußen zu Lande Hilfe zu bringen.

---

[1]) Vgl. Höjer a. a. O. S. 43 ff., Wimarson, Sveriges krig Bd. 3 S. 73 ff.

[2]) Graf Ulrich Kinski, kaiserlicher Gesandter in Nimwegen.

[3]) Vgl. Höjer, a. a. O. S. 54 ff., Wimarson, Sveriges krig Bd. 2 S. 367 ff., Prutz, a. a. O. S. 191 ff., Urk. u. Akt. Bd. 19 S. 158.

[4]) François-Gaston, Marquis de Béthune und der Bischof von Marseille Toussaint de Forbin Janson; vgl. Recueil des instructions Bd. 4 S. 148, Acta hist. res gestas Poloniae illustrantia Bd. 3 S. 373 ff.

Eine Erwerbung Preußens durch Schweden ist ausgeschlossen. Der König selbst werde nicht glauben, daß Stände und Adel sich ihm lieber unterwerfen würden als Polen; Polen würde Preußen den Schweden nicht gönnen, och jag tviflar på, att E. Kgl. Maj. skulle vilja conservera Preußen vid desse tider med det onere, att försvara det såväl emot Churf. som Polen; auch Frankreich und England würden das nicht wünschen. Det är väl sant, att E. Kgl. Maj. interesse kunde vara, det Polen intet finge tillväxa igenom Preußens incorporation, men däremot hade E. Maj. ingen eller mindre fara, där Preußen submitterade sig konungen i Polen och hans posteritet såsom postremis dominis, sauf le droit de la couronne en cas de survivance. Auf diese Weise würde man sich den König verbinden; denn von der Republik sei doch keine Freundschaft zu erwarten.

Wenn 5—6000 Polen sich mit der livländischen Armee vereinigen, kann der Angriff auf Preußen unternommen werden.

A. Lilliehöök an den König. D. Warschau 15. April 1677.

[Sobieskis Bedingungen für den Angriff auf Preußen. Stärke der dortigen kurfl. Truppen.]

15. April Die größte Schwierigkeit besteht in der Beschaffung der nötigen Gelder. Von den französischen Gesandten ist nichts zu erwarten, doch kann vielleicht Sobieski die Mittel aufbringen. Den Durchzug offiziell zu gestatten, ist dieser außerstande. Er besteht darauf, daß ihm die Eroberungen in Preußen gegen die Verpflichtung Schwedens, sie gegen den Kurf. zu verteidigen, abgetreten werden. Im Hinblick auf die Not Pommerns sieht er zum Abschluß keine Schwierigkeit mehr.

Fem aller sextusend man förmenar jag, att E. Kgl. Maj. af denne konungen kunna öfverlåtas. Om E. Kgl. Maj. nu kunde mista 10 000 man utur, som kunde stöta därtill, så hoppas jag, att E. Kgl. Maj. kunde blifva riktig med Preußen. Där är intet mycket krigsfolk. Landmilicen skattas kunna gjör till 8 eller 10 000 man, men oöfvat folk. Om man af huset blifver upbjudit, som säges, så förmenas uti allo med de förrige kunne till väga bringas till sextio eller sjuttio tusend man. Men om de nu alle skola vilja fächta för sin tyran eller vara capables att resistera en ordentlig armee, det står till Gud och tiden.

Der König an die Friedenskommissare. D. Nääs 6. Mai 1677 [1]).

[Ist bei Frankreichs Haltung zu Separatverhandlungen mit dem Kaiser bereit. Kommen diese nicht so rasch vorwärts wie Schwedens Notlage es erfordert, so ist er bereit, sich mit dem Kurf. unter Neuburgs Vermittlung auf der Grundlage des Westfälischen Friedens zu verständigen.]

16. Mai Ist zu einem Vergleich mit dem Kaiser bereit, wenn ihm Restitution zugesagt wird. Bei der Haltung Frankreichs, das mit seinen Feinden zu seinem

---

[1]) Vgl. Höjer, a. a. O. S. 45.

Schaden verhandelt und ihm nicht die notwendige Hilfe bietet, kann er mit um so reinerem Gewissen condescendera uti de aparte handlingar, hvilka genom Kejsarens medverkan och auktoritet med honom och imperio och deras bundsförvandter kunna komma på banen. Finden sie bei Stratmann nicht genug promptitude, att befrämja detta ärendet så snart, som den Oss åligande nöden fodrar, och förrän Våra fiender i sine på Rügen och Stettin fattade desseiner reussera, so können sie sich an den Herzog von Neuburg[1]) wenden und ihm erklären, daß der König zur Versöhnung mit dem Kurf. auf der Grundlage des Westfälischen Friedens bereit sei utan någon vidare praetension; auch sei er bereit, mit Kaiser und Reich ein Offensiv- und Defensivbündnis contra quoscumque zur Aufrechterhaltung des Westfälischen Friedens zu schließen. —

Die schwedischen Friedenskommissare an den König. D. Nimwegen 24. Mai/3. Juni 1677[2]).

[Die Kaiserlichen sind zu Verhandlungen mit Schweden bereit, nur suchen sie noch nach Mitteln, den Übertritt ihrer Verbündeten zu Frankreich für den Fall der Verständigung mit Schweden zu vermeiden.]

Im „Partikularwerk" sind sie so weit gekommen, daß die Kaiserlichen på sin herres vägnar hafva förklarat, det quaestio om vore resolverat, och att det nu allenast stod på, att utfinna medel, huru med de allierade Danmark, Churbrandenburg och Lüneburg man kunde komma till rätta, så att det med den säkerheten ske kunde, att de icke måtte kasta sig på andre partiet. 3. Juni

Fagel[3]) vill söka lägenhet att tala med Stratman och ofvanbemälde verk adjoustera.

Bengt Oxenstierna an den König. D. Nimwegen 26. Mai 1677[4]).

[Stratmann gibt zu verstehen, daß ohne Zugeständnisse Schwedens an die Verbündeten des Kaisers schwerlich zu einem Ausgleich zu kommen sein werde.]

Eben hat Stratman ihn besucht und versichert, der Kaiser habe wiederholt geschrieben, er wünsche mit Schweden gut zu stehen. Es würde keine große Schwierigkeit machen, zwischen Schweden, Kaiser und Reich Freundschaft zu stiften. Men större svårhet funne han däruti, huru vänskapen skulle kunna restableras så, att Kejsarens honneur därunder ej måtte lida, efter man på denna siden alltid står där på, till att vilja hafva sitt igen, och de andre, som hafva gjort conquester på Sverige, ville dem behålla. Och efter detta en svår sak vore att combinera, så vore han mycket en peine däröfver. Så mycket ville han mig upptäcka, att han ej odunkelt förstått hafver, det, om Sverige kunde sig resolvera, att nu 5. Juni

[1]) Vgl Urk. u. Akt. Bd. 18 S. 169, 479.

[2]) Vgl Höjer, a. a. O. S. 46.

[3]) Gaspar Fagel, Griffier der Generalstaaten.

[4]) Vgl Höjer, a. a. O. S. 47.

cedera något af sina länder till att därigenom facilitera freden och komma Kejsarens allierade att vara tillfreds.., så skulle ingen stor difficultet vara, att inducera Kejsaren sedan freden och vänskapen vore consoliderad, att inrymma E. Kgl. Maj. de advantager, som skulle aequiparera emot det man nu amore pacis afstode [1]). —

Der König an A. Lilliehöök. D. Kärrakra 4. Juni 1677.

[Vertragsverhandlungen mit Sobieski; dieser muß Schweden seinen pommerschen Besitz sichern; für die Kriegszeit ist Schweden Pillau oder Memel zu überlassen.]

14. Juni Um die Republik Polen für den Vertrag mit Schweden zu gewinnen, sollte in den öffentlichen Vertrag gesetzt werden, daß das kurfl. Preußen mit Polen vereinigt wird; das Interesse des Königs kann in einem Sekretartikel gewahrt werden. Auch der französische Gesandte rechnet auf polnische Unterstützung mit 7000 Mann. Die nötigen Geldmittel werde hoffentlich Frankreich bewilligen. Von entscheidender Wichtigkeit ist, daß der König in der Allianz zusichert, att han Churf. lärer obligera till att afträda hans conquester uti Pommern och sätta sakerne därsammastädes åter i det fullkomblige ståndet efter den Westphaliske fredens innehåll. [2]) —

Für die Zeit des Krieges fordert Schweden Pillau und Memel oder wenigstens einen der beiden Plätze, und will da disponieren, som krigsactionerne kunde påfordra [3]). —

A. Lilliehöök an den König. D. Danzig 5./15. Juni 1677.

15. Juni Bedauert, ohne Nachrichten vom König zu sein.

Sobieski will mit ihm nur abschließen, wenn er weiß, daß er auf mindestens 8000 Mann schwedischer Truppen aus Livland zu rechnen hat [4]). Eine Anfrage bei Christer Horn [5]) hat ergeben, daß in der Tat diese Truppenstärke verfügbar sei: Aber inzwischen hätte der König die Reise von Warschau nach Danzig angetreten und sei „inaccessibel".

---

[1]) Der Standpunkt des Königs kommt in einem Reskript nach Nimwegen vom 26. August / 5. September 1677 zum Ausdruck, in dem es heißt, er hätte seit längerer Zeit von dort keine Berichte erhalten; der Westfälische und Olivaer Frieden seien als Friedensgrundlage zu beobachten.

12. Mai [2]) D. Warschau 2./12. Mai hatte L. bereits ein zwischen ihm und Béthune vereinbartes Allianzprojekt eingesandt, in dem Polen zusagte, daß seine Truppen continueront de servir Sa M.té Suedoise après la reduction de la Prusse Ducale contre ses ennemis soit en Allemagne ou ailleurs jusqu'à la fin de la guerre; vgl. Acta hist. Bd. 3 S. 389 ff.

[3]) Vgl. Höjer, a. a. O. S. 55, Wimarson, a. a. O. Bd. 2 S. 369, Urk. u. Akt. Bd. 19 S. 157 f.

[4]) Vgl. Acta hist. Bd. 3 S. 392, 406.

[5]) Feldmarschall und Generalgouverneur in Livland Christer Horn.

A. Lilliehöök an den König. D. Marienburg 18. Juli 1677.

(Auf die Verfügung vom 4./14. Juni.)

[Schwierigkeiten bei den schwedisch-polnischen Vertragsverhandlungen und Abschluß des Vertrages.]

Béthune hat abgeraten, die Republik in dem Vertrag zu nennen, weil das den König mißtrauisch machen würde. Ferner warnte er, Pillau und Memel zu nennen [1]); denn wer die hätte, könnte in Preußen tun, was er wollte. Auf den ersten Wunsch Béthunes ist er halbwegs eingegangen, aber der Erfüllung des andern steht der strikte Befehl des Königs entgegen. 18. Juli

Aber Sobieski ließ ihm sagen, er würde einen Vertrag nicht schließen, wenn Maßnahmen auch mit der Republik getroffen werden sollten, auch lehne er Überlassung der beiden Festungen ab. Dazu kommt noch, daß Sobieski bezweifelt, daß Schweden in Livland 8—10 000 Mann verfügbar hat [2]) [3]).

Die schwedischen Friedenskommissare an den König. D. Nimwegen 25. August/4. September 1677 [4]).

[Scheitern der Verhandlungen mit den Kaiserlichen. Der Herzog von Neuburg gibt den Schweden zu verstehen, daß sie entgegenkommen müßten.]

Die Verhandlungen mit Stratman sind völlig zum Stillstand gekommen; er hat ihnen nur noch zu verstehen gegeben, att handeln intet är till sluta på de conditioner vi hafve avancerat. Sie vermuten, die Kaiserlichen hafva funnit Churf. af Brandenburg med Danmark och Lüneburg så irraisonabel i sine praetensioner, att de själfve intet se, huruledes de E. Kgl. Maj. därom skulle kunna anmoda med hopp att reussera [5]). Freilich haben die Kaiserlichen immer mehr einen allgemeinen als einen Sonderfrieden angestrebt. 4. Sept.

Fagel hat ihnen durch Silbercroon [6]) sagen lassen, es wäre ihm erwünscht, wenn eine englische Flotte in den Sund käme [7]); ihre Alliierten dürften dann eher zu einem Sonderfrieden mit Schweden zu bewegen sein; der Kaiser, Spanien und Holland würden das Erscheinen der Engländer gern sehen.

P. S. Am Abend hat Stratmann ihnen mitgeteilt, der Herzog von Neuburg habe ihre Vorschläge über Stiftung von Allianz und Freundschaft an den

---

1) Vgl. Acta hist. Bd. 3 S. 408 f., 414, 421.

2) Vgl. Wimarson, a. a. O. Bd. 2 S. 370.

3) Abgesehen von einem unerheblichen Bericht Lilliehööks vom 23. Juli liegt dann erst ein Bericht D. Danzig 31. August vor, der meldet, daß die Verhandlungen unerwartet zum glücklichen Abschluß geführt haben. Über den Inhalt des Vertrags, den Karl XI. D. 18. Oktober 1677, Sobieski D. 6. Februar 1678 ratifizierten, vgl. Höjer, a. a. O. S. 56 f., Wimarson, a. a. O. Bd. 3 S. 46 ff.

4) Vgl. Höjer, a. a. O. S. 47 f., Wimarson, a. a. O. Bd. 3 S. 73 f.

5) Vgl. Urk. u. Akt. Bd. 14 S. 885 ff., Bd. 18 S. 480 ff.

6) Kommerzienrat Johann Philipp Silbercroon, 1675—1679 schwedischer Resident bei den Generalstaaten.

7) Vgl. Urk. u. Akt. Bd. 18 S. 178.

Kaiser weitergegeben, der sie mit großer Freude aufgenommen habe, men att medlen, till att nu först kunna stilla närvarande krig, funno på de allierades sida, hvilke hade fått en och annan E. Kgl. Maj. tillhörig ort i händer, ju länger ju svårare, och att han på de conditioner vi hade nämnt, inte kunde se, huru man uti det particulare verket skulle kunna reussera, gåendes sedan allt hans öfrige tal därpå ut, om vi oss icke till någre närmare conditioner skulle kunna och vilja utlåta. Vi hafva till detta inte vidare svarat, än att vi hans contestationer med tjänlige recontestationer mött. —

Der König an den Feldmarschall Bengt Horn. D. Ljungby 18. Oktober 1677 [1]).

[Die im Vertrag mit Polen vereinbarte Angliederung Preußens an Polen würde alle Friedensmöglichkeiten mit dem Kurf. abschneiden. Horn soll daher nun Memel, das dem König vertragsmäßig zusteht, erobern und dann nach Pommern zur Vereinigung mit Königsmarck vorzudringen suchen.]

28. Okt. Da der Vertrag mit Polen am 4. August unterzeichnet ist und er dem König von Polen dessen prompte Ausführung versprochen hat, soll H. ju förr ju heller företaga den expeditionen; denn bei einer Verzögerung des Marsches nach Preußen könnte der König leicht mißtrauisch werden, und in Frankreich würde man auch nicht wissen, was man von seiner Intention halten sollte.

Der Vertrag mit Polen ist insofern erwünscht, als er eine Diversion nach Pommern erhoffen läßt. Aber er hat auch eine große Schwierigkeit im Gefolge, i det densamme och i fall efter dess innehåll Vi skulle genom Vår vapen komma till vinna Preußen under Polen, då alla medel till reconciliation emellan Oss och Churf., som ingalunda till någon förlikning sig lärer vilja förstå utan restitution af Preußen, afskurne blefve och consequenter all förhoppning om en lycklig succès af fredsverket i Nymwegen förtagen. Seendes Vi nu uti själfe executionen den modum agendi både nödig och rådelig, som vägen ypen hålla kan till ett accomodement med Churf., så framt han därtill sig skulle vara bequäma, och likväl därjämt visa ett allfvar hos Oss af efterlefva tractaten. Och läre Vi först och främst genom Våre legater i Nimwegen den emellan Oss och konungen i Polen slutne negociation och hvad däraf kan befaras för svårighet uti fredsverket, i fall med freden icke skyndas, således låta remonstrera, att förmodeligen därpå skall reflecteras till att hasta med freden, eller och åtminstone med en förlikning emellan Oss och Churf. Sedan och äre Vi utaf de tankar, att enär I med arméen genast till Preußen kommen, då fuller om möjligt söken genast att bemäktiga Eder Memel, eftersom uti själfen tractaten Oss samme ort uppdrages [2]), men med inkräktande af någon af de öfrige platser i Preußen så långsamt som möjligt och någon apparence antingen till en universel fred eller ett särskilt accomodement med Churf. det kan synes vilja fordra, till verka gån, sökandes fast heller tränga in uti Pommern till att kunna

---

[1]) Vgl. Höjer, a. a. O. S. 58, Wimarson, a. a. O. Bd. 3 S. 54.

[2]) Vgl. Wimarson, a. a. O. Bd. 3 S. 47.

conjungera Eder med grefven Königsmarks troupper och således med sambnad makt deslogera Churf. utur Våre platser i Pommern. —

Johann P. Olivenkrantz an den König. D. Beckeskog 24. Oktober 1677 [1]).

[Gegen Restitution Spaniens durch Frankreich sind der Kaiser, Spanien und Holland bereit, Schweden die Wiederherstellung des status quo ante bellum zuzusagen.]

Kejsaren, Spanien och Generalstaterne hafva sig alle tre utlåtit, 3. Nov.
att vilja låta komma i compensation emot Sveriges förlust allt det, som Frankrike i så måtto skulle vilja afstå, oaktad hvad dé andre deras allierade, Danmark, Brandeburg, Münster och Lüneburg säga kunde, hvilke de i det fallet intet akta vilja, när de först om conditionerne äro ense med Frankrike och Sverige.

Dagegen sind die Franzosen bisher nicht über unverbindliche Zusagen hinausgegangen.

Det är Kejsarens, Spaniens och Generalstaternes allfvar till att skaffa E. Kgl. Maj. allt igen, i fall Frankrike en aequivalent restitution till Spanien göra vill. Det utvises .. enkannerligen däraf, att ehuru Danmark, Brandeburg och Lüneburg hafva hos Kejsaren, Spanien och Generalstaterne anhållit, att få guarantien på det, som de af Sverige kunde conquestera, hafva likväl desse det aldrigt velat bevilja, utan den holländske ambassadeuren[2]) nu vid min afresa mig förvissat, att Generalstaterne voro ännu ifrån ett sådant engagement alldeles fri, att Spanien likaså det härtill utslagit, och att Kejsaren icke heller därtill förstå velat.

Förutan detta hafver samma holländske ambassadeur mig försäkrat och på sin själs salighet mig tillsvurit, att alle de på Generalstaternes vägnar gjorde contestationer voro uppriktigt mente, att de gärna sågo, det E. Kgl. Maj. måtte få allt igen efter den Westphaliske och siste Nordiske freden, och att de till den ända ville göra allt, det vi själfva kunde begära af dem, allenast det med deras honneur och securitet ske kunde, uppdragandes mig detta E. Kgl. Maj. att berätta för en viss säkerhet.

Stratman hat ihm beim Abschied versichert, att det uti hele Kejsarens consilio vore en general maxim, att de höllo bättre, det E. Kgl. Maj. måtte behålla sine länder i Tyskland, än att de, som nu stodo därefter, dem få skulle. —

Bengt Oxenstierna an den König. D. Nimwegen 3. Dezember 1677.

[Stratmann hat ihm zu verstehen gegeben, daß Schweden zur Erreichung seiner Friedensbedingungen größerer kriegerischer Erfolge bedürfe. In Frankreich heiße es, Schweden sei bei der Langsamkeit seiner Operationen selbst an seinem Unglück schuld.]

---

[1]) Vgl. Höjer, a. a. O. S. 48.

[2]) Hieronymus van Beverning.

13. Dez. Stratman hat ihm wieder gesagt, das größte Hindernis gegen den Frieden sei, daß die, som hafva gjort conquester, ej vilja göra restitution. Kejsaren skulle ej ogärna se, att Sverige finge sitt igen, men vore ej görligt att tvinga sine allierade. Om Sverige kunde själf taga sitt igen, skulle conditionerne bäst skicka sig, att på det sättet voro väl, om Stettin kunde hålla sig och Lifländske secoursen ankomma, på det Churf. måtte blifva tractabel. —

Af H. Envoyén Carl Bonde[1]) hafver jag förnummit, som skulle han hafva märkt, att man vid fransöske hofet lätte sig märka, lika som hade man i Sverige intet allfvar med den Livländska marchen, utan sökte praetext till långsamhet..., hvarpå det omdöme gjordes, att Sverige blefve alltså själf skuld till sine olyckor[2]). —

A. Lilliehöök an den König. D. Danzig 1./11. Januar 1678.

[Allgemeines Mißtrauen gegen die militärische Leistungskraft Schwedens in Livland.]

11. Jan. Zu der ungünstigen Lage der schwedischen Waffen diesseits der Ostsee kommt hinzu, daß man aus Frankreich, das hier großen Einfluß hat, schreibt, man beginne an Schwedens Aufrichtigkeit und Ernst zu zweifeln. Våra fiender äre nu så effrontese, att man intet allena uti Wien och annorstädes, som Pufendorf och andra skrifva, hålla E. Maj. armée uti Lyfland för ett phantosme[3]), utan och att Overbeck offenteligen bjuder här ut 1000 Ducater emot hvem som dem hålla vill, att E. Maj. intet hafver någon armée i Lyfland, som skall vara något starkare än till 3 à 4000 man, jämväl och att desamma intet lära movera sig i detta år, och att så mycket annat alltså och till äfventyrs detta våra fiender lärer uppenbart vara, det H. Christer Horn[4]) med arméen alls intet begynna kan för brist af penningar[5]).

Hier sagt man, Schweden gebe dem Feinde Zeit, sich in Postur zu setzen, und mache es Polen fast unmöglich, den Angriffsplan auszuführen. —

---

[1]) Schwedischer Gesandter in Frankreich.

30. Nov. [2]) D. Ljungby 20. November 1677 untersagte der König den Gesandten Abmachungen mit den Alliirten, solange noch Hoffnung auf Verständigung mit Frankreich bestünde. Vollends nach dem französischen Ultimatum vom 19. April 1678 (vgl. Urk. u. Akt. Bd. 18 S. 586, Höjer, a. a. O. S. 72) wies der König die Gesandten an, alles zu vermeiden, was Frankreich gegen ihn mißtrauisch machen konnte (Resolution D. Ljungby
19. Mai 1678 9. Mai 1678).

[3]) Über die ungenügenden schwedischen Rüstungen in Livland vgl. Wimarson, a. a. O. Bd. 3 S. 184 ff.

[4]) Generalgouverneur von Livland.

[5]) Vgl. Acta hist. Bd. 5 S. 9 ff.

A. Lilliehöök an den König. D. Danzig 6. Februar 1678 st. n.

Der König ist sehr ungehalten darüber, daß von dem geplanten Marsch die Rede gewesen ist, bevor er angetreten wurde. Er lehnt die Ratifikation des Vertrages ab „wegen der Ungewißheit, ob die Armée marchieren könne und durchzudringen resolviret sei“ [1]). 6. Febr.

Auf Anregung des Königs hat er in öffentlicher Audienz die Vereinigung des herzoglichen Preußens mit Polen vorgeschlagen; das hat im Senat scharfen Widerspruch erregt [2]).

Der Gesandte Nils Eosander Lillieroot an den König. D. Paris 27. Mai/6. Juni 1678.

[Frankreich wünscht Schwedens völlige Restitution und erwägt einen Angriff auf Cleve.]

Pomponne hat ihm von den Besprechungen mit Beverningk [3]) erzählt und gemeint, Hollands wäre man nun sicher, an Spanien sei nicht mehr zu zweifeln [4]), also würden die andern sich zu einem Generalfrieden bequemen müssen. Hvar och icke, sade han, så har konungen beslutit att inbryta vid Cleve med en stark armee och så sätta efter Churbrandenburg och de andre hans allierade, att lusten till kriget och vinsten skall dem snart förgås. — 6. Juni

Von anderer Seite hört er, der König habe Beverning erklärt, daß Schweden völlig restituiert werden solle, worauf Beverning erwidert habe, der Kurf. bestehe sehr hart auf einer Satisfaktion. Darauf der König: „Jag skall snart gå själf så när, att Churf. skall få andra tankar“. Jag har förmärkt, att konungen är mycket piquerat emot Churf. och skall hafva synnerlig lust, att honom klämma, hvilket här ej kommer illa till pass [5]). —

Herr de Louvois säger, que le Roy ne souffrira pas, que la Suède perde la valeur d'un seul coup de canon, qui a esté tiré en cette guerre. —

Die schwedischen Friedenskommissare an den König. D. Nimwegen 1. August 1678 [6]).

[Marschall d'Estrades empfiehlt Schweden, dem Kurf. etwas zu cediren, um zum Frieden zu kommen.]

Den 24. [juli] förmiddagen hafver H. D'Estrades [7]) frågat mig, Oliwekrans, 11. Aug.

---

[1]) Vgl. Acta hist. Bd. 5 S. 21 f.

[2]) Vgl. Urk. u. Akt. Bd. 19 S. 183.

[3]) Dem nach Paris zum Abschluß eines Sonderfriedens entsandten Unterhändler, vgl. Wimarson, a. a. O. Bd. 3 S. 218 f.

[4]) Vgl. Vast, Les grands traités de Louis XIV. Bd. 2 S. 35.

[5]) Vgl. Urk. u. Akt. Bd. 18 S. 591 ff.

[6]) Vgl. Höjer, a. a. O. S. 100.

[7]) Marschall d'Estrades französischer Gesandter in Nimwegen.

om något vore att göra emellan E. Kgl. Maj. och Churf., och om icke vore bättre att cedera något, än att föra ett långsamt och besvärligt krig.

Am Nachmittag haben die Franzosen ihnen von ihrer Besprechung mit Blaspeil und Meinders erzählt [1]).

Die schwedischen Friedenskommissare an den König. D. Nimwegen 5. August 1678.

[Französisch-brandenburgische Verhandlungen und deren ungünstige Rückwirkung auf Schweden.]

15. Aug. Beklagen sich über das hochfahrende Verhalten der französischen Gesandten [2]), über deren Versuch, Lüneburg auf schwedische Kosten Landerwerb zu verschaffen [3]) und über ihren vielen Umgang mit dem dänischen Gesandten [4]).

Med Churbrandeburg hafver man och nogsamt försport deras under händer varande negotiationer, eftersom Churf. skall och själf hafva skrifvit därom. Ms. d'Espense [5]) hafver gjort åtskillige resor af och till Berlin och här hos dem haft conferenzen om affairer, hvilket de ej kunna neka, såsom och med Generalmajor Spaen [6]), deslikes här i Nimwegen. Och ehuru Frankrike kunde kanske hafva sincere intentioner, så synes dock en sådan deras conduite intet stämma därmed öfverens.. Desse allierade .. betjäna sig däraf, så att de hafva därmed bringat Kejsaren, Spanien och Holland att gifva sig åtskillige conditioner efter, särdeles till Sveriges desavantage, hvilket hafver varit frukten och nyttan af fransöske ambassadeurernes hemlige negotiationer. —

Der König an die Friedenskommissare. D. Feldlager bei Norre Widinge 25. September 1678.

[Schweden erwartet von Frankreich volle Restitution, Einmarsch in Deutschland und Angriff zur See gegen Dänemark.]

5. Okt. Sie sollen Frankreich keinerlei Veranlassung zu der Annahme geben, daß er auf eine Änderung der Zusagen auf volle Restitution in die verlornen Besitzungen eingehen würde, eftersom och I på intet sätt efter något annat project hafven till att lystra eller något förslag att emottaga, utan i dess ställe hos de fransöske med allt allfvar därpå att poussera, att konungen i Frankrike utan något dröjsmål

[1]) Der Bericht entspricht im wesentlichen dem von Meinders D. Nimwegen 26. Juli/5. August 1678, Urk. u. Akt. Bd. 18 S. 652.

[2]) Vgl. Höjer, a. a. O. S. 49 f.

[3]) Vgl. Prutz, a. a. O. S. 193 f.

[4]) Justus Hoeg.

[5]) Louis de Beauveau, comte d'Espense, vgl. über seine Rolle bei den Friedensverhandlungen Pagès, a. a. O. S. 369 ff.

[6]) Generalleutnant Alexander von Spaen.

med all force måtte intränga uti Tyskland till att gifva Churf. och de andre allierade de sysslar, igenom hvilke de kunde nödgas till raison, jämbväl och till sjös Oss med den makten assistera, hvarigenom Danmark kunde sättas i det ståndet, att det måtte taga till en Oss anständig fred.

Regierungsrat Joachim Rütger Owstien an Ch. Horn. D. Danzig 21./11. Oktober 1678.

Béthune reist, umb das mouvement hiesiger trouppen und die davon dependirende Conjunction beim Könige in Polen zu befodern, selbst dem H. Resident Dörfler nach Hofe [1] [2]). 21. Okt.

Der Gesandte Nils Lillieroot an die Friedenskommissare. D. Paris 19./29. Oktober 1678 [3]).

[Frankreich will dem Kurf. von Schweden nur eine Geldentschädigung erwirken. Dieser dürfte wenigstens das 1653 abgetretene Gebiet fordern.]

Die wachsende Gefahr für Pommern hat den König bewogen, Brandenburg und Lüneburg Frieden gegen Geldentschädigung zu bieten und zwar dem Kurf. durch d'Espense mit der Drohung, daß er im Fall der Ablehnung Dedommagement und Satisfaktion für Frankreich und Schweden fordern würde [4]). L. glaubt nicht, daß sie sich mit Geld begnügen werden, meint vielmehr, att Sverige något måste sacrificera för freden. I synnerhet frukter jag för restitution af de torpen, som Churf. praetenderar vara honom med rätt fråntagne efter Stettiniske recessen [5]) [6]). — 29. Okt.

Die schwedischen Friedenskommissare an den König. D. Nimwegen 21. Oktober 1678.

[Fagel über die Notwendigkeit schwedischer Gebietsabtretungen an den Kurf., namentlich Stettins, Wollins und der Gebiete östlich der Oder. D'Avaux erklärt, einer brandenburgisch-französischen Verständigung müßte die brandenburgisch-schwedische vorangehen.]

Die Kaiserlichen sind zu einem Waffenstillstand geneigt, wollen aber die Kurfl. nicht dazu zwingen, und diese suchen Zeit zu gewinnen. In Regensburg 31. Okt.

---

[1]) Vgl. Wimarson, a. a. O. Bd. 3 S. 308, 318 ff., Acta hist. Bd. 5 S. 149 ff.

[2]) D. Danzig 29. Okt. / 8. Nov. 1678 schreibt Owstien an Horn, der König habe geantwortet, Horn werde an der Weichsel Aufstellung nehmen, um etwa aus Pommern heranziehenden Truppen den Weg zu verlegen. O. hofft, wenn Horn wirklich in Preußen einmarschiert ist, werde der König zur Conjunction bereit sein. 8. Nov.

[3]) Vgl. Höjer, a. a. O. S. 101.

[4]) Vgl. Recueil des instructions Bd. 16 S. 205 ff., Urk. u. Akt. Bd. 18 S. 666.

[5]) Vgl. v. Moerner S. 167 ff.

[6]) D. Paris 21./31. Dezember 1678 schreibt Lillieroot nach Nimwegen, d'Espense habe die Antwort erhalten, der Kurf. sei mit Geld nicht zufrieden, sondern begehre Stettin med något mera. 31. Dez.

habe sich der Kurf. zum Waffenstillstand mit Frankreich, aber nicht mit Schweden bereit erklärt [1]).

Vor etwa 14 Tagen besuchte Beverning Oxenstierna und bedauerte den langsamen Fortgang der Verhandlungen, viljandes att Sverige må först accommodera sig med Churf.; begynte så tala om accommodementet med Churf., eftersom Fagel skulle hafva honom tillskrifvit af anledning af en discours .. med Silfwercrona, nämligen på det sättet, att Churf. ofelbart skulle få Stettin, Wollin och allt det, som öfver Odern beläget, och allt det skulle ankomma på tractat om Anclam, Demmin och det som in till Peenströmen är beläget. På det sättet mente han, att det skulle gå tillhopa. Ox. hat die Möglichkeit einer solchen Äußerung Silbercronas bestritten.

Beverning sagte weiter, d'Avaux habe Meinders versichert, Frankreich wäre mit Landerwerbungen des Kurf. auf schwedische Kosten einerstanden, wenn er Frieden und Bündnis mit ihm schließen wollte. Hingegen hat d'Avaux zu Silbercrona geäußert, er habe Meinders gesagt, der Weg zum Frieden mit Frankreich führe über das Accommodement des Kurf. mit Schweden till dess nöje [2]).

Die schwedischen Friedenskommissare an den König. D. Nimwegen 2. November 1678.

[Die Kaiserlichen gönnen Schweden volle Restitution, werden aber ihre Alliierten nicht dazu zwingen oder Frankreich den Durchmarsch gestatten; sie empfehlen Verweisung der Friedensfrage an den Reichstag, der eine Schweden günstige Mehrheit habe. Jenkins und die Franzosen raten ihnen zu geringfügigen Landabtretungen.]

12. Nov. Der Kurf. hat dem Kaiser Hilfe am Rhein in Aussicht gestellt [3]). Sie haben vorgeschlagen, daß der Frieden auf dem Fundament des Westfälischen Friedens unter voller Restitution Schwedens geschlossen und denen alle Unterstützung entzogen wird, die sich dagegen setzen; Frankreich behält das Recht, Schweden zu Hilfe zu kommen [4]). Vi hafva fuller förmärkt af de Kejserlige själfve såväl som af det de hafva låtit oss igenom andre förstå, att såsom Kejsaren ingalunda vore emot Sveriges retablissement, så kunde man ändteligen blifva ense i själfve saken, men det vore mest att göra de modo. Att sluta med Sverige på fot af Westphaliske freden, ej assistera de andre och inge quarteer dem gifva, kunde låta höra sig. Men att Kejsaren skulle tvinga sine allierade att gifva allt igen eller och tillåta Frankriket passagen med en armee, kunde ej ske [5]), och Frankrike kunde ändå finna andre medel.

Herr Straetman hade och en particulier låtit förljuda det förslaget, att det skulle fuller slutas med Sverige på Westfal. freden, men såsom många för-

---

[1]) Vgl. Urk. u. Akt. Bd. 18 S. 763.

[2]) Desgl. S. 658 ff.

[3]) Vgl. Urk. u. Akt. Bd. 18 S. 523 f.

[4]) Vgl. Actes et mémoires Bd. 3 ff. 142 S.

[5]) Vgl. Urk. u. Akt. Bd. 18 S. 602.

ändringar voro skedde igenom kriget, så vore bäst att remittera sakerne till Regensburg; så kunde ett Riksconclusum därpå följa och då strax sättas i effect. Sverige skulle ej annat däraf förmoda, än ett gott utslag; ty det kunde göra sig försäkrat om Kejsarens benägenhet, och Churtrier, Meinz och Cöln vorde och Kejsaren därutinnan bifallandes; om Churbeyern och Saxen vore Sverige försäkradt och om Churpfalz desslikest[1]), så att pluralitas votorum skulle för Sverige till bästa utfalla. Dagegen haben die Schweden erklärt, die ganze Friedensverhandlung müßte in Nimwegen erledigt werden. —

Immer wieder heißt es, es sei unbillig, daß der Kurf. seine sämtlichen Eroberungen herausgeben solle. H. Jenkins[2]) kom på det talet, då vi sist öfvergofvo memorialet, sägandes att, om Sverige ville afstå 3 eller 4 städer i satisfaction för Churf., kunde fredsverket gå för sig. De Hollandske tala ofta därom åt de Fransiske. Die Franzosen sagen, wenn sie Schweden wären, würden sie entgegenkommen, um sich weitere Kriegsnöte zu ersparen. En af dem kom en gång oblique att bouchera om de orter, som vore belägne öfver Odern.

Der Cellesche Gesandte[3]) hat ihnen ein Bündnis vorgeschlagen; dann würde sein Herzog zur völligen Restitution Schwedens gegen Erwerbung eines Teils von Bremen mithelfen[4]).

D'Estrades sagte vor wenigen Tagen, Pomponne habe ihm auf die schlimmen Nachrichten aus Pommern geschrieben, Frankreich sei außerstande, Schweden zu helfen. —

Der Resident Simon Dörffler an den Regierungsrat Owstien. D. Warschau 13. November 1678.

[Vor dem Reichstag kann der König Schweden keine militärische Hilfe leisten, höchstens kann er den kurfl. Truppen den Durchmarsch nach Preußen verwehren.]

Der König habe ihm durch Abt Hacki[5]) sagen lassen, er sollte sich wenig 13. Nov. bei Hofe zeigen zur Vermeidung widriger Impressionen und garnicht mit ihm sprechen. Ferner hat er ihm durch Hacki erklären lassen, „weil wir so lang mit unser march gesäumet, in welcher Zeit man das Herzogtumb hätte recuperiren können, so wäre es nu nicht mehr Zeit, die Conjunction zu urgiren; dann der Reichstag wäre vor der Tür". Da sei es ausgeschlossen, daß er sich „sine scitu Reipublicae sub ipsis comitiis pro parte nostra erklärete. Es wäre bekannt genug, was für einen starken Anhang der Churf. und Österreich hier in Polen hätten[6]), sintemal auch die beide Großfeldherren[7]) .. dieser Partei zu-

[1]) Vgl. Wimarson, a. a. O. Bd. 3 S. 214 ff., 297 f.

[2]) Der englische Gesandte Lionel Jenkins.

[3]) Geheimrat Salentin Justus Sinold Schütz.

[4]) Vgl. Wimarson, a. a. O. Bd. 3 S. 298 ff., Prutz, a. a. O. S. 193 ff.

[5]) Michael Hacki, Abt von Kolbatz, Almosenier und Sekretär des Königs von Polen.

[6]) Vgl. Urk. u. Akt. Bd. 19 S. 205, 209 f., 216 f., Wimarson, a. a. O. Bd. 3 S. 39.

[7]) Demetrius Wisniowiecki, Krongroßfeldherr und Michael Pac, litauischer Großfeldherr.

getan wären. Zwar wäre nicht ohne, daß der Tractat die Conjunction im Munde führte [1]). Allein zur selben Zeit wären wir noch in besserem Stande gewesen. Zudem wäre auch praesupponiret worden, daß der march bald darauf erfolgen sollen. Nun aber wäre durch unsere lenteur facies rerum mutiret und ganz Pommern darüber verloren worden." Wenn seine Truppen aber denen des Kurf. die Passage nach Preußen verwehrten, würde er das aliquo praetextu bei der Republik justificiren, „da sichs dann hernach, wann unsere Waffen in Preußen wohl avanciret, schon weiter fügen würde; dann nach dem Reichstag hätte der König wieder plein pouvoir". —

Der König an Feldmarschall Henrik Horn. D. Ljungby 6. November 1678 [2]).

[Horn soll nicht nach Pommern vorstoßen, sondern in Preußen bleiben; einem Angriff des Kurf. wäre er freilich nur mit polnischer Unterstützung gewachsen; bleibt diese aus, so soll er nach Livland zurückgehen. Hoffnung auf Frankreichs Hilfe.]

16. Nov. Nachdem Rügen und Stralsund verloren sind und nur noch Greifswald sich hält, lohnt es nicht, mit der livländischen Armee den Vorstoß bis Pommern zu wagen. Horn werde inzwischen wohl die Memel überschritten haben [3]). Er solle dort bis zum Frühling bleiben und sich verstärken. Frankreich habe ja jetzt durch den Friedensschluß mit Holland und Spanien [4]) die Hände freier; es versichere ihm, daß es Schwedens Restitution gemäß dem Westfälischen und dem Nordischen Frieden wünsche, daß es noch im Herbst in Cleve und in die andern westfälischen Gebiete des Kurf. einmarschieren und im Frühjahr eine Flotte in die Ostsee schicken werde. Wenn also diese Pläne ausgeführt werden, und wenn Horn in Preußen aktionsfähig bleibt, torde Våra fiender komma till andra tanckar och taga emot den freden, hvilken de nu med en så stor högnad förkasta. —

Men skulle .. Vår olycka vara så stor, att konungen i Polen icke ville stå vid sitt löfte, låta sina troupper stöta till Eder och göra Eder således suffisant, att stå Churf. emot, när han med sina och sine allierades krafter ginge på Eder lös, och I med de andre generalers inrådande judiceraden, det I icke utan arméens störste hazard kunden blifva i samma preussiske posto, så vore på den olyckliga händelsen fuller icke annat öfrigt, än att I Eder med arméen måsten draga tillbakars åt Livland och förhindra, att fienden icke där måtte inbryta och taga sina vinterquarteer. —

---

[1]) Vgl. Wimarson, a. a. O. Bd. 3 S. 47.

[2]) Vgl. Wimarson, a. a. O. Bd. 3 S. 423, 567 ff.

[3]) Die preußische Grenze hat Horn am 15. November überschritten, vgl. Wimarson, a. a. O. S. 390; Hirsch, Winterfeldzug S. 52.

[4]) Vgl. Vast, a. a. O. Bd. 2 S. 36 f.

Regierungsrat Owstien an den König. D. Danzig 11./21. November 1678.

[Aus polnisch Preußen kann Horn keine militärische Hilfe erhalten.]

Auf Béthunes Veranlassung hat er mit dem Marienburger Palatin Bonkowski[1]) konferiert, der ihm erklärte, in Preußen stünden nur 16 Kompagnien oder Fähnlein, die zerstreut und in schlechtem Zustande wären; seit einigen Monaten hätten sie keinen Sold erhalten; Artillerie und Munition wären nicht vorhanden. So könnte in kurzer Zeit nicht einmal für Sperrung der Weichsel gesorgt werden[2]). 21. Nov.

Der König an die schwedischen Friedenskommissare. D. Ljungby 12. November 1678.

[In der Hoffnung auf Erfolge der französischen und schwedischen Truppen gegen den Kurf. ist ein Waffenstillstand mit dem Kurf. und dessen Verbündeten zu vermeiden.]

Der König von Frankreich hat ihm fest versichert, er werde in Deutschland einmarschieren; ein Anfang soll in Jülich bereits gemacht sein[3]). Hofft, er werde bis Westfalen vordringen, som nödvändigheten påtränger, Oss ofördröjeligen att secundera, Vi därtill med i lika måtto icke tvifla, att Vår Liflendske armée lärer så vida vara avancerat, att densamma, om icke alldeles allaredo uti Preussen, dock åtminstone i nejden däraf skall vara och så medelst uti estat att fortsätta Vår dessein emot Churf. på den sidan. Hvarföre så lärer i consideration af allt sådant för Oss vara så mycket skadeligare, att ingå något armistitium, som Churf. och de allierade därigenom skulle få tillfälle, att draga sig undan den fara, som honom och hans länder eljest så utaf konungs i Frankrike som Vår Liflendske armée visserligen näst Guds hjälp öfverhänger. 22. Nov.

Er hat sich in diesem Sinne an den König von Frankreich gewandt, und sie sollen die französischen Gesandten entsprechend zu beeinflussen suchen.

Die schwedischen Friedenskommissare an den König. D. Nimwegen 13. November 1678.

[Franzosen, Kaiserliche und Holländer raten den Schweden im Interesse der Herbeiführung des Friedens zu Gebietsabtretungen.]

— Här pousseras vi af de fransöske ambassadeurerne, att inlåta oss i negotiation med de Brandenburgiske och Lünenburgiske ministrarne, som och intet 23. Nov.

---

[1]) Ignatius Bąkowski, Woywode von Marienburg.

[2]) An Horn schreibt Owstien D. Danzig 22. Nov./2. Dez. 1678, Bonkowski hat erklärt, während des Reichstags wäre es für den König unmöglich, ohne seinen äußersten Ruin sich öffentlich zu erklären und die Conjunction zu vollziehen. 2. Dez.

[3]) Der französische Einmarsch erfolgte damals noch nicht, vgl. Hötzsch, Stände und Verwaltung von Cleve und Mark S. 611 f.

annat är till säga, än att vi deras begäran af en eller annan cession intet skulle afslå; ty annat hafva bemälde ministrar intet att negotiera öfver. Vi hafve .. intet lystrat efter någon sådan handel, men som de Fransöske låta likvil förspörja en otålighet däröfver, ehuruväl de veta, att vi inge orders hafve därtill[1]). —

Vi se ej eller någon nöd, som dem drifva kan till sådant procedere och därföre hafver man skäl till frukta, att icke något särdeles härunder må skyhla och man framdeles torde få höra, att man själf denne occasion hade försummat och därföre sedan måste sätta mera till för mindre. Det gör och saken mer eftertänkelig, att suiten af de particularnegotiationer, som Frankrike hafver före hos Brandenburg[2]) och Lünenburg[3]) till att contentera dem med penningar säges, intet göres oss rätt kunnig, så att vi intet veta hvaruti de bestå. —

Frankreich wünscht trotz all seiner Contestationen offenbar, daß Schweden någon cession macht.

Vi hafve af de Kejserlige såväl som Holländerne för 4 à 5 veckor sedan hört framkasten, om Sverige vill satisfaciera Brandenburg, då skulle man skaffa igen allt det öfrige, som förlorat vore och af Danmark och de andre innehafvas. De hafva väl intet nämnt, hvad satisfaction de förstodo, mer än att Stettin vore därunder begripet. Men den brandeburgiske ministern Meinerts hafver hos H. Colbert talt om allt det, som ligger öster om Peenströmen samt med Anklam och Demmin, och det förr än Stralsund gick öfver. Vi hafve i discurser mot de fransöske ambassadeurer deducerat dem af hvad stor importance Stettin är, och huru omisteligt det vore för Sveriges interesse, det att man sågo, huruledes Churf. sig bemödde, att inrätta en sjömakt i Östersjön, hvilket så directe lupe emot Sverige som något kunde, så i regard till den själf apart, som till conjunction af consilien, uti hvilken Brandenburg alltid varder ståendes med Danmark, och som sådan dessein genom ingen ting mera befordras kunde, än genom det, att Stettin cederades tillika med Odern, så vore och ingen ting, som Sverige mera borde evitera. ... Om E. Kgl. Maj. skulle härefter som härtill stå med detsamma i ett interesse i Tyskland emot hus Österrike, då vore Stettin och passagen vid Odern hel nödigt att behålla, efter det vore det endaste medlet att komma ut åt arfländerne och E. Kgl. Maj. utan desse skulle blifva så instängd på alle sidor, att man inte kunde föra foten ur sitt eget land. —

Die schwedischen Friedenskommissare an den König. D Nimwegen 18. November 1678.

[Der Kaiser ist bereit, militärische Unterstützung gegen Schweden zu verbieten, aber nicht, Schwedens völlige Restitution zuzusagen.]

28. Nov. — Med Sverige vill fuller Kejsaren tillika[4]) sluta iuxta tenorem Westpha-

[1]) Vgl. Höjer, a. a. O. S. 88, Urk. u. Akt. Bd. 18 S. 602.
[2]) Vgl. Urk. u. Akt. Bd. 18 S. 666, Bd. 20 S. 365 ff., Pagès, a. a. O. S. 385 ff.
[3]) Vgl. Prutz, a. a. O. S. 197 ff.
[4]) Wie mit Frankreich.

licae pacis, men ej så, att han vill förklara, att Sverige skall vara plenarie restituerat in iura sua, utan det skall lämnas till det utslag, som blir emellan Sverige och dess öfrige fiender; vill dock ingå den puncten, att ej gifva assistenz emot Sverige eller tillåta quarteer för de andre [1]). —

Die schwedischen Friedenskommissare an den König. D. Nimwegen 23. November 1678 [2]).

[Kaiserliche und Franzosen empfehlen den Schweden Gebietsabtretungen.]

Die Kaiserlichen haben dem Mediator gesagt, es vore intet att tala om, att Kejsaren skulle förklara Sverige vara fullkomligen restituerat uti alle sine iura. Kejsaren kunde allenast sluta på fundament af Westfaliske freden, så vida som den icke med begge sidors samtycke och amore pacis kunde komma till förändras. — 3. Dez.

Fransöske Ambassadeurerne föra nu ett helt annat tal, sägandes att det är nog, att Kejsaren säger sig sluta på fot af den Westphaliske freden, och att det vore ej af Kejsaren att begära, att han skulle förklara Sverige restituerat uti allt sitt; hvarken kunde Kejsaren det göra ej eller vore Chronornes interesse att tillåta, det han skulle taga sig den makten, att hans slut skulle obligera hela imperium. .. Om kriget skall continueras med Kejsaren, är Frankrike ej capabel, att hjälpa Sverige, sedan de Svenske vore utur Tyskland och Kejsaren fått avantage öfver rebellerne, som nu säges, så skulle man vara glad, om Kejsaren ville sluta fred quocunque modo, efter säkerheten och effecten för Sverige består intet så mycket uti det, som slutes med Kejsaren, som uti den assistence, som Frankrike kan göra, sedan freden med Kejsaren är sluten, emedan de, som conquester hafva, måste ändå tvingas till raison. —

Eljest taler man nu här klart nog, att Sverige måste mista något, så att och de allierade göra sin räkning, att det är Frankrikes vilja ... Französke ambassadeurernes formular är, att som Französke ministrar står dem intet att råda, det Sverige skall gifva något efter; men om de vore Svenske ministrar, ville de det göra. —

Vor einigen Tagen haben die Franzosen ihnen einen Brief ihres Königs gezeigt des Inhalts, att såsom Churf. ej vill bequäma sig, so empfehle es sich, Lüneburg zu gewinnen durch Verzicht auf Bremen oder durch Geld; dies wolle Frankreich gern geben [3]). —

A. Lilliehöök an den Feldmarschall Christer Horn. D. Danzig 8. Dezember st. n. 1678.

[Anfrage des Kurf. beim König von Polen über dessen Haltung im schwedischen Kriege.]

Konungen i Polen står in suspenso och man måste nu afse, hvilket dera 8. Dez.

[1]) Vgl. Urk. u. Akt. Bd. 18 S. 602, Pufendorf, Lib. XVI § 91.

[2]) Vgl. Höjer, a. a. O. S. 88.

[3]) Vgl. Prutz, a. a. O. S. 196 ff., 218 ff.

mera hos honom lär gälla kunna, antingen Ofverbecks proposition, den han säges hafva ordre nu i desse dagar till att göra, begärandes cathegorisch svar, om konung vill sitta stilla eller vill hjälpa Churf. eller och melera sig i detta kriget med tillträde till H. K. Majs. partie eller och så, om Frankrike med många löften och penningar, så H. K. Majs. armée med någre lyckelige operationer läre öfver honom en ascendent behålla [1]).

Leider kennt man hier nicht die Stärke der livländischen Armee.

Der König an die Friedenskommissare. D. Ljungby 3. Dezember 1678.

(Auf die Berichte vom 21./31. Oktober und 2./12. November 1678.)

[Der Westfälische Frieden soll Grundlage des Friedens bleiben. Kaiser und Reich sollen anerkennen, daß diejenigen, die das ablehnen, nicht unterstützt werden, und daß Frankreich, das keine neuen Eroberungen sucht, der Durchmarsch gestattet wird.]

13. Dez. Der Westfälische Friede, aus dem seine völlige Restitution zu folgern ist, muß das oryggeligit fundament des Friedens werden. Sehr erwünscht wäre es, Kaiser und Stände zu der Zusage zu veranlassen, verkeligen att agera emot dem, som sig den Westphal. fredens entiere restauration skulle vilja emotsätta, hvilket I kunnen söka att nå. —

Men där det icke görligt vore, en sådan förklaring att obtinera, då måste ändeligen betingas, att de, som emot Vår restitution och consequenter den Westphal. fredens fullkommelige restauration sträfve, ingalunda skulle med någon undsättning på ett eller annat sätt hjälpa, utan Frankrike passagen (hvilken en conditio sine qua non vara måste) fri och obehindrat lämnas, Oss att kunna assistera [2]), hvilken condition så aequitabel är, som Ständerne kunna vara försäkrade, att därmed ingen ny conqueste för Frankrike .. intenderas.

Die schwedischen Friedenskommissare an den König. D. Nimwegen 7. Dezember 1678.

[Die Kaiserlichen und die französischen Gesandten sind hinsichtlich der schwedischen Friedensbedingungen ziemlich einig. Braunschweig-Lüneburgische Forderungen an Schweden.]

17. Dez. De Kejserlige hafve låtit märka sig, att de vore försäkrade nog, att då man äre ense med Fransöske Ambassadeurerne uti det, som Frankrike angår, skall intet accrochera på svenska saken, efter de Fransöske vore intet synnerligen differente ifrån deras mening.

Der Lüneburger Gesandte hat eine Erklärung verlangt, was die Herzöge an Land und Geld zu erwarten hätten, und hat gemeint, die Landabtretung

[1]) Vgl. Urk. u. Akt. Bd. 19 S. 206 ff.

[2]) Vgl. oben S. 996.

könnte in Form einer Hypothek erfolgen, damit Brandenburg keine Konsequenzen daraus ziehen könnte. Sie haben erwidert, auch in dieser Form sei eine Landabtretung nicht möglich, efter den Brandeburgiske ministren under den titulen ibland andre praetenderar hela Pommern [1]). —

Die schwedischen Friedenskommissare an den König. D. Nimwegen 27. Dezember 1678.

[Die Franzosen empfehlen kleine Gebietsabtretungen an Münster, Lüneburg und Brandenburg.]

Münster hat sie wissen lassen, der Bischof erwarte die Abtretung von 6. Jan. 1679
Wildshausen und Thedinghausen [2]). Sie weisen jede Möglichkeit eines Landverzichts zurück, dock måste vi ogärna förnimma, att fransöske ambassadeurerne mycket yrka på sådana faciliteter af Sverige, som gå därpå ut. I dag hafver den Holsteiniska [3]) sagt oss, att de hafve uttryckligen tesmoignerat, att deras particularsentiment vore, att Sverige skulle tillbjuda Wildshusen åt Münster, Thedinghusen för Lüneburg [4]) och allt det öfver Odern (nämnandes Gollnow och Greifenhagen) för Churf. Ty de finna stora svårigheter uti negotiationer uti det som Sverige anginge [5]). —

Der König an den Envoyé Nils Lillieroot. D. Hauptquartier Ljungby 15. Januar 1679 [6]).

[Schweden lehnt die ihm von Frankreich empfohlenen Landabtretungen an Lüneburg' Münster und Brandenburg ab.]

Am 20./30. Dezember habe er gemeldet, daß Pomponne ihm erklärt habe, 25. Jan.
Lüneburg und Münster lehnten die ihnen angebotenen Gelder ab, sie wollten Land haben, att och Churf. af Brandenburg sig icke ville allenast med penge åtnöja, utan Stetin därjämte hafva, att konungen i Frankrike ingen säker resolution kunde taga för Englands skull. Detsamma hafver den fransöske ambassadeuren de Feuquieres här igenom ett memorial hos Oss andragit.

Er habe Feuquieres geantwortet, att Vi ingalunda ville veta utaf den ringeste cessionen; Frankreich solle durch nachdrückliches kriegerisches Auftreten die Alliirten zur Raison bringen.

---

[1]) Vgl. Prutz, a. a. O. S. 220.

[2]) Bischof Ferdinand von Fürstenberg; vgl. Wimarson, a. a. O. Bd. 3 S. 466.

[3]) Die Gesandten von Holstein-Gottorp waren Andreas Ulcken und Magnus Wedderkopf.

[4]) Vgl. Prutz, a. a. O. S. 223.

[5]) D. Hauptquartier Ljungby 22. Januar 1679 erwidert der König, seine Truppen 1. Febr.
hätten die Memel überschritten, att Vi däraf ville förhoppas, att denne Högste Guden skulle vilja omsider sätta Churf.s högmod ett mål. Lüneburg und Münster sollten mit Geld zufrieden sein.

[6]) Vgl. Prutz, a. a. O. S. 202 f., Pagès, a. a. O. S. 394 f.

Die schwedischen Friedenskommissare an den König. D. Nimwegen 18. Januar 1679.

[Haltung der Kaiserlichen und der Franzosen in der Friedensfrage.]

28. Jan. Während sie Anerkennung des Westfälischen Friedens als erste Grundlage des Friedens verlangen, erklären die Kaiserlichen, att deras intention är, att partes paciscentes antaga för sig Westfal. freden, men de måste praecavera, att sådant icke må lända deras allierade till praejudiz. Vi repraesentera däremot, att deras allierade måste intet nämnas därvid, och att, om vi skulle tillåta ofvanbemälde clausulen och dem underskrifve .., så hade vi alloredan admitterat ett praejudicium för Sverige.

In Paris sagt man Lillieroot, Schweden müßte einige Gebiete abtreten, um zum Frieden zu kommen.

Die Franzosen sagen ihnen, sie würden Deutschland bald nach dem Friedensschluß räumen, sodaß sie Schweden nicht mehr unterstützen könnten.

Die schwedischen Friedenskommissare an den König. D. Nimwegen 29. Januar 1679.

8. Febr. Melden daß Kaiser und Reich mit Frankreich und Schweden Frieden geschlossen haben; am schwierigsten war die Verständigung über die Geltung des Westfälischen Friedens; hier war erst ganz zuletzt und nur mit französischer Unterstützung eine Einigung zu erzielen [1]).

Die schwedischen Friedenskommissare an den König. D. Nimwegen 15. Februar 1679.

[Die Franzosen empfehlen einige Gebietsabtretungen an den Kurf., die Kaiserlichen raten zur Verständigung mit Lüneburg und Münster.]

25. Febr. Der König von Frankreich habe ihnen durch den französischen Ambassadeur mitgeteilt, att han skulle själf säga dem brandburgske afgesanten H. Meinertsen, att konungen vore väl porterat, att gifva Churf. sin vänskap, men med den condition, att han förliker sig med Sverige och bequämer sig till Westfal. freden ..., men man måste och på Sveriges sida se till, hvad som är möjeligt [2]). Der Kriegsausgang mit dem Kurf. sei zweifelhaft. Därföre dicterade prudencen, att Sverige resolverade till några små cessioner, på det man kunde lyckas i negotiationerne. —

De Kejserlige äre ej med Danmark och Brandborg förnöjd och låta nogsamt märka, att Kejsaren hafver att ombragera sig af deras tillväxande och de intriguer, de under hand söka hos Frankrike. Daher raten die Kaiserl. zu

---

1) Vgl. Urk. u. Akt. Bd. 18 S. 611.

2) Vgl. Höjer, a. a. O. S. 102, Urk. u. Akt. Bd. 18 S. 677 ff., Bd. 20 S. 379 f.

raschem Ausgleich mit Münster und Lüneburg in der Erwartung, daß dadurch der Frieden mit Brandenburg erleichtert würde.

Der französische Ambassadeur hat ihnen erklärt, Schweden müßte an Dänemark Landskrona und an den Kurf. Pommern östlich der Oder und Wollin abtreten.

Die schwedischen Friedenskommissare an den König. D. Nimwegen 31. März 1679.

[Bei genügender Entschädigung durch Schweden ist der Kurf. bereit, diesem Bremen und Oldenburg zu verschaffen. D'Estrades empfiehlt einige Gebietsabtretungen in Pommern, jedoch nicht Verzicht auf Stettin.]

Lillieroot schreibt, daß d'Espense zu Grafenthal[1]) geäußert hat, om 10. April
Churf. få en nöjaktig fred med Sverige, så ville han sedan taga mesurer med E. Kgl. Maj., att skaffa E. Kgl. Maj. Bremen och Oldenburg. —

Herr d'Estrades hafver för några dager sedan sagt, att Stettin borde fuller Churf. ej få, men måste dock få något land och penningar af Frankrike. —

Die schwedischen Friedenskommissare an den König. D. Nimwegen 3. April 1679.

[Die Kaiserlichen und die Franzosen fordern Schwedens Verzicht auf die Gebiete östlich der Oder, der Bischof von Gurk rechnet auch mit Verzicht auf Stettin.]

Vi förmärka nogsamt, att Frankrike vill, att negotiationen med Churf. ju 13. April
förr ju heller må komma till slut, efter freden med Kejsaren kan eljest, säga de, ej komma till sin execution. De Kejserlige och Mediatoren drifva och på, att det verket må i varande stilleståndet afgöras. —

Huru de förmena, att den freden skall blifva, förspörja vi också nogsamt. Biskopen af Gurk[2]) hafver emot de fransöske ambassadeurer utlåtit sig, att som det stodo allenast på Stettin (ty på det som öfver Odern är, gör man sig viss räkning), så skulle man förmoda, att Sverige skulle kunna det afstå; det vore ej någon ort af consideration och fasthet.

Colbert hat dem Holsteiner Gesandten, doch offenbar zur Weitergabe an sie, gesagt, att Sverige bör intet difficultera att afstå det, som öfver Odern är beläget. .. Churf. lärer aldrig släppa det för säkerheten skull af Hinterpommern.

Vi .. tro och, att det är allaredo af Frankrike resolverat, att Churf. skall behålla det som är beläget öfver Odern[3]). —

Die schwedischen Friedenskommissare an den König. D. Nimwegen 10. April 1679.

Entspricht im wesentlichen Blaspeils Relation vom 8./18. April, Urk. u. 20. April
Akt. Bd. 18, S. 619.

---

[1]) Eberhard v. Grafenthal, 1678/79 schwedischer Envoyé in Paris.

[2]) Bischof Johann von Gurk, kaiserlicher Prinzipalgesandter in Nimwegen.

[3]) Vgl. Urk. u. Akt. Bd. 18 S. 617 ff.

Colbert teilte ihnen mit, Jenkins hat ihnen als voraussichtliche brandenburgische Proposition mitgeteilt: ganz Pommern und dessen Anfall an Schweden bei Aussterben der Kurlinie. Colbert habe das mit der Erklärung abgelehnt, att på sådane propositioner skulle.. den fransöske armeen i det Cleviske få ordres att bära svar den 1. May, då stillståndet är förbi [1]).

Bengt Oxenstierna an den König. D. Nimwegen 24. April 1679.

[Brandenburg beansprucht ganz Pommern. Colbert schlägt bei der günstigen diplomatischen Stellung des Kurf., der von Holland gesucht werde, Polen und Moskau für sich habe, vor, Schweden solle ihm das rechtsoderische Gebiet und Wollin, Frankreich ihm Geld geben; diesem Vorschlag dürften, wenn nicht der Kurf., so doch Kaiser und Reich beistimmen.]

4. Mai Den brandenb. ambassadeuren visar sig ännu såsom synes helt trotsig. H. Colbert hafver sagt mig, att när han för några dagar sedan måtte honom på en promenade och kom till tals med honom, tesmoignerade han ännu, att Churf. påstode, att behålla helen Pommern. Därpå H. Colbert sade sig hafve svarat honom, att Churf. skall akta sig, att han icke mister sine westphaliske länder och Pommern desslikest.

Men sedan hafver H. Colbert igenom H. Ulken [2]) låtit göra mig följande propositioner: Att såsom Churf. visar sig hel svår och ej vill veta af annat än behålla hela Pommern, så kan man ej göra sig annanräkning, än att han måste hafva något synnerligt, därpå han sig förlåter. Man visste den faction, som vore för honom i Holland, det vore bekant, att Generalstaterne söka ny alliance emot Frankrike; att Churf. hafver Pohland och Muschou för sig, att och England kan bevägas. Alltså måste Frankrike därpå reflectera och därför söka, att hasta accommodementet med Churf. H. Colbert hade och därföre sonderat H. Blaspihl, om Churf. skulle icke nöjas med penningar af Frankrike och den delen land öfver Odern, som ej vore nämnd in instrumento pacis, men han det med indignation förkastat; ty ville H. Colbert nu igenom H. Ulken förnimma af mig, om icke vi skulle vilja resolvera, att afstå hela del öfver Oderske med insulen Wollin, så ville och Frankrike lägga penningar därtill. Churf. lärer fuller ändå ej vara nöjd, men man kunde hoppas, att Kejsaren och Riket skulle då och bifalla... Skulle jag ej kunna till sådant resolvera, så vore ej annat på, än att Frankriket själf gjorde sådant anbud i hopp, att E. Kgl. Maj. vorde det agreerandes.

Er hat erwidert, daß sie Befehl hätten, keine Gebietsabtretung zu bewilligen.

Der König an die Friedenskommissare. D. Hauptquartier Ljungby 8. Mai 1679 [3]).

(Auf den Bericht vom 31. März/10. April.)

[Wenn Frankreich auf Rückgabe des 1653 an Schweden abgetretenen Gebiets an den Kurf.

[1]) Vgl. Urk. u. Akt. Bd. 18 S. 13 f., Hötzsch, a. a. O. S. 613 ff.

[2]) Andreas Ulcken, holstein-gottorpischer Gesandter.

[3]) Eing. Nimwegen 24. Mai (3. Juni) 1679.

besteht, dürfen sie ihm dies als Pfand bieten; lehnt er das ab, so überläßt der König Frankreich die Entscheidung lieber, als daß er von sich aus in die Abtretung willigt.]

Zunächst haben sie von Brandenburg volle Wiederherstellung des Westfäl. Friedens zu verlangen. Aber wenn Frankreich auf Rückgabe der Orte dringen sollte, die dem Kurf. seiner Behauptung nach im Stettiner Grenzrezeß entgegen den Osnabrücker Bestimmungen entzogen worden sind, so mag er diese Dörfer als Hypothek für 100 oder 200 000 Rth. behalten, välförståendes, att härunder icke comprehenderas de orter på andre sidan om Odern, hvilka expresse i instrumento Oss äre tillägnade, om hvilkes cession Vi ingalunda något vilja veta. — Skulle nu de Churfl. icke vilja hafva besagde byar med den betingande af pant, utan absolument till en evärdelig egendom och att de Fransöske dem därutinnan skulle vilja bistånd göra, så är detta Vår ändtelige resolution, att ingelunda därtill samtycka, utan i fall Frankriket skulle vilja Oss samma condition påtränga, då heller lämna Frankriket därutinnan att göra efter godtyckia, än att själfve ingå samma cession. — 18. Mai

---

Bengt Oxenstierna an den König. D. Nimwegen 8. Mai 1679.

[Colbert hat den Brandenburgern die Gebiete östlich der Oder angeboten; Schweden werde, wenn es das ablehne, keine Subsidien mehr erhalten. Andeutungen des Friedensvermittlers über französische Anerbietungen an den Kurf. hinsichtlich des Friedens mit Schweden.]

Colbert hat Ulckengesagt, er habe Blaspeil und Meinders vorgeschlagen, der Kurf. sollte mit den im Westfälischen Friedensvertrag nicht genannten Gebieten östlich der Oder zufrieden sein; sie haben das abgelehnt. Da Frankreich nun also lediglich im schwedischen Interesse den Krieg würde fortsetzen müssen, sei es billig, daß es Schweden keine Subsidien mehr gewähre[1]). 18. Mai

Måndags den 5., då jag var hos mediatoren[2]), sade han sig förmoda, att negotiationen med Brandeburg skulle komma i god gång, efter Frankrike hade allaredo gjort Churf. ett anbud på Sveriges vägnar. Men som jag svarade, att jag intet visste af någon offerte, ville han ej heller sig yttra, men rådde mycket till, att Sverige ville foga sig, hvilket han höll för vara Sveriges interesse.

Bengt Oxenstierna an den König. D. Nimwegen 15. Mai 1679.

[Die französischen Vorschläge an den Kurf. sind erfolgt, weil der Kaiser den Frieden nicht durchführen will, solange Frankreich gegen diesen kämpft, und weil der Kurf. mit Dänemark vereint das für Frankreich schwer erreichbare Pommern verteidigen könnte.]

Colbert gaf mig tillkänna, att hans konung hade judicerat högstnödigt för begge Chronornes interesse, att på det möjeligaste befordra en universal fred och därföre att facilitera accommodementet med Brandeburg, uppräknandes 25. Mai

---

[1]) Vgl. Urk. u. Akt. Bd. 18 S. 699.

[2]) Vermutlich Lionel Jenkins.

ibland andre motiver, att Kejsaren ej ville fort med fredensexecution, så länge fransöske vapnen ginge in i Riket emot Churf., och att Churf. skulle, där man icke på något sätt sökte att ställa honom till freds, tillika med Danmark fatta mesurer och oaktat all fara vilja försvara sine conquester särdeles Pommern, dit han mente Frankriket ej kunde tränga igenom; hvilket skulle i längden förorsaka begge Chronore store inconvenienter. Daher habe der König dem Kurf. das bekannte Angebot gemacht.

Bengt Oxenstierna an den König. D. Nimwegen 29. Mai 1679.

[Da die französischen Anerbietungen über die vom König gemachten Zugeständnisse hinausgehen, dürfte Frankreich den Frieden mit dem Kurf. für Schweden und für sich selbst schließen.]

8. Juni Colbert hat ihm mitgeteilt, was Meinders in Paris gefordert habe[1]); er hat gemeint, nun würden die Franzosen auch Minden besetzen, damit der Kurf. nicht mehr sagen könnte, er solle seine Eroberungen für nichts zurückgeben.

Die französischen Anerbietungen an den Kurf. gehen über die im Schreiben des Königs vom 8. Mai enthaltenen Zugeständnisse hinaus. Alltså kunna vi ej något göra till saken, utan Frankrike läre utan tvifvel sluta både för Sverige och sig, så framt Churf. antagar det som är i tillbud, hvartill H. Colbert sägar ännu ringa liknelse vara.

Der Gesandte Nils Bielke an den König. D. Paris 20./30. Juni 1679[2]).

[Frankreich hat den Frieden für Schweden über den Kopf der schwedischen Gesandten mit Meinders geschlossen.]

30. Juni Am 26. hat Pomponne ihn und Lillieroot rufen lassen und ihnen mitgeteilt, daß der König Meinders die äußersten Forderungen des Kurf. zu bewilligen gedenke, tviflandes intet på, att icke E. Maj. den agreerandes och ratificerandes varder, efter själfva impossibiliteten är annorlunda att göra. Jag sade, att E. Maj. där aldrig varder aggreerandes, utan som dess konung voro nu herr och kunde disponera om allt, som honom behagade, måste fuller E. Maj. låta sig nöja, efter E. Maj. intet i estat är, annat att göra. De kunde därföre göra, hvad dem behagade, efter de ingen reflexion ville göra på hvad som remonstrerades. Jag hoppades likväl, att konungen lärer vara så genereux, att han lärer betänka E. Maj. interesse, innan något slutes, och att E. Maj. såväl som han komma satisfait utur detta kriget, helst efter E. Maj. allenast för dess skull voro inkommen däruti, tagandes därmed afsked af honom, sedan jag hade remonstrerat honom, af hvad importence för E. Majs. ära Wollin är, huru necessairt Damm för Stettin är likasom nyckelen därtill, att Wildenbruch och Grifenhagen intet kunde mistas utan Stettins commercie

[1]) Vgl. Urk. u. Akt. Bd. 18 S. 692 ff., 701 ff.

[2]) Vgl. Höjer, a. a. O. S. 105 ff., Urk. u. Akt. Bd. 18 S. 710 ff.

undergång.., att Gollnow vore så mycket mera nödigt, som Stettin eljest intet virka till skepps..byggande hade, och i fall det mistes, voro Stettin ruinerad, hvilket E. Maj. på det högsta sökte att för dess stora trohet conservera. Pomponne erwiderte, er hoffe, es würde noch alles zur Satisfaktion des Königs ausfallen.

Am Tage darauf besuchte er Pomponne, nachdem Meinders lange mit diesem verhandelt hatte. Er bekam hier zu hören, daß Meinders alles abgeschlagen worden sei mit Ausnahme des in Nimwegen Angebotenen. — Han hade och relacherat allt förutan Goldnow och den halfva delen E. Maj. hafver på tullen i Colberg och i några små hamnar i Hinderpommern; icke dess mindre hoppades han, att allt skulle fuller skicka sig så, att E. Maj. visserligen skulle därmed vara nöjd.

Bonde hat vorgeschlagen, efter konungen hade proponerat, att Churf. skulle behålla det Öfveroderska, som intet nämndt vore, om icke Hans Maj. skulle sålunda det vilja explicera, när tractaten slutes, att allt det, som E. Maj. intet kan bevisa sig tillhöra efter Westphaliska freden, utan genom Stettinske recessen vara honom aftvungit, som han föregifver, skulle allenast höra Churf. till, utan att nämna någon ort. Pomponne erwiderte, er bezweifelte, daß man das så kunne explicera, efter det enkannerligen vore sett på Greifenhagen och Wildenbruch, dock ville det i betänkande taga. —

H. Pomponne försäkrade mig, att konungen intet hade skolat efterlåta Churf. det ringaste, där han icke såge, att det voro omöjeligt, att E. Maj. i någon måtto kunde hjälpa honom igenom någon diversion. Lyfländske armée, sade han, är i så slätt estat och göres så litet till att bringas till marche, så att ingen apparence är, den kommer i fält förr än i September, så framt hon då än skulle komma. —

Bonde meinte, wenn der König Schweden dazu helfen wollte, Dänemark zu einem reputierlichen Frieden zu zwingen, so könnte E. Maj. conjungera alle sine armeer och så marchera in i Preußen och sedan till Pommern. Han sade, det är omöjeligt utan att allarmera hela Tyskland, och freden är nödig till att sätta sig litet i bättre posture.

In den nächsten Tagen ließ Pomponne sich nicht von ihm sprechen. Schließlich gelang es ihm, dessen Commis zu treffen, der ihm sagte, daß det vore redan slutet i går med Churf. och nu i dag skulle det underskrifvas. Jag temoignerade, att den proceduren mig mycket surprenerade, efter mig icke det ringaste communicerat var på hvad condition. Så sade han, Churf. har inge andre conditioner bekommit än behålla det öfveroderska, som intet nämndt är, men Goldnow vore honom öfverlåtit i pant för 50 000 Rth. Mera kunde jag intet erfara. —

Gutachten des Reichsmarschalls Johann Gabriel Stenbock über die Bündnispolitik. D. 8. Oktober 1680.

Empfiehlt engen Anschluß an Frankreich und England.

Churbrandenburg .. vänder kappan, som vädret fogar sig und stehe stets im 18. Okt.
Interesse dessen, bei dem es am besten zu fahren scheine[1]).

---

[1]) Für die damaligen Veränderungen im schwedischen Allianzsystem vgl. Fåhraeus, Om förändringen af Sveriges allianssystem åren 1680—1682 (Upsala 1891) S. 22 ff.

Aufzeichnung des Kanzleipräsidenten Grafen Bengt Oxenstierna. D. 21. November 1681.

[Frankreich sucht den Abschluß des schwedisch-holländischen Bündnisses zu verhindern und weist auf die Möglichkeit einer gegen Schweden gerichteten Verständigung mit dem Kurf. hin.]

1. Dez. Der französische Gesandte[1]) hat ihn gebeten die Allianz mit Holland nicht zu ratifizieren[2]). Sein König könne den Versicherungen nicht glauben, daß sie nicht zu Frankreichs Schaden sei. Wenn es auch nicht sicher sein möge, ob Dänemark gegen Schweden Partei nehmen würde, så vore dock säkert, att såsom Churf. af Brandeburg, då han vid slutet af siste kriget nödgades göra fred, anhöll hos konungen i Frankriket, att få behålla Stetin med någon del af Pommern, tillbjudendes däremot Cleve åt konungen i Frankeriket[3]), alltså gjorde bem. Churf. ännu samma ansökning hos Frankeriket[4]).

Der König an den pommerschen Kanzler Hermann Wolfradt. D. Kongsör 13. Januar 1682.

[Versuch zur Herstellung eines näheren Einvernehmens mit dem Kurf.]

23. Jan. Der Kurf. hat verschiedene nachteilige Resolutionen über Hemmung des Handels nach Hinterpommern gefaßt. Es wäre gut, dergleichen Mißhelligkeiten, die böse Konsequenzen nach sich ziehen können, beizeiten zu heben. W. soll sich daher zu ihm begeben, da der König erfahren hat, daß der Kurf. zur Beilegung aller Mißverständnisse geneigt ist. Der Kurf. solle nicht denken, daß der König des letzten Krieges wegen unversöhnlich ist. W. soll sich daher um Verabredung von Ort und Zeit für Berufung einer Kommission zur Beilegung aller Irrungen bemühen.

Aber das ist nicht seine Hauptaufgabe[5]). Der König wünscht vielmehr, mit dem Kurf. in beständige Vertraulichkeit zu kommen, und es wäre ihm besonders angenehm, wenn der Kurf. ihm zeigen wollte, daß auch er dazu geneigt sei. Wollte der Kurf. zur Wiederherstellung guten Vertrauens einige Anleitung geben, so würde der König ihm mit aller Willfährigkeit begegnen.

Auch soll W. dem Kurf. den Verdacht benehmen, daß der König ihm nicht gönnen wollte, was er ihm im letzten Kriege abgetreten habe.

---

[1]) Isaac de Pas de Feuquière.

[2]) Über das schwedisch-holländische Bündnis und Frankreichs Haltung dazu vgl. Fåhraeus, a. a. O. S. 64 ff., 98 ff., Recueil des instructions Bd. 2 S. LXVIII ff., 142 ff., Palme in Hist. Tidsskrift Bd. 30 S. 7 ff.

[3]) Vgl. Pagès, a. a. O. S. 400.

[4]) Vgl. Urk. u. Akt. Bd. 19 S. 420 f., Bd. 20 S. 596 ff., Pagès, a. a. O. S. 478 ff.

[5]) Das am selben Tage ausgestellte Kreditiv gibt als Zweck der Sendung nur Einsetzung einer Kommission zur Beilegung einiger Mißhelligkeiten und Differenzen an.

Der König an H. Wolfradt. D. Kongsör 6. Februar 1682.

Er erfahre von verschiedenen Orten, daß der Kurf. mit Frankreich eine Offensiv- und Defensivallianz geschlossen und ein Vorhaben auf Stettin haben solle. W. soll seine Reise nach Berlin beschleunigen und hierüber Gewißheit zu erlangen suchen. 16 Febr.

Der König an H. Wolfradt. D. Kongsör 10. März 1682.

[Mißtrauen des Königs gegen den Kurf.]

Mit der Kommission soll er nicht zu sehr eilen. Denn wenn der Kurf. ohnehin schon eine widrige Intention hat, könnte er, wenn die Kommission nicht nach seinem Wunsch verläuft, gegen den König losbrechen. 20. März

W. kann dem Kurf. versichern, daß der König bereit ist, seine Ansprüche ans Reich aus dem letzten Kriege zu unterstützen [1]). Wird W. nach der Politik des Königs gefragt, so kann er freimütig erklären, daß deren Ziel Wahrung des Friedens sei. Eben daher habe der König den Garantievertrag mit Holland geschlossen, dem hoffentlich auch der Kurf. beitreten werde. Mit Frankreich, so könne er auf Befragen versichern, bestünden wohl einige Differenzen, namentlich um Zweibrücken [2]), doch zweifle der König nicht an deren Angleich [3]). Das Bündnis mit Dänemark wolle er beobachten. W. soll zu erfahren suchen, wie weit der Kurf. mit diesem engagiert sei, ob er etwa Dänemark bei dessen für das Frühjahr geplanten Zug nach Holstein unterstützen wolle [4]).

Der pommersche Kanzler Hermann Wolfradt an den König. D. Berlin 17. März 1682.

[Friedens- und Neutralitätspolitik des Kurf.]

Ist tags zuvor dort eingetroffen. Der Kurf. wird ihn, obgleich in seinem Kreditiv kein Charakter enthalten ist, aus Respekt für den König als Envoyé extraordinaire empfangen. 27. März

P. S. Der kaiserliche Sekretär hat ihn besucht und ihm erzählt, Graf Lamberg sei mit dem Eindruck nach Wien abgereist [5]), „daß der Kurf. von Brandenburg zwar Frankreich zugesaget, gegen Erlegung gewisser Subsidien die Sachen hin und wieder in Deutschland dahin zu disponiren, daß der Friede auf die von Frankreich begehrte Art procuriret werden möchte. Weil es aber zu München,

[1]) Vgl. Urk. u. Akt. Bd. 19 S. 704 ff.

[2]) Vgl. Recueil des instructions Bd. 2 S. 147 f., Fåhraeus, a. a. O. S. 19 f.

[3]) Vgl. Urk. u. Akt. Bd. 20 S. 637, 640 f.

[4]) Vom selben Tage ein weiteres Kreditiv für W., in dem dessen Sendung mit dem Wunsch nach Wiederherstellung freundschaftlicher Beziehungen begründet wird.

[5]) Vgl. Urk. u. Akt. Bd. 14 S. 1020 f.

Dresden und an andern Orten nicht zulangen wollen [1]), wie man vermutet, desperire man daran, und würde man wohl Bedenken haben, mit Frankreich sich weiter zu engagiren. —

Mit Dennemark soll so weinig zu Paris etwas geschlossen, als mit Fuchsen zu Copenhagen [2]) etwas Essentiales zum Stande gekommen sein. Man saget aber, daß Frankreich Dennemark sehr poussire, umb zu Copenhagen ehistens zum Schlusse zu kommen.

Der Kurf. soll der Meinung sein, daß der Kaiser notwendig Frieden machen müsse, weil der Türk losbricht, Engelland Holland, und dieses Spanien wieder verlassen werde.

Sonsten kann ich noch zur Zeit allhie nicht finden, daß einige Apparence seie, Frankreichs Werk, wann es zur Ruptur kommen sollte, in allem zu appuyren, sondern nur vielmehr zum Frieden rate, auf den Fall der Ruptur aber vor der Hand noch neutral bleibe, weil ich noch gar keine Anstalt zu einem großen Dessein vermerken kann [3])".

H. Wolfradt an den König. D. Berlin 22. März 1682.

[Frankreichs Einfluß in Berlin vorherrschend.]

1. April Ist am 18. [28.] in Antrittsaudienz empfangen und hat vorgetragen, der König hoffe, daß ihre durch den Frieden wiederhergestellte Harmonie nicht durch die Streitigkeiten zwischen ihren pommerschen Untertanen gestört werden könne, und schlage vor, diese Differenzen durch eine Kommission zu erledigen. Der Kurf. hat freundlich darauf geantwortet.

P. S. Von Jena hat er gehört, Graf Lamberg werde demnächst zurückkehren und dann versuchen, den Kurf. von Frankreich abzuziehen; während der Kaiser ihm als Satisfaktion von Spanien Geld bietet, fordert der Kurf. die Insel della Trinità in Westindien [4]). W. glaubt nicht, daß Lamberg Erfolg haben wird, weil Rébenac den ganzen Hof und alle Minister gewonnen hat; so sind nach dem Bericht des kaiserl. Sekretärs vor einigen Monaten von ihm 30 000 Rth. „am ganzen Hofe, ja gar unter den Frauenzimmer durch Kaufung einiger Galanterien ausgeteilet"; eben ist eine neue derartige Aktion im Gange [5]).

Der Sekretär glaubt nicht, daß der Kurf. etwas unternehmen wird. Allerdings sollen nächstens einige Regimenter aus Preußen nach der Mark kommen [6]), jedoch anscheinend nur, um die Lasten Preußens zu erleichtern. Doch könnte vielleicht der Kaiser auf alle Fälle aufgefordert werden, 1000 Mann nach Schlesien zu legen, wodurch auch Kursachsen und Pommern geschützt werden würden.

[1]) Vgl. Urk. u. Akt. Bd. 19 S. 825 ff., 835 ff., Bd. 20 S. 619, 622, 624, 627 ff.

[2]) Desgl. Bd. 19 S. 576 ff., Bd. 20 S. 613, 618 ff., 622 f.

[3]) Desgl. Bd. 20 S. 630 ff.

[4]) Vgl. Urk. u. Akt. Bd. 14 S. 1022. Über ähnliche Pläne in jenen Jahren vgl. Schück, Brandenburg Preußens Kolonialpolitik Bd. 1 S. 193 ff., 207.

[5]) Vgl. Urk. u. Akt. Bd. 20 S. 593 f., 597, 609, 617, 623 f., 627, 631.

[6]) Desgl. S. 632 f.

H. Wolfradt an den König. D. Berlin 29. März 1682.

[Bündnis des Kurf. mit Dänemark. Seine Verhandlungen mit Kursachsen. Geplante Gesandtschaft nach Schweden.]

Hat mit Jena und Meinders Konferenz gehabt. Sie erklärten, daß sie in zweifelhaften Fragen zu Verhandlungen bereit wären, aber nicht in unzweifelhaften, wie der Ihnaschiffahrt[1]). 8. April

P. S. Der dänische Minister Buchwald versichere ihm, daß sein König nur in Defensivallianz mit dem Kurf. stünde. Jedoch muß doch etwas Näheres bei der Anwesenheit von Fuchs in Kopenhagen abgemacht und nun völlig abgehandelt sein. Denn gleich nach Eingang der Meldung von einem neuen französisch-dänischen Vertrag hätten neue Werbungen begonnen, wie es heißt, von 2 Regimentern Dragonern und 25 Kompagnien Kavallerie[2]).

Rébenac äußere sich dahin, der Kurf. könnte es nicht mit guten Augen ansehen, daß Schweden so beträchtliche Truppen in seine deutschen Provinzen setze, die bei einer Ruptur in Deutschland in seine Lande einbrechen könnten. Indes hat die Aufhebung der Belagerung von Luxemburg die Gemüter doch sehr abgekühlt [3]).

Meinders wird sich mit Gersdorff auf halbem Wege zwischen Berlin und Dresden begegnen, vermutlich, um Kursachsen zur Annahme des französischen Friedensprojekts zu überreden[4]), „weil man vermeinet, ohnverantwortlich zu sein, wegen Straßburg allein, so man doch dadurch nicht wiederbekommen würde, den Krieg in Teutschland zu ziehen, zumal da der Kaiser und Spanien zumal absonderlich Ursach hätten, die Ruptur dergestalt zu poussiren, weil man vermutet, den Herzog von Lothringen wieder zu seinem Fürstentumb zu verhelfen, diese aber ein Teil ihrer verlornen Örter durch frembde Hilfe wieder zu bekommen."

Es ist beabsichtigt, einen Gesandten zum König zu senden[5]). „Und glaube ich wohl, das bei jetzigen Conjuncturen zu Dero Diensten hochnötig wäre, continuirlich einen ministrum allhie zu halten. —

Alleweil erfahre ich von gewisser Hand, daß die Alliance zwischen den König von Dennemark und dem Kurf. von Brandenburg geschlossen[6])".

---

[1]) Vgl. Rachel, a. a. O. S. 344 f.

[2]) Vgl. Urk. u. Akt. Bd. 19 S. 431, 586, Bd. 20 S. 638.

[3]) Desgl. Bd. 20 S. 634.

[4]) Über diese Begegnung von Meinders mit dem kursächsischen Minister Nikolaus von Gersdorff vgl. auch Urk. u. Akt. Bd. 20 S. 634.

[5]) Im Juli 1682 wurde der neumärkische Kanzler Christoph von Brandt nach Schweden entsandt, vgl. Urk. u. Akt. Bd. 22 S. 424 ff.

[6]) Vgl. v. Moerner S. 428 f.

Några reflexioner öfver det, som har passerat., sedan Guarantie-tractaten blef sluten och öfver närvarande tiders conjuncturer, i synnerhet öfver de desseiner, som Danmarck och Brandeburg med deras allianser med Frankriket förmenas nu hafva för händer. Upsatt i Stockholm den 31. Marti 1682 och sedan af mig Bengt Oxenstierna Kgl. Maj. förläsit i Kungsör D. . . April 1682.

[Mißtrauen gegen Frankreich und Befürchtung kriegerischer Absichten des Kurf.]

April Als Schweden den Guarantietraktat mit den Niederlanden schloß [1]), hatte es keinen Verbündeten als Dänemark och stod alldeles utan appuy och vänner. Frankriket viste sig kallsinnigt och vidrigt [2]), skötte ej om Sveriges allians och svarade ej på dess propositioner. Im Reich und beim Kaiser war Schweden verhaßt. Danmarck och Brandeburg alarmerade oss med deras equipage och armaturer. Churf. uppbudade sitt krigsfolk utur Preusen, konungen i Danmark gjorde resor åt Holsten, Norwegen etc. Skepp gingo i sjön, brandeburgiske såväl som danske [3]).

Frankreich nahm Straßburg und verletzte den von Schweden garantierten Westfälischen Frieden. Vid samma tid negotierade Danmarck och Churf. starkt sin emellan och gick ett allmänt rykte, att Churf. ville angripa Pommern . . Hans Majs. ministrar i Frankrike adverterade också, att Churf. negocierade med konungen i Frankriket på den foten att angripa Pommern, och att Frankriket ej skulle taga sig Sverige an, hvaruti Churf. tycktes reussera. Jedenfalls habe Schweden annehmen müssen, daß es von Frankreich verlassen wäre [4]).

Vid kejserlige hofvet negotierade Churf. med den adresse, att han gjorde Sverige suspect för engagementer med Frankriket [5]). In einem durch seinen Gesandten in Regensburg überreichten Memorial habe der Kurf. erklären lassen, daß er noch auf seinen Satisfaktionsforderungen aus dem letzten Kriege bestünde, und zu verstehen gegeben, wie Frankreich unter Bruch des Nymwegener Friedens Straßburg genommen hätte, så hade Churf. rätt, att åter occupera de örter, som han hade afstått, efter han ännu för siste kriget ej hade fått någon satisfaction. Auch hieß es damals, daß der Kurf. in Moskau gegen Schweden arbeitete. Unter diesen Umständen wurde der Garantievertrag mit Holland geschlossen, durch den man sich auch Kursachsen, dem Hause Braunschweig-Lüneburg, und andern Ständen näherte.

Daß Dänemark und Brandenburg zur Gegenpartei stehen würden, daran war von vornherein kein Zweifel. Auf beider beruhigende Erklärungen ist nichts zu geben. Vielmehr scheint es ihre Absicht zu sein, zunächst Repressalien gegen

---

1) Vgl. Fåhraeus, a. a. O. S. 69 ff.

2) Desgl. S. 10 ff.

3) Vgl. Urk. u. Akt. Bd. 19 S. 560.

4) Vgl. Urk. u. Akt. Bd. 14 S. 1014, Bd. 20 S. 590, 596.

5) Desgl. Bd. 14 S. 1004 f.

Holland und Spanien auszuüben und Holland die Hände zu binden, so daß es Schweden nicht beistehen kann, während Frankreich einen Ausgleich mit dem Reich anstrebt, um Schweden auch dort jeden Rückhalts zu berauben, was ihnen allerdings nicht gelingen dürfte. Kommt es zum Seekriege der beiden Staaten gegen Holland, so würde vermutlich der casus foederis von 1640[1]) für Schweden eintreten. Schlimmer wäre ein Angriff auf Schwedens deutsche Provinzen, weil man dort ungenügend gerüstet ist. Doch hätte Schweden dann auf die Hilfe des Kaisers und namentlich Lüneburgs zu rechnen.

Es würde die Kriegsgefahr nur erhöhen, wollte man dem Kurf. zeigen, daß man ihn für einen Feind hält. Aber man muß Vorkehrungen treffen, namentlich Stettin, Stralsund und Wismar mit allem Kriegsbedarf wohl versehen.

H. Wolfradt an den König. D. Berlin 5. April 1682.

[Werbungen des Kurf. Sein Vertrag mit Dänemark. Kursachsen.]

Es wird ihm versichert, daß der Traktat mit Dänemark nur eine Erneuerung 15. April der Defensivallianz darstelle. Frankreich hat mit dem Kurf. auf 300000 Rth. abgeschlossen, wofern das französische Friedensprojekt durchgeht, und auf feste Jahressubsidien[2]).

Derfflinger, Schöning und andere Generalspersonen und Obristen sind nach Berlin wegen der neuen Rekrutierung beschieden. Es sollen, wie er von den Offizieren selbst erfahren hat, zu den bisherigen 6 Kompagnien von 64 Pferden noch 4 geworben werden und davon 2 immer im Lande bleiben. Aus Preußen sollen 3 Regimenter beordert sein. Jedoch wechseln mit allen Posten auch die Maßnahmen, und ein wirklicher Anfang ist mit den Werbungen noch nicht gemacht.

Man wird wohl abwarten, wie die Aufhebung der Belagerung von Luxemburg auf den Kaiser und auf Spanien wirkt, und mit welchen Vorschlägen Lamberg zurückkommt.

Der Vertrag mit Dänemark wird so geheimgehalten, daß nicht einmal alle Minister davon wissen. Man wird jedenfalls auf der Hut sein müssen. 8000 Dänen sollen nach Holstein gehen[3]) und sich dort mit 12 000 Brandenburgern vereinigen. Es wäre gut, Holland aufzufordern, den Transport von Truppen nach den deutschen Provinzen zu erleichtern.

Man versichert ihm, die Ordres für die preußischen Regimenter seien noch nicht ausgefertigt.

Der Besuch von Meinders bei Gersdorff ist ergebnislos verlaufen.

---

[1]) Vgl. oben S. 113.

[2]) Vgl. den Vertrag vom 12./22. Januar 1682 bei v. Moerner S. 426 ff.

[3]) Vgl. Urk. u. Akt. Bd. 20 S. 639, 644.

H. Wolfradt an den König. D. Berlin 12. April 1682.

[Der Kurf. ist eng mit Frankreich verbunden und kann daher nicht in den Assoziationsvertrag eintreten. Doch wäre Abschluß eines Neutralitätsvertrages mit ihm möglich.]

22. April Mit Meinders und Jena ist vereinbart, daß die Kommission im September beginnen und daß auch über die Ihnaschiffahrt dort verhandelt werden soll[1]).

Der Kurf. ist mit dem König einig in dem Wunsch nach Wiederherstellung des Friedens. Jedoch ist er zu sehr auf die französischen Friedensbedingungen festgelegt, als daß es Zweck hätte, ihn zum Beitritt zum Assoziationstraktat einzuladen.

Hingegen könnte man vielleicht einen eignen Vertrag mit dem Kurf. schließen, „daß, wann es je zum Kriege ausschlüge, und ein oder ander bei widerwärtigen Parteien engagiret wäre, man dennoch wegen seiner eigenen Lande und Provincien die Neutralität halten und dieselbe vor allen feindlichen Überfall garantiren möchte. Ich kann nicht anders merken, als daß ein und andere churfl. ministri solches wohl für practicabel achten." — Doch sei er darauf nicht instruiert.

Der König an H. Wolfradt. D. Kungsör 17. April 1682.

(Auf den Bericht vom 29. März/8. April.)
[Näheres Einvernehmen mit dem Kurf. ist erwünscht.]

27. April An dem brandenburgisch-dänischen Bündnis ist kein Zweifel, da Dänemark es dem König mitgeteilt hat, mit Ausnahme freilich der doch offenbar vorhandenen Sekretartikel.

Der König hört gern, daß der Kurf. eine Abschickung an ihn tun will, „als wodurch eine so viel bessere Correspondentz zu Restabilirung des vorigen guten Vernehmens gepflogen werden könnte. Und werden Wir auf eine gewisse Person bedacht sein, welche nach Eurer Abreise an selbigem Hofe beständig sein könne." —

H. Wolfradt an den König. D. Stettin 18. April 1682.

[Neutralität des Kurf. im Westen wahrscheinlich. Sein gespanntes Verhältnis zu Polen.]

28. April W. glaubt nicht, daß bei Fortsetzung des Krieges der Kurf. auf Seiten Frankreichs teilnehmen wird, da ihn an dieses nur ein Defensivbündnis und ein Neutralitätsversprechen bindet.

Die Werbungen stocken zur Zeit; die Truppen aus Preußen haben Contreordre erhalten. „Wozu man auch vermeinet, dieses Ursache gegeben zu haben, daß die Polen, nachdem nicht allein der .. Hoverbeck, der seines Herrn Interesse sehr wohl an dem Orte zu beobachten gewußt, sondern auch des Churf. bester Freund, der litauische Feldherr Pac mit Tode abgangen[2]), ziemlich wieder zu

---

[1]) Vgl. Rachel, a. a. O. S. 350.

[2]) Vgl. Urk. u. Akt. Bd. 22 S. 79 und 82.

murmeln anfangen, und sowohl wegen des Churf. bisherigen Conduite, als die wider des Königes und der Republik Willen mit der Ratzevillin vollzogenen Heirat übel zufrieden sein"[1]). —

Der König an H. Wolfradt. D. Kongsör 30. April 1682.

(Auf den Bericht vom 12./22. April.)

[Geneigtheit zum Abschluß eines Defensivvertrages mit dem Kurf.]

Der Vorschlag des Kurf., mit dem König einen Defensivvertrag zu schließen, 10. Mai
ist von ganz besonderer Wichtigkeit, „fürnehmlich um dadurch die Zeit zu gewinnen, daß Wir Uns in Unsern Landen in bessere Kriegsverfassung und Defensive setzen, die Lande an sich selbst zu bessern Kräften gelangen und inmittelst der Furcht enthoben werden können, die ihnen immerhin von einer neuen bevorstehenden Invasion gemacht wird, oder, da das Werk der Zusammensetzung über Vermuten nicht von statten gehen sollte, man gleichwohl bei der Handlung genauer zu erfahren Gelegenheit haben wird, ob selbe Difficultät von einem bösen Fürhaben gegen Uns und Unsere Lande aus Frankreichs Getrieb oder einiger anderer schädlichen Ursach herrühre."

W. soll mit aller Behutsamkeit vorgehen, „damit es Uns zu keiner Prostitution gereiche"[2]). —

H. Wolfradt an den König. D. Stettin[3]) 16. Mai 1682.

[Inhalt des angeblich zwischen Frankreich, Dänemark und dem Kurf. geschlossenen Bündnisses.]

Von der zwischen Frankreich, Dennemarck und dem Kurf. von Branden- 26. Mai
burg geschlossenen Alliance und denen darin befindlichen secreten Articuln meinet der [von W. in Berlin zurückgelassene] Secretarius die confidente Nachricht erhalten zu haben, daß gegen gewisse Subsidien Dennemarck 12 000 Mann in Holstein und Oldenburg, und auch 10 Orlogschiff parat halten, der Churf. von Brandenburg auch seine Trouppen nach dem Clevischen gehen lassen solle. Wo Schweden sich in dem Werke mesliren und es unter denen Parteien zur Ruptur kommen sollte, will alsdann Frankreich sie gegen Schweden secondiren und ihre Conquesten

---

[1]) Desgl. S. 29 ff.; es handelte sich um die Vermählung des Prinzen Ludwig mit Luise Charlotte von Radziwill.

[2]) Die Vollmacht für W. zum Abschluß eines Defensivbündnisses ad protegendas mutuas in Imperio provincias inque iis conservandam tranquillitatem ac communem salutem securitatemque, datiert Konsgör 5. Mai 1682. — Für die damalige Stimmung des Kurf. Schweden gegenüber vgl. Urk. u. Akt. Bd. 12 S. 1012, Bd. 20 S. 643, 652, für seine Stellungnahme zu Wolfradts Sendung Urk. u. Akt. Bd. 19 S. 587.

[3]) Das Rekreditiv für Wolfradt datiert erst vom 5. Juni 1682, Waddington, Le Grand Electeur Bd. 2 S. 493.

garantiren, auch zu Erlangung ihrer Satisfaction wegen der von Spanien und Holland rückstelligen Subsidien ihnen beforderlich sein und Dennemarcks Interesse gegen den Herzog von Holstein und die Städte Hamburg und Lübeck appuyren [1]).

Bedenken des Kanzlers von Bremen, Esaias von Pufendorf, über den Zustand des Königreichs Schweden. Praelectum S. Regiae Majestati Holmiae mense Julio 1682 [2]).

[Hält ein Zusammengehen mit dem Kurf. nicht für möglich und empfiehlt Bündnis mit Frankreich.]

Juli — Die Gefahr besteht, daß der jetzige König von Polen versuchen wird, Livland an sich zu bringen. „Eben also wird zwar Polen mit Brandenburg sich nicht leichtlich conjungiren, die Schweden aus Livland und Pommern zu vertreiben, allein hingegen wird es auch nichts für sie tun noch einen andern bloß ihrentwegen offendiren. Wollte man etwa sagen, daß Schweden allezeit ein promptes Mittel hätte, den König von Polen in sein Interesse zu ziehen, wenn es ihn nämlich zu Occupirung des churfl. Preußen Assistenz promittirte, sich selbst aber die Conqueste von Hinterpommern reservirte, so muß auf der andern Seite wohl in acht genommen werden, daß solches eine préalable Alliance und Concert der beiden Kronen praesupponirt, welches auszurichten wie große Künste und Zeit es erfordern, diejenigen am besten exprimiren können, denen status Poloniae und die ewige Jalousie zwischen einen vigoureusen König und der Republique bekannt, zumalen anjetzo, da diese wichtige Ursache hat fürzuwenden, man sei mit dem Türken wegen der Grenzen noch nicht richtig und müßte gegen einen solchen grausamen und nun fast mitten im Herz des Königreichs sitzenden Nachbarn mit aller force auf seiner Hut stehen. — Wir aber reden von einer Zeit, da wir fast stündlich in Sorgen stehen müssen, aus Pommern delogiret zu werden [3]), und da auf dem Fall einer starken Attaque es ehe mit uns getan sein dörfte, als Polen uns zu Hülfe kommen könnte, wenn der Vergleich schon richtig, geschweige wenn er erst concertiret werden sollte, maßen sich also denn noch mehr Schwierigkeiten finden würden, diese zwei an Religion, Sprache, Sitten und andern Inclinationen ganz differente Nationen in der Eil treuherzig gegen einander zu machen und die eingewurzelte Diffidenz wegzunehmen.

Churbrandenburg ist der andere Erbfeind dieser Kron, dessen Dichten und Trachten fürnehmlich dahin gehet, daß er Schweden aus Pommern und

---

[1]) Vgl. Urk. u. Akt. Bd. 19 S. 431, Bd. 20 S. 633, 638.

[2]) Rostocker Universitätsbibliothek; vgl. Schirrmacher, Esaias Pufendorf, schwedischer Kanzler von Bremen, und seine Denkschrift über den Zustand des Königreiches Schweden 1682, Beilage zum Programm der Realschule vor dem Lübeckertore zu Hamburg, 1907.

[3]) Vgl. Carlson, Gesch. Schwedens Bd. 5 S. 175, Urk. u. Akt. Bd. 19 S. 450, 598 ff., Bd. 20 S. 657, 667, 686 ff., Bd. 22 S. 430 ff.

Mecklenburg eloigniren und von selbiger Seiten sowohl sich als dem teutschen Reich den Rücken frei schaffen möge. Denn ob er wohl für seine Gott weiß wie acquirirte iura auf die pommerische Lande ein so herrlich Aequivalent bekommen, daß es beide Teile, nämlich Vor- und Hinterpommern an Macht und Einkommen weit übertrifft, so glaubet er doch, daß ihm das größeste Unrecht von der Welt geschehen sei, daß er durch den Osnabrückischen Friedenschluß das halbe Pommernland an Schweden abtreten müssen, als wodurch sowohl er als das gesamte Reich in eine ewige Unsicherheit gesetzet und incapable gemachet worden, dem Türken und Frankreich zu widerstehen, da im Gegenteil und wenn er den Rücken frei, er allein eine Armee von 20.000 Mann contra quemcunque Germaniae hostem ins Feld führen und allemal complet erhalten könnte, wenn nur die geringere Stände ihn mit leidlichen Quartieren unter die Arme greifen müssen, zu geschweigen, daß alle andere Glieder des Reichs mit einer einmütigen Harmonie sich dem gemeinen Feind opponiren würden, wenn sie keine frembde Gäste mehr in ihren eigenem Busen hegen dörften.

Und diese Maxime wird nicht nur in seinem eigenen consilio als eine indubitable Wahrheit adoriret, sondern sie hat auch bei unterschiedlichen anderen teutschen Höfen Wurzel gefasset und so viel mehr Glauben gewonnen, als das Haus Österreich an Kräften geschwächet, und die teutschen Stände insgesamt dadurch in den Zustand gesetzet worden, daß sie der Kron Schweden Hülfe weder zu ihrer Gewissens- noch politischen Freiheit, zum wenigsten ihrer Einbildung nach, nicht mehr von nöten haben. Ja es würde der Churf. bei letzterem Kriege noch einen viel größern applausum überkommen und seiner Intention näher getreten haben, wenn er sich nicht allzu zeitig am Laden geleget und überall die Löwenhaut gewiesen, anstatt er sich des Fuchsbalges gebrauchen sollen. Wie er nun einmal so glücklich gewesen, daß er der Kron Schweden Pommern abgenommen und dadurch der Welt gezeiget, daß es so schwer nicht ist, als man sich vorhin wohl eingebildet, also wird er es umb so viel mehr zum andern Mal versuchen, nachdem man diesseits die Affection der Untertanen daselbst nicht also menagiret, wie von nöten, noch sonsten das Land zur Defension geschickt zu machen, die behörige Anstalt aus Mangel der Mittel verfügen können. —

Zwar wenn der Churf. losbrechen sollte, würde anfangs zu Wien und im Haag es an Murmuriren nicht ermangeln und dort sogleich ein Inhibitorium nach dem andern geschmiedet, hier auch von einer Auxiliarflotte und Einfall in des Churf. clevische Länder viel gesprochen werden. Allein wenn dieser erst Stettin mit dem, was jenseit der Peene ist, in seinen Händen, wie denn bei jetziger Bewandtnüß solches nur für ein Frühestück zu achten, würde man ihn gerne zu einer Composition kommen lassen und sich darmit vergnügen, daß er auf Unkosten der Kron Schweden aufs neue zu Ergreifung anderer Consilien obligiret worden. Denn einmal weder der Kaiser noch Holland die Kron Schweden so lieb, noch den Churf. in so schlechter Consideration halten, daß sie umb dergleichen Stück Länder ihn à bout poussiren und dem König von Frankreich ganz und gar gleichsam in den Rachen jagen werden, wenn er nur nachgehends umbsatteln und sich anschicken will, das gemeine teutsche Interesse gegen Frankreich mit Ernst zu embrassiren."

Der dritte Feind Schwedens ist Dänemark.

P. empfiehlt engen Anschluß an Frankreich und Verwendung der dann von Frankreich zu erwartenden Subsidien zur Verteidigung der deutschen Provinzen Schwedens.

Feldmarschall Otto Wilhelm v. Königsmarck an Oberst Mellin [1]) nach Stettin. D. Stockholm 1. November 1682.

[Besorgnis vor einem Angriff des Kurf. auf Pommern.]

11. Nov. Wenn er nach den ihm zugehenden Nachrichten annehmen muß, daß der Kurf. einen Angriff auf Pommern plant, soll er die schwachen Besatzungen aus Damm und Anklam nach Stettin ziehen. An Oberstleutnant Klinckowström in Stralsund sei geschrieben, er sollte in diesem Fall die Truppen aus Demmin, Wolgast und Greifswald nach Stralsund verlegen [2]).

Instruktion, wornach sich I. Kgl. Maj. in Dero Herzogtümer Bremen und Verden bestellter Regierungsrat .. Eberhard v. Grafenthal bei der an dem Churfürsten zu Brandenburg ihm .. aufgetragenen Commission .. zu richten .. hat. D. Stockholm 26. Mai 1683 [3]).

[Versuch, einen Bruch des Kurf. mit Schweden zu verhüten, ihn von Frankreich zu trennen und zu einem Defensivvertrag mit Schweden zu veranlassen.]

5. Juni Der König will den allgemeinen Frieden erhalten. Um diesen Zweck trotz der sich gefährlich anlassenden Conjuncturen zu erreichen, entsendet er G. an den Kurf. G. soll seine Reise möglichst beschleunigen, denn es gilt zu verhüten, daß die vom Kurf. und von Dänemark getroffenen Kriegsverfassungen zu einer Ruptur mit Schweden führen [4]), mindestens aber, diesen Bruch zu verzögern. Der Kurf. soll noch schwanken [5]), soll Dänemark auf das Bündnis des Kaisers mit Polen [6]) und auf seine Altersschwachheit hingewiesen haben.

[1]) Oberst Jürgen Mellin, Befehlshaber der schwedischen Truppen in Pommern.

[2]) Vgl. Urk. u. Akt. Bd. 22 S. 430 ff.

4. Juni [3]) Das Kreditiv datiert Stockholm 25. Mai 1682, vgl. Urk. u. Akt. Bd. 22 S. 431 f.

[4]) Vgl. Urk. u. Akt. Bd. 3 S. 691 ff., Bd. 14 S. 1064 ff., Bd. 19 S. 450 ff., 598 ff., Bd. 20 S. 683 ff., 735, 741 f., 750, Bd. 22 S. 178 ff. Verträge des Kurf. mit Frankreich und mit Dänemark vom 20./30. April 1683, v. Moerner S. 439 ff.

[5]) Vgl. Urk. u. Akt. Bd. 19 S. 460, 473, 618 ff., Bd. 20 S. 739 f., 752 ff.

[6]) Bündnis vom 31. März 1683, Dumont, Corps universel Bd. 7 Teil 2 S. 62 ff., Bittner, Österreichs Staatsverträge S. 90, Acta historica res gestas Poloniae illustrantia Bd. 7 S. 351 ff., Klopp, Das Jahr 1683 S. 167 ff.

Namentlich muß G. zu erkunden suchen, wie weit der Kurf. sich mit Dänemark eingelassen hat, ob ein Offensivbündnis mit diesem gegen Schweden besteht, ferner, ob er von Frankreich Subsidien bezieht, „ob er zur wirklichen Action auf den Fall Frankreich oder auch Dennemark brechen sollte, engagiret oder seine Verbindung nur zu Beforderung Frankreichs Friedensproposition angesehen, weiter, ob er an Frankreich Wesel entweder gar, oder nur die Passage dort übern Rhein zu nehmen, überlassen, zu dem Ende daselbst eine Brücke geschlagen und mit Frankreich dessen Armee in Westfalen überzunehmen und weiter in faveur Dennemarken und seiner zu agiren, de concerto sei."

G. muß versuchen, den Kurf. für den Kaiser und für Holland zurückzugewinnen unter Hinweis darauf, daß der Kaiser mit der Türkei leicht Frieden schließen und sich gegen Frankreich wenden könnte, und daß Holland und Schweden in ihrer Vereinigung Dänemark gegenüber Meister zur See wären.

Er hat dem Kurf. zu versichern, daß der König in gutem Einvernehmen mit ihm leben wolle und zum Abschluß eines Defensivbündnisses geneigt sei.

Es ist festzustellen, wie der Kurf. mit Polen und Braunschweig-Lüneburg steht.

Wenn er wegen der Truppenansammlung an der Düna gefragt wird, hat er diese als defensive Maßregel zu bezeichnen; auch könnte der König genötigt sein, Polen Hilfe gegen die Türken zu schicken.

Der Wunsch des Königs auf Beilegung der pommerschen Grenzirrungen ist zum Ausdruck zu bringen.

Auch ist festzustellen, was am kurfl. Hof passiert, wie es um die Gesundheit und Geisteskraft des Kurf. steht, „wie dessen Generalität und Geh. Räte beschaffen und mit einander in Verständnüß leben, was der Kurf. unter seinen Söhnen für Disposition gemachet, ob sie die Länder teilen oder der Kurprinz solche insgesambt behalten und seinen Brüdern eine Appanage in Gelde geben solle." —

Der König an E. v. Grafenthal. D. Stockholm 11. Juli 1683.

[Sendung Zaluskis nach Berlin.]

Der Bischof von Kiew Zaluski kommt als polnischer Gesandter nach Berlin[1]), auf Veranlassung der Generalstaaten, um den Kurf. „obzwar unter andern Praetext, vornehmlich doch von seinem Vorhaben wider das Reich abzuziehen und zu Erhaltung guter Freundschaft mit Uns zu induciren". Zaluski hat vor seiner Abreise den Residenten Dörffler gefragt, ob der König etwas dabei zu erinnern hätte. G. soll Zaluski die Freude des Königs über seine Sendung zum Ausdruck bringen und deren Zweck zu befördern suchen. 21. Juli

---

Eberhard v. Grafenthal an den König. D. Berlin 16. Juli 1683.

[Verstimmung zwischen dem Kurf. und Rébenac.]

Er ist am 14. [24.] Juli dort eingetroffen. 26. Juli

---

[1]) Vgl. Urk. u. Akt. Bd. 22 S. 114 f.

Der Kurf. ist vor 10 Tagen so krank gewesen, daß die Ärzte ihn aufgeben wollten [1]. „Dieser heftige motus ist von — Rebenac verursachet [2], indeme er dem polnischen Gesandten [3], der von I. Churfl. Durchl. in specie zur Tafel genötiget worden, den Rang disputiren und an der Tafel, wobei I. Churfl. Durchl. dennoch selbsten nicht zugegen gewesen, die Oberstelle zwar nehmen wollen, aber doch par une adresse malprise unten an zu sitzen kommen, worüber I. Churfl. Durchl. sich dermaßen alteriret, daß Sie in obberührte Schwachheit gefallen. Sobald Sie aber in etwas sich recolligiret, sollen Sie gesagt haben, daß Sie der Rebenacquischen Conduite ganz müde und sich mit dem fordersambsten von sothanem Joch liberiren wollten. Rebenack aber achtet solches wenig, besondern vermeinet durch die Force der Spendagen [4] sich feste gnug gesetzet zu haben und soll so satyriquement vom Kaiser und dem Röm. Reich und selbsten von E. Kgl. Maj. sprechen, daß es bei vielen einen Abscheu verursachet." —

E. v. Grafenthal an den König. D. Berlin 22. Juli 1683.

[Der Kurf. und die Türkengefahr.]

1. Aug. Zeremonielle Schwierigkeiten verzögern seine Antrittsaudienz [5].

Für den Kurf. steht jetzt die Türkengefahr im Mittelpunkt. Er will den Kaiser mit 14—15 000 Mann unterstützen [6]. Den König von Dänemark hat er von dem geplanten Anschlag auf Lübeck abgemahnt, um den Ausbruch eines Krieges bei diesen Verhältnissen zu vermeiden [7].

---

[1] Vgl. Urk. u. Akt. Bd. 20 S. 173.

[2] Über die damalige Verstimmung zwischen dem Kurf. und Rébenac vgl. Urk. u. Akt. Bd. 3 S. 740, Bd. 14 S. 1080, Bd. 20, S. 779 ff.

[3] Andreas Zaluski.

[4] Vgl. oben S. 1012.

10 Aug. [5] D. Hamburg 31. Juli 1683 berichtet G., der Kurf. hätte ihm keine Zeremonialschwierigkeiten gemacht, wäre er nicht von Meinders, den Rébenac dazu angeregt
21. Sept. hätte, dazu veranlaßt worden. — D. Stade 11. September 1683 bestätigt er den Empfang der Weisungen vom 21. [31.] August und 24. August [3. Sept.], die sein Verhalten in der Zeremonialfrage regeln. Er habe sich an Fuchs gewandt, der im Gegensatz zu Meinders der guten Partei zugetan sei, und seine Rückkehr angezeigt. Ist Wien wirklich befreit, so wird man in Berlin eine veränderte Sprache hören und Dänemark wird andere consilia fassen müssen. — Vgl. Urk. u. Akt. Bd. 22 S. 432. Eine gewisse Neigung von Fuchs zur antifranzösischen Partei könnte aus Urk. u. Akt. Bd. 14 S. 1071, 1073 f., 1106 geschlossen werden; vgl. jedoch Prutz, Aus des Großen Kurfürsten letzten Jahren S. 376—378, Waddington, Le Grand Electeur Bd. 2 S. 53.

[6] Vgl. Waddington, a. a. O. S. 507 ff.

[7] Vgl. Urk. u. Akt. Bd. 19 S. 623 ff.

E. v. Grafenthal an den König. D. Berlin 9. Oktober 1683.

[Friedenspolitik des Kurf.]

Seine Antrittsaudienz verzögert sich durch Krankheit des Kurf.[1]) 19. Okt.

Es ist sicher, daß seine Ankunft dem Kurf. erwünscht ist[2]), denn er will in gutem Einvernehmen mit dem König leben und arbeitet für den Frieden. Er hat Dänemark vor weiteren Tätlichkeiten abgemahnt[3]) und dem König geschrieben, er solle sonst nicht auf seinen Beistand rechnen; vielmehr müßte der Kurf. sonst in solchem Fall auf andere mesures denken. Er meint, man müsse quocumque modo zum Frieden mit Frankreich kommen, das zu der großen Macht, die es schon auf den Beinen hat, noch 40.000 Mann zu werben entschlossen ist.

E. v. Grafenthal an den König. D. Berlin 27. Oktober 1683.

[Friedenspolitik des Kurf.]

Der Kurf. ist noch krank. Die Minister versichern ihm, daß er mit den 6. Nov.
Friedenswünschen des Königs ganz übereinstimme.

„Der Fürst von Anhalt hat im Namen des Kaisers dem Kurf. 300.000 Rth. ex tempore zu bezahlen offeriret[4]), damit der Kurf. sich verpflichte, wider Frankreich wirklich zu agiren, wenn der Krieg erfolgen würde. — — Wie es scheinet, so wird diese Sache differiret, bis der von Graf Reubenack nach Paris Gesandter expreß wieder zurück kommet.“

G. hofft, der Kurf. werde „sich mit der Zeit zur guten Partei bequemen und dieselbe in dem dessein, einen jedwedern wider allen Gewalt bei dem Seinigen zu schützen und einen sicheren, auf dem Westfälisch- und Nimwegischen Frieden fundirten Ruhestand der werten Christenheit zu Wege zu bringen[5]) und dann denselben zu conserviren, kräftiglich secundiren.“ —

E. v. Grafenthal an den König. D. Berlin 30. Oktober 1683.

[Friedenspolitik des Kurf.]

Fuchs hat ihm versichert, der Kurf. hätte ganz kein Belieben zum Kriege. 9. Nov.
Sollten jedoch die Spanier etwas anfangen, was sie allein nicht durchführen könnten, und wodurch das Römische Reich in neuen Krieg gestürzt würde, so wäre ihm die Ergreifung vorträglicher Maßnahmen nicht zu verdenken.

---

[1]) Sein erster Bericht aus Berlin datiert vom 2. Oktober 1683. — D. Berlin 16. Ok- 12. Okt.
tober berichtet er über seine am 11. [21.] in Potsdam erfolgte Antrittsaudienz bei dem 26. Okt.
noch sehr leidenden Kurf. Über Kurialien ist man dabei nicht hinausgekommen.

[2]) Vgl. Urk. u. Akt. Bd. 20 S. 812.

[3]) Desgl. Bd. 19 S. 626, 648.

[4]) Vgl. Urk. u. Akt. Bd. 14 S. 1114 ff.

[5]) Vgl. Urk. u. Akt. Bd. 19 S. 485 ff., 647 f., Bd. 20 S. 816, Bd. 22 S. 194.

Der König möchte den Transport seiner Truppen nicht übereilen[1]) und lieber Spanien zur Annahme des Friedens zu bewegen suchen. Spanien habe bereits so viele bedeutende Orte abgetreten, so könnte es pro pace wohl auch noch in die Schleifung Luxemburgs willigen. „Dies wäre das Mittel, das weit aussehende Feuer zu dämpfen" [2]). —

Der König an E. v. Grafenthal. D. Kongsör 19. November 1683.

(Auf die Berichte vom 6. und 9. November.)

[Mißtrauen des Königs gegen den allzu eng an Frankreich gebundenen Kurf.]

29. Nov. Er kann sich so lange auf den Kurf. nicht verlassen, als dieser für den Frieden mit Frankreich quovismodo eintritt und sich nicht wirklich für Restitution des Herzogs von Holstein-Gottorp einsetzt [3]). Er hat aber vielmehr dem Holsteiner Minister Haxthausen geradezu erklärt, daß er sich des Herzogs nicht annehmen könnte, ehe dieser den „mit andern Puissancen geschlossenen praejudicirlichen Alliancen und also füglich auch dem mit Uns habenden Verbündnis renunciire".

Auch kommt es dem König sehr bedenklich vor, daß man Rébenacs Antwort abwartet, ehe man sich auf Anhalts Anregung entscheidet. Wie er hört, sollen Anhalt und Derfflinger[4]) sich von Berlin fern halten, sodaß Rébenac also freie Hand hat.

Der Herzog von Sachsen-Lauenburg hat zum Residenten Bremer[5]) geäußert, der Kurf. schiene noch großen Appetit auf Stettin zu haben [6]), man sollte sich vorsehen.

E. v. Grafenthal an den König. D. Berlin 1. Dezember 1683.

11. Dez. Die Rückkehr des Rébenacschen Expressen hat sehr enttäuscht, da er weder Geld noch die erhoffte Verbesserung der Allianz mitgebracht hat [7]).

Anhalt bemüht sich, den Kurf. von Frankreich abzuziehen. Er bietet ihm vom Kaiser wegen des Anspruchs auf Jägerndorf 200.000 Rth., wegen der Forderungen des Kurf. an Spanien 300.000 Rth., endlich von den Vereinigten

[1]) Vgl. Urk. u. Akt. Bd. 3 S. 763, Bd. 19 S. 641, Bd. 20 S. 823.

[2]) Vgl. Pufendorf, Lib. XVIII § 105, v. Orlich, Gesch. des preuß. Staats im 17. Jahrhundert Bd. 3 S. 331 ff., Urk. u. Akt. Bd. 22 S. 194.

[3]) Vgl. Pufendorf, Lib. XIX §§ 62—65.

[4]) Vgl. Urk. u. Akt. Bd. 14 S. 1071, Bd. 20 S. 796.

[5]) Resident Justizrat Jürgen Bremer, schwedischer Resident in Holstein und Hamburg.

29. Dez. [6]) Vgl. Urk. u. Akt. Bd. 3 S. 720 f., Bd. 20 S. 812.

[7]) Vgl. Urk. u. Akt. Bd. 19 S. 488 ff., Bd. 20 S. 822 ff., 828 ff. D. Stockholm 19. Dezember 1683 beauftragt der König G., sich zu erkundigen, warum die Ablehnung der brandenburgischen Wünsche erfolgt sei. Frankreich schmeichle sich doch, des Kurf. fest versichert zu sein, und die meisten Minister hingen der französischen Partei an.

Niederlanden 500.000 Rth.[1]. Er selbst, Amerongen und der Lüneburger Minister[2] unterstützen Anhalt. Der große Sieg über die Türken macht auch tiefen Eindruck[3].

E. v. Grafenthal an den König. D. Berlin 7. Dezember 1683.

[Der Kurf. bietet dem König ein Bündnis an gegen Abtretung von Stettin.]

Fuchs hat ihm seine Freude über das Einvernehmen zwischen König und Kurf. ausgedrückt und gewünscht, dieses möchte ein dauerndes werden. „Er und unterschiedliche viele andere stünden in denen Gedanken, wenn E. Kgl. Maj. sich resolviren könnten, dem Churf. durch Tractaten Stettin wieder zu überlassen[4], daß solches ein Mittel sein würde, den Frieden und das daraus erfolgende gute Vertrauen zwischen E. Kgl. Maj. und dem Churf. zum Flor und Aufnahme beiderseits Landen und Untertanen ewig zu machen, gestalt selbige Stadt bis dato das einzige obstaculum wäre, so der rechten Sincerität guter Freundschaft und Vertrauens im Wege gestanden. Die condiciones, so er mir dabei vorschlug, waren ohngefährlich beikommende. Er stellete sich zwar, als wenn dieser Discours aus seinem eignen Mouvement herreichete. Ich konnte aber sattsam vermerken, daß er dazu beordert wäre.“ 17. Dez.

G. hat ihm geantwortet, er könnte das nicht einmal ad referendum annehmen, Fuchs möchte ihn in Zukunft mit dergleichen verschonen.

Beilage.

1. Wollte der Kurf. mit E. Kgl. Maj. einen ewigen Frieden und Alliance machen.

2. Sich darin verpflichten, E. Kgl. Maj. Pommern, Rügen, auch Wismar contra quosvis mit zu defendiren.

3. E. Kgl. Maj. mit 3 oder 4000 Mann zu Roß und Fuß zu assistiren und auf dero Kosten, solange es nötig ist, zu unterhalten.

4. Eine considerable Summe Geld von etzlichen Tonnen Geldes ex tempore zu bezahlen.

5. Das Commercium so zu verbessern, daß E. Kgl. Maj. Zölle zu Wolgast und andern Orten einen großen Nutzen verspüren sollten[5].

---

[1]) Vgl. Urk. u. Akt. Bd. 14 S. 1114 ff.

[2]) Der hannoversche Kammerpräsident Otto v. Grote, vgl. Urk. u. Akt. Bd. 22 S. 195 ff.

[3]) Vgl. Urk. u. Akt. Bd. 19 S. 642.

[4]) Vgl. Urk. u. Akt. Bd. 3 S. 720 f., Bd. 20 S. 812.

[5]) D. Berlin 22. Januar 1684 berichtet W., es sei weiter nichts in dieser Frage an ihn gebracht, D. 26. Januar, Derfflinger, der ihn häufiger besuche, empfehle, Stettin stärker zu besetzen. 1. Febr. 5. Febr.

E. v. Grafenthal an den König. D. Berlin 11. Dezember 1683.

21. Dez. Der Kurf. bleibt dabei, daß man mit Frankreich, es koste, was es wolle, zum Frieden kommen müßte, sonst stünden Mitte Februar französische Truppen im Reich. Zudem habe der Kaiser mit neuen Angriffen der Türken zu rechnen. „Mit den futuris contingentibus müßte man sich nicht flattiren, besondern das ergreifen, was die inevitable Necessität imponirte. Unter diesen Gedanken suspendiren S. Churfl. Durchl. noch alstets die Resolution über die kaiserlichen Offerten“[1]).

Der dänische Minister Gabel verhandelt viel bei Hof. In der Holsteiner Frage mißbilligt der Kurf. Dänemarks Verhalten[2]).

Aus einem Gutachten [Bengt Oxenstiernas?]. Gelesen im Rat 19. Dezember 1683.

[Günstige diplomatische Lage des Kurf. Anerbieten einer Assoziation an den Kurf., den Kaiser und Kurbayern.]

29. Dez. Brandenburg steht in starker Verfassung da, hat Bündnisse mit Frankreich, Dänemark[3]), Köln[4]) und Münster[5]) und bemüht sich um den Anschluß Kursachsens[6]) und des Hauses Lüneburg[7]). Es bemüht sich um eine Verständigung zwischen dem Herzog von Holstein und Dänemark[8]) und um ein gutes Verhältnis zum König von Polen, den es deshalb im Türkenkrieg unterstützt[9]). —

Churf. af Brandeburg skulle ansökas om association coniunctim med Kejsaren och Churbeyern, med försäkran, att då det sker, vill Kongl. Maj. tillika med de andre allierade concertera med honom, huru man med Frankrike må komma till en skälig fred. —

E. v. Grafenthal an den König. D. Berlin 29. Dezember 1683.

8. Jan. 1684 Der lüneburgische Gesandte von Grote hat zu ihm geäußert, wenn es nicht zum Frieden käme, wäre damit zu rechnen, daß Dänemark und Brandenburg für

---

1) Vgl. Urk. u. Akt. Bd. 19 S. 1119 ff., Bd. 22 S. 195 ff.

18. Jan. 2) Vgl. oben S. 1024. — D. Berlin 8. Januar 1684 berichtet G., der Kurf. und die Minister hätten von der Kriegslust und den Rüstungen Dänemarks gesprochen; der König sollte sich vorsehen.

3) Vgl. v. Moerner S. 428 f., 432 ff., 440 ff.

4) Desgl. S. 438 f.

5) Desgl. S. 433 ff.

6) Vgl. Urk. u. Akt. Bd. 19 S. 848 f.

7) Desgl. Bd. 19 S. 642 ff., Bd. 22 S. 188 ff.

8) Vgl. oben S. 1024.

9) Vgl. Urk. u. Akt. Bd. 22 S. 114 ff.

Frankreich den Degen ziehen würden. „Worin ich aber, wenn ich des Churf. Interesse und alle Circumstantien wohl considerire, contrairer Meinung bin“ [1]). —

Der König an E. v. Grafenthal. D. Stockholm 2. Januar 1684.

[Der König lehnt den Verzicht auf Stettin ab, ist aber zu näherer Zusammensetzung mit dem Kurf. bereit.]

„Es kann Uns der Vorschlag wegen Stettin nicht anders dann nachdenklich vorkommen, indem daraus gnugsam zu Tage lieget, was bei dem Churf. annoch verborgen sein müsse. Und können Wir dahero auch die contestationes, worin sich der Churf. gegen Euch verschiedentlich herausgelassen, für so zuverlässig und sincer nicht deuten, solange derselbe annoch so großen Appetit und Verlangen zu Stettin hat und spüren lässet.“ Es ist richtig, daß G. die Anregung von Fuchs nicht einmal ad referendum genommen hat; er soll Wiederholungen derartiger Vorschläge zu vermeiden suchen und im übrigen versichern, daß der König nicht bloß in Freundschaft mit dem Kurf. zu leben, sondern sogar eine nähere Zusammensetzung mit ihm zu schließen wünscht. 12. Jan.

E. v. Grafenthal an den König. D. Berlin 4. März 1684.

[Besorgnis vor schwedischen Flottenrüstungen.]

Der Kurf. hat sich durch Grumbkow [2]) und Meinders erkundigen lassen, ob die vom dänischen Gesandten in Stockholm, Stockflieth [3]), verbreitete Nachricht, daß alle Bootsleute Befehl erhalten hätten, Anfang April bei der Flotte zu erscheinen, zuträfe. Man schließe daraus auf einen Truppentransport, der den Frieden erschweren könnte [4]). G. hat erwidert, dergleichen brauchte eine solche Anordnung, von der er übrigens nichts wüßte, nicht zu bezwecken. Der König habe viele Schiffe und es sei ihm nicht zu verdenken, wenn er sie mit Mannschaft besetzen wolle. 14. März

E. v. Grafenthal an den König. D. Berlin 11. März 1684.

[Der Kurf. hält den Friedensschluß mit Frankreich für unabweisbar.]

Die Resolution, mit der Graf Lamberg entlassen ist [5]), läßt wenig Hoffnung, daß der Kaiser und seine Verbündeten von diesem Hof Hilfe zu erwarten haben, 21. März

[1]) D. Berlin, 5. Januar 1684 berichtet G., der Kurf. habe zu ihm gesagt, er wollte solange als möglich aus dem Spiel bleiben. Doch könnte er genötigt sein einzugreifen, um seine Lande vor dem Ruin zu bewahren. Vgl. Urk. u. Akt. Bd. 19 S. 492, Bd. 20 S. 823 ff. 15. Jan.

[2]) Generalkriegskommissar und Wirkl. Geh. Rat Joachim Ernst v. Grumbkow.

[3]) Christian Stockfleth.

[4]) Vgl. Urk. u. Akt. Bd. 14 S. 1129.

[5]) Vgl. Londorp, Acta publica Bd. 12 S. 36 f.

wie gefährlich sich die Dinge auch entwickeln. „Der Churprinz und andere Wohlgesinnete seind darüber sehr affligiret[1]). S. Churfl. Durchl. vermeinen, daß, wo der Friede oder ein armistitium noch länger differiret werden sollte, Frankreich mit dem fördersambsten mit einer considerablen Macht in das Herz von Teutschland gehen werde[2]). —

Der Churf. ist anjetzo so voll Chagrin, daß man kaum mit ihm reden kann. Mir ist in Vertrauen gesagt, daß er gesonnen, einen churfl. Kollegialtag zu veranlassen, und mögen wohl gar die Gedanken sein, einen andern Kaiser zu wählen." —

E. v. Grafenthal an den König. D. Berlin 26. März 1684.

[Rébenac sucht den Kurf. gegen Schweden einzunehmen, der an sich in Freundschaft mit diesem leben will. Die Spannung mit Braunschweig-Lüneburg.]

5. April Immer wieder wird der Kurf. mit der Behauptung fatigiert, der König werde 16 000 Mann nach Deutschland senden. So hat ihm dieser Tage Rébenac erzählt, er habe das von Grafenthal selbst gehört, während G. ihm garnichts dergleichen gesagt hat. Rébenac habe wohl nicht damit gerechnet, daß der Kurf. ihn danach fragen würde. So versucht Frankreich, den Kurf. gegen Schweden einzunehmen.

„Der Churf. läßt mich sonsten seiner beständigen Freundschaft gegen E. Kgl. Maj. und dabei versichern, daß E. Kgl. Maj. von Dennemark in Dero teutschen Provincien nichtes zu befahren hätten, wann Sie nur Selber keinen Anlaß geben würden. Die Animosität gegen Braunschweig-Lüneburg ist sehr groß, und haben selbige Häuser Ursach, sorgfältig auf ihre Hut zu stehen"[3]).

E. v. Grafenthal an den König. D. Berlin 6. Mai 1684.

[Bruch des Kurf. mit Braunschweig-Lüneburg wahrscheinlich.]

16. Mai Er hat den Kurf. gebeten, sich für Rückberufung der dänischen Truppen aus Mecklenburg, Sachsen-Lauenburg und Eutin einzusetzen[4]). Der Kurf. hat erwidert, man hätte sich dort bereits mit dem König geeinigt, sodaß die Dänen ohnehin bald von dort abmarschieren würden. Er beklagte, daß andrerseits das Haus Braunschweig-Lüneburg sich garnicht schicken wolle, sondern gleich Spanien auf seinen weitaussehenden Desseinen beharre. Immer wieder entschuldigten sich die Lüneburger Minister mit Mangel an Instruktion, sodaß schließlich das

---

[1]) Zur Haltung des Kurprinzen vgl. Urk. u. Akt. Bd. 14 S. 1134, Bd. 20 S. 837, 846 ff., 859, 867, 878.

[2]) Vgl. hierzu z. B. Urk. u. Akt. Bd. 19 S. 832 f., 851, Bd. 22 S. 206.

[3]) Vgl. Urk. u. Akt. Bd. 19 S. 500 ff., 657, Bd. 20 S. 880 ff., Bd. 22 S. 221 ff., Pagès, a. a. O. S. 522 ff.

[4]) Vgl. Pufendorf, Lib. XVIII § 122, Urk. u. Akt. Bd. 19 S. 504 f., 658 ff., Bd. 20 S. 874 ff., Bd. 22 S. 212 ff.

Werk biegen oder brechen müßte[1]). Er besorge, die Katholischen könnten sich verbinden; da sollten die nordisch-evangelischen Mächte zusammenhalten.

E. v. Grafenthal an den König. D. Berlin 13. Mai 1684.

Die Dänen werden aus Mecklenburg usw. wohl nicht abziehen. Wenigstens 23. Mai
hat Fuchs geäußert, sie würden nicht abgeführt werden, bis die Sache mit dem Hause Lüneburg richtig sei: „Woraus gnug erhellet, was unter der der Quartiergelder halber gemachter Prätension latitire". Da Lüneburg aber von Kursachsen und Hessen-Kassel Hilfe zu erwarten hätte[2]), würde, wie G. urteilt, sich die Hitze wohl wieder abkühlen.

E. v. Grafenthal an den König. D. Berlin 24. Mai 1684.

[Gefahr eines Bruchs mit Braunschweig-Lüneburg. Freundliches Verhalten des Kurf. und Derfflingers zu Grafenthal.]

Wie er glaubwürdig berichtet wurde, betreiben die dänischen und kurkölni- 3. Juni
schen[3]) Minister eifrig die Conjunction mit Brandenburg zum Angriff auf Braunschweig-Lüneburg. Er hat sich nach Empfang dieser Nachricht sogleich nach Potsdam begegeben, wo er diese Nachricht bestätigt erhielt. Auf seine Gegenvorstellungen hat der Kurf. erwidert, „daß seine Alliirte mit aller Gewalt Lüneburg attaquiren wollten. Er könnte auch nicht allemal, wie er wollte, weil er in gewissen Stücken an die Alliancen gebunden. Braunschweig-Lüneburg wollte sich selber ins Unglück stürzen und keinen guten Rat annehmen."

Der Kurf. hat ihn den ganzen Tag bei sich behalten und den Wunsch ausgesprochen, daß er häufiger sich bei Hofe zeigen möchte. Dazu ist er aus Mangel an Mitteln nicht imstande.

„Der Feldmarschall Dorfling hat in diesem negotio seine Assistence versprochen und daneben mir gesagt, daß der Churf. auf meinen Vortrag viel reflectirte".

E. v. Grafenthal an den König. D. Berlin 1. Juli 1684.

[Entfremdung des Kurf. von Frankreich und Dänemark und seine Annäherung an Braunschweig-Lüneburg und an Schweden.]

Der Kurf. hat ihn in halbstündiger Audienz empfangen und dabei geäußert: 11. Juli
Daß Frankreich sogar die Mauern von Trier schleifen ließe, zeige so recht, wie

---

[1]) D. Berlin 10. Mai 1684 berichtet G. eine Äußerung des Kurf., er fürchte den Kaiser 20. Mai
oder Schweden und auch andere nicht, sondern werde den Lüneburgern auf den Hals gehen und sie demütigen.

[2]) Vgl. Urk. u. Akt. Bd. 19 S. 853 f., Bd. 20 S. 905, 907.

[3]) Vgl. Urk. u. Akt. Bd. 19 S. 504, 509, Bd. 20 S. 908, Bd. 22 S. 221 ff.

nötig der Friede mit Frankreich sei[1]); aber am Kaiserhof gingen die Verhandlungen nur langsam vorwärts.

G. hat beobachtet, daß das Vertrauen des Kurf. zu Dänemark sehr abnimmt[2]). Der Kurf. hat ihm gesagt, er wolle sich zur Beruhigung des Niedersächsischen Kreises mit Braunschweig-Lüneburg setzen[3]).

Auch muß er annehmen, daß der Kurf. auf ein Bündnis mit Schweden hinzielt[4]).

E. v. Grafenthal an den König. D. Berlin 19. August 1684.

[Rébenacs Verdruß über die Verlobung des Kurprinzen.]

29. Aug. Am Sonntag nahm der Kurprinz die Glückwünsche zu seiner Verlobung entgegen in Gegenwart Rebenacks, „der über die Vereinigung dieser beiden Häuser eben keine sonderliche Satisfaction bezeiget und mit ziemlicher höhnischer Miene sagte: Il sera à cett' heure à vous autres Messieurs, de donner des loix à la France. So der Kurprinz aber mit Stillschweigen beantwortete.“ —

E. v. Grafenthal an den König. D. Berlin 27. August 1684.

[Verhältnis des Kurf. zu Schweden.]

6. Sept. Der Kurf. hat zum kurbayrischen Gesandten[5]) geäußert, er könnte noch nicht wissen, ob er trotz des Armistitiums Truppen entbehren und nach Ungarn schicken könnte, da der König entgegen seinen durch Grafenthal getanen Freundschaftsversicherungen auf den Konferenzen in Damm und Kolbatz[6]) eine unfreundliche Haltung eingenommen hätte, auch an den Grenzen Widerwärtigkeiten vorfielen. Er wüßte also nicht, wessen er sich zu versehen hätte. Der Gesandte hat den Eindruck gehabt, daß keine Animosität beim Kurf. zu spüren

15. Juli [1]) Der Kurf. hat Rébenac gesagt, so berichtet G. am 5. Juli, das Vorgehen Frankreichs gegen Trier (vgl. Urk. u. Akt. Bd. 19 S. 513 f., Bd. 20 S. 923 f.) werde ihn nötigen, andere Maßnahmen zu treffen. Es sei ihm niemals in den Sinn gekommen, sein Vaterland zu verlassen. Jedoch läßt Rébenac noch größere fierté verspüren als vorher (vgl. Urk. u. Akt. Bd. 19 S. 515 f.).

[2]) Vgl. Pufendorf, Lib. XVIII § 127, Urk. u. Akt. Bd. 19 S. 665 ff., Bd. 20 S. 909 ff., Bd. 22 S. 228 ff., Pagès, a. a. O. S. 524 ff.

[3]) Vgl. Urk. u. Akt. Bd. 19 S. 668 ff., Bd. 22 S. 231, Prutz, Aus des Gr. Kurf. letzten Jahren S. 192.

6. Sept. [4]) D. Stockholm 27. August 1684 schreibt der König an G., er sei geneigt, in das brandenburgisch-braunschweigische Bündnis mit einzutreten. G. solle das ohne Empressement betreiben.

[5]) Im Sommer 1684 weilte der kurbayrische Geistliche Ratsdirektor D. Johann Friedrich Karg als Gesandter beim Kurf., vgl. Urk. u. Akt. Bd. 19 S. 892 f.

[6]) Vgl. Urk. u. Akt. Bd. 22 S. 432 und außer der dort angegebenen Literatur noch Rachel, Die Handels-, Zoll- und Akzisepolitik Brandenburg-Preußens bis 1713 S. 351.

war. Grafenthal will „diesen Discurs den podragranischen Schmerzen und dem daher entstehenden Chagrin guten Teils zuschreiben[1])“.

E. v. Grafenthal an den König. D. Berlin 2. September 1684.

[Dänemark und Holstein-Gottorp. Der Kurf. zum Ausgleich mit Schweden geneigt.]

Er hat den Kurf. in Oranienburg besucht und recht frisch gefunden. Der 12. Sept. Kurf. hat geäußert, der König von Dänemark sei in der Holsteiner Frage hartnäckiger, als er geglaubt hätte. Er wolle dem Herzog Oldenburg, Delmenhorst und Jever als Äquivalent bieten und Schleswig behalten[2]). Das könnte für das Reich und die Nachbarn nicht unangenehm sein. Natürlich müßten die Interessen des Herzogs bei den Verhandlungen sorgfältig beobachtet werden.

Der Kurf. gab dann der Hoffnung Ausdruck, daß die Kolbatzer Verhandlungen nach ihrer Wiederaufnahme zum guten Ende kommen würden. Seine Kommissare sollten angewiesen werden, sich zu moderiren und von allen Schikanen abzusehen.

E. v. Grafenthal an den König. D. Berlin 21. Oktober 1684.

[Verstimmung des Kurf. gegen Dänemark wegen Holstein-Gottorp. Seine Besorgnis wegen der Verfolgung der Evangelischen durch den Kaiser und durch den König von Frankreich.]

Der Kurf. bedauerte ihm gegenüber das harte Vorgehen Dänemarks gegen 31. Okt. den Herzog von Holstein-Gottorp, „sagten, daß Gott solch Tyranny und Ungerechtigkeit an denselben und seiner ganzen kgl. Familie hoch strafen würde. Sie hätten deswegen nachdenkliche remonstrationes tun lassen, aber bisher dato nichts ausrichten können“[3]). —

Wenn man sehe, wie hart der König von Frankreich und der Kaiser ihre Evangelischen behandelten, müßte man das Zustandekommen einer Hauptliga gegen die Evangelischen befürchten. Es wäre sehr nötig, daß den evangelischen Potentaten beizeiten die Augen geöffnet würden und sie in eine Harmonie kämen, die es ihnen ermöglichte, künftigem Übel zu begegnen. Der König möchte ihm seine Gedanken darüber eröffnen. „Begehrten dabei zugleich an mich, Dero Geheimen Räten nichtes davon zu sagen, weiln er denenselben in Sachen, so Frankreich angingen, nicht allerdinge trauen könnte.“ —

[1]) Über die damaligen Verhandlungen des Kurf. mit Frankreich, Dänemark und Braunschweig-Lüneburg betr. einen Angriff auf Schweden vgl. Urk. u. Akt. Bd.19 S. 513 ff., 668 ff., Bd. 20 S. 925 ff.

[2]) Vgl. Urk. u. Akt. Bd. 19 S. 673, 681, 683, 690.

[3]) Vgl. Urk. u. Akt. Bd. 22 S. 295 f.

E. v. Grafenthal an den König. D. Berlin 11. November 1684.

[Versuche des Kurf., gegen Erwerbung Stettins zur Verständigung mit Schweden zu kommen.]

21. Nov. Rebenacq soll wieder 12 000 Rth. zur Verteilung unter die Minister erhalten haben „sambt der Ordre, mit dem Churf. die Alliance zu verneuen und demselben auf das Vorjahr, wenn nämlich in dem Römischen Reich die Völker gutenteils abgedanket oder auch nach Ungern gesandt sein würden, die Festung Stettin zu liefern [1]). Und vermeinen meine gute Freunde, daß E. Kgl. Maj. Ursache hätten, darauf serieusement zu reflectiren und Stettin mit sufficienter Guarnison bei Zeit zu versehen. Dieses ist gewisse, daß S. Churfl. Durchl. keinen einzigen Mann abdanken werden. Selbiges haben Sie mir selbsten gesagt, und sehe ich auch dazu keine apparence. Und weil Stettin die amorce, womit der Churf. zu locken, so stecket ihm Frankreich selbiges auch allezeit vor. Die ministri fatigiren mich noch allzeit damit, und darunter auch der Fürst von Anhalt, ja der Churf. selber, und sagt dabei, daß E. Kgl. Maj. .. Vater es demselben versprochen. Der Churprinz ist auch ganz eingenommen und sagt hautement, daß von Schweden keine beständige Freundschaft zu hoffen, solange Stettin in dessen Händen. Der Geheimbter Rat Fuchs wiederholte zum öftern nicht alleine die condiciones, so E. Kgl. Maj. ich schon vor einem Jahre alleruntertänigst überschrieben [2]), besondern setzet hinzu, daß auch der Churf. zufrieden sein würde, wenn Stettin demanteliret und demselben so überlassen würde. Andere, so wohl intentioniret sein wollen, sind der Meinung, daß E. Kgl. Maj. zum wenigsten zu simuliren hätten, als wollten Sie sich die Handlung nicht zuwider sein lassen, umb den Churf. nur dadurch von allen Widrigen zu detourniren und so viel besser zu der Restitution des Herzogen von Holstein zu disponiren. Andere, so auch wohl intentioniret sein wollen, sind der Meinung, daß E. Kgl. Maj. durch dieses endlich die Stadt Bremen bekommen könnten. —

Ich mache aber inmittels allezeit eine Raillerie daraus und nehme davon ganz nichtes ad referendum.“ —

E. v. Grafenthal an den König. D. Berlin 15. November 1684.

25. Nov. Hat seit seinem letzten Bericht den Kurf. wiederholt gesprochen, der immer wieder versichert hat, daß er mit dem König in beständiger guter Freundschaft zu leben wünsche. G. glaubt also, daß die Nachrichten seines letzten Berichts, obwohl sie von vornehmen Leuten stammten, doch keinen sonderbaren Grund hätten. Gewiß ist allerdings, daß 12 000 Rth. in Hamburg zur Verteilung an die Minister eingetroffen, und daß keine Truppenabdankungen beabsichtigt sind; doch wird das mit der Lage in Ungarn erklärt.

---

[1]) Vgl. vielmehr Urk. u. Akt. Bd. 20 S. 945 ff.

[2]) Vgl. oben S. 1025.

E. v. Grafenthal an den König. D. Berlin 30. November 1684.

[Holstein-Gottorp. Unbefriedigender Verlauf der Kolbatzer Konferenzen.]

Er ist beim Kurf. in Potsdam gewesen, der sehr befriedigt von dem Reichstagsconclusum war, wonach der Herzog von Holstein nachdrücklich unterstützt und ihm zu seiner völligen Restitution verholfen werden solle. 10. Dez.

Durch Meinders hat der Kurf. ihm sagen lassen, die schwedischen Kommissare machten in Kolbatz entgegen Grafenthals Versprechungen nur Schwierigkeiten. Da man nicht vorwärts käme, würde er wohl seine Kommissare abberufen. G. hat umgekehrt den harten Reden der kurfl. Kommissare die Schuld am Stocken der Verhandlungen zugeschoben [1]).

E. v. Grafenthal an den König. D. Berlin 6. Dezember 1684.

[Besuch des Herzogs von Hannover. Gereiztheit des Kurf. gegen Frankreich. Holstein-Gottorper Frage.]

Der Herzog von Hannover ist auf der Durchreise nach Italien in Berlin gewesen [2]). „Bei dieser Gelegenheit war zu notiren, daß alles, so sich von Franzosen allhie befindet, in der Antichambre des Herzogen sich praesentirte, maßen dann der Kurprinz zu mir sagte, ob ich wohl observirte, daß das Logiment fast mit lauter Franzosen angefüllet, und wie freudig sie sich bezeigten. 16. Dez.

Kurz vor Ankunft hochged. H. Herzogen hat der Geheime Rat H. v. Meinders zu dem Churf. gesagt, daß, weiln der Herzog wohl viel von Engagement mit dem Hause Österreich sprechen würde, man bedacht sein müßte, wie ihme zu antworten. Worauf der Churf. brusquement repliciret, daß er selbiges schon wissen würde. Hat auch sofort, wie dieser abgetreten, zu der Churfürstin gesaget, dieser Kerl will mich von neuen mit Frankreich fest machen, aber der Teufel soll ihn endlich holen."

Der Kurf. hat ihm mitgeteilt, er habe mit dem Herzog von Hannover sich über die Holsteiner Frage unterhalten, der wohlintentionirt sei, aber die Entwicklung in Regensburg abwarten wolle [3]).

E. v. Grafenthal an den König. D. Berlin 16. Dezember 1684.

.. „Inmittels ist klärlich zu verspüren, daß des Churf. wider Frankreich und Dennemark bishero gefassete übele conceptus noch täglich zunehmen." Umso eifriger wünschen daher die Wohlgesinnten eine Beilegung der Grenzstreitigkeiten mit Schweden. Der Kurf. hat zu ihm gesagt, „daß er ein mehrers nicht in votis habe". 26. Dez.

---

[1]) Vgl. Urk. u. Akt. Bd. 20 S. 965, Bd. 22 S. 235 und oben S. 1030f.

[2]) Vgl. Urk. u. Akt. Bd. 20 S. 968 ff.

[3]) Vgl. Urk. u. Akt. Bd. 22 S. 237.

E. v. Grafenthal an den König. Berlin 6. Januar 1685.

16. Jan. Der Kurf. hat bedauert, seine Kommissare von Kolbatz abberufen zu müssen, weil man dort nicht weitergekommen sei. Wortstreitigkeiten dürften so ernst nicht genommen werden [1]). Er hoffe, der König werde bereit sein, die noch schwebenden Differenzen freundschaftlich beizulegen. Das Kurfürstenpaar hat ihn sehr freundlich behandelt.

E. v. Grafenthal an den König. D. Berlin 7. März 1685.

17. März Der Kurf. hat durch Rébenac erfahren, daß Grafenthals Abreise nach Stockholm zu erwarten sei. Er hat ihm darauf durch Fuchs sagen lassen, daß er mit dem König in engem Einvernehmen zu leben wünsche, namentlich jetzt, wo das evangelische Wesen durch den Übertritt Jakobs von England zur katholischen Kirche schwer gefährdet sei. G. hat auf den Mangel an Versöhnlichkeit bei den Brandenburgern in Kolbatz hingewiesen; seine Abreise stünde noch nicht fest.

Der König an den Gesandten Georg Friedrich Snoilsky in Regensburg. D. Stockholm 14. März 1685.

[Das im Reich gegen den Kurf. bestehende Mißtrauen muß geschürt werden.]

24. März Af Edre .. skrifvelser de dato 12. och 19. Febr. sistledne hafva Vi med nådigt nöje förstått, hvad Eder förrättning uti Bamberg varit och huru I därsamma stådes tillfälle och lägenhet haft om det Brandenburgiska väsendet [2]) att informera en och annan, varandes Oss kärt, att man nu omsider begynner att märka Churfs. af Brandenburg vidtutseende och för de öfrige Rikets ständer helt praejudicerlige desseigner, hvilke såsom de näppeligen läre stanna utan en allfvar, sann, endrächtig och tidig opposition af de väl- och rättsinnade uti imperio, alltså vill af nöden vara, att I efter en sådan god begynnelse i detta mål än yttermera fullföljen detta ärende, fortsättandes och continuerandes däröfver Eder correspondence så väl med Baron Görtz [3]) sampt ministrarne af de Saxiske husen och hvilka mera därtill vinnas kunna, till att antaga sig imperii veritable interesse emot Chur Brandenburgs högmod och eftertänkelige procedurer.

---

[1]) Vgl. dagegen Urk. u. Akt. Bd. 22 S.238, 301.

1. März [2]) In seinem Bericht D. Regensburg 19. Februar 1685 hatte S. geurteilt, man wüßte nicht, ob der Kurf. nur seine Ansprüche für seinen Nachfolger aufrechterhalten oder die Conjuncturen ausnutzen oder zugunsten seines Verbündeten Apprehension und Jalousie wecken wollte. Vom Kaiser fordere er Jägerndorf, Liegnitz, Brieg und Wohlau (vgl. Pribram, Österreich und Brandenburg 1685/86 S. 23 ff.), von Holland Millionen von Subsidien (vgl. Urk. u. Akt. Bd. 3 Abschnitt 8 und Bd. 21 Abschnitt 1), von Polen das erste Votum, von Sachsen Damm, Jüterbog, Querfurt und Quedlinburg (vgl. Pufendorf, Lib. XIX §§ 1 und 53), in Mecklenburg beziehe er Quartiere und verlange die Huldigung (vgl. Urk. u. Akt. Bd. 20 S. 986 ff., Bd. 22 S. 242). Kursachsen und andere seien sehr mißtrauisch gegen seine Pläne.

[3]) Gesandter des Landgrafen von Hessen-Kassel auf dem Nürnberger Kreistag.

Beschwerde über Brandenburgs Verhalten bei den pommerschen Grenzstreitigkeiten, hvarför ock så mycket mera nödigt vill vara, att sådant Churfs. företagande icke längre med stillatigande måtte anses, utan att enär verket är nogsampt underbyggt och gemötherna praeparerade som I förmenen det med en god effect och eftertryck ske kunna, I då .. Churbrandenburgs ofog repraesenteren och att däremot secundum imperii constitutionem sampt tractaterne och alliancerne måtte procederas, anhållen och urgeren [1]". —

E. v. Grafenthal an den König. D. Berlin 7. März 1685.

Der Kurf. bemüht sich um Beilegung der Differenz zwischen Celle und Hamburg [2]). 27. März

Meinders und Knyphausen haben ihm den Wunsch des Kurf., die Grenzverhandlungen wieder aufzunehmen, zum Ausdruck gebracht [3]). Dem Kurf. werde von der Gegenpartei die drohende Gefahr eines schwedisch-polnischen Angriffs an die Wand gemalt [4]); das verzögere auch seine Verständigung mit dem Kaiser.

Der König an E. v. Grafenthal. D. Stockholm 4. April 1685.

(Auf den Bericht vom 17./27. März.)

Der König hört gern, daß der Kurf. sich für die Wiederherstellung der Ruhe im Niedersächsischen Kreise einsetzt. G. soll ihm darstellen, daß auch der König dahin arbeitet und zur Cooperation mit ihm geneigt ist, und soll ihn anregen, seine Minister zu instruieren, „mit dem Unserigen dieses negocium communi consilio et opera zu bearbeiten". 14. April

Soll den Wunsch des Königs, mit dem Kurf. in guter Freundschaft zu leben, zum Ausdruck bringen, und in Aussicht stellen, daß er in Stockholm auf gute Instruktion hoffe.

Der König an G. F. Snoilsky. D. Stockholm 4. April 1685.

Ersieht aus seinen letzten Regensburger Berichten, was er wegen des Verhaltens der Brandenburger in der Grenzkommission vorgestellt hat. Er kann in omnem eventum das Werk weiter praeparieren, till att däruti med så mycket större eftertryck sedan att kunna tala, så frampt det ändteligen skulle behöfves. 14. April

Der Eifer des Kurf. für die Evangelischen bezweckt offenbar nur, den Kaiser bei diesen verhaßt zu machen. Er soll die Evangelischen unter der Hand zu einer

---

1) Vgl. Fester, Die Augsburger Allianz von 1686 S. 16 ff.

2) Vgl. Urk. u. Akt. Bd. 22 S. 243 ff., 304 ff.

3) Vgl. dazu Urk. u. Akt. Bd. 22 S. 305 ff.

4) Desgl. S. 141.

Antwort an den Kurf. anregen, dieser möchte für die evangelischen Untertanen des ihm befreundeten Königs von Frankreich eintreten.

In den Streitigkeiten zwischen Celle und Hamburg kann S. mit den kurfl. Ministern gemeinsam handeln.

Der König an E. v. Grafenthal. D. Stockholm 10. April 1685.

[Der König läßt den Kurf. wissen, daß er von dessen Angriffsplänen auf Schweden Nachricht erhalten hat.]

20. April Der brandenburgische Minister in Paris [1]) habe von Angriffsabsichten des Kurf. auf die deutschen Provinzen Schwedens gesprochen [2]), und Jena habe zum Grafen Windischgrätz [3]) geäußert, der Kurf. wäre entschlossen, „gegen Uns zur Ruptur zu schreiten". Der König weiß sich gerüstet genug, solchen Angriffen zu begegnen. Diese Reden stimmen gar nicht überein mit den Versicherungen des Kurf., er wolle mit dem König in guter Freundschaft leben und die Differenzen gütlich beilegen. Bei guter Gelegenheit und wie von sich aus soll G. das den dazu geeigneten Ministern vorstellen und die Ansicht aussprechen, jene Gesandten wären wohl darüber nicht instruiert, und der Kurf. dürfte kaum Gefallen an solchen Reden haben.

E. v. Grafenthal an den König. D. Berlin 14. April 1685.

[Besorgnis des Kurf. wegen schwedischer Rüstungen.]

24. April Schwedens Gegner haben in Berlin verbreitet, der König zöge eine Armee in Livland zusammen und ließe 5000 Mann nach Preußen übersetzen. Der Kurf. hat zu näheren Feststellungen einen Expressen nach Preußen gesandt und sich außerdem bei ihm erkundigen lassen. Er hat erwidert, daß ihm davon nichts bekannt wäre. Zugleich haben der Kurf. und die Räte der Hoffnung Ausdruck gegeben, daß die Differenzen einen friedlichen Ausgleich finden möchten, und versichert, daß man nichts Tätliches gegen den König vornehmen würde [4]).

E. v. Grafenthal an den König. D. Berlin 18. April 1685.

[Der Kurf. ist zur Verständigung mit Schweden bereit.]

28. April Vor einigen Tagen hat der Kurf. dem kaiserlichen Gesandten [5]) gesagt, er würde die Differenzen mit Schweden gern in der Güte beilegen, wäre zur Wieder-

[1]) Geh. Rat Ezechiel von Spanheim.

[2]) Vgl. Urk. u. Akt. Bd. 21 S. 249 ff.

[3]) Gottfried v. Jena, kurfürstlicher, Graf Windischgrätz kaiserlicher Gesandter in Regensburg.

[4]) Vgl. Urk. u. Akt. Bd. 14 S. 1154, Bd. 22 S. 307 f.

[5]) Franz Heinrich v. Fridag, vgl. Urk. u. Akt. Bd. 14 S. 1157.

aufnahme der Verhandlungen bereit und wollte sich soviel nur möglich der Billigkeit bequemen. Der Gesandte hat erwidert, das Beste wäre, G. würde bei seinem Besuch in Stockholm neue Informationen einholen; natürlich müßten inzwischen alle weiteren Störungen an den Grenzen unterbleiben.

E. v. Grafenthal an den König. D. Berlin 19. April 1685.

Gemäß der kgl. Weisung vom 4. April hat er den Geh. Räten vorgestellt, daß 29. April
dem König an rascher, friedlicher Beilegung der zwischen dem Herzog von Celle und der Stadt Hamburg entstandenen Streitigkeiten gelegen sei, und daß er zu diesem Zweck mit dem Kurf. de concerto zu gehen wünschte, wofern es dem Kurf. recht wäre, daß ihre zu diesen Verhandlungen verordneten Minister communi consilio et opera handelten.

Meinders hat erwidert, die Sache wäre bereits abgetan [1]), jedoch erfreue der Vorschlag des Königs den Kurf. sehr.

E. v. Grafenthal an den König. D. Berlin 21. April 1685.

[Ohne baldigen Ausgleich mit Schweden dürfte es zu einem neuen Bündnis des Kurf. mit Frankreich und Dänemark kommen.]

Es ist noch nicht abzusehen, ob der kaiserliche Gesandte Erfolg haben wird. 1. Mai
Denn der Kurf. ist entschlossen, seine Armee zusammenzuhalten, worauf auch Rébenac drängt. „Und kann ich nun allmählich klar sehen, daß wenn die Grenztractaten in kurzen nichts reassumiret und hingegen von E. Kgl. Mt. einige mouvements gemachet werden sollten, die anjetzo auf dem Teppich liegende neue Alliance zwischen Frankreich und Dennemark und diesem Kurhause ihre Richtigkeit erlangen werde.“ —

E. v. Grafenthal an den König. D. Berlin 23. April 1685.

Er hat vom Kurf. und vom Hof einen Interimsabschied genommen. Der Kurf. 3. Mai
versicherte sehr nachdrücklich, daß er mit dem König in gutem Einvernehmen zu leben wünsche, wie er ihm demnächst auch durch eine expresse Abschickung kund tun würde.

G. wird vermutlich in wenigen Tagen abreisen.

E. v. Grafenthal an den König. D. Berlin 24. April 1685 [2]).

(Auf die Verfügung vom 10./20. April.)

Hat Meinders wegen Spanheims und Jenas Äußerungen befragt, der 4. Mai

---

[1]) Vgl. jedoch Urk. u. Akt. Bd. 22 S. 249.

[2]) Letzter Bericht aus Berlin vor der Abreise nach Stockholm.

ihm bei seinem Seelenheil versichert hat, daß diese dazu keinen Grund haben könnten und sofort zur Verantwortung gezogen werden würden.

Relation E. v. Grafenthals über seine Negotiation am Churfl. Brandenburgischen Hofe. D. Stockholm 2. Juni 1685.

[Der Kurf. und seine Minister. Einfluß seiner Gemahlin. Stellung Anhalts und Derfflingers. Einfluß Grafenthals auf die Beilegung der brandenburgisch-braunschweigischen Krisis von 1684.]

12. Juni — — „Wie nun folglich bei meiner Zurückkunft in Berlin bald wahrgenommen, daß unter denen churfl. ministris und Geh. Räten nur etzliche weinige das maniement des affaires in Händen hatten und zugleich von Frankreich ziemlich dependirten, und zwar dergestalt, daß in meiner Negotiation weinig Fruchtbarliches durch dieselbe zu erwarten stünde, S. Churfl. Durchl. auch bei der ersten Audienz mir deutlich genug Selber an die Hand geben, daß in allen wichtigen Zufällen bei derselben Selbsten mich angeben, expectoriren und Antwort haben sollte, so habe, auch ohne daß es die Geh. Räte jemalen vermerken oder soubçon daher schöpfen können, denselben Weg erwählet, doch dabei ein sicheres appuy bei der Churfürstin, als welche mit einem sonderlich hohen Verstand begabet und daher über des Churf. esprit ein remarquables pouvoir hat, dem Fürsten von Anhalt und dem Feldmarschall Dörfling, die der guten Partei sonderlich geneigt und zugetan sein, gesuchet, und nachgehend im Werke selbsten befunden, daß darunter nicht gefehlet habe. Sonderlich auch zu der Zeit, als die Sachen in summa crisi stunden und die Ruptur mit den Häusern Braunschweig-Lüneburg von Dennemark und Cöln aufs allerheftigste poussiret worden und fast inevitable schiene [1]). Gestalt der Abt von Murbach, einer von Fürstenberg [2]) .. nebenst denen dänischen ministris unter der Assistence des französischen ministri, Grafen von Rébenac, mit höchsten Eifer darauf gedrungen und bei dem Churf. schon so viel zu Wege gebracht, daß zu Belägerung der Festung Dömitz dero Regimenter und Artiglerie schon würklich beordert waren [3]). Welche Resolution dennoch durch meine vielfältige und zur Sache dienliche Remonstrationen .. rückwendig und darauf ein Vergleich mit denen Häusern Braunschweig-Lüneburg taliter qualiter gemacht und soviel Zeit gewonnen wurde, daß der 20 jährige Stillstand erfolgen und dadurch alle gefährliche machinationes gestutzet werden können, wodurch ich denn den Hauptzweck der .. mir gegebenen Instruction Gottlob bis hieher erlanget habe."

Für das übrige beruft er sich auf seine Relationen.

---

[1]) Vgl. oben S. 1028.

[2]) Felix Egon von Fürstenberg, Abt von Murbach, war Anfang 1684 im Auftrag des Kurfürsten von Köln in Berlin, vgl. Pufendorf, Lib. XVIII § 113, Urk. u. Akt. Bd. 19 S. 495, 500, 657, 868 f., Bd. 20 S. 843 ff.

[3]) Vgl. Urk. u. Akt. Bd. 19 S. 660, Bd. 20 S. 874, 876.

Der König an den Kurfürsten. D. Stockholm 13. Juli 1685.

Cum Ablegatus Noster Extraordinarius .. Eberhardus v. Grafendahl Serenitatis V.ae El.lis desiderio obsecutus in Sueciam traiecerit Nobisque de Eiusdem sincero in Nos affectu animoque ad percolendae mutuae amicitiae et bonae vicinitatis studia omnino parato ac propenso haud dubia retulerit documenta, non mediocris inde accessit cumulus prioris Nostrae eximiae erga Serenitatem V.am El.lem confidentiae speique dudum conceptae ex hoc concordiae ac benevolentiae reciprocae consensu afflictae rei christianae et undique turbarum procellis quassatae aliquid oboriri lucis et solatii posse, quapropter tam piae intentionis stimulus Nos egit, ut absque ulteriori mora ad Serenitatis V.ae El.lis aulam rursus amandaremus dictum Ablegatum Nostrum Extraordinarium.. 23. Juli

Der Kurf. möchte ihn weiter durch sein Vertrauen auszeichnen. Quibus amicitiae pignoribus quoties occasio resque tulerit, promptam referre vicem nunquam non annitemur [1]).

Nebeninstruktion für Grafenthal zu seiner Verhandlung am kurbrandenburgischen Hof. D. Stockholm 22. August 1685.

Soll Derfflinger der Gnade des Königs versichern. Die ihm wegen seiner früheren tapferen und treuen Dienste versprochene Erkenntnis soll nicht vergessen werden. Da Fuchs sich für die Angelegenheiten des Königs so wohl intentionirt erweist, soll G. ihm ohne bruit 1000 Taler zum Ankauf von einem Gespann Pferden überreichen. 1. Sept.

Den Herzog von Mecklenburg-Güstrow hat er zu besuchen und ihn auf den schweren Schaden hinzuweisen, den sein Land durch die brandenburgische Einquartierung erleidet [2]). Namentlich hat er ihn zu warnen, seine Stände die vom Kurf. geforderte Huldigung leisten zu lassen. Wenn aber res nicht mehr integra oder die Gemüter zu voreingenommen sind, hat er von dieser Verhandlung abzusehen.

Relation om utlänske affairer. Förläsit i Rådet 1. September 1685.

[Besorgnisse vor dem Kurf. Versuch, ihn für Holstein-Gottorp zu interessieren.]

Der Kurf. hat durch Grafenthal gute Kontestationen machen lassen; G. ist instruiert. Der Kurf. ist ein aktiver Herr, der mit allen Mitteln seinen Vorteil wahrnimmt. Setzt er sich in Mecklenburg-Güstrow fest, so ist zu befürchten, 11. Sept.

---

[1]) Vgl. Urk. u. Akt. Bd. 22 S. 434. — Die Hauptinstruktion für Grafenthal D. Stockholm 13. Juli 1685 beschränkt sich auf die pommerschen Grenzfragen. G. gehe nach Berlin zurück, weil beide Fürsten sich in dem Wunsch begegnen, diese Streitigkeiten ohne Weitläufigkeit und unter sich ohne Hinzuziehung von Vermittlern abzutun. 23. Juli

[2]) Vgl. oben S. 1034.

daß er Pommern von allen Seiten einschließt. Jetzt bemüht er sich sehr um den Anschluß an England und an die Generalstaaten[1]). Kommt dieser zustande, så kunde däraf ej annat vara att vänta än allehanda skadeligheter för Cronan Sverige.

Die guten Kontestationen des Kurf. wären zum Anlaß zu nehmen, festzustellen, wie weit er zur Unterstützung des Herzogs von Holstein-Gottorp bereit ist[2]).

Der König an den Gesandten Grafen Carl Oxenstierna in Wien. D. Stockholm 9. September 1685.

[Der König ist bereit, sich unter kaiserlicher Vermittelung mit dem Kurf. zu verständigen.]

19. Sept. Sollte der Kurf. Anträge stellen, die der Allianz des Königs mit dem Kaiser schaden, so soll O. dagegen arbeiten. Sollte der Kurf. aber dort zu erkennen geben, daß er Beilegung seiner Streitigkeiten mit Schweden wünscht und Dänemark nicht in der Holsteiner Frage unterstützen will, då skulle Vi ej ogärna se, att han conformerade sig till enighet med Kejsaren och Riket och hjälpte till dess beskydd och försvar.

Därföre är också Vår nådige vilja, att I på Våre vägnar må göra ansökning, det Kejsaren ville sig antaga att befordera de tvistigheterne till ett gott utslag, som äre emellan Oss och Churf., efter man vid desse conjuncturer, som Churf. måste reflectera på Kejsaren, kunde göra sig det hoppet och sådane officier ej skulle blifva ofruchtsamme; ty Vi därtill inclinera och annat utseende hafva Vi ej emot Churf.

Der König an E. v. Grafenthal. D. Stockholm 31. Oktober 1685.

[Der König ist zur Anbahnung eines näheren Einverständnisses mit dem Kurf. bereit, doch muß der erste Schritt von diesem geschehen.]

10. Nov. Man hat bei Falaiseau gemerkt, daß der Kurf. eine nähere Verbindung zur Aufrechterhaltung der allgemeinen Ruhe und der mutuellen Securität einzugehen bereit sei[3]), wofern er sich nur auf die aufrichtige Freundschaft des Königs verlassen könnte. Diese Absicht des Kurf. scheint ernst zu sein. G. soll dem Kurf. und Fuchs, dem in dieser Sache am sichersten zu trauen sei, erklären, daß der König nicht abgeneigt sei, sich mit ihm in ein näheres Verständnis pro bono publico et securitate mutua einzulassen, wenn der Kurf. sich darüber näher erklären wollte. Er muß den Anschein vermeiden, als wäre die Anregung hierzu von ihm und nicht vom Kurf. ausgegangen, damit dieser das nicht ausnutzen kann. G. wird höchste Geheimhaltung zur Pflicht gemacht.

[1]) Vgl. Urk. u. Akt. Bd. 21 S. 84 ff.

[2]) Vgl. Fåhraeus in Hist. Tidskrift Bd. 16 S. 210 f.

[3]) Vgl. Urk. u. Akt. Bd. 22 S. 434, 439.

Der König an E. v. Grafenthal. D. Stockholm 1. November 1685.

Falaiseau hat zu verstehen gegeben, daß periculum in mora sei[1]), weil einige Berliner Gesandte versuchen, die gute Absicht des Kurf. zu hindern. G. soll daher seine Reise beschleunigen und den Herzog von Mecklenburg-Güstrow vorläufig nicht besuchen[2]). 11. Nov.

Der König an E. v. Grafenthal. D. Stockholm 4. November 1685.

Wiederholt den vorigen Befehl, da „Wir aufs neue von des H. Churf. ernsthafter Intention und festen Vorsatz, mit Uns in eine nähere Verständniß ohngesäumt zu treten, zum höchsten versichert werden, und es alles nur darin lieget, daß Ihr Euch dorten balde einfindet". — 14. Nov.

E. v. Grafenthal an den König. D. Hamburg 11. November 1685.

Erhält soeben die kgl. Befehle vom 31. Oktober und 1. November, daß er nicht nach Güstrow, sondern aufs schleunigste nach Berlin gehen soll[3]). 21. Nov.

E. v. Grafenthal an den König. D. Berlin 24. November 1685.

[Der Kurf. wünscht mit Schweden ein Bündnis zu schließen. Sein Mißtrauen gegen seine Minister außer gegen Fuchs.]

Das Kurfürstenpaar hat ihn in Potsdam mit größter Herzlichkeit empfangen. 4. Dez.
„Der Kurf. sagte, daß Sie verlanget hätten, mit mir zu sprechen, ehe ich nach Berlin gangen, damit Sie mir eröffnen möchten, wie Ihr Vorhaben wäre, mit E. Kgl. Maj. in eine Alliance zu treten[4]), weil Sie vorhin von mir wohl vermerket, daß ein solches E. Kgl. Maj. nicht zuwider, und zugleich die secretesse dieses negotii zu recommendiren, weilen, wenn es vor der Zeit esclattiren sollte, Sie verloren wären.

Worauf ich mit wenigen replicirte, daß von E. Kgl. Maj. ich davon schon etwas benachrichtiget wäre und S. Churfl. Durchl. versichern wollte, daß dieses negotium zu Stockholm gebührend mesnagiret würde und von mir auch allerdings secretiret werden sollte. S. Churfl. Durchl. möchten ein solches nur glauben und Leute benennen, mit welchen dieses Werk in geheim tractiret werden könnte.

Der Churf. regerirte darauf, daß Sie Ihren eignen Leuten nicht trauen könnten, indeme selbige ganz corrumpiret wären, woran dennoch der Geh. Rat

---

1) Vgl. Urk. u. Akt. Bd. 22 S. 441 f.

2) Vgl. oben S. 1039.

3) D. Fehrbellin 19. November meldet G., daß ihn dort ein kurfl. Trabant erwartet hat mit dem kurfl. Begehren, geradewegs nach Potsdam zu kommen, was er auch tun wird. Hat die kgl. Weisung vom 4. Nov. erhalten. 29. Nov.

4) Vgl. Urk. u. Akt. Bd. 22 S. 443.

Fuchs keinen Teil hätte[1]). Und wollten Sie dahero diese Sache durch denselben mit mir tractiren lassen." —

E. v. Grafenthal an den König. D. Berlin 27. November 1685.

[Erbitterung des Kurf. gegen Frankreich. Anregung zu einem Bündnis zwischen Schweden, Brandenburg, den Niederlanden und Braunschweig-Lüneburg.]

7. Dez. Der Kurf. hat sich bitter bei ihm über Frankreich wegen der geforderten Garantie beklagt[2]). Man müßte sich in Verfassung setzen. G. betonte, daß man dabei vorsichtig sein müßte, um eine Gegenliga zu vermeiden, worin der Kurf. ihm beistimmte.

Fuchs ist heute zu ihm gekommen und hat gefragt, ob er ermächtigt wäre, die Friedensbedingungen zu nennen. G. erwiderte, er hätte keine Vollmacht dazu, und riet ein Projekt einzureichen, das er dem König senden würde.

Ferner eröffnete ihm Fuchs, der Kurf. wünsche eine Allianz zwischen Schweden, ihm selbst, Holland und Braunschweig-Lüneburg[3]), und fragte, ob er Verhandlungen zu vieren oder mit jedem allein vorzöge. G. erklärte, er hielte es für richtig, zunächst das brandenburgisch-schwedische Bündnis abzuschließen, das dann leicht auf andere ausgedehnt werden könnte. Darauf teilte Fuchs mit, daß der Kurf. Holland und Braunschweig um Entsendung vertrauenswürdiger Männer gebeten hätte. Es wäre gut, wenn G. zu Verhandlungen auch mit diesen bevollmächtigt werden würde.

E. v. Grafenthal an den König. D. Berlin 1. Dezember 1685.

11. Dez. Der Kurf. hat Fuchs mit der Ausarbeitung eines Vertragsentwurfs beauftragt. Der lüneburgische Minister v. Groot ist kurze Zeit in Potsdam gewesen und hat gemeint, ein Vertrag mit Schweden würde seiner Herrschaft und der allgemeinen Sache sehr förderlich sein; er ist zur Berichterstattung wieder abgereist.

Meinders und Fuchs sind beauftragt, mit ihm über die Grenzstreitigkeiten zu verhandeln. Es dürfte sich empfehlen, in diesen Fragen entgegenzukommen, um die Vertragsverhandlungen nicht zu verzögern.

Die für einen der hiesigen Minister bestimmten 1000 Rth. hat er noch nicht übergeben, aber den Minister bereits von dem ihm zugedachten Geschenk benachrichtigt[4]).

[1]) Für den damaligen Einfluß von Fuchs vgl. auch Urk. u. Akt. Bd. 20 S. 1123, 1139.

[2]) Vgl. Urk. u. Akt. Bd. 20 S. 1034 ff., Bd. 21 S. 264 ff.

[3]) Desgl. Bd. 21 S. 106 ff., Bd. 22 S. 443.

2. Febr. 1686 [4]) Es handelt sich um Fuchs; vgl. oben S. 1039. — D. Berlin 23. Januar 1686 schreibt G.: „So ist der H. Feldmarschall Dörffling, der mit dem Compliment, so ihm . . gemachet, ganz nicht zufrieden ist und mir üble mines machet, gefährlich krank,
2. März sodaß man an seiner Wiedergenesung fast zweifelt." — D. Berlin 20. Februar 1686

Der König an E. v. Grafenthal. D. Stockholm 12. Dezember 1685.

(Auf den Bericht vom 24. November / 4. Dezember.)

Soll den Kurf. seiner sinceren und beharrlichen Freundschaft versichern. 22. Dez. In den pommerschen Streitigkeiten soll G. sich aller Moderation befleißigen und verhüten, daß das Prinzipalwerk dadurch Anstoß leidet. Ist dieses gelungen, dann macht die Beilegung der pommerschen Streitigkeiten kaum noch Schwierigkeiten.

Der König an E. v. Grafenthal. D. Stockholm 19. Dezember 1685.

[Aufnahme der Bündnisverhandlungen.]

Es hängt jetzt alles daran, daß das Allianzprojekt ihm zugesandt wird. 29. Dez. Er wird alsbald nach der Überschickung seine Antwort geben, „damit ein so heilsames Werk je ehe je lieber vollzogen .. werde, wie dann Unsere beständige Meinung ist, daß Ihr nichts unterlasset, so zur Beforderung desselben fürträglich und ersprießlich sein kann, doch daß solches mit guter Manier und ohne gar zu großen empressement Unserseits geschehe."

Was die Einbeziehung anderer Mächte betreffe, so wolle er einen Minister an die Braunschweig-Lüneburger Höfe entsenden, sobald er das Projekt hat. In Holland werde er durch Gyldenstolpe über den Beitritt verhandeln lassen, von dem er erfahren hat, daß der Kurf. mit Oranien bereits über das Bündnis korrespondiert hat [1]), woraus er dessen Aufrichtigkeit erkennen kann. Oranien hat Gyldenstolpe empfohlen, von der Erwähnung der Evangelischen in dem Vertrag abzusehen, um den Kaiser und die andern der guten Partei angehörenden katholischen Mächte nicht stutzig zu machen; das sei eine „heilsame Erinnerung", für die G. eintreten soll.

E. v. Grafenthal an den König. D. Berlin 19. Dezember 1685.

[Übersendung eines brandenburgischen Bündnisvertragsentwurfes.]

Hat vorgestern das Allianzprojekt von Fuchs empfangen und übersendet 29. Dez. es in chiffrierter Form [2]); der Kurf. bittet um baldige Entscheidung, weil periculum in mora. Ratspensionär Fagel rühmt den Bündnisplan aufs höchste, will aber zur Vermeidung von Aufsehen vorläufig keinen Minister de qualité nach Berlin schicken. In Berlin ist nur Fuchs eingeweiht.

---

schreibt G., die 1000 Rth. habe er der bestimmten Person übergeben, die dafür danke. „Und wie die Hoffnung darauf bishero einen sondern guten Effect getan, so ist auch fernerhin, nachdem sie nun wirklich erfolget, an guter Operation nicht zu zweifeln." —

[1]) Vgl. Urk. u. Akt. Bd. 21 S. 106 ff.

[2]) Vom endgiltigen Text (vgl. v. Moerner S. 478 ff., Pufendorf, Lib. XIX §§ 27 und 28) unterscheidet sich das Projekt in folgenden Punkten:

Der König an Georg Friedrich Snoilsky. D. Stockholm 23. Dezember 1685.

[Entsprechend der freundschaftlichen Haltung des Kurf. soll Snoilsky sich gegen dessen Gesandte nicht ablehnend verhalten, sich aber mit diesen auch nicht näher einlassen.]

2. Jan. 1686 — Sedan som ock Churbrandenburg mycket afstår af dess förra maximer och såväl hos Kejsaren sig insinuerar sampt ock till Vår vänskap låter påskyna en särdeles benägenhet, sådant ock af Kejsaren på bästa sättet recommenderat, så skolen I ock härefter emot de Churbrandenburgiske icke vidare låta förspörja någon diffidence eller till aigreur och misstroende orsak och tillfälle gifva, dock icke heller fördjupa Eder uti alltför stor familiaritet, förr än man får se, hvad utgång sakerne vilja taga. —

E. v. Grafenthal an den König. D. Berlin 5. Januar 1686.

15. Jan. Empfiehlt Beschleunigung des Vertragsabschlusses, da der Kurf. von Frankreich wieder sehr karessiert wird. Den Brief Ludwigs XIV. an den Kurf. [1]) fügt er abschriftlich bei.

Vortrag [Bengt Oxenstiernas?] im Reichsrat 7. Januar 1686.

[Der Bündnisabschluß mit dem Kurf., mit dem Schweden einig ist in dem Wunsch nach Erhaltung des Friedens, empfiehlt sich auch, um dadurch die Restitution des Herzogs von Holstein-Gottorp zu erleichtern.]

17. Jan. Nachdem der Kurf. sich namentlich infolge der Verfolgung der Reformierten

---

In Art. 3 wird der Regensburger Stillstand von 1684 den Friedensschlüssen von 1648 und 1679 gleich gesetzt.

Art. 5: Mit dem Hause Braunschweig-Lüneburg soll „jedesmal bei Vorfallenheiten vertraulich communiciret“ werden.

Art. 6: Nicht aufgenommen in den Vertragstext ist der Hinweis, daß die dänisch-gottorpischen Streitigkeiten „dem evangelischen Wesen bei jetzigen sorgsamen Läuften, da demselben von allen Orten angedrohet wird, zum höchsten schädlich und ruineux sein würden“.

Art. 9 setzt für den Fall eines Angriffs auf die außerhalb des Reichs gelegenen Gebiete nur fest, daß der Kurf. nur die innerhalb des Reichs gelegenen schwedischen Provinzen zu schützen habe, aber bei einem Angriff auf die andern Gebiete Schwedens dessen Reichsgebiete decken werde, sodaß der König nicht nötig habe, viele Truppen dorthin zu senden. —

Als sekret ist nur der spätere Art. secr. 1 behandelt. Als die Staaten, mit denen man sich namentlich ins Einvernehmen setzen müsse, werden die Generalstaaten, das Haus Braunschweig-Lüneburg und Hessen-Kassel genannt.

Die späteren Sekretartikel 2 und 4 stehen im Entwurf im Hauptvertrag. Der Sekretartikel 3 fehlt dort.

[1]) Vgl. Urk. u. Akt. Bd. 20 S. 1075.

von Frankreich getrennt hat, haben der Kaiser und die Generalstaaten ihm zur Freundschaft mit Schweden geraten, dem er nun ein Bündnis bietet, dessen Inhalt skizziert wird.

Für den Herzog von Holstein bietet der Kurf. in seinem Vorschlag gute Dienste, hvarhos Churfs. minister och gifver vid hand, att fast Churf. ej kan i tractaten förklara sig närmare och till större realitet för hertigen, så skulle det doch väl finna sig i själfva gärningen och Churf. hade fullkombligen i sinnet, att verkeligen förfordra hertigens restitution, det han och hade låfvat hertigen och höll vara sitt eget interesse, och han hade ingen orsak, att följa Danmarks ductum och göra ett med det, så framt han blir försäkrat om Sveriges vänskap.

Man könne bezweifeln, ob ein beständiges Bündnis mit dem Kurf. möglich sei, da dieser meine, er könne nicht in Sicherheit leben, solange er nicht Stettin besäße. Indess ist man beiderseits einig im Wunsch nach Erhaltung des Friedens; den Bruch mit Frankreich hat der Kurf. durch den Abschluß mit dem Kaiser und mit den Generalstaaten vollzogen, und diese arbeiten auch auf Schaffung guter Beziehungen zwischen Schweden und Brandenburg hin und gerade darum muß das Bündnis geschlossen werden, weil der Kurf. bereits mit Schwedens Verbündeten alliiert ist. Die Restitution des Herzogs von Holstein würde durch den Abschluß mit ihm erleichtert werden.

Die dann folgenden Bedenken gegen einzelne Artikel des vorgeschlagenen Vertragstextes entsprechen den in der Instruktion für Grafenthal vom folgenden Tage gemachten Ausstellungen.

Instruktion für Grafenthal begreifend die Anmerkungen und Erinnerungen über das Churbrandenburgische Project eines foederis defensivi. D. Stockholm 8. Januar 1686.

Zu Art. 3: Das Regensburger Armistiz könne den Friedensschlüssen von 1648 und 1679 nicht gleichgesetzt werden, weil der König daran nicht beteiligt und dasselbe auch noch nicht durchgeführt sei. Wohl aber könne es im Vertrage heißen, daß die Kontrahenten mit Kaiser und Reich sich für dessen Beobachtung einsetzen werden. 18. Jan.

Zu Art. 6: Um den katholischen Mächten nicht Ombrage zu geben, wird Streichung der Bemerkung gewünscht, das Vorgehen Dänemarks gegen Holstein schade dem evangelischen Wesen [1]). Der Kurf. verspreche seine guten Dienste zur freundschaftlichen Beilegung dieser Streitigkeiten. Da aber auf diesem Wege nicht viel zu erreichen sein werde, empfehle sich ein Separatartikel, in dem der Kurf. die Anwendung kräftigerer Mittel zusagt, wofern die andern nicht genügen [2]).

Zu Art. 9: Während der Kurf. Hilfe für seine sämtlichen Gebiete, auch für Preußen, beansprucht, sichert er nur die im Reich gelegenen Provinzen des Kö-

[1]) Vgl. oben S. 1044.

[2]) Über diesen Punkt ist anscheinend gar nicht weiter verhandelt worden; jedenfalls berichtet G. nichts davon.

nigs. Entweder müsse Livland aufgenommen oder von Preußen abgesehen werden. Über Livland und Preußen würde man, um niemand Ombrage zu geben, am besten einen Separatartikel schließen.

Zu Art. 17: Das polnische Wesen wird am besten nicht erwähnt, da der König ja ohnehin großes Interesse daran nehmen müsse, oder Abmachungen darüber müßten in einen Separatartikel gebracht werden.

Der Sekretartikel wird mit Rücksicht auf die befreundeten katholischen Mächte am besten fortgelassen.

E. v. Grafenthal an den König. D. Berlin 30. Januar 1686.

9. Febr. Hat das kgl. Schreiben vom 8. Januar vor 3 Tagen erhalten und ist auch gleich nach Potsdam gefahren, aber aufgehalten worden, da der Kurf. Donnerstag und Freitag immer Geheimen Rat hält. Der Kurf. war sehr erfreut, daß der König seine Erklärung einsenden wolle, und hat Fuchs befohlen, mit G. zu verhandeln [1]).

Der Kurf. bittet den König, beim Herzog von Celle wegen dessen Unternehmen gegen Hamburg [2]) Vorstellungen zu erheben [3]).

E. v. Grafenthal an den König. D. Berlin 7. Februar 1686.

[Abschluß des Bündnisses mit dem Kurf. Der Konflikt zwischen Hamburg und Celle.]

17. Febr. Berichtet, „daß die bewußte Sache gestern ihre völlige Richtigkeit bekommen hat und nun in das Reine gebracht werden soll".

Die Hamburger „Unlust" bekümmert den Kurf. sehr. Er hat den Hamburger Deputierten Lic. Pohlmann in den Geh. Rat rufen und ihm zureden lassen, dem Herzog von Celle gebührende Satisfaktion zu geben. Den Herzog hat er aufgefordert, die Vierlande zu räumen.

E. v. Grafenthal an den König. D. Berlin 11. Februar 1686.

[Das schwedisch-brandenburgische Bündnis und Holland.]

21. Febr. „Demnach endlich heute das .. hiebei gehende foedus defensivum von mir und dem .. v. Fuchs vollenzogen, gesiegelt und unterschrieben ist, so habe darauf dasselbige nebenst der Original kurfl. Vollmacht ohne Verzug mit dem Registratore Schantzen E. Kgl. Maj. übersenden sollen. Hätte demselben auch

---

12. Febr. [1]) D. Berlin 2. Februar 1686 berichtet G., er habe heute mit Fuchs das Allianznegotium traktiert. Fuchs werde übermorgen dem Kurf. referieren.

[2]) Vgl. Urk. u. Akt. Bd. 22 S. 243 ff., 269.

23. Febr. [3]) D. Stockholm 13. Februar 1686 erwidert der König, er sende nach Celle einen Gesandten, den Bremer Regierungsrat v. Kuhla. Dieser soll dem Herzog zur Verständigung raten, ebenso wird es der Hamburger Resident Bremer in Hamburg tun. Er würde die Hinlegung dieser Unruhe gern de concert mit dem Kurf. befördern.

gerne die churfl. Ratification mit beigefüget. Weiln aber S. Churfl. Durchl. nicht alleine verlangen, daß die Auswechslunge derselben hie geschehen müge, besondern auch darüber mit dem Podagra und Chyragra so sehr schwer befallen, daß Sie ganz nicht schreiben können, so habe darumb keine weitere und vergebene Instanz tun mögen.“ —

Am Wortlaut des Bündnisses ist wenig geändert. Der 3. Sekretartikel ist entsprechend der kgl. Instruktion aufgenommen und zwar als Sekretartikel, um Polen nicht mißtrauisch zu machen. Auf Beibehaltung des 1. Sekretartikels hat der Kurf. großen Wert gelegt, „sonderlich da der Pensionarius Fagel einständigst angeraten, der Religion wegen im foedere einen Articul zu verfassen“. —

E. v. Grafenthal an den König. D. Berlin 2. März 1686.

[Frankreich sucht den Kurf. und Dänemark zu kriegerischem Vorgehen gegen Braunschweig zu veranlassen. Pilten.]

Der Kurf. hat ihm anvertraut, der König von Frankreich habe ihn und Dänemark zum Angriff auf Lüneburg aufgefordert und ihnen dafür große Subsidien und considerable Assistence in Aussicht gestellt. Dänemark hätte dazu große Neigung, er aber wolle den Frieden im Reich und sonderlich im Niedersächsischen Kreis erhalten und mit Schweden de concerto gehen. Der Kurf. wartet sehr auf die kgl. Ratifikation des Vertrages. Der König möchte nicht unbeachtet lassen, daß die Polen in Pilten einen Bischof einsetzten, und zwar auf französische Intriguen hin [1]). 12. März

---

Der König an E. v. Grafenthal. D. Stockholm 10. März 1686.

[Mitteilung des Bündnisses an den Kaiser und an die Niederlande.]

Die Ratifikation des Bündnisses wird jetzt ausgefertigt. 20. März

Der König wünscht zu wissen, wie der Kurf. über die Mitteilung des Bündnisses an den Kaiser, die Generalstaaten und Oranien denkt, die getreulich dazu geraten hätten. Ein Verschweigen könnte ungleiche Gedanken bei ihnen erwecken, namentlich wenn sie von andrer Seite vom Zustandekommen des Bündnisses erfahren sollten [2]).

---

[1]) Vgl. Urk. u. Akt. Bd. 22 S. 161. — D. Berlin 10. April 1686 meldet G., der Kurf. danke dem König, daß er die Installierung eines Bischofs in Pilten habe vereiteln wollen. Er habe erfahren, daß der König von Polen die Sache an den Reichstag verwiesen habe, als er benachrichtigt wurde, daß Schweden und Brandenburg daran Anstoß nähmen. 20. April

[2]) Am selben Tage erhält Graf Carl Oxenstierna den Auftrag, dem Kaiser in besonderer Audienz den Abschluß des Bündnisses mit der Bitte um Geheimhaltung mitzuteilen, da der Kurf. nur Fuchs ins Vertrauen gezogen habe. Der kaiserl. Gesandte in Stockholm Graf Nostiz wisse vom Bündnis nicht. Entsprechende Verfügung ergeht gleichzeitig an Gyldenstolpe zur Benachrichtigung Oraniens und Fagels. 20. März

E. v. Grafenthal an den König. D. Berlin 30. März 1686.

[Mitteilung des Bündnisses an den Kaiser und an die Generalstaaten. Beitritt Hannovers.]

9. April Der Kurf. wünscht die Allianz möglichst zu sekretieren, um Frankreich nicht zu alarmieren. Dem Prinzen von Oranien und Fagel könnte der Abschluß jedoch sub fide silentii mitgeteilt werden, dem Kaiser erst nach Abschluß des bevorstehenden Feldzugs in Ungarn. G. solle sich informieren, wie der König sich den Beitritt des Hauses Lüneburg denke, der allerdings erst nach der Rückkehr des Herzogs von Hannover aus Italien, also etwa im August, erfolgen könnte [1]).

E. v. Grafenthal an den König. D. Berlin 4. April 1686.

[Vertragsratifikation.]

14. April Gestern Nachmittag ist Registrator Schantz mit der kgl. Ratifikation eingetroffen. Fuchs meint, der Kurf. werde in 2 Tagen nach Berlin kommen und seine Ratifikation ausfertigen. Dann dürften noch 8 Tage mit der Herstellung der silbernen Kapseln vergehen [2]).

E. v. Grafenthal an den König. D. Berlin 13. April 1686.

[Vermittlung zwischen Hamburg und Celle.]

23. April Fuchs hat ihm zu verstehen gegeben, der dortige Lüneburger Gesandte habe angedeutet, er wünschte eine Beilegung der Differenzen mit Hamburg durch Vermittlung der Direktoren des Niedersächsischen Kreises in Berlin [3]). Grafenthal hat erwidert, sein König werde kaum etwas dagegen haben, doch meine er persönlich, daß es wirksamer wäre, wenn den Direktoren eine kaiserl. Kommission erteilt werden würde [4]).

Der König an E. v. Grafenthal. D. Stockholm 21. Mai 1686.

[Besorgnis vor einem französisch-dänischen Angriff.]

31. Mai Der König von Frankreich soll England zum Bruch mit Holland aufgefordert haben; dann würde eine französische Flotte in die Ostsee kommen, um dort

---

[1]) Vgl. Urk. u. Akt. Bd. 22 S. 456.

20. April [2]) D. Berlin 10. April 1686 meldet G., der Kurf. habe tags zuvor die Ratifikation
22. April vollzogen; die Auswechslung werde in 1—2 Tagen erfolgen; D. 12. April berichtet er, die Auswechslung sei tags zuvor mittags erfolgt.

[3]) Vgl. Urk. u. Akt. Bd. 22 S. 279 f.

8. Mai [4]) D. Stockholm 28. April erklärte der König sich mit Grafenthals Auffassung einverstanden und zur Übernahme der Vermittlung bereit, zumal der Herzog von Celle ihn auch darum ersucht habe.

etwas vorzunehmen [1]). In der Tat wird diese im Sund täglich erwartet. Wenn der dänische Envoyé [2]) jetzt anfrage, worauf die schwedischen Rüstungen zu Wasser und zu Lande abzielten [3]), so wäre darin nur eine Beschönigung der Ankunft der französischen Flotte zu sehen. Offenbar steckt ein gefährliches Dessein dahinter. G. soll den Kurf. bitten, alle Mittel zur Erhaltung des allgemeinen Friedens und ihrer mutuellen Sicherheit anzuwenden.

E. v. Grafenthal an den König. D. Bremen 12. Juni 1686.

(Auf die Verfügung vom 21./31. Mai.)

[Mißtrauen des Kurf. gegen Frankreich. Begegnung mit Oranien. Konflikt zwischen Hamburg und Celle.]

Der Kurf. hat ihm gesagt, die französische Flotte würde wenigstens zu einem erheblichen Teil in die Ostsee kommen und nach Danzig gehen. Der König solle also seine Grenzen und Häfen in Acht nehmen. „Sie wüßten und hätten von gewisser Hand, E. Kgl. Maj. könnten auch sicher glauben, daß Frankreich Dero Hafen und Seeporten auf das accurateste sondiren lassen, und wäre dergleichen auch in den Ihrigen geschehen." Er wolle hoffen, daß Frankreich sich noch bedenken würde, bei jetzigen Zeiten etwas zu unternehmen, aber er wüßte auch, daß England geneigt wäre, seine Waffen mit den französischen zu verbinden. Man müßte also auf der Hut sein. 22. Juni

Er werde nach Cleve gehen, um mit Oranien zu besprechen [4]), was zur Beförderung des Friedens und Abwendung aller Widrigkeiten geschehen könnte; er wünsche, daß Grafenthal ihn begleite.

Das Vorgehen von Celle gegen Hamburg würde er nicht dulden, sondern wolle dagegen armieren lassen. „Diesem letztern aber gabe .. keinen Beifall, weiln nicht sehe, wie ein solches ohne Offense oder Lädirunge aller Benachbarten würde geschehen können." —

E. v. Grafenthal an den König. D. Berlin 15. Juni 1686.

[Besorgnis des Kurf. wegen der Rüstungen Dänemarks.]

Man glaubt nicht mehr, daß eine französische Flotte dies Jahr in die Ostsee kommt. Hingegen beunruhigen die Seerüstungen des Königs von Dänemark den Kurf. [5]), sodaß er diesen wiederholt habe „erinnern lassen, daß er mit unzeitiger und unnötiger Armatur E. Kgl. Maj. keine Ombrage geben oder Dieselbe 25. Juni

---

[1]) Vgl. Urk. u. Akt. Bd. 22 S. 283, 327 ff., 458 ff.

[2]) Christian Stockfleth.

[3]) Vgl. Urk. u. Akt. Bd. 22 S. 459 f.

[4]) Über damalige Vorbereitung der Begegnung zwischen dem Kurf. und Oranien vgl. Urk. u. Akt. Bd. 20 S. 1111 ff., 1122 ff.

[5]) Vgl. Urk. u. Akt. Bd. 22 S. 330 ff., 460.

in den Harnisch bringen möchte, auf welchen Fall die zwischen ihnen noch währende pacta keinen Effect haben könnten". —

E. v. Grafenthal an den König. D. Wesel[1]) 12. Juli 1686.

[Versuche zum Einschluß Braunschweigs in das brandenburgisch-schwedische Bündnis.]

22. Juli Rébenac ist bei seinem Besuch in Celle[2]) äußerlich sehr kühl aufgenommen worden. Doch warnt G., man sollte sich darauf nicht zu sehr verlassen. Er hat den Kurf. darauf hingewiesen, wie wichtig es sei, das Haus Braunschweig-Lüneburg festzuhalten, und dieser hat erwidert, er tue, was er könne, um die Braunschweiger zu gewinnen. G. hat auch Fuchs deswegen zu nachdrücklicher Cooperation aufgefordert und hat die Zusage dazu erhalten. Er will auch Oranien und Amerongen bitten, sich dafür zu interessieren.

Fuchs hat ihm noch gesagt, Grot habe „en passant versichert, daß das gesambte Haus beständig bliebe, der zwischen E. Kgl. Maj. und diesem Churf. geschlossenen Alliance beizutreten"[3]), und zwar, sobald der Herzog von Hannover aus Italien zurückgekehrt sei.

E. v. Grafenthal an den König. D. Cleve 24. Juli 1686.

[Anschlag des Kurf. auf Rostock.]

3. Aug. Die Stadt Rostock ist in Gefahr, vom Kurf. besetzt zu werden; der Geh. Rat hat gestern darüber beschlossen. Da das dem König sehr nachteilig sein würde, hat er den dort anwesenden Lüneburger Minister davon benachrichtigt, der es durch einen Expressen citissime nach Celle gemeldet hat, damit Rostock von dort aus benachrichtigt wird und das Unternehmen vereitelt[4]).

E. v. Grafenthal an den König. D. Cleve 27. Juli 1686.

[Oranien und Grafenthal bemühen sich, ein gutes Verhältnis zwischen dem Kurf. und dem Hause Braunschweig-Lüneburg herzustellen.]

6. Aug. Tags zuvor hat Oranien ihn in fast einstündiger Audienz empfangen. „Er hätte S. Churfl. Durchl. besser intentioniret befunden, als er vermutet gehabt[5]), und daher auch keine besondere Difficultät gefunden, Dieselbe gegen das Haus Braunschweig-Lüneburg zu besseren Gedanken zu bringen. Dankte mir .., daß

[1]) Vgl. Urk. u. Akt. Bd. 14 S. 1307, Bd. 20 S. 1132 ff.

[2]) Desgl. Bd. 20 S. 1130.

[3]) Vgl. Art. 5 des Bündnisses vom 10./20. Februar 1686, v. Moerner S. 479.

[4]) Vgl. Urk. u. Akt. Bd. 20 S. 1159.

[5]) Zur Begegnung des Kurf. mit Oranien vgl. Pufendorf, Lib. XIX § 99, Urk. u. Akt. Bd. 3 S. 785, Bd. 14 S. 1310, Bd. 20 S. 1139, Bd. 21 S. 116, Fester, Die Augsburger Allianz S. 84 ff.

ihn in dieser so importanten Sache durch den von Amerongen so fideliter informiren lassen; wäre mit mir allerdinge darin eins, daß der Churf. allen wider selbiges Haus, sonderlich aber wider Zell gefaßten Widerwillen, zu dissimuliren und allen Fleiß anzuwenden hätte, damit selbiges Haus beibehalten und nicht desperat gemacht werden möchte, eine andere Partei zu ergreifen. —

Dieselbe .. befinden vor gut, denen Lüneburgischen Völkern die Quartiere, so sie in dem Hildesheimischen und anderer Orten bezogen, noch eine Zeit lang zu lassen und zu verhüten, daß der Churfürst von Cöln etwas tätliches wider dieselbe vornehme. —

Ich vermeine und verhoffe, den Churf. zu disponiren, seine Rückreise auf Zell zu nehmen. Geschiehet solches, so will mir daher viel Gutes promittiren.“ —

E. v. Grafenthal an den König. D. Neustadt 18. August 1686.

[Unterstützung Hamburgs gegen Dänemark.]

Der Kurf. und der Herzog von Hannover haben heute eine kurze Zusammenkunft gehabt[1]), die hauptsächlich der Besprechung der Hamburger Angelegenheit gegolten hat. Der Kurf. will 8000, der Herzog 10 000 Mann ungesäumt nach Hamburg schicken, um allen Machinationen vorzubeugen[2]). Beide Fürsten haben begehrt, er sollte dem König empfehlen, an den König von Dänemark zu schreiben, daß er nichts gegen Hamburg unternehmen sollte[3]). 28. Aug.

Der König an E. v. Grafenthal. D. Stockholm 28. August 1686.

[Schwedens Stellung zum Konflikt zwischen Hamburg und Dänemark.]

Der dänische Minister hat mitgeteilt, daß sein König zu einer Feindseligkeit gegen Hamburg entschlossen sei. Da hierdurch gefährliche und ausgedehnte Unruhen entstehen können, soll G. sich beim Kurf. und den wohlintentionirten Ministern nach ihrer Auffassung hierüber erkundigen, damit er seine Maßnahmen danach treffen könne. Auch soll er versichern, daß der König durchaus bereit sei, zur Abwendung aller Inconvenientien zu cooperiren. 7. Sept.

Der König an E. v. Grafenthal. D. Stockholm 4. September 1686.

[Übertritt Pufendorfs in den Dienst des Kurf.]

Falaiseau hat vorgetragen, der Kurf. würde den Historiographen Pufen- 14. Sept.

---

[1]) Vgl. Pufendorf, Lib. XIX § 37.

[2]) Vgl. ebenda §§ 37—43, Urk. u. Akt. Bd. 14 S. 1311 ff., Bd. 20 S. 1146 ff., Bd. 22 S. 285 f., 336 ff., 463 ff.

[3]) Der König erwidert D. Stockholm 1. September 1686, es seien bereits Truppen aus dem Bremenschen nach Hamburg beordert, und den Lüneburgern sei der transitus innoxius durch Bremen gestattet. 11. Sept.

dorf gern auf eine Zeit bei sich haben [1]). G. soll erforschen, ob das vom Kurf. selbst oder von wem sonst herrührt. Stellt er fest, daß dem Kurf. sonderlich daran gelegen sei, so soll er erklären, Pufendorf wäre jetzt in Verfertigung einer gewissen Arbeit für ihn begriffen, die er nicht gut unterbrechen könnte. Er hofft, der Kurf. werde sich so lange gedulden, bis Pufendorf fertig ist, „maßen Wir nachmals gerne werden geschehen lassen, daß er sich eine Zeit von gemeltem Pufendorf bedienen lassen möge." —

Der König an E. v. Grafenthal. D. Stockholm 8. September 1686.

[Schweden ist bereit, in den Konflikt zwischen Hamburg und Dänemark einzugreifen.]

18. Sept. Er hat durch seinen Gesandten in Dänemark den König von seinem Vorhaben auf Hamburg abmahnen und ihn darauf hinweisen lassen, daß er sonst mit den benachbarten und am Niedersächsischen Kreis interessierten Fürsten würde überlegen müssen, wie die Ruhe im Kreise auf eine oder andere Weise herzustellen sei [2]).

Vertraulich soll G. dem Kurf. mitteilen, daß der König der Admiralität Befehl zur Ausrüstung einer gewissen Anzahl von Schiffen gegeben habe. Darauf würde Dänemark reflektieren müssen.

13. September 1686. Den Brandeburgiske Envoyés anbringande bestod däruti [3]):

23. Sept. NB. Att conferencen med furstarne af Lüneburg hafver haft en god verkan.

1. Churf. förvisser, att han vill göra allt, hvad han förmår till Hamburgs conservation, men

2. beder, att Kongl. Maj. ville också på denne sidan någon diversion göra, att Danemarck måtte därigenom bringas till raison.

3. Vill han komma med all sin makt staden till hjälp. En par tusend mann äre redan därinne och 6000 äre embarquerade att sändas dit med ett stort fältartollerie, som redan lärer vara där. Och om konungen ej vill bequäma sig, så är han sinnad, att conjungera sig med Lüneborg och gå på honom med vigeur.

4. Churfs. General Depense [4]) skrifver och beder Envoyén berätta E. Kgl. Maj., att nu är hög tid att profitera af detta profitable tillfället; ty alle Dannemarks länder äre blottade af manskap, det man honom säkert tro kan. Förmäler ock, att staden mycket slappt och mollement angripes. —

---

[1]) Vgl. Urk. u. Akt. Bd. 22 S. 462 f., 466.

[2]) Vgl. Urk. u. Akt. Bd. 22 S. 465 f.

[3]) Vgl. Urk. u. Akt. Bd. 22 S. 467.

[4]) Generalleutnant d'Espense, vom Kurf. nach Hamburg entsandt, vgl. ebenda Bd. 20 S. 1147, Bd. 22 S. 340, 356.

5. Hvad hertigen af Holstens restablissement anbelangar, så önskar Churf. det högt och vill gärna cooperera därtill, allenast lärer vara nödigt, att detta verket concerteras med alle dem, som hafva interesse uti hertigens conservation. Ty gode precautioner måste tagas, på det att Dannemarcks vänner kunna bemötas på tillbörligt sätt, om de vilja komma honom till hjälp. Bad fördenskull, att Graffenthal måtte häröfver instrueras. Victorien, som Kejsaren hafver haft i Ungern, lärer mycket facilitera hertigens restablissement. Är alltså tid, att man denne conjuncturen mesnagerar. Churf. vill conformera sig Kongl. Maj. allt [1]). —

E. v. Grafenthal an den König. D. Berlin 14. September 1686.

[Der Kurf. will aus Besorgnis vor einem französischen Angriff energisches Vorgehen gegen Dänemark vermeiden. Er plant die Besetzung von Dömitz.]

Der Kurf. ist jetzt bloß auf Befreiung der Stadt Hamburg bedacht. Er hat eine kaiserl. Kommission erhalten, der dänischen Armee nach Holstein zu folgen und dort Quartier zu nehmen [2]), wird sich dazu aber schwerlich entschließen, aus Besorgnis, daß Frankreich dann in seine ungeschützten clevischen Lande einfallen und einen großen Krieg beginnen würde. Jedoch hat er den König von Dänemark von der Erteilung der Kommission benachrichtigt und ihn zum Abmarsch und zur Entschädigung Hamburgs aufgefordert; andernfalls würde er die in den Reichssatzungen vorgeschriebenen Mittel anwenden und Gewalt mit Gewalt erwidern müssen. Die Dänen haben sich darauf allerdings einige Stunden weit zurückgezogen, aber stark verschanzt. 24. Sept.

Da das Unternehmen gegen Rostock [3]) nicht ausgeführt werden konnte, scheint der Kurf. die Besetzung von Dömitz zu planen, weil der Herzog von Mecklenburg diese Festung an Frankreich verhandeln wolle [4]). G. hat die Lüneburger Herzöge hiervon benachrichtigt. Es macht G. mißtrauisch, daß 3—4000 Mann Brandenburger bei Lenzen unweit Dömitz stehen, und daß auch Artillerie dorthin abgeht.

E. v. Grafenthal an den König. D. Berlin 15. September 1686.

Die französische Kabale bemüht sich, das in Cleve mit so großer Mühe hergestellte Einvernehmen zwischen dem Kurf. und dem Hause Braunschweig-Lüne- 25. Sept.

---

[1]) Inhalt: Der Kurf. ist bereit, Hamburg gemeinsam mit Braunschweig-Lüneburg beizustehen, wenn Schweden an dem Unternehmen sich beteiligt. D'Espense rät, die derzeitige militärisch ungünstige Lage Dänemarks auszunutzen. Der Kurf. ist bereit, die Restitution des Herzogs von Holstein-Gottorp zu begünstigen, wenn Vorkehrungen getroffen würden, um Dänemarks Freunden gebührend zu begegnen; der Sieg des Kaisers vor Ofen schaffe eine günstige diplomatische Lage.

[2]) Vgl. Urk. u. Akt. Bd. 14 S. 1314, 1321, Bd. 22 S. 352 f.

[3]) Vgl. oben S. 1050.

[4]) Vgl. Urk. u. Akt. Bd. 14 S. 1318, Bd. 20 S. 1157, 1159 f., Bd. 22 S. 290 f., 364.

burg [1]) zu vernichten. Man stellt dem Kurf. vor, wie dieses versuche, in Hamburg seine Kreaturen festzusetzen, und erregt damit neues Mißtrauen.

E. v. Grafenthal an den König. D. Berlin 22. September 1686.

[Restitution Holstein-Gottorps. Besorgnis vor einem französischen Angriff lähmt den Kurf.]

2. Okt. Der Herzog von Holstein-Gottorp hat seinen Vizekanzler Ulken nach Berlin gesandt, um dem Kurf. seine Restitution zu rekommendieren und ihn zu bitten, seine Truppen mit den Lüneburgern zu vereinigen. Der Kurf. hat für diesmal nur in generalibus geantwortet, weil er ohne den König nicht ad particularia gehen will. U. dürfte also keinen Erfolg haben [2]).

„Der ganze Rheinstromb stehet bloß, die clevische Lande stehen offen, Holland erweiset sich sehr kaltsinnig, mit dem Kaiser und denen Reichsständen ist noch nichts beständig concertiret und seint die churfl. Waffen in schlechter Positur. Daher der Churf. eine französische Irruption befahret [3]). Und sagte mir der Geh. Rat v. Fuchs, daß S. Churfl. Durchl. eine andere Resolution fassen würden, wenn E. Kgl. Maj. mit zehn- oder 12 000 Mann auf dem teutschen Boden stehen möchten." —

E. v. Grafenthal an den König. D. 29. September 1686.

[Restitution von Holstein-Gottorp. Pufendorf.]

9. Okt. Der Kurf. hat mit ihm über die Holsteiner Frage gesprochen. Das Haus Braunschweig-Lüneburg wünsche die Restitution mit Waffengewalt durchzuführen [4]). Auch er wolle sich nach äußerstem Vermögen für diese einsetzen, aber eine gewaltsame Entscheidung zunächst vermeiden, weil sonst ein französischer Einfall zu erwarten wäre. Auch habe Dänemark ihn jetzt um friedlichen Ausgleich dieser Angelegenheit gebeten, was bisher nie geschehen sei. Da nun der Kaiser ihm und Kursachsen eine Kommission hierauf erteilt hätte, zu der auch Braunschweig-Lüneburg hinzugezogen werden könnte [5]), sollte die Kommission zunächst einen Ausgleich versuchen. Spannte Dänemark den Bogen zu hoch, so müßte man andere Mittel anwenden.

Der Kurf. ist sehr erfreut, daß der König ihm den Historiographen Samuel Pufendorf eine Zeitlang überlassen wolle.

---

[1]) Vgl. oben S. 1050.

[2]) Vgl. Urk. u. Akt. Bd. 14 S. 1321, 1324, Bd. 22 S. 373, Bd. 22 S. 348, 468, Stavenow in Hist. Tidskrift Bd. 15 S. 187.

[3]) Vgl. Pufendorf, Lib. XIX § 44, Urk. u. Akt. Bd. 14 S. 1323, Bd. 20 S. 1164 ff., Bd. 22 S. 467.

[4]) Vgl. Stavenow in Hist. Tidskrift Bd. 15 S. 189 ff., Urk. u. Akt. Bd. 20 S. 1152, Bd. 22 S. 469.

[5]) Vgl. Urk. u. Akt. Bd. 22 S. 366, Londorp, Acta publica Bd. 12 S. 584.

Der König an E. v. Grafenthal. D. Stockholm 2. Oktober 1686.

(Auf den Bericht vom 14./24. September.)

[Sondierung wegen Stellung des Kurf. zu einem Angriff auf Dänemark. Dömitz.]

Der Kaiser, die Braunschweig-Lüneburger Häuser und Hamburg seien der 12. Okt. Meinung, daß man die Gelegenheit benutzen müßte, das Hamburger und das Holsteiner Werk pari passu abzutun. Da der Kurf. sich zurückhält, soll G. sondieren, ob der Kurf. es sich entgegen sein lassen würde, wenn andre etwas unternähmen [1]).

Wegen Dömitz soll G. mit den Braunschweig-Lüneburgern Ministern korrespondiren, wie dieser Versuch am besten abgewendet werden könne.

E. v. Grafenthal an den König. D. Berlin 5. Oktober 1686.

[Restitution von Holstein-Gottorp. Dömitz.]

Der Kurf. hat ihm erzählt, der Kaiser habe an ihn geschrieben, man müßte 15. Okt. in der Holsteiner Sache per gradus gehen und zunächst die friedlichen Mittel versuchen; freilich habe er ihm „das Werk mit besonderem empressement recommendiret". Der Kurf. hat durch Fuchs den dänischen Gesandten hiervon benachrichtigen und ihm sagen lassen, wenn sein Herr in Frieden zu bleiben gedächte, möchte er den Herzog plenarie restituieren; er wolle auch selbst deswegen an den König von Dänemark schreiben.

Der Kurf. wünscht nach wie vor aus Furcht vor Frankreich friedlichen Ausgleich. Auf Braunschweig-Lüneburg ist er wegen der Dömitzer Angelegenheit sehr erbittert [2]), wenn er auch zu G. nicht darüber spricht.

Graf Gabriel Oxenstierna an den König. D. Berlin 14. Oktober 1686.

[Restitution von Holstein-Gottorp. Fridag glaubt nicht an die Möglichkeit eines ernsthaften Konflikts zwischen dem Kurf. und Dänemark.]

Der Kurf. hat ihm erklärt: Wegen des sonst so wahrscheinlichen Krieges 24. Okt. mit Frankreich wünsche er friedliche Beilegung der Gottorper Frage; zunächst müßte der Herzog im Holsteinischen restituiert werden. „Ville nödigt vara, att .. tillses, det hertigen till sitt land uti det Holsteinske måtte kunna först förhjälpas" [3]).

Der kaiserl. Gesandte hat zu O. geurteilt, der Kurf. dürfte es Dänemark

---

[1]) Vgl Urk u. Akt. Bd. 22 S. 468 ff., Stavenow, a. a. O. S. 184 ff.

[2]) Vgl. oben S. 1053.

[3]) Hingegen berichtet Oxenstierna D. Berlin 16. Oktober 1686, Fuchs habe ihm 26. Okt. erklärt, der Kurf. wünsche die völlige Restitution des Gottorpers, auch in Schleswig. — Zu Oxenstiernas Besuch in Berlin vgl. Urk. u. Akt. Bd. 22 S. 466.

gegenüber, mit dem er immer noch verbündet sei, nicht auf die Spitze treiben[1]); die Souveränität in Schleswig werde er dem König wohl lassen wollen.

E. v. Grafenthal an den König. D. Berlin 20. Oktober 1686.

[Restitution von Holstein-Gottorp.]

30. Okt. Graf Gabriel Oxenstierna hat auf der Durchreise nach Hamburg mit Fuchs korrespondiert. Daraufhin sind die Depeschen ans Haus Braunschweig-Lüneburg ergangen, um mit diesem die Restitutionssache gemeinsam in die Hand zu nehmen[2]). Es fragt sich, ob Dänemark damit einverstanden sein wird. In jedem Fall wird Frankreich versuchen, eine völlige Restitution zu verhüten. Rébenac arbeitet bereits sehr dagegen, soll 50.000 Rth. zur Verteilung bereit haben.

Auch soll eine gewisse Handlung mit Dänemark obhanden sein, um es wieder wohl mit dem Kaiser zu setzen, was der Holsteiner Restitution nicht förderlich sein würde. Doch hofft er, das abwenden zu können.

Churbrandenburgische Propositiones. O. D. [Oktober 1686.]

[Der Kurf. ist gegen Abtretung Stettins bereit, zur gewaltsamen Restitution des Herzogs von Holstein-Gottorp und zur Eroberung norwegischer Gebiete und Bornholms für Schweden mitzuwirken.]

Wie Welling[3]) berichtet, hat ihm der Holsteiner Vizekanzler Ulcken nach seiner Rückkehr aus Berlin mitgeteilt, Fuchs habe ihm eröffnet, der Kurf. wäre zum Abschluß eines Erbtraktats mit Schweden geneigt unter der Bedingung, daß ihm Stettin entfestigt abgetreten wird, und er sich verpflichtet, die vom König gewünschten Bedingungen zur Restitution des Herzogs von Holstein anzunehmen, diesem durch Krieg Rendsburg und dem König Bornholm, Drontheim und andre gute Plätze in Norwegen zu verschaffen, ihm alle Eroberungen in Norwegen und seine deutschen Provinzen gegen jedermann zu garantieren, sich gänzlich von Frankreich zu trennen und dieses mit Hilfe andrer Stände zu bekriegen. Wofern Brandenburg nicht alle diese Punkte erfüllt, ist der König zur Abtretung Stettins nicht verpflichtet.

Gegen die Annahme dieses Vorschlags ist anzuführen, daß er von einem Holsteiner Minister stammt, der natürlich zunächst die Interessen seines Herrn im Auge hat, sodann, daß die Restitution des Herzogs auch mit Hilfe allein des Hauses Lüneburg gelingen könnte, wenn ein Vertrag mit diesem zu stande kommt. Stettin ist für Schweden en omistelig ort. Der Kurf. würde durch diese Er-

---

1) Vgl. auch Urk. u. Akt. Bd. 20 S. 1168.

2) Vgl. Urk. u. Akt. Bd. 22 S. 366, 372 f.

3) Oberst Moritz Welling, schwedischer Gesandter bei Braunschweig-Lüneburg.

werbung få allt för stor tillväxt i commercier och sjömakt. Die Restitution des Herzogs von Holstein würde den Verlust Stettins nicht aufwiegen.

Andrerseits sind die vom Kurf. gebotenen Vorteile sehr groß, auch wäre mit seiner Hilfe die Restitution des Herzogs unzweifelhaft zu erreichen; Pommern kann auch ohne Stettin verteidigt werden.

Es empfehle sich, zunächst mit dem Kurf. über seinen Vorschlag zu verhandeln; er müßte sich zur kriegerischen Mitwirkung bei Restitution des Herzogs verpflichten [1]). —

E. v. Grafenthal an den König. D. Berlin 24. Oktober 1686.

[Restitution von Holstein-Gottorp. Meinders wird in das Bündnis mit Schweden eingeweiht.]

Der Kurf. ist erkrankt und hat ihm daher durch Fuchs sagen lassen, Dänemark lehne eine Beteiligung Braunschweig-Lüneburgs an der Kommission ab 3. Nov.
und erkenne die Kaiserl. Kommission nur für das Herzogtum Holstein an [2]). Es sei bereit, den Herzog mit Oldenburg, Delmenhorst und einigen Holsteiner Ämtern zu entschädigen [3]). Es solle nun zunächst mit der Kommission versucht werden.

Der Kurf. läßt heute Meinders von der Allianz mit Schweden in Kenntnis setzen, was G. für vorteilhaft hält [4]).

E. v. Grafenthal an den König. D. Berlin 30. Oktober 1686.

[Französische Zahlungen an den Kurf. Schwedische Gratifikation für Fuchs.]

„.. So seind auch die 50.000 Rth. ... allhie angenommen. Der Churf. 9. Nov.
hält ein solches auch nicht heimlich und sagt, daß Frankreich ihm noch verhaftet und er nicht zu verdenken, daß er seine nachstehende Brocken einsamblete [5]). Er wäre deswegen nichtes verpflichtet, so dem Röm. Reich praejudicirlich, dessen ich auch versichert bin. Unter diesem Praetext refusiren die ministri auch nichtes, maßen .. gewiß ist, daß davon drei dieses Mal 12 000 Rth. bekommen haben. Diejenige 1000 Rth., so E. Kgl. Maj. dem v. Fuchs allergn.

---

[1]) Vgl. Urk. u. Akt. Bd. 20 S. 1168, Bd. 22 S. 476 ff., Stavenow, a. a. O. S. 187. — Welling erhielt Befehl, die Sache geheim zu halten, jedoch Ulcken zu sagen, wenn es dem Kurf. damit Ernst wäre, sollte er dem König Vorschläge darüber machen. Etwaige Vorschläge von kurfl. Seite sollte er ad referendum nehmen.

[2]) Vgl. Urk. u. Akt. Bd. 22 S. 366, 372 f.

[3]) Vgl. oben S. 1031 und Urk. u. Akt. Bd. 22 S. 373.

[4]) D. Berlin 26. Oktober 1686 meldet G., Meinders versichere, „daß er hinfüro 5. Nov.
andere und E. Kgl. Maj. fürträglichere consilia führen wollte“. Er habe das bisher nicht gekonnt, weil er von dem Bündnis nichts gewußt habe.

[5]) Vgl. Urk. u. Akt. Bd. 14 S. 1326, Bd. 20 S. 1161, 1169, 1172, Bd. 21 S. 294, 296 f.

verordnet [1]), habe ihm heute assigniret. Er danket E. Kgl. Maj. alleruntertänigst vor sothanes kgl. Gnadenzeichen und verspricht, selbiges bei aller Begebenheit hinwieder zu verdienen." —

E. v. Grafenthal an den König. D. Berlin 4. November 1686.

14. Nov. Rébenac droht, daß Frankreich einen Angriff auf Dänemark mit Waffengewalt bekämpfen würde. Doch glaubt man nun in Berlin, daß auch ein mittelstarkes Heer am Rhein jetzt eine solche Resolution leicht ändern könnte, weil inzwischen der Türkenkrieg glücklich verlaufen ist und ohne starke Unterstützung aus Deutschland weitergeführt werden kann.

E. v. Grafenthal an den König. D. Berlin 16. November 1686.

[Französische Wiederannäherungsversuche an den Kurf. Der Kurf. lehnt eine dänische Anregung zu gemeinsamem Vorgehen gegen einen schwedischen Truppentransport nach Deutschland ab.]

26. Nov. Das Haus Braunschweig-Lüneburg steht mit Frankreich in Bündnisverhandlungen [2]). Dem Kurf. hat Rébenac vorgeschlagen, gegen 200.000 Rth. Jahressubsidien einen Neutralitätsvertrag einzugehen [3]). „Selbiges erwecket zwar einen sonderlichen pruritum, der auch von denen ministris, so zugleich mit dem güldenen Regen reichlich befruchtet werden, gewaltig fomentiret wird. Ich werde aber unter der Hand versichert, glaube es auch, daß S. Churfl. Durchl. in praeiudicium imperii et foederum sich nicht engagiren werden. Wie Sie dann das Gesuch, so I. Maj. der König von Dänemark in Neulichkeit bei Derselben tun lassen, daß Sie sich mit Derselben verbinden sollte, pro hostilitate aufzunehmen, wenn E. Kgl. Maj. ein Teil Dero Völker transportiren würden, pure verworfen und deswegen bei heutiger Post Dero Declaration nacher Copenhagen negative abgehen lassen." —

E. v. Grafenthal an den König. D. Berlin 27. November 1686.

[Der Kurf. lehnt neuen Bündnisvertrag mit Frankreich ab. Vermittlung in der Holstein-Gottorper Frage.]

7. Dez. Der Kurf. ist immer noch krank [4]). Er hat G. sagen lassen, er habe die ihm von Frankreich angebotenen 200.000 Rth. Jahressubsidien abgelehnt, da er sich mit dieser Krone nicht zum Schaden des Reichs einlassen wolle.

---

[1]) Vgl. oben S. 1039, 1042.

[2]) Vgl. Urk. u. Akt. Bd. 20 S. 1112, 1128 ff., Bd. 21 S. 298 ff., Bd. 22 S. 472 ff., Bd. 14 S. 1338.

[3]) Vgl. dazu jedoch Urk. u. Akt. Bd. 20 S. 1172, 1178 ff., Bd. 22 S. 471, Bd. 14 S. 1334 f.

[4]) Vgl. Urk. u. Akt. Bd. 20 S. 1180.

Er will die Holsteiner Restitutionssache befördern. Der eben aus Dresden zurückgekehrte Meinders[1]) hat ihm mitgeteilt, Dänemark wünsche nur eine Interposition, während Holstein-Gottorp auf der kaiserl. Kommission bestehe[2]). G. hält ersteres für vorteilhafter, weil dann auch Schleswig in die Verhandlungen einbezogen werden könnte.

E. v. Grafenthal an den König. D. Berlin 28. November 1686.

Der König von Dänemark hat zu seinen Schwestern, den Kurfürstinnen 8. Dez. von Sachsen und Heidelberg geäußert, er werde es lieber auf die extrema ankommen lassen, als den Herzog restituieren. Danach ist also auf ein Gelingen der Verhandlungen kaum zu hoffen.

E. v. Grafenthal an den König. D. Berlin 11. Dezember 1686.

[Beurteilung schwedischer Truppensendungen nach Deutschland durch den Kurf.]

Der dänische Minister hat den Kurf. darauf hingewiesen, daß Schweden 21. Dez. im nächsten Jahr 14—15 000 Mann nach seinen deutschen Provinzen senden werde, und daß der Kurf. Ursache hätte, darauf serieusement zu reflectiren. Der Kurf. hat erwidert, er wüßte davon nichts, könnte aber auch keine Ombrage daran nehmen, da Schweden Ursache hätte, bei den jetzigen Conjuncturen seine deutschen Provinzen gegen feindliche Anfälle zu decken; es wäre gut, wenn Dänemark sich mit Schweden verständigen und namentlich den größten Stein des Anstoßes, die Restitutionssache, beseitigen helfen wollte; wenn es ferner mit fremden Kronen zum Schaden des Reichs sich nicht zu weit einließe[3]).

Der Kurfürst an die Königin. D. Potsdam 15. Dezember 1686.

[Pufendorf.]

Falaiseau habe wiederholt gerühmt, welche gütige Propension die Königin 25. Dez. für den Kurf. und sein Haus zeige. Namentlich kommt das darin zum Ausdruck, daß sie ihrem Sekretär Pufendorf die Dimission erteilt hat, wofür er ihr seinen Dank ausspricht.

E. v. Grafenthal an den König. D. Berlin 31. Dezember 1686.

[Restitution Holstein-Gottorp.]

Der Kurf. ist unzufrieden darüber, daß Dänemark nach wie vor die Be- 10. Jan.

---

[1]) Vgl. Urk. u. Akt. Bd. 20 S. 1181.

[2]) Desgl. Bd. 22 S. 373, 375.

[3]) Vgl. Urk. u. Akt. Bd. 20 S. 1185, Bd. 22 S. 374 ff., 476 f.

teiligung der Häuser Braunschweig-Lüneburg an der Vermittlung in der Holsteiner Frage ablehnt. So könne man kaum hoffen, daß die bevorstehenden Verhandlungen Erfolg haben würden. Aber er werde gemeinsam mit Kursachsen sich weiter um gütlichen Ausgleich bemühen; doch müßte auch mit dem König und andern Wohlgesinnten überlegt werden, was bei Entstehung der Güte vorzunehmen und wie dem Herzog von Holstein-Gottorp cum effectu zu helfen sei[1]).

Der König an E. v. Grafenthal. D. Stockholm 12. Januar 1687.

[Pufendorf].

22. Jan. Der Kurf. habe an die Königin wegen Überlassung des Sekretärs Pufendorf in einer Weise geschrieben, die keinen Zweifel daran läßt, daß er an dessen völlige Dimission aus dem schwedischen Dienst denke. Bisher habe man ihn nicht anders verstehen können, als daß es sich nur um Pufendorfs vorübergehendes Ausscheiden handeln sollte. G. soll durch nähere Erklärung allen zu besorgenden Irrungen vorbeugen.

E. v. Grafenthal an den König. D. Berlin 14. Januar 1687.

[Einfluß der französisch-braunschweigischen Bündnisverhandlungen auf die Restitution Holstein-Gottorps.]

24. Jan. Es sollen Heiratsverhandlungen mit Kursachsen schweben. Der Kurf. fürchtet ferner, daß das Haus Braunschweig-Lüneburg, namentlich Celle, mit Frankreich in gefährlichen Verhandlungen begriffen ist[2]). Beide Umstände sind der Holsteiner Restitutionsfrage nicht günstig[3]).

Der König an E. v. Grafenthal. D. Stockholm 15. Januar 1687.

(Auf den Bericht vom 31. Dez. 1686/10 Jan. 1687).

[Abkommen zwischen Schweden und Braunschweig-Lüneburg über Restitution Holstein-Gottorps und Beitritt des Kurf. zu diesem Abkommen.]

25. Jan. Welling wird ihm mitteilen, welche Verabredung mit den Häusern Braunschweig-Lüneburg wegen Restitution des Herzogs von Holstein-Gottorp getroffen und wie diese auf Beteiligung des Kurf. begründet sei[4]). Er soll ab-

---

[1]) Vgl. Stavenow, a. a. O. S. 195.

8. Febr. [2]) Vgl. oben S. 1058. — D. Stockholm 29. Januar 1687 erwidert der König, er habe durchaus keine Veranlassung, an Abmachungen zwischen Braunschweig-Lüneburg und Frankreich zu glauben (vgl. Urk. u. Akt. Bd. 22 S. 474). G. soll versuchen, die widrigen Gedanken des Kurf. zu besänftigen, um ihn so mehr zur Betreibung des Holsteiner Negotiums zu animiren.

[3]) Vgl. Urk. u. Akt. Bd. 22 S. 478 f.

[4]) Vgl. Stavenow, a. a. O. S. 190 ff.

warten, wie der Braunschweiger Minister in Berlin und Welling ihn weiter benachrichtigen, ehe er mit dem Kurf. verhandelt. Er soll nur an diesen und an keinen der kurfl. Minister herantreten. Vermieden muß werden, daß der Kurf. den Eindruck erhält, er sollte nur annehmen, was von Braunschweig-Lüneburg bereits gebilligt wäre, weil daraus ein point d'honneur entstehen könnte.

E. v. Grafenthal an den König. D. Hamburg 13. Februar 1687.

[Die brandenburgisch-braunschweigische Spannung und die Restitution Holstein-Gottorps.]

Das Schreiben des Königs vom 15. Januar ist ihm von Welling in Blankensee übergeben worden. 23. Febr. Er wird nun sofort nach Berlin zurückkehren, um die kgl. Weisungen auszuführen, „der Hoffnung, daferne die zwischen S. Churfl. Durchl. und denen hochfürstlichen Häusern Braunschweig-Lüneburg noch immer versirende Mißhelligkeiten [1]) mir nicht im Wege stehen, darunter wohl zu reussiren". Welling hat ihm mitgeteilt, welche Entschließung die Braunschweig-Lüneburger Häuser in der Holsteiner Restitutionsfrage genommen haben. „Wird Churbrandenburg zu diesen mediis zu disponiren sein, so kann das ganze Werk — wohl succediren." —

Der König an E. v. Grafenthal. D. Stockholm 2. März 1687.

(Auf den Bericht vom 13./23. Februar).

[Frankreichs bedrohliche Haltung und die Restitution Holstein-Gottorps.]

Es ist verstärkte Behutsamkeit nötig, weil die Lage durch die Forderung 12. März Frankreichs auf sofortige Umwandlung des Armistitiums in einen allgemeinen Frieden [2]) sehr gespannt geworden ist. Würde jetzt die Holsteiner Sache besonders betont, so würde der Kurf. darauf hinweisen, daß es Frankreich sehr erwünscht sein könnte, durch Opferung des Herzogs sich Dänemark zu verpflichten. Vielmehr ist es besser, den Kurf. zunächst darauf aufmerksam zu machen, daß es richtiger sei, es bei Frankreich auf die extrema ankommen zu lassen, da dessen Macht so groß nicht sei, als es vorgäbe; Entgegenkommen würde Frankreich nur zu neuen Forderungen veranlassen.

Die Holsteiner Sache soll er unter der Hand weiter betreiben, wie es geht [3]).

---

[1]) Vgl. Urk. u. Akt. Bd. 14 S. 1346 f., 1353, Bd. 20 S. 1186 ff., Bd. 22 S. 477, 479, Londorp, Acta publica Bd. 13 S. 126 ff.

[2]) Vgl. Urk. u. Akt. Bd. 14 S. 1340 ff., Bd. 20 S. 1189 ff., Bd. 21 S. 212 f., 302 ff., Bd. 22 S. 476.

[3]) Vgl. Stavenow, a. a. O. S. 196.

E. v. Grafenthal an den König. D. Berlin 9. März 1687.

[Restitution Holstein-Gottorps und Besorgnis vor einem dänisch-französischen Angriff.]

19. März Fuchs hat ihm im Auftrage des Kurf. auf seinen Vortrag[1]) über die Holsteiner Frage eröffnet, der Kurf. wolle den König nach wie vor dabei unterstützen, sehe aber nicht, wie vorläufig anders als auf gütlichem Wege vorzugehen sei. Da er auf Ansuchen beider Teile die Mediation übernommen hätte, müßte er sie auch so lange als möglich fortsetzen. In Entstehung der Güte würde der Kurf. sich mit dem König über die zur Ausführung dieser importanten Sache behörigen Mittel unterreden und alles beitragen, was die Conjuncturen litten. Er bäte, alles in summo discreto zu halten, „maßen, wenn Dänemark und durch dasselbe oder auch sonsten Frankreich erfahren sollte, daß man auf den wirklichen Angriff schon gedächte, nichtes gewisseres, als daß sie beederseits auf das praevenire gedenken würden."

G. fragte Fuchs, ob man nicht daran denken sollte, sich den Beistand des Hauses Braunschweig-Lüneburg zu sichern. Fuchs empfahl ihm, davon nichts zum Kurf. zu erwähnen, da dessen Erbitterung gegen dieses Haus noch immer größer werde[2]).

E. v. Grafenthal an den Kanzleipräsidenten Grafen Bengt Oxenstierna. D. Berlin 13. März 1687.

[Gegen Verzicht Schwedens auf Gollnow könnte der Kurf. zur Förderung der Holstein-Gottorper Restitution bewogen werden.]

23. März .. S. Churfl. Durchl. seind zwar sehr geneigt, die Restitutionssache zu befodern. Ich kann aber auch leichtlich sehen, daß Derselben schwer zu resolviren fällt, wider Dennemark wirklich den Degen zu ziehen, weiln Sie mit demselben noch in Alliance stehen und darüber täglich in den Ohren hören müssen, daß Sie sich vor Österreich und Schweden wohl vorzusehen hätten.

Ew. Hochgräfl. Exc. ist zugleich des Churf. Naturel bekannt, daß er sich beneficiis sehr lenken lässet. Wenn nun I. Kgl. Maj. .. faisable sein möchte, das Ampt Golno demselben gar zu cediren[3]), so müchte dadurch zu wege gebracht werden können, daß er davon ganz abstrahirte, I. Kgl. Maj. etsliche Regimenter überließe[4]) und einen casum foederis daraus machte oder auch gar mit agirte. — —

---

[1]) Hierüber ergeben seine Relationen nichts.

[2]) Vgl. Stavenow, a. a. O. S. 196.

[3]) Nach § 8 des Friedens von 1679 (v. Moerner S. 410) war Gollnow dem Kurf. um 50.000 Taler verpfändet worden. 1686 erwog man in Schweden Gollnows Auslösung, vgl. Urk. u. Akt. Bd. 22 S. 470.

25. März [4]) D. Berlin 15. März 1687 schreibt G. an Oxenstierna, der Kurf. und das Haus Braunschweig-Lüneburg könnten wohl bewogen werden, dem König je 4000 Mann zu überlassen. „S. Churfl. Durchl. decliniren zwar, Völker in natura zu geben. Ich ver-

Ich sehe, daß ohne hiesiger S. Churfl. Durchl. Zutun und Cooperation Deroselben vollkommene Restitution sehr schwer fallen wird, ... versichere, daß allhie nicht ein einziges Wort deswegen vorgefallen, ich auch dahero nichtes positives promittiren kann. Golno nützet I. Kgl. Maj. wenig.

E. v. Grafenthal an den König. D. Berlin 14. März 1687.

[Der Kurf. will seine Armee an den Rhein setzen und auf diese Weise Schweden freie Hand zur Restitution Holstein-Gottorps verschaffen.]

„Bei heutiger zu Potsdam länger dann eine Stunde gehabten Audienz seind S. Churfl. Durchl. auf meine vielfältige raisonnable Vorstellung endlich mit mir eins worden, daß die in der Holsteinischen Restitutionssache vorhabende gütliche Tractaten nichtes als nur ein bloßes amusement nach sich ziehen würden. Haben sich dabei endlich so declariret, daß Sie keine Völker geben könnten, E. Kgl. Maj. aber nicht hindern, sondern vielmehr Dero Kriegsoperationes befordern und mit Ihrer ganzen Macht sich an den Rhein setzen, und also Frankreich abhalten wollten. Wovon mit nächster Post .. weiter referiren werde..“ [1]) 24. März

---

E. v. Grafenthal an den König. D. Berlin 15. März 1687.

[Gedanken des Kurf. über die Möglichkeit, Frankreich militärisch in Schach zu halten, während Schweden Dänemark angreift.]

Der Kurf. hält es für das Nötigste, Frankreich die Passage zu verlegen; da er allein dazu nicht imstande sei, müßten namentlich das Haus Braunschweig-Lüneburg, Kursachsen, Hessen und die Oberkreise dazu bewogen werden, in den Stiftern Münster, Paderborn, Köln, Mainz und Trier Quartier zu nehmen, „gestalt Selbiges das einzige Mittel, Frankreich einen Zaum anzulegen, das Röm. Reich gegen dasselbe in Sicherheit zu setzen, denen Tractaten vigore armistitii die rechte plie zu geben, denen kaiserl. Waffen in Ungarn .. einen freien Lauf zu verschaffen und E. Kgl. Maj. in Holstein zu bedecken.“ 25. März

Nun wäre nicht zu erwarten, daß die genannten Fürsten sich sofort alle beteiligen würden. Da wäre es dann am besten, wenn er ins Münstersche und weiter an den Rhein und über den Rhein sich setzte und die Lüneburger im Kölnischen Quartier nähmen. Inzwischen könnte Schweden eine Zeit lang Jütland und Holstein genießen, bis dem Reich Sicherheit verschafft wäre; auch könnte der König sich dort nach Belieben fortificiren.

Eine Vereinbarung mit den Lüneburger Herzögen könnte G. bei einem Besuch an deren Höfen zustande bringen. Von Holland rechne er auf 20.000 Mann,

---

meine aber, daß sie auf obgedachte Art sich darzu sollen disponiren lassen. Sonderlich aber ist nötig, durch den Mammon der Sache Freunde zu machen.“ — Vgl. Stavenow, a. a. O. S. 198.

[1]) Vgl. Urk. u. Akt. Bd. 20 S. 1209.

von Lüneburg auf 10.000, der Kurf. selbst würde 20.000 Mann geben. Damit könnte der Unterrhein bis Köln gedeckt werden; das Übrige müßten die andern Staaten nolentes volentes tun.[1])

Nur Fuchs ist eingeweiht.

E. v. Grafenthal an den Kanzleipräsidenten Grafen Bengt Oxenstierna. D. Berlin 19. März 1687.

[Spannung zwischen Brandenburg und Celle.]

29. März Berichtet von den bösen motus zwischen dem Kurf. und den Braunschweiger Herzögen. „S. Churfl. Durchl. halten es zwar ein französisches Getrieb und werden daher so viel mehr bestärket, daß zwischen Frankreich und Zell eine gewisse Alliance sei. Meines Bedünkens hätten I. Durchl. zu Zell nicht eben Ursache gehabt, eine Sache, die so lange in suspenso gewesen, eben anjetzo rege zu machen, indeme Sie leichtlich sehen können, daß die Holsteinische Restitutionssache dardurch sehr ins Stecken geraten würde. .. Das Tempo ist zum wenigsten sehr übel genommen." —

Der König an E. v. Grafenthal. D. Stockholm 6. April 1687.

(Auf die Berichte vom 15./25. und 19./29. März.)

[Die Spannung zwischen Brandenburg und Celle und die Restitution Holstein-Gottorps.]

16. April Bedauert, daß den masculis consiliis des Kurf. als ein großes obstaculum eine Uneinigkeit mit dem Hause Braunschweig-Lüneburg entgegenstehe, um deren Beilegung G. sich bemühen solle. Der Kurf. habe ihn durch Falaiseau um Vermittlung angehen lassen. Er hat Welling bereits mit Vorstellungen bei den Herzögen beauftragt. G. soll seinerseits den Kurf. zum Einlenken zu bewegen suchen und mit Welling fleißig darüber korrespondieren.

Ferner soll G. dem Kurf. vertraulich mitteilen, daß der König mit den Herzögen von Braunschweig-Lüneburg ein Verteidigungsbündnis für den Fall geschlossen hat, daß einer von ihnen wegen der Holsteiner Restitution angegriffen wird [2]).

E. v. Grafenthal an den König. D. Berlin 23. April 1687.

3. Mai Die 3 Schreiben des Königs vom 6. April hat er erhalten und dem Kurf. darüber berichtet. Der Kurf. dankt für die Mitteilung über die Verabredungen

---

29. März [1]) Bereits D. Berlin 19. März 1687 meldete G., der Kurf. habe ihm sagen lassen, wegen des Streits um Gartau sei an Aufnahme von Verhandlungen mit dem Hause Braunschweig-Lüneburg nicht zu denken. Vgl. dazu oben S. 1061, Stavenow, a. a. O. S. 198, Urk. u. Akt. Bd. 22 S. 478 f.

[2]) Vgl. Stavenow, a. a. O. S. 190 ff.

zwischen Schweden und Braunschweig-Lüneburg und für seine Sorge um Erhaltung der Ruhe im Niedersächsischen Kreise. Ferner dankt der Kurf., daß der König seinen Streit mit Braunschweig-Lüneburg aequo animo ansehe und durch Welling einen gütlichen Vergleich versuchen wolle.

Die Truppen haben inzwischen Halt gemacht. Wahrscheinlich wird Kursachsen die Versöhnung herbeiführen.

Der König an E. v. Grafenthal. D. Stockholm 30. April 1687.

[Das schwedisch-braunschweigische Bündnis.]

Wenn G. gemäß der Weisung vom 6./16. April den Kurf. noch nicht von dem 10. Mai Verteidigungsbündnis des Königs mit Braunschweig-Lüneburg benachrichtigt hat, soll er das bis auf weiteres nicht tun. Ist es aber bereits geschehen, so soll er ihn um strengste Geheimhaltung bitten. Käme dieser Vertrag, der dem Sinne des Art. 5 des schwedisch-brandenburgischen Bündnisses entspräche, doch dem evangelischen Wesen zu gut, und würde der König doch dadurch um so mehr in den Stand gesetzt, an der Verbesserung der Beziehungen zwischen dem Kurf. und Braunschweig-Lüneburg zu arbeiten[1]).

E. v. Grafenthal an den König. D. Berlin 28. Mai 1687.

Wie der Kurf. immer schon angenommen hat, soll Hannover mit Frankreich 7. Juni einen festen Vertrag geschlossen haben[2]), während Welling das stets für ausgeschlossen gehalten hat.

E. v. Grafenthal an den König. D. 8. Juni 1687.

Der Kurf. ist sehr befriedigt darüber, daß der Herzog von Holstein-Gottorp 18. Juni auf die Mitwirkung Braunschweig-Lüneburgs bei der Kommission verzichtet[3]). Er hat an den Kaiser und an Kursachsen wegen Festsetzung eines Termins zum Beginn der Verhandlungen geschrieben.

E. v. Grafenthal an den König. D. Berlin 5. Juli 1667.

[Verbitterung des Kurf. gegen Braunschweig-Lüneburg.]

— — „Es ist wenig apparence, daß .. wann schon die Gartausche Sache 15. Juli wieder gehoben, ein beständiges gutes Vernehmen zwischen diesem Chur- und denen Lüneburgischen Häusern werde wieder gestiftet werden, nachdeme des Chur-

---

1) Vgl. Stavenow, a. a. O. S. 201.

2) Vgl. Urk. u. Akt. Bd. 20 S. 1218, 1221, 1226 ff., Bd. 21 S. 321.

3) Vgl. Urk. u. Akt. Bd. 22 S. 384 f.

prinzen jetziges Comportement[1]) dem H. Herzogen von Hannover alleine imputiret und daher die Aigreur an diesem Orte dergestalt vergrößert wird, daß I. Churfl. Durchl. die innerliche Reconciliation fast ohnmöglich halten und dabei die mit selbigen Hause getroffene Mariage und diejenige, so dazu geraten, ganz verfluchen." —

E. v. Grafenthal an den König. D. Berlin 20. August 1687.

[Vorbereitung des Kongresses zu Altona.]

30. Aug. Der vorher zu den Altonaer Verhandlungen[2]) bestimmte Geheimrat v. Schmettau soll jetzt nach Regensburg gehen[3]). Als Schwiegersohn von Fuchs wäre er bei den Altonaer Konferenzen gut zu verwenden. Er hat mit S. darüber gesprochen und ihn dazu geneigt gefunden. Er will daher versuchen, den Kurf. unter der Hand zur Wahl Schmettaus zu veranlassen[4]).

E. v. Grafenthal an den König. D. Berlin 14. September 1687.

[Entsendung von Fuchs nach Altona.]

24. Sept. Zur Teilnahme an den bevorstehenden Holsteiner Restitutionstraktaten hat der Kurf. Fuchs bestimmt. Die Conträrcabale hat sehr dagegen gearbeitet und namentlich angeführt, daß das dem König von Frankreich nicht angenehm sein würde. Doch hofft G., der Kurf. werde an diesem Beschluß festhalten.

E. v. Grafenthal an den König. D. Berlin 17. September 1687.

[Anhaltende Spannung zwischen dem Kurf. und Braunschweig-Lüneburg.]

27. Sept. Der in Berlin anwesende kursächsische Minister v. Böse[5]) hat geäußert, eine Fortsetzung seiner Vermittlungstätigkeit im Gartauer Streit sei kaum noch zweckmäßig, da das Haus Braunschweig-Lüneburg diesen lieber fomentiren als beilegen wolle. G. hat darauf an Welling geschrieben[6]).

---

[1]) Vgl. Prutz, Aus des Großen Kurfürsten letzten Jahren S 213 ff.

[2]) Vgl. Pufendorf, Lib. XIX §§ 69 ff., Urk. u. Akt. Bd. 22 S. 386 ff., 487, Stavenow, a. a. O. S. 261 ff.

[3]) Vgl. Urk. u. Akt. Bd. 21 S. 437 f.

10. Sept. [4]) D. Berlin 31. August 1687 meldet G., Schmettan ginge nach Regensburg und Fuchs nach Altona. Falls die dortigen Verhandlungen sich aber lange hinziehen sollten, würde Fuchs durch Schmettan abgelöst werden.

[5]) Vgl. Urk. u. Akt. Bd. 3 S. 787, Bd. 14 S. 1377. Der Gesandte war Christoph Dietrich v. Bose.

4. Okt. [6]) D. Spandau 24. September sendet G. eine braunschweig-lüneburgische Erklärung in der Gartauer Frage ein und berichtet, daß er Berlin am selben Tage verlassen habe. Über Grafenthals Abberufung und Tod vgl. Urk. u. Akt. Bd. 22 S. 483—485.

Der König an E. v. Grafenthal. D. Stockholm 24. September 1687.

[Vorbereitung des Kongresses zu Altona.]

Ist erfreut über Schmettaus Wahl. Sollte dieser jedoch nicht nach Altona 4. Okt. entsandt werden, so soll G. sich darum bemühen, daß ein anderer wohlgesinnter Mann dazu ausersehen wird. Das ist um so wichtiger, als der kaiserl. Kommissar Baron v. Gödens[1]) Güter in Dänemark besitzt. Der König ist wegen Entsendung eines andern Vertreters in Wien vorstellig geworden und beauftragt G., den Kurf. um entsprechende Schritte beim Kaiser zu bitten.

Instruktion für den Oberst und Envoyé Extraordinaire Peter Makelier zu der Negociation am kurfl. Brandenburgischen Hofe D. 12. November 1687[2]).

[Restitution Holstein-Gottorps. Möglichkeit eines neuen Anschlusses des Kurf. an Frankreich. Gemeinsame Vorstellungen beim Kaiser zu Gunsten der bedrängten Evangelischen.]

Hat den Kurf. um Fortsetzung seines Vertrauens zu bitten. Er soll sich nament- 22. Nov. lich Fuchs und Knyphausen anschließen. Von allen Affären ist die Holstein-Gottorpische die wichtigste. M. soll vorstellen, daß von der Restitution des Herzogs die Sicherung der Ruhe im Niedersächsischen Kreise abhängt.

Er erhält den Text des schwedisch-brandenburgischen Bündnisses mitgeteilt und wird namentlich darauf aufmerksam gemacht, daß kein Teil zum Schaden des andern Bündnisse schließen dürfe und Bündnisverhandlungen mit Dritten, bevor sie zum Abschluß kommen, mitzuteilen habe. Das ist jetzt um so mehr zu beachten, als der Kurf. von Frankreich wegen Abschluß eines neuen Bündnisses[3]) auf dem Fuß der Soestischen Allianz[4]) bearbeitet werden soll. M. soll zu erfahren suchen, was daran sei, und den Kurf. davon abzuhalten suchen.

Angesichts der gefährlichen Machinationen der päpstlichen Geistlichkeit müssen die evangelischen Mächte die Bedrückung ihrer Glaubensgenossen abzuwenden suchen. Er soll sondieren, ob der Kurf. bereit ist, Vorstellungen beim Kaiser zugunsten der bedrängten Evangelischen in den Erblanden zu erheben.

---

[1]) Haro Burchardt von Fridag, Baron von Gödens, kaiserlicher Gesandter in den Sächsischen und im Westphälischen Kreis; vgl. Urk. u. Akt. Bd. 22 S. 488, 490.

[2]) Das Kreditiv vom gleichen Datum; vgl. Urk. u. Akt. Bd. 22 S. 486, 490, 495.

[3]) Für die damaligen brandenburgisch-französischen Beziehungen vgl. Urk. u. Akt. Bd. 20 S. 1251 ff., Pagès, a. a. O. S. 600.

[4]) Vermutlich Anspielung auf den 1683 zu Soest erfolgten Beitritt Kurkölns zum Defensivvertrag zwischen Dänemark, Brandenburg und Münster-Paderborn von 1682, vgl. v. Moerner S. 438 f.

Der König an Oberst Welling [1]). D. Stockholm 30. November 1687.

[Welling soll sich gut zu Fuchs stellen.]

10. Dez. Soll Fuchs versichern, daß er zu aller vertraulichen Korrespondenz mit ihm beauftragt ist, daß der König sich in der Holsteiner Sache auf die treue Freundschaft des Kurf. verläßt und gerade von Fuchs' Dexterität und Klugheit einen glücklichen Ausgang erhofft, „med hvad mera I kunnen tillägga till, att animera honom till en eftertryckelig cooperation". —

Kommissionssekretär J. H. Storren [2]) an den König. D. Berlin 21. Januar 1688.

[Unzufriedenheit des Kurf. über Dänemarks Haltung in Altona.]

31. Jan. Die dänische Stellungnahme in der Holsteiner Frage [3]) stimmt in Berlin sehr nachdenklich, weil man weiß, daß der Herzog auf Schleswig und auf die Souveränität nicht verzichten will. „Und wie die dänische ministri vorgeben sollen, daß E. Kgl. Maj. dieser Sache wegen sich in keinen Krieg engagiren würden, und wann solches je geschehen sollte, sie sich auf der Kron Frankreich und S. Churfl. Durchl. von Brandenburg Assistence zu verlassen hätten, als ist man bemühet, dieselbe in ein und anderm zu desabusiren, und haben S. Churfl. Durchl. zu dem Ende unter anderm auch Anlaß genommen, E. Kgl. Maj. zu einigen ernstlichen Bezeugungen und mouvements zu raten." —

Oberst Macklier an den König. D. Berlin 1. Februar 1688.

[Zurückhaltung Hollands und ablehnende Stellung Dänemarks in der Holsteiner-Gottorper Restitutionsfrage.]

11. Febr. Ist vor 8 Tagen dort eingetroffen. Eine schwere Erkrankung der Kurfürstin hat seinen Empfang bisher verzögert.

Der holländische Gesandte Hop hat zu ihm geäußert, „daß, außer was mit Worten geschehen könnte, man mit keiner Tätlichkeit dies Werk [4]) zu poussiren suchen werde." Der dänische Gesandte [5]) läßt sich überall vernehmen, daß wegen der Restitution des Herzogs keine Worte zu verlieren wären; sein König würde sich die Beförderung dieser Traktate nicht sonderlich angelegen sein lassen.

---

[1]) Vertreter Schwedens auf dem Kongreß zu Altona.

[2]) Vgl. Urk. u. Akt. Bd. 22 S. 485.

[3]) Desgl. Bd. 14 S. 1395 f., Bd. 20 S. 1270 ff., Bd. 21 S. 324 f., Bd. 22 S. 397 ff.

[4]) D. h. Restitution des Herzogs von Holstein-Gottorp.

[5]) Johann Hugo von Lenten.

Oberst Macklier an den König. D. Berlin 22. Februar 1688.

[Schweden und die brandenburgisch-braunschweigische Spannung.]

Hat dem Kurf. gemäß der Weisung des Königs Vortrag gehalten. Dieser hat in seiner Antwort sich sehr lebhaft über das Haus Braunschweig -Lüneburg beklagt, und auf Ms. Einwurf, es müßte beiden Häusern viel an gegenseitigem guten Einvernehmen liegen, erwidert, „daß dieses auch das Einzige wäre, welches Sie zurücke hielte, daß Sie Dero billiges Ressentissement nicht auf andere Weise bezeugeten“ [1]). — 3. März

---

Der König an Oberst Welling. D. Stockholm 10. März 1688.

[Mißtrauen des Königs gegen Brandenburgs Haltung in Altona.]

Das Verhalten der brandenburgischen Minister in Altona erscheint ihm eftertänkelig och sällsam, doch will er hoffen, daß es nur durch Partikulierintriguen der Minister zu erklären sei und nicht auf Befehle des Kurf. zurückgeht. Jedenfalls soll W. kein Mißtrauen spüren lassen, weil darunter nur die Cooperation leiden würde [2]). 20. März

---

Der König an Oberst Macklier. D. Stockholm 24. März 1688.

[Maßnahmen gegen den dänischen Festungsbau in Oldesloe.]

Der dänische Festungsbau in Oldesloe [3]) scheint hauptsächlich unternommen zu sein, um in Holstein Truppen zu einem Angriff auf Hamburg oder Lübeck ansammeln zu können, was ihm darum wahrscheinlicher ist, als allerhand Material nach Travemünde gebracht wird. M. soll dem Kurf. vorschlagen, daß er selbst, der König und das Haus Braunschweig-Lüneburg je 300 Mann nach Lübeck legen. Diese Truppen könnten der Stadt schwören. 3. April

---

Oberst Macklier an den König. D. Berlin 11. April 1688.

[Oldesloe. Der Kurf. empfiehlt Dänemark, in Altona entgegenzukommen.]

Hat dem Kurf. die Ordre wegen der Stadt Lübeck vorgetragen. Der Kurf. hat erwidert, er habe der Stadt Truppen angeboten und sie habe ihm nicht einmal geantwortet. Um des gemeinen Besten willen würde er den Vorschlag des Königs aber annehmen. Er würde niemals dulden, daß Lüneburg allein Truppen dorthin legte. 21. April

Dem dänischen Minister hat der Kurf. erklärt, wenn sein König einen friedlichen Ausgleich wünschte, müßte er mehr entgegenkommen.

---

[1]) Vgl. Urk. u. Akt. Bd. 20 S. 1275 ff.

[2]) Vgl. Stavenow, a. a. O. S. 277 ff.

[3]) Vgl. Urk. u. Akt. Bd. 14 S. 1399 ff., Bd. 21 S. 237 ff., Bd. 22 S. 408 ff.

Der König an Oberst Macklier. D. Stockholm 18. April 1688.

[Abmachungen mit dem Kurf. betr. Restitution oder Entschädigung Holstein-Gottorps.]

28. April Der Kurf. hat ihm durch Falaiseau einen Vorschlag unterbreiten lassen, wonach der Herzog von Holstein-Gottorp gegen Erwerb anderer Gebiete auf Schleswig verzichten soll [1]). Es steht im Willen des Herzogs, dies frei und ungezwungen anzunehmen. Da Falaiseau aber auch erklärt hat, der Kurf. mache diesen Vorschlag, weil er nicht wisse, wie der König sich bei ergebnislosem Verlauf der Konferenz verhalten würde, „så hafva Vi gottfunnit, att låta Churf. förstå, huru Vi voro ganska benägne, att träda nu straxt med honom uti concert, till att taga coniunctim med honom sådane mesures, som verket fordrar, om den påstående vänlig behandling icke skulle hafva sin behörlig effect.

Oberst Macklier an den König. D. Berlin 18. April 1688.

[Bündnis zwischen Frankreich und Hannover. Schwere Erkrankung des Kurf. Stellung von Fuchs, Meinders, Schmettan und Spanheim zu Frankreich.]

28. April Die Holsteiner Verhandlungen wünscht man nicht abgebrochen, aber verlängert zu sehen, weil man erfahren hat, daß Hannover gemäß seiner kürzlich mit Frankreich geschlossenen Allianz Subsidien erst nach deren Beendigung erhalten soll [2]).

„S. Churfl. Durchl. Unpäßlichkeit scheinet etwas gefährlich zu sein, weil die Geschwulst beginnen soll, aufwärts zu treten, und deswegen anitzo bei Hofe mehr consilia mit denen Hh. medicis als denen Hh. Geh. Räten gepflogen werden. Und sind auch die Hh. Geistlichen geschäftig, S. Churfl. Durchl. Dero Sterblichkeit zu erinnern." —

Von den Ministern „finde ich sonderlich den H. v. Meinders vor die französische und dänische Partei sehr portiret". Schmettau in Regensburg gehört, wie dessen Schwiegervater Fuchs M. versichert hat, nicht zu dieser Partei. „Wann aber der H. Spanheim nach selbiger Seite hinke, ist solches nicht zu verwundern, maßen derselbe seine Subsistence nehmen muß von den Restanten der französischen Subsidien, außer welchen er nichts zu genießen hat." —

Oberst Macklier an den König. D. Berlin 25. April 1688.

[Krankheit des Kurf.]

5. Mai Der Kurf. leidet an Wassersucht. Er erteilt zwar auf Wunsch Audienz, doch sieht man es lieber, wenn keine Audienzen erbeten werden, weil ihn alles sehr alteriert. Am Freitag soll in Potsdam Geh. Rat gehalten werden.

---

[1]) Vgl. Urk. u. Akt. Bd. 22 S. 502 f.

[2]) Vgl. Pagès, a. a. O. S. 601.

Oberst Macklier an den König. D. Berlin 2. Mai 1688.

[Tod des Kurf.]

— — S. Churfl. Durchl. haben, wie Sie vergangenen Freitag[1]) Geheimen Rat gehalten, die gesambten Geh. Räte angeredet und gesaget, daß dies der letzte Rat sein würde, welchen Sie mit ihnen pflegen würden. Weswegen Sie dem Churprinzen Dero Land und Leute, absonderlich die Milice, recommandiret und dabei ermahnet haben wollten, daß er nicht nach dem Exempel des Rehabeams seine alte Räte verstoßen und ihm neue wählen, sondern jene, die ihm allemal getreulich und redlich geraten, beibehalten solle. Darauf der Churprinz knieend den Segen von ihm empfangen. Die gesambten Räte hat er vor ihre Treue gedanket, und daß sie selbige auch an seinem Sohn ferner erweisen möchten, ermahnet. Worauf er sich aus dem Rate wieder nach seinem Zimmer tragen und darauf die übrige Prinzen und Prinzessinnen vor sich kommen lassen, die er alle auch gesegnet. Wie die Churprinzessin hinzugetreten und ihm die Hand küssen wollen, hat er solches nicht verstatten wollen, sondern seine Mütze abgezogen und ihr gedanket. Die Markgräfin[2]), von der er jederzeit viel gehalten, hat er beim Hinausgehen zurücke gerufen und sie gefraget, ob sie sich noch wohl erinnerte dessen, was ihres sel. Vatern letzter Wille gewesen. Und als sie mit nein geantwortet, hat er gesagt, so wollte ers ihr sagen, nämlich daß sie niemalen ihre Religion verändern sollte, wo sie nicht seines Fluches gewärtig sein wollte. Und eben dessen wollte er sie nochmalen erinnert und dazue vermahnet haben, und auf den widrigen Fall seinen Fluch ihres sel. Vatern Wunsche beisetzen. Worauf sie ihm angelobet, in ihrer Religion zu sterben. 12. Mai

Die Churfürstin ist stetig bei ihm bei seinem Ruhebette, darauf er auch gestorben, gewesen. Die Geistlichen haben sehr gedrungen, bei ihm admittiret zu werden. Er hat sie aber nicht zulassen wollen, umb nicht durch deren Gegenwart der Churfürstin Schmerz und Wehmut zu vergrößern. Denen Predigern, die bei S. Churfl. Durchl. gewesen, haben Sie allemal mit solcher fermeté geantwortet, daß sie sich darüber verwundert.

Des Sonnabends haben S. Durchl. immerzu gefraget, was die Uhre sei, weil Sie gesagt, umb 6 Uhr des Abends würden Sie erlöset werden. Sie haben aber noch bis des Sonntag Morgens gegen 9 Uhr zubringen müssen, da Sie indessen immerzu allerhand gottselige und kluge, sowohl moralische als politische Discourse zu denen Umstbehenden geführet, bis Sie gemerket, daß der Tod herangenahet, daß Sie Ihr selber die Hand über die Augen geleget und also sanfte verschieden." —

---

[1]) 27. April / 7. Mai 1688.

[2]) Seine Schwiegertochter Luise Charlotte Radziwill, zum Testament ihres Vaters vgl. Schiemann in Forsch. zur brand. und preuß. Gesch. Bd. 3 S. 130.

Personenverzeichnis.

POLITIK UND GESCHICHTE

Auswahl

Werke aus dem Verlag Walter de Gruyter & Co., Berlin und Leipzig

URKUNDEN UND AKTEN, BRIEFE UND BIOGRAPHIEN

Urkunden und Akten. Für akademische Übungen zusammengestellt. Von Dr. Karl Brandi, o. Professor an der Universität Göttingen. Zweiter, erweiterter Abdruck. Groß-Oktav. VIII, 134 Seiten. 1921. RM. 3.—

Handbuch der Urkundenlehre für Deutschland und Italien. Von Professor Dr. Harry Breßlau. Zweite Auflage. Groß-Oktav. I. Band. XVIII, 746 S. 1912. RM. 35.—, in Halbleder RM. 38.50. II. Band, 1. Abt. X, 392 Seiten. 1915. RM. 20.—

Archiv für Urkundenforschung. Herausgegeben von Professor Dr. Karl Brandi und Professor Dr. Alfred Hessel.
Jeder Band umfaßt 3 Hefte. Die Hefte erscheinen in zwangloser Folge.
Band I—IV je RM. 15.—, Band V und VI je RM. 12.—, Band VII RM. 8—, Band VIII RM. 17.—, Band IX RM. 30.—, Band X 1 pro kompl. RM. 36.—.

Das Archiv zur Urkundenforschung vertritt seit seiner Gründung ein bestimmtes Programm, nämlich durch vergleichende Betrachtung das antike Urkundenwesen in Verbindung mit dem mittelalterlichen und byzantinischen zu bringen. Dabei werden nicht nur die Probleme des Zusammenhangs von Urkunden und Bücherschrift, die Entstehungsverhältnisse der karolingischen Minuskel und jüngster Kalligraphien, sondern auch die Übergänge zu den verschiedenen Typen der Druckschrift in Betracht gezogen.

Kaiser Wilhelms I. Briefe an Politiker und Staatsmänner. Bd. I: 1830—1853. Bearbeitet von Johannes Schultze. Oktav. XXIV, 249 Seiten. 1930. RM. 13.50, geb. 15.— (Die Briefe Kaiser Wilhelms I., herausgegeben vom Kaiser-Wilhelm-Institut für deutsche Geschichte.)

Die hier mitgeteilten Briefe Kaiser Wilhelms I. an Politiker und Staatsmänner sind zum größten Teile den Beständen des Brandenburgisch-Preußischen Hausarchives (H.-A.) und des Preußischen Geheimen Staatsarchives (Geh. St.-A.) entnommen. Es handelt sich im wesentlichen um bisher unveröffentlichte Stücke, doch haben auch solche Aufnahme gefunden, die nur an entlegener Stelle oder unvollkommen zum Abdruck gelangt sind.

Den größeren Teil des vorliegenden Bandes nehmen die Briefe an Karl Freiherr von Vincke-Olbendorf und an Christian Karl Josias Bunsen in Anspruch.

Der vorliegende Band bricht aus äußeren Gründen mit dem Jahre 1853 ab. Ein folgender Band soll die Fortsetzung und das Register bringen.

Die Briefe Barthold Georg Niebuhrs. Herausgegeben von Dr. Dietrich Gerhard und Professor William Norvin. Oktav.
Bd. I: 1776—1809. CXXXIV, 542 Seiten. Mit 8 Bildtafeln. 1926. RM. 18.—, geb. 20.—
Bd. II: 1809—1816. XII, 691 Seiten. RM. 30.—, geb. 42.50
Bd. III: In Vorbereitung.

Diese erste Ausgabe ist die Gesamtpublikation der bisher zum Teil gänzlich unbekannten oder nur überarbeitet oder verstreut veröffentlichten Briefe. Entsprechend der Doppelstellung Niebuhrs als Wissenschaftler und Politiker führen sie in alle geistigen und politischen Strömungen der Epoche ein, mit denen er in leidenschaftlicher Teilnahme sich auseinandersetzte. Sie bieten zugleich das Bild einer menschlich immer gleich anziehenden und überragenden Persönlichkeit.

Carl Schurz. Ein deutscher Kämpfer. Von Dr. Otto Dannehl, Amtsgerichtsrat (Mitglied der burschenschaftlich historischen Kommission). Mit 3 Tafeln. Oktav. VIII, 404 Seiten. 1929. RM. 8.50, geb. 10.—

In einer großangelegten Biographie gibt Dr. Dannehl auf Grund ganz neuen, bisher noch nicht verwerteten Materials eine erschöpfende Darstellung der Bonner Studentenjahre des späteren deutschamerikanischen Staatsmannes. Er schildert Schurz als Vertreter der Burschenschaft Frankonia, als Führer der deutschen Studentenschaft, als Politiker und Redakteur der „Bonner Zeitung" in den Jahren 1848—1852 und als Militär in der Reichsverfassungskampagne 1849. Den Schluß des Bandes bildet ein Überblick über Schurz' Laufbahn in Amerika.

Carl Schurz, Lebenserinnerungen. I. Band: Bis zum Jahre 1852. Mit einem Bildnis: Schurz und Kinkel. II. Band: Von 1852 bis 1870. Mit einem Bildnis von Schurz (im Alter) und einem Namensregister für beide Bände. III. Band: Briefe und Lebensabriß. RM. je 10.—, geb. je 12.—

Ein biographisches Werk von seltenem Reiz, sind diese Lebenserinnerungen das Dokument eines der edelsten Söhne des deutschen Vaterlandes, der wie kein anderer dazu beigetragen hat, den deutschen Namen in Amerika zu Ehren zu bringen.

POLITIK, VÖLKRRECHT

Bismarck und die Friedensunterhändler 1871. Die deutsch-französischen Friedensverhandlungen zu Brüssel und Frankfurt März-Dezember 1871. Bearbeitet von Dr. phil. Hans Goldschmidt, Archivar im Reichsarchiv, Potsdam. Oktav. XVI, 286 Seiten. 1929. RM. 12.—, geb. 13.50

Mit der vorliegenden Ergänzung der Akten über die Friedensverhandlungen 1871 erfahren die bedeutenden Dokumente zur deutschen Geschichte eine wesentliche Bereicherung. Die Akten enthalten wertvolles Vergleichsmaterial für das Verhalten der Deutschen und Franzosen 1871 und 1919. Aus den mitgeteilten Schriftstücken gewinnt man ein geradezu klassisches Bild der diplomatischen Geschicklichkeit Bismarcks und vermag sich ein Urteil zu bilden über die Rolle, die Bismarcks Untergebener und Nebenbuhler Graf Arnim gespielt hat.

Die deutschen Weißbücher zur auswärtigen Politik 1870—1914. Geschichte und Bibliographie. Von Johann Saß. IX, 224 Seiten. 1928. RM. 10.—, geb. 11.50

Dieses Werk erschließt als erstes zusammenfassend die Entwicklung der deutschen Weißbücher im allgemeinen sowie die Entstehung der einzelnen Veröffentlichungen im besonderen, deren Drucke bibliographisch genau nachgewiesen werden. Darüber hinaus erfaßt die Darstellung in breitem Rahmen die mit der Weißbuchfrage eng verknüpften Kämpfe des Reichstages um seine Beteiligung an den auswärtigen Angelegenheiten.

Graf Benckendorffs diplomatischer Schriftwechsel. Herausgegeben von Benno von Siebert. Neue, stark verm. Aufl. der Diplomatischen Aktenstücke zur Geschichte der Ententepolitik der Vorkriegsjahre. Oktav. 3 Bände. 1928. RM. 30.—, geb. 35.—

I. Bd.: 1907—1910. XV, 416 Seiten. / II. Bd.: 1911 und 1912. XVI, 564 Seiten. III. Bd.: 1913 und 1914. XII, 335 Seiten.

Die neue Auflage bringt eine große Anzahl neuer Schriftstücke, ordnet die Schriftstücke chronologisch und stellt das Ganze unter den Namen des Grafen Alexander von Benckendorff, des langjährigen russischen Botschafters in London, der die meisten Schriftstücke entweder selbst verfaßt oder erhalten hat. Somit ist ein vollständig neues Werk entstanden.

Diplomatie und Weltkrieg. Ein politischer Führer, durch die Weltkrisis 1914/1917. Von Dr. Ernst Müller-Meiningen. 2 Bände. Oktav. XIX, 1315 Seiten. 1917. RM. 27.—

Die ersten Stundenschläge des Weltkrieges. Eine Zeittafel der wichtigsten Vorgänge bei Kriegsausbruch mit Hinweisen auf die einschlägigen Urkunden. Von B. W. v. Bülow. Oktav. VIII, 190 Seiten. 1922. RM. 3.—

„Ein wissenschaftlich aufs beste geschulter Diplomat hat sich mit dieser Veröffentlichung ein neues Verdienst um die Aufhellung der Schuldfrage erworben. Die Schrift wird zum unentbehrlichen Handwerkszeug des Zeithistorikers gehören." Historische Zeitschrift.

Politische Geschichte des Weltkrieges. Sein Ursprung und sein Verlauf. Von Fr. Luckwaldt. I. 1890—1906: Von Bismarck zu Eduard VII. 142 Seiten. 1919. (Sammlung Göschen Bd. 790.) Geb. RM. 1.80

II. 1906—1914: Deutschland und der Dreiverband. 143 Seiten. 1919. (Sammlung Göschen Bd. 791.) Geb. RM. 1.80

„Ohne in den Fehler ermüdender Breite zu verfallen, macht der Verfasser mit wissenschaftlicher Methodik uns erst einmal die ganze Atmosphäre lebendig, aus der heraus das Urteil erwachsen konnte." Danziger Neueste Nachrichten.

Die letzten Etappen zum Weltkrieg. Von Dr. Th. Schiemann, Professor an der Universität Berlin. Oktav. IV, 352 Seiten. 1915. RM. 6.—

„Die Vorgeschichte des Weltkrieges ist in dem Buch Schiemanns meisterhaft zusammengelegt, so daß nicht nur der Politiker, sondern auch der Laie durch das Studium dieses Werkes zu einer rechten Würdigung des großen Krieges kommt." Rheinisch-Westfälische Zeitung.

Der Weltkrieg und der Zusammenbruch des Völkerrechts. Eine Abwehr und Anklage. Von Dr. Ernst Müller-Meiningen. 2 Bände. Oktav. 1917. RM. 12.—

Leitfaden zur Kriegsschuldfrage. Von Graf Max Montgelas, Mitherausgeber der deutschen Dokumente zum Kriegsausbruch. Oktav. IV, 208 Seiten. RM. 3.—

„Es kann unbeschadet anderer ausgezeichneter Einzeldarstellungen gesagt werden, daß dieses Buch den höchsten Anforderungen genügt. Das liegt schon an der besonderen Eignung des Verfassers." Süddeutsche Monatshefte.

Die Fälschungen des russischen Orangebuches. Der wahre Telegrammwechsel Paris—Petersburg bei Kriegsausbruch. Herausgegeben von Freiherrn J. von Romberg. Oktav. 48 Seiten. 1922. RM. 1.—

Die politische Korrespondenz der russischen Botschaft in Paris aus der Zeit vom 24. Juli bis zum 2. August bildet den Inhalt dieser Schrift. Zahlreiche im Orangebuch enthaltene Fälschungen werden richtiggestellt, wichtige Dokumente hinzugefügt.

Deutschlands und Kaiser Wilhelm II. angebliche Schuld am Ausbruch des Weltkrieges. Eine Entgegnung an Karl Kautsky. Von Theodor Schiemann. Oktav. 31 Seiten. 1921. RM. 0.50

Die Rolle Amerikas im Weltkriege. Ein Beitrag zur Wahrheit. In Amerika geschrieben Von O. Krahl. Oktav. V, 214 Seiten. 1920. RM. 3.—, geb. 4.—

Amerikas Waffenausfuhr und Neutralität. Von Heinrich Pohl. Groß-Oktav. 73 Seiten. 1917. RM. 1.60

England und die Londoner Deklaration. Von Heinrich Pohl. Groß-Oktav. 111 Seiten. 1915. RM. 1.—

An Hand einer Zusammenstellung der wichtigsten Dokumente und einer schlichten Schilderung der entscheidenden Vorgänge klärt das Buch auch die wesentliche Frage, wie sich die Verantwortung für das Geschehene auf Wilson und seine Regierung, die amerikanische Presse und das amerikanische Volk verteilt.

Deutschland unter dem Dawes-Plan. Entstehung, Rechtsgrundlagen, wirtschaftliche Wirkungen der Reparationslasten. Von Professor Max Sering, Universität Berlin. Oktav. VIII, 237 Seiten. 1928. RM. 10.—

„Eine eingehende Darstellung der gesamten Reparationsfrage." Neue Preußische (Kreuz-) Zeitung.

Staatsangehörigkeit und Option im Friedensvertrag von Versailles. Von Carl Georg Bruns. Groß-Oktav. 71 Seiten. 1921. RM. 2.—

Zum Ruhreinbruch. Tatsachen und Dokumente. 10 Abbildungen. Oktav. 116 Seiten. 1923. RM. 1.20

Die Pariser Völkerbundakte nebst den Urkunden über die Pariser Verhandlungen, dem Haager Schiedsgerichtsabkommen. Mit einer historischen Einleitung versehen und erläutert von Dr. Hans Wehberg, Leiter der völkerrechtlichen Abteilung der „Deutschen Liga für Völkerbund". Zweite Auflage der „Abkommen der Haager Friedenskonferenz". Oktav. 175 Seiten. 1919. RM. 4.—

Die vorliegende Schrift enthält außer dem Textabdruck eine gute Einführung in die Organisation der Welt und in die Grundgedanken der Pariser V.-B.-Akte, ferner eine Übersicht über die wichtigsten offiziellen und privaten V.-B.-Entwürfe und über die Pariser Verhandlungen, insbesondere die deutschen Vorschläge zum V.-B.

Die Freiheit der Meere und das Völkerrecht. Von Fritz Stier-Somlo. Groß-Oktav. V, 170 Seiten. 1917. RM. 3.50

Völkerrecht. Von Dr. Theodor Niemeyer, o. Professor an der Universität Kiel. 168 Seiten. 1923. (Sammlung Göschen Bd. 865.) Geb. RM. 1.80

Inhalt: Begriff und Wesen des Völkerrechts. — Quellen des Völkerrechts. — Geschichte des Völkerrechts. — Subjekte und Objekte im Völkerrecht. — Der völkerrechtliche Verkehr. — Der Krieg.

Die völkerrechtliche Lehre des Weltkrieges. Von Walter Schücking, Prof. der Rechte in Marburg. Lexikon-Oktav. 239 Seiten. RM. 7.—

Der Verfasser, der zur deutschen Abordnung in Versailles gehörte, untersucht den Weltkrieg nicht nur vom historischen und politischen Standpunkt, sondern in erster Linie vom völkerrechtlichen.

Wörterbuch des Völkerrechts und der Diplomatie. Begonnen von Professor Dr. Julius Hatschek, fortgesetzt und herausgegeben von Dr. Karl Strupp, Universitätsdozent in Frankfurt a. M., unter Mitarbeit einer großen Anzahl von Praktikern und Theoretikern. Lexikon-Format. Erscheint in Lieferungen. Bisher erschienen:

I. Bd.: Aachen—Lynchfall. VI, 860 Seiten. 1924. RM. 35.—, in Halbleder RM. 40.—

II. Bd.: Maas—Utschiali. 779 Seiten. 1925. RM. 35.—, in Halbleder RM. 40.—

III. Bd.: Vasallenstaaten—Zwangsverschickung. Ferner Anhang: Abessinien—Weltgerichtshof, Sachverzeichnis und Mitarbeiterregister. II, 1316 Seiten. 1929. RM. 50.—, in Halbleder RM. 55.—

„Mit dem Erscheinen dieses großangelegten Werkes wird eine Lücke ausgefüllt, die sich bisher für das Studium des Völkerrechts sehr bemerkbar machte. Das Werk wird für die Rechtstatsachenforschung auf dem Gebiete des Völkerrechts unentbehrliches Rüstzeug liefern." Archiv des öffentlichen Rechts.

MITTELALTER UND NEUZEIT

Die Kultur der Renaissance. Gesittung, Forschung, Dichtung. Von R. F. Arnold. Dritte, verbesserte und vermehrte Auflage. 141 Seiten. 1920. (Sammlung Göschen Bd. 189.) Geb. RM. 1.80

Deutsche Geschichte. 4 Bände.

I. Mittelalter (bis 1519). Von F. Kurze. Dritte, durchgesehene Auflage. Neudruck. 184 Seiten. 1920. (Sammlung Göschen Bd. 33.) Geb. RM. 1.80

II. Zeitalter der Reformation und der Religionskriege (1517—1648). Von F. Kurze. Dritte verbesserte Auflage. Neudruck. 181 Seiten. 1921. (Sammlung Göschen Bd. 34.) Geb. RM. 1.80

III. Vom Westfälischen Frieden bis zur Auflösung des alten Reichs (1648—1806). Von F. Kurze. Neudruck. 213 S. 1919. (Samml. Göschen Bd. 35.) Geb. RM. 1.80
IV. Von der Auflösung des alten bis zur Begründung des neuen Deutschen Reichs (1806—1871). Von Julius Koch. 152 Seiten. 1924. (Sammlung Göschen Bd. 893.) Geb. RM. 1.80

Eine vorzügliche, objektive Darstellung der deutschen Staatengeschichte.

Der Werdegang des deutschen Volkes. Historische Richtlinie für gebildete Leser. Von Otto Kaemmel. Vierte, durchgesehene und verbesserte Auflage, bearbeitet von Arnold Reimann. Oktav. Zusammen RM. 4.—, geb. 7.—

I. Bd.: Urzeit und deutsch-römische Kaiserzeit. IX, 210 S. 1920.
II. Bd.: Ausgang des Mittelalters und Reformationszeit. IX, 211 Seiten. 1920.
III. Bd.: Die preußisch-österreichische Zeit. IX, 198 Seiten. 1921.
IV. Bd.: Das Zeitalter Bismarcks und Wilhelms II. 1858—1914. 286 Seiten. 1923.

Der Sinn der deutschen Geschichte. Von Matthieu Schwamm. Oktav. XIV, 229 Seiten, 1916. RM. 3.—, geb. 4.—

Deutsche Stammeskunde. Von R. Much. Mit 2 Karten und 2 Tafeln. Dritte, verbesserte Auflage. 139 Seiten. 1920. (Sammlung Göschen Bd. 126.) Geb. RM. 1.80

Die beste Zusammenfassung auf diesem Gebiete und ein unentbehrliches Hilfsmittel für die Volkskunde.

Die deutsche Heldensage. Von O. L. Jiriczek. Mit 5 Tafeln. Vierter Neudruck. 216 Seiten. 1922. (Sammlung Göschen Bd. 32.) Geb. RM. 1.80

Deutschland in römischer Zeit. Von Franz Cramer. Mit 23 Abbildungen. Neudruck. 168 Seiten. 1920. (Sammlung Göschen Bd. 633.) Geb. RM. 1.80

Quellenkunde der deutschen Geschichte im Mittelalter. Von Carl Jacob.
I. Bd.: Dritte Auflage. 124 Seiten. 1922. (Samml. Göschen Bd. 279.) Geb. RM. 1.80
II. Bd.: Zweite, umgearb. Aufl. 111 S. 1926. (Samml. Göschen Bd. 280.) Geb. RM. 1.80

Jeder, der sich in die Geschichte des Mittelalters vertiefen will, findet die einschlägigen Quellenschriften hier vollständig verzeichnet und kritisch bewertet.

Germania sacra. Historisch-statistische Darstellung der deutschen Bistümer, Domkapitel, Kollegiat- und Pfarrkirchen, Klöster und sonstigen kirchlichen Institute. Herausgegeben vom Kaiser-Wilhelm-Institut für deutsche Geschichte.
I. Abteilung: **Die Bistümer der Kirchenprovinz Magdeburg.**
I. Band: **Das Bistum Brandenburg.** Erster Teil. Bearbeitet von Gustav Abb und Gottfried Wentz. Groß-Oktav. XVI, 417 Seiten. 1929. RM. 40.—

Der erste Halbband der „Germania sacra" — einer nach einheitlichen Grundsätzen durchgeführten Bearbeitung der kirchlichen Organisationen und geistlichen Institutionen im Deutschland des Mittelalters — umfaßt das Hochstift Brandenburg sowie die Stifte, Klöster und sonstigen kirchlichen Institutionen der Diözese Brandenburg, soweit sie im Bereich der alten Mark gelegen sind, darunter also das Domstift und die bekannten märkischen Zisterzienserklöster Lehnin und Chorin.

Deutsches Leben im 12. und 13. Jahrhundert. Realkommentar zu den Volks- und Kunstepen und zum Minnesang. Von Jul. Dieffenbacher. 2 Bände.
I. Bd.: Öffentliches Leben. Mit 11 Abbildungen. Dritte, erweiterte Auflage. 130 Seiten. 1919. (Sammlung Göschen Bd. 93.) Geb. RM. 1.80
II. Bd.: Privatleben. Mit 36 Abbildungen. Dritte, erweiterte Auflage. 135 Seiten. 1918. (Sammlung Göschen Bd. 328.) Geb. RM. 1.80

Die beiden Bände bieten ein anschauliches Bild deutscher Kulturgeschichte und stellen einen guten Realkommentar zu den mittelalterlichen Epen und zur Minnesangdichtung dar.

Deutschland und die große Politik. Von Th. Schiemann. Anno 1901, 1902, 1903, 1904, 1905, 1906, 1907, 1908, 1909, 1910, 1911, 1912, 1913, 1914. Oktav. Jeder Band RM. 5.—, geb. 6.50

Das Kaisertum Friedrichs des Zweiten nach den Anschauungen seiner Staatsbriefe. Von Wolfram von den Steinen. Oktav. 111 Seiten. 1922. RM. 2.—

Nach einer kritischen Würdigung der Staatsbriefe, die als Quelle dienten, handelt der Verfasser vom Ursprung der Herrschaft, vom Verhältnis des Imperiums zur Ecclesia, vom Gottesgnadentum, von der Weltstellung des Imperiums mit vielfach neuer Fragestellung. Ein wertvoller Beitrag zur Charakteristik der letzten staufischen Herrscher und der geistigen Strömungen in der zweiten Hälfte des 13. Jahrhunderts.

Deutscher Kulturatlas. Hrsg. von Gerhard Lüdtke und Lutz Mackensen. Quer-Folio. In Lieferungen zu je 8 Kart. 1928/29. Preis pro Karte RM. 0.25 (Mindestbezug 8 Kart.) Subskriptionspreis bei Bezug des ganzen Atlasses pro Lieferung. RM. 1.60

Sonderprospekte und Fachkataloge kostenlos.

WALTER DE GRUYTER & CO., BERLIN W 10 UND LEIPZIG

Kolibri 360 GmbH
Ferdinand-Jühlke-Straße 7
99095 Erfurt, Deutschland
produktsicherheit@kolibri360.de